Großmann · Grundzüge der Ausgleichungsrechnung

Walter Großmann

Grundzüge der Ausgleichungsrechnung

nach der Methode der kleinsten Quadrate
nebst Anwendung in der Geodäsie

Dritte, erweiterte Auflage

Mit 65 Abbildungen

Springer-Verlag Berlin Heidelberg New York 1969

Prof. Dr.-Ing., Dr.-Ing. E. h. Walter Großmann

Technische Universität Hannover

ISBN 978-3-642-49601-1   ISBN 978-3-642-49893-0 (eBook)

DOI 10.1007/978-3-642-49893-0

Titel-Nr. 0339

Softcover reprint of the hardcover 3rd edition 1969

Vorwort zur dritten Auflage

In der zweiten Auflage waren – größtenteils auf Wünsche aus dem Benutzerkreis – Ergänzungen in allen Abschnitten vorgenommen; neu hinzugefügt war der Abschnitt über die Anwendung des Matrizenkalküls auf die Ausgleichungsrechnung. Demgegenüber beschränkt die vorliegende Auflage sich auf zwei Erweiterungen: eine stärkere Berücksichtigung der korrelierten Beobachtungen und drei Paragraphen über die Anwendungen der mathematischen Statistik auf die Fehlertheorie.

Von diesen Erweiterungen sind im I. Abschnitt vornehmlich die §§ 1 und 6 betroffen worden. Der II., der III. und der IV. Abschnitt bis zum § 39 einschließlich haben – schon um den Satz möglichst weitgehend zu erhalten – nur geringfügige Änderungen erfahren. Die §§ 40 bis 42 und ein neuer § 43, der die elegante Ausgleichung korrelierter Beobachtungen mit Hilfe von Matrizen bringt, wurden zum Abschnitt V – Korrelierte Beobachtungen – zusammengefaßt. Im VI. Abschnitt – Sonderaufgaben und mathematische Statistik – blieben die §§ 44 bis 46 neuer Zählung ungeändert. Dagegen enthalten der völlig umgeschriebene § 47 und die beiden neuen §§ 48 und 49 einen Überblick über die für die Fehlertheorie wichtigen Teile der mathematischen Statistik. Der VII. Abschnitt – Anwendungen der Matrizen – hat nur einige Berichtigungen und kleine Verbesserungen erfahren.

Ich hoffe, daß das Buch seinem doppelten Zweck, Vorlesungshilfe für Studenten und Nachschlagewerk für den Praktiker zu sein, auch in der neuen Fassung gerecht wird.

Bei der Neubearbeitung hat mir vor allem Herr Professor Dr. *Höpcke*, mein Amtsnachfolger als Direktor des Geodätischen Instituts der Technischen Universität Hannover, sehr wesentliche Hilfe zuteil werden lassen. Ich danke ferner neben anderen meinem Assistenten, Herrn Dipl.-Ing. *Lenzmann*, für seine wertvolle Unterstützung.

Hannover, im Februar 1968   W. Großmann

Aus dem Vorwort zur ersten Auflage

Dieses Buch ist auf der einen Seite als Vorlesungshilfe gedacht, zum anderen will es den Praktiker, der für den Einzelfall Belehrung sucht, in Stand setzen, sich schnell und möglichst vollständig zu unterrichten. Da ich die Kenntnis der Matrizenrechnung noch nicht allgemein glaube voraussetzen zu dürfen, habe ich die klassische Gausssche Schreibweise beibehalten und mich bemüht, in diesem Rahmen für alle in der breiteren Praxis benutzten Ausgleichungsverfahren leichtverständliche Formelentwicklungen und übersichtliche Rechenanleitungen zu geben. In Zweifelsfällen ist nicht der knappsten, sondern der durchsichtigsten Lösung der Vorzug gegeben. Die Texterläuterungen sind so ausführlich gehalten, daß sie auch ein Selbststudium erlauben.

Das Buch hält etwa die Mitte zwischen den von *Hegemann*, *Weitbrecht*, *Werkmeister* u. a. herausgebrachten Kurzdarstellungen und den umfassenderen Werken von *Jordan* und *Helmert*.

Hannover, im September 1953   W. Großmann

Inhaltsverzeichnis

IV. Abschnitt

Die Ausgleichung von bedingten Beobachtungen

V. Abschnitt

Ausgleichung von korrelierten Beobachtungen

VI. Abschnitt

Sonderaufgaben und mathematische Statistik

VII. Abschnitt

Anwendungen der Matrizenrechnung auf die Ausgleichungsrechnung

Verzeichnis der Beispiele und Aufgaben

IV. Ausgleichung von bedingten Beobachtungen

V. Ausgleichung von korrelierten Beobachtungen

VI. Sonderaufgaben und mathematische Statistik

Überblick über die Methode der kleinsten Quadrate

Die *Methode der kleinsten Quadrate* ist zu Beginn des 19. Jahrhunderts von *A. M. Legendre* und *Carl Friedrich Gauß* unabhängig voneinander ungefähr gleichzeitig gefunden worden. *Legendre* hat sie erstmalig im Jahre 1806 am Schluß eines kleinen Werkes über die Berechnung der Kometenbahnen entwickelt und eine zweite Abhandlung im Jahre 1810 veröffentlicht. Von ihm stammt der Name «méthode des moindres carrés» (englisch "method of the least squares"). *Gauß* hat von 1809 bis 1826 eine Anzahl von Abhandlungen meist in lateinischer Sprache erscheinen lassen, von denen die wichtigsten die Theoria motus corporum coelestium (1809) und die Theoria combinationis observationum erroribus minimis obnoxiae, pars prior (1821), pars posterior (1823) und supplementum (1826) sind.

Den ersten bedeutenden Erfolg bei der Anwendung seines, wie er selbst angibt, von ihm bereits seit 1794 gebrauchten Prinzips erzielte *Gauß* im Jahre 1802. Im Jahre zuvor hatte der italienische Astronom *Piazzi* den kleinen Planeten Ceres entdeckt und ihn an 41 Tagen über nur 9° seiner Bahn beobachten können. Als *Piazzi* seine Entdeckung einige Monate später bekanntgab, machten sich namhafte Astronomen, darunter der junge Dr. *Gauß* in Göttingen, daran, aus den spärlichen Beobachtungsdaten die Bahnelemente zu ermitteln. Die Wiederentdeckung gelang dem Astronomen *v. Zach* in Gotha auf Grund der Angaben von *Gauß*, dem es mit Hilfe seines Ausgleichungsprinzips gelungen war, alle Beobachtungen gleichmäßig zu berücksichtigen und damit, wie *Zach* schrieb, eine „zur Bewunderung genaue" Ellipse zu berechnen.

Die Methode der kleinsten Quadrate ist zuerst zur Ausgleichung astronomischer Beobachtungen benutzt worden. Sie wurde jedoch bald auch auf geodätische Messungen angewandt. Insbesondere hat sich *Gauß* ihrer bei seiner hannoverschen Gradmessung bedient. Um den Ausbau der Methode hat sich u. a. *F. W. Bessel* verdient gemacht. Für den allgemeinen Gebrauch waren jedoch die Gaußschen und Besselschen Abhandlungen zu schwierig. Von entscheidender Bedeutung für die Verbreitung der Methode war das Lehrbuch .der „Ausgleichungsrechnungen in der praktischen Geometrie oder die Methode der kleinsten Quadrate", das *Chr. L. Gerling*, ein Schüler von *Gauß* und Professor in Marburg, im Jahre 1843 herausgab.

Eine aufsehenerregende Bewährung in der Geodäsie fand die neue Methode bei der badischen Landesvermessung. Dort hatte man unendlich viele Winkel gemessen und jahrzehntelang hin und her gerechnet, bis endlich der Obergeometer *Rheiner* trotz vorgerückten Alters die Methode der kleinsten Quadrate erlernte und mit ihrer Hilfe die Triangulierungsarbeiten etwa im Jahre 1850 zu Ende brachte.

War damit die Bedeutung der Methode für die Haupttriangulierungen bewiesen, so dauerte es bis zur Einführung in die Triangulationen der II. bis IV. Ordnung noch 3 bis 4 Jahrzehnte. *Friedrich Gustav Gauß*, der Organisator des preußischen Katasters, hielt die Methode der kleinsten Quadrate in der 1876 erschienenen 1. Auflage seiner „Trigonometrischen und polygonometrischen Messungen in der Feldmeßkunst" noch für entbehrlich. Im Jahre 1881 jedoch führte er sie mit der Katasteranweisung IX in die Vermessungspraxis ein. Seitdem ist sie in alle Zweige des Vermessungswesens eingedrungen und ist heute aus ihnen nicht mehr fortzudenken. Die Methode der kleinsten Quadrate führt aber nicht nur auf günstigste Werte für die Unbekannten, sondern sie gibt darüber hinaus erwünschte Einblicke in die Größenordnung, die Verteilung und die Auswirkungen der unvermeidlichen Messungsungenauigkeiten. Mit deren Kenntnis ist aber auch die Möglichkeit ihrer Bekämpfung gegeben; daher steht heute die Lehre von den Beobachtungsfehlern und von der Fortentwicklung der Messungsverfahren durch Ausschaltung der Fehlerursachen gleichrangig neben der eigentlichen Ausgleichungsrechnung.

Unter dem Einfluß der Methode der kleinsten Quadrate ist — das ist ihr dritter Vorzug — das früher übliche Vertuschen der Messungswidersprüche verschwunden. Heute gehört zu jeder geodätischen Arbeit das Berechnen und Zusammenstellen der restlichen Fehler, so daß man schnell ein Urteil über die erzielte Genauigkeit gewinnen kann. Ferner ist das verwerfliche Auswählen und Ausschließen von Beobachtungen beseitigt. Die Methode der kleinsten Quadrate hat daher die geistigen Grundlagen der Vermessungstechnik entscheidend gewandelt. An die Stelle eines Systems von oft nicht ganz ehrlichen Aushilfen hat sie einen klaren, in allen Einzelheiten übersehbaren Aufbau gesetzt. Sie ist dadurch geradezu das Kernstück der geodätischen Wissenschaft geworden.

Zwar sind die Näherungsausgleichungen noch nicht ganz ausgestorben. Sie werden insbesondere immer wieder von denen empfohlen, die die Methode der kleinsten Quadrate nicht beherrschen. Eine Berechtigung haben sie jedoch nur dann, wenn der Ausgleichungsaufwand in keinem rechten Verhältnis zum Erfolg steht, wie es etwa bei der Berechnung der landläufigen Polygonzüge der Fall ist. Die allermeisten Näherungsverfahren lassen entweder der Willkür gewissen Spielraum und bedeuten daher Rückfälle in überwundene Zeiten, oder sie verursachen aufs Ganze gesehen ebensoviel oder mehr Arbeit als eine strenge Ausgleichung. Als Ergebnis einer hundertjährigen Erfahrung ist daher mit den Worten *Schreibers*, des langjährigen Chefs der Preußischen Landesaufnahme, festzuhalten, daß die Methode der kleinsten Quadrate auf eine willkürfreie Art zu widerspruchsfreien und plausiblen Ergebnissen führt und daß sie dieses Ziel in der denkbar einfachsten und elegantesten Weise erreicht.

Die Lehren von *Gauß* und ihre Weiterentwicklung im 19. Jahrhundert sind in großartiger Weise zusammengefaßt in dem von *F. R. Helmert* im Jahre 1907 in zweiter Auflage bearbeiteten Werk „Die Ausgleichungsrechnung nach der Methode der kleinsten Quadrate mit Anwendungen auf die Geodäsie, die Physik und die Theorie der Meßinstrumente", das auch heute noch grundlegend ist. Als erste wichtige Erweiterung veröffentlichte *H. Boltz* im Jahre 1923 „Das Entwicklungsverfahren zum Ausgleichen geodätischer Netze", das es erlaubt, große Dreiecksnetze, die man bis dahin unterteilte und durch Zwangsbedingungen nur formal zusammenschloß, zwar gruppenweise, aber doch so auszugleichen, daß das Ergebnis einer Ausgleichung in einem Guß entspricht. Das Ausgleichen ausgedehnter Dreiecksnetze wird seitdem von zahlreichen anderen Autoren verfolgt. Diese Aufgabe ist im Hinblick auf das Zusammenwachsen der Nationalstaaten zu größeren Räumen und angesichts der Möglichkeiten, die die programmgesteuerten Rechenmaschinen bieten, heute von besonderer Aktualität.

Bestand bis vor wenigen Jahrzehnten die Entwicklung der Ausgleichungsrechnung vorwiegend in einem Fortschreiten im eigenen Bereich, so ist die jüngste Zeit charakterisiert durch die Bestrebungen, Fortschritte auf anderen Gebieten der angewandten Mathematik der Ausgleichungsrechnung nutzbar zu machen. Verhältnismäßig alt ist der vor allem von *H. Schumann* und *K. Friedrich* vertretene Vorschlag, vektoriell auszugleichen. Obwohl hier das letzte Wort noch nicht gesprochen ist, scheint es, als ob das Verfahren sich nicht allgemein durchsetzen wird, weil eine so weitgehende Schematisierung wie bei der reinen Zahlenrechnung nicht möglich ist. Trotzdem sind kürzlich einige Arbeiten[1] veröffentlicht, die sich mit dem Erbe von *K. Friedrich* beschäftigen.

Seit Anfang der 50er Jahre dringt die Matrizenrechnung in steigendem Umfang in die Ausgleichungsrechnung ein. Die Impulse kamen zu-

---

[1] *Friedrich, K.*: Neue Grundlagen und Anwendungen der Vektorrechnung. München (ohne Jahr); – Vektorielle Ausgleichung. Z. Vermessungsw. **1925**, 1. – *Oberläuter, M.*: Vektorielle Ausgleichung nach Friedrich bei der Punktbestimmung durch Einschneiden. Vermessungstechnik 1958 u. 1959. – *Löbel, P.*: Vektorielle Ausgleichung. Z. Vermessungsw. **1959** Sonderheft (mit Literaturnachweis).

nächst aus dem Ausland, insbesondere von *H. Jensen* und *E. Andersen*
(Dänemark), *A. Bjerhammar* (Schweden), *R. Marchant* (Belgien). In
Deutschland brachte *E. Gotthardt* im Jahre 1952 eine größere Veröffent-
lichung heraus [2]. Seither dringt die Matrizenrechnung, wenn sie auch
den meisten Praktikern noch unbekannt sein dürfte, in immer stärkerem
Maße in den Unterricht an den Hochschulen und in die Fachzeitschriften
ein. Wir behandeln sie im Abschnitt VII.

In jüngster Zeit sind zwei weitere Fortschritte zu verzeichnen:
die Anwendung der mathematischen Statistik auf die Fehlertheorie und
die stärkere Berücksichtigung der zwischen den Beobachtungen bestehenden Korrelationen bei der Ausgleichung selbst. Auf die Parallelen
von Statistik und Ausgleichungsrechnung hat in Deutschland zuerst
R. Hugershoff in [*19*] [3] hingewiesen.

Mit wesentlich mehr Nachdruck griff der holländische Geodät
J. M. Tienstra dieses Thema auf. Er betrachtete die Beobachtungen als
Massenerscheinungen, deren Verteilung man nur mit den Verfahren der
mathematischen Statistik zutreffend erkennen könnte. Er forderte ferner
stärkere Berücksichtigung der bislang nicht ausreichend beachteten
Abhängigkeiten oder Korrelationen, die zwischen den Beobachtungen
bestehen, und entwickelte dafür ein Ausgleichsverfahren, das sich
des Riccikalküls bediente [4]. Dieses wird sich jedoch kaum einbürgern [5].
Tienstras Arbeiten haben jedoch *G. Lehmann, H. Wolf, E. Gotthardt,
K. Linkwitz* u. a., in jüngster Zeit vor allem *W. Höpcke* [6] angeregt, das
Problem der korrelierten Beobachtungen, das *Helmert* bereits mit seinen
äquivalenten Fehlergleichungen in aller Strenge gelöst hatte, mit Hilfe
der Matrizenrechnung einer besonders eleganten Lösung zuzuführen
(§§ 43 u. 53).

Interessante Parallelen bestehen ferner zwischen der Methode der
kleinsten Quadrate und der statischen Berechnung elastischer Systeme.
K. Friedrich hat sich auch mit dieser Materie befaßt und bereits 1943
gezeigt, daß die Methode der kleinsten Quadrate mit dem Prinzip der
kleinsten Formänderungsarbeit und damit einem allgemeinen Prinzip
des Naturgeschehens in Einklang steht. In jüngster Zeit hat *K. Linkwitz*

---

[2] Vgl. § 50, 1. Fußnote.

[3] Eine Zahl in eckigen Klammern verweist auf das Schrifttumsverzeichnis am Ende
des Buches.

[4] *Tienstra, J. M.*: An extension of the technique of the methods of least squares to
correlated observations. Bull. Géodésique **1947**, 301; – The foundation of the calculus
of observations and the method of least squares. Bull. Géodésique **1948**, 289.

[5] *Gotthardt, E.*: Zur zweistufigen vermittelnden Ausgleichung. Z. Vermessungsw.
1956, 241.

[6] Vgl. die Fußnote zu § 43.1.

das Problem aufgegriffen und es für die Ausgleichung großer Streckennetze nutzbar gemacht[7].

Noch stärker als Matrizenkalkül und korrelierte Beobachtungen
haben die Rechenautomaten weniger auf den Ansatz als auf die Durchführung der Ausgleichungsrechnungen eingewirkt. Sie zu behandeln,
würde den Rahmen dieses Buches sprengen. Nur eines sei erwähnt:
Für Näherungslösungen ist die Zeit vorbei.

---

[7] *Friedrich, K.*: Zwei aus den Grundgesetzen der Mechanik abgeleitete Beweise für
die Richtigkeit der Methode der kleinsten Quadrate. Z. Vermessungsw. **1943**, 97. – *Bar-
vir, A.*: Analoge statische und geodätische Verfahren; Fachwerke, die geodätischen Winkel-
netzen entsprechen. Sonderveröffentl. 14 (1952) der Österr. Z. Vermessungsw. (mit Schriften-
nachweis). – *Jerie, H. G.*: Weitere Analogien zwischen Mechanik und Ausgleichungsrechnung. Sonderveröffentl. 20 (1960) der Österr. Z. Vermessungsw. – *Linkwitz, K.*: Fehlertheorie und Ausgleichung von Streckennetzen nach der Theorie elastischer Systeme.
München 1960.

I. Grundzüge der Fehlerlehre

§ 1. Fehlerarten, theoretische Mittelwerte und Streuungsmaße

Wer Messungen irgendwelcher Art vornimmt, macht die Erfahrung, daß dabei Messungsfehler unterlaufen. Bei näherer Untersuchung ergibt sich, daß nur ein Teil dieser Fehler auf Versehen oder Irrtümer bei der Messung zurückzuführen und daher vermeidbar ist, während andere Fehler, die auf der Unvollkommenheit der menschlichen Sinne, den Mängeln der Meßeinrichtungen und dergleichen beruhen, auch bei Anwendung aller erdenklichen Sorgfalt nicht vermieden werden können. Damit die aus den Messungen abgeleiteten Größen dennoch für einen bestimmten Zweck verwendet werden können, müssen die Fehler durch Anwendung entsprechend feiner Meßverfahren innerhalb gewisser Grenzen gehalten werden. Nun ist aber von dem verlangten Genauigkeitsgrade der Arbeits- und Kostenaufwand abhängig, wodurch der Verfeinerung der Messungen feste Grenzen gesetzt sind. Daher sind für eine bestimmte Messung diejenigen Meßinstrumente und Beobachtungsverfahren auszuwählen, die mit möglichst geringem Arbeits- und Kostenaufwand den Genauigkeitsgrad erreichen, der für die Zwecke der Arbeit hinreichend und erforderlich ist. Die Wege zu diesem Ziel zu erforschen, ist die Aufgabe der Fehlerlehre.

Wir beginnen damit, eine Anzahl von Grundbegriffen zu erklären.

1.1 Grobe, systematische, zufällige und totale Fehler

Um die Messungsfehler beurteilen und bekämpfen zu können, muß man die Art ihrer Entstehung beachten. Man spricht infolgedessen geradezu von Fehlerarten und unterscheidet dabei grobe, regelmäßige und unregelmäßige Fehler.

a) Grobe Fehler sind vorhanden, wenn die Messungswidersprüche beträchtlich größer sind als bei dem angewandten Messungsverfahren zu erwarten war. Sie beruhen meistens auf fehlerhaften Ablesungen, wie z. B. Meterfehlern bei der Streckenmessung, Gradfehlern bei der Winkelmessung, und sie können jedes Vorzeichen und jede beliebige Größe annehmen. Verursacht werden sie meistens durch Unachtsamkeit oder Übermüdung. Für den Zweck der Messungen sind Beobachtungen mit solchen Fehlern nicht zu gebrauchen. Alle Messungen sind daher durch Proben so zu sichern, daß die groben Fehler entdeckt und durch Nachmessungen beseitigt werden können; die groben Fehler scheiden damit bei unseren ferneren Betrachtungen aus.

b) Regelmäßige oder systematische Fehler beeinflussen die Messungsergebnisse stets in demselben Sinne. Sie entstehen teils durch Instrumentalfehler, z. B. beim Nivellieren durch Latten, die vom Normalmaß abweichen, oder durch mangelnde Parallelität von Zielachse und Libellenachse, teils durch einseitige Handhabung der Meßgeräte, z. B. durch ständiges Schräghalten der Nivellierlatten. Man bekämpft sie *vor* der Messung durch Justieren der Instrumente, *während* der Messung durch ein Beobachtungsverfahren, das die systematischen Fehler nach Möglichkeit durch Fehler in entgegengesetzter Richtung kompensiert, und *nach* der Beobachtung, indem man die erkennbaren Fehlerbeträge in Rechnung stellt. So kann schließlich ein Ergebnis erzielt werden, das von regelmäßigen Fehlern im wesentlichen frei ist. Zu den regelmäßigen Fehlern zählt man meistens auch die „konstanten Fehler", die alle Messungen um einen konstanten Betrag verfälschen, z. B. den Nullpunktsfehler eines Maßstabes, und die „einsinnig wirkenden Fehler", die zwar mit verschiedenen Beträgen, aber immer im gleichen Sinne auftreten, z. B. das Ausweichen aus der Geraden bei der Streckenmessung. Das Erkennen und Bekämpfen der regelmäßigen Fehler ist ein wichtiger Teil der Fehlerlehre.

c) Unregelmäßige oder zufällige Fehler beruhen auf der begrenzten Schärfe der menschlichen Sinne, auf den durch die Justierung nicht zu beseitigenden, das Messungsergebnis teils in positivem teils in negativem Sinne beeinflussenden Unvollkommenheiten der Instrumente, auf mangelnder Festigkeit der Beobachtungsstände und auf unkontrollierbaren Änderungen der äußeren Verhältnisse wie Luftzustand, Temperatur, Beleuchtung usw. Meistens treten mehrere dieser Fehlerursachen gleichzeitig auf, so daß der zufällige Fehler einer Messung die algebraische Summe zahlreicher gleich wahrscheinlich positiver und negativer *Elementarfehler* ist, welche das Messungsergebnis zufällig bald in positivem, bald in negativem Sinn beeinflussen. Man bekämpft die zufälligen Fehler, indem man die Messungen möglichst unter etwas anderen Umständen wiederholt, also z. B. die Winkel an verschiedenen Stellen des Teilkreises und zu verschiedenen Tageszeiten mißt. Restlos lassen die zufälligen Fehler sich jedoch nie beseitigen. Um zu einem eindeutigen Ergebnis zu gelangen, muß man die Messungswidersprüche daher ausgleichen.

d) Als *totaler Fehler* wird in der Literatur vielfach die Summe der zufälligen Fehler und der durch das Meßverfahren nicht eliminierten restlichen systematischen Fehler bezeichnet. Da meistens mehrere im Vorzeichen unterschiedliche systematische Restfehler auftreten, nehmen die totalen Fehler, zumal bei ausgedehnten Meßreihen, sehr oft den Charakter zufälliger Fehler an. Die statistischen Untersuchungen von Beobachtungsreihen ergeben daher in der Regel, daß die Beobachtungen im Sinne der Statistik normal oder wenigstens annähernd normal verteilt sind. Ist das nicht der Fall, so muß man versuchen, die systematischen Fehleranteile ausfindig zu machen und ihre Auswirkungen durch Ändern des Beobachtungs- oder das Rechenverfahrens zu beseitigen. Dieser wichtige Teil der Fehlerlehre setzt sehr eingehende Untersuchungen der speziellen Beobachtungsverfahren voraus, für die im § 6 einige Hinweise gegeben werden.

1.2 Der theoretische Mittelwert

Zur Sicherung des Ergebnisses und zur Elimination eines Teils der Fehlereinflüsse pflegt man eine Messungsgröße mehrere Male, oft sogar viele Male zu messen. Man beobachtet also in der Regel Messungsserien oder Messungsreihen. Bei der Auswertung solcher Messungsreihen erheben sich dann folgende Fragen:

a) Wie gewinnt man aus den Messungen den günstigsten Mittelwert der gesuchten Größe;

b) wie gewinnt man eine Meßzahl für die mittlere Unsicherheit oder Streuung einer einzelnen Messung;

c) wie lassen sich die mittlere Unsicherheit oder Streuung des Mittelwertes und sein „Vertrauensbereich" abschätzen.

Wir beginnen mit der Antwort auf die beiden ersten Fragen und gehen dazu davon aus, daß in der Praxis die Anzahl der Messungen zur Ermittlung des günstigsten Mittelwertes und der Genauigkeits- oder Streuungsmaße je nach der Art oder dem Zwecke der Messung sehr verschieden groß ist. Um trotzdem zu eindeutigen Begriffen zu kommen, unterstellt man, es seien zur Ermittlung der gesuchten Größen unendlich viele Messungen ausgeführt, deren Gesamtheit man nach dem Vorgang der mathematischen Statistik als die *Grundgesamtheit* (aller Messungen) bezeichnet. Aus dieser Grundgesamtheit leitet man t h e o r e t i s c h e   M i t t e l w e r t e und t h e o r e t i s c h e   S t r e u u n g s m a ß e ab und verwendet zu deren Kennzeichnung griechische Buchstaben.

Liegt aber – wie es die Regel ist – nur eine Messungsreihe begrenzten Umfangs vor, so betrachte man diese als eine der – fiktiven – Grundgesamtheit entnommene S t i c h p r o b e; aus ihr gewinnt man die vom Praktiker benötigten e m p i r i s c h e n   M i t t e l w e r t e oder S c h ä t z - w e r t e und die e m p i r i s c h e n   S t r e u u n g s m a ß e, zu deren Kennzeichnung man die den griechischen Buchstaben entsprechenden lateinischen Buchstaben benutzt.

Um zunächst den theoretischen Mittelwert zu definieren, nehme man an, es seien die in der Grundgesamtheit enthaltenen unendlich vielen Messungen frei von groben und systematischen Fehlern, so daß sie ausschließlich mit zufälligen Fehlern behaftet sind. Sie sind also zufällige Veränderliche, oder wie der Statistiker sagt, *stochastische Variable*.

Man denke sich nun, die Ergebnisse dieser gedachten Messungen seien nach ihrer Größe geordnet; sie werden dann im Hinblick auf die Lehren der Wahrscheinlichkeitsrechnung um einen (theoretischen) Mittelwert schwanken, der in der Sprache der mathematischen Statistik der *Erwartungswert* und in der Ausgleichungsrechnung – etwas weniger glücklich – der *wahre Wert* der Größe genannt wird. Wenn man dann unter l_i (von A*b*lesung) die Ergebnisse der einzelnen Messungen und unter ζ den Erwartungswert oder wahren Wert der Messungsgrößen versteht, so heißen die entsprechenden Differenzen ε_i, also

$$\varepsilon_1 = \zeta - l_1; \quad \varepsilon_2 = \zeta - l_2; \quad \varepsilon_i = \zeta - l_i; \quad \varepsilon_n = \zeta - l_n \tag{1}$$

die *wahren Fehler* der l_i oder, da das Vorzeichen in der Ausgleichungsrechnung im Sinne einer Verbesserung – nämlich $l_i + \varepsilon_i = \zeta$ – gewählt wird, auch die *wahren Verbesserungen*[8]. Die ε_i unterscheiden sich von den Messungsergebnissen nur um die Konstante ζ; die ε_i sind daher ebenfalls stochastische Variable. Ihr Mittelwert geht, da unendlich viele Messungen vorausgesetzt wurden, nach den Lehren der Wahrscheinlichkeitsrechnung gegen Null; ferner werden positive und negative ε_i mit gleicher Häufigkeit auftreten und kleinere ε_i werden häufiger sein als größere. Trotz ihres zufälligen Charakters treten die ε_i also unter den genannten Voraussetzungen mit einer gewissen Gesetzmäßigkeit auf, die wir im § 7 näher untersuchen werden.

Obwohl auch bei der größten Vollkommenheit der Messungseinrichtungen die wahren Werte der Messungsgrößen im Sinne der Umgangssprache und damit auch ihre wahren Fehler sich niemals bestimmen, ja im Lichte der modernen Physik nicht einmal definieren lassen, hat die Bezugnahme auf die – fiktiven – wahren Fehler sich beim Aufstellen von Fehlergesetzen und bei der Definition von Genauigkeits- oder Streuungsmaßen als sehr nützlich erwiesen. Unter Streuung verstehen wir dabei nicht, wie es manchmal geschieht, ein spezielles Genauigkeitsmaß, sondern in Übereinstimmung mit der Umgangssprache lediglich den Bereich, in dem die Messungsergebnisse „streuen".

---

[8] In der mathem. Statistik gibt man den ε_i das umgekehrte Vorzeichen. Vgl. §§ 47, 48.

1.3 Die theoretischen Streuungsmaße

Die Genauigkeits- oder Streuungsmaße kennzeichnen die Unsicherheit oder die Streuung der Messungsergebnisse. Als geeignet hierfür haben sich der Durchschnittswert der Absolutbeträge der wahren Fehler, ihr radizierter quadratischer Mittelwert[9] und das Streuungsmaß erwiesen, dem die Wahrscheinlichkeit 1/2 zukommt. Diese Streuungsmaße werden, obwohl sie keine Fehler im eigentlichen Sinne des Wortes sind, in der Geodäsie als durchschnittlicher, mittlerer und wahrscheinlicher Fehler bezeichnet. Für den wichtigsten von ihnen, den mittleren Fehler, bürgert sich in neuerer Zeit der aus dem Englischen "standard deviation" übersetzte Ausdruck Standardabweichung ein. Wie bei den Mittelwerten unterscheidet man auch bei den Streuungsmaßen zwischen den aus der Grundgesamtheit abgeleiteten theoretischen Werten, die wir mit griechischen Buchstaben kennzeichnen, und den aus Messungsreihen oder Stichproben gewonnenen empirischen Werten, für die wir die entsprechenden lateinischen Buchstaben verwerten. Die gebräuchlichsten theoretischen Streuungsmaße sind folgendermaßen definiert:

1.31 Der durchschnittliche Fehler. Ist eine Messungsgröße mehrfach mit gleicher Genauigkeit beobachtet worden, so erhält man einen sehr naheliegenden Mittelwert für die Streuung der Messungen, wenn man die oben definierten wahren Fehler ε_i der Messungen mit ihren Absolutbeträgen addiert und die Summe durch die Anzahl der Messungen dividiert. Dieser Durchschnittswert wird die einer einzelnen Messung innewohnende Genauigkeit umso zutreffender charakterisieren, je größer die Anzahl n der Messungen ist. Als theoretischer Wert des durchschnittlichen Fehlers wird daher definiert der Grenzwert

$$\tau = \pm \frac{[|\varepsilon|]}{n} \qquad n \to \infty \,, \tag{2}$$

wobei nach dem Vorbild von *C. F. Gauß* die eckigen Klammern als Summenzeichen gelten. Das Zeichen $\pm$ ist hinzugesetzt, weil der Betrag des durchschnittlichen Fehlers mit gleicher Wahrscheinlichkeit positiv oder negativ sein kann. Der durchschnittliche Fehler läßt sich sehr schnell berechnen. Unbefriedigend ist lediglich, daß die größeren Ausschläge, die für die Beurteilung der Genauigkeit eines Meßverfahrens erhebliche Bedeutung besitzen, in τ nicht besonders zum Ausdruck kommen.

1.32 Der mittlere Fehler oder die Standardabweichung. Wenn man die wahren Fehler ε_i quadriert, die Quadrate addiert, die Summe durch die Anzahl n der Messungen dividiert und aus dem so erhaltenen Mittelwert der Quadrate die Wurzel zieht, so erhält man, wie *C. F. Gauß* sagt[10], den mittleren zu befürchtenden Fehler oder einfach den mitt-

---

[9] Englisch: root mean square error.

[10] Theoria combinationis observationum, pars prior, Art. 7.

leren Fehler der Beobachtungen, und in unserer Ausdrucksweise im Falle $n \to \infty$ den theoretischen Wert des mittleren Fehlers oder der Standardabweichung, nämlich

$$\mu = \pm \sqrt{\frac{[\varepsilon\varepsilon]}{n}} \qquad n \to \infty. \tag{3}$$

Die Berechnung von μ ist etwas umständlicher als die von τ. In μ aber tragen durch das Quadrieren die größeren Fehler in weit stärkerem Ausmaß zur Bildung von $[\varepsilon\varepsilon]$ bei als die kleineren Fehler; μ ist also ein Streuungsmaß, das die Messungsergebnisse nicht beschönigt. Der mittlere Fehler ist deshalb nach den praktischen Erfahrungen von über 100 Jahren als das zweckmäßigste Genauigkeits- oder Streuungsmaß anzusehen. Auch in der mathematischen Statistik wird als Streuungsmaß fast ausschließlich die Standardabweichung bzw. ihr Quadrat, die Varianz, benutzt, deren theoretische Werte man dort mit σ bzw. σ^2 bezeichnet.

1.33 Der wahrscheinliche Fehler ϱ ist definiert durch die Forderung, daß das für einen wahren Fehler ε – wieder im Falle $n \to \infty$ – die Wahrscheinlichkeit, zwischen die Grenzen $-\varrho$ und $+\varrho$ zu fallen, gleich 1/2 ist. Wir werden diese Definition im § 7 in eine mathematische Form bringen und im § 8 die Beziehungen zwischen τ, μ und ϱ untersuchen. Der wahrscheinliche Fehler wird vorwiegend in Frankreich verwandt.

1.4 Zur Berechnung der Streuungsmaße

Abgesehen davon, daß wahre Fehler nur in Ausnahmefällen bekannt sind, ist die bei allen theoretischen Streuungsmaßen aufgestellte Forderung $n \to \infty$ in der Praxis nie zu verwirklichen. Die Erfahrung hat jedoch gezeigt, daß man im Falle $n > 100$ bereits sehr gute Näherungswerte für τ und μ erhält, sofern die ε_i rein zufälliger Natur sind. Für ϱ gewinnt man unter diesen Voraussetzungen einen brauchbaren Näherungswert, indem man die ε_i nach ihrer absoluten Größe ordnet, den mittelsten Wert herauszählt und das Vorzeichen $\pm$ hinzufügt.

Wenn trotzdem, um die Begriffe des durchschnittlichen, des mittleren und des wahrscheinlichen Fehlers anschaulicher zu machen, nachstehend als Zahlenbeispiel zwei Messungsreihen von nur je 10 Beobachtungen untersucht werden, so geschieht das einerseits zur Raumersparnis, zum anderen, weil die kurzen Zahlenreihen sich besser überblicken lassen. Selbstverständlich sind die so erhaltenen Ergebnisse für τ, μ und ϱ nur Schätzwerte, die wir entsprechend den unter 1.2 aufgestellten Regeln mit t, m und r bezeichnen.

Eine zweite, sehr viel wichtigere Gruppe von Schätzwerten, und zwar für die zahlreichen Fälle, in denen die ε_i unbekannt sind, werden wir von § 3 an kennenlernen.

Bei manchen Untersuchungen gibt man die Zwischen- oder End-resultate gerne in der Form der *relativen Fehler* an. Man versteht darunter das Verhältnis des (wahren, durchschnittlichen, mittleren oder wahr-scheinlichen) Fehlers zu der gemessenen Größe selbst. Ein besonderes Symbol ist dafür nicht eingeführt. Man sagt z. B. eine Strecke habe die Genauigkeit 1 : 10000, und denkt dabei in der Regel an das Verhältnis des mittleren Fehlers zur Messungsgröße selbst.

Nochmals sei betont, daß τ, μ und ϱ, wie schon ihr unbestimmtes Vorzeichen erkennen läßt, lediglich die Unsicherheit oder Streuung des Messungsergebnisses charakterisieren. Sie sind also trotz der Be-zeichnung „Fehler" niemals Fehler im eigentlichen Sinne des Wortes. So gesehen ist es zu begrüßen, daß sich für den mittleren Fehler, als das wichtigste aller Streuungsmaße, allmählich der Ausdruck Standard-abweichung und für sein Quadrat die Bezeichnung Varianz einbürgern. Wenn trotzdem in diesem Buch hauptsächlich von mittleren Fehlern gesprochen wird, so geschieht das, um möglichst große Teile des Satzes aus der vorigen Auflage ungeändert übernehmen zu können.

Beispiel: *Mittlerer, durchschnittlicher und wahrscheinlicher Fehler*

Mit einem Präzisionskoordinatographen wurde auf Korrektostatpapier ein Quadrat von 10 cm Seitenlänge so genau konstruiert, daß der wahre Flächeninhalt bis auf zu ver-nachlässigende Abweichungen gleich 100 cm² war. Diese Figur wurde von zwei Beob-achtern mit Zirkel und Maßstab je 10 mal ausgemessen. Die beiden Beobachter erhielten die in den nachstehenden Tabellen unter l aufgeführten Ergebnisse. Gesucht werden für jede Messungsreihe der durchschnittliche, der mittlere und der wahrscheinliche Fehler einer Beobachtung.

1. l	$\varepsilon = 100,0 - l$ +	−	$\varepsilon\varepsilon$	2. l	$\varepsilon = 100,0 - l$ +	−	$\varepsilon\varepsilon$
100,3		0,3	0,09	100,0	0,0		0,00
99,5	0,5		0,25	99,9	0,1		0,01
99,8	0,2		0,04	100,0	0,0		0,00
100,2		0,2	0,04	100,7		0,7	0,49
100,0	0,0		0,00	100,1		0,1	0,01
99,9	0,1		0,01	99,5	0,5		0,25
99,8	0,2		0,04	100,1		0,1	0,01
100,3		0,3	0,09	100,0	0,0		0,00
100,1		0,1	0,01	99,6	0,4		0,16
100,0	0,0		0,00	100,0	0,0		0,00
$[|\varepsilon|] = 1,9$			0,57	$[|\varepsilon|] = 1,9$			0,93

$$t_1 = \pm \frac{1,9}{10} = \pm 0,19 \,\text{cm}^2 \qquad t_2 = \pm \frac{1,9}{10} = \pm 0,19 \,\text{cm}^2$$

$$m_1 = \pm \sqrt{\frac{0,57}{10}} = \pm 0,24 \,\text{cm}^2 \qquad m_2 = \pm \sqrt{\frac{0,93}{10}} = \pm 0,31 \,\text{cm}^2$$

Ordnen der Fehler nach ihrem absoluten Betrag gibt

0 0 1 1 2 2 2 3 3 5   0 0 0 0 1 1 1 4 5 7

also $r_1 = \pm 0,2 \, \text{cm}^2$ $r_2 = \pm 0,1 \, \text{cm}^2$.

Das Beispiel zeigt bei der ersten Reihe einen ruhigen, bei der zweiten (fingierten) Reihe einen sprunghaften Verlauf der Fehlerbeträge. Für unser Gefühl ist daher die erste Reihe die bessere. Dieser Unterschied ist bei der Berechnung des durchschnittlichen Fehlers nicht zum Ausdruck gekommen. Der mittlere Fehler dagegen läßt durch das Quadrieren die „Ausreißer" in der zweiten Reihe sehr stark in Erscheinung treten. Es ist daher offenbar ein gerechterer Wertmesser als der durchschnittliche Fehler. Die Ermittlung des wahrscheinlichen Fehlers nach dem Verfahren des Abzählens hat keine zutreffenden Werte ergeben. Das ist bei kleineren Messungsreihen fast immer der Fall. In der Geodäsie wird daher so gut wie ausschließlich der mittlere Fehler benutzt.

§ 2. Der mittlere Fehler von Funktionen unabhängiger Messungsgrößen (Gaußsches Fehlerfortpflanzungsgesetz)

2.1 Der Einfluß der Beobachtungsfehler auf Funktionen gemessener Größen

Die Beobachtungsfehler gehen in alle Ergebnisse ein, die aus den Beobachtungen rechnerisch abgeleitet werden. Da die Fehler um mehrere Größenordnungen kleiner zu sein pflegen als die Beobachtungsgrößen, dürfen sie als Differentiale im Sinne der Differentialrechnung behandelt werden. Es sei

$$x = f(l_1, l_2, ..., l_n) \tag{1}$$

eine lineare oder nichtlineare Funktion der Beobachtungen $l_1, l_2, ..., l_n$. Sind diese um die Beträge $\varepsilon_1, \varepsilon_2, ..., \varepsilon_n$ fehlerhaft, so ist ohne Zweifel

$$x + \varepsilon_x = f(l_1 + \varepsilon_1, l_2 + \varepsilon_2, ..., l_n + \varepsilon_n).$$

Um ε_x kennen zu lernen, entwickelt man diese Gleichung nach *Taylor*; dann ist, da man sich im Hinblick auf die oben erwähnte Größenordnung der Fehler auf Glieder der 1. Ordnung beschränken darf,

$$x + \varepsilon_x = f(l_1, l_2, ..., l_n) + \frac{\partial f}{\partial l_1} \varepsilon_1 + \frac{\partial f}{\partial l_2} \varepsilon_2 + \cdots + \frac{\partial f}{\partial l_n} \varepsilon_n. \tag{2}$$

Wird hiervon Gl. (1) abgezogen, so erhält man die in ihrem Aufbau einem totalen Differential entsprechende Gleichung

$$\varepsilon_x = \frac{\partial f}{\partial l_1} \varepsilon_1 + \frac{\partial f}{\partial l_2} \varepsilon_2 + \cdots \frac{\partial f}{\partial l_n} \varepsilon_n.$$ (3)

Wenn man nun unter den ε_i die im § 1 eingeführten wahren Fehler versteht, so kann man Gl. (3) als Vorschrift für die Berechnung des wahren Fehlers von (1) ansprechen. Zu diesem Zweck ist (3) jedoch kaum je verwendbar, weil die wahren Fehler im Normalfall nicht bekannt sind; die Gleichung ist aber eine brauchbare Grundlage für die folgenden Entwicklungen.

2.2 Der relative Fehler einer Funktion gemessener Größen

Um die Auswirkung der einzelnen Beobachtungsfehler oder auch der Messungsanordnung auf eine Funktion vom Typus der Gl. (1) größenordnungsmäßig beurteilen zu können, ersetze man in (3) die $\varepsilon_x, \varepsilon_1, \varepsilon_2, ..., \varepsilon_n$ durch die Differentiale $dl_x, dl_1, dl_2, ..., dl_n$ und bilde das Verhältnis dx/x. Dann hat man in dx/x ein Genauigkeitsmaß, das man nach § 1.4 als relativen Fehler (a priori) bezeichnet.

Für die einfacheren Funktionen läßt dieser relative Fehler sich mit Hilfe einer einfachen Regel angeben. Ist nämlich die gesuchte Funktion ein Produkt aus mehreren Faktoren von der Form $x = abc$, so ist

$$dx = bc \cdot da + ac \cdot db + ab \cdot dc,$$

und wenn man beiderseits durch abc dividiert, so ist der relative Fehler des Produkts

$$\frac{dx}{x} = \frac{da}{a} + \frac{db}{b} + \frac{dc}{c}.$$ (4)

Entsprechend ist für den Quotienten $x = a/b$

$$dx = \frac{b\,da - a\,db}{b^2} = x\left(\frac{da}{a} - \frac{db}{b}\right),$$

so daß dx/x rechnerisch gleich dem Klammerausdruck auf der rechten Seite ist. Gewöhnlich pflegt man indessen, um den ungünstigsten Fall zu berücksichtigen, die Ausdrücke in der Klammer zu addieren und berechnet dann den relativen Fehler des Quotienten aus

$$\frac{dx}{x} = \frac{da}{a} + \frac{db}{b}.$$ (5)

In Worten: *Der relative Fehler eines Produktes oder eines Quotienten aus unsicheren Größen ist (im ungünstigsten Falle) gleich der Summe der rela-*

tiven Fehler der Komponenten. Dieser Satz gilt auch für die gemischten Formen

$$x = \frac{ab}{c} \, ; \quad x = \frac{a}{cd} \, ; \quad x = \frac{ab}{cd} \quad \text{usw.}$$

2.3 Der mittlere Fehler einer Funktion gegenseitig unabhängiger Messungsgrößen

Zur Berechnung des mittleren Fehlers einer Funktion beobachteter Größen ist die Gl. (3) nicht geeignet, weil der mittlere Fehler keine eindeutige algebraische Größe, sondern ein Durchschnittswert ist. Man muß daher, wenn man ihn irgendwelchen algebraischen Operationen unterwirft, Durchschnittsbetrachtungen zu Hilfe nehmen. Zweckmäßig geht man dabei davon aus, daß der mittlere Fehler seiner Definition nach aus wahren Fehlern hergeleitet ist.

Es sei vorausgesetzt, daß die Beobachtungen, die in die gesuchten Funktionen eingehen, gegenseitig unabhängige ursprüngliche Beobachtungen sind. Man gelangt zu einer allgemeinen Formel für die Berechnung der mittleren Fehler von Funktionen beobachteter Größen auf einem sehr einfachen Wege, wenn man zuvor einige leicht übersehbare Sonderfälle betrachtet.

a) Mittlere Fehler des Vielfachen einer Beobachtungsgröße. Gesucht sei der mittlere Fehler der Funktion

$$x = \alpha_1 l_1 \, , \tag{6}$$

in der α_1 eine Konstante und l_1 eine Beobachtungsgröße mit dem mittleren Fehler $\pm m_1$ ist. Sind X und L_1 die entsprechenden wahren Werte und ε_x und ε_1 die wahren Fehler, so ist $X = \alpha_1 L_1$ und

$$X - x = \alpha_1 (L_1 - l_1) \quad \text{und} \quad \varepsilon_x = \alpha_1 \varepsilon_1 \, . \tag{6a}$$

Der mittlere Fehler ist nach § 1 (3) das quadratische Mittel aus den wahren Fehlern einer sehr großen Zahl ($v \to \infty$) von Einzelbeobachtungen. Im vorliegenden Falle denke man sich daher, es sei l_1 als Mittel aus einer größeren Anzahl von Elementarmessungen $l_1', l_1'', \ldots, l_1^{(v)}$ erhalten; es seien ferner für jede dieser Elementarmessungen die zugehörigen $\varepsilon_1', \varepsilon_1'', \ldots$ ermittelt und die $\varepsilon_x' = \alpha_1 \varepsilon_1'$, $\varepsilon_x'' = \alpha_1 \varepsilon_1''$, … gebildet. Die so erhaltenen v Bestimmungsgleichungen für die ε_x^i denke man sich einzeln quadriert und aufsummiert und ihre Summe durch v geteilt [11]; dann wird

---

[11] In den Gln. (7) bis (11) ist anstelle von $\varepsilon^{(i)}$, $\varepsilon^{(v)}$, $\varepsilon^{(\mu)}$ zur Vereinfachung des Satzes ε^i, ε^v, ε^μ gesetzt worden. Ferner sind in diesen Gleichungen μ_1, μ_2, μ_x theoretische Standardabweichungen, während μ und v (ohne Index) Zählzahlen bedeuten.

mit § 1 (3)

$$\frac{[\varepsilon_x \varepsilon_x]}{v} = \alpha_1^2 \frac{[\varepsilon_1^i \varepsilon_1^i]_1^v}{v} \quad \text{oder} \quad \mu_x^2 = \alpha_1^2 \mu_1^2 \,. \tag{7}$$

Daraus folgt nach beiderseitigem Radizieren für empirische mittlere Fehler

$$m_x = \pm \alpha_1 m_1 \,. \tag{7a}$$

In Worten: *Der mittlere Fehler einer Größe x, die aus einer Größe l durch Multiplikation mit einer Konstanten abgeleitet ist, wird erhalten, indem man den mittleren Fehler von l mit der gleichen Konstanten multipliziert.*

b) Lineare Funktion unabhängiger Beobachtungen. Gesucht sei der mittlere Fehler der Funktion

$$x = \alpha_0 + \alpha_1 l_1 + \alpha_2 l_2 \,, \tag{8}$$

in der die α_i Konstante und l_1 und l_2 Messungsgrößen mit den mittleren Fehlern $\pm \mu_1$ und $\pm \mu_2$ sind. Dabei werde angenommen, es sei μ_1 – wie in (7) und (7a) – gewonnen aus den wahren Fehlern $\varepsilon_1', \varepsilon_1'', \ldots, \varepsilon_1^v$ von v unabhängigen Elementarmessungen von l_1 und ebenso μ_2 aus den wahren Fehlern $\varepsilon_2', \varepsilon_2'', \ldots, \varepsilon_2^\mu$ von μ unabhängigen Elementarmessungen von l_2, so daß die Gleichungen bestehen

$$\mu_1^2 = \frac{[\varepsilon_1^i \varepsilon_1^i]_1^v}{v} \,; \qquad \mu_2^2 = \frac{[\varepsilon_2^i \varepsilon_2^i]_1^\mu}{\mu} \,. \tag{9}$$

Zur Berechnung von μ_x denke man sich beliebige Paare der den Messungsgrößen l_1 und l_2 zugrundeliegenden Elementarmessungen in (8) eingesetzt; dann ergibt sich analog (6) und (6a) für jedes derartige Paar eine Gleichung von der Form

$$\varepsilon_x^i = \alpha_1 \varepsilon_1^i + \alpha_2 \varepsilon_2^i \,.$$

Man bilde nun, indem man jede Messung $l_1', l_1'', \ldots, l_1^v$ mit jeder Messung $l_2', l_2'', \ldots, l_2^\mu$ kombiniert, die $v \cdot \mu$ möglichen Paarungen, quadriere diese und bilde die Summe

$$\begin{aligned}
[\varepsilon_x \varepsilon_x] = {} & (\alpha_1 \varepsilon_1' + \alpha_2 \varepsilon_2')^2 + (\alpha_1 \varepsilon_1' + \alpha_2 \varepsilon_2'')^2 + \cdots (\alpha_1 \varepsilon_1' + \alpha_2 \varepsilon_2^\mu)^2 \\
& + (\alpha_1 \varepsilon_1'' + \alpha_2 \varepsilon_2')^2 + (\alpha_1 \varepsilon_1'' + \alpha_2 \varepsilon_2'')^2 + \cdots (\alpha_1 \varepsilon_1'' + \alpha_2 \varepsilon_2^\mu)^2 \\
& + \cdots\cdots\cdots\cdots + \cdots\cdots\cdots\cdots + \cdots\cdots\cdots\cdots \\
& + (\alpha_1 \varepsilon_1^v + \alpha_2 \varepsilon_2')^2 + (\alpha_1 \varepsilon_1^v + \alpha_2 \varepsilon_2'')^2 + \cdots (\alpha_1 \varepsilon_1^v + \alpha_2 \varepsilon_2^\mu)^2 \,.
\end{aligned}$$

Da v Messungen l_1 und μ Messungen l_2 vorliegen, ergibt sich durch Ausmultiplizieren der Klammerausdrücke

$$[\varepsilon_x \varepsilon_x] = \mu \alpha_1^2 [\varepsilon_1^{i2}]_1^v + v \alpha_2^2 [\varepsilon_2^{i2}]_1^\mu + 2 \alpha_1 \alpha_2 [\varepsilon_1^i]_1^v \cdot [\varepsilon_2^i]_1^\mu \,.$$

Dividiert man beiderseits durch $v \cdot \mu = n$, so wird

$$\frac{[\varepsilon_x \varepsilon_x]}{n} = \alpha_1^2 \frac{[\varepsilon_1^i \varepsilon_1^i]_1^\nu}{\nu} + \alpha_2^2 \frac{[\varepsilon_2^i \varepsilon_2^i]_1^\mu}{\mu} + 2\alpha_1 \alpha_2 \frac{[\varepsilon_1^i]_1^\nu}{\nu} \frac{[\varepsilon_2^i]_1^\mu}{\mu}. \tag{10}$$

Hierin ist die linke Seite nach der Definition des § 1 (3) gleich μ_x^2; die quadratischen Ausdrücke auf der rechten Seite ergeben nach (9) die Werte μ_1^2 und μ_2^2. In den Ausdrücken $[\varepsilon_1^i] : \nu$ und $[\varepsilon_2^i] : \mu$ aber sind, da unabhängige Messungen mit nur zufälligen Fehlern vorausgesetzt sind, die Zähler sehr kleine Werte, die Nenner dagegen sehr groß. Ihr doppeltes Produkt kann daher im Vergleich zu den quadratischen Gliedern vernachlässigt werden. Mithin ist

$$\mu_x^2 = \alpha_1^2 \mu_1^2 + \alpha_2^2 \mu_2^2, \tag{11}$$

und im empirischen Raum gilt mit guter Annäherung

$$m_x^2 = \alpha_1^2 m_1^2 + \alpha_2^2 m_2^2. \tag{11a}$$

Durch wiederholte Anwendung läßt sich dieses Ergebnis ohne weiteres auf Funktionen von mehreren gleichartigen und unabhängigen Messungsgrößen übertragen. Also ist ganz allgemein für

$$\left. \begin{array}{l} x = \alpha_0 + \alpha_1 l_1 + \alpha_2 l_2 + \cdots \alpha_n l_n \\ m_x^2 = \alpha_1^2 m_1^2 + \alpha_2^2 m_2^2 + \cdots \alpha_n^2 m_n^2. \end{array} \right\} \tag{12}$$

Diese Formel gilt auch dann, wenn in dem Ausdruck für x einzelne oder alle Glieder negative Vorzeichen haben.

Handelt es sich um gleich genaue Beobachtungen mit dem empirischen mittleren Fehler m, so vereinfacht (12) sich zu

$$m_x = \pm \sqrt{[\alpha \alpha]}\, m. \tag{13}$$

Endlich gilt für eine einfache Summe von n gleich genauen Beobachtungen, deren Glieder ebenfalls beliebige Vorzeichen haben können,

$$x = l_1 \pm l_2 \pm \cdots \pm l_n, \tag{14}$$
$$m_n = \pm \sqrt{n}\, m.$$

Für diesen Fall, der vor allem beim Nivellement und der Streckenmessung mit Latten und Meßbändern auftritt, lautet die Regel in Worten:
Werden mehrere gleich genaue Messungsgänge zu einer Summe oder Differenz zusammengefaßt, so wächst der mittlere Fehler des Ergebnisses mit der Quadratwurzel aus der Anzahl der Messungsgänge.

c) Nichtlineare Funktion unabhängiger Beobachtungen. Ist eine Funktion von der Form (1) gegeben, so macht man sie nach Gl. (2) linear und darf dann die partiellen Ableitungen ebenso behandeln wie die

Zahlenkoeffizienten in (12). Damit lautet die Vorschrift zur Berechnung des mittleren Fehlers einer Funktion gegenseitig unabhängiger Messungsgrößen oder das *Gaußsche Fehlerfortpflanzungsgesetz* für nichtlineare Funktionen:

Für $\quad\quad\quad x = f(l_1, l_2, \dots, l_n),$

ist $\quad m_x^2 = \left(\dfrac{\partial f}{\partial l_1}\right)^2 m_1^2 + \left(\dfrac{\partial f}{\partial l_2}\right)^2 m_2^2 + \cdots \left(\dfrac{\partial f}{\partial l_n}\right)^2 m_n^2 \Bigg\}$ (15)

Eine erweiterte Form des Fehlerfortpflanzungsgesetzes, die auch für gegenseitig abhängige oder korrelierte Beobachtungen gilt, wird im § 6.2 abgeleitet werden.

d) Gebrochene Funktionen von der Form

$$F(x) = \frac{f_1(l_1)\, f_3(l_3) \dots}{f_2(l_2)\, f_4(l_4) \dots}$$

bringt man, sofern die darin auftretenden Funktionen logarithmisch vertafelt sind, durch Logarithmieren in lineare Form und gewinnt dann die den partiellen Ableitungen in (15) entsprechenden Zahlenkoeffizienten mit Hilfe der logarithmischen Fortschritte. Den Rechenansatz entnehme man dem 6. und dem 7. Beispiel.

1. Beispiel. *Stereophotogrammetrische Grundaufgabe*

Beim Normalfall der terrestrischen Stereophotogrammetrie lautet die Gleichung für die Ordinate y des Gegenstandspunktes P, bezogen auf das Projektionszentrum O_1 des linken Standpunktes als Koordinatenanfangspunkt

$$y = \frac{bf}{p},$$

wobei b die Basis, f die Kammerkonstante und p die Parallaxe ist.

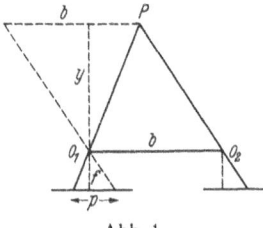

Abb. 1

Die wahren Fehler von b, f und p sind nicht bekannt. Man berechnet daher, um das Zusammenwirken der einzelnen Fehlerursachen beurteilen zu können, das totale Differential

$$dy = -\frac{bf}{p^2}\,dp + \frac{f}{p}\,db + \frac{b}{p}\,df = -\frac{y}{p}\,dp + \frac{y}{b}\,db + \frac{y}{f}\,df.$$

Daraus folgt als relativer Fehler (a priori) für den ungünstigsten Fall

$$\frac{dy}{y} = +\frac{dp}{p} + \frac{db}{b} + \frac{df}{f}.$$

2. Beispiel. *Zahlenmäßige Überprüfung des Fehlerfortpflanzungsgesetzes*

Um den Gedankengang, der auf das Fehlerfortpflanzungsgesetz geführt hat, anhand eines Zahlenbeispiels zu veranschaulichen, wurde folgender Versuch gemacht:

Auf demselben Wege wie in § 1, Beispiel, wurden auf einer Aluminiumfolie zwei nebeneinanderliegende Quadrate von 10 cm Seitenlänge so genau konstruiert, daß der „wahre" Inhalt jedes Quadrates bis auf zu vernachlässigende Abweichungen 100 cm^2 betrug. Dann wurden beide Quadrate mit Zirkel und Maßstab je 10 mal ausgemessen, und es wurde für jedes Quadrat der mittlere Fehler einer Einzelmessung berechnet. Gefragt ist nach dem mittleren Fehler des Inhalts einer aus zwei beliebigen Einzelbeobachtungen zusammengesetzten Gesamtfläche. Die Einzelbeobachtungen und ihre *wahren* Fehler sind:

l_1	ε_1	$\varepsilon_1\varepsilon_1$	l_2	ε_2	$\varepsilon_2\varepsilon_2$
100,5	−0,5	0,25	99,6	+0,4	0,16
99,8	+0,2	0,04	100,3	−0,3	0,09
99,9	+0,1	0,01	100,2	−0,2	0,04
100,1	−0,1	0,01	99,8	+0,2	0,04
99,7	+0,3	0,09	99,7	+0,3	0,09
100,0	0,0	0,00	99,6	+0,4	0,16
100,2	−0,2	0,04	100,5	−0,5	0,25
99,8	+0,2	0,04	100,3	−0,3	0,09
99,7	+0,3	0,09	100,1	−0,1	0,01
100,0	0,0	0,00	99,7	+0,3	0,09

$$[\varepsilon_1\varepsilon_1] = 0,57, \qquad\qquad [\varepsilon_2\varepsilon_2] = 1,02,$$
$$m_1 = \pm 0,24, \qquad\qquad m_2 = \pm 0,32.$$

Also ist gemäß (11) der mittlere Fehler *einer* Bestimmung der ganzen Fläche

$$m_x = \sqrt{0,057 + 0,102} = \sqrt{0,159} = \pm 0,40 \text{ cm}^2.$$

Um das Ergebnis nun auch im Hinblick auf das in (11) vernachlässigte Glied zu überprüfen, wurde die algebraische Summe der gemischten Produkte $[\varepsilon_1\varepsilon_2]$ aus den 100 möglichen Kombinationen errechnet. Es ergab sich +0,06, so daß für unser Beispiel das in Formel (11) vernachlässigte Glied

$$2\frac{[\varepsilon_1\varepsilon_2]}{n} = \frac{2 \cdot 0,06}{100} = 0,0012 \text{ cm}^2$$

ausmacht. Dieser Betrag ist für die Berechnung von m_x ohne Bedeutung.

2*

3. Beispiel. *Streckenmessung mit Distanzmesser, Meßlatten und Basislatten*

Eine Strecke von etwa 68 m Länge wurde zunächst mit 5 m langen Meßlatten, dann mit einem Reichenbachschen Fadendistanzmesser und schließlich durch Messen des parallaktischen Winkels nach den Endmarken einer 2 m-Basislatte beobachtet. Es sind die Messungsergebnisse und ihre mittleren Fehler zu berechnen.

a) Beim Messen mit 5 m-Meßlatten ergaben sich nach sorgfältiger Abgleichung der Latten 13 Lattenlagen und ein Reststück von 3,10 m. Der unregelmäßige Fehler einer Lattenlage war zu $\pm 2{,}8$ mm ermittelt; regelmäßige Fehleranteile sind nicht festgestellt. Daher ist nach (14)

$$s = 13 \cdot 5\,\text{m} + 3{,}10\,\text{m} = 68{,}10\,\text{m} .$$

$$m_s = 2{,}8^2 + 2{,}8^2 + \cdots (14\,\text{mal}) \cdots + 2{,}8^2 = 2{,}8^2 \cdot 14 .$$

$$m_s = \pm 2{,}8\,\text{mm}\,\sqrt{14} = \pm 0{,}01\,\text{m} .$$

b) Der Reichenbachsche Distanzmesser mit den Konstanten $c = 0{,}56$ m und $k = 100{,}3$ ergab den Lattenabschnitt $l = 0{,}673$ m $\pm 1{,}4$ mm. Werden die Konstanten als fehlerfrei angesehen, so ist nach (7)

$$s = c + kl = 0{,}56 + 100{,}3 \cdot 0{,}673\,\text{m} = 68{,}06\,\text{m} .$$

$$m_s = 100{,}3\,(\pm 0{,}0014) = \pm 0{,}140\,\text{m} .$$

c) Setzt man dagegen $m_c = \pm 0{,}03$ m und $m_k = \pm 0{,}05$, so ist nach (15)

$$ds = dc + k \cdot dl + l \cdot dk ; \qquad m_s^2 = m_c^2 + k^2 m_l^2 + l^2 m_k^2 .$$

$$m_s = \pm\sqrt{0{,}03^2 + 100^2 \cdot 0{,}0014^2 + 0{,}673^2 \cdot 0{,}05^2} = \pm 0{,}145\,\text{m} .$$

Das Ergebnis wird durch die Unsicherheit der Konstanten also nur wenig beeinflußt.

d) Die Messung des parallaktischen Winkels nach den Endmarken der 2 m-Basislatte ergab $\gamma = 1{,}8698^g \pm 3^{cc}$. Der Abstand der Endmarken betrug $b = 2{,}000$ m $\pm 0{,}1$ mm. Damit wird

$$s = \frac{b}{2}\cot\frac{\gamma}{2} = 68{,}09\,\text{m} .$$

Zur Fehlerberechnung nach (15) bilde man

$$ds = \frac{b}{4}\,\frac{d\gamma}{\sin^2\gamma/2} + \cot\frac{\gamma}{2}\cdot\frac{db}{2} = \frac{s^2}{b}\cdot\frac{d\gamma}{\cos^2\gamma/2} + \frac{s}{b}\cdot db .$$

Daraus folgt, da $\cos^2\gamma/2 \approx 1$ ist,

$$m_s^2 = \left(\frac{s^2}{b}\right)^2\left(\frac{m_\gamma}{\varrho}\right)^2 + \left(\frac{s}{b}\right)^2 m_b^2 = 1{,}2\cdot 10^{-4} + 0{,}12\cdot 10^{-4} ;$$

$$m_s = \pm 0{,}011\,\text{m} .$$

Der Einfluß der Unsicherheit der Basislänge ist also unbedeutend.

e) Zusatz: Die Berechnung relativer Fehler nach (4) und (5) gibt

im Falle a) $\dfrac{ds}{s} = 0{,}01\,\text{m} : 68{,}1\,\text{m} = 1 : 6810$;

im Falle b) $\dfrac{ds}{s} = 0{,}14\,\text{m} : 68{,}1\,\text{m} = 1 : 490$;

im Falle c) wegen $kl \approx s$

$$\left(\frac{ds}{s}\right)_{\max} = \frac{dc}{s} + \frac{dl}{l} + \frac{dk}{k} = \frac{0{,}02}{68} + \frac{0{,}0014}{0{,}68} + \frac{0{,}05}{100} = 1:340\,;$$

im Falle d) wegen $b/s \approx \tan\gamma \approx \gamma$

$$\left(\frac{ds}{s}\right)_{\max} = \frac{d\gamma}{\gamma} + \frac{db}{b} = \frac{0{,}0003}{1{,}8698} + \frac{0{,}0001}{2{,}0} = 1:4800\,.$$

4. Beispiel. *Nivellement und trigonometrische Höhenmessung*

a) Auf einer geraden und nahezu ebenen Strecke von genau 1000 m Länge wurde der Höhenunterschied von Anfangs- und Endpunkt durch ein einfaches *Nivellement* mit 50 m Zielweiten ermittelt. Wie groß ist der mittlere Fehler des Gesamthöhenunterschiedes, wenn der mittlere Fehler einer einzelnen Höhenunterschiedsbestimmung auf der Station $\pm 1{,}2$ mm beträgt?

$$H = h_1 + h_2 + \cdots + h_{10}\,,$$

$$m_H^2 = m^2 + m^2 + \cdots + m^2\,,$$

$$m_H = \pm m\sqrt{10} = \pm 1{,}2\sqrt{10} = \pm 3{,}8 \text{ mm}\,.$$

b) Der Höhenunterschied zwischen Anfangs- und Endpunkt wurde ein zweites Mal durch *trigonometrische Höhenmessung* bestimmt, wobei Kippachse und Zieltafel in gleicher Höhe über dem Erdboden standen. Die Zenitdistanz wurde zu $(96{,}4000 \pm 0{,}0020)^{\text{g}}$ gemessen. Wie groß ist der mittlere Fehler des Höhenunterschiedes, wenn die Fehler der Streckenmessung und der Refraktionseinflüsse unbeachtet bleiben?

$$H \pm m_H = s\cot(96{,}4000 \pm 0{,}0020)^{\text{g}} + \frac{1-k}{2r}\,s^2\,,$$

$$m_H = \frac{s}{\sin^2 z}\,m_z = \frac{1000}{\sin^2 96{,}4} \cdot \frac{0{,}0020}{63{,}662} = \pm 0{,}031 \text{ m}\,.$$

Vergleicht man die mittleren Fehler der Ergebnisse, so haben sich in den Beispielen 3 und 4 übereinstimmend die Messungsanordnungen, bei denen die Fehler dem Wurzelgesetz (14) folgen, als überlegen erwiesen. Das ist eine wichtige Erkenntnis der Fehlerlehre.

5. Beispiel. *Mittlerer Fehler einer Differenz*

Zur indirekten Bestimmung des Winkels γ wurden in einem ebenen Dreieck die Winkel α und β gleich genau mit einem mittleren Fehler von $\pm 18^{\text{cc}}$ gemessen. Wie groß ist der mittlere Fehler von γ?

$$\gamma = 200^{\text{g}} - \alpha - \beta\,,$$

$$m_\gamma = \sqrt{m_\alpha^2 + m_\beta^2} = \sqrt{18{,}0^2 + 18{,}0^2} = \sqrt{648} = \pm 25{,}5^{\text{cc}}\,.$$

6. Beispiel. *Nichtlineare Funktion einer Beobachtung*

Gegeben ist $a = 87,46 \pm 0,04$. Wie groß ist der mittlere Fehler von $x = \lg a$?

$$m_x = \frac{d\lg a}{da}\, m_a = \frac{\text{Mod}}{a}\, m_a = \frac{0,4343}{87,46} \cdot 0,04 = \pm 0,00020\,;$$

m_x macht mithin ± 20 Einheiten der 5. Stelle (E_5) des Logarithmus aus.

Das Ergebnis hätte auch ohne Differentiation mit Hilfe des dem mittleren Fehler m_a entsprechenden logarithmischen Fortschrittes ermittelt werden können; denn es ist

$$\lg(87,46 + 0,04) - \lg 87,46 = 1,94201 - 1,94181 = 0,00020\,.$$

7. Beispiel. *Mittlerer Fehler einer Dreiecksseite*

Gegeben sind in einem ebenen Dreieck die Größen

$$a = 126,14 \pm 0,04\ \text{m}\,,$$

$$\beta = 131,3750^{\text{g}} \pm 60^{\text{cc}}\,,$$

$$\gamma = 26,0500^{\text{g}} \pm 60^{\text{cc}}\,.$$

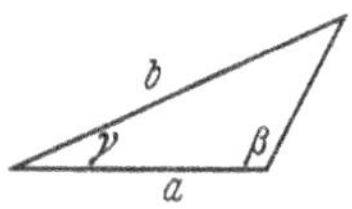

Abb. 2

Gesucht sind die Strecke b und ihr mittlerer Fehler.

a) Lösung mit Hilfe des Taylorschen Satzes. Der Zusammenhang zwischen gegebenen und gesuchten Größen ist bestimmt durch

$$b = \frac{a\sin\beta}{\sin(\beta + \gamma)}\,.$$

Mithin gilt nach (3) für die wahren Fehler

$$\varepsilon_b = \frac{\partial b}{\partial a}\,\varepsilon_a + \frac{\partial b}{\partial \beta}\,\varepsilon_\beta + \frac{\partial b}{\partial \gamma}\,\varepsilon_\gamma\,,$$

wobei $\qquad \dfrac{\partial b}{\partial a} = \dfrac{b}{a}\,;\qquad \dfrac{\partial b}{\partial \beta} = \dfrac{a\sin\gamma}{\sin^2\alpha}\,;\qquad \dfrac{\partial b}{\partial \gamma} = b\cot\alpha$

ist. Einsetzen und Übergehen zu mittleren Fehlern gibt

$$m_b^2 = \left(\frac{b}{a}\right)^2 m_a^2 + \left(\frac{a\sin\gamma}{\sin^2\alpha}\right)^2 \left(\frac{m_\beta}{\varrho}\right)^2 + (b\cot\alpha)^2 \left(\frac{m_\gamma}{\varrho}\right)^2\,,$$

und wenn m_β und m_γ in Neuminuten genommen werden, ist

$$m_b^2 = \left(\frac{179}{126}\right)^2 \cdot 0,04^2 + \left(\frac{126\cdot 0,40}{0,38}\right)^2 \cdot \left(\frac{0,60}{6366}\right)^2 + (179\cdot 1,26)^2 \cdot \left(\frac{0,60}{6366}\right)^2$$

$$= 0,0032 + 0,0002 + 0,0005 = 0,0039\,.$$

$$m_b = \pm 0,062\ m\,.$$

b) Lösung mit Tafelfortschritten. Die Logarithmierung der Ausgangsgleichung ergibt unter Berücksichtigung wahrer Beobachtungsfehler

$$\lg(b + \varepsilon_b) = \lg(a + \varepsilon_a) + \lg\sin(\beta + \varepsilon_\beta) - \lg\sin(\beta + \gamma + \varepsilon_\beta + \varepsilon_\gamma)\,.$$

Es sei Δ_a der zahlenmäßige Fortschritt von $\lg a$, wenn a um 1 cm vergrößert wird. Ferner entspreche der Vergrößerung von β um eine Minute im $\lg \sin$ der logarithmische Fortschritt Δ_β und es sei $\Delta_{(\beta + \gamma)}$ der Fortschritt für eine Minute in $\lg \sin (\beta + \gamma)$. Endlich sei Δ_b der logarithmische Fortschritt für 1 cm an der Stelle $\lg b$. Dann läßt sich vorige Gleichung umschreiben in

$$\lg b + \Delta_b \varepsilon_b = \lg a + \Delta_a \varepsilon_a + \lg \sin \beta + \Delta_\beta \varepsilon_\beta - \lg \sin(\beta + \gamma) - \Delta_{(\beta + \gamma)}(\varepsilon_\beta + \varepsilon_\gamma) \,.$$

Mit Rücksicht auf die gegebene Gleichung für b folgt

$$\Delta_b \varepsilon_b = \Delta_a \varepsilon_a + (\Delta_\beta - \Delta_{(\beta + \gamma)}) \varepsilon_\beta - \Delta_{(\beta + \gamma)} \varepsilon_\gamma$$

und durch Übergang zu mittleren Fehlern

$$m_b^2 = \left(\frac{\Delta_a}{\Delta_b} \right)^2 m_a^2 + \left(\frac{\Delta_\beta - \Delta_{(\beta + \gamma)}}{\Delta_b} \right)^2 m_\beta^2 + \left(\frac{\Delta_{(\beta + \gamma)}}{\Delta_b} \right)^2 m_\gamma^2 \,.$$

Die Zahlenrechnung, in der 3 Punkte den Logarithmus andeuten, ergibt

$a \ldots$	2.10085	$\Delta_a = +3{,}4 \, E_5$	für 1 cm
$\sin \beta \ldots$	9.94497	$\Delta_\beta = -3{,}6 \, E_5$	für 1^c
$1 : \sin(\beta + \gamma) \ldots$	0.20760	$\Delta_{(\beta + \gamma)} = -8{,}6 \, E_5$	für 1^c
$b \ldots$	2.25342	$\Delta_b = +2{,}4 \, E_5$	für 1 cm
$b = 179{,}23 \,,$			

und da m_a in cm, m_β und m_γ in Minuten angesetzt werden müssen, wird

$$m_b^2 = \left(\frac{3{,}4}{2{,}4} \right)^2 4^2 + \left(\frac{-3{,}6 + 8{,}6}{2{,}4} \right)^2 0{,}6^2 + \left(\frac{-8{,}6}{2{,}4} \right)^2 0{,}6^2$$

$$= 32{,}1 + 1{,}6 + 4{,}6 = 38{,}3 \,,$$

$$m_b = \pm 6{,}2 \text{ cm} \,.$$

Man beachte: 1. Die Dimensionen Zentimeter für die Strecken und Minuten für die Winkel sind gewählt, um Fortschritte der gleichen Größenordnung zu bekommen.

2. Man achte auf das Vorzeichen des Fortschrittes! So ist z. B. Δ_β negativ, weil der Sinus im II. Quadranten abnimmt. Im Zweifelsfalle schlage man den Logarithmus auf, der einer Vergrößerung des Argumentes um eine Einheit entspricht.

3. Das Fehlerfortpflanzungsgesetz darf nur auf ursprüngliche unabhängige Beobachtungen angewandt werden. Deshalb mußten vor der Anwendung dieses Gesetzes die Koeffizienten von ε_β zusammengefaßt werden. Um die Notwendigkeit an einem drastischen Beispiel einzusehen, zerlege man die Summe

$$x = l_1 + l_2$$

in

$$x = l_1 + 0{,}5 \, l_2 + 0{,}5 \, l_2$$

und wende darauf die Fehlerhäufungsregel schematisch an. Man erhält

$$m_x^2 = m_1^2 + 0{,}25 \, m_2^2 + 0{,}25 \, m_2^2 = m_1^2 + 0{,}5 \, m_2^2 \,.$$

Das ist ein offensichtlich falsches Ergebnis, das wir im Beispiel zu § 6.2 berichtigen werden.

4. Für welche Dimensionen die logarithmischen Fortschritte genommen werden, ist grundsätzlich gleichgültig, wenn nur für die Fortschritte und Fehler die gleichen Dimensionen verwandt werden.

§ 3. Empirischer Mittelwert und empirischer mittlerer Fehler bei Beobachtungen gleicher Genauigkeit

3.1 Wahre und übrigbleibende Fehler

Empirische Werte des mittleren Beobachtungsfehlers lassen sich nach der Formel

$$m = \pm \sqrt{\frac{[\varepsilon\varepsilon]}{n}} \tag{1}$$

lediglich unter Verzicht auf die Forderung $n \to \infty$ nur ausnahmsweise berechnen, da die zur Berechnung der ε erforderlichen wahren Werte der Beobachtungen nicht bekannt sind. In einigen wenigen Fällen kennt man den Wert einer Kombination von Messungsgrößen, z. B. bei der Beobachtung der Winkelsumme im Dreieck, des Horizontschlusses bei Winkelbeobachtungen um einen Punkt herum und des Nivellementschleifenschlusses. Brauchbare Näherungswerte der wahren Fehler erhält man für Messungen minderer Genauigkeit, indem man diese mit Präzisionsmessungen vergleicht, z. B. die Bandmessung mit der Basismessung, die barometrische Höhenmessung mit dem Nivellement, die Fadendistanzmessung mit der Messung mit Feinmeßbändern usw.

In der überwiegenden Mehrzahl aller Fälle muß man sich damit begnügen, aus den einander widersprechenden Beobachtungen durch eine Ausgleichung der Beobachtungsfehler einen empirischen oder Schätzwert, oder wie *C. F. Gauß* sagt, den plausibelsten Wert der Unbekannten zu ermitteln, den man zur Unterscheidung von dem gedachten wahren Wert X mit x bezeichnet. Entsprechend nennt man nach *Gauß* die Unterschiede v zwischen den beobachteten und den ausgeglichenen Werten von Beobachtungsgrößen die plausibelsten Verbesserungen oder einfach Verbesserungen und erteilt ihnen auch das Vorzeichen in diesem Sinne. Daneben werden die v auch – etwas mißverständlich – die scheinbaren Fehler und – sprachlich unschön, aber in der Sache treffend – die nach der Ausgleichung übrigbleibenden Fehler (engl. residuals) genannt. In Formeln ist

$$l + v = x$$

oder

$$v = x - l, \tag{2}$$

d. h. der übrigbleibende Fehler oder die plausibelste Verbesserung ist gleich dem ausgeglichenen Wert minus dem gemessenen Wert.

3.2 Empirischer Mittelwert und empirischer mittlerer Fehler einer ursprünglichen Beobachtung

Die Ableitung günstigster empirischer Werte ist eine Aufgabe der Ausgleichungsrechnung, die in den Abschn. II bis IV behandelt wird.

Für einen Sonderfall kann der günstigste Wert jedoch ohne viel Theorie angegeben werden: Wenn nämlich ein- und dieselbe Größe mehrere Male mit gleicher Genauigkeit gemessen wird, so ist der plausibelste und gleichzeitig der wahrscheinlichste Wert im Sinne der Wahrscheinlichkeitsrechnung das arithmetische Mittel aller Messungen. Demnach ist, wenn $l_1, l_2, \ldots, l_n$ gleich genaue Beobachtungen ein- und derselben Unbekannten sind,

$$x = \frac{l_1 + l_2 + \cdots l_n}{n} = \frac{[l]}{n}. \tag{3}$$

Die übrigbleibenden Fehler und – wegen (3) – ihre Summe sind

$$\left.\begin{aligned} v_1 = x - l_1\,; \quad v_2 = x - l_2\,; \quad \cdots \quad v_n = x - l_n \\ [v] = nx - [l] = 0\,. \end{aligned}\right\} \tag{4}$$

Um eine Formel zur Berechnung des empirischen mittleren Fehlers einer Beobachtung aus den v_i abzuleiten, stellt man den v_i die entsprechenden ε_i, also

$$\varepsilon_1 = \xi - l_1\,; \quad \varepsilon_2 = \xi - l_2\,; \quad \ldots \quad \varepsilon_n = \xi - l_n \tag{5}$$

gegenüber, bildet die Differenzen $\varepsilon_i - v_i$ und erhält damit für die ε_1 die Gleichungen

$$\left.\begin{aligned} \varepsilon_1 &= v_1 + (\xi - x) & \varepsilon_1^2 &= v_1^2 + (\xi - x)^2 + 2v_1(\xi - x) \\ \varepsilon_2 &= v_2 + (\xi - x) & \varepsilon_2^2 &= v_2^2 + (\xi - x)^2 + 2v_2(\xi - x) \\ &\cdots\cdots\cdots\cdots & &\cdots\cdots\cdots\cdots\cdots\cdots\cdots\cdots\cdots\cdots \\ \varepsilon_n &= v_n + (\xi - x) & \varepsilon_n^2 &= v_n^2 + (\xi - x)^2 + 2v_n(\xi - x) \\ \hline [\varepsilon] &= [v] + n(\xi - x) & [\varepsilon\varepsilon] &= [vv] + n(\xi - x)^2 + 2[v](\xi - x) \end{aligned}\right\} \tag{6}$$

In den beiden Summengleichungen fallen wegen (4) die Glieder mit $[v]$ aus. Also ist linker Hand

$$[\varepsilon] = n(\xi - x)\,,$$

und wenn man das rechts einsetzt, so wird

$$[\varepsilon\varepsilon] = [vv] + \frac{[\varepsilon]^2}{n} = [vv] + \frac{1}{n}(\varepsilon_1 + \varepsilon_2 + \cdots + \varepsilon_n)^2$$

$$[vv] = [\varepsilon\varepsilon] - \frac{[\varepsilon\varepsilon]}{n} - 2\,\frac{\varepsilon_1\varepsilon_2 + \varepsilon_1\varepsilon_3 + \cdots + \varepsilon_{n-1}\varepsilon_n}{n}. \tag{6a}$$

In den beiden ersten Ausdrücken rechter Hand läßt sich $[\varepsilon\varepsilon]$ durch den nach (1) berechneten Schätzwert m^2 ausdrücken. Der Ausdruck mit den gemischten Gliedern aber geht wie in § 2 (10) mit wachsendem n gegen Null, so daß man erhält

$$[vv] = nm^2 - m^2 = m^2(n - 1)\,.$$

Daraus folgt als Vorschrift für die Berechnung des mittleren Fehlers einer ursprünglichen Beobachtung aus den übrigbleibenden Fehlern mehrerer gleichgenauer Beobachtungen der Beobachtungsgröße

$$m = \pm \sqrt{\frac{[vv]}{n-1}}. \tag{7}$$

Diese Formel liefert einen Näherungswert für m, der um so genauer ist, je mehr unabhängige Beobachtungen benutzt wurden und je sicherer angenommen werden darf, daß keine systematischen Fehler vorhanden sind. Der Nenner $(n-1)$ gibt die Zahl der überschüssigen Beobachtungen an.

3.3 Empirischer mittlerer Fehler des arithmetischen Mittels direkt beobachteter Messungsgrößen

Schreibt man die Bestimmungsgleichung (3) für das arithmetische Mittel um in

$$x = \frac{l_1}{n} + \frac{l_2}{n} + \cdots + \frac{l_n}{n},$$

so ergibt das Fehlerfortpflanzungsgesetz, wenn alle Beobachtungen gleich genau sind,

$$m_x^2 = \left(\frac{m}{n}\right)^2 + \left(\frac{m}{n}\right)^2 + \cdots + \left(\frac{m}{n}\right)^2 = n\left(\frac{m}{n}\right)^2,$$

und man erhält als mittleren Fehler des arithmetischen Mittels aus n Beobachtungen

$$m_x = \frac{m}{\sqrt{n}} = \pm \sqrt{\frac{[vv]}{n(n-1)}}. \tag{8}$$

Daraus folgt der Satz: *Der mittlere Fehler des arithmetischen Mittels geht mit der Quadratwurzel aus der Anzahl der Wiederholungen zurück.*

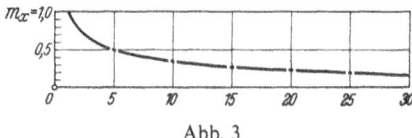

Abb. 3

Um die praktische Bedeutung dieses Satzes einzusehen, betrachte man die vorstehende graphische Darstellung (Abb. 3). Sie lehrt, daß der mittlere Fehler mit steigender Wiederholungszahl nur im Anfang spürbar abnimmt. Es hat aber wenig Zweck, eine Größe häufiger als

8- bis 12mal zu beobachten, zumal regelmäßige Fehler durch noch so häufige Beobachtungen nicht eliminiert werden.

Zusatz. Man unterscheide scharf zwei Vorgänge, die im Sprachgebrauch gemeinhin als Wiederholungen bezeichnet werden, in der Fehlerlehre aber streng auseinanderzuhalten sind:

1. Additives Aneinanderfügen von n gleichartigen Messungsvorgängen (z. B. Streckenmessung mit Latten, Nivellement);

2. n-malige Beobachtung *einer* Messungsgröße und Bilden des arithmetischen Mittels.

Im ersten Falle ist $m_x = m \sqrt{n}$, im zweiten $m_x = \dfrac{m}{\sqrt{n}}$.

Beispiel. *Meßgenauigkeit eines Koinzidenztheodolits*

Um die Meßgenauigkeit des Koinzidenztheodolits 010 Nr. 103545 der Firma Jenoptik zu ermitteln, wurden im Feinmeßlaboratorium des Geodätischen Instituts der Technischen Hochschule Hannover folgende Beobachtungen gemacht:

a) Zur Bestimmung der Ablesegenauigkeit wurde das Koinzidenzmikroskop bei festem Teilkreis und feststehender Alhidade zehnmal koinzidiert. Um mit kleinen Zahlen rechnen zu können, wurde von jeder Beobachtung der Betrag $194,6510^g$ abgezogen. Dabei erhielt man die nachstehend in der Spalte l eingetragenen Werte:

l	v		vv
cc	$+$	$-$	$(cc)^2$
14,0		2,0	4,00
09,0	3,0		9,00
12,5		0,5	0,25
12,0			0,00
10,5	1,5		2,25
09,0	3,0		9,00
13,0		1,0	1,00
12,5		0,5	0,25
16,0		4,0	16,00
11,5	0,5		0,25
120,0	8,0	8,0	42,00

Günstigster Wert

$$x_a = \frac{120,0}{10} = 12,0.$$

Mittlerer Fehler einer einmaligen Ablesung

$$m_a = \pm \sqrt{\frac{42,00}{10-1}} = \pm 2,16^{cc}.$$

Mittlerer Fehler des Mittels aus 10 Ablesungen

$$m_{ax} = \pm \frac{2,16}{\sqrt{10}} = \pm 0,68^{cc} \, .$$

b) Zur Bestimmung des mittleren Einstellfehlers wurde das Fadenkreuz des Theodolits zehnmal auf das Fadenkreuz eines Askania-Kollimators 150 ($f = 2250$ mm) eingestellt. Nach jeder Einstellung wurde das Theodolitfadenkreuz mit Hilfe einer TL-Spektrallampe, die in etwa 50 cm Entfernung hinter dem Okular stand, in der Brennebene des Kollimators abgebildet, und es wurden die verschiedenen Lagen des Bildes mit der Skala eines Feinmeßmikroskops in 0,001 mm ($= \mu$) festgehalten. Man erhielt:

l	v		vv
μ	$+$	$-$	
19,8		8,7	75,69
15,2		4,1	16,81
7,2	3,9		15,21
5,5	5,6		31,36
11,2		0,1	0,01
12,2		1,1	1,21
6,4	4,7		22,09
11,2		0,1	0,01
10,3	0,8		0,64
12,0		0,9	0,81
111,0	15,0	15,0	163,84

Günstigster Wert

$$x_e = \frac{111,0}{10} = 11,1 \, \mu \, .$$

Mittlerer Fehler einer einmaligen Einstellung

$$m_e = \pm \sqrt{\frac{163,84}{10-1}} = \pm 4,27 \, \mu = \frac{4,27 \cdot 636620}{2250 \cdot 10^3} = \pm 1,21^{cc} \, .$$

Mittlerer Fehler des Mittels aus 10 Einstellungen

$$m_{ex} = \pm \frac{1,21}{\sqrt{10}} = \pm 0,38^{cc} \, .$$

c) Der mittlere Richtungsfehler einer einmal eingestellten Richtung ist, da eine Richtungsmessung sich aus Einstellung und Ablesung ergibt, nach dem Fehlerfortpflanzungsgesetz § 2 (12)

$$m_r = \pm \sqrt{m_a^2 + m_e^2} = \pm \sqrt{2,16^2 + 1,21^2} = \pm 2,48^{cc} \, .$$

Zur Probe wurde der mittlere Richtungsfehler auch direkt dadurch bestimmt, daß eine Richtung zehnmal eingestellt und im Ablesemikroskop des Theodolits abgelesen wurde. Dabei ergab sich $m_r = \pm 2,98^{cc}$, was als ausreichende Übereinstimmung gelten kann.

§ 4. Empirischer Mittelwert und empirischer mittlerer Fehler bei Beobachtungen verschiedener Genauigkeit

4.1 Einführen des Gewichts und des allgemeinen arithmetischen Mittels

Die Voraussetzung, daß alle Beobachtungen gleich genau sind, trifft häufig nicht zu. Es wäre daher eine unbillige Zurücksetzung der genaueren Messungen, wenn man die verschieden genauen Werte einfach mittelte. Man wird vielmehr nur dann den günstigsten Wert einer Größe erhalten, wenn die Beobachtungen mit einem ihrer Genauigkeit entsprechenden *Gewicht* in die Rechnung eingeführt werden.

Verschiedene Genauigkeitsgrade können u. a. dadurch entstehen, daß einzelne Beobachtungen Mittelwerte aus verschieden zahlreichen ursprünglichen Beobachtungen sind. Es sei z. B. eine Größe 9 mal mit gleicher Genauigkeit gemessen. Die Messungsergebnisse seien $\lambda_1, \lambda_2, ...,$ λ_9. Dann ist der günstigste Wert

$$x = \frac{\lambda_1 + \lambda_2 + \cdots + \lambda_9}{9}.$$

x soll nun ein zweites Mal mit Hilfe von Teilmitteln berechnet werden, die folgendermaßen entstanden sein mögen:

$$l_1 = \frac{\lambda_1 + \lambda_2 + \lambda_3}{3},$$

$$l_2 = \frac{\lambda_4 + \lambda_5 + \lambda_6 + \lambda_7}{4},$$

$$l_3 = \frac{\lambda_8 + \lambda_9}{2}.$$

Es wäre nun offensichtlich falsch, wollte man x als einfaches arithmetisches Mittel aus l_1, l_2 und l_3 bilden. Zu dem richtigen Ergebnis gelangt man vielmehr durch den Ansatz

$$x = \frac{3l_1 + 4l_2 + 2l_3}{3 + 4 + 2}.$$

3, 4 und 2 sind Zahlen, die den Wert der einzelnen Teilmittel charakterisieren. Sie werden in der Ausgleichungsrechnung *Gewichte* genannt und mit g oder p (vom lat. pondus) bezeichnet. In allgemeiner Schreibweise ist daher

$$x = \frac{p_1 l_1 + p_2 l_2 + \cdots + p_n l_n}{p_1 + p_2 + \cdots + p_n} = \frac{[pl]}{[p]}. \tag{1}$$

Dieser Ausdruck heißt das *allgemeine arithmetische Mittel*. Da es alle Einzelbeobachtungen zusammenfaßt, ist sein Gewicht

$$p_x = [p] \,. \tag{2}$$

Verschiedene Gewichte können nun naturgemäß nicht nur durch verschiedene Wiederholungszahlen, sondern auch durch Messungen mit Instrumenten verschiedener Güte, durch Unterschiede im Beobachtungs-verfahren, in den äußeren Umständen, in der Sorgfalt und der Geschick-lichkeit des Beobachters begründet sein. Es ist jedoch stets möglich, sich eine Messung als Teilmittel aus einer Anzahl fingierter Beobachtungen geringerer Genauigkeit vorzustellen und die Gewichte als Wiederholungs-zahlen der fingierten Urbeobachtungen zu deuten. Man kann dann den obigen Gedankengang auch auf die fingierten Messungen anwenden und kommt zu dem Ergebnis, daß es für die Weiterbehandlung gleich-gültig ist, ob die verschiedenen Gewichte durch unterschiedliche Wieder-holungszahlen oder durch Verfahrensunterschiede hervorgerufen sind. Bei Zweifeln im Gebrauch der Gewichte ist es jedoch immer zweckmäßig, sich die Gewichte als Wiederholungszahlen zu denken.

4.2 Beziehungen zwischen Gewichten und mittleren Fehlern

Diese Beziehungen müßten an sich zunächst für die theoretischen mittleren Fehler ermittelt und dann auf die empirischen mittleren Fehler übertragen werden; es müßte also zwischen theoretischen und empiri-schen Gewichten unterschieden werden. Wir sehen davon ab, weil die Gewichte ihrer Natur nach Schätzwerte sind, die man gewöhnlich nur auf eine Dezimale angibt.

Die Beziehungen zwischen Gewichten und mittleren Fehlern lassen sich, da beide Größen die Meßgenauigkeit widerspiegeln, sehr leicht auf-finden, wenn die Gewichte als Wiederholungszahlen gedeutet werden. Es habe jede der im I. Abschnitt genannten Beobachtungen λ_i den mittleren Fehler m, und es seien m_1, m_2 und m_3 die mittleren Fehler der Teilmittel oder – allgemeiner gesagt – der verschieden genauen Beobachtungen l_1, l_2 und l_3, die die Gewichte p_1, p_2 und p_3 besitzen.

Gemäß § 3 (8) ist dann

$$m_1^2 = \frac{m^2}{3} = \frac{m^2}{p_1}; \quad m_2^2 = \frac{m^2}{4} = \frac{m^2}{p_2}; \quad m_3^2 = \frac{m^2}{2} = \frac{m^2}{p_3}, \tag{3}$$

und es verhält sich

$$p_1 : p_2 : p_3 = \frac{1}{m_1^2} : \frac{1}{m_2^2} : \frac{1}{m_3^2} \,. \tag{4}$$

Um geeignete Ausdrücke für die Gewichte zu erhalten, ordnet man einer bestimmten ausgezeichneten Beobachtung das Gewicht 1 zu und nennt den mittleren Fehler dieser Beobachtung den *Gewichtseinheitsfehler* m_0. Wenn man dieser Definition entsprechend m_0 in (4) einführt und gleichzeitig auf n Beobachtungen verschiedener Genauigkeiten übergeht, so erhält man den Ansatz

$$p_1 : p_2 : \ldots p_n : 1 = \frac{1}{m_1^2} : \frac{1}{m_2^2} : \ldots \frac{1}{m_n^2} : \frac{1}{m_0^2} . \qquad (5)$$

Die Gl. (5) bleibt richtig, wenn man ihre rechte Seite mit einem konstanten Zahlenfaktor c multipliziert; also

$$p_1 : p_2 : \ldots p_n : 1 = \frac{c}{m_1^2} : \frac{c}{m_2^2} : \ldots \frac{c}{m_n^2} : \frac{c}{m_0^2} . \qquad (6)$$

Als konstanten Faktor benutzt man gewöhnlich den Zahlenwert von m_0^2; damit hat man zur Berechnung der Gewichte die Ansätze

$$p_1 = \frac{m_0^2}{m_1^2} ; \quad p_2 = \frac{m_0^2}{m_2^2} ; \ldots p_n = \frac{m_0^2}{m_n^2} . \qquad (7)$$

Daraus folgt der Satz: *Die Gewichte sind Verhältniszahlen; sie sind umgekehrt proportional den Quadraten der mittleren Fehler.*

Man bestimmt die Gewichte nach folgenden Gesichtspunkten: Soll z. B. die Messung l_2 mit dem mittleren Fehler m_2 das Gewicht 1 erhalten, so ersetzt man in (7) m_0 durch m_2 und hat dann

$$p_1 = \frac{m_2^2}{m_1^2} ; \quad p_2 = 1 ; \quad \ldots p_n = \frac{m_2^2}{m_n^2} . \qquad (7a)$$

Zweckmäßig wählt man die Gewichtseinheit so, daß alle Gewichte sich möglichst wenig von 1 unterscheiden. Gebräuchliche Gewichtseinheiten sind

für Streckenmessungen: Das Gewicht einer einmaligen Beobachtung einer Strecke von 100 m,

für Winkelmessungen: Das Gewicht einer einmaligen Beobachtung eines Winkels in beiden Fernrohrlagen oder einer einmaligen Einstellung einer Richtung in einer Fernrohrlage,

für Nivellements: Das Gewicht einer einmaligen Beobachtung einer Strecke von 1 km Länge.

Messungen mit sehr verschiedenen Gewichten sollen nicht miteinander vermengt werden. So ist es z. B. sinnlos, Lattenmessungen und Schrittmaß zusammenzufassen.

4.3 Die Gewichte von Funktionen direkt beobachteter Messungsgrößen

Dem Fehlerfortpflanzungsgesetz entspricht das *Gewichtsfortpflanzungsgesetz*, das es ermöglicht, das Gewicht einer Funktion unabhängig voneinander beobachteter Größen zu berechnen. Die Funktion, die erforderlichenfalls – wie in § 2.3 gezeigt – linear zu machen ist, habe die allgemeine Form

$$x = \alpha_0 + \alpha_1 l_1 + \alpha_2 l_2 + \cdots + \alpha_n l_n \; ;$$

dann ist nach § 2 (12) ihr mittlerer Fehler

$$m_x^2 = \alpha_1^2 m_1^2 + \alpha_2^2 m_2^2 + \cdots + \alpha_n^2 m_n^2 \; .$$

Nun ist nach (7)

$$m_x^2 = \frac{m_0^2}{p_x}; \quad m_1^2 = \frac{m_0^2}{p_1}; \quad m_2^2 = \frac{m_0^2}{p_2}; \quad \ldots; \quad m_n^2 = \frac{m_0^2}{p_n}. \qquad (8)$$

Werden diese Werte in die vorhergehende Gleichung eingeführt, so ergibt sich als Gesetz für die Fortpflanzung der Gewichte oder anders gesehen für die Berechnung des Funktionsgewichtes

$$\frac{1}{p_x} = \frac{m_x^2}{m_0^2} = \frac{\alpha_1^2}{p_1} + \frac{\alpha_2^2}{p_2} + \cdots + \frac{\alpha_n^2}{p_n} = \left[\frac{\alpha\alpha}{p} \right]. \qquad (9)$$

Dies ist gleichzeitig eine zweite Form des Fehlerfortpflanzungsgesetzes § 2 (12).

Man beachte folgende Sonderfälle:

Sucht man das *Gewicht einer einfachen Summe* von *n* gleich genauen Beobachtungen $l_1, l_2, \ldots, l_n$, deren jede das Gewicht *p* hat, so werden alle α_i in (9) gleich 1 und man erhält

$$\frac{1}{p_x} = \frac{n}{p} \quad \text{oder} \quad p_x = \frac{p}{n}, \qquad (10)$$

d. h. *bei n-maligem Aneinanderreihen gleichartiger Messungsgänge geht das Gewicht des Ergebnisses proportional zur Anzahl der Messungsgänge zurück* [Nivellement, Streckenmessung mit Latten oder Meßbändern; beachte § 2 (14)].

Ist das *Gewicht des arithmetischen Mittels* aus *n* gleich genauen Beobachtungen ein und derselben Größe zu bestimmen, so zerlegt man die in § 3 (3) gegebene Formel zur Berechnung des arithmetischen Mittels in

$$x = \frac{l_1}{n} + \frac{l_2}{n} + \cdots + \frac{l_n}{n} .$$

Hierauf wendet man die Formel (9) an und erhält, wenn p das Gewicht einer einzelnen Beobachtung ist, als Gewicht des arithmetischen Mittels

$$\frac{1}{p_x} = \frac{1}{n^2}\frac{1}{p} + \frac{1}{n^2}\frac{1}{p} + \cdots + \frac{1}{n^2}\frac{1}{p} = \frac{n}{n^2}\frac{1}{p}$$

oder $$p_x = np\,, \tag{11}$$

d. h. *das Gewicht des arithmetischen Mittels wächst proportional zur Anzahl der Wiederholungen.*

Setzt man – was die Regel ist – $p = 1$, so wird $p_x = n$, d. h. das Gewicht des einfachen arithmetischen Mittels ist gleich n. Das folgt auch unmittelbar aus der Gl. (2), die als Gewicht des allgemeinen arithmetischen Mittels $[p]$ ergeben hat. Andererseits läßt sich (2) leicht mit (9) bestätigen, indem man auf dem oben gezeigten Wege die Gl. (1) auseinanderzieht und darauf (9) anwendet.

4.4 Der mittlere Fehler der Gewichtseinheit; homogenisierte und standardisierte Beobachtungen

Berechnet man x nach (1) als allgemeines arithmetisches Mittel, so kann der mittlere Fehler der Gewichtseinheit aus den übrigbleibenden Fehlern errechnet werden. Man gehe aus von den im § 3 (4) und (6) gegebenen Gleichungen für die v_i und die ε_i, schreibe sie unter Hinzufügen der Gewichte noch einmal hin und bilde unter Beachtung von (1) die Ausdrücke $[vp]$ und $[\varepsilon p]$;

$$\left.\begin{aligned}
v_1 &= x - l_1 \quad \text{Gew. } p_1 \qquad && \varepsilon_1 = v_1 + (\xi - x) \ \text{Gew. } p_1 \\
v_2 &= x - l_2 \quad \text{Gew. } p_2 \qquad && \varepsilon_2 = v_2 + (\xi - x) \ \text{Gew. } p_2 \\
&\,\cdots\cdots\cdots\cdots\cdots\cdots\cdots\cdots\cdots\cdots\cdots\cdots\cdots\cdots\cdots \\
v_n &= x - l_n \quad \text{Gew. } p_n \qquad && \varepsilon_n = v_n + (\xi - x) \ \text{Gew. } p_n \\
[vp] &= [p]\,x - [pl] = 0 \qquad && [\varepsilon p] = 0 + [p]\,(\xi - x) = p_x \cdot \varepsilon_x
\end{aligned}\right\} \tag{12}$$

Nunmehr bilde man auf Grund des rechten Systems

$$[\varepsilon\varepsilon p] = [vvp] + [p]\,(\xi - x)^2 + 2[vp](\xi - x)\,.$$

Hierin ist laut Definition $(\xi - x) = \varepsilon_x$; ferner ist nach (12) links $[vp] = 0$. Mithin ergibt sich nach leichter Umstellung

$$[vvp] = (\varepsilon_1^2 p_1 + \varepsilon_2^2 p_2 + \cdots + \varepsilon_n^2 p_n) - [p]\,\varepsilon_x^2\,.$$

Da hierin die genauen Werte von $\varepsilon_1, \varepsilon_2, \ldots, \varepsilon_n$ und ε_x unbekannt sind, muß man sich damit begnügen, den Wert von $[vvp]$ abzuschätzen. Brauchbare Durchschnittswerte für $\varepsilon_1, \varepsilon_2, \ldots, \varepsilon_n$ und ε_x sind sicherlich die mittleren Fehler $m_1, m_2, ..., m_n$ und m_x. Also ist der Schätzwert von $[vvp]$

$$[vvp] = m_1^2 p_1 + m_2^2 p_2 + \cdots + m_n^2 p_n - m_x^2 [p].$$

Nun ist wegen (7)

$$m_1^2 p_1 = m_0^2; \quad m_2^2 p_2 = m_0^2; \quad ...; \quad m_n^2 p_n = m_0^2.$$

Entsprechend ist, da nach (2) $[p] = p_x$ ist, auch

$$m_x^2 [p] = m_0^2.$$

Durch Einsetzen in die Gleichung für $[vvp]$ wird dann

$$[vvp] = m_0^2 + m_0^2 + \cdots + m_0^2 - m_0^2 = nm_0^2 - m_0^2 = (n-1)\, m_0^2.$$

Mithin ergibt unsere Abschätzung als Näherungsformel für den mittleren Fehler einer ursprünglichen Beobachtung vom Gewicht 1, berechnet aus den übrigbleibenden Fehlern verschieden gewichtiger Beobachtungen,

$$m_0 = \pm \sqrt{\frac{[vvp]}{n-1}}. \tag{13}$$

Damit lassen sich nach (8) die mittleren Fehler von Ausdrücken anderen Gewichts berechnen. Insbesondere ist wegen (2) der mittlere Fehler des allgemeinen arithmetischen Mittels

$$m_x = \frac{m_0}{\sqrt{[p]}} = \pm \sqrt{\frac{[vvp]}{[p]\,(n-1)}}. \tag{14}$$

Die Formel (13) läßt sich mit einem Kunstgriff auch unmittelbar aus der entsprechenden Formel für das einfache arithmetische Mittel herleiten: Multipliziert man nämlich eine Beobachtung l_i mit $\sqrt{p_i}$, d. h. mit der Wurzel aus ihrem Gewicht, so erhält man die (fingierte) Beobachtungsgröße $L_i = l_i \sqrt{p_i}$; diese aber hat nach § 2 (7a) und § 4 (7) als mittleren Fehler m_{Li} und als Gewicht p_{Li}

$$m_{Li} = m_i \sqrt{p_i} = m_i \sqrt{\frac{m_0^2}{m_i^2}} = m_0; \quad p_{Li} = \frac{m_0^2}{m_0^2} = 1. \tag{15}$$

Wenn man demgemäß die linken Gln. (12) mit $\sqrt{p_i}$ multipliziert, so haben in den dabei entstehenden Gleichungen

$$v_i \sqrt{p_i} = x \sqrt{p_i} - l_i \sqrt{p_i}$$

nach (15) alle $l_i \sqrt{p_i}$ und damit auch alle $v_i \sqrt{p_i}$ das Gewicht 1. Man darf deshalb z. B. die $v_i \sqrt{p_i}$ anstelle der v_i des § 7 in die Formel § 3 (7) einsetzen und erhält damit ohne Zwischenrechnung die gesuchte Formel § 4 (13). Mit diesem Verfahren lassen sich ganz allgemein und sehr bequem aus den Formeln für gleichgewichtige Größen solche für ungleichgewichtige Größen herleiten.

Die durch Multiplikation mit $\sqrt{p}$ auf das Gewicht 1 gebrachten Beobachtungen bezeichnet *H. Wolf*[12] als *homogenisierte* Beobachtungen.

Nahe verwandt mit den homogenisierten Beobachtungen sind die in der mathematischen Statistik gebrauchten Größen $L_i = l_i/m_i$, die man erhält, wenn man die Beobachtungen durch ihre mittleren Fehler oder Standardabweichungen dividiert. Diese heißen *normierte* oder *standardisierte* Beobachtungen. Für sie gilt nach § 2 (7a) und § 4 (7)

$$m_{Li} = \frac{1}{m_i} m_i = 1 \; ; \qquad p_{Li} = \frac{m_0^2}{m_{Li}^2} = \frac{m_0^2}{1} = m_0^2 \, . \tag{16}$$

Also haben alle standardisierten Beobachtungen den gleichen mittleren Fehler oder die gleiche Standardabweichung, nämlich 1; sie haben ferner das gleiche Gewicht, nämlich m_0^2. Wir werden darauf im § 47 zurückkommen.

4.5 Gewichtsreziproke oder Kofaktoren

Das Rechnen nach dem Gewichtsfortpflanzungsgesetz (9) bzw. der zweiten Form des Fehlerfortpflanzungsgesetzes ist etwas umständlich, weil die Gewichte im Nenner stehen. Man wendet diese Formeln daher meistens nur auf einfachere Fälle an und arbeitet bei der Darstellung komplizierterer Fehlerbetrachtungen mit den Kehrwerten der Gewichte. Diese heißen bei Gauß *Gewichtsreziproke* und in der mathematischen Statistik *Kofaktoren*. Sie werden hier zunächst definiert durch $q = 1/p$; mit ihnen lauten die Gln. (5) und (8)

$$\left.\begin{array}{l} q_1 : q_2 : \ldots q_n : 1 = m_1^2 : m_2^2 : \ldots m_n^2 : m_0^2 \\ m_x^2 = q_x \cdot m_0^2 \, ; \quad m_1^2 = q_1 \cdot m_0^2 \, ; \quad m_2^2 = q_2 \cdot m_0^2 \ldots ; \quad m_n^2 = q_n \cdot m_0^2 \end{array}\right\} \tag{17}$$

Die Gewichtsreziproken sind mithin den Quadraten der mittleren Fehler direkt proportional. Das Gewichts- und Fehlerfortpflanzungsgesetz (9) läßt sich damit ausdrücken

für
$$x = \alpha_0 + \alpha_1 l_1 + \cdots + \alpha_n l_n$$

durch
$$\left.\begin{array}{l} x = \alpha_0 + \alpha_1 l_1 + \cdots + \alpha_n l_n \\ q_x = \dfrac{m_x^2}{m_0^2} = \alpha_1^2 q_1 + \cdots + \alpha_n^2 q_n = [\alpha\alpha q] \end{array}\right\} \tag{18}$$

---

[12] *Wolf, H.:* [47], Ziff. 16.

3*

oder in Matrizenschreibweise (vgl. Abschnitt VII § 50.35)

$$\text{für} \qquad x = \alpha_0 + \begin{Vmatrix} \alpha_1 \\ \alpha_2 \\ \cdot \\ \cdot \\ \alpha_n \end{Vmatrix}^* \cdot \begin{Vmatrix} l_1 \\ l_2 \\ \cdot \\ l_n \end{Vmatrix} = \alpha_0 + \alpha^* l$$

$$\text{durch} \qquad q_x = \frac{m_x^2}{m_0^2} = \begin{Vmatrix} \alpha_1 \\ \alpha_2 \\ \cdot \\ \alpha_n \end{Vmatrix}^* \cdot \begin{Vmatrix} q_1 & & & \\ & q_2 & & \\ & & \cdot & \\ & & & q_n \end{Vmatrix} \cdot \begin{Vmatrix} \alpha_1 \\ \alpha_2 \\ \cdot \\ \alpha_n \end{Vmatrix} = \alpha^* Q \alpha.$$

(18a)

1. Beispiel. *Schematische Gewichtsbestimmung*

a) Ein Winkel wurde beobachtet mit Theodolit Nr. 1 mit dem mittleren Fehler $m_1 = \pm 6^{cc}$ und dem Theodolit Nr. 2 mit dem mittleren Fehler $m_2 = \pm 15^{cc}$. Welches Gewicht hat die erste Messung, wenn der zweiten Messung das Gewicht 1 erteilt wird?

Lösung: $\qquad p_1 : p_2 = \dfrac{1}{6^2} : \dfrac{1}{15^2} = \dfrac{15^2}{6^2} : \dfrac{15^2}{15^2}; \qquad p_1 = \dfrac{25}{4}, \qquad p_2 = 1 .$

b) Derselbe Winkel wird mit Theodolit Nr. 3 mit $m_3 = \pm 10^{cc}$ beobachtet. Welche Gewichte haben die 1. und die 3. Messung, wenn die 2. Messung das Gewicht 4 erhält?

Lösung: $\qquad p_1 : p_2 : p_3 = \dfrac{1}{6^2} : \dfrac{1}{15^2} : \dfrac{1}{10^2} = \dfrac{4 \cdot 15^2}{6^2} : \dfrac{4 \cdot 15^2}{15^2} : \dfrac{4 \cdot 15^2}{10^2} ,$

$$p_1 = 25, \qquad p_2 = 4, \qquad p_3 = 9 .$$

Angesichts der Tatsache, daß die Gewichtsbestimmungen stets mit einer gewissen Unsicherheit behaftet sind, pflegt man die Gewichte stark abzurunden.

2. Beispiel. *Gewicht einer Differenz von Beobachtungen*

In einem Dreieck ist der Winkel α mit dem Gewicht 6 und der Winkel β mit dem Gewicht 3 bestimmt worden. Welches Gewicht hat $\gamma = 200^g - \alpha - \beta$?

$$\frac{1}{p_\gamma} = \frac{1}{p_\alpha} + \frac{1}{p_\beta} = \frac{1}{6} + \frac{1}{3} = \frac{1}{2}, \qquad p_\gamma = 2 .$$

3. Beispiel. *Gewichtsfortpflanzung bei der Lattenmessung*

a) Eine mit Latten gemessene Strecke von 100 m habe das Gewicht 1. Wie groß ist das Gewicht des arithmetischen Mittels, wenn die Strecke zehnmal mit gleicher Genauigkeit gemessen ist?

Antwort: Nach (11) ist $p_x = 10 \cdot 1 = 10$.

b) Wie groß ist das Gewicht einer einmal gemessenen Strecke von 1 km?

Antwort: Nach (10) ist $p_x = \dfrac{1}{10}$.

4. Beispiel. *Vergleich von Richtungs-, Satz- und Repetitionswinkelmessung*

Bei einem Skalenmikroskoptheodolit, der über nur eine Ablesestelle verfügt, beträgt der mittlere Visur- oder Einstellfehler $= \pm 5^{cc}$, der mittlere Ablesefehler $= \pm 10^{cc}$. Um den Gewichtsgewinn, den die Repetitionswinkelmessung bewirkt, in Formeln und Zahlen zum Ausdruck zu bringen, berechne man die mittleren Fehler und die Gewichte eines gemessenen Winkels. a) nach zehnmaliger Satzwinkelmessung, b) nach zehnfacher Repetition, wenn das Gewicht einer einmaligen Richtungsbeobachtung gleich 1 gesetzt wird.

Um die Gewichtsverhältnisse zu ermitteln, brauchen nur Messungen in einer Fernrohrlage betrachtet zu werden:

Richtungsmessung. Eine Richtung entsteht aus einer Einstellung und einer Ablesung. Es gilt also mit leicht verständlichen Symbolen

$$R = E + A,$$

und wenn man unter m_R, m_E und m_A die zugehörigen mittleren Fehler versteht, so ist in Formeln und mit den Zahlenwerten der Aufgabe

$$m_R = \sqrt{m_E^2 + m_A^2} = \pm \sqrt{25 + 100} = \pm 11{,}2^{cc}.$$

Satzmessung. Ein Winkel ist die Differenz zweier Richtungen. Mithin erhält man als mittleren Fehler eines einmal in einer Lage beobachteten Winkels

$$m_W = \pm \sqrt{m_R^2 + m_R^2} = \pm \sqrt{2(m_E^2 + m_A^2)}$$

und nach *n*-maliger Wiederholung als mittleren Fehler eines aus *n* Halbsätzen gemittelten Winkels

$$m_S = \pm \frac{m_W}{\sqrt{n}} = \pm \sqrt{\frac{2}{n}(m_E^2 + m_A^2)} = \pm \sqrt{\frac{2}{10}(25 + 100)} = \pm 5{,}0^{cc}.$$

Repetitionswinkelmessung. Das Ergebnis entsteht aus je einer Ablesung am Anfang und am Ende der Beobachtung und aus 2*n* Einstellungen. Der Messungsvorgang in einer Fernrohrlage läßt sich mit den Indizes *l* und *r* für links und rechts charakterisieren durch

$$\text{Rep} = \frac{1}{n}\left\{-A_{\text{Anfang}} + (-E_l + E_r + \cdots(n\text{-mal})) + A_{\text{Ende}}\right\}.$$

Anwenden des Fehlerfortpflanzungsgesetzes führt auf

$$m_{\text{Rep}}^2 = \frac{1}{n^2}\{m_A^2 + (m_E^2 + \cdots(2n\text{-mal})) + m_A^2\} = \frac{2}{n}\left\{m_E^2 + \frac{m_A^2}{n}\right\}.$$

Daraus folgt in Formeln und Zahlen

$$m_{\text{Rep}} = \pm \sqrt{\frac{2}{n}\left(m_E^2 + \frac{m_A^2}{n}\right)} = \pm \sqrt{\frac{2}{10}\left(25 + \frac{100}{10}\right)} = \pm 2{,}6^{cc}.$$

Diese Formel entspricht in ihrem Aufbau der Formel für m_S; nur steht dort unter der Wurzel m_A^2, hier dagegen m_A^2/n. In Zahlenwerten verhalten sich die mittleren Fehler wie

$$m_R : m_S : m_{\text{Rep}} = 11{,}2 : 5{,}0 : 2{,}6 = 1 : 0{,}4 : 0{,}2$$

und die Gewichte wie

$$p_R : p_S : p_{\text{Rep}} = \frac{1}{11{,}2^2} : \frac{1}{5{,}0^2} : \frac{1}{2{,}6^2} = 1 : 5 : 18 \,.$$

§ 5. Empirische mittlere Beobachtungsfehler aus Doppelmessungen

In den in §§ 3 und 4 behandelten Fällen war eine und dieselbe Größe n-mal beobachtet worden. Ein mittlerer Fehler läßt sich jedoch auch dann berechnen, wenn n Doppelbeobachtungen verschiedener, aber gleichartiger Beobachtungsgrößen vorliegen, wie z. B. die zweimalige unabhängige Beobachtung der Winkel in einem Feinpolygonzug. Um Rechenformeln für solche Fälle abzuleiten, muß auf die wahren Fehler zurückgegangen werden.

5.1 Beobachtungspaare gleichen Gewichtes

Mehrere gleichartige Größen seien je zweimal beobachtet worden, und zwar seien l und ε die Beobachtungen und wahren Fehler der ersten, l' und ε' die der zweiten Serie. Beobachtung und wahrer Fehler ergeben zusammengenommen den wahren Wert einer Größe. Es gilt also für jedes Paar

$$l + \varepsilon = l' + \varepsilon'$$

und damit ist

$$l - l' = -\varepsilon + \varepsilon' = d \,.$$

d wird Beobachtungsdifferenz genannt. Bildet man die d für alle n Paare, quadriert und summiert sie, so erhält man

$$\left.\begin{aligned} l_1 - l_1' &= d_1 = -\varepsilon_1 + \varepsilon_1' \\ l_2 - l_2' &= d_2 = -\varepsilon_2 + \varepsilon_2' \\ &\cdots\cdots\cdots\cdots\cdots\cdots\cdots \\ l_n - l_n' &= d_n = -\varepsilon_n + \varepsilon_n' \end{aligned}\right\} \tag{1}$$

$$\begin{aligned} [dd] &= [\varepsilon\varepsilon] + [\varepsilon'\varepsilon'] - 2\,[\varepsilon\varepsilon'] \\ \frac{[dd]}{n} &= \frac{[\varepsilon\varepsilon]}{n} + \frac{[\varepsilon'\varepsilon']}{n} - 2\,\frac{[\varepsilon\varepsilon']}{n} \,. \end{aligned} \tag{2}$$

Hierin ist nach § 3 (1)

$$\frac{[\varepsilon\varepsilon]}{n} = m^2, \qquad \frac{[\varepsilon'\varepsilon']}{n} = m'^2.$$

Es kann ferner das Glied mit den gemischten Produkten wie in § 2 (10) vernachlässigt werden. Endlich besteht, da gleichartige Messungen vorausgesetzt sind, kein Grund, zwischen m und m' zu unterscheiden. Daher geht (2) über in

$$\frac{[dd]}{n} = m^2 + m^2 = 2m^2,$$

so daß der empirische mittlere Fehler einer einzelnen Beobachtung zu berechnen ist nach der Formel

$$m = \pm \sqrt{\frac{[dd]}{2n}}. \tag{3}$$

Der entsprechende mittlere Fehler des aus beiden Beobachtungen gemittelten Wertes einer Beobachtungsgröße ist gemäß § 3 (8)

$$M = \frac{m}{\sqrt{2}} = \pm \frac{1}{2} \sqrt{\frac{[dd]}{n}}. \tag{4}$$

5.2 Beobachtungspaare verschiedenen Gewichtes

Diese liegen vor, wenn z. B. Nivellementsstrecken oder Polygonseiten verschiedener Länge hin und zurück beobachtet sind. Dann hat man den empirischen mittleren Fehler einer Beobachtung vom Gewicht 1 zu ermitteln. Die Beobachtungen und ihre Gewichte mögen sein

$$l_1 - l'_1 = d_1 = -\varepsilon_1 + \varepsilon'_1 \quad \text{Gewicht } p_1,$$
$$l_2 - l'_2 = d_2 = -\varepsilon_2 + \varepsilon'_2 \quad \text{Gewicht } p_2,$$
$$\dotfill$$
$$l_n - l'_n = d_n = -\varepsilon_n + \varepsilon'_n \quad \text{Gewicht } p_n.$$

Um auf Beobachtungen vom Gewicht 1 zu kommen, hat man nach § 4.4 jede Gleichung mit der Wurzel aus ihrem Gewicht zu multiplizieren. Werden die so umgeformten Gleichungen quadriert und summiert, so ergibt sich

$$[ddp] = [\varepsilon\varepsilon p] + [\varepsilon'\varepsilon' p] - 2[\varepsilon\varepsilon' p],$$

und es wird nach Division durch n und Wiederholen des Gedankenganges unter 5.1

$$\frac{[ddp]}{n} = m_0^2 + m_0'^2 = 2m_0^2.$$

Daraus folgt dann als mittlerer Fehler einer Beobachtung vom Gewicht 1

$$m_0 = \pm \sqrt{\frac{[ddp]}{2n}}. \tag{5}$$

Diese Formel wird vor allem zur Bestimmung mittlerer Fehler aus doppelt gemessenen Strecken sowie aus Hin- und Rücknivellements angewandt. Bei beiden Messungsarten wächst der mittlere Fehler mit der Wurzel aus der Anzahl der Messungsgänge. Der Gewichtsansatz lautet also, da die Anzahl der Messungsgänge als proportional den Strecken angenommen werden kann, $p = c/s$. Man setzt in der Regel $c = 1$ und gibt s in Kilometern an. Dann ist der empirische mittlere Fehler einer Einzelmessung von 1 km Länge

$$m = \pm \sqrt{\frac{1}{2n}\left[\frac{dd}{s}\right]} \tag{6}$$

und der einer Doppelmessung von 1 km Länge

$$M = \pm \frac{1}{2}\sqrt{\frac{1}{n}\left[\frac{dd}{s}\right]}, \tag{7}$$

wobei n die Anzahl der Paare ist. Setzt man s in 0,1 km, 10 km oder 100 km an, so erhält man die mittleren Fehler für die entsprechende Längeneinheit.

1. Beispiel. *Mittlerer Fehler einer Polygonwinkelmessung*

Mit einem Skalamikroskoptheodolit sind die Winkel eines Polygonzuges je zweimal gemessen worden. Wie groß ist der mittlere Fehler m einer Einzelmessung und der mittlere Fehler M einer Doppelmessung? Die Beobachtungen sind:

Nr.	Satz I	Satz II	d	dd
	g	g	cc	$(cc)^2$
1	200,0385	200,0400	−15	225
2	218,7440	218,7445	− 5	25
3	191,2540	191,2550	−10	100
4	199,9865	199,9845	+20	400
5	189,7855	189,7840	+15	225
6	209,9080	209,9095	−15	225
7	198,8940	198,8950	−10	100
8	239,4815	239,4815	0	—
9	187,3760	187,3770	−10	100
10	199,7120	199,7105	+15	225
			−15	1625

Da alle Messungen gleichgewichtig sind, kommen die Gln. (3) und (4) zur Anwendung

$$m = \pm \sqrt{\frac{1625}{20}} = \pm 9{,}0^{cc}$$

$$M = \pm \frac{9{,}0}{\sqrt{2}} = \pm 6{,}4^{cc}.$$

2. Beispiel. *Mittlere Kilometerfehler beim Feinnivellement*

Bei der Beobachtung (1953/55) des in Abb. 4 dargestellten Nivellementsnetzes, in dem die Pfeile die Richtung des Steigens angeben, ergaben sich die nachstehenden Höhenunterschiede. Gesucht sind der mittlere Fehler einer einfach nivellierten und einer aus Hin- und Rückweg gemittelten Strecke von 1 km.

Linie Nr.	Länge $L[km]$	Hinweg I [m]	Rückweg II [m]	$d = I - II$ [mm]	$p = 100/L_i$	ddp [mm²]
1	87,4	42,445	42,460	− 15	1,1	247,5
2	56,6	42,648	42,655	− 7	1,8	88,2
3	75,2	57,048	57,041	+ 7	1,3	63,7
4	52,2	14,371	14,386	− 15	1,9	427,5
5	44,9	0,198	0,200	− 2	2,2	8,8
6	150,7	31,926	31,900	+26	0,7	473,2
7	71,7	32,104	32,112	− 8	1,4	89,6
8	122,2	46,500	46,483	+17	0,8	231,2
				+ 4		1629,7

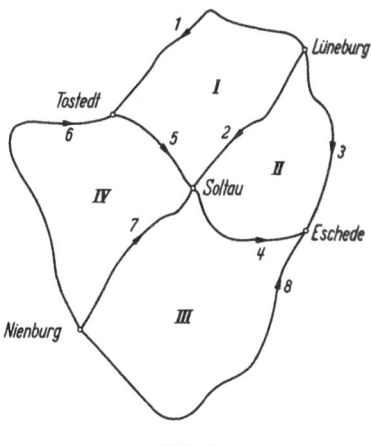

Abb. 4

Aus (6) und (7) folgt:

$$m_{100} = \pm \sqrt{\frac{1629,7}{2 \cdot 8}} = \pm 10,1 \text{ mm};$$

$$m_{1\,km} = \pm \frac{10,1}{\sqrt{100}} = \pm 1,0 \text{ mm};$$

$$M_{1\,km} = \pm \frac{1}{\sqrt{2}} = \pm 0,7 \text{ mm}.$$

Fortsetzung in § 12, Aufgabe 4.

§ 6. Die Fehlerfortpflanzungsgesetze für Beobachtungen mit systematischen Fehleranteilen und für korrelierte Beobachtungen

6.1 Beobachtungen mit systematischen Fehleranteilen

Die Berechnung des mittleren Fehlers einer Beobachtung etwa nach den Formeln § 3 (7), § 4 (13) oder nach § 5 (3) und (5) ergibt auf Grund der Definition des mittleren Fehlers nur dann einen zuverlässigen Wert, wenn ausschließlich zufällige Fehler vorliegen. Das ist nach § 2.3 auch die Voraussetzung für die Anwendung des Gaußschen Fehlerfortpflanzungsgesetzes in den Formen § 2 (11), (12) und (15) sowie § 4 (9) und (18). Man kann auf Grund dieses Gesetzes aber auch einen mittleren Fehler als Genauigkeitsmaß für eine Funktion von Messungen berechnen, bei denen sowohl zufällige wie systematische Fehler auftreten. Um eine hierfür geeignete Rechenformel [13] abzuleiten, sei wie im § 2 (12) der mittlere Fehler der Funktion

$$x = \alpha_0 + \alpha_1 l_1 + \alpha_2 l_2 \dots \alpha_n l_n \tag{1}$$

bestimmt; dabei werde angenommen, die Beobachtungen $l_1, l_2, \dots, l_n$ seien aus Elementarmessungen gewonnen, deren wahre Fehler ε_i gemäß

$$\varepsilon_i = \delta_i + \eta_i$$

einen zufälligen Bestandteil δ_i und einen systematischen Anteil η_i enthalten. Der wahre Fehler einer analog (1) aus Elementarmessungen zusammengesetzten Funktion ist dann

$$\varepsilon_x = \alpha_1(\delta_1 + \eta_1) + \alpha_2(\delta_2 + \eta_2) + \dots + \alpha_n(\delta_n + \eta_n).$$

Wenn man nun für $l_1, l_2, \dots, l_n$ wie im § 2 $v_1, v_2, \dots, v_n$ Elementarmessungen unterstellt, alle möglichen Kombinationen bildet, diese quadriert und aufsummiert und schließlich anstelle der Quadrate der zufälligen Fehlerbestandteile analog § 2 (10) und (11) deren Durchschnittswerte $m_1^2, m_2^2, \dots, m_n^2$ einführt, so ergibt sich als Quadrat des

---

[13] *Wolf, H.*: [47], Ziff. 17.

mittleren Fehlers der Funktion (1)

$$m_x^2 = \alpha_1^2(m_1^2 + \eta_1^2) + \alpha_2^2(m_2^2 + \eta_2^2) + \cdots \alpha_n^2(m_n^2 + \eta_n^2)$$
$$+ 2\alpha_1\alpha_2\eta_1\eta_2 + 2\alpha_1\alpha_3\eta_1\eta_3 + \cdots 2\alpha_{n-1}\alpha_n\eta_{n-1}\eta_n$$

und anders geordnet

$$m_x^2 = (\alpha_1^2 m_1^2 + \alpha_2^2 m_2^2 + \cdots \alpha_n^2 m_n^2) + (\alpha_1\eta_1 + \alpha_2\eta_2 + \cdots \alpha_n\eta_n)^2. \qquad (2)$$

Also gilt der Satz: Wenn in den Summanden der Summenfunktion (1) sowohl zufällige wie systematische Fehler auftreten, so erhält man das mittlere Fehlerquadrat oder die Varianz der Summenfunktion, indem man die unregelmäßigen Fehlerbestandteile nach dem Gaußschen Fehlerfortpflanzungsgesetz § 2 (12) zusammenfaßt und dazu die zum Quadrat erhobene Summe $(\alpha_1\eta_1 + \alpha_2\eta_2 + \cdots + \alpha_n\eta_n)$ der regelmäßigen Fehlerbestandteile hinzufügt.

Die dem § 2 (15) entsprechende allgemeinste Form des Gaußschen Fehlerfortpflanzungsgesetzes für das Zusammenwirken von zufälligen und systematischen Fehlern findet man, wenn man die Zahlenkoeffizienten α_i als partielle Differentiale einer nichtlinearen Funktion der l_i deutet. Dagegen gewinnt man die einfachste Form dieses Gesetzes, wenn alle α_i gleich 1 sind und, wie das z. B. bei Latten- und Bandmessungen der Fall ist, alle $m_i = m$ und alle $\eta_i = \eta$ angenommen werden können. Dann vereinfacht die Gl. (2) sich bei n Messungen l_i zu

$$m_x = \sqrt{nm^2 + n^2\eta^2}. \qquad (2a)$$

Die Kenntnis des Gesetzes über das Zusammenwirken von systematischen und zufälligen Fehlern ist für die Messungspraxis überaus wichtig [14]. Vorwiegend mit seiner Hilfe gelingt es, die systematischen Fehler zu erkennen und dann Meßgeräte zu entwickeln oder Messungsverfahren zu erarbeiten, die zu weitgehender Elimination der systematischen Fehler führen. Ein etwaiger Erfolg läßt sich in vielen Fällen mit Hilfe von Zufallskriterien feststellen, deren einige im § 8.5 mitgeteilt werden. In anderen Fällen gelingt das mittels der mathematischen Statistik, die wir in den §§ 47 bis 49 behandeln werden.

Meistens bedarf es dieser Hilfsmittel jedoch nicht. Man erkennt vielmehr sehr häufig bereits beim Gegenüberstellen der Messungsergebnisse, ob systematische Fehler vorhanden sind. Dies gilt in erster Linie für den Fall, daß der systematische oder konstante Fehleranteil ausschließlich oder überwiegend auf Dejustierungen oder Konstruktionsmängel der benutzten Instrumente zurückzuführen ist. Bekannte Beispiele hierfür sind die Rollenschiefe bei Planimetern, Exzentrizitäten bei

---

[14] *Böhm, J.*: Theorie der gesamten Fehler. Z. Vermessungsw. **1967**, 81 ff.

Theodoliten, Achsenkonvergenzen bei Nivellieren und die Indexfehler an den verschiedenen Höhenwinkelinstrumenten. Alle diese Fehler kann man durch ein geeignetes Beobachtungsverfahren erkennen und eliminieren; vgl. das 1. Beispiel zu § 6. Ein anspruchsvolleres Beispiel besteht in der Ermittlung der regelmäßigen Kreisteilungsfehler (Aufgabe 44).

Schwieriger lassen die zufälligen und systematischen Fehler sich trennen, wenn Instrumental- und Verfahrensfehler einander überdecken, wie es vor allem bei der Streckenmessung mit Latten und Bändern sowie beim geometrischen Nivellement der Fall ist. Daß systematische Fehler vorliegen, erkennt man oftmals schon, wenn man Strecken oder Höhenunterschiede, die mit denselben Mitteln im Hin- und Rückweg gemessen sind, einander gegenüberstellt; ferner treten sie in Erscheinung, wenn man gemessene Strecken, gestreckte Polygonzüge oder Nivellementslinien in Netze mit größerer Genauigkeit einhängt oder sie zu Schleifen schließt. Systematische Fehlerbestandteile müssen bei längeren Streckenmessungen und Nivellements schließlich immer dann vermutet werden, wenn der mittlere Fehler nicht nach § 2 (14) mit der Wurzel aus der Anzahl der Messungsgänge, sondern proportional zu ihnen wächst.

Wichtiger noch als das Erkennen ist das Eliminieren der systematischen Fehler:

Bei der *Streckenmessung* lassen sich systematische Fehler, die vom Maßstab herrühren, durch Maßvergleich weitgehend eliminieren; man kann allenfalls auch in einem Polygonnetz aus den Abschlußfehlern der gestreckten Züge eine Maßstabskorrektur ermitteln und damit alle gemessenen Strecken reduzieren. Wenig sinnvoll ist jedoch eine rechnerische Zerlegung in einen regelmäßigen und einen zufälligen Fehlerbestandteil, wenn z. B. infolge des Bergabrutschens der Latten die bergauf gemessenen Strecken länger erscheinen als die bergab gemessenen. Man tut dann besser daran, die Messung mit größerer Sorgfalt oder mit besseren Hilfsmitteln zu wiederholen.

Beim *Nivellement* lassen sich Maßstabskorrekturen, die von der Nivellierlatte herrühren, ebenfalls durch Vergleichen der Latten mit einem Normalmeter ausschalten. Das Herleiten einer Maßstabskorrektur aus Abschlußfehlern im Netz kommt hingegen nicht in Frage, weil beim Nivellement die durch das Verfahren verursachten systematischen Fehler die Fehleranteile, die auf instrumentelle Mängel zurückgehen, durchweg übersteigen. Beim Nivellement versucht man daher in erster Linie, sich Klarheit über die Ursachen der verschiedenen Fehlerbestandteile zu verschaffen, indem man mittlere Kilometerfehler aus Doppelmessungen von Höhenunterschieden auf Strecken und Linien berechnet und diese einander und den aus Schleifenwidersprüchen und aus der Netzausgleichung gerechneten mittleren Fehlern gegenüberstellt. Vgl.

hierzu das 2. Beispiel zu § 5 und die Aufgaben 4 und 9. Für besonders eingehende Untersuchungen hat die Internationale Assoziation für Geodäsie Formeln zur Auswertung und Genauigkeitsberechnungen von Präzisionsnivellements entwickelt, deren Zweckmäßigkeit jedoch nicht unbestritten ist [15].

Die bei der *Winkelmessung* auftretenden systematischen Fehler werden in der Hauptsache durch das Beobachtungsverfahren (Ablesung an zwei Zeigern, Messung in zwei Lagen, Verteilen der Beobachtungen über den ganzen Kreis, Drehen des Instruments nur im Uhrzeigersinne usw.) getilgt. Durch Berechnen mittlerer Fehler sowohl für jede einzelne wie für beide Lagen und für andere Kombinationen lassen die mittleren Gesamtfehler sich weitgehend in ihre Komponenten zerlegen und bekämpfen.

Im Laufe einer *Ausgleichung* sichtbar werdende systematische Fehleranteile lassen sich oftmals dadurch erfassen, daß man Maßstabsverbesserungen u. dgl. als Unbekannte in die Ausgleichung einführt. Das kann sich z. B. bei der Ausgleichung von Polygonnetzen empfehlen. Ein weiteres bekanntes Beispiel ist die im § 45 behandelte Helmert-Transformation. Aus ähnlichen Erwägungen heraus kann bei einer trigonometrischen Höhenmessung die Refraktionskonstante als Unbekannte in die Ausgleichung eingeführt werden.

1. Beispiel. *Bestimmen der Indexabweichungen und des mittleren Fehlers bei Beobachtungen mit einem Gefällmesser*

Mit einem Gefällmesser wurden auf 10 verschiedenen Strecken die gegenseitigen Höhenwinkel l und l' gemessen. Gesucht ist der mittlere Fehler m einer einzelnen Ablesung am Gefällmesser.

l	l'	$l+l'=d$	$v_{2\zeta}$ +	$v_{2\zeta}$ −	$(v_{2\zeta})^2$
20,8	− 20,5	+0,3	0,02		0,0004
10,7	− 10,5	+0,2		0,08	0,0064
18,4	− 18,0	+0,4	0,12		0,0144
14,3	− 14,0	+0,3	0,02		0,0004
3,5	− 3,3	+0,2		0,08	0,0064
6,7	− 6,5	+0,2		0,08	0,0064
12,1	− 11,8	+0,3	0,02		0,0004
11,0	− 10,6	+0,4	0,12		0,0144
9,1	− 8,8	+0,3	0,02		0,0004
4,4	− 4,2	+0,2		0,08	0,0064
111,0	− 108,2	+2,8	0,32	0,32	0,0560

[15] *Kneissl, M.:* Nachweis systematischer Fehler beim Feinnivellement. Bayerische Akad. d. Wissenschaften mathem. naturwiss. Klasse, München 1955.

Die Anordnung der Beobachtungen legt den Gedanken nahe, den mittleren Fehler nach § 5 (3) aus den Differenzen d von Vor- und Rückblick zu errechnen. Das ist jedoch nicht angängig, weil auf Grund des Umstandes, daß $[d]$ von Null wesentlich abweicht, ein konstanter Fehler zu vermuten ist, der in diesem Falle nur eine Indexabweichung sein kann. Um diese zu eliminieren, betrachte man jede einzelne der obigen Doppelbeobachtungen als eine Messung zur Bestimmung der doppelten Indexabweichung 2ζ. Es liegen dann insgesamt 10 Messungen vor, als deren arithmetisches Mittel man nach § 3 (3)

$$2\zeta = \frac{[l + l']}{10} = \frac{2,8}{10} = 0,28$$

erhält. Der mittlere Fehler einer Bestimmung von 2ζ errechnet sich aus den $v_{2\zeta}$ der Tabelle nach § 3 (7) zu

$$m_{2\zeta} = \pm \sqrt{\frac{0,0560}{10 - 1}} = \pm 0,07 .$$

Da aber zu einer einmaligen Bestimmung von 2ζ zwei Ablesungen erforderlich sind, ist der mittlere Fehler einer einzelnen Ablesung am Gefällmesser nach § 2 (11)

$$m_a = \frac{m_{2\zeta}}{\sqrt{2}} = \frac{\pm 0,07}{\sqrt{2}} = \pm 0,05 .$$

2. Beispiel. *Zusammenwirken zufälliger und systematischer Fehler bei der Streckenmessung mit einem Stahlband*

Eine rund 200 m lange Strecke sei mit Hilfe eines 20 m-Bandes gemessen worden. Die Länge des Bandes ist bei der Eichung gefunden zu 20,005 m mit einem mittleren Eichfehler $m_e = \pm 0,0015$ m. Der beim Aneinanderlegen auftretende mittlere unregelmäßige Anlegefehler ist zu $m_a = \pm 0,008$ m und der Gesamtfehler für das Ablesen an den Bandenden mit $m_l = \pm 0,007$ m ermittelt worden. Welcher mittlere Gesamtfehler ist zu erwarten?

Lösung. a) Die bei der Eichung festgestellte Abweichung des Bandes von 0,005 m wird bei der Feststellung des Messungsergebnisses rechnerisch berücksichtigt. Sie geht also in den mittleren Gesamtfehler der Strecke nicht ein.

b) Der mittlere Eichfehler m_e wächst mit der Zahl der Messungen. Er wirkt mithin als regelmäßiger Fehler und beträgt nach n Bandlagen $n m_e$.

c) Der mittlere Anlegefehler m_a ist ein unregelmäßiger Fehler. Er nimmt mit der Quadratwurzel aus der Anzahl der Messungsgänge zu und beträgt nach n Bandlagen $m_a \sqrt{n}$.

d) Der mittlere Ablesefehler m_l ist ein unregelmäßiger Fehler; er wird nur einmal angesetzt.

Um das Zusammenwirken aller Fehlerarten kennenzulernen, werden die wahren Fehler betrachtet. Es ist nach n Messungsgängen

$$\varepsilon_x = \varepsilon_e' + \varepsilon_e'' + \cdots + \varepsilon_e^{(n)} + \varepsilon_a' + \varepsilon_a'' + \cdots + \varepsilon_a^{(n)} + \varepsilon_l .$$

Da aber alle ε_e gleich groß sind und ein zwar unbekanntes aber gleiches Vorzeichen haben, muß man sie gemäß § 2, 7. Beispiel zusammenfassen und erhält

$$\varepsilon_x = n \varepsilon_e + \varepsilon_a' + \varepsilon_a'' + \cdots + \varepsilon_a^{(n)} + \varepsilon_l .$$

Werden dann anstelle der wahren Fehler die mittleren Fehler eingeführt, so folgt nach der Fehlerhäufungsregel

$$m_x^2 = n^2 m_e^2 + m_a'^2 + m_a''^2 + \cdots + m_a^{(n)2} + m_l^2 .$$

Nunmehr können, weil nach dem Aufgabentext die m_a gleiche Absolutbeträge haben, auch die m_a^2 zusammengefaßt werden, und es wird

$$m_x^2 = n^2 m_e^2 + n m_a^2 + m_l^2 = 0{,}000225 + 0{,}000640 + 0{,}000049 = 0{,}000914 ,$$

$$m_x = \pm 0{,}030 \text{ m} .$$

Dieses Beispiel lehrt folgendes:

1. Während der unregelmäßige Fehleranteil mit der Quadratwurzel aus der Anzahl der Messungsgänge zunimmt, wächst der regelmäßige Bestandteil mit der Zahl der Messungsgänge selbst. Mit wachsendem n wird daher der Einfluß des regelmäßigen Fehlers, mag er noch so klein sein, immer gefährlicher, so daß eine Faustregel lautet: Auf die Dauer überholt der regelmäßige Fehler den unregelmäßigen Fehler. Mit den Zahlenwerten des Beispiels kommt dies in der nachstehenden Darstellung sinnfällig zum Ausdruck:

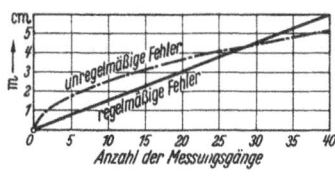

Abb. 5

2. Um auf ein einfaches Fehlergesetz für die Streckenmessung mit Latten und Bändern zu kommen, setze man in der Gleichung für m_x^2 $n = s/L$, wobei s die Gesamtlänge der Strecke und L die Länge des Meßwerkzeuges ist. Dann wird

$$m_x = \pm \sqrt{\frac{m_e^2}{L^2} s^2 + \frac{m_a^2}{L} s + m_l^2} = \pm \sqrt{A^2 s^2 + B^2 s + C^2} .$$

Daraus erhält man mit etwas grober Annäherung die in der Vermessungspraxis verbreitete Formel

$$m_x = As + B\sqrt{s} + C .$$

6.2 Gegenseitig abhängige oder korrelierte Beobachtungen

Die gegenseitige Abhängigkeit oder Korrelation von Beobachtungen hat entweder physikalische oder algebraische Ursachen. Physikalische Korrelationen entstehen durch die jedem Beobachter bekannten Einflüsse, die vom Beobachter selbst, vom Instrument und von den örtlichen und zeitlichen Umständen – insbesondere von solchen meteorologischer Art – ausgehend die Messungen einer oder mehrerer Beobachtungsreihen in gleichem Sinne beeinflussen.

Algebraische Korrelationen entstehen gewöhnlich im Laufe der Rechnung. Unter einer Beobachtung hat man sich nämlich nicht nur die ursprünglichen Ablesungen an den Instrumenten vorzustellen,

sondern man versteht in den meisten Fällen z. B. unter einer Richtungsbeobachtung den Zahlenwert, den eine Richtung durch das Mitteln
aus mehreren in beiden Fernrohrlagen beobachteten Sätzen, also durch
eine Stationsausgleichung (vgl. § 25), erhalten hat. Solche aus den ursprünglichen Beobachtungen durch eine Ausgleichung gewonnenen abgeleiteten Beobachtungen sind oftmals (vgl. § 25) algebraisch korreliert.
Die algebraische Korrelation entsteht aber auch dann, wenn wie in den
nachstehenden Gln. (3) die korrelierten Beobachtungen verschiedene
Funktionen von ursprünglichen Beobachtungen sind.

Auf korrelierte Beobachtungen aber darf man, wie bereits im § 2
am Schluß gesagt ist, das Gaußsche Fehlerfortpflanzungsgesetz des § 2
nicht anwenden; man gebraucht dazu vielmehr ein *allgemeines Fehlerfortpflanzungsgesetz*, das das Gaußsche Fehlerfortpflanzungsgesetz als
Sonderfall enthält. Die Ableitung dieses allgemeinen Fehlerfortpflanzungsgesetzes ist für den Fall algebraisch korrelierter Beobachtungen nicht schwer, insbesondere, wenn die Korrelationen, wie im folgenden,
als linear angenommen werden können.

Es seien aus den ursprünglichen unabhängigen Beobachtungen l_1
und l_2 die abgeleiteten, also algebraisch korrelierten Beobachtungen

$$\left. \begin{aligned} x &= \alpha_1 l_1 + \alpha_2 l_2 \\ y &= \beta_1 l_1 + \beta_2 l_2 \end{aligned} \right\} \tag{3}$$

gewonnen, und es sei aus diesen die Funktion

$$F = x + y \tag{4}$$

gebildet. Gesucht ist der mittlere Fehler m_F von F. Dazu geht man wie
im § 2 zunächst auf die ursprünglichen Messungen l_1 und l_2 zurück und
erhält durch Einsetzen von (3) in (4)

$$F = (\alpha_1 + \beta_1) l_1 + (\alpha_2 + \beta_2) l_2 .$$

Dann ist nach § 2

$$m_F^2 = (\alpha_1^2 + 2\alpha_1\beta_1 + \beta_1^2) m_1^2 + (\alpha_2^2 + 2\alpha_2\beta_2 + \beta_2^2) m_2^2$$

oder

$$m_F^2 = (\alpha_1^2 m_1^2 + \alpha_2^2 m_2^2) + (\beta_1^2 m_1^2 + \beta_2^2 m_2^2) + 2(\alpha_1\beta_1 m_1^2 + \alpha_2\beta_2 m_2^2) .$$

Nun ist wegen (3) und § 2 (12)

und

$$\left. \begin{aligned} \alpha_1^2 m_1^2 + \alpha_2^2 m_2^2 &= m_x^2 \\ \beta_1^2 m_1^2 + \beta_2^2 m_2^2 &= m_y^2 . \end{aligned} \right\} \tag{5}$$

Setzt man sodann in der Gleichung für m_F^2

$$\alpha_1\beta_1 m_1^2 + \alpha_2\beta_2 m_2^2 = m_{xy} , \tag{6}$$

so erhält man als *allgemeines Fehlerfortpflanzungsgesetz* für die Summe F der beiden korrelierten Größen x und y

$$m_F^2 = m_x^2 + 2m_{xy} + m_y^2 \ . \tag{7}$$

Den in (6) definierten Ausdruck m_{xy} nennt man das *Korrelationsmaß* des mittleren Fehlers; denn es hat, wie man sieht, den Charakter eines mittleren Fehlers. In der mathematischen Statistik bezeichnet man dieses Korrelationsmaß auch als *Kovarianz* und hat damit ein Gegenstück zur Benutzung des Ausdrucks *Varianz* für das Quadrat des mittleren Fehlers oder der Standardabweichung.

Um auch ein entsprechendes Gewichtsfortpflanzungsgesetz aufzubauen, drückt man die mittleren Fehler m_1 und m_2 der ursprünglichen Beobachtungen gemäß § 4 (17) aus durch

$$m_1^2 = m_0^2 q_1 \qquad m_2^2 = m_0^2 q_2 \ , \tag{8}$$

und setzt, indem man die Gewichtsreziproken der abgeleiteten Größen mit Doppelindizes versieht,

$$m_x^2 = m_0^2 q_{xx} \ ; \qquad m_y^2 = m_0^2 q_{yy} \ . \tag{9a}$$

Dazu führt man noch analog dem m_{xy} in (7) mit

$$m_{xy} = m_0^2 q_{xy} \tag{9b}$$

die Größe q_{xy} ein. q_{xx}, q_{xy}, q_{yy} werden in der Ausgleichungsrechnung gemeinsam als *Gewichtskoeffizienten* bezeichnet; speziell sind q_{xx} und q_{yy} *quadratische Gewichtskoeffizienten* oder *Gewichtsreziproke*, während q_{xy} ein *gemischter Gewichtskoeffizient* ist. In der mathematischen Statistik heißen die Gewichtskoeffizienten (quadratische bzw. gemischte) *Kofaktoren*; q_{xy} wird analog der bei (7) eingeführten Bezeichnung m_{xy} auch das *Korrelationsmaß des Kofaktors* genannt. Die Gewichtskoeffizienten oder Kofaktoren gewinnt man, indem man (8) und (9) in (5) und (6) einsetzt und beiderseits durch m_0^2 dividiert aus

$$q_{xx} = \alpha_1^2 q_1 + \alpha_2^2 q_2$$
$$q_{yy} = \beta_1^2 q_1 + \beta_2^2 q_2 \tag{10}$$
$$q_{xy} = \alpha_1 \beta_1 q_1 + \alpha_2 \beta_2 q_2 \ .$$

Einsetzen von (9) in (7) ergibt schließlich mit

$$q_{FF} = \frac{m_F^2}{m_0^2} = q_{xx} + 2q_{xy} + q_{yy} \tag{11}$$

das *Gewichtsfortpflanzungsgesetz* oder genauer das *Kofaktorenfortpflanzungsgesetz* für zwei korrelierte Beobachtungen, das man auch als zweite Form des allgemeinen Fehlerfortpflanzungsgesetzes (7) ansehen kann. In der Matrizendarstellung findet man die Kofaktoren der rechten Seite von (11), indem man zunächst (3) umschreibt in [16]

$$\left\|\begin{matrix} x \\ y \end{matrix}\right\| = \left\|\begin{matrix} \alpha_1 & \beta_1 \\ \alpha_2 & \beta_2 \end{matrix}\right\|^* \cdot \left\|\begin{matrix} l_1 \\ l_2 \end{matrix}\right\| \quad \text{oder} \quad x = A^* l \tag{12}$$

und dann (10) ausdrückt durch

$$\left\|\begin{matrix} q_{xx} & q_{xy} \\ q_{xy} & q_{yy} \end{matrix}\right\| = \left\|\begin{matrix} \alpha_1 & \beta_1 \\ \alpha_2 & \beta_2 \end{matrix}\right\|^* \cdot \left\|\begin{matrix} q_1 & \\ & q_2 \end{matrix}\right\| \cdot \left\|\begin{matrix} \alpha_1 & \beta_1 \\ \alpha_2 & \beta_2 \end{matrix}\right\| \quad \text{oder} \quad Q_{xx} = A^* Q_{ll} A \,.$$

Diese Darstellungsweise läßt sich sehr leicht auf n ursprüngliche Beobachtungen $l_1 l_2 \ldots l_n$ und mehrere korrelierte Größen – z. B. x, y, z – übertragen. Da algebraisch korrelierte Beobachtungen vielfach das Ergebnis einer Ausgleichung sind, wird dieser Fall im Anschluß an die Ausgleichung vermittelnder unabhängiger Beobachtungen im § 20 und § 51 behandelt werden. Das Ermitteln der Kofaktoren bei physikalisch verursachten Korrelationen werden wir im § 43.1 erörtern.

Zahlenbeispiel. Im Beispiel 7 zu § 2 bildeten wir mit den unabhängigen Größen l_1 und l_2 die Summe

$$x = l_1 + l_2 \quad \text{mit} \quad m_x^2 = m_1^2 + m_2^2 \,.$$

Zerlegt man dies in

$$x = l_1 + 0{,}5\, l_2 + 0{,}5\, l_2 \,,$$

so sind die beiden letzten Summanden nicht unabhängig voneinander. Um daraus m_x zu errechnen, wenden wir auf die beiden letzten Summanden die Regeln (6) und (7) an und erhalten

$$m_x^2 = m_1^2 + 0{,}5^2\, m_2^2 + 0{,}5^2\, m_2^2 + 2 \cdot 0{,}5\, m_2 \cdot 0{,}5\, m_2$$

oder wie es sein soll: $m_x^2 = m_1^2 + m_2^2$.

Damit ist die im 7. Beispiel zu § 2 offengebliebene Frage beantwortet.

§ 7. Das Gaußsche Fehlergesetz

7.1 Fehlerhäufigkeit und Fehlerwahrscheinlichkeit

Nachdem die Grundbegriffe der Fehlerlehre aus der Anschauung erklärt und an charakteristischen Beispielen eingeübt sind, mögen nunmehr die wichtigsten Begriffe zunächst mit Hilfe der Wahrscheinlichkeitsrechnung theoretisch verfestigt werden. Später (§ 47) werden wir sie auch vom Standpunkt der mathematischen Statistik aus behandeln.

Ausgangspunkt unserer Untersuchungen ist die oft gemachte Beobachtung, daß die unregelmäßigen oder zufälligen Fehler trotz ihrer

---

[16] Vgl. § 50.35.

scheinbaren Regellosigkeit bestimmten Gesetzen gehorchen. Wird eine Messung sehr oft wiederholt, so kann, falls ausschließlich zufällige Fehler vorliegen, erfahrungsgemäß folgende Fehlerverteilung erwartet werden:

1. Positive und negative Fehler von ungefähr gleicher Größe werden gleich häufig sein.

2. Je kleiner ein Fehler ist, um so häufiger wird er auftreten.

3. Am häufigsten werden Fehler von der Größenordnung Null sein.

Die Häufigkeit, mit der ein bestimmter unregelmäßiger Fehler ε auftritt, ist demnach eine Funktion seiner Größe. Diese Funktion läßt sich mit Hilfe der Wahrscheinlichkeitsrechnung bestimmen. Dabei ist es indessen, um Messungsoperationen verschiedener Art miteinander vergleichen zu können, angezeigt, nicht die absolute, sondern die relative Häufigkeit des Auftretens von ε zu ermitteln. Es sei $\varphi(\varepsilon)$ die Funktion, die die relative Häufigkeit eines bestimmten ε angibt; dann besagt $\varphi(\varepsilon) = 0,1$, daß das ε bei 100 Messungen 10 mal, bei 50 Messungen 5 mal auftritt usw. Wird nun gefragt, mit welcher Wahrscheinlichkeit ein Fehler von der Größe $\varepsilon = 5$ zu erwarten ist, so ist zu bedenken, daß in diesem Zusammenhang die Zahl 5 nicht nur den scharfen Wert 5,0 bedeutet. Vielmehr wird die 5, wenn eine Dezimale mitgeführt wird, die Werte 4,5 bis 5,5, bei 2 Dezimalen von 4,95 bis 5,05 repräsentieren. Die Wahrscheinlichkeit für das Auftreten eines Fehlers von der Größe ε ergibt sich demnach als Produkt aus der Fehlerhäufigkeit und der Breite des betrachteten Fehlerstreifens. Bezeichnet man die differentielle Breite des Fehlerstreifens mit $d\varepsilon$, so ist die Wahrscheinlichkeit, daß ein Fehler zwischen den Grenzen ε und $\varepsilon + d\varepsilon$ liegt,

$$W(\varepsilon) = \varphi(\varepsilon)\,d\varepsilon\,. \tag{1}$$

Läßt man $d\varepsilon$ gegen Null gehen, so wird die Wahrscheinlichkeit, einen Fehler zwischen den Grenzen $\varepsilon = a$ und $\varepsilon = b$ zu begehen,

$$W_a^b = \int\limits_a^b \varphi(\varepsilon)\,d\varepsilon\,. \tag{2}$$

Wählt man schließlich für a und b die äußersten Grenzen, nämlich $\pm\infty$, so wird die Wahrscheinlichkeit zur Gewißheit. Es ist also

$$W_{-\infty}^{+\infty} = \int\limits_{-\infty}^{\infty} \varphi(\varepsilon)\,d\varepsilon = 1\,. \tag{3}$$

7.2 Die Fehlerhäufigkeits-
und die Fehlerwahrscheinlichkeitsfunktion

Eine Größe, die gemäß unserer Definition im § 1 den Erwartungswert oder wahren Wert ζ hat, sei mit gleicher Genauigkeit sehr oft und gleich-

zeitig so sorgfältig gemessen worden, daß dabei nur zufällige Fehler auftreten; die Meßergebnisse seien $l_1, l_2, \ldots, l_n$ $(n \to \infty)$. Unter den genannten
Voraussetzungen nimmt bei wachsender Anzahl der Messungen auf
Grund einer nach *C. F. Gauß* fast als Axiom anzusehenden Hypothese
das arithmetische Mittel x mit größter Wahrscheinlichkeit den wahren
Wert ζ der beobachteten Größe an. Wenn aber der wahre Wert und das
arithmetische Mittel zusammenfallen, so entfällt auch der Unterschied
zwischen wahren Fehlern (§ 1.2) und übrigbleibenden Fehlern (§ 3.1),
und es ist im Falle unserer obigen Messungen

$$\varepsilon_1 = x - l_1 ; \quad \varepsilon_2 = x - l_2 ; \quad \ldots ; \quad \varepsilon_n = x - l_n . \tag{4}$$

Ist x der wahrscheinlichste Wert, so ist auch die Wahrscheinlichkeit für
das durch x bestimmte Fehlersystem $\varepsilon_1, \varepsilon_2, \ldots, \varepsilon_n$ ein Maximum. Nach
dem Multiplikationssatz der Wahrscheinlichkeitsrechnung ist die Wahr-
scheinlichkeit für das Zusammentreffen mehrerer voneinander unabhängiger Ereignisse gleich dem Produkt der Einzelwahrscheinlichkeiten.
Also muß wegen (1)

$$\varphi(\varepsilon_1) \, d\varepsilon \; \varphi(\varepsilon_2) \, d\varepsilon \ldots \varphi(\varepsilon_n) \, d\varepsilon = \text{Max}$$

oder logarithmisch

$$\ln \varphi(\varepsilon_1) + \ln \varphi(\varepsilon_2) + \cdots + \ln \varphi(\varepsilon_n) = \text{Max}$$

sein. Die Bedingung dafür lautet

$$\frac{d \ln \varphi(\varepsilon_1)}{d\varepsilon_1} \frac{d\varepsilon_1}{dx} + \frac{d \ln \varphi(\varepsilon_2)}{d\varepsilon_2} \frac{d\varepsilon_2}{dx} + \cdots + \frac{d \ln \varphi(\varepsilon_n)}{d\varepsilon_n} \frac{d\varepsilon_n}{dx} = 0 .$$

Werden Zähler und Nenner dieser Brüche mit ihrem ε erweitert und
wird gleichzeitig beachtet, daß wegen (4) die Ableitungen der ε nach x
alle gleich 1 sind, so wird

$$\varepsilon_1 \frac{d \ln \varphi(\varepsilon_1)}{\varepsilon_1 \, d\varepsilon_1} + \varepsilon_2 \frac{d \ln \varphi(\varepsilon_2)}{\varepsilon_2 \, d\varepsilon_2} + \cdots + \varepsilon_n \frac{d \ln \varphi(\varepsilon_n)}{\varepsilon_n \, d\varepsilon_n} = 0 .$$

Nun ist aber, da nach unseren Ausführungen zu (4) der Unterschied von
wahren und übrigbleibenden Fehlern entfällt, im Hinblick auf § 3 (4)

$$\varepsilon_1 + \varepsilon_2 + \cdots + \varepsilon_n = 0 . \tag{5}$$

Die Bedingungen können nur dann nebeneinander bestehen, wenn die
Koeffizienten der ε in der vorletzten Gleichung gleiche Werte haben.
Es muß also

$$\frac{d \ln \varphi(\varepsilon_1)}{\varepsilon_1 \, d\varepsilon_1} = \frac{d \ln \varphi(\varepsilon_2)}{\varepsilon_2 \, d\varepsilon_2} = \cdots = \frac{d \ln \varphi(\varepsilon_n)}{\varepsilon_n \, d\varepsilon_n} = k$$

sein, oder anders geschrieben

$$\frac{d \ln \varphi(\varepsilon)}{d\varepsilon} = k\varepsilon \,. \tag{6}$$

Die Integration dieser Gleichung gibt

$$\ln \varphi(\varepsilon) = \frac{1}{2} k\varepsilon^2 + C$$

oder
$$\varphi(\varepsilon) = e^{\frac{1}{2}k\varepsilon^2 + C} = e^C e^{\frac{1}{2}k\varepsilon^2} \,. \tag{7}$$

Zur Vereinfachung bezeichnet man die Konstante e^C mit A und setzt, da die Fehlerhäufigkeit mit wachsendem $|\varepsilon|$ abnimmt,

$$\frac{1}{2} k = -h^2 \,,$$

so daß man erhält
$$\varphi(\varepsilon) = A e^{-h^2 \varepsilon^2} \,. \tag{8}$$

Hierin sind A und h Konstanten, deren Wert zu bestimmen ist. Die Bedeutung von A erkennt man leicht, wenn man die Extremfälle $\varepsilon = \pm \infty$ betrachtet, die auf (3) geführt haben. Einsetzen von (8) in (3) gibt

$$A \int\limits_{-\infty}^{+\infty} e^{-h^2 \varepsilon^2} \, d\varepsilon = 1 \,,$$

und wenn zur Integration $h\varepsilon = u$ und $d\varepsilon = \dfrac{du}{h}$ gesetzt werden, so wird

$$\frac{A}{h} \int\limits_{-\infty}^{+\infty} e^{-u^2} \, du = 1 \,.$$

Linker Hand steht ein von *Laplace* gefundenes Integral, das den Wert $\sqrt{\pi}$ hat. Also ist

$$A = \frac{h}{\sqrt{\pi}} \,, \tag{9}$$

und es folgt aus (8) die unter dem Namen „*Gaußsches Fehlergesetz*" bekannte *Fehlerhäufigkeitsfunktion*

$$\varphi(\varepsilon) = \frac{h}{\sqrt{\pi}} e^{-h^2 \varepsilon^2} \,. \tag{10}$$

Durch Integration von (10) gewinnt man einen Ausdruck für die Wahrscheinlichkeit, mit der ein Fehler ε innerhalb der Grenzen $-\infty$ und einem beliebigen ε auftritt, nämlich

$$\Phi(\varepsilon) = \int\limits_{-\infty}^{\varepsilon} \varphi(\varepsilon) \, d\varepsilon = \frac{h}{\sqrt{\pi}} \int\limits_{-\infty}^{\varepsilon} e^{-h^2 \varepsilon^2} \, d\varepsilon \,. \tag{11}$$

Das ist die Fehlerwahrscheinlichkeitsfunktion. (10) und (11) heißen in der mathematischen Statistik die *Dichtefunktion* und die *Verteilungsfunktion* der Normalverteilung. Wegen (2) ist die Wahrscheinlichkeit, einen Fehler zwischen den Grenzen $\varepsilon = a$ und $\varepsilon = b$ zu begehen,

$$W_a^b = \frac{h}{\sqrt{\pi}} \int_a^b e^{-h^2 \varepsilon^2}\, d\varepsilon. \qquad (11\,\text{a})$$

7.3 Die graphische Darstellung von $\varphi(\varepsilon)$

Um die Gl. (10) zu diskutieren und gleichzeitig die Bedeutung der Größe h kennenzulernen, bedient man sich zweckmäßig einer graphischen Darstellung, bei der die ε als Abszissen und die $\varphi(\varepsilon)$ als Ordinaten aufgetragen werden.

Die Zahlenwerte von $\varphi(\varepsilon)$ gewinnt man nach Logarithmieren von (10) aus

$$\lg \varphi(\varepsilon) = \lg h + \lg \frac{1}{\sqrt{\pi}} - \text{Mod}\, h^2 \varepsilon^2. \qquad (10\,\text{a})$$

Läßt man dabei ε die Werte von 0,0 bis 5,0 durchlaufen und setzt das vorläufig noch unbekannte h zunächst gleich 1 und dann gleich 1,5, so entsteht die nachstehende Tabelle:

ε	$\varphi(\varepsilon)$ für $h=1$	$\varphi(\varepsilon)$ für $h=1,5$
0,0	0,56419..	0,84628..
0,2	0,54207..	0,77345..
0,4	0,48077..	0,59043..
0,6	0,39362..	0,37648..
0,8	0,29749..	0,20051..
1,0	0,20755..	0,08920..
1,3	0,10410..	0,01888..
1,6	0,04361..	0,00267..
2,0	0,01033..	0,00010..
3,0	0,00007..	0,00000..
5,0	0,00000..	0,00000..

Auf Grund dieser Tabelle ist Abb. 6 gezeichnet worden. Dabei ist die Kurve mit $h=1$ stark ausgezogen und die Kurve mit $h=1,5$ gestrichelt worden. Ein Vergleich beider Kurven zeigt, daß sich gegenüber $h=1$ die Kurve $h=1,5$ in der Mitte hebt, während sie an den Seiten einfällt. Es kommen also bei $h=1,5$ den kleineren ε größere, den größeren ε kleinere Häufigkeitszahlen zu als bei $h=1$; d. h. die Messungsreihe mit $h=1,5$ ist genauer als die Reihe mit $h=1$.

Die Konstante *h* charakterisiert demnach die Genauigkeit einer
Messung; sie wird darum als Genauigkeitszahl oder als Maß der Präzision bezeichnet. Die Häufigkeit des Auftretens eines ε_i bestimmter Größe
hängt also – was sofort einleuchtet – nicht nur von der Größe der ε,
sondern auch von der Genauigkeit des Messungsvorganges ab.

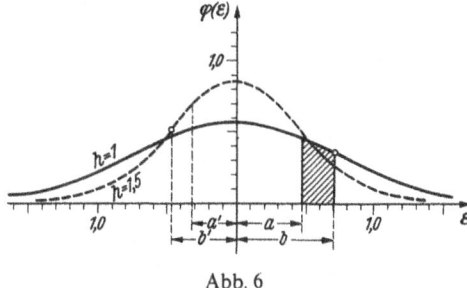

Abb. 6

Abb. 6 bestätigt, was aus der Gl. (10) unmittelbar entnommen werden
kann: Die Kurve hat für $\varepsilon = 0$ das Maximum

$$\varphi(0) = \frac{h}{\sqrt{\pi}}. \tag{12}$$

Für $\varepsilon = \pm \infty$ wird

$$\varphi(\pm \infty) = 0. \tag{13}$$

Die extremen Fälle $\varepsilon = \pm \infty$ sind mithin in (10) zwar berücksichtigt,
sie haben aber die Häufigkeit Null; die Kurve verläuft also asymptotisch
zur Abszissenachse. Sie ist weiter gegenüber der Ordinatenachse symme-
trisch, da $\varphi(\varepsilon)$ sich nicht ändert, wenn $+\varepsilon$ mit $-\varepsilon$ vertauscht wird.

Endlich hat die Kurve zwei ebenfalls symmetrisch zur Ordinatenachse liegende Wendepunkte. Um diese kennenzulernen, ist die zweite
Ableitung von (10) gleich Null zu setzen. Man erhält

$$\frac{d\varphi}{d\varepsilon} = \frac{h}{\sqrt{\pi}} e^{-h^2\varepsilon^2}(-2h^2\varepsilon) = -\frac{2h^3}{\sqrt{\pi}} \varepsilon\, e^{-h^2\varepsilon^2},$$

$$\frac{d^2\varphi}{d\varepsilon^2} = -\frac{2h^3}{\sqrt{\pi}} e^{-h^2\varepsilon^2}(1 - 2h^2\varepsilon^2).$$

Dieser Ausdruck verschwindet, wenn der Klammerausdruck gleich Null
gesetzt wird. Die Abszissen der Wendepunkte ergeben sich mithin aus

$$\varepsilon = \pm \frac{1}{h\sqrt{2}}.$$

In Abb. 6 sind hiernach an den Stellen $\varepsilon = b$ bzw. b' die Wendepunkts-
ordinaten für $h = 1$ auf der positiven, für $h = 1,5$ auf der negativen
Seite eingezeichnet.

Nun bestehen, was sehr nahe liegt, feste Beziehungen zwischen der theoretischen Genauigkeitszahl h und den in § 1 eingeführten theoretischen Genauigkeitsmaßen. Insbesondere ist, wie im § 8 (4) abgeleitet werden wird,

$$\mu = \pm \frac{1}{h\sqrt{2}} \,. \tag{14}$$

Also ist die Abszisse der Wendepunkte gleich dem Betrag des theoretischen mittleren Fehlers. Mit dieser Beziehung kann (10) umgeschrieben werden in

$$\varphi(\varepsilon) = \frac{1}{\mu\sqrt{2\pi}} \, e^{-\frac{\varepsilon^2}{2\mu^2}} \,. \tag{15}$$

Diese Form ist für die Untersuchung von Fehlerreihen besser geeignet als (10). Ersetzt man in § 4 (4) die m durch die μ nach (14), so ergibt sich als Zusammenhang zwischen Genauigkeitszahl und Gewicht

$$p_1 : p_2 = 2h_1^2 : 2h_2^2 = h_1^2 : h_2^2 \,. \tag{16}$$

Abb. 6 läßt auch eine graphische Deutung der Fehlerwahrscheinlichkeitsfunktion (11) bzw. (11 a) zu. Es ist nämlich die Wahrscheinlichkeit, einen Fehler zwischen den Grenzen $\varepsilon = a$ und $\varepsilon = b$ zu begehen, dargestellt durch die Fläche unter der Kurve, die zwischen den Ordinaten $\varepsilon = a$ und $\varepsilon = b$ liegt. Die volle Fläche zwischen Kurve und Abszissenachse repräsentiert die Gesamtheit aller Fehler. Sie hat demnach, wie bereits durch (3) festgestellt, den Wert 1.

7.4 Hagens Ableitung des Fehlergesetzes

G. *Hagen* [2] hat eine Ableitung des Gaußschen Fehlergesetzes gegeben, für die er auf die unter Ziff. 2 benutzte Hypothese vom arithmetischen Mittel verzichtet und an ihrer Stelle eine andere Arbeitshypothese benutzt. Er unterstellt, daß jeder Beobachtungsfehler ε sich aus einer großen Anzahl von sehr kleinen, im einzelnen nicht bekannten Elementarfehlern zusammensetzt, deren jeder die durchschnittliche absolute Größe δ hat. Die δ können sowohl positiv wie negativ sein; sie werden sich also teils aufsummieren, teils aufheben [17].

Zur Einführung wollen wir annehmen, daß ein Beobachtungsfehler ε sich aus 6 Elementarfehlern von der Größe δ zusammensetze; dann sind die in nachstehender Tabelle in der ersten Zeile angeführten Fälle möglich, wobei „+" ein positives, „−" ein negatives δ bedeutet. In

---

[17] *Scheffers*, G.: Lehrbuch der Mathematik, 9. Aufl., S. 599. — Siehe auch: *Müller, M.*: Zur Herleitung des Gaußschen Fehlergesetzes und zur Hypothese der Elementarfehler. Jahresbericht der deutschen Mathematiker-Vereinigung Bd. 58, Heft 3. Tübingen 1956. — Vgl. ferner Lit.-Verz. [*18*].

der 2. und 3. Zeile sind die Beträge ε und die Häufigkeit der Beobachtungsfehler aufgeführt. Dabei ist unter Häufigkeit die – am einfachsten durch Auszählen festzustellende – Anzahl der möglichen Kombinationen verstanden, die auf denselben Betrag ε führen:

δ	$6+$	$5+,1-$	$4+,2-$	$3+,3-$	$2+,4-$	$1+,5-$	$6-$
$\varepsilon=[\delta]$	6δ	4δ	2δ	0	-2δ	-4δ	-6δ
Häufigkeit	1	6	15	20	15	6	1

Diese Tabelle läßt erkennen, daß die Häufigkeitszahlen im Falle $n = 6$ durch die Binomialkoeffizienten wiedergegeben werden. Die nachstehende Gegenüberstellung bringt die Zusammenhänge in allgemeingültigen Symbolen zum Ausdruck:

Mögliche Verteilung der δ:		Fehlerbetrag $\varepsilon = [\delta]$		Häufigkeit des Vorkommens
positiv	negativ			
n	0	$\varepsilon_0 = n\delta =$	$(n-2\cdot 0)\delta$	$1 = \binom{n}{0}$
$(n-1)$	1	$\varepsilon_1 =$	$(n-2\cdot 1)\delta$	$n = \binom{n}{1}$
$(n-2)$	2	$\varepsilon_2 =$	$(n-2\cdot 2)\delta$	$\binom{n}{2}$
.	.			.
$(n-k)$	k	$\varepsilon_k =$	$(n-2k)\delta$	$\binom{n}{k}$
.	.			.
1	$(n-1)$	$\varepsilon_{n-1} =$	$(n-2(n-1))\delta$	$n = \binom{n}{n-1}$
0	n	$\varepsilon_n = -n\delta = (n-2n)\delta$		$1 = \binom{n}{n}$

Die Summe aller Häufigkeiten ist nach dem binomischen Satz

$$(1+a)^n = \binom{n}{0}a^0 + \binom{n}{1}a^1 + \cdots \binom{n}{k}a^k \cdots \binom{n}{n-1}a^{n-1} + \binom{n}{n}a^n,$$

also mit $a = 1$

$$(1+a)^n = \sum_{i=0}^{i=n} \binom{n}{i} = 2^n.$$

Versteht man sodann unter der Wahrscheinlichkeit eines Fehlers $\varepsilon_k = (n - 2k)\delta$ das Verhältnis aus der Anzahl der Fälle, in denen er vorkommen kann, und der Gesamtheit aller Fälle überhaupt, so ist

$$W(\varepsilon_k) = \frac{1}{2^n} \binom{n}{k} \quad \text{mit} \quad k = 0, 1, 2, \ldots, n.$$

Hierin werde n, ohne daß damit die Allgemeingültigkeit eingeschränkt wird, als gerade Zahl angenommen, so daß auch der Fall $\varepsilon_k = 0$ erfaßt wird. Wir führen ferner in der obigen Formel für ε_k eine neue Zählzahl l ein, indem wir setzen

$$\left. \begin{array}{c} 2l = n - 2k \quad \text{oder} \quad k = \frac{n}{2} - l \\[2mm] \varepsilon_k = (n - 2k)\delta = 2l\,\delta = \varepsilon_l. \end{array} \right\} \tag{17}$$

und

Dann wird

$$W(\varepsilon_k) = W(\varepsilon_l) = \frac{1}{2^n} \binom{n}{\frac{n}{2} - l}$$

mit

$$l = -\frac{n}{2}, \quad -\frac{n}{2} + 1 \ldots, 0, \ldots \frac{n}{2} - 1, \quad \frac{n}{2}.$$

Wir wollen uns die Zusammenhänge zwischen der Größe von ε und der Häufigkeit seines Auftretens zeichnerisch dargestellt denken und betrachten dazu die ε als Abszissen. Als Ordinaten wählt man zweckmäßig die in Ziff. 1 eingeführte Fehlerhäufigkeitsfunktion $\varphi(\varepsilon)$. Nach Gl. (1) ist bei endlicher Breite des Fehlerstreifens

$$\varphi(\varepsilon) = \frac{W(\varepsilon)}{\Delta\varepsilon}.$$

Dazu gibt Gl. (17)

$$\Delta\varepsilon = \varepsilon_{l+1} - \varepsilon_l = 2(l + 1)\delta - 2l\delta = 2\delta. \tag{18}$$

Dann wird

$$\varphi(\varepsilon) = \frac{1}{2^n 2\delta} \binom{n}{\frac{n}{2} - l} = \frac{1}{2^{n+1}\delta} \binom{n}{\frac{n}{2} - l}. \tag{19}$$

Um den Grenzübergang vorzubereiten, bilde man sodann

$$\Delta\varphi(\varepsilon) = \varphi(\varepsilon_{l+1}) - \varphi(\varepsilon_l) = \frac{1}{2^{n+1}\delta} \left\{ \binom{n}{\frac{n}{2} - (l+1)} - \binom{n}{\frac{n}{2} - l} \right\}. \tag{20}$$

Nun ist z. B.

$$\binom{n}{4} = \binom{n}{3} \frac{n-3}{4} \quad \text{oder} \quad \binom{n}{3} = \binom{n}{4} \frac{4}{n-3}.$$

Entsprechend ist auch

$$\binom{n}{\frac{n}{2}-(l+1)} = \binom{n}{\frac{n}{2}-l}\frac{\frac{n}{2}-l}{n-(\frac{n}{2}-(l+1))} = \binom{n}{\frac{n}{2}-l}\frac{\frac{n}{2}-l}{\frac{n}{2}+l+1},$$

$$\binom{n}{\frac{n}{2}-(l+1)} - \binom{n}{\frac{n}{2}-l} = \binom{n}{\frac{n}{2}-l}\frac{-(2l+1)}{\frac{n}{2}+l+1}.$$

Dies wird in Gl. (20) eingesetzt und gleichzeitig beachtet, daß nach Gl. (17) und (19)

$$l = \frac{\varepsilon_l}{2\delta} \quad \text{und} \quad \binom{n}{\frac{n}{2}-l} = \varphi(\varepsilon_l)2^{n+1}\delta$$

ist. Dann wird, wenn fortan auf den Index l verzichtet wird,

$$\Delta\varphi(\varepsilon) = \frac{\varphi(\varepsilon)2^{n+1}\delta(-\varepsilon-\delta)}{2^{n+1}\delta^2\left(\frac{n}{2}+\frac{\varepsilon}{2\delta}+1\right)} = -\frac{\varepsilon\varphi(\varepsilon)+\delta\varphi(\varepsilon)}{\frac{n}{2}\delta+\frac{\varepsilon}{2}+\delta},$$

und man erhält mit Beachtung von Gl. (18)

$$\frac{\Delta\varphi(\varepsilon)}{\Delta\varepsilon} = -\frac{\varepsilon\varphi(\varepsilon)+\delta\varphi(\varepsilon)}{n\delta^2+\delta\varepsilon+2\delta^2}.$$

Der Grenzübergang $n\to\infty$, $\delta\to 0$ gibt

$$\lim\frac{\Delta\varphi(\varepsilon)}{\Delta\varepsilon} = \frac{d\varphi(\varepsilon)}{d\varepsilon} = -\frac{\varepsilon\varphi(\varepsilon)}{\lim n\delta^2}. \tag{21}$$

Hierin ist $\lim n\delta^2$ nicht ohne weiteres anzugeben. Da aber n eine ganze Zahl ist und δ in der 2. Potenz steht, muß $n\delta^2 > 0$ sein. Wir setzen daher

$$\lim n\delta^2 = \frac{1}{2h^2}.$$

Dann wird aus Gl. (21)

$$\frac{d\varphi(\varepsilon)}{d\varepsilon} = -2h^2\varepsilon\varphi(\varepsilon) \quad \text{oder} \quad \frac{d\varphi(\varepsilon)}{\varphi(\varepsilon)} = -2h^2\varepsilon\,d\varepsilon.$$

Die Integration gibt

$$\ln\varphi(\varepsilon) = -h^2\varepsilon^2 + C$$

oder

$$\varphi(\varepsilon) = e^{-h^2\varepsilon^2+C} = e^C e^{-h^2\varepsilon^2},$$

und wenn $e^C = A$ gesetzt wird, so wird

$$\varphi(\varepsilon) = A e^{-h^2\varepsilon^2}. \tag{22}$$

Das ist aber wieder unsere Gl. (8), womit der Anschluß an die Gaußsche Ableitung erreicht ist.

7.5 Fehlergesetz und Beobachtungsreihen

Da das Gaußsche Fehlergesetz rein analytisch aus den Sätzen der Wahrscheinlichkeitsrechnung abgeleitet ist, entsteht die Frage, inwieweit die Häufigkeit des Auftretens der Fehler nach diesem Gesetz durch den Vergleich mit gemessenen Beobachtungsreihen bestätigt wird.

Als Beispiel dienen die 523 Dreieckswidersprüche, die bei den trigonometrischen Semesterschlußübungen des Geodätischen Instituts der Technischen Hochschule Hannover in den Jahren 1950 bis 1965 erhalten wurden und genau genug als wahre Fehler von Winkelsummenbestimmungen in Dreiecken angesehen werden können. Sie wurden in Klassen von 10 zu 10^{cc} zusammengefaßt und in das Diagramm Abb. 7, dessen Abszissenachse die Klasseneinteilung wiedergibt, in der Weise eingetragen, daß die Höhe der Rechtecke über den Stufen der Anzahl der in die betreffende Stufe fallenden Dreieckswidersprüche proportional ist.

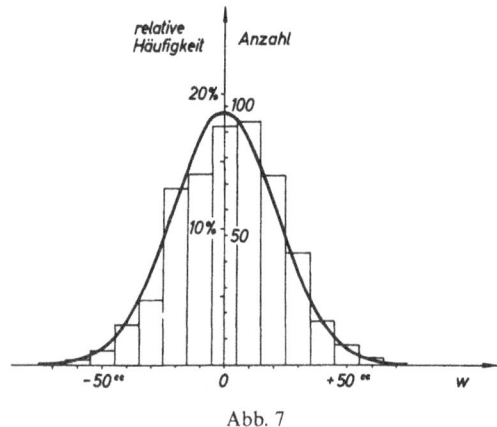

Abb. 7

Um die so entstandene Treppenkurve mit der theoretischen Normalverteilung zu vergleichen, berechnet man den Mittelwert $[\varepsilon] : n = 2{,}0^{cc} \approx 0$ und den mittleren Fehler aus $m^2 = [\varepsilon\varepsilon] : n = 463$ zu $m = \pm 21{,}5^{cc}$ und führt diese Werte in (15) ein. (In unserer II. Auflage wurde aus 170 Dreiecksschlüssen $m = \pm 21{,}3^{cc}$ errechnet.) Man multipliziert sodann die rechte Seite von (15) zunächst im Hinblick auf die Klassenbreite mit 10 und außerdem, um das Ergebnis in Prozenten zu bekommen, mit 100, im ganzen also mit 1000, logarithmiert die so entstandene Gleichung und erhält auf Grund des Ansatzes

$$\lg \varphi(\varepsilon)\% = \lg \frac{10^3}{m\sqrt{2\pi}} - \frac{\text{Mod}}{2m^2}\, \varepsilon^2 = 1{,}2685 - 0{,}469 \cdot 10^{-3} \cdot \varepsilon^2$$

für $\varphi(0)$, $\varphi(10)\ldots\varphi(60)$ der Reihe nach die Werte 18,58; 16,66; 12,05; 7,02; 3,30; 1,25; 0,38 %. Beim Entwerfen einer Skala für die Prozentsätze ist davon auszugehen, daß der Gesamtzahl der 523 Beobachtungen 100 % entsprechen; demgemäß ist in Abb. 7 auf der Ordinatenachse neben der „Anzahl" 104,6 die Marke 20 %, neben 52,3 die Marke 10 % usw. angerissen und damit die Prozentskala definiert, mit deren Hilfe die $\varphi(\varepsilon)\%$ in das Diagramm eingetragen werden können. Eine über die Endpunkte der Ordinaten gelegte glatte Kurve läßt die Abweichungen von der theoretischen Normalverteilung leicht erkennen. Eine noch bequemere Darstellung mit Hilfe des Wahrscheinlichkeitsnetzes findet der Leser im § 48.2; eine sehr scharfe Untersuchung auf Normalverteilung bringt § 49.4.

§ 8. Die fehlertheoretische Begründung und die mittleren Fehler der Genauigkeitsmaße

8.1 Die Beziehungen zwischen τ, μ, ϱ und h

Mit Hilfe des Gaußschen Fehlergesetzes lassen sich die im § 1 definierten Genauigkeitsmaße in spezielle Formen bringen, die allerdings für die empirischen Genauigkeitsmaße nur genähert gelten. Die neuen Formeln liefern gleichzeitig eine bequeme Grundlage für die *Untersuchung* des Zusammenhanges zwischen der Genauigkeitszahl h auf der einen und dem theoretischen durchschnittlichen, mittleren und wahrscheinlichen Fehler auf der anderen Seite. Zur Ableitung der Formeln für den durchschnittlichen und den mittleren Fehler sei unterstellt, daß in einer Fehlerreihe der Fehler ε_1 n_1-mal auftrete, ε_2 n_2-mal usw. Die Gesamtzahl aller Fehler sei

$$n_1 + n_2 + \cdots = n.$$

Der theoretische durchschnittliche Fehler wird dann erhalten aus

$$\tau = \pm \frac{[|\varepsilon|]}{n} = \pm \frac{n_1 |\varepsilon_1| + n_2 |\varepsilon_2| + \cdots}{n} \qquad n \to \infty\,;$$

der theoretische mittlere Fehler desgleichen aus

$$\mu = \pm \sqrt{\frac{[\varepsilon\varepsilon]}{n}} = \pm \sqrt{\frac{n_1 \varepsilon_1^2 + n_2 \varepsilon_2^2 + \cdots}{n}} \qquad n \to \infty\,.$$

Es sollen nun die Fehlerhäufigkeitszahlen $n_1, n_2, \ldots$ durch die Fehlerwahrscheinlichkeiten $W(\varepsilon) = \varphi(\varepsilon)\,d\varepsilon$ ersetzt werden. Dazu beachte man, daß in § 7 (2) $W(\varepsilon)$ die Wahrscheinlichkeit des Auftretens eines bestimmten ε bei *einer* Beobachtung angibt. Bei n Beobachtungen ist sie demnach $n\,W(\varepsilon)$. Also besteht für das Auftreten des Fehlers ε_1 die Wahrscheinlichkeit $n\,W(\varepsilon_1)$, und alle Fehler ε_1 zusammen ergeben den Fehlerbetrag $\varepsilon_1\,n\,W(\varepsilon_1)$. Wiederholung dieses Gedankenganges für die übrigen ε und Einsetzen in die Formel für den *durchschnittlichen Fehler* τ führt auf

$$\tau = \frac{1}{n} \int\limits_{-\infty}^{+\infty} n |\varepsilon|\, \varphi(\varepsilon)\, d\varepsilon = 2 \int\limits_{0}^{+\infty} \varepsilon\, \varphi(\varepsilon)\, d\varepsilon$$

oder nach Einsetzen des Wertes von $\varphi(\varepsilon)$ auf

$$\tau = \pm \frac{2h}{\sqrt{\pi}} \int\limits_{0}^{+\infty} \varepsilon e^{-h^2\varepsilon^2}\, d\varepsilon. \tag{1}$$

Wie für § 7 (9) setzt man $h\varepsilon = u$, $d\varepsilon = \dfrac{du}{h}$ und erhält

$$\tau = \pm \frac{2}{h\sqrt{\pi}} \int\limits_{0}^{+\infty} u e^{-u^2}\, du = \pm \frac{1}{h\sqrt{\pi}} [e^{-u^2}]_0^{+\infty} = \pm \frac{1}{h\sqrt{\pi}}(0-1),$$

also

$$\tau = \pm \frac{[|\varepsilon|]}{n} = \pm \frac{1}{h\sqrt{\pi}}. \tag{2}$$

Für das Quadrat des theoretischen *mittleren Fehlers* μ gewinnt man auf Grund desselben Ansatzes

$$\mu^2 = \frac{1}{n} \int\limits_{-\infty}^{+\infty} n\varepsilon^2\, \varphi(\varepsilon)\, d\varepsilon = \frac{h}{\sqrt{\pi}} \int\limits_{-\infty}^{+\infty} \varepsilon^2 e^{-h^2\varepsilon^2}\, d\varepsilon \tag{3}$$

und wieder mit $h\varepsilon = u$ und $d\varepsilon = \dfrac{du}{h}$

$$\mu^2 = \frac{1}{h^2\sqrt{\pi}} \int\limits_{-\infty}^{+\infty} u^2 e^{-u^2}\, du = \frac{1}{h^2\sqrt{\pi}} J_{-\infty}^{+\infty}.$$

Anwendung der partiellen Integration ergibt unter gleichzeitiger Berücksichtigung des für § 7 (9) benutzten Integrals

$$J_{-\infty}^{+\infty} = \int\limits_{-\infty}^{+\infty} \left(-\frac{u}{2}\right)(-2u e^{-u^2}\, du) = \left[-\frac{u}{2} e^{-u^2}\right]_{-\infty}^{+\infty} - \int\limits_{-\infty}^{+\infty} e^{-u^2}\left(-\frac{du}{2}\right)$$

$$= 0 + \frac{1}{2} \int\limits_{-\infty}^{+\infty} e^{-u^2}\, du = +\frac{1}{2}\sqrt{\pi},$$

und wenn das in die vorige Gleichung eingesetzt wird, so folgt die bereits in § 7 (14) angegebene Gleichung

$$\mu = \pm \sqrt{\frac{[\varepsilon\varepsilon]}{n}} = \pm \frac{1}{h\sqrt{2}}. \tag{4}$$

Für eine entsprechende Einordnung des *wahrscheinlichen Fehlers* ϱ muß auf die Definition von ϱ in § 1 zurückgegangen werden: Es soll für einen Fehler ε die Wahrscheinlichkeit, zwischen die Grenzen $-\varrho$ und $+\varrho$ zu fallen, gleich 1/2 sein. Die Ordinaten in $\varepsilon = -\varrho$ und $\varepsilon = +\varrho$ schneiden also aus der Fläche unter der Fehlerhäufigkeitskurve eine symmetrisch zur Ordinatenachse liegende Teilfläche mit dem Flächeninhalt 1/2 heraus, so daß die beiderseits übrigbleibenden Restzwickel jeder für sich den Flächeninhalt 1/4 haben. In Abb. 6 sind die dem Wert ϱ entsprechenden Ordinaten in a bzw. a' eingezeichnet worden.

Mit § 7 (11a) lautet die obige Forderung in der Formelsprache

$$W^{+\varrho}_{-\varrho} = \frac{h}{\sqrt{\pi}} \int\limits_{-\varrho}^{\varrho} e^{-h^2\varepsilon^2}\, d\varepsilon = \frac{1}{2}, \tag{5}$$

und wenn die Symmetrie zu $\varepsilon = 0$ berücksichtigt und wieder $h\varepsilon = u$ usw. gesetzt wird,

$$W^{+\varrho}_{-\varrho} = 2W^{\varrho}_0 = \frac{2}{\sqrt{\pi}} \int\limits_{u=0}^{u=\varrho h} e^{-u^2}\, du = \frac{1}{2}. \tag{6}$$

Dieses Integral läßt sich nur durch Reihenentwicklung auswerten. Einführen der Exponentialreihe und unbestimmte Integration ergibt

$$e^{-u^2}\, du = \left(1 - \frac{u^2}{1!} + \frac{u^4}{2!} - \frac{u^6}{3!} + - \cdots\right) du\,,$$

$$\int e^{-u^2}\, du = u - \frac{u^3}{3 \cdot 1!} + \frac{u^5}{5 \cdot 2!} - \frac{u^7}{7 \cdot 3!} + - \cdots, \tag{7}$$

und wenn man (7) mit den Grenzen 0 und ϱh in (6) einsetzt, so wird

$$W^{\varrho}_{-\varrho} = 2W^{\varrho}_0 = \frac{2}{\sqrt{\pi}} \left(\varrho h - \frac{(\varrho h)^3}{3 \cdot 1!} + \frac{(\varrho h)^5}{5 \cdot 2!} - \frac{(\varrho h)^7}{7 \cdot 3!} + - \cdots\right) = \frac{1}{2}. \tag{8}$$

Hieraus ist ϱh nach dem Verfahren der allmählichen Annäherung zu berechnen. Man findet

$$\varrho h = 0{,}4769, \qquad \varrho = \frac{0{,}4769}{h}. \tag{9}$$

Mit (2), (4) und (9) läßt sich das Ergebnis unserer Untersuchungen folgendermaßen zusammenfassen:
Wenn das Gaußsche Fehlergesetz § 7 (10) zutrifft, so ist

$$\tau = \frac{1}{\sqrt{\pi}\,h}\,, \qquad \mu = \frac{1}{\sqrt{2}\,h}\,, \qquad \varrho = \frac{1}{2{,}09\,h} \tag{10}$$

oder mit abgerundeten Zahlenwerten

$$\left.\begin{array}{l} \tau = 0{,}80\,\mu = 1{,}18\,\varrho \,, \\ \mu = 1{,}25\,\tau = 1{,}47\,\varrho \,, \\ \varrho = 0{,}85\,\tau = 0{,}67\,\mu \,. \end{array}\right\} \qquad (11)$$

Man merke sich kurz

$$\tau = 4/5\,\mu \,, \qquad \varrho = 2/3\,\mu \,.$$

8.2 Zur Theorie des Maximalfehlers

Da, wie die Erfahrung gezeigt hat, die zufälligen Messungsfehler bei einiger Sorgfalt über eine gewisse Grenze, den sog. Maximalfehler, äußerst selten hinausgehen, sind in den behördlichen Vermessungsanweisungen Grenzen festgesetzt, die bei wiederholter Messung desselben Gegenstandes oder beim Vergleich älterer und neuerer Messungsergebnisse im Regelfall nicht überschritten werden dürfen. Als Maximalfehler haben die Vermessungsbehörden gewöhnlich den dreifachen Betrag des mittleren Fehlers zugrundegelegt, oder auch, um für das Auftreten der in der Praxis nicht ganz zu vermeidenden systematischen Fehlerbestandteile einen weiteren Spielraum zu gewähren, den vierfachen Betrag des mittleren Fehlers zugelassen. Die hierbei für die verschiedenen Messungsarten angesetzten mittleren Fehler sind im allgemeinen durch langjährige statistische Erhebungen gefunden, so daß sie hinreichend genau als theoretische mittlere Fehler angesprochen werden können.

Um zu prüfen, ob die Wahl des drei- oder vierfachen mittleren Fehlers als Maximalfehler auch theoretisch gerechtfertigt ist, berechnen wir die Wahrscheinlichkeit, mit der nach dem Gaußschen Fehlergesetz oder der Dichtefunktion der Normalverteilung ein Fehler zwischen die Grenzen $-\lambda\mu$ und $\lambda\mu$ fällt, wobei λ ein Zahlenfaktor ist.

Auf Grund desselben Gedankenganges, der zu den Gln. (5) und (6) führte, findet man, wenn n Beobachtungen vorliegen,

$$W_{-\lambda\mu}^{+\lambda\mu} = 2\,W_0^{\lambda\mu} = \frac{2nh}{\sqrt{\pi}} \int\limits_0^{\lambda\mu} e^{-h^2\varepsilon^2}\,d\varepsilon = \frac{2n}{\sqrt{\pi}} \int\limits_0^{h\lambda\mu} e^{-u^2}\,du$$

oder unter Beachtung von (4)

$$2\,W_0^{\lambda\mu} = \frac{2n}{\sqrt{\pi}} \int\limits_0^{0{,}7071\,\lambda} e^{-u^2}\,du \,. \qquad (12)$$

Dieses Integral läßt sich nach der Formel (7) auswerten und ergibt für $\lambda = 1, 2, 3, 4$ der Reihe nach die Wahrscheinlichkeiten 0,6827, 0,9545,

0,9973, 0,99994. Also liegen, wenn das Gaußsche Fehlergesetz zutrifft, mit ihrem Absolutwert von 1000 wahren Fehlern

> 683 Fehler oder 68,3 % zwischen 0 und μ,
> 954 Fehler oder 95,4 % zwischen 0 und 2μ,
> 997 Fehler oder 99,7 % zwischen 0 und 3μ,
> 1000 Fehler oder 100 % zwischen 0 und 4μ.

Demnach ist die Wahrscheinlichkeit, daß ein wahrer Fehler auftritt, der größer ist

> als 1μ gleich 0,3173 $\approx 1:3$,
> als 2μ gleich 0,0465 $\approx 1:20$,
> als 3μ gleich 0,0027 $\approx 1:400$,
> als 4μ gleich 0,00006 $\approx 1:16000$.

Diese Zahlen rechtfertigen es durchaus, den 3- oder 4 fachen Betrag des theoretischen Fehlers als Maximalfehler und den durch ihn beschriebenen Bereich als Toleranzbereich festzusetzen.

Falsch aber ist es, anzunehmen, es müsse, wenn bei einer Messung ein empirischer mittlerer Fehler m ermittelt ist, der wahre Wert der Größe mit der Wahrscheinlichkeit 400:1 innerhalb des dreifachen Betrages oder gar mit einer Wahrscheinlichkeit 16000:1 innerhalb des vierfachen Betrages der mittleren Fehler m liegen. Der empirische mittlere Fehler m hat nämlich, wie in den beiden folgenden Unterabschnitten gezeigt werden wird, auch einen mittleren Fehler, und dieser ist um so größer, je kleiner die Anzahl der überschüssigen Beobachtungen ist. Unsere eigentliche Frage, nämlich innerhalb welchen Bereichs der wahre Wert unserer gesuchten Größe mit einer bestimmten Wahrscheinlichkeit zu vermuten ist, wird erst im § 48.4 bei Besprechung der t-Verteilung beantwortet werden.

8.3 Der mittlere Fehler eines aus n wahren Fehlern berechneten empirischen mittleren Fehlers

Ein empirischer mittlerer Fehler wird um so sicherer erhalten, je größer die Anzahl der Beobachtungen ist, aus denen er hergeleitet ist. Ein mittlerer Fehler, der auf Grund von einer oder zwei überschüssigen Beobachtungen ermittelt ist, verdient nur wenig Vertrauen. Er ist mit einer großen Unsicherheit behaftet, die man ihrerseits durch einen mittleren Fehler – also den mittleren Fehler des mittleren Fehlers – charakterisieren kann.

Zur Untersuchung dieser Frage berechnen wir den mittleren Fehler des mittleren Fehlers, indem wir den aus einer unendlichen Fehleranzahl folgenden theoretischen Wert des mittleren Fehlers mit dem Wert vergleichen, den man bei Verwendung einer endlichen Zahl von Beobachtungen erhält.

Es sei $m^2 = \dfrac{[\varepsilon\varepsilon]}{n}$ das Quadrat eines aus einer endlichen Zahl von Beobachtungen errechneten empirischen mittleren Fehlers und μ^2 der entsprechende theoretische Wert. Dann ist der wahre Fehler von m^2

$$\Delta_{(m^2)} = \frac{[\varepsilon\varepsilon]}{n} - \mu^2 \,.$$

Um von dem wahren auf den mittleren Fehler überzugehen, bildet man wie üblich zunächst die Quadrate der wahren Fehler, geht zu Durchschnittswerten über und findet

$$\Delta^2_{(m^2)} = \frac{1}{n^2}\,([\varepsilon\varepsilon] - n\mu^2)^2 = \frac{1}{n^2}\,(\varepsilon_1^2 + \varepsilon_2^2 + \cdots + \varepsilon_n^2 - n\mu^2)^2$$

$$\left.\begin{array}{l} \Delta^2_{(m^2)} = \dfrac{1}{n^2}\,(\varepsilon_1^4 + \varepsilon_2^4 + \cdots + \varepsilon_n^4 + 2\varepsilon_1^2\varepsilon_2^2 + 2\varepsilon_1^2\varepsilon_3^2 + \cdots + 2\varepsilon_{n-1}^2\varepsilon_n^2 \\[2mm] \qquad\qquad - 2n\mu^2(\varepsilon_1^2 + \varepsilon_2^2 + \cdots \varepsilon_n^2) + n^2\mu^4)\,. \end{array}\right\} \quad (13)$$

Nun denke man sich die n Beobachtungen ν-mal wiederholt ($\nu \to \infty$), summiere die sich so ergebenden Reihen (13) auf und bilde Durchschnittswerte der einzelnen Summanden. Mit μ^2 als Durchschnittswert für $\varepsilon_1^2, \varepsilon_2^2, \ldots, \varepsilon_n^2$ erhält man dann

$$m^2_{(m^2)} = \frac{1}{n^2}\left([\varepsilon^4] + \frac{2n(n-1)}{1\cdot 2}\,\mu^4 - 2n\,\mu^2\cdot n\mu^2 + n^2\mu^4\right)$$

oder $\qquad\qquad m^2_{(m^2)} = \dfrac{1}{n^2}\,([\varepsilon^4] - n\,\mu^4)\,.$ $\qquad\qquad\qquad$ (14)

Zur Abschätzung von $[\varepsilon^4]$ entnehme man aus (3)

$$\frac{[\varepsilon^2]}{n} = \frac{h}{\sqrt{\pi}}\int\limits_{-\infty}^{+\infty} \varepsilon^2 e^{-h^2\varepsilon^2}\,d\varepsilon\,.$$

Wenn nun links und rechts auf $[\varepsilon^4]$ übergegangen und wieder $\varepsilon = \dfrac{u}{h}$ und $d\varepsilon = \dfrac{du}{h}$ gesetzt wird, so folgt

$$\frac{[\varepsilon^4]}{n} = \frac{h}{\sqrt{\pi}}\int\limits_{-\infty}^{+\infty} \varepsilon^4 e^{-h^2\varepsilon^2}\,d\varepsilon = \frac{2}{h^4\sqrt{\pi}}\int\limits_{0}^{+\infty} u^4 e^{-u^2}\,du\,.$$

Partielle Integration des Integranden gibt

$$\int u^3 \cdot u e^{-u^2} du = -\frac{u^3}{2} e^{-u^2} + \frac{3}{2} \int u^2 e^{-u^2} du,$$

und wenn man die Grenzen 0 und $+\infty$ einführt und für das letzte Integral das Ergebnis der entsprechenden Rechnung unter Ziff. 1 beachtet, so folgt

$$\frac{[\varepsilon^4]}{n} = \frac{2}{h^4 \sqrt{\pi}} \cdot \frac{3\sqrt{\pi}}{8} = \frac{3}{4h^4}$$

oder

$$[\varepsilon^4] = \frac{3n}{4h^4} = 3n\mu^4. \tag{15}$$

Dies wird in (14) eingesetzt und gleichzeitig (4) beachtet. Wird dann wieder das unbekannte μ durch den Näherungswert m ersetzt, so ist

$$m^2_{(m^2)} = \frac{1}{n^2}\left(\frac{3n}{4h^4} - \frac{n}{4h^4}\right) = \frac{1}{4h^4}\frac{2}{n}.$$

$$m_{(m^2)} = \pm \frac{1}{2h^2}\sqrt{\frac{2}{n}} = \pm m^2 \sqrt{\frac{2}{n}}. \tag{16}$$

Nun wird aber nicht $m_{(m^2)}$, sondern $m_{(m)}$ verlangt. Nach dem Fehlerfortpflanzungsgesetz § 2 (15) ist der mittlere Fehler für $x = \sqrt{y}$

$$m_x = \frac{1}{2\sqrt{y}} m_y;$$

also ist auch der mittlere Fehler für $m = \sqrt{m^2}$

$$m_{(m)} = \frac{1}{2\sqrt{m^2}} \cdot m_{(m^2)}.$$

Damit wird der mittlere Fehler eines aus n wahren Fehlern errechneten empirischen mittleren Fehlers

$$m_{(m)} = \pm m \sqrt{\frac{1}{2n}} = \pm m \frac{0,7071}{\sqrt{n}}, \tag{17}$$

und die vollständige Formel für diesen mittleren Fehler selbst lautet

$$m = \pm \sqrt{\frac{[\varepsilon\varepsilon]}{n}}\left(1 \pm \frac{0,7071}{\sqrt{n}}\right). \tag{18}$$

8.4 Der mittlere Fehler eines aus n übrigbleibenden Fehlern berechneten empirischen mittleren Fehlers

In der Regel wird m^2 nicht aus wahren, sondern nach der Formel § 3 (7) aus den übrigbleibenden Fehlern errechnet. Der wahre Fehler

5*

des so gewonnenen mittleren Fehlerquadrates ist dann

$$\Delta_{(m^2)} = \frac{[vv]}{n-1} - \mu^2 \, .$$

Nach § 3 (6a) ist

$$[vv] = [\varepsilon\varepsilon] - \frac{[\varepsilon]^2}{n} \, .$$

Mithin ist

$$\Delta_{(m^2)} = \frac{[\varepsilon\varepsilon] - \dfrac{[\varepsilon]^2}{n}}{n-1} - \mu^2 = \frac{1}{n(n-1)} \left(n[\varepsilon\varepsilon] - [\varepsilon]^2 - n(n-1)\,\mu^2 \right)$$

$$\left. \begin{aligned} \Delta_{(m^2)}^2 = {}& \frac{1}{n^2(n-1)^2} \left(n^2[\varepsilon\varepsilon]^2 + [\varepsilon]^4 + n^2(n-1)^2\,\mu^4 - 2n[\varepsilon\varepsilon]\,[\varepsilon]^2 \right. \\ & \left. - 2n^2(n-1)\,[\varepsilon\varepsilon]\,\mu^2 + 2n(n-1)\,[\varepsilon]^2\,\mu^2 \right). \end{aligned} \right\} \tag{19}$$

Wir nehmen wieder v derartige Reihen an ($v \to \infty$) und bilden zum Übergang auf den mittleren Fehler die Durchschnittswerte der Summanden. Wird als Durchschnittswert der ε_i^2 wieder der Mittelwert μ^2 benutzt, so ergibt sich für das 1. Glied in der Klammer von (19)

$$n^2[\varepsilon\varepsilon]^2 = n^2(\varepsilon_1^2 + \varepsilon_2^2 + \cdots + \varepsilon_n^2)^2 = n^2 \left([\varepsilon^4] + \frac{2n(n-1)}{1 \cdot 2}\,\mu^4 \right)$$

und bei Beachtung von (15)

$$n^2[\varepsilon\varepsilon]^2 = n^2(3n\,\mu^4 + n(n-1)\,\mu^4) \approx n^3(n+2)\,m^4 \, . \tag{20}$$

Das 2. Glied der Klammer von (19) ist

$$[\varepsilon]^4 = (\varepsilon_1 + \varepsilon_2 + \cdots + \varepsilon_n)^4 = [\varepsilon^4] + (6\varepsilon_1^2\varepsilon_2^2 + \cdots) + (4\varepsilon_1\varepsilon_2^3 + \cdots) \, .$$

Da aber der Durchschnittswert einer Gruppe mit ungeraden Potenzen wegen des wechselnden Vorzeichens der ε gegen Null geht, so bleibt

$$[\varepsilon]^4 = 3n\,\mu^4 + 3n(n-1)\,\mu^4 \approx 3n^2 m^4 \, . \tag{21}$$

Das 3. Glied in (19) bedarf keiner Erläuterung. Es wird lediglich an Stelle des unbekannten μ der Näherungswert m verwandt, so daß man hat

$$n^2(n-1)^2\,\mu^4 \approx n^2(n-1)^2\,m^4 \, . \tag{22}$$

Für das 4. Glied in (19) bilde man vorbereitend

$$[\varepsilon\varepsilon]\,[\varepsilon]^2 = (\varepsilon_1^2 + \varepsilon_2^2 + \cdots \varepsilon_n^2)(\varepsilon_1^2 + \varepsilon_2^2 + \cdots \varepsilon_n^2 + 2\varepsilon_1\varepsilon_2 + 2\varepsilon_1\varepsilon_3 + \cdots) \, .$$

Auch hier verschwinden die gemischten Ausdrücke; es bleibt also, wenn man noch (20) beachtet,

$$- 2n[\varepsilon\varepsilon]\,[\varepsilon]^2 = - 2n[\varepsilon\varepsilon]^2 \approx - 2n^2(n+2)\,m^4 . \tag{23}$$

Mit den gewonnenen Ergebnissen hat man weiter für das 5. und 6. Glied

$$- 2n^2(n-1)\,[\varepsilon\varepsilon]\,\mu^2 \approx - 2n^3(n-1)\,m^4 , \tag{24}$$

$$+ 2n\,(n-1)\,[\varepsilon]^2\,\mu^2 \approx + 2n^2(n-1)\,m^4 . \tag{25}$$

Werden nunmehr die Abschätzungsergebnisse (20) bis (25) in (19) eingesetzt und wird zugleich auf der linken Seite der Durchschnittswert $m^2_{(m^2)}$ eingeführt, so erhält man

$$m^2_{(m^2)} = \frac{2n^3 m^4 - 2n^2 m^4}{n^2(n-1)^2} = \frac{2m^4}{n-1}$$

oder

$$m_{(m^2)} = m^2 \sqrt{\frac{2}{n-1}} .$$

Zu $m_{(m)}$ gelangt man auf demselben Wege wie von (16) auf (17) und findet damit als mittleren Fehler eines aus übrigbleibenden Fehlern errechneten empirischen mittleren Fehlers

$$m_{(m)} = \pm m \sqrt{\frac{1}{2(n-1)}} = \pm m \frac{0,7071}{\sqrt{n-1}} , \tag{26}$$

und die vollständige Formel für m lautet

$$m = \pm \sqrt{\frac{[vv]}{n-1}} \left(1 \pm \frac{0,7071}{\sqrt{n-1}} \right) . \tag{27}$$

Die Formel (26) unterscheidet sich von (17) nur dadurch, daß statt dort $\sqrt{n}$ hier $\sqrt{n-1}$ im Nenner steht. Die Berechnung des mittleren Fehlers aus (27) ist also namentlich bei größeren n nur wenig ungenauer als die Rechnung nach (18).

Für den Fall, daß mehrere Unbekannte (Anzahl u) vorhanden sind, lautet die Formel für m

$$m = \sqrt{\frac{[vv]}{n-u}} \left(1 \pm \frac{0,7071}{\sqrt{n-u}} \right) . \tag{28}$$

Diese Formel ist ziemlich umständlich abzuleiten; wir verweisen daher auf die Literatur[18].

---

[18] Siehe z. B. [16] S. 139 ff., [17] S. 647 ff.

8.5 Zufallskriterien

Ob die in § 7.2 gemachte Voraussetzung, daß nur zufällige Fehler vorliegen, im Einzelfall zutrifft, kann anhand von Zufallskriterien geprüft werden, bei deren Überschreitung regelmäßige Fehleranteile befürchtet werden müssen. Wir geben nachstehend einige Verfahren, die ohne viel zusätzliche Rechnung nebenher abfallen[19]:

1. Vorzeichenprüfung. Da man erwarten kann, daß bei längeren Beobachtungsreihen die Anzahl der positiven und der negativen Fehler gleich groß ist, muß, wenn man die Vorzeichen mit V_i bezeichnet,

$$s = V_1 + V_2 + V_3 \cdots + V_n$$

gleich Null sein. Wendet man hierauf das Fehlerfortpflanzungsgesetz an, so ergibt sich, da die V_i entweder $+1$ oder -1 sind, als mittlerer Fehler von s der Wert $\pm \sqrt{n}$. Also besteht, wenn man von einer Einheit bei ungerader Anzahl der Beobachtungen absieht, die Forderung

$$[V] = 0 \pm \sqrt{n}. \tag{29}$$

2. Prüfung durch mittlere Fehlergrößen. Nach § 7.2 soll

$$[\varepsilon] = \varepsilon_1 + \varepsilon_2 \cdots + \varepsilon_n$$

nahezu Null sein. Um den mittleren Fehler dieser Annahme abzuschätzen, nehme man als Durchschnittswert für jedes ε_i den empirischen mittleren Fehler m und wende dann auf die rechte Seite der obigen Gleichung das Fehlerfortpflanzungsgesetz an. Dieses führt auf $m \sqrt{n}$; also kann man in zwei Drittel aller Fälle, wenn nur zufällige Fehler vorliegen, erwarten,

$$[\varepsilon] = 0 \pm m \sqrt{n} \quad \text{oder} \quad \frac{[\varepsilon]}{n} = 0 \pm \frac{m}{\sqrt{n}}. \tag{30}$$

3. Kriterium von Cornu und Wolf. Nach (11) sollte bei hinreichend großen Beobachtungsreihen, wenn nur zufällige Fehler vorhanden sind, nahezu das Verhältnis

$$m : t : r = 1 : 0{,}80 : 0{,}67$$

bestehen. Dieses Kriterium ist mit dem Namen *Cornu* verknüpft. *H. Wolf* hat untersucht, inwieweit es erfüllt sein muß, wenn man das Verhältnis des mittleren Fehlers zum durchschnittlichen Fehler betrachtet. Er

---

[19] *Wolf, H.*: Nachweis und Analyse systematischer Fehler. Bolletino di Geodesia **1952**, 125; — Der Streuungsbereich des Zufallskriteriums von Cornu. Z. Vermessungsw. **1955**, 351, und **1965**, 231. — *Wermann, G.*: Zur Berechnung systematischer Fehler aus Beobachtungsreihen. Z. Vermessungsw. **1958**, 348.

kommt dabei auf die Forderung

$$\left| \frac{\pi}{2} \cdot \frac{t^2}{m^2} - 1 \right| < \left| G_\Delta \right|, \tag{31}$$

wobei $\qquad G_\Delta = \dfrac{n-1,42}{n-0,71} \sqrt{\dfrac{2,283}{n} + \dfrac{2,69}{n^2} + \dfrac{0,28}{n^3}}$

oder in Tabellenform

$n=$	3	4	5	6	7	8	9	10	15	20	25
$G_\Delta=$	0,71	0,66	0,62	0,58	0,55	0,51	0,49	0,47	0,39	0,34	0,30

4. *Die Kriterien von Abbe, Helmert, Gleisberg u. a.* befassen sich mit der Untersuchung von Vorzeichenfolgen und periodischen Erscheinungen. Hierzu sei auf die oben angegebene Literatur verwiesen.

II. Ausgleichung von direkten Beobachtungen

§ 9. Grundprinzip und Formen der Ausgleichungsaufgabe

9.1 Die Aufgabe der Ausgleichungsrechnung

Wenn zur Ermittlung unbekannter Größen mehr Beobachtungen gemacht wurden, als zu ihrer eindeutigen Bestimmung erforderlich sind, hat man infolge der im § 1 geschilderten Umstände Widersprüche zu erwarten. Es entsteht dann, wie bereits im § 3.1 näher ausgeführt wurde, die Aufgabe, aus den einander in begrenztem Umfang widersprechenden Beobachtungen die wahrscheinlichsten Werte der Unbekannten abzuleiten. Wahrscheinlichste Werte im Sinne der Wahrscheinlichkeitsrechnung kann man indessen nur dann erhalten, wenn die Beobachtungsfehler einem genau bekannten Fehlergesetz folgen. Da das nur ausnahmsweise der Fall ist, muß man sich damit begnügen, die Beobachtungen, wie *C. F. Gauß* sagt, so zu kombinieren, daß die plausibelsten Werte der Unbekannten erhalten werden, die man, um das wenig gebräuchliche Fremdwort zu vermeiden, meistens als günstigste Werte bezeichnet (§ 3.1). Die Ausgleichungsrechnung hat demzufolge die Aufgabe, die günstigsten Werte der Unbekannten zu ermitteln. Darüber hinaus soll sie Angaben über die Genauigkeit der in die Ausgleichung eingegangenen Beobachtungsgrößen und der aus den Beobachtungen abgeleiteten Größen liefern. Sie soll das endlich in einer Form tun, die das Ausgleichungsergebnis gegen Rechenfehler sicherstellt.

9.2 Das Ausgleichungsprinzip

Nunmehr ist das Prinzip zu suchen, welches unter der Voraussetzung, daß nur zufällige dem Gaußschen Fehlergesetz folgende Fehler auftreten, den ausgeglichenen Werten der Unbekannten die größte mathematische Wahrscheinlichkeit zukommen läßt. Sind $v_1, v_2, \ldots, v_n$ die übrigbleibenden Fehler oder die Verbesserungen, die an den Beobachtungen angebracht werden müssen, um das gesuchte Ausgleichungsergebnis zu erhalten, so muß, wenn dem Ausgleichungsergebnis die größte Wahrscheinlichkeit zukommen soll, auch das System der v_i das wahrscheinlichste von allen sein. Die Wahrscheinlichkeiten für das Auftreten der $v_1, v_2, \ldots, v_n$ sind nach § 7 (1) und (10)

$$W_1 = \frac{h_1}{\sqrt{\pi}}\, e^{-h_1^2 v_1^2} dv\,; \qquad W_2 = \frac{h_2}{\sqrt{\pi}}\, e^{-h_2^2 v_2^2} dv\,; \qquad W_n = \frac{h_n}{\sqrt{\pi}}\, e^{-h_n^2 v_n^2} dv\,. \tag{1}$$

Also muß nach den Ausführungen zu § 7 (5) auch gelten

$$\frac{h_1 h_2 \ldots h_n}{(\sqrt{\pi})^n}\, e^{-(h_1^2 v_1^2 + h_2^2 v_2^2 + \cdots h_n^2 v_n^2)} = \text{Maximum}\,.$$

Ein Maximum wird aber offensichtlich dann erhalten, wenn

$$h_1^2 v_1^2 + h_2^2 v_2^2 + \cdots h_n^2 v_n^2 = \text{Minimum} \tag{2}$$

ist. Da nach § 7 (16) die h^2 den Gewichten proportional sind, läßt diese Forderung sich umschreiben in

$$v_1^2 p_1 + v_2^2 p_2 + \cdots + v_n^2 p_n = [vvp] = \text{Minimum}\,, \tag{3}$$

oder, wenn alle Beobachtungen gleiches Gewicht haben, in

$$v_1^2 + v_2^2 + \cdots v_n^2 = [vv] = \text{Minimum}\,. \tag{4}$$

Das auf diese Forderung gegründete Ausgleichungsverfahren wird als die Methode der kleinsten Quadrate (richtiger Quadratsummen) bezeichnet. Die bemerkenswertesten Eigenschaften dieser Methode sind folgende:

1. Sofern das Gaußsche Fehlergesetz zutrifft, liefert die Methode der kleinsten Quadrate wahrscheinlichste Werte der Unbekannten. (Erste Gaußsche Begründung.)

2. Unter der (eingeschränkten) Voraussetzung, daß positive und negative Fehler gleicher Größenordnung gleich häufig auftreten, erhalten die mit der Methode der kleinsten Quadrate gewonnenen Unbekannten, wie *Gauß* in der Theoria combinationis gezeigt hat, kleinste mittlere Fehler und größte Gewichte. (Zweite Gaußsche Begründung; vgl. § 18.)

3. Ist auch diese Voraussetzung nicht voll erfüllt, so hat die Methode der kleinsten Quadrate immer noch den Vorzug, daß sie unter Anbringen kleinster Verbesserungen eindeutige Werte der Unbekannten und deren mittlere Fehler mit geringstmöglicher Rechenarbeit und größtmöglicher Sicherheit liefert und gleichzeitig wertvolle Einblicke in das Verhalten und die Fortpflanzung der Beobachtungsfehler gibt.

4. Wie neuere Untersuchungen gezeigt haben, entspricht die Methode der kleinsten Quadrate den Grundgesetzen der Mechanik[1]; man gelangt

---

[1] Vgl. S. 5 Anmerkung [7].

zu ihr aber auch, wenn man, ausgehend von der statistischen Analyse normalverteilter – d. h. die Merkmale des Zufalls aufweisender – Beobachtungsreihen, ein Ausgleichungsverfahren mit dem Rüstzeug der mathematischen Statistik entwickelt (§ 47). Die Methode der kleinsten Quadrate erscheint damit nicht als willkürliches Prinzip, sondern sie befindet sich im Einklang mit der in den allgemeinen Naturgesetzen zum Ausdruck kommenden physikalischen Wirklichkeit.

Diese Vorzüge haben bewirkt, daß in den mehr als 100 Jahren, in denen die Methode der kleinsten Quadrate praktisch angewandt wird, kein Verfahren angegeben worden ist, das einfacher und eleganter zum Ziele führt und sich den Beobachtungen besser anpaßt als die Methode der kleinsten Quadrate. Sie hat daher internationale Verbreitung gefunden und die Möglichkeit geschaffen, die geodätischen Arbeiten aller Kulturländer der Erde miteinander zu vergleichen und zu verbinden.

9.3 Ausgleichungsverfahren

Je nach Art der Aufgabe hat *Gauß* verschiedene Verfahren der mathematischen Behandlung entwickelt:

a) Ausgleichung direkter Beobachtungen. Diese Aufgabe tritt auf, wenn die gesuchten Größen, z. B. eine Strecke oder ein Höhenunterschied, unmittelbar beobachtet werden können.

b) Ausgleichung vermittelnder Beobachtungen. Sollen zwei oder mehr voneinander unabhängige Größen bestimmt werden, die wie z. B. die Koordinaten eines Punktes selbst nicht beobachtet werden können, so muß man andere, der direkten Messung zugängliche Größen – etwa Strecken oder Winkel – beobachten, die mit den gesuchten Größen in einem bestimmten mathematischen Zusammenhang stehen. Stellt man dann die Beobachtungen als Funktionen der Unbekannten dar, so vermitteln sie Beziehungen zwischen den Unbekannten und erlauben gleichzeitig, deren günstigste Werte abzuleiten. Hauptanwendungsgebiet sind in der Geodäsie die Einschneideaufgaben.

c) Ausgleichung bedingter Beobachtungen. Dieses Verfahren wird angewandt, wenn zwischen den Beobachtungsgrößen Bedingungen bestehen, die von den ausgeglichenen Werten streng zu erfüllen sind, wie z. B. die Winkelsumme um einen Punkt herum oder in einem Dreieck. In solchen Fällen geht man darauf aus, die v aus den Bedingungsgleichungen zu errechnen. Hauptanwendungsgebiet ist in der Geodäsie die Ausgleichung trigonometrischer Netze.

d) Ausgleichung vermittelnder Beobachtungen mit Bedingungsgleichungen. In diesem Falle liegen neben den vermittelnden Größen Bedingungsgleichungen vor, die nicht von den Beobachtungen, sondern von den Unbekannten der Fehlergleichungen zu erfüllen sind. Eine allgemeinere Fassung derselben Aufgabe ist die Methode der *Bedingungsgleichungen mit Unbekannten*. Beide Verfahren treten bei den gängigen Aufgaben der Praxis selten auf; sie werden daher in diesem Bändchen nur gestreift.

Nach welchem Verfahren ausgeglichen wird, ist für das Endergebnis ohne Belang. Mit Kunstkniffen kann man eine Form in die andere überführen. Entscheidend für die Wahl der Ausgleichungsverfahren im Einzelfalle ist daher die Überlegung, welche Form den geringsten Rechenaufwand erfordert.

§ 10. Ausgleichung direkter Beobachtungen gleicher Genauigkeit (Arithmetisches Mittel)

Das Prinzip $[vv] = \text{Min.}$ möge auf die einfachste aller Ausgleichungsaufgaben angewandt werden: Eine Messungsgröße sei durch direkte Messung mehrere Male mit gleicher Genauigkeit beobachtet worden, und es werde verlangt, den günstigsten Wert und dessen mittleren Fehler abzuleiten. Diese Aufgabe ist bei der Berechnung des mittleren Fehlers aus den übrigbleibenden Fehlern im § 3 bereits gestreift worden; dabei ist – ohne Beweis – als günstigster Wert das arithmetische Mittel angenommen worden. Die Lösung werde nunmehr auf Grund der Forderung $[vv] = \text{Min.}$ gesucht. Dabei soll gleichzeitig ein für die Mehrzahl aller Ausgleichungen direkter und vermittelnder Beobachtungen zweckmäßiges Ausgleichungsschema gezeigt werden.

a) Die ursprünglichen Fehlergleichungen. Die ursprünglichen Beobachtungen seien $L_1, L_2, ..., L_n$, ihre durch die Ausgleichung zu ermittelnden Verbesserungen seien $v_1, v_2, ..., v_n$, und ihr günstigster Wert sei x. Den Zusammenhang zwischen den Beobachtungen und dem günstigsten Wert vermitteln die von *Gauß* als Fehler- oder Beobachtungsgleichungen (engl. observation equations), von anderen Autoren[2] auch als Verbesserungsgleichungen bezeichneten Beziehungen

$$L_1 + v_1 = x; \quad L_2 + v_2 = x; \quad ...; \quad L_n + v_n = x. \tag{1}$$

b) Die umgeformten Fehlergleichungen. Um mit kleineren Zahlen rechnen zu können, wählt man für x einen (irgendwie gewonnenen) Näherungswert x_0 und setzt

$$x = x_0 + \delta x. \tag{2}$$

---

[2] Zum Beispiel *Wolf, H.*: Ausgleichungsrechnung nach der Methode der kleinsten Quadrate. Schrifttumsnachweis [47].

Führt man das in (1) ein und bringt gleichzeitig die v_i auf die linke Seite, so bekommen die Gln. (1) die Form

$$v_i = \delta x - (L_i - x_0),$$

und wenn man setzt

$$-(L_i - x_0) = -l_i, \tag{3}$$

so erhält man die umgeformten Fehlergleichungen

$$v_1 = \delta x - l_1; \quad v_2 = \delta x - l_2; \quad \ldots; \quad v_n = \delta x - l_n. \tag{4}$$

c) *Die Normalgleichung.* Die Gl. (4) würden n verschiedene Werte von δx ergeben. Um zu einer eindeutigen Lösung zu kommen, verlangt die Methode der kleinsten Quadrate, daß $[vv]$ ein Minimum werden soll. Quadrieren der Gln.(4) und Aufsummieren der Quadrate gibt

$$[vv] = n\,\delta x^2 + [ll] - 2\,\delta x[l],$$

so daß das Minimum zu errechnen ist aus

$$\frac{d[vv]}{d\,\delta x} = 2n\,\delta x - 2[l] = 0.$$

Nach Division durch 2 folgt daraus die *Normalgleichung*

$$n\,\delta x - [l] = 0, \tag{5}$$

welche nach δx aufgelöst das *arithmetische Mittel*

$$\delta x = \frac{[l]}{n} \tag{6}$$

ergibt. Die Methode der kleinsten Quadrate führt also im Falle der direkten Beobachtungen auf das arithmetische Mittel, was einen wertvollen Beitrag zur Begründung der Methode der kleinsten Quadrate bedeutet.

d) *Die Berechnung der v_i und von $[vv]$.* Die Fehlerrechnung ist ein integrierender Teil des Ausgleichungsverfahrens, welcher einerseits das Rechenergebnis sichert, zum anderen die mittleren Fehler der Beobachtungen und des Ergebnisses liefert. Die Fehlerrechnung beginnt mit der Ermittlung der v_i auf Grund der umgeformten Fehlergleichungen (4) mit der im § 3 gefundenen Probe

$$[v] = 0, \tag{7}$$

die bis auf Abrundungsfehler erfüllt sein muß. Aus den v_i errechnet man als Vorbereitung für die Ermittlung des mittleren Fehlers $[vv]$.

e) Die beiden $[vv]$-Proben. Zur Ableitung dieser Proben multipliziere man jede Gl. (4) zunächst mit ihrem v_i, dann mit ihrem l_i, bilde beide Male die Summe und erhält

$$[vv] = [v]\,\delta x - [vl]$$
$$[vl] = [l]\,\delta x - [ll]$$
$$\overline{[vv] - [vl]} = [v]\,\delta x - [l]\,\delta x - [vl] + [ll].$$

Hieraus ergibt sich wegen $[v] = 0$ die *erste $[vv]$-Probe*

$$[vv] = [ll] - [l]\,\delta x, \qquad (8)$$

die neben $[vv]$ auch die Berechnung von δx prüft. Eliminieren von δx mit Hilfe von (6) gibt die *zweite $[vv]$-Probe*

$$[vv] = [ll] - \frac{[l]^2}{n}, \qquad (9)$$

die es erlaubt, $[vv]$ direkt aus den Beobachtungen zu errechnen. (8) und (9) bringt man durch Gleichsetzen der rechten Seiten wohl auch in Form der Σ-Proben

$$-[l]\,\delta x = -\frac{[l]^2}{n} = \Sigma; \quad [vv] = [ll] + \Sigma, \qquad (10)$$

von denen die erste δx prüft, während die zweite $[vv]$ kontrolliert.

f) Die Berechnung mittlerer Fehler. Man erhält nach § 3 (7) und (8) den mittleren Fehler einer beobachteten Größe aus

$$m = \pm \sqrt{\frac{[vv]}{n-1}}, \qquad (11)$$

und den mittleren Fehler des arithmetischen Mittels aus

$$m_x = \frac{m}{\sqrt{n}} = \pm \sqrt{\frac{[vv]}{n(n-1)}}. \qquad (12)$$

Ist das Gewicht einer beobachteten Größe gleich 1, so ist das Gewicht des Ausgleichungsergebnisses gleich n.

g) Als *Schlußprobe* werden die unter d) gewonnenen v_i in die ursprünglichen Fehlergleichungen (1) eingesetzt; diese müssen erfüllt sein.

Aufgabe 1. *Mehrfache Bestimmung eines Winkels*

L	$L-x_0=l$	v		vv	ll
		+	−		
51°15′45″,5	+0,5	1,12		1,25	0,25
46,4	1,4	0,22		0,05	1,96
45,6	0,6	1,02		1,04	0,36
45,3	0,3	1,32		1,74	0,09
47,0	2,0		0,38	0,14	4,00
45,7	0,7	0,92		0,85	0,49
47,1	2,1		0,48	0,23	4,41
47,5	2,5		0,88	0,77	6,25
47,3	2,3		0,68	0,46	5,29
48,7	3,7		2,08	4,33	13,69
46,3	1,3	0,32		0,10	1,69
47,0	2,0		0,38	0,14	4,00
	19,4	4,92	4,88	11,10	42,48

Günstigster Wert:

$$\delta x = \frac{19,4}{12} = 1,62 \,.$$

[vv]-Proben:

$$[vv] = 42,48 - 19,4\,\delta x = 11,05$$

$$= 42,48 - \frac{19,4^2}{12} = 11,12 \,.$$

Mittlerer Fehler einer Beobachtung:

$$m = \pm \sqrt{\frac{11,10}{12-1}} = \pm 1{,}''00 \,.$$

Mittlerer Fehler des günstigsten Wertes:

$$m_x = \pm \frac{1,00}{\sqrt{12}} = \pm 0{,}''29 \,.$$

Ergebnis:

$$x = x_0 + \delta x = 51°15′46{,}''62 \pm 0{,}''29 \,.$$

Schlußprobe: Beobachtung + Verbesserung muß den günstigsten Wert ergeben.

§ 11. Ausgleichung direkter Beobachtungen verschiedener Genauigkeit (Allgemeines arithmetisches Mittel)

Haben die beobachteten Größen verschiedene Gewichte, so ist nach §9 die Forderung $[vvp] = \text{Min}$ zugrunde zu legen. Die Ausgleichung geht dann folgenden Weg:

a) *Die ursprünglichen Fehlergleichungen* sind

$$L_i + v_i = x \qquad \text{Gewicht } p_i.$$ (1)

b) *Die umgeformten Fehlergleichungen* lauten

mit $$x = x_0 + \delta x \quad \text{und} \quad -l_i = -(L_i - x_0)$$

$$v_i = \delta x - l_i \qquad \text{Gewicht } p_i.$$ (2)

c) *Die Normalgleichung.* Auf Grund der Ansätze

$$[vvp] = [p]\,\delta x^2 + [llp] - 2\,\delta x[lp]$$

und $$\frac{d[vvp]}{d\,\delta x} = 2[p]\,\delta x - 2[lp] = 0$$

erhält man die Normalgleichung

$$[p]\,\delta x - [lp] = 0,$$ (3)

woraus sich

$$\delta x = \frac{[lp]}{[p]}$$ (4)

als allgemeines arithmetisches Mittel ergibt.

d) *Die Berechnung der v_i und von $[vvp]$* stützt sich auf die Gln. (2) mit der bereits in § 4 gefundenen Probe

$$[vp] = 0.$$ (5)

e) *Die beiden $[vvp]$-Proben* gewinnt man entweder durch Wiederholen der in § 10 auf (8) und (9) führenden Ableitungen oder noch einfacher mit dem in § 4 (15) mitgeteilten Kniff zu

$$[vvp] = [llp] - [lp]\,\delta x \quad \text{bzw.} \quad [vvp] = [llp] - \frac{[lp]^2}{[p]}.$$ (6)

Die letzte Gleichung ist außer als Probe sehr geeignet für die direkte Berechnung von $[vvp]$ auf Kleinautomaten, weil sie weniger Speicherplätze verlangt als die Rechnung nach (2); das gilt auch für § 10 (9).

Die entsprechenden Σ-Proben sind

$$-[lp]\,\delta x = -\frac{[lp]^2}{[p]} = \Sigma \quad \text{und} \quad [vvp] = [llp] + \Sigma.$$ (7)

f) *Die Fehlerrechnung* ergibt mit § 4 (13) als mittleren Fehler einer Beobachtung vom Gewicht 1

$$m_0 = \pm \sqrt{\frac{[vvp]}{n-1}}$$ (8)

und als mittleren Fehler des allgemeinen arithmetischen Mittels

$$m_x = \frac{m_0}{\sqrt{[p]}} = \pm \sqrt{\frac{[vvp]}{[p](n-1)}}. \tag{9}$$

Das Gewicht des allgemeinen arithmetischen Mittels ist

$$p_x = \frac{m_0^2}{m_x^2} = [p].$$

g) Die Schlußprobe ist identisch mit der des § 10.

Zusatz. Daß die Methode der kleinsten Quadrate und das Prinzip des arithmetischen Mittels identische Werte der Unbekannten ergeben, gilt nicht nur für den Sonderfall der direkten Beobachtungen. Mehrere Autoren (*Helmert, Wellisch, Schmehl, Tarczy-Hornoch* u. a.) haben nachgewiesen, daß die Methode der kleinsten Quadrate in Teilen und im Ganzen sich auf das Prinzip vom arithmetischen Mittel zurückführen läßt [3].

Aufgabe 2. *Mehrfache Bestimmung einer Höhenmarke*

Eine Höhenmarke A wurde von 4 Festpunkten aus eingewogen. Man fand durch Addition der beobachteten Höhenunterschiede zu den Höhen der Ausgangspunkte

von P_1 aus: $L_1 = 48{,}732$ m   Niv.-Strecke $s_1 = 5{,}3$ km,

von P_2 aus: $L_2 = 48{,}746$ m   Niv.-Strecke $s_2 = 6{,}1$ km,

von P_3 aus: $L_3 = 48{,}737$ m   Niv.-Strecke $s_3 = 3{,}0$ km,

von P_4 aus: $L_4 = 48{,}739$ m   Niv.-Strecke $s_4 = 2{,}0$ km.

Gesucht sind der günstigste Wert für die Höhe von A und sein mittlerer Fehler.

Das Gewicht eines Nivellements ist nach § 4.3 umgekehrt proportional der Strecke. Um Gewichte in der Größenordnung 1 zu erhalten, wähle man hier als Gewichtseinheitsstrecke 10 km und erhält dann $p_i = 10/s_i$. Ein geeigneter Näherungswert für die gesuchte Größe ist 48,730. Man setzt also

$$H_A = x_0 + \delta x = 48{,}730 + \delta x$$

und gibt damit den Fehlergleichungen die Form

$$v_i = \delta x - (L_i - x_0) = \delta x - (L_i - 48{,}730) = \delta x - l_i.$$

---

[3] Vgl. Lit.-Verz. [9]; ferner *Schmehl, H.:* Das arithmetische Mittel und die Ausgleichung vermittelnder Beobachtungen. Allgem. Verm. Nachr. 1937, 429, u. **1938**, 583. — *Tarczy-Hornoch, A.:* Über die Zurückführung der Methode der kleinsten Quadrate auf das Prinzip des kleinsten Quadrate auf das Prinzip des arithmetischen Mittels. Österr. Z. Vermessungsw. **1950**, 13. — *Starkl, L.:* Das arithmetische Mittel als allgemeinstes Ausgleichungsprinzip. Österr. Z. Vermessungsw. **1955**, 112.

In Tabellenform erhält man, wenn l und v in Millimeter angesetzt werden:

p	l	lp	v	vp	vvp	llp
1,9	+ 2	+ 3,8	+6,3	+12,0	75,6	7,6
1,6	+16	+25,6	−7,7	−12,3	94,7	409,6
3,3	+ 7	+23,1	+1,3	+ 4,3	5,6	161,7
5,0	+ 9	+45,0	−0,7	− 3,5	2,4	405,0
11,8		+97,5		+ 0,5	178,3	983,9

Günstigster Wert: $\qquad \delta x = 97,5 : 11,8 = 8,26$.

[vv]-Proben: $\qquad [vvp] = 983,9 - 97,5\,\delta x = 178,5$

$$= 983,9 - 97,5^2/11,8 = 178,3 \, .$$

Mittlerer Fehler einer Beobachtung vom Gewicht 1:

$$m_0 = m_{10\,\text{km}} = \pm \sqrt{\frac{178,3}{4-1}} = \pm 7,7 \text{ mm} ; \quad m_{1\,\text{km}} = \pm \frac{7,7}{\sqrt{10}} = \pm 2,4 \text{ mm} \, .$$

Mittlerer Fehler des günstigsten Wertes:

$$m_x = \pm \frac{7,7}{\sqrt{11,8}} = \pm 2,2 \text{ mm} \, .$$

Ergebnis: $\qquad H_A = x_0 + \delta x = 48,738 \pm 0,002 \text{ m} \, .$

Schlußprobe: Wie bei Aufgabe 1.

§ 12. Beobachtungen mit Summengleichung

Das Prinzip des allgemeinen arithmetischen Mittels läßt sich mit Vorteil auf Beobachtungen anwenden, für die eine Summengleichung besteht. Wir betrachten je ein Beispiel für gleichgewichtige und ungleichgewichtige Beobachtungen.

Aufgabe 3. *Winkelmessung mit Horizontschluß (I)*

Es seien auf einem Punkt sämtliche den Horizont füllende Winkel mit gleicher Genauigkeit beobachtet worden. Die Zusammenstellung im Kreise habe jedoch gegenüber dem *Sollwert S* einen *Widerspruch w* ergeben. Wie ist w auf die einzelnen Winkel zu verteilen? Welche mittleren Fehler haben ein beobachteter und ein ausgeglichener Winkel? Es seien:

Die beobachteten Winkel

$$l_1, l_2, \ldots, l_n \, ,$$

ihre Verbesserungen

$$v_1, v_2, \ldots, v_n \, ,$$

die günstigsten Werte

$$x_1, x_2, \ldots, x_n \, .$$

Dann sind Sollbetrag und Widerspruch bestimmt durch

$$S = l_1 + v_1 + l_2 + v_2 + \cdots + l_n + v_n \qquad \text{Abb. 8}$$

und $$w = [l] - S = -[v] \,.$$

Der Widerspruch hat also umgekehrtes Vorzeichen wie die Verbesserungen v.

Der Winkelraum mit dem Index i ist durch Messung zweimal bestimmt worden, einmal unmittelbar, ein anderes Mal durch die Differenz aller übrigen Beobachtungen gegen den Sollbetrag. Man kann sich daher zwei fingierte Beobachtungen denken:

$$L_1 = l_i \,, \qquad\qquad P_1 = 1 \,, \qquad\qquad (1)$$

$$L_2 = S - ([l] - l_i) = l_i - w \,, \qquad P_2 = \frac{1}{n-1} \,, \qquad (2)$$

wobei das Gewicht von L_2 bestimmt ist durch die Regel, daß bei additivem Aneinanderfügen mehrerer Messungsgänge das Gewicht der Anzahl der Messungsgänge umgekehrt proportional ist. Der günstigste Wert x_i ist daher das allgemeine arithmetische Mittel aus L_1 und L_2:

$$x_i = \frac{L_1 P_1 + L_2 P_2}{P_1 + P_2} = \frac{l_i + (l_i - w)\dfrac{1}{n-1}}{1 + \dfrac{1}{n-1}} = l_i - \frac{w}{n} \,. \qquad (3)$$

Da l_i jeder der n Winkel sein kann, ergibt sich daraus die Vorschrift, daß der Widerspruch gleichmäßig auf die n Winkel zu verteilen ist.

Für die Fehlerrechnung bildet man:

L	V	P	VVP
L_1	$-\dfrac{w}{n}$	1	$\dfrac{w^2}{n^2}$
L_2	$-(n-1)\dfrac{w}{n}$	$\dfrac{1}{n-1}$	$(n-1)\dfrac{w^2}{n^2}$
Summe	$-w$	$\dfrac{n}{n-1}$	$\dfrac{w^2}{n}$

Mittlerer Fehler einer ursprünglichen Beobachtung:

$$m = \pm \sqrt{\frac{[VVP]}{2-1}} = \pm \frac{w}{\sqrt{n}} \,. \qquad (4)$$

Mittlerer Fehler des arithmetischen Mittels -- also einer ausgeglichenen Beobachtung --:

$$m_x = \pm \frac{m}{\sqrt{[P]}} = \pm m \sqrt{1 - \frac{1}{n}} \,. \qquad (5)$$

Durch die Ausgleichung ist also der mittlere Fehler im Verhältnis $1 : \sqrt{1 - 1/n}$ zurückgegangen.

Die Formeln (1) bis (5) lassen sich auf alle gleichgewichtigen Beobachtungen anwenden, für die eine Summengleichung besteht (z. B. Winkel in einem Dreieck oder Vieleck).

Aufgabe 4. *Ausgleichung einer Nivellementsschleife*

Als Schlußfehler habe sich bei einer geschlossenen Nivellementsschleife, die aus n Strecken besteht, der Widerspruch w ergeben. Wie ist der Widerspruch zu verteilen? Welche mittleren Fehler haben eine beobachtete und eine ausgeglichene Strecke?

Die Lösung entspricht dem Gange der Lösung in Aufgabe 3 mit dem Unterschied, daß die Gewichte der Beobachtungen den Nivellementsstrecken umgekehrt proportional sind. Es seien

die Beobachtungen $l_1, l_2, ..., l_n$, die Verbesserungen $v_1, v_2, ..., v_n$,

die Gewichte $\dfrac{1}{s_1}, \dfrac{1}{s_2}, ..., \dfrac{1}{s_n}$, die günstigsten Werte $x_1, x_2, ..., x_n$.

Es ist ferner

$$S = l_1 + v_1 + l_2 + v_2 + \cdots + l_n + v_n \quad \text{und} \quad w = [l] - S = -[v].$$

Die Strecke mit dem Index i ist zweimal bestimmt:

$$L_1 = l_i, \qquad\qquad P_1 = \frac{1}{s_i} = p_i, \qquad\qquad (6)$$

$$L_2 = S - ([l] - l_i) = l_i - w, \qquad P_2 = \frac{1}{[s] - s_i}, \qquad (7)$$

Demnach ist der günstigste Wert

$$x_i = \frac{l_i P_1 + (l_i - w) P_2}{P_1 + P_2} = l_i - \frac{P_2}{P_1 + P_2} w = l_i - \frac{s_i}{[s]} w. \qquad (8)$$

Da l_i jede beliebige Strecke sein kann, ergibt sich mithin die Ausgleichungsvorschrift, daß der Widerspruch proportional zu den gemessenen Strecken zu verteilen ist.

Für die Fehlerrechnung bildet man:

L	V	P	VVP
L_1	$-w\dfrac{s_i}{[s]}$	$\dfrac{1}{s_i}$	$w^2\dfrac{s_i}{[s]^2}$
L_2	$-w\dfrac{[s] - s_i}{[s]}$	$\dfrac{1}{[s] - s_i}$	$w^2\dfrac{[s] - s_i}{[s]^2}$
Summe	$-w$	$\dfrac{[s]}{s_i[s] - s_i^2}$	$\dfrac{w^2}{[s]}$

Mittlerer Fehler der Gewichtseinheit:

$$m_0 = \pm\sqrt{\frac{[VVP]}{2-1}} = \frac{\pm w}{\sqrt{[s]}}. \qquad (9)$$

Mittlerer Fehler der Beobachtung l_i auf der Strecke s_i:

$$m_i = \frac{m_0}{\sqrt{p_i}} = m_0\sqrt{s_i}. \qquad (10)$$

Mittlerer Fehler des arithmetischen Mittels – also einer ausgeglichenen Beobachtung auf der Strecke s_i –:

$$m_{xi} = \frac{m_0}{\sqrt{[P]}} = m_0\sqrt{s_i}\sqrt{1 - \frac{s_i}{[s]}} = m_i\sqrt{1 - \frac{s_i}{[s]}}. \qquad (11)$$

Durch die Ausgleichung ist also der mittlere Fehler einer beobachteten Strecke s_i im Verhältnis $1 : \sqrt{1 - s_i/[s]}$ zurückgegangen.

Die Formeln (6) bis (11) lassen sich verallgemeinern, indem überall statt s_i und $[s]$ die Gewichtssymbole $1/p_i$ und $[1/p]$ eingesetzt werden.

Zusatz: Es sei S_{km} die Gesamtlänge einer im Hin- und Rückweg beobachteten Nivellementsschleife in Kilometern; dann erhält man nach (9) als mittleren Kilometerfehler aus einem Schleifenwiderspruch

$$M_s^{(1)} = \pm \frac{w}{\sqrt{S_{km}}}. \tag{12}$$

Ein mit nur *einer* überschüssigen Messung berechneter mittlerer Fehler hat wenig Wert. Man bildet daher als quadratischen Durchschnittswert den mittleren Kilometerfehler aus n Schleifenwidersprüchen

$$M_S^{(n)} = \pm \sqrt{\frac{1}{n}\left[\frac{w^2}{S_{km}}\right]}. \tag{13}$$

Danach erhält man mit den aus Hin- und Rückweg gemittelten Beobachtungen des 2. Beispiels im § 5

Schleife	$S_{(km)}$	$w_{(mm)}$	$10^2 : S$	w^2/S
I	188,9	+ 1	0,53	$1 \cdot 10^{-2}$
II	184,0	+14	0,54	$106 \cdot 10^{-2}$
III	246,1	− 6	0,41	$15 \cdot 10^{-2}$
IV	273,6	+ 4	0,38	$6 \cdot 10^{-2}$
				$128 \cdot 10^{-2}$

Mittlerer Kilometerfehler errechnet aus vier Schleifenwidersprüchen

$$M_{1\,km}^{(4)} = \pm \sqrt{\frac{1}{4} \cdot 128 \cdot 10^{-2}}$$

$$= \pm \frac{1}{10}\sqrt{\frac{128}{4}} = \pm 0,6 \text{ mm}.$$

Die Gl. (13) ist eine Überschlagsformel, in der neben den zufälligen Fehlern die regelmäßigen Fehlerbestandteile zum Ausdruck kommen, die beim Mitteln von Hin- und Rückweg nicht eliminiert worden sind. Da für den in § 5 aus Doppelmessungen berechneten Kilometerfehler $M_{1\,km} = \pm 0,7$ mm erhalten wurde, dürfte das untersuchte Nivellement frei von regelmäßigen Fehlern sein. Vgl. auch Aufgabe 9.

III. Ausgleichung von vermittelnden Beobachtungen

§ 13. Einführung in die Methode der vermittelnden Beobachtungen

Das Verfahren der vermittelnden Beobachtungen wird angewandt, wenn mehrere Unbekannte gemeinsam zu bestimmen sind und die Anzahl der Beobachtungen größer ist als die der Unbekannten. Dabei sind in sehr vielen Fällen nicht die Unbekannten selbst beobachtet worden, sondern andere Größen, die mit ihnen in einem funktionellen Zusammenhang stehen. So werden z. B. beim trigonometrischen Einschneiden Winkel gemessen; als Unbekannte aber werden die Koordinaten des Neupunktes eingeführt. Zur Lösung drückt man zunächst in den Fehlergleichungen die Beobachtungen durch die Unbekannten aus, so daß man sie „mittels" der Unbekannten miteinander vergleichen kann. Alsdann werden die dabei zutage tretenden Messungswidersprüche auf Grund der Forderung $[vv]$ ein Minimum beseitigt.

Als Einführungsbeispiel diene die im § 12 bereits nach der Methode der direkten Beobachtungen behandelte Aufgabe der Winkelmessung mit Horizontschluß, die den Vorzug hat, daß nur lineare Zusammenhänge in Frage kommen.

Aufgabe 5. *Winkelmessung mit Horizontschluß (II)*

Auf einer Station seien die den Horizont schließenden Winkel L_1, L_2 und L_3 beobachtet; jedoch habe die Zusammenstellung im Kreise nicht den Sollbetrag S, sondern den Widerspruch $w = [L] - S$ ergeben. Wie ist der Widerspruch auf die beobachteten Winkel zu verteilen?

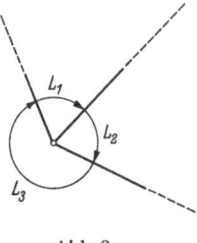

Abb. 9

Um die Beobachtungen miteinander in Verbindung zu bringen, sind zwei Unbekannte erforderlich, und zwar möge der ausgeglichene Raum von L_1 mit x, der von L_2 mit y bezeichnet werden. Dann erhält man die *Fehlergleichungen*

$$L_1 + v_1 = x\,; \quad L_2 + v_2 = y\,; \quad L_3 + v_3 = S - (x + y)\,,$$

oder anders geschrieben

$$
\begin{aligned}
v_1 &= +x && -L_1\,, \\
v_2 &= && +y-L_2\,, \\
v_3 &= -x-y &&-(L_3-S)\,.
\end{aligned}
$$

Da nur zwei Unbekannte gesucht werden, liegt eine Überbestimmung vor, die durch die Forderung $[vv] \rightarrow$ Minimum zu beseitigen ist. Um jedoch unser Beispiel etwas allgemeingültiger zu machen, werden die obigen Fehlergleichungen mit leicht verständlichen Symbolen allgemeiner Art umgeschrieben in

$$
\begin{aligned}
v_1 &= a_1 x + b_1 y - l_1\,, \\
v_2 &= a_2 x + b_2 y - l_2\,, \\
v_3 &= a_3 x + b_3 y - l_3\,.
\end{aligned}
$$

Quadrieren und Aufsummieren gibt

$$
\begin{aligned}
[vv] = [aa]\, x^2 &+ 2[ab]\, xy - 2[al]\, x \\
&+ [bb]\, y^2 - 2[bl]\, y \\
&+ [ll]\,.
\end{aligned}
$$

Zum Aufsuchen des Minimums sind die partiellen Ableitungen zu bilden und gleich Null zu setzen. Man findet

$$\frac{\partial [vv]}{\partial x} = 2[aa]\, x + 2[ab]\, y - 2[al] = 0\,,$$

$$\frac{\partial [vv]}{\partial y} = 2[ab]\, x + 2[bb]\, y - 2[bl] = 0\,,$$

woraus sich nach Division durch 2 die *Normalgleichungen*

$$
\begin{aligned}
[aa]\, x + [ab]\, y - [al] &= 0\,, \\
[ab]\, x + [bb]\, y - [bl] &= 0
\end{aligned}
$$

ergeben. Letztere liefern eindeutige Werte der Unbekannten, nämlich

$$
x = \frac{\begin{vmatrix} [al] & [ab] \\ [bl] & [bb] \end{vmatrix}}{\begin{vmatrix} [aa] & [ab] \\ [ab] & [bb] \end{vmatrix}}\,, \quad
y = \frac{\begin{vmatrix} [aa] & [al] \\ [ab] & [bl] \end{vmatrix}}{\begin{vmatrix} [aa] & [ab] \\ [ab] & [bb] \end{vmatrix}}\,.
$$

Zur rechnerischen Auswertung findet man durch Vergleichen der beiden obigen Fehlergleichungssysteme

$$
\begin{aligned}
a_1 = b_2 = +1\,; \quad b_1 = a_2 = 0\,; \quad a_3 = b_3 = -1\,, \\
l_1 = L_1\,; \quad\quad l_2 = L_2\,; \quad l_3 = L_3 - S\,.
\end{aligned}
$$

Damit wird

$$
\begin{aligned}
[aa] &= 2\,; & [ab] &= 1\,; & [al] &= L_1 - L_3 + S = 2L_1 + L_2 - w\,; \\
[bb] &= 2\,; & & & [bl] &= L_2 - L_3 + S = L_1 + 2L_2 - w\,.
\end{aligned}
$$

Durch Einsetzen in die obigen Determinanten ergibt sich bei gleichzeitiger Beachtung der Fehlergleichungen

$$x = L_1 + v_1 = L_1 - \frac{w}{3},$$

$$y = L_2 + v_2 = L_2 - \frac{w}{3},$$

$$L_3 + v_3 = L_3 - \frac{w}{3}.$$

Damit ist die in Aufgabe 3 gefundene Lösung bestätigt worden. Von der Fehlerrechnung wird abgesehen, weil es dafür zuvor besonderer Formelentwicklungen bedarf.

§ 14. Aufstellen der Fehlergleichungen

Die mathematischen Beziehungen zwischen den Beobachtungen und den Unbekannten, die in den Fehlergleichungen zum Ausdruck kommen, sind nur selten so einfach wie in dem Einführungsbeispiel. Stets geht man jedoch wie dort darauf aus, die Beobachtungen durch die Unbekannten auszudrücken. Wenn L_i die Beobachtungen, v_i die nach der Ausgleichung übrigbleibenden Fehler oder die plausibelsten Verbesserungen und $x, y, z, t, \ldots$ die günstigsten Werte der Unbekannten sind, so lauten in allgemeiner Form die sog. ursprünglichen Fehler- oder Verbesserungsgleichungen

$$L_i + v_i = f_i(x, y, z, t, \ldots), \tag{1}$$

wobei $i = 1, 2, \ldots, n$ ist und f eine lineare oder nichtlineare Funktion symbolisiert.

Der Ausgleichungskalkül verlangt jedoch lineare Beziehungen zwischen den Beobachtungen und den Unbekannten. Eine nichtlineare Funktion muß daher vor dem Beginn der eigentlichen Ausgleichungsarbeit – in der Regel mit Hilfe der Taylorschen Reihe oder durch Logarithmieren – linear gemacht werden. Die Wahl der Unbekannten, das Aufsuchen der Funktionen, die die Beziehungen in möglichst einfacher Form ausdrücken und erforderlichenfalls das Linearmachen der gefundenen Funktionen sind die wesentlichsten und schwierigsten Schritte bei der Ausgleichung nach vermittelnden Beobachtungen. Alle übrigen Schritte gehen nach feststehenden Regeln mehr oder weniger schematisch vor sich. Nachstehend werden zuerst in den §§ 15 bis 22 die Ausgleichsschemata mit den zugehörigen Fehler- und Proberechnungen abgeleitet und an eingestreuten einfachen Beispielen erläutert. Die sich daran in den §§ 23 bis 28 anschließende Besprechung der wichtigsten geodätischen Anwendungen der Methode der vermittelnden Beobachtungen beschränkt sich in der Hauptsache auf das Aufstellen der Fehlergleichungen und das Herausarbeiten einiger Besonderheiten.

Beim Aufstellen der Fehlergleichungen beachte man:

a) Für jede Beobachtung ist eine Fehlergleichung aufzustellen;

b) Dabei sind soviel Unbekannte einzuführen, wie notwendig und hinreichend sind, um die Messungsgrößen miteinander zu verbinden.

14.1 Wahl der Unbekannten

Welche Größen als Unbekannte einzuführen sind, liegt vielfach von vornherein fest. Bei der Bestimmung von Distanzmesserkonstanten wählt man die Additions- und die Multiplikationskonstante, bei Uhrvergleichungen Uhrstand und Uhrgang, bei photogrammetrischen Meßkammern die Kammerkonstante und die Koordinaten des Bildhauptpunktes. Dagegen hat man bei Nivellements die Wahl zwischen den Höhen der gesuchten Punkte und den Höhenunterschieden; bei trigonometrischen Höhenmessungen kommt unter Umständen noch der Refraktionskoeffizient als Unbekannte hinzu. Bei Punktbestimmungen in der Ebene durch Bogenschnitte gemessener Strecken oder durch Einschneiden wählt man meistens die rechtwinkligen, seltener die geographischen Koordinaten oder die Polarkoordinaten, bei Punktbestimmungen im Raum die Raumkoordinaten. Schwieriger ist die Wahl bei Schwingungsbeobachtungen, bei denen als Unbekannte etwa die Amplitude, die Schwingungszeit, die Anzahl der Schwingungen und ein Dämpfungskoeffizient in Frage kommen[4]. Ein einfaches Beispiel, in dem die Unbekannten nicht ohne weiteres zu erkennen sind, enthält die Aufgabe 6.

14.2 Lineare Fehlergleichungen

Sind die *ursprünglichen Fehlergleichungen* linear, so bringt man sie bei drei Unbekannten in die Form

$$L_i + v_i = a_i x + b_i y + c_i z \, . \tag{2}$$

Um mit kleinen Zahlen rechnen zu können, werden mittels

$$x = x_0 + \delta x, \quad y = y_0 + \delta y, \quad z = z_0 + \delta z \tag{3}$$

die Näherungswerte x_0, y_0, z_0 eingeführt. Dann ist

$$v_i = a_i \, \delta x + b_i \, \delta y + c_i \, \delta z - (L_i - a_i x_0 - b_i y_0 - c_i z_0) \, ,$$

und wenn der Klammerausdruck zusammengefaßt wird zu

$$-l_i = -(L_i - a_i x_0 - b_i y_0 - c_i z_0) \, , \tag{4}$$

---

[4] *Jacobs, E.*: Ausgleichung von Schwingungsbeobachtungen. Z. Vermessungsw. **1950**, 334. — *Wolf, H.*: Zur Ausgleichung von Schwingungsbeobachtungen. Z. Vermessungsw. **1951**, 179.

so lauten die *umgeformten Fehlergleichungen*

$$v_i = a_i\,\delta x + b_i\,\delta y + c_i\,\delta z - l_i\,. \tag{5}$$

Darin heißen die a_i, b_i, c_i die Koeffizienten und die $-l_i$ die Absolutglieder der Fehlergleichungen. Zahlenmäßig ist ein Absolutglied die Differenz zwischen dem gemessenen Wert und dem mit den Näherungswerten der Unbekannten errechneten Zahlenwert einer Beobachtungsgröße.

14.3 Nichtlineare Fehlergleichungen

Sind die ursprünglichen Fehlergleichungen (1) nicht linear, so werden sie – meistens mit Hilfe der Taylorschen Reihe für mehrere Unbekannte – linear gemacht. Wieder seien x_0, y_0, z_0 Näherungswerte, die man sich etwa durch Rechnung mit einem Teil der Beobachtungen verschafft hat. Dann wird aus (1)

$$L_i + v_i = f_i(x_0 + \delta x, y_0 + \delta y, z_0 + \delta z)\,,$$

und wenn die Näherungswerte so gut gewählt sind, daß die höheren Ableitungen vernachlässigt werden können, so ist

$$L_i + v_i = f_i(x_0, y_0, z_0) + \left(\frac{\partial f_i}{\partial x}\right)_0 \delta x + \left(\frac{\partial f_i}{\partial y}\right)_0 \delta y + \left(\frac{\partial f_i}{\partial z}\right)_0 \delta z\,. \tag{6}$$

Setzt man nun

$$\left(\frac{\partial f_i}{\partial x}\right)_0 = a_i, \quad \left(\frac{\partial f_i}{\partial y}\right)_0 = b_i, \quad \left(\frac{\partial f_i}{\partial z}\right)_0 = c_i \tag{7}$$

und
$$-(L_i - f_i(x_0, y_0, z_0)) = - l_i\,, \tag{8}$$

so erhalten die *umgeformten Fehlergleichungen* wieder die Form (5), also

$$v_i = a_i\,\delta x + b_i\,\delta y + c_i\,\delta z - l_i\,. \tag{9}$$

Ein Beispiel für das Linearmachen mit der Taylorschen Reihe enthält die Aufgabe 7.

Ein zweiter Weg, nichtlineare Fehlergleichungen auf lineare Form zu bringen, besteht in der Anwendung der bereits im 7. Beispiel zu § 2 benutzten logarithmischen Tafelfortschritte. Auf diese wird später (Aufgabe 15) zurückgegriffen werden. Schließlich kommt es vor, daß sich nicht die Beobachtungen selbst, sondern lediglich Funktionen von ihnen durch Funktionen der Unbekannten ausdrücken lassen. Dann tritt an die Stelle von (1) der Ansatz

$$\varphi_i(L_i + v_i) = f_i(x, y, z)\,, \tag{10}$$

bei dem beide Seiten linear zu machen sind.

Aufgabe 6. *Maßstabsvergleich (I)*

Um die Einheit eines älteren Zollmaßstabes zu ermitteln, wurde, wie in der Zeichnung angedeutet, neben den am besten erhaltenen Teil des Zollstockes ein 25 cm langer Millimetermaßstab gelegt, und es wurden die den deutlichsten Zollstrichen gegenüberliegenden Werte am Millimetermaßstab auf $^1/_{20}$ mm abgelesen. Gesucht ist der Wert des Zolls in Millimetern

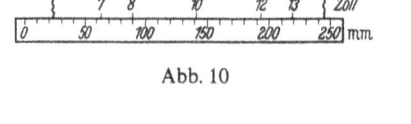

Abb. 10

Zoll	7	8	10	12	13
Millimeter	63,10	89,15	141,40	193,45	219,50

Die Beobachtungen l, die verbessert werden müssen, sind die Ablesungen am Millimetermaßstab. Wollte man die Zolleinheit ohne Überbestimmung ermitteln, so wären zwei Ablesungen erforderlich. Also müssen auch zwei Unbekannte vorhanden sein, die so auszusuchen sind, daß „mittels" dieser Unbekannten die Beobachtungen leicht miteinander in Verbindung gebracht werden können. Wir wählen als Unbekannte x den Wert, der dem Zollstrich 7 auf dem Millimetermaßstab zukommt, und als y die Einheit des Zollmaßstabes in Millimetern. Zur Vereinfachung der Zahlenrechnung werden Näherungswerte eingeführt, und zwar für x der abgerundete Wert der ersten Ablesung, für y ein aus der Differenz von Anfangs- und Schlußablesung errechneter Mittelwert, also

$$x = x_0 + \delta x = 63,0 + \delta x, \quad y = y_0 + \delta y = 26,10 + \delta y.$$

Damit erhält man

die ursprünglichen Fehlergleichungen   die umgeformten Fehlergleichungen

$$
\begin{aligned}
63,10 + v_1 &= x, & v_1 &= \delta x &&- 0,10, \\
89,15 + v_2 &= x + y, & v_2 &= \delta x + \delta y - 0,05, \\
141,40 + v_3 &= x + 3y, & v_3 &= \delta x + 3\delta y - 0,10, \\
193,45 + v_4 &= x + 5y, & v_4 &= \delta x + 5\delta y + 0,05, \\
219,50 + v_5 &= x + 6y, & v_5 &= \delta x + 6\delta y + 0,10.
\end{aligned}
$$

Auf demselben Wege wie in Aufgabe 5 folgen daraus die Normalgleichungen

$$
\begin{aligned}
5\,\delta x + 15\,\delta y - 0,10 &= 0, \\
15\,\delta x + 71\,\delta y + 0,50 &= 0,
\end{aligned}
$$

die nach irgendeinem Verfahren aufgelöst

$$\delta x = +0,113 \quad \text{und} \quad \delta y = -0,031$$

ergeben. Durch Anbringen an die Näherungswerte folgen daraus als Werte

für die Anfangsablesung: $x = 63,0 + 0,11 = 63,11 \text{ mm}$,

für die Einheit des Zolls: $y = 26,1 - 0,03 = 26,07 \text{ mm}$.

Die Unbekannte x ist für die in der Aufgabe gestellte Frage unerheblich; sie ist aber erforderlich, um die Beziehungen zwischen den Beobachtungen herzustellen. Da sie gewissermaßen die beiden Maßstäbe zueinander orientiert, wird sie *Orientierungsunbekannte* genannt (vgl. Aufgabe 11 in § 24).

Die Aufgabe *Maßstabsvergleich* tritt in der Geodäsie in mancherlei Einkleidungen auf, z. B. als Bestimmung von Libellenangaben, Untersuchung von Meßschrauben, Orientierung beobachteter Richtungen usw.

Aufgabe 7. *Punktbestimmung durch Bogenschnitt*

Der Punkt $P(x, y)$ ist in der aus der Zeichnung ersichtlichen Weise durch die Strecken s_1, s_2, s_3 und s_4 festgelegt worden. Gesucht ist die günstigste Lage des Neupunktes.

Geeignete Unbekannte sind die rechtwinkligen Koordinaten des Neupunktes. Damit erhält man als ursprüngliche Fehlergleichung für die Strecke s_1

$$s_1 + v_1 = \sqrt{(x_1 - x)^2 + (y_1 - y)^2} = f_1(x, y).$$

Um diese Gleichung linear zu machen, berechne man für den Neupunkt auf irgendeinem Wege die Näherungskoordinaten x_0, y_0 und setze $x = x_0 + \delta x$ und $y = y_0 + \delta y$. Dann gibt eine Taylorentwicklung mit den Gliedern I.0

$$s_1 + v_1 = \sqrt{(x_1 - x_0 - \delta x)^2 + (y_1 - y_0 - \delta y)^2} = f_1(x_0, y_0) + \left(\frac{\partial f_1}{\partial x}\right)_0 \delta x + \left(\frac{\partial f_1}{\partial y}\right)_0 \delta y.$$

Die Einzelberechnung der Glieder ergibt

$$f_1(x_0, y_0) = \sqrt{(x_1 - x_0)^2 + (y_1 - y_0)^2} = s_1^0,$$

$$\frac{\partial f_1}{\partial x} = \frac{-2(x_1 - x)}{2\sqrt{(x_1 - x)^2 + (y_1 - y)^2}},$$

$$\left(\frac{\partial f_1}{\partial x}\right)_0 = -\frac{x_1 - x_0}{s_1^0},$$

$$\frac{\partial f_1}{\partial y} = \frac{-2(y_1 - y)}{2\sqrt{(x_1 - x)^2 + (y_1 - y)^2}},$$

$$\left(\frac{\partial f_1}{\partial y}\right)_0 = -\frac{y_1 - y_0}{s_1^0},$$

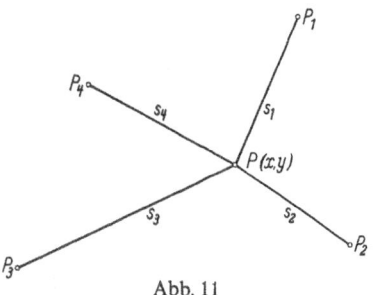

Abb. 11

so daß die umgeformte Fehlergleichung lautet

$$v_1 = -\frac{x_1 - x_0}{s_1^0} \delta x - \frac{y_1 - y_0}{s_1^0} \delta y - (s_1 - s_1^0)$$

oder

$$v_1 = a_1 \delta x + b_1 \delta y - l_1.$$

Entsprechende Fehlergleichungen sind für s_2, s_3 und s_4 aufzustellen, wobei nach § 5.2, den Beobachtungen (und damit auch den Fehlergleichungen) die Gewichte $1/s_1, 1/s_2, 1/s_3$ und $1/s_4$ zukommen.

Die Weiterrechnung wird bis zur Behandlung der Gewichte in § 19 zurückgestellt.

§ 15. Aufstellen und Auflösen der Normalgleichungen

15.1 Aufstellen der Normalgleichungen

Aus den linearen oder lineargemachten Fehlergleichungen sind nunmehr die günstigsten Werte herzuleiten. In Aufgabe 5 ist das bereits für zwei Unbekannte gezeigt worden. Der Übergang auf drei oder mehr

Unbekannte bietet nichts grundsätzlich Neues. Wir gehen aus von den Gleichungen § 14 (5), ersetzen jedoch der einfacheren Schreibweise wegen δx durch x usw. und erhalten so die gleichgewichtigen linearen *Fehlergleichungen*

$$\left.\begin{aligned}
v_1 &= a_1 x + b_1 y + c_1 z - l_1 , \\
v_2 &= a_2 x + b_2 y + c_2 z - l_2 , \\
&\cdots\cdots\cdots\cdots\cdots\cdots\cdots \\
v_n &= a_n x + b_n y + c_n z - l_n .
\end{aligned}\right\} \tag{1}$$

Bezeichnet man die Zahl der Unbekannten mit u, so liegt eine Überbestimmung vor, wenn n größer als u ist. Um die dadurch hervorgerufene Unbestimmtheit zu beseitigen, ist $[vv]$ zum Minimum zu machen. Man errechne zunächst durch Quadrieren und Aufsummieren der Fehlergleichungen (1)

$$\left.\begin{aligned}
[vv] = [aa]\, x^2 &+ 2[ab]\, xy + 2[ac]\, xz - 2[al]\, x \\
&+ [bb]\, y^2 + 2[bc]\, yz - 2[bl]\, y \\
&\qquad + [cc]\, z^2 - 2[cl]\, z \\
&\qquad\qquad + [ll] .
\end{aligned}\right\} \tag{2}$$

Dann bilde man, um das Minimum aufzufinden,

$$\frac{\partial [vv]}{\partial x} = 2[aa]\, x + 2[ab]\, y + 2[ac]\, z - 2[al],$$

$$\frac{\partial [vv]}{\partial y} = 2[ab]\, x + 2[bb]\, y + 2[bc]\, z - 2[bl],$$

$$\frac{\partial [vv]}{\partial z} = 2[ac]\, x + 2[bc]\, y + 2[cc]\, z - 2[cl],$$

setze die partiellen Ableitungen gleich Null und erhält damit die *Normalgleichungen*

$$\left.\begin{aligned}
[aa]\, x + [ab]\, y + [ac]\, z - [al] &= 0 , \\
[ab]\, x + [bb]\, y + [bc]\, z - [bl] &= 0 , \\
[ac]\, x + [bc]\, y + [cc]\, z - [cl] &= 0 .
\end{aligned}\right\} \tag{3}$$

$[aa]$, $[ab]$ usw. sind die Normalgleichungskoeffizienten, $-[al]$, $-[bl]$ usw. die Absolutglieder. Die Koeffizienten der Unbekannten sind symmetrisch zu der aus den quadratischen Koeffizienten gebildeten Diagonalen. Das aus (3) erkennbare Bildungsgesetz kann daher unschwer auf Normalgleichungssysteme mit vier oder mehr Unbekannten übertragen werden.

15.2 Auflösen der Normalgleichungen nach dem Gaußschen Algorithmus

Bis zu drei Normalgleichungen lassen sich mit Determinanten auflösen. Bei vier und mehr Unbekannten wird dieser Weg zu unübersichtlich. Man benutzt dann besser den von *C. F. Gauß* angegebenen Algorithmus (= Rechenverfahren). Dabei wird, beginnend mit der ersten Unbekannten, eine Unbekannte nach der anderen systematisch eliminiert, bis schließlich nur e i n e Gleichung mit e i n e r Unbekannten übrigbleibt. Nachdem diese berechnet ist, gewinnt man die übrigen Unbekannten in umgekehrter Reihenfolge durch schrittweises Einsetzen in die vorangegangenen Gleichungen. Dieser Vorgang wird durch eine einprägsame Bezeichnungsweise übersichtlich gemacht. Von den drei Normalgleichungen in (3) heiße die erste die *A*-Gleichung, die zweite die *B*-Gleichung und die dritte die *C*-Gleichung. Dann sind die *ursprünglichen Normalgleichungen*

$$
\begin{aligned}
A&: \quad [aa]\,x + [ab]\,y + [ac]\,z - [al] = 0\,, \\
B&: \quad [ab]\,x + [bb]\,y + [bc]\,z - [bl] = 0\,, \\
C&: \quad [ac]\,x + [bc]\,y + [cc]\,z - [cl] = 0\,.
\end{aligned} \tag{4}
$$

Zur Elimination von x multipliziert man die *A*-Gleichung zuerst mit $-[ab]/[aa]$ und bekommt damit eine Gleichung, in der x den Koeffizienten $-[ab]$ hat; dann multipliziert man die *A*-Gleichung mit $-[ac]/[aa]$, so daß x den Koeffizienten $-[ac]$ erhält. Das Ergebnis dieser Zwischenrechnung ist

$$
-[ab]\,x - \frac{[ab]}{[aa]}[ab]\,y - \frac{[ab]}{[aa]}[ac]\,z - \frac{[ab]}{[aa]}(-[al]) = 0\,,
$$

$$
-[ac]\,x - \frac{[ac]}{[aa]}[ab]\,y - \frac{[ac]}{[aa]}[ac]\,z - \frac{[ac]}{[aa]}(-[al]) = 0\,.
$$

Addiert man die erste dieser Zwischengleichungen zur *B*-Gleichung, die zweite zur *C*-Gleichung, so ergeben sich die von x freien *einmal reduzierten Normalgleichungen*

$$
\left([bb] - \frac{[ab]}{[aa]}[ab]\right)y + \left([bc] - \frac{[ab]}{[aa]}[ac]\right)z - \left([bl] - \frac{[ab]}{[aa]}[al]\right) = 0\,,
$$

$$
\left([bc] - \frac{[ac]}{[aa]}[ab]\right)y + \left([cc] - \frac{[ac]}{[aa]}[ac]\right)z - \left([cl] - \frac{[ac]}{[aa]}[al]\right) = 0\,. \tag{5}
$$

oder mit der für die reduzierten Koeffizienten von *Gauß* benutzten
Schreibweise

$$
\left.
\begin{aligned}
B\cdot 1: \quad [bb\cdot 1]\,y + [bc\cdot 1]\,z - [bl\cdot 1] = 0\,, \\
C\cdot 1: \quad [bc\cdot 1]\,y + [cc\cdot 1]\,z - [cl\cdot 1] = 0\,.
\end{aligned}
\right\}
\tag{5a}
$$

Zur Elimination von y multipliziert man in einer zweiten Zwischenrechnung die $B\cdot 1$-Gleichung mit dem Quotienten $-[bc\cdot 1]/[bb\cdot 1]$,
addiert das Ergebnis zur $C\cdot 1$-Gleichung und erhält die *zweimal reduzierte Normalgleichung*

$$
\left([cc\cdot 1] - \frac{[bc\cdot 1]}{[bb\cdot 1]}[bc\cdot 1]\right) z - \left([cl\cdot 1] - \frac{[bc\cdot 1]}{[bb\cdot 1]}[bl\cdot 1]\right) = 0
\tag{6}
$$

oder in Gaußscher Schreibweise

$$
C\cdot 2: \quad [cc\cdot 2]\,z - [cl\cdot 2] = 0\,.
\tag{6a}
$$

Hieraus errechnet man z; dann setzt man z in die $B\cdot 1$-Gleichung ein
und gewinnt y. Schließlich wird x durch Einsetzen von z und y in die
A-Gleichung erhalten. Die Rechenformeln sind

$$
\left.
\begin{aligned}
z &= + \frac{[cl\cdot 2]}{[cc\cdot 2]}\,, \\[2mm]
y &= + \frac{[bl\cdot 1]}{[bb\cdot 1]} - \frac{[bc\cdot 1]}{[bb\cdot 1]}\,z\,, \\[2mm]
x &= + \frac{[al]}{[aa]} - \frac{[ac]}{[aa]}\,z - \frac{[ab]}{[aa]}\,y\,.
\end{aligned}
\right\}
\tag{7}
$$

Hierin ist jeweils nur der erste Quotient neu zu berechnen; die Koeffizienten von z und y in der 2. und 3. Gleichung sind identisch mit den
zur Ableitung von (5) und (6) benutzten Quotienten.

Die Klammerausdrücke in (5) und (6) haben die Eigentümlichkeit, daß jeder Klammerausdruck, wenn man sich die Summenklammern fortdenkt, den algebraischen Wert Null
ergeben muß. Man beachte ferner, daß die Absolutglieder $-[al]$, $-[bl]$, $-[cl]$ und auch
die reduzierten Absolutglieder $-[bl\cdot 1]$, $-[cl\cdot 1]$ usw. negatives Vorzeichen haben. Man
stellt sich den Sachverhalt zweckmäßig so vor, daß z. B. die Absolutglieder nicht $[al]$,
$[bl]$, ..., sondern $-[al]$, $-[bl]$ ... heißen.

Der Leser rechne nunmehr das Zahlenbeispiel auf S. 96 durch; dann wird er erkennen,
daß der Mechanismus des Gaußschen Algorithmus wesentlich einfacher ist, als es die
Formelableitung vermuten läßt. Das negative Vorzeichen der Absolutglieder tritt bei der
Zahlenrechnung überhaupt nicht in die Erscheinung.

15.3 Übergang auf mehrere Unbekannte

Den Aufbau der ursprünglichen und der reduzierten Normalgleichungen erkennt man leicht, wenn man die Gln. (4), (5a) und (6a) unter-

einanderschreibt. Die Übertragung auf n Unbekannte macht infolgedessen keinerlei Schwierigkeiten. Bei vier Unbekannten hat man die
ursprünglichen Normalgleichungen

$$
\left.\begin{aligned}
A &: \quad [aa]\, x + [ab]\, y + [ac]\, z + [ad]\, t - [al] = 0, \\
B &: \quad [ab]\, x + [bb]\, y + [bc]\, z + [bd]\, t - [bl] = 0, \\
C &: \quad [ac]\, x + [bc]\, y + [cc]\, z + [cd]\, t - [cl] = 0, \\
D &: \quad [ad]\, x + [bd]\, y + [cd]\, z + [dd]\, t - [dl] = 0.
\end{aligned}\right\} \quad (8\,\text{a})
$$

Die A-Gleichung multipliziert man nacheinander mit $-\,[ab]/[aa]$,
$-\,[ac]/[aa]$ und $-\,[ad]/[aa]$ und addiert das Ergebnis der ersten
Multiplikation zur B-Gleichung, das der zweiten zur C-Gleichung und
das der dritten zur D-Gleichung. Dann erhält man die *einmal reduzierten
Normalgleichungen*

$$
\left.\begin{aligned}
B \cdot 1 &: \quad [bb \cdot 1]\, y + [bc \cdot 1]\, z + [bd \cdot 1]\, t - [bl \cdot 1] = 0, \\
C \cdot 1 &: \quad [bc \cdot 1]\, y + [cc \cdot 1]\, z + [cd \cdot 1]\, t - [cl \cdot 1] = 0, \\
D \cdot 1 &: \quad [bd \cdot 1]\, y + [cd \cdot 1]\, z + [dd \cdot 1]\, t - [dl \cdot 1] = 0.
\end{aligned}\right\} \quad (8\,\text{b})
$$

Nunmehr multipliziert man die $B \cdot 1$-Gleichung nacheinander mit
$-\,[bc \cdot 1]/[bb \cdot 1]$ und $-\,[bd \cdot 1]/[bb \cdot 1]$ und addiert das Ergebnis
der ersten Multiplikation zur $C \cdot 1$-Gleichung und das der zweiten zur
$D \cdot 1$-Gleichung; dann ergeben sich die *zweimal reduzierten Normalgleichungen*

$$
\left.\begin{aligned}
C \cdot 2 &: \quad [cc \cdot 2]\, z + [cd \cdot 2]\, t - [cl \cdot 2] = 0, \\
D \cdot 2 &: \quad [cd \cdot 2]\, z + [dd \cdot 2]\, t - [dl \cdot 2] = 0.
\end{aligned}\right\} \quad (8\,\text{c})
$$

Endlich multipliziert man die $C \cdot 2$-Gleichung mit $-\,[cd \cdot 2]/[cc \cdot 2]$,
addiert das Ergebnis zur $D \cdot 2$-Gleichung und bekommt die *dreimal
reduzierte Normalgleichung*

$$
D \cdot 3: \quad [dd \cdot 3]\, t - [dl \cdot 3] = 0. \qquad (8\,\text{d})
$$

Die Koeffizienten der Unbekannten sind, wie man sieht, in jeder
Reduktionsstufe symmetrisch zu der mit den quadratischen Koeffizienten gebildeten Diagonalen.

Das Bildungsgesetz der reduzierten Koeffizienten lassen die Gleichungsgruppen (9) und (10) erkennen. Man merkt sich leicht, daß im Nenner
der vom Hauptglied abzuziehenden Beträge in der ersten Reduktionsstufe $[aa]$, in der zweiten $[bb \cdot 1]$ und in der dritten $[cc \cdot 2]$ steht. Im
Zähler jedes Bruches bleiben, wenn man sich die Summenklammern

beseitigt und identische Ausdrücke fortgehoben denkt, dieselben Buchstaben übrig wie im ersten Glied:

$$
\left.\begin{array}{l}
[dl \cdot 1] = [dl] - \dfrac{[ad]\,[al]}{[aa]}, \\[3mm]
[dl \cdot 2] = [dl] - \dfrac{[ad]\,[al]}{[aa]} - \dfrac{[bd \cdot 1]\,[bl \cdot 1]}{[bb \cdot 1]}, \\[3mm]
[dl \cdot 3] = [dl] - \dfrac{[ad]\,[al]}{[aa]} - \dfrac{[bd \cdot 1]\,[bl \cdot 1]}{[bb \cdot 1]} - \dfrac{[cd \cdot 2]\,[cl \cdot 2]}{[cc \cdot 2]}.
\end{array}\right\} \quad (9)
$$

Ein reduzierter quadratischer Koeffizient hat den Aufbau

$$
[dd \cdot 3] = [dd] - \frac{[ad]^2}{[aa]} - \frac{[bd \cdot 1]^2}{[bb \cdot 1]} - \frac{[cd \cdot 2]^2}{[cc \cdot 2]}. \tag{10}
$$

15.4 Das System der Endgleichungen

Zur Berechnung der Unbekannten können – in der gehörigen Reihenfolge – grundsätzlich alle Gleichungen der Systeme (8a) bis (8d) benutzt werden. Um eine straffe Ordnung in die Rechnung zu bekommen, pflegt man dazu jedoch stets nur die erste Gleichung jeder Reduktionsstufe zu verwenden, also – bei vier Unbekannten – allein die Gleichungen

$$
\left.\begin{array}{r}
[aa]\,x + [ab]\,y + [ac]\,z + [ad]\,t - [al] = 0, \\
[bb \cdot 1]\,y + [bc \cdot 1]\,z + [bd \cdot 1]\,t - [bl \cdot 1] = 0, \\
[cc \cdot 2]\,z + [cd \cdot 2]\,t - [cl \cdot 2] = 0, \\
[dd \cdot 3]\,t - [dl \cdot 3] = 0.
\end{array}\right\} \quad (11)
$$

Dieses gestaffelte System wird als das *System der Endgleichungen* bezeichnet. Das Gaußsche Eliminationsverfahren hat demnach den Zweck, das ursprüngliche Normalgleichungssystem in das System der Endgleichungen zu überführen.

Zahlenbeispiel. Gegeben seien die (umgeformten) Fehlergleichungen

$$
\begin{aligned}
v_1 &= \ \ 4\,\delta x + 3\,\delta y + 2\,\delta z - 2, & v_4 &= 2\,\delta x + \ \ \delta y - 2\,\delta z - 3, \\
v_2 &= -\ \ \delta x + 2\,\delta y + 3\,\delta z + 6, & v_5 &= \ \ \delta x + 2\,\delta y + 3\,\delta z + 2. \\
v_3 &= -2\,\delta x - 2\,\delta y + 4\,\delta z + 1,
\end{aligned}
$$

Aus ihnen bildet man die Normalgleichungskoeffizienten $[aa]$, $[ab]$, … Die Normalgleichungen schreibt man zweckmäßig nicht wie in (4) unmittelbar untereinander, sondern läßt unter der B-Gleichung und unter der C-Gleichung je eine Zeile frei. In den freien Zeilen wird in Ziffern, die von der üblichen Schreibweise abweichen (nachstehend in Kursiv) das Ergebnis der zwischen (4) und (5) erläuterten Zwischenrechnung eingetragen; man setzt also unter die B-Gleichung die A-Gleichung multipliziert mit $-[ab]/[aa] = -18/26$

$= -0,6923$, und unter die C-Gleichung die A-Gleichung multipliziert mit $-[ac]/[aa]$
$= +4/26 = +0,1538$. Dann lautet das ursprüngliche Normalgleichungssystem nebst den
Zwischenrechnungen

$$A: \quad 26,00\,\delta x + 18,00\,\delta y - 4,00\,\delta z - 20,00 = 0$$

$$B: \quad 18,00\,\delta x + 22,00\,\delta y + 8,00\,\delta z + 5,00 = 0$$
$$-0,6923\,A: \quad -18,00\,\delta x - 12,46\,\delta y + 2,77\,\delta z + 13,85 = 0 \,,$$

$$C: \quad -4,00\,\delta x + 8,00\,\delta y + 42,00\,\delta z + 30,00 = 0$$
$$+0,1538\,A: \quad +4,00\,\delta x + 2,77\,\delta y - 0,62\,\delta z - 3,08 = 0 \,.$$

Durch Addition der unter der B-Gleichung stehenden Zwischenrechnungszeile zur B-Gleichung und der unter der C-Gleichung stehenden Zeile zur C-Gleichung ergibt sich dann
das nachstehende einmal reduzierte Normalgleichungssystem

$$B \cdot 1: \quad 9,54\,\delta y + 10,77\,\delta z + 18,85 = 0$$

$$C \cdot 1: \quad 10,77\,\delta y + 41,38\,\delta z + 26,92 = 0$$
$$-1,1289 \quad B \cdot 1: \quad -10,77\,\delta y - 12,16\,\delta z - 21,28 = 0 \,.$$

Hierin ist unter der $C \cdot 1$-Gleichung als Zwischenrechnungszeile die $B \cdot 1$-Gleichung
multipliziert mit $-[bc \cdot 1]/[bb \cdot 1] = -10,77/9,54 = -1,1289$ eingefügt. Die Addition zur
$C \cdot 1$-Gleichung führt dann auf die zweimal reduzierte Normalgleichung

$$C \cdot 2: \quad 29,22\,\delta z + 5,64 = 0 \,.$$

Zur Berechnung der Unbekannten liefert gemäß (7)

$$\text{die } C \cdot 2\text{-Gleichung:} \quad \delta z = -\frac{5,64}{29,22} = -0,193\,,$$

$$\text{die } B \cdot 1\text{-Gleichung:} \quad \delta y = -\frac{18,85}{9,54} \quad -\frac{10,77}{9,54}\,\delta z = -1,758\,,$$

$$\text{die } A \quad\text{-Gleichung:} \quad \delta x = +\frac{20}{26} + \frac{4}{26}\,\delta z - \frac{18}{26}\,\delta y = +1,957\,.$$

§ 16. Vervollständigung des Algorithmus durch Summen- und [vv]-Proben

16.1 Die Summenproben

Um die Rechnungen gegen Rechenfehler zu schützen, werden zahlreiche Proben mitgeführt. Man unterscheidet laufende Proben, Abschnittsproben und durchgreifende Schlußproben. Zur laufenden Prüfung der Rechnung haben sich die Summenproben als zweckmäßig
erwiesen. Diese kontrollieren das Bilden der Normalgleichungskoeffizienten, das Aufstellen der Normalgleichungen und ihre Reduktion. Sie
sind entweder Spalten- oder Zeilenproben.

7 Großmann, Ausgleichungsrechnung, 3. Aufl.

Bei der *Spaltenprobe* bestimmt man, wenn wieder von drei Unbekannten ausgegangen wird, in jeder Fehlergleichung die Koeffizientensumme

$$a_i + b_i + c_i = \sigma_i . \tag{1}$$

Man bildet ferner neben den $[aa]$, $[ab]$, ... auch $[a\sigma]$, $[b\sigma]$, $[c\sigma]$ und $-[l\sigma]$ und stellt damit eine neue Normalgleichung

$$[a\sigma]x + [b\sigma]y + [c\sigma]z - [l\sigma] = 0 \tag{2}$$

auf, die an die übrigen Normalgleichungen als letzte angehängt und mit diesen schematisch reduziert wird. Dann muß, wie man ohne Beweis einsieht, die reduzierte Summengleichung in jeder Reduktionsstufe gleich der Summe der reduzierten Normalgleichungen sein.

Bei der *Zeilenprobe* berechnet man in jeder Zeile die algebraische Summe aus den Koeffizienten und dem Absolutglied

$$a_i + b_i + c_i - l_i = +s_i , \tag{3}$$

so daß in jeder Zeile die Summe aus Koeffizienten, Absolutglied und negativem Summenglied Null ergeben muß. Die $-s_i$ notiert man in jeder Fehlergleichung am rechten Rand und bildet neben den $[aa]$, $[ab]$ usw. auch $-[as]$, $-[bs]$ und $-[cs]$. Dann muß

$$\left.\begin{array}{l} [aa] + [ab] + [ac] - [al] - [as] = 0 \\ [ab] + [bb] + [bc] - [bl] - [bs] = 0 \\ [ac] + [bc] + [cc] - [cl] - [cs] = 0 \end{array}\right\} \tag{4}$$

sein, womit das Berechnen der Normalgleichungskoeffizienten aus den Fehlergleichungskoeffizienten kontrolliert ist.

Beim Aufstellen der Normalgleichungen werden die $-[as]$, $-[bs]$, $-[cs]$ in der ihnen entsprechenden Zeile am rechten Blattrand vermerkt und zur Sicherung der Reduktion mechanisch in derselben Weise reduziert wie die übrigen Elemente der betreffenden Zeile. Dann müssen auch in den reduzierten Systemen alle Zeilensummen bis auf Abrundungsfehler Null ergeben. In Formeln lautet diese Behauptung

$$\left.\begin{array}{l} [bb \cdot 1] + [bc \cdot 1] - [bl \cdot 1] - [bs \cdot 1] = 0 , \\ [bc \cdot 1] + [cc \cdot 1] - [cl \cdot 1] - [cs \cdot 1] = 0 , \\ [cc \cdot 2] - [cl \cdot 2] - [cs \cdot 2] = 0 . \end{array}\right\} \tag{5}$$

Zum Beweis löse man die erste Gl. (5) auf in

$$\left([bb] - \frac{[ab]}{[aa]}[ab] \right) + \left([bc] - \frac{[ab]}{[aa]}[ac] \right) -$$

$$- \left([bl] - \frac{[ab]}{[aa]}[al] \right) - \left([bs] - \frac{[ab]}{[aa]}[as] \right) = 0$$

und fasse die gleichgebauten Ausdrücke zusammen zu

$$([bb] + [bc] - [bl] - [bs]) - \frac{[ab]}{[aa]}([ab] + [ac] - [al] - [as]) = 0.$$

Wird zu dieser Zeile die Identität

$$[ab] - \frac{[ab]}{[aa]}[aa] = 0$$

hinzugezählt, so sind wegen (4) beide Seiten gleich Null, womit die erste Gl. (5) bestätigt ist. Auf demselben Wege gelingen auch die Beweise für die zweite und dritte Gl. (5).

Da die Zeilenprobe keine zusätzliche Normalgleichung verlangt, läßt sie sich leichter in den Algorithmus einordnen als die Spaltenprobe. Insbesondere läßt sie sich gut mit der im folgenden Abschnitt zu besprechenden [vv]-Probe verbinden. Wir werden daher in unseren Entwicklungen nur die Zeilenprobe verwenden.

16.2 v-Proben und [vv]-Proben

Sehr geeignete Abschnittsproben sind die den Proben in § 10 (7), (8) und (9) entsprechenden v- und [vv]-Proben. Man multipliziert die Fehlergleichungen

$$\left. \begin{array}{l} v_1 = a_1 x + b_1 y + c_1 z - l_1 \\ v_2 = a_2 x + b_2 y + c_2 z - l_2 \\ \dotfill \\ v_n = a_n x + b_n y + c_n z - l_n \end{array} \left\| \begin{array}{c|c|c} a_1 & b_1 & c_1 \\ a_2 & b_2 & c_2 \\ \cdot\cdot & \cdot\cdot & \cdot\cdot \\ a_n & b_n & c_n \end{array} \right. \right\} \tag{6}$$

zuerst mit den dahinter vermerkten a_i, dann mit den b_i, schließlich mit den c_i und geht jedesmal zur Summe. Dann erhält man

$$[av] = [aa] x + [ab] y + [ac] z - [al],$$

$$[bv] = [ab] x + [bb] y + [bc] z - [bl],$$

$$[cv] = [ac] x + [bc] y + [cc] z - [cl].$$

Die rechten Seiten dieser Gleichungen sind identisch mit den linken Seiten der Normalgleichungen § 15 (4). Mithin bestehen die Beziehungen

$$[av] = 0, \quad [bv] = 0, \quad [cv] = 0. \tag{7}$$

Diese Formeln werden zur Verprobung der v selten benutzt, weil ihre Auswertung recht umständlich ist und die v mit geringerer Mühe durch die nachfolgenden $[vv]$-Proben geprüft werden können. Die Gln. (7) sind jedoch sehr nützlich für mancherlei Formelentwicklungen; sie werden außerdem als Kurzschreibweise für die Normalgleichungen verwendet.

Um zur *ersten $[vv]$-Probe* zu gelangen, multipliziere man jede der Fehlergleichungen (6) zunächst mit ihrem v_i, dann mit ihrem $-l_i$ und bilde die Summengleichungen

$$\left.\begin{aligned} [vv] &= \quad [av]x + [bv]y + [cv]z - [lv], \\ -[lv] &= -[al]x - [bl]y - [cl]z + [ll]. \end{aligned}\right\} \tag{8}$$

Im Hinblick auf (7) folgt aus der ersten Gl. (8), daß $[vv] = -[lv]$ ist. Einsetzen in die zweite Gl. (8) ergibt die erste $[vv]$-Probe

$$-[al]x - [bl]y - [cl]z + [ll] = [vv]. \tag{9}$$

Um in der *zweiten $[vv]$-Probe*, wie in § 10 (9), $[vv]$ als Funktion der Absolutglieder darzustellen, hat man aus (9) die Unbekannten zu eliminieren. Dazu denke man sich (9) als eine zusätzliche Normalgleichung (L-Gleichung) unter die Normalgleichungen § 15 (4) gesetzt und mit ihnen gemeinsam reduziert. Das Ergebnis der ersten und zweiten Reduktion ist in Gaußscher Schreibweise

$$L \cdot 1: \qquad -[bl \cdot 1]y - [cl \cdot 1]z + [ll \cdot 1] = [vv] \tag{10}$$

$$L \cdot 2: \qquad\qquad -[cl \cdot 2]z + [ll \cdot 2] = [vv]. \tag{11}$$

Um auch z zu eliminieren, führe man das Reduktionsverfahren noch einen Schritt weiter und erhält, indem man zu (11) die mit $[cl \cdot 2]/[cc \cdot 2]$ multiplizierte $C \cdot 2$-Gleichung addiert, die dreimal reduzierte *L-Gleichung*

$$L \cdot 3: \qquad\qquad [ll \cdot 3] = [vv] \tag{12}$$

oder wenn man § 15 (10) beachtet,

$$[ll] - \frac{[al]^2}{[aa]} - \frac{[bl \cdot 1]^2}{[bb \cdot 1]} - \frac{[cl \cdot 2]^2}{[cc \cdot 2]} = [vv]. \tag{13}$$

Bei u Unbekannten würde eine entsprechende Entwicklung

$$[ll \cdot u] = [vv] \tag{14}$$

ergeben. Die Gln. (12) bis (14) erlauben es, $[vv]$ ohne Kenntnis der Unbekannten aus den Absolutgliedern zu berechnen. Sie sind verschiedene Formen der zweiten $[vv]$-Probe.

Die L-Gleichung wird zweckmäßig auch der Zeilensummenprobe unterworfen. Man berechnet dazu für das Ausgleichungssystem noch $-[ls]$, prüft, ob analog (4)

$$-[al] - [bl] - [cl] + [ll] + [ls] = 0 \qquad (15)$$

ist und reduziert $-[ls]$ in allen Reduktionsstufen durch. Dann muß sich schließlich

$$[ll \cdot 3] + [ls \cdot 3] = 0 \qquad (16)$$

ergeben, womit der ganze Reduktionsvorgang durchgeprüft ist. Siehe hierzu das Zahlenbeispiel auf S. 102 ff.

Nach dem Anfügen der L-Gleichung weist das Koeffizientensystem volle Symmetrie zur Diagonale auf. Man pflegt deshalb die Glieder links der Diagonale gar nicht hinzuschreiben und statt dessen die quadratischen Diagonalglieder zu unterstreichen. Dieses Verfahren wird als „abgekürzte Schreibweise" bezeichnet. Unter Berücksichtigung der Elemente der Zeilenprobe sieht dann das Koeffizientensystem der ursprünglichen und der reduzierten Normalgleichungen für drei Unbekannte folgendermaßen aus:

	x	y	z	$-l$	$-s$	
A:	$[aa]$	$[ab]$	$[ac]$	$-[al]$	$-[as]$	
B:		$[bb]$	$[bc]$	$-[bl]$	$-[bs]$	(17a)
C:			$[cc]$	$-[cl]$	$-[cs]$	
L:				$+[ll]$	$+[ls]$	
$B \cdot 1$:		$[bb \cdot 1]$	$[bc \cdot 1]$	$-[bl \cdot 1]$	$-[bs \cdot 1]$	
$C \cdot 1$:			$[cc \cdot 1]$	$-[cl \cdot 1]$	$-[cs \cdot 1]$	(17b)
$L \cdot 1$:				$+[ll \cdot 1]$	$+[ls \cdot 1]$	
$C \cdot 2$:			$[cc \cdot 2]$	$-[cl \cdot 2]$	$-[cs \cdot 2]$	(17c)
$L \cdot 2$:				$+[ll \cdot 2]$	$+[ls \cdot 2]$	
$L \cdot 3$:				$+[ll \cdot 3]$	$+[ls \cdot 3]$	(17d)
				$=[vv]$		

Vollständig sind in diesem Schema nur die Koeffizienten der Endgleichungen A, $B \cdot 1$, $C \cdot 2$ und $L \cdot 3$ (§ 15.4) niedergeschrieben. In den übrigen Zeilen hat man, wenn die vollständigen Gleichungen gebraucht werden, die links von den quadratischen Gliedern fehlenden Koeffizienten durch die über ihnen stehenden Koeffizienten zu ergänzen. Die für die Zeilenprobe erforderlichen Zeilensummen werden dabei auf den in Abb. 12 angedeuteten Wegen gebildet.

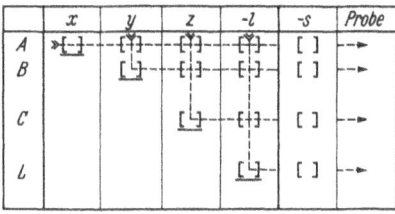

Abb. 12

Zusatz. Die ehemals preußische Katasteranweisung IX überführt die beiden $[vv]$-Proben durch Gleichsetzen ihrer linken Seiten in die erste und zweite Σ-Probe

$$\Sigma = -[al]x - [bl]y - [cl]z = -\frac{[al]^2}{[aa]} - \frac{[bl \cdot 1]^2}{[bb \cdot 1]} - \frac{[cl \cdot 2]^2}{[cc \cdot 2]}$$

$$[vv] = [ll] + \Sigma \,,$$

von denen die erste die Berechnung der Unbekannten prüft, während die zweite die Berechnung von $[vv]$ aus den noch zu berechnenden einzelnen v kontrolliert.

16.3 Die Schlußprobe

Ungeprüft ist jetzt nur noch die Herleitung der umgeformten aus den ursprünglichen Fehlergleichungen. Um auch diesen Schritt zu prüfen, werden die nach § 14 (5) aus den umgeformten Fehlergleichungen berechneten, durch Summenproben und $[vv]$-Probe geprüften Verbesserungen v in die ursprünglichen Fehlergleichungen § 14 (1) eingesetzt und den mit den ausgeglichenen Unbekannten berechneten Funktionen der Unbekannten gegenübergestellt. Sind die Gln. (1) befriedigt, so ist die Ausgleichung durchgreifend geprüft.

16.4 Anordnung der Zahlenrechnung

Da die Ausgleichungsarbeit größtenteils schematischer Art ist, läßt sich die Rechenarbeit vom Aufstellen der Fehlergleichungen bis zur Berechnung und Prüfung der Unbekannten und der Verbesserungen durch schematische Anordnung der Rechnungen vereinfachen und gleichzeitig sicherer gestalten. Das möge an dem bereits am Schluß des § 15 eingeführten Beispiel gezeigt werden.

Das Aufstellen der Fehlergleichungen wird ersetzt durch Eintragen der Fehlergleichungskoeffizienten in die untenstehende Tabelle, die gleichzeitig die Grundlage für die darunterstehende Berechnung der Normalgleichungskoeffizienten ist.

a	b	c	$-l$	$-s$
$+4$	$+3$	$+2$	-2	-7
-1	$+2$	$+3$	$+6$	-10
-2	-2	$+4$	$+1$	-1
$+2$	$+1$	-2	-3	$+2$
$+1$	$+2$	$+3$	$+2$	-8

aa	ab	ac	$-al$	$-as$	bb	bc	$-bl$	$-bs$	cc	$-cl$	$-cs$	ll	$+ls$
16	$+12$	$+8$	-8	-28	9	$+6$	-6	-21	4	-4	-14	4	$+14$
1	-2	-3	-6	$+10$	4	$+6$	$+12$	-20	9	$+18$	-30	36	-60
4	$+4$	-8	-2	$+2$	4	-8	-2	$+2$	16	$+4$	-4	1	-1
4	$+2$	-4	-6	$+4$	1	-2	-3	$+2$	4	$+6$	-4	9	-6
1	$+2$	$+3$	$+2$	-8	4	$+6$	$+4$	-16	9	$+6$	-24	4	-16
26	$+18$	-4	-20	-20	22	$+8$	$+5$	-53	42	$+30$	-76	54	-69

Steht eine Rechenmaschine zur Verfügung, so verzichtet man auf das Niederschreiben der Einzelprodukte und bildet in den einzelnen Spalten sofort die Produktsummen, die durch die Zeilenprobe geprüft werden.

Die Normalgleichungen werden nach einiger Übung sofort in der abgekürzten Schreibweise – jedoch „komplettiert" durch die Summenglieder und die L-Gleichungen – niedergeschrieben.

Das Reduzieren der Normalgleichungen kann gegenüber dem im § 15 dargestellten Verfahren noch beträchtlich vereinfacht werden. Da nämlich zur Berechnung der Unbekannten nach § 15 (7) nur die Endgleichungen gebraucht werden, kann man auf die Darstellung der übrigen reduzierten Gleichungen verzichten. Verbindet man das mit der in (17) angewandten abgekürzten Schreibweise, so läßt die Rechnung sich folgendermaßen anordnen: In die beiden ersten Zeilen des Reduktionsschemas auf S.104 übernimmt man aus der Tabelle der Normalgleichungen die Koeffizienten der A-Gleichung und der abgekürzten B-Gleichung. Darunter vermerkt man in der 3. Zeile die ersten Reduktionsbeträge (d. h. $-[ab]/[aa] \cdot A$), addiert sie zu den Koeffizienten der B-Gleichung und erhält damit in der 4. Zeile die $B \cdot 1$-Gleichung. In die darauffolgende Zeile wird nunmehr die abgekürzte C-Gleichung geschrieben, und darunter werden in den beiden nächsten Zeilen die Beträge für die 1. und 2. Reduktion der C-Gleichung (d. h. $-[ac]/[aa] \cdot A$ und $-[bc \cdot 1]/[bb \cdot 1] \cdot B \cdot 1$) eingetragen, die zur C-Gleichung addiert die $C \cdot 2$-Gleichung ergeben. Ganz ebenso wird in den nächsten fünf Zeilen von der abgekürzten L-Gleichung auf die $L \cdot 3$-Gleichung übergegangen. Der diesem Verfahren entsprechende Rechenweg ist unten am linken Rand vermerkt.

Die Unbekannten werden nach den Gln. § 15 (7) in der Reihenfolge z, y, x berechnet. Die dafür erforderlichen Faktoren sind identisch mit den im Reduktionsschema in der letzten Spalte vermerkten Reduktionskoeffizienten. Zur Probe werden die gefundenen Unbekannten in die L-Gleichung (= erste $[vv]$-Probe) eingesetzt, wobei bis auf Abrundungsfehler derselbe Betrag wie für $[ll \cdot 3]$ erhalten werden muß. Die dabei im Zahlenbeispiel auftretende Differenz von 0,004 ist unbedenklich.

	δx	δy	δz	$-l$	$-s$	(Probe) Red. Koeff.
A	$+26{,}0$	$+18{,}0$	$-4{,}0$	$-20{,}0$	$-20{,}0$	$(0{,}0)$
B		$+22{,}0$	$+8{,}0$	$+5{,}0$	$-53{,}0$	
$-\dfrac{[ab]}{[aa]} A$		$-12{,}461$	$+2{,}769$	$+13{,}846$	$+13{,}846$	$-0{,}6923$
$B \cdot 1$		$+9{,}539$	$+10{,}769$	$+18{,}846$	$-39{,}154$	$(0{,}0)$
C			$+42{,}0$	$+30{,}0$	$-76{,}0$	
$-\dfrac{[ac]}{[aa]} A$			$-0{,}615$	$-3{,}076$	$-3{,}076$	$+0{,}1538$
$-\dfrac{[bc \cdot 1]}{[bb \cdot 1]} B \cdot 1$			$-12{,}157$	$-21{,}275$	$+44{,}201$	$-1{,}1289$
$C \cdot 2$			$+29{,}228$	$+5{,}649$	$-34{,}875$	$(+0{,}002)$
L				$+54{,}0$	$-69{,}0$	
$+\dfrac{[al]}{[aa]} A$				$-15{,}384$	$-15{,}384$	$+0{,}7692$
$+\dfrac{[bl \cdot 1]}{[bb \cdot 1]} B \cdot 1$				$-37{,}234$	$+77{,}357$	$-1{,}9757$
$+\dfrac{[cl \cdot 2]}{[cc \cdot 2]} C \cdot 2$				$-1{,}092$	$+6{,}741$	$-0{,}1933$
$L \cdot 3$				$+0{,}290$ $=[ll \cdot 3]$	$-0{,}286$	$(+0{,}004)$

Unbekannte:

$$\delta z = -0{,}1933;$$
$$\delta y = -1{,}9757 - 1{,}1289\,\delta z = -1{,}7575;$$
$$\delta x = +0{,}7692 + 0{,}1538\,\delta z - 0{,}6923\,\delta y = +1{,}9562.$$

Erste $[vv]$-Probe:

$$-20\,\delta x + 5\,\delta y + 30\,\delta z + 54 = +0{,}2895.$$

Zur Berechnung der v und Bildung von $[vv]$ werden die Unbekannten in die Fehler-gleichungen eingesetzt, quadriert und aufsummiert. Das Resultat muß mit $[ll \cdot 3]$ und dem Ergebnis der ersten $[vv]$-Probe übereinstimmen. Die Proben $[av] = [bv] = [cv] = 0$ werden in der Regel nicht verwertet. Sie sind nachstehend lediglich der Vollständigkeit halber angegeben:

$v_i =$	$a_i\,\delta x$	$+b_i\,\delta y$	$+c_i\,\delta z$	$-l_i$		av	bv	cv	vv
$v_1 =$	$+7{,}82$	$-5{,}27$	$-0{,}39$	-2	$= +0{,}16$	$+0{,}64$	$+0{,}48$	$+0{,}32$	$0{,}026$
$v_2 =$	$-1{,}96$	$-3{,}51$	$-0{,}58$	$+6$	$= -0{,}05$	$+0{,}05$	$-0{,}10$	$-0{,}15$	$0{,}002$
$v_3 =$	$-3{,}91$	$+3{,}51$	$-0{,}77$	$+1$	$= -0{,}17$	$+0{,}34$	$+0{,}34$	$-0{,}68$	$0{,}029$
$v_4 =$	$+3{,}91$	$-1{,}76$	$+0{,}39$	-3	$= -0{,}46$	$-0{,}92$	$-0{,}46$	$+0{,}92$	$0{,}212$
$v_5 =$	$+1{,}96$	$-3{,}51$	$-0{,}58$	$+2$	$= -0{,}13$	$-0{,}13$	$-0{,}26$	$-0{,}39$	$0{,}017$
						$-0{,}02$	$0{,}00$	$+0{,}02$	$0{,}286$

Der mittlere Fehler einer beobachteten Größe wird, wenn u die Zahl der Unbekannten ist, nach der im § 18 abzuleitenden Formel

$$m = \pm \sqrt{\frac{[vv]}{n-u}} \quad \text{zu} \quad m = \pm \sqrt{\frac{0,29}{5-3}} = \pm 0,38$$

erhalten. Die mittleren Fehler der ausgeglichenen Unbekannten werden im § 17 abgeleitet werden.

Für die Zahlenrechnung genügt in vielen Fällen der gewöhnliche 25 cm-Rechenschieber oder eine Zahlentafel von der Ausdehnung der Crelleschen Tafeln. Am genauesten und bequemsten ist eine Rechenmaschine, weil man die Produkte der Fehlergleichungskoeffizienten, ohne sie hinzuschreiben, in der Maschine aufsummieren und wie im § 21 gezeigt wird, auch die Normalgleichungen ohne Zwischenaufschreibungen reduzieren kann. Inwieweit die Proben stimmen müssen, wird man erst nach einiger Erfahrung beurteilen können. Häufig treibt man die Zahlenrechnung im Hinblick auf die Proben weiter als im Hinblick auf die gesuchten Ausgleichungsergebnisse sachlich notwendig ist. Beim Vergleich von $[ll \cdot 3]$ mit dem auf Grund der v_i berechneten Wert $[vv]$ können Abweichungen von einigen Prozenten hingenommen werden.

Zur Einübung des Ausgleichungsschemas möge der Leser die Aufgaben 5 und 6 mit allen Proben wiederholen. Ferner kann mit dem bisher Erlernten bereits die Aufgabe 14 vorweggenommen werden.

§ 17. Gewichtskoeffizienten und mittlere Fehler der Unbekannten

17.1 Herleitung der Gewichtskoeffizienten

Neben dem mittleren Fehler einer Beobachtung werden zur Beurteilung der erreichten Genauigkeit die mittleren Fehler (der aus der Ausgleichung hervorgegangenen günstigsten Werte) der Unbekannten gefordert. Diese müssen aus den mittleren Fehlern der beobachteten Größen mit Hilfe des Fehlerfortpflanzungsgesetzes hergeleitet werden. Da das Fehlerfortpflanzungsgesetz § 2.3 nur auf ursprüngliche Beobachtungen angewandt werden darf, entsteht die Aufgabe, die Unbekannten als Funktionen der ursprünglichen Beobachtungen darzustellen.

Die Normalgleichungen, die in der Schreibweise

$$\left.\begin{aligned}
[aa]x + [ab]y + [ac]z &= [al], \\
[ab]x + [bb]y + [bc]z &= [bl], \\
[ac]x + [bc]y + [cc]z &= [cl]
\end{aligned}\right\} \tag{1}$$

die $[al]$, $[bl]$, $[cl]$ sozusagen als Funktionen der x, y, z darstellen, lassen sich mit Hilfe gewisser vorläufig noch unbekannter Koeffizienten q_{ik} so umstellen, daß x, y, z als Funktionen der $[al]$, $[bl]$, $[cl]$ erscheinen. Da lineare Beziehungen vorausgesetzt sind, muß das gesuchte Gleichungssystem, das dem System (1) gewissermaßen invers ist, bei Verwendung vorläufig noch unbekannter Koeffizienten q_{ik} folgenden Aufbau haben:

$$\left.\begin{aligned}
q_{xx}[al] + q_{xy}[bl] + q_{xz}[cl] &= x \\
q_{yx}[al] + q_{yy}[bl] + q_{yz}[cl] &= y \\
q_{zx}[al] + q_{zy}[bl] + q_{zz}[cl] &= z
\end{aligned}\right\} \qquad (2)$$

Um die unbestimmten Koeffizienten der ersten Zeile von (2) kennen zu lernen, multipliziert man die Gln. (1) der Reihe nach mit q_{xx}, q_{xy} und q_{xz}, erhält

$$\begin{aligned}
[aa]\, q_{xx}x + [ab]\, q_{xx}y + [ac]\, q_{xx}z &= q_{xx}[al]\,, \\
[ab]\, q_{xy}x + [bb]\, q_{xy}y + [bc]\, q_{xy}z &= q_{xy}[bl]\,, \\
[ac]\, q_{xz}x + [bc]\, q_{xz}y + [cc]\, q_{xz}z &= q_{xz}[cl]\,,
\end{aligned}$$

und bildet daraus durch spaltenweises Aufaddieren die Summengleichung. Da die rechte Seite der Summengleichung identisch ist mit der linken Seite der ersten Gl. (2), muß ihre linke Seite gleich x sein. Also muß in ihr der Koeffizient von x gleich 1 und der von y und z gleich Null sein, so daß die q_{xi} erhalten werden aus

$$\left.\begin{aligned}
[aa]\, q_{xx} + [ab]\, q_{xy} + [ac]\, q_{xz} &= 1\,, \\
[ab]\, q_{xx} + [bb]\, q_{xy} + [bc]\, q_{xz} &= 0\,, \\
[ac]\, q_{xx} + [bc]\, q_{xy} + [cc]\, q_{xz} &= 0\,.
\end{aligned}\right\} \qquad (3)$$

Um auf die zweite Gl. (2) zu kommen, multipliziert man die Gln. (1) der Reihe nach mit q_{yx}, q_{yy} und q_{yz}, bildet die Summengleichung, vergleicht sie mit der zweiten Gl. (2) und findet für die q_{yi} die Bestimmungsgleichungen

$$\left.\begin{aligned}
[aa]\, q_{yx} + [ab]\, q_{yy} + [ac]\, q_{yz} &= 0\,, \\
[ab]\, q_{yx} + [bb]\, q_{yy} + [bc]\, q_{yz} &= 1\,, \\
[ac]\, q_{yx} + [bc]\, q_{yy} + [cc]\, q_{yz} &= 0\,.
\end{aligned}\right\} \qquad (4)$$

Ganz entsprechend ergibt sich, wenn man die Gln. (1) der Reihe nach mit q_{zx}, q_{zy} und q_{zz} multipliziert, zur Summe geht und diese mit der dritten Gl. (2) vergleicht,

$$\left.\begin{aligned}
[aa]\, q_{zx} + [ab]\, q_{zy} + [ac]\, q_{zz} &= 0\,, \\
[ab]\, q_{zx} + [bb]\, q_{zy} + [bc]\, q_{zz} &= 0\,, \\
[ac]\, q_{zx} + [bc]\, q_{zy} + [cc]\, q_{zz} &= 1\,.
\end{aligned}\right\} \qquad (5)$$

Die Gln. (2) liefern die Unbekannten als Funktionen der Absolutglieder der Normalgleichungen. Um die Unbekannten, wie eingangs verlangt, als Funktionen der ursprünglichen Beobachtungen darzustellen, muß man die $[al]$, $[bl]$, $[cl]$, ... auseinanderziehen und dann die auf jedes einzelne l_i entfallenden Anteile zusammenfassen. Dadurch wird aus (2)

$$\left.\begin{aligned}
x &= (a_1 q_{xx} + b_1 q_{xy} + c_1 q_{xz})l_1 + (a_2 q_{xx} + b_2 q_{xy} + c_2 q_{xz})l_2 + \cdots \\
y &= (a_1 q_{yx} + b_1 q_{yy} + c_1 q_{yz})l_1 + (a_2 q_{yx} + b_2 q_{yy} + c_2 q_{yz})l_2 + \cdots \\
z &= (a_1 q_{zx} + b_1 q_{zy} + c_1 q_{zz})l_1 + (a_2 q_{zx} + b_2 q_{zy} + c_2 q_{zz})l_2 + \cdots .
\end{aligned}\right\} \quad (6)$$

Hieraus folgt, indem man die Koeffizienten der l_i in der ersten Gleichung mit α_i, in der zweiten mit β_i und in der dritten mit γ_i bezeichnet,

$$\left.\begin{aligned}
x &= \alpha_1 l_1 + \alpha_2 l_2 + \cdots + \alpha_n l_n = [\alpha l] \\
y &= \beta_1 l_1 + \beta_2 l_2 + \cdots + \beta_n l_n = [\beta l] \\
z &= \gamma_1 l_1 + \gamma_2 l_2 + \cdots + \gamma_n l_n = [\gamma l] .
\end{aligned}\right\} \quad (7)$$

Auf diese Gleichungen, in denen die α_i, β_i, γ_i die *Einflußzahlen* heißen, weil sie den Einfluß der einzelnen Beobachtungen auf die Unbekannten erkennen lassen, darf das Fehlerfortpflanzungsgesetz § 2 (15) angewendet werden. Wird zunächst angenommen, daß lauter gleichgewichtige Beobachtungen mit den mittleren Fehlern $\pm m$ vorliegen, so gibt das als mittlere Fehler der aus der Ausgleichung erhaltenen Unbekannten

$$\left.\begin{aligned}
m_x^2 &= \alpha_1^2 m^2 + \alpha_2^2 m^2 + \cdots + \alpha_n^2 m^2 = [\alpha\alpha] m^2 , \\
m_y^2 &= \beta_1^2 m^2 + \beta_2^2 m^2 + \cdots + \beta_n^2 m^2 = [\beta\beta] m^2 , \\
m_z^2 &= \gamma_1^2 m^2 + \gamma_2^2 m^2 + \cdots + \gamma_n^2 m^2 = [\gamma\gamma] m^2 .
\end{aligned}\right\} \quad (8)$$

Zur Ermittlung von $[\alpha\alpha]$ ergibt der Vergleich von (6) und (7)

$$\left.\begin{array}{l|c|c|c|c}
\alpha_1 = a_1 q_{xx} + b_1 q_{xy} + c_1 q_{xz} & \alpha_1 & a_1 & b_1 & c_1 \\
\alpha_2 = a_2 q_{xx} + b_2 q_{xy} + c_2 q_{xz} & \alpha_2 & a_2 & b_2 & c_2 \\
\dots\dots\dots\dots\dots\dots\dots\dots & \cdot\cdot & \cdot\cdot & \cdot\cdot & \cdot\cdot \\
\alpha_n = a_n q_{xx} + b_n q_{xy} + c_n q_{xz} & \alpha_n & a_n & b_n & c_n
\end{array}\right\} \quad (9)$$

Diese Gleichungen werden der Reihe nach mit den dahinter vermerkten Faktoren multipliziert und aufsummiert. Dann entstehen die Summengleichungen

$$\begin{aligned}
[\alpha\alpha] &= [a\alpha] q_{xx} + [b\alpha] q_{xy} + [c\alpha] q_{xz} , \\
[a\alpha] &= [aa] q_{xx} + [ab] q_{xy} + [ac] q_{xz} , \\
[b\alpha] &= [ab] q_{xx} + [bb] q_{xy} + [bc] q_{xz} , \\
[c\alpha] &= [ac] q_{xx} + [bc] q_{xy} + [cc] q_{xz} .
\end{aligned}$$

Die drei letzten Gleichungen liefern in Verbindung mit (3)

$$[a\alpha] = 1, \quad [b\alpha] = 0, \quad [c\alpha] = 0. \tag{10}$$

Also gibt die erste der obigen Gleichungen

$$[\alpha\alpha] = q_{xx}. \tag{11a}$$

Auf entsprechenden Wegen gelingt der Nachweis, daß auch

$$[\beta\beta] = q_{yy} \quad \text{und} \quad [\gamma\gamma] = q_{zz} \tag{11b, c}$$

ist. Damit vereinfachen die Gln. (8) sich zu

$$m_x = m\sqrt{q_{xx}}; \quad m_y = m\sqrt{q_{yy}}; \quad m_z = m\sqrt{q_{zz}}. \tag{12}$$

Die Gewichte von x, y und z errechnen sich, wenn einer Beobachtung mit dem mittleren Fehler $\pm m$ das Gewicht 1 zukommt, aus

$$\frac{m_x^2}{m^2} = \frac{1}{p_x}; \quad \frac{m_y^2}{m^2} = \frac{1}{p_y}; \quad \frac{m_z^2}{m^2} = \frac{1}{p_z}.$$

Vergleicht man das mit (12), so folgt daraus

$$q_{xx} = \frac{1}{p_x}; \quad q_{yy} = \frac{1}{p_y}; \quad q_{zz} = \frac{1}{p_z}. \tag{13}$$

Auf Grund dieser Beziehung heißen q_{xx}, q_{yy}, q_{zz} die *Gewichtsreziproken* der Unbekannten x, y, z.

Neben den Gln. (13) bestehen die Beziehungen

$$[\alpha\beta] = q_{xy}; \quad [\alpha\gamma] = q_{xz}; \quad [\beta\gamma] = q_{yz}. \tag{14}$$

$$q_{ik} = q_{ki}. \tag{15}$$

Zum Beweise von (14) bilde man aus den Bestimmungsgleichungen der α und β die Produktsumme $[\alpha\beta]$ und ordne neu, indem man im Ergebnis q_{xx}, q_{xy} und q_{xz} ausklammert. Dann folgt im Hinblick auf (4) die erste der Behauptungen (14). Ebenso lassen sich mit (3) und (5) die übrigen Behauptungen bestätigen. Um (15) für den Fall $q_{xz} = q_{zx}$ zu beweisen, multipliziere man die erste Gl. (5) mit q_{xx}, die zweite mit q_{xy} und die dritte mit q_{xz}, ordne neu, so daß man q_{zx}, q_{zy} und q_{zz} ausklammern kann, beachte (3) und findet die Behauptung bestätigt. Ähnlich gelingen die Beweise für die übrigen Kombinationen.

Die quadratischen q_{ii}, q_{kk} und die gemischten q_{ik} faßt man zusammen unter der Bezeichnung *Gewichtskoeffizienten* oder *Kofaktoren;* vgl. § 4.5 und § 6.2.

Die Berechnung der q_{ik} aus den Systemen (3), (4) und (5) ist ziemlich umständlich. Da diese Systeme sich vom Normalgleichungssystem nur in den Absolutgliedern unterscheiden, pflegt man die Berechnung der Gewichtskoeffizienten mit der der Unbekannten zu verbinden. Dazu werden nachstehend drei Wege gezeigt, und zwar im Abschnitt 2 die Bestimmung der Gewichtskoeffizienten nach der Berechnung der Unbekannten, im Abschnitt 3 die gleichzeitige Berechnung beider Gruppen und im Abschnitt 4 die Ermittlung der Gewichtskoeffizienten vor der der Unbekannten. Abschnitt 5 gibt Sonderformeln für den Fall, daß nur zwei Unbekannte vorhanden sind.

17.2 Berechnung der Gewichtskoeffizienten aus ihren Endgleichungen

Die Gewichtskoeffizienten lassen sich aus den Endgleichungen, die zu den Gewichtsgleichungssystemen (3), (4) und (5) gehören, auf demselben Wege errechnen wie die Unbekannten nach § 15 (7) aus den Endgleichungen des Normalgleichungssystems. Wegen $q_{ik} = q_{ki}$ werden jedoch neben den drei Endgleichungen zu (5) nur die beiden ersten Endgleichungen zu (4) und die erste zu (3) benötigt. Schreibt man die Gleichungen in der Reihenfolge, in der man sie gebraucht, so hat man

$$
\left.
\begin{aligned}
&\text{aus (5):} && [cc \cdot 2]\, q_{zz} - 1 = 0, \\
&\text{aus (5):} && [bb \cdot 1]\, q_{zy} + [bc \cdot 1]\, q_{zz} + 0 = 0, \\
&\text{aus (4):} && [bb \cdot 1]\, q_{yy} + [bc \cdot 1]\, q_{yz} - 1 = 0, \\
&\text{aus (5):} && [aa]\quad q_{zx} + [ab]\quad q_{zy} + [ac]\, q_{zz} + 0 = 0, \\
&\text{aus (4):} && [aa]\quad q_{yx} + [ab]\quad q_{yy} + [ac]\, q_{yz} + 0 = 0, \\
&\text{aus (3):} && [aa]\quad q_{xx} + [ab]\quad q_{xy} + [ac]\, q_{xz} - 1 = 0.
\end{aligned}
\right\}
\tag{16}
$$

Daraus erhält man bei leicht zu erkennendem Bildungsgesetz

$$
\left.
\begin{aligned}
q_{zz} &= + \frac{1}{[cc \cdot 2]}, \\
q_{zy} &= \quad 0 \quad - \frac{[bc \cdot 1]}{[bb \cdot 1]}\, q_{zz}, \\
q_{yy} &= + \frac{1}{[bb \cdot 1]} - \frac{[bc \cdot 1]}{[bb \cdot 1]}\, q_{zy}, \\
q_{zx} &= \quad 0 \quad - \frac{[ac]}{[aa]}\, q_{zz} - \frac{[ab]}{[aa]}\, q_{zy}, \\
q_{yx} &= \quad 0 \quad - \frac{[ac]}{[aa]}\, q_{zy} - \frac{[ab]}{[aa]}\, q_{yy}, \\
q_{xx} &= + \frac{1}{[aa]} - \frac{[ac]}{[aa]}\, q_{zx} - \frac{[ab]}{[aa]}\, q_{xy}.
\end{aligned}
\right\}
\tag{17}
$$

Da die Unbekannten bereits geprüft sind durch die $[vv]$-Probe

$$-[al]\,x - [bl]\,y - [cl]\,z + [ll] = [vv]\,, \qquad (18)$$

lassen die q_{ik} sich verproben durch die Gln. (2), die man umschreibt in

$$-[al]\,q_{xx} - [bl]\,q_{xy} - [cl]\,q_{xz} = -x\,,$$
$$-[al]\,q_{yx} - [bl]\,q_{yy} - [cl]\,q_{yz} = -y\,, \qquad (19)$$
$$-[al]\,q_{zx} - [bl]\,q_{zy} - [cl]\,q_{zz} = -z\,,$$

oder durch deren mit -1 multiplizierten Summengleichung, die unter der Bezeichnung q-Probe lautet

$$-[al]\,[-q_{ix}] - [bl]\,[-q_{iy}] - [cl]\,[-q_{iz}] = x + y + z\,. \qquad (20)$$

Eine Probe allein für die q_{ik} liefern die durch Aufsummieren der Systeme (3), (4) und (5) entstehenden Gleichungen

$$\left.\begin{array}{l}
([aa]+[ab]+[ac])\,q_{xx} + ([ab]+[bb]+[bc])\,q_{xy} \\
\qquad\qquad + ([ac]+[bc]+[cc])\,q_{xz} = 1\,, \\
([aa]+[ab]+[ac])\,q_{yx} + ([ab]+[bb]+[bc])\,q_{yy} \\
\qquad\qquad + ([ac]+[bc]+[cc])\,q_{yz} = 1\,, \\
([aa]+[ab]+[ac])\,q_{zx} + ([ab]+[bb]+[bc])\,q_{zy} \\
\qquad\qquad + ([ac]+[bc]+[cc])\,q_{zz} = 1\,,
\end{array}\right\} \qquad (21)$$

oder deren mit § 16 (1) gebildete Summengleichung

$$[a\sigma]\,[q_{ix}] + [b\sigma]\,[q_{iy}] + [c\sigma]\,[q_{iz}] = u\,, \qquad (21a)$$

in der u die Anzahl der Unbekannten ist.

Zur Berechnung und Verprobung der Gewichtsreziproken nach (17) und (20) wird das Rechenschema auf S.104 folgendermaßen ergänzt:

Berechnung der Gewichtsreziproken nach (7)

$$q_{zz} = +\frac{1}{29{,}228} = +0{,}0342$$

$$q_{yz} = \qquad 0 \qquad -1{,}1289\,q_{zz} = -0{,}0380 = q_{zy}$$

$$q_{yy} = \frac{1}{9{,}539} \qquad -1{,}1289\,q_{yz} = +0{,}1484$$

$$q_{xz} = \qquad 0 \qquad +0{,}1538\,q_{zz} \quad -0{,}6923\,q_{yz} = +0{,}0320$$

$$q_{xy} = \qquad 0 \qquad +0{,}1538\,q_{yz} \quad -0{,}6923\,q_{yy} = -0{,}1086$$

$$q_{xx} = \frac{1}{26} \qquad +0{,}1538\,q_{xz} \quad -0{,}6923\,q_{xy} = +0{,}1186\,.$$

q-Probe nach (19).

Soll nach § 16.4

$$+20\,q_{xx} - 5\,q_{yx} - 30\,q_{zx} = +1{,}9550 \qquad +1{,}9562$$
$$+20\,q_{xy} - 5\,q_{yy} - 30\,q_{zy} = -1{,}7560 \qquad -1{,}7575$$
$$+20\,q_{xz} - 5\,q_{yz} - 30\,q_{zz} = -0{,}1930 \qquad -0{,}1933.$$

17.3 Gleichzeitige Auflösung von Normal- und Gewichtsgleichungen

Ein zweiter Weg zur Berechnung der Gewichtskoeffizienten besteht darin, daß man das Normalgleichungssystem und die Gewichtsgleichungssysteme (3), (4) und (5) gleichzeitig reduziert. Dazu wird das bereits durch [vv]-Probe und Summenglieder komplettierte Koeffizientenschema § 16, Gln. (17a) noch durch die Absolutglieder der Gewichtsgleichungen vervollständigt. Diese kann man, wenn sie sich größenordnungsmäßig nicht allzu sehr von den Normalgleichungskoeffizienten unterscheiden, auch in die Summenglieder einbeziehen und erhält die nachstehende Tabelle:

x	y	z	$-l$	q_x	q_y	q_z	$-\Sigma$	
$[aa]$	$[ab]$	$[ac]$	$-[al]$	-1	0	0	$-[as]+1$	
	$[bb]$	$[bc]$	$-[bl]$	0	-1	0	$-[bs]+1$	(22)
		$[cc]$	$-[cl]$	0	0	-1	$-[cs]+1$	
			$[ll]$	$*$	$*$	$*$	$[ls]$	

Man erweitere nun dieses bereits dreimal komplettierte System noch ein viertes Mal, indem man in der [ll]-Zeile die Sterne durch Nullen ersetzt. Bezieht man diese Nullen in den Reduktionsmechanismus ein, so erhält man nach der dritten Reduktion die Größen $-x$, $-y$ und $-z$.

Zum Beweise vergleiche man die linke Seite der Gl. (18) mit denen der Gln. (19). Es stimmen, wie man leicht sieht, die Koeffizienten völlig überein; nur fehlen in (19) die Absolutglieder. Man denke sich an deren Stelle Nullen. Dann müssen, weil nach § 16 (12) nach dreimaliger Reduktion in der [ll]-Spalte die rechte Seite von (18) gleich [vv] ist, nach dreimaliger Reduktion der Nullen in der q_x-, q_y- bzw. q_z-Spalte die rechten Seiten der Gln. (19), also $-x$, $-y$, $-z$ erscheinen.

Führt man das Reduktionsverfahren schematisch noch weiter fort, so erhält man die Gewichtskoeffizienten. Der gesamte Rechenablauf ist auf S. 112 formelmäßig dargestellt. Die daraus abzulesenden Gleichungen zur Berechnung der Unbekannten und der Gewichtskoeffizienten lassen sich durch einige Umformungen unschwer in die Gl. § 15 (7) bzw. Gl. § 17

δx	δy	δz	$-l$	q_x	q_y	q_z	$-\Sigma$
$[aa]$	$[ab]$	$[ac]$	$-[al]$	-1	0	0	$-[as]+1 = -\Sigma_a$
$B =$	$[bb]$	$[bc]$	$-[bl]$	0	-1	0	$-[bs]+1 = -\Sigma_b$
$-\dfrac{[ab]}{[aa]} A =$	$-\dfrac{[ab]}{[aa]}[ab]$	$-\dfrac{[ab]}{[aa]}[ac]$	$+\dfrac{[ab]}{[aa]}[a\cdot l]$	$+\dfrac{[ab]}{[aa]}$			$+\dfrac{[ab]}{[aa]}\Sigma_a$
$B\cdot 1 =$	$[bb\cdot 1]$	$[bc\cdot 1]$	$-[bl\cdot 1]$	$[0\cdot 1]_x$	-1	0	$-[\Sigma_b\cdot 1]$
	C	$[cc]$	$-[cl]$	0	0	-1	$-[cs]+1=-\Sigma_c$
	$-\dfrac{[ac]}{[aa]} A =$	$-\dfrac{[ac]}{[aa]}[ac]$	$+\dfrac{[ac]}{[aa]}[al]$	$+\dfrac{[ac]}{[aa]}$	$\cdot$	$\cdot$	$+\dfrac{[ac]}{[aa]}\Sigma_a$
	$-\dfrac{[bc\cdot 1]}{[bb\cdot 1]} B\cdot 1 =$	$-\dfrac{[bc\cdot 1]}{[bb\cdot 1]}[bc\cdot 1]$	$+\dfrac{[bc\cdot 1]}{[bb\cdot 1]}[bl\cdot 1]$	$-\dfrac{[bc\cdot 1]}{[bb\cdot 1]}[0\cdot 1]_x$	$+\dfrac{[bc\cdot 1]}{[bb\cdot 1]}$	$\cdot$	$+\dfrac{[bc\cdot 1]}{[bb\cdot 1]}[\Sigma_b\cdot 1]$
	$C\cdot 2 =$	$[cc\cdot 2]$	$-[cl\cdot 2]$	$[0\cdot 2]_x$	$[0\cdot 2]_y$	-1	$-[\Sigma_c\cdot 2]$
		$L =$	$+[ll]$	0	0	0	$+[ls]=+\Sigma_l$
	$+\dfrac{[al]}{[aa]} A =$	$-\dfrac{[al]}{[aa]}[al]$	$-\dfrac{[al]}{[aa]}$		$\cdot$		$-\dfrac{[al]}{[aa]}\cdot\Sigma_a$
	$+\dfrac{[bl\cdot 1]}{[bb\cdot 1]} B\cdot 1 =$	$-\dfrac{[bl\cdot 1]}{[bb\cdot 1]}[bl\cdot 1]$	$+\dfrac{[bl\cdot 1]}{[bb\cdot 1]}[0\cdot 1]_x$	$-\dfrac{[bl\cdot 1]}{[bb\cdot 1]}$	$\cdot$		$-\dfrac{[bl\cdot 1]}{[bb\cdot 1]}[\Sigma_b\cdot 1]$
	$+\dfrac{[cl\cdot 2]}{[cc\cdot 2]} C\cdot 2 =$	$-\dfrac{[cl\cdot 2]}{[cc\cdot 2]}[cl\cdot 2]$	$+\dfrac{[cl\cdot 2]}{[cc\cdot 2]}[0\cdot 2]_x$	$+\dfrac{[cl\cdot 2]}{[cc\cdot 2]}[0\cdot 2]_y$	$-\dfrac{[cl\cdot 2]}{[cc\cdot 2]}$		$-\dfrac{[cl\cdot 2]}{[cc\cdot 2]}[\Sigma_c\cdot 2]$
		$L\cdot 3 =$	$[ll\cdot 3]$	$[0\cdot 3]_x = -\delta x$	$[0\cdot 3]_y = -\delta y$	$= -\delta z$	$+[\Sigma_l\cdot 3]$

Auflösung nach von Gruber

$+\dfrac{1}{[aa]} A =$	$\dfrac{1}{[aa]}$	$\cdot$	$\cdot$
$-\dfrac{[0\cdot 1]_x}{[bb\cdot 1]} B\cdot 1 =$	$-\dfrac{[0\cdot 1]_x}{[bb\cdot 1]}[0\cdot 1]_x$	$+\dfrac{[0\cdot 1]_x}{[bb\cdot 1]}$	$\cdot$
$-\dfrac{[0\cdot 2]_x}{[cc\cdot 2]} C\cdot 2 =$	$-\dfrac{[0\cdot 2]_x}{[cc\cdot 2]}[0\cdot 2]_x$	$-\dfrac{[0\cdot 2]_x}{[cc\cdot 2]}[0\cdot 2]_y$	$+\dfrac{[0\cdot 2]_x}{[cc\cdot 2]}$
$-q_{xx}$	$-q_{xy}$	$-q_{xz}$	$[-q_{xl}]$
$+\dfrac{1}{[bb\cdot 1]} B\cdot 1 =$	$\dfrac{1}{[bb\cdot 1]}[0\cdot 1]_x$	$-\dfrac{1}{[bb\cdot 1]}$	$\cdot$
$-\dfrac{[0\cdot 2]_y}{[cc\cdot 2]} C\cdot 2 =$	$-\dfrac{[0\cdot 2]_y}{[cc\cdot 2]}[0\cdot 2]_x$	$-\dfrac{[0\cdot 2]_y}{[cc\cdot 2]}[0\cdot 2]_y$	$+\dfrac{[0\cdot 2]_y}{[cc\cdot 2]}$
$-q_{yx}$	$-q_{yy}$	$-q_{yz}$	$[-q_{yl}]$
$+\dfrac{1}{[cc\cdot 2]} C\cdot 2 =$	$+\dfrac{1}{[cc\cdot 2]}[0\cdot 2]_x$	$+\dfrac{1}{[cc\cdot 2]}[0\cdot 2]_y$	$-\dfrac{1}{[cc\cdot 2]}$
$-q_{zx}$	$-q_{zy}$	$-q_{zz}$	$[-q_{zl}]$

$[vv]$-*Probe:* $[vv] = [ll\cdot 3] =$
$-[al]\,\delta x - [bl]\,\delta y -$
$-[cl]\,\delta z + [ll].$

q-*Probe:* $\delta x + \delta y + \delta z =$
$-[al][-q_{xl}] - [bl][-q_{yl}] -$
$-[cl][-q_{zl}].$

(17) überführen, womit die Richtigkeit unseres Gedankenganges bestätigt ist. S. 113 bringt die Anwendung auf das Beispiel von S.102ff. Das Verfahren ist im Anschluß an Entwicklungen von *W. Jordan* von *O. von Gruber* in der Z. Vermessungsw. **1925**, 133 veröffentlicht[5]. Eine Fortentwicklung ist der moderne Gaußsche Algorithmus (§ 21).

[5] Siehe auch: *Kasper, H.*: Berechnung von Gewichtskoeffizienten durch Reduktion. Allg. Verm. Nachr. **1942**, 76. — *Arnold, K.*: Die Bestimmung der Gewichtsreziproken durch das Minimisieren einer gegebenen Funktion. Z. Vermessungsw. **1959**, 62.

	δx	δy	δz	$-l$	q_x	q_y	q_z	$-\Sigma$	(Probe) / Red.-Fakt.
A	+26,0	+18,0	−4,0	−20,0	−1,0	—	—	−19,0	(0,0000)
B		+22,0	+8,0	+5,0	0,0	−1,0	—	−52,0	
$-\dfrac{[ab]}{[aa]}$ A		−12,4614	+2,7692	+13,8460	+0,6923	—	—	+13,1537	−0,6923
B·1		+9,5386	+10,7692	+18,8460	+0,6923	−1,0	—	−38,8463	(−0,0002)
C			+42,0	+30,0	0,0	0,0	−1,0	−75,0	
$-\dfrac{[ac]}{[aa]}$ A			−0,6152	−3,0760	−0,1538	—	—	−2,9222	+0,1538
$-\dfrac{[bc\cdot1]}{[bb\cdot1]}$ B·1			−12,1584	−21,2771	−0,7816	+1,1290	—	+43,8575	−1,1290
C·2			+29,2264	+5,6469	−0,9354	+1,1290	−1,0	−34,0647	(+0,0022)
L				+54,0	0,0	0,0	0,0	−69,0	
$+\dfrac{[al]}{[aa]}$ A				−15,3840	−0,7692	—	—	−14,6148	+0,7692
$+\dfrac{[bl\cdot1]}{[bb\cdot1]}$ B·1				−37,2359	−1,3678	+1,9758	—	+76,7525	−1,9758
$+\dfrac{[cl\cdot2]}{[cc\cdot2]}$ C·2				−1,0910	+0,1807	−0,2181	+0,1932	+6,5813	−0,1932
L·3				+0,2891 = $[ll\cdot3]$	−1,9563 = $-\delta x$	+1,7577 = $-\delta y$	+0,1932 = $-\delta z$	−0,2810	(+0,0027)
$+\dfrac{1}{[aa]}$ A					−0,0385	—	—		+0,0385
$-\dfrac{[0\cdot1]_x}{[bb\cdot1]}$ B·1					−0,0503	+0,0726	—		−0,0726
$-\dfrac{[0\cdot2]_x}{[cc\cdot2]}$ C·2					−0,0299	+0,0361	−0,0320		+0,0320
					−0,1187 = $-q_{xx}$	+0,1087 = $-q_{xy}$	−0,0320 = $-q_{xz}$	−0,0420 = $[-q_{xl}]$	
$+\dfrac{1}{[bb\cdot1]}$ B·1					+0,0726	−0,1048	—		+0,1048
$-\dfrac{[0\cdot2]_y}{[cc\cdot2]}$ C·2					+0,0361	−0,0436	+0,0386		−0,0386
					+0,1087 = $-q_{xy}$	−0,1484 = $-q_{yy}$	+0,0386 = $-q_{yz}$	−0,0011 = $[-q_{yl}]$	
$+\dfrac{1}{[cc\cdot2]}$ C·2					−0,0320	+0,0386	−0,0342	−0,0276	+0.0342
					= $-q_{xz}$	= $-q_{yz}$	= $-q_{zz}$	= $[-q_{zl}]$	

q-Probe nach § 17 (20)

$-[al]\,[-q_{xl}] = +0,8400$	$+\delta x = +1,9563$	
$-[bl]\,[-q_{yl}] = −0,0055$	$+\delta y = −1,7577$	
$-[cl]\,[-q_{zl}] = −0,8280$	$+\delta z = −0,1932$	
Summe = +0,0065	Summe = +0,0054	Differenz = +0,0011

Variante. Man spart einige Rechenoperationen und etwas Platz, wenn man die Rechnung im Reduktionsschema nur bis zur $C \cdot 2$-Zeile führt und dann folgendermaßen fortfährt:

$$q_{zz} = \frac{+1}{[cc \cdot 2]}; \quad [0 \cdot 2]_y = \frac{[bc \cdot 1]}{[bb \cdot 1]}; \quad [0 \cdot 2]_x = \frac{[ac]}{[ab]} - \frac{[bc \cdot 1]}{[bb \cdot 1]} \frac{[ab]}{[aa]}$$

$$q_{zy} = \frac{-[0 \cdot 2]_y}{[cc \cdot 2]}; \quad q_{yy} = \frac{1}{[bb \cdot 1]} - \frac{[bc \cdot 1]}{[bb \cdot 1]} q_{zy}; \tag{23}$$

$$q_{zx} = \frac{-[0 \cdot 2]_x}{[cc \cdot 2]}; \quad q_{yx} = \frac{-[0 \cdot 1]_x}{[bb \cdot 1]} - \frac{[bc \cdot 1]}{[bb \cdot 1]} q_{zx}; \quad q_{xx} = \frac{1}{[aa]} - \frac{[ac]}{[aa]} q_{zx} - \frac{[ab]}{[aa]} q_{yx};$$

$$z = \frac{+[cl \cdot 2]}{[cc \cdot 2]}; \quad y = \frac{+[bl \cdot 1]}{[bb \cdot 1]} - \frac{[bc \cdot 1]}{[bb \cdot 1]} z; \quad x = \frac{+[al]}{[aa]} - \frac{[ac]}{[aa]} z - \frac{[ab]}{[aa]} y;$$

$$[ll \cdot 3] = - \frac{[cl \cdot 2]}{[cc \cdot 2]} [cl \cdot 2] - \frac{[bl \cdot 1]}{[bb \cdot 1]} [bl \cdot 1] - \frac{[al]}{[aa]} [al] + [ll] = [vv].$$

17.4 Die unbestimmte Auflösung

Die gegenseitigen Beziehungen zwischen den Normalgleichungskoeffizienten und den Gewichtskoeffizienten werden besonders deutlich in der Matrizenschreibweise, deren einfachste Regeln in § 50.1 zusammengestellt sind. Die Normalgleichungskoeffizienten und die Gewichtskoeffizienten lassen sich darstellen durch die symmetrischen Matrizen

$$\begin{Vmatrix} [aa] & [ab] & [ac] \\ [ab] & [bb] & [bc] \\ [ac] & [bc] & [cc] \end{Vmatrix} = N; \quad \begin{Vmatrix} q_{xx} & q_{xy} & q_{xz} \\ q_{xy} & q_{yy} & q_{yz} \\ q_{xz} & q_{yz} & q_{zz} \end{Vmatrix} = Q. \tag{24}$$

Die Matrix Q ist, was auf Grund der Erläuterungen zu (1) und (2) sofort einleuchtet, die Inverse oder die Kehrmatrix zur Matrix N; man schreibt geradezu $Q = N^{-1}$.

Dieser Zusammenhang legt den Gedanken nahe, den Auflösungsvorgang umzukehren, indem man zuerst durch Inversion von N die Kehrmatrix Q bestimmt und damit nach (2) die Unbekannten berechnet. Dieses Verfahren wird als unbestimmte Auflösung der Normalgleichungen – d. h. Auflösung mit unbestimmt gelassenen Absolutgliedern – bezeichnet. Leider ist es abgesehen von einigen Sonderfällen nicht möglich, die Elemente der Kehrmatrix direkt aus der Matrix der Normalgleichungen abzuleiten. Man gewinnt sie vielmehr im Regelfall über die Gln. (3), (4) und (5) mittels des Gaußschen Algorithmus. Arbeit wird also bei der unbestimmten Auflösung im allgemeinen nicht gespart. Man kann die q_{ik} jedoch bereits vor Abschluß der Beobachtungen bestimmen, wenn nur das Beobachtungsprogramm genau bekannt ist. Nach Abschluß der Messungen hat man dann lediglich die $-[al]$, $-[bl]$ usw. zu berechnen und erhält daraus mit Hilfe der Gln. (2) in kürzester Zeit die Unbekannten.

Ein Rechenschema für die unbestimmte Auflösung ist leicht gefunden. Man hat im System (22) nur die $-l$-Spalte und die $[ll]$-Zeile zu streichen und dementsprechend im Schema der S. 112 die $-l$-Spalte und das Ableiten der Unbekannten aus den „Nullen" fortzulassen. Zur Verprobung werden zweckmäßig die Gln. (21) oder (21a) benutzt.

17.5 Gewichtskoeffizienten bei nur zwei Unbekannten

Bei nur zwei Unbekannten lautet die Tab. (22), wenn auf $[vv]$-Proben und Summenproben verzichtet wird,

x	y	$-l$	q_x	q_y	
$[aa]$	$[ab]$	$-[al]$	-1	0	(25)
	$[bb]$	$-[bl]$	0	-1	

Daraus folgt nach einmaliger Reduktion

$$y = \frac{[bl \cdot 1]}{[bb \cdot 1]}; \quad x = \frac{[al]}{[aa]} - \frac{[ab]}{[aa]} y;$$

$$q_{yy} = \frac{1}{[bb \cdot 1]}; \quad q_{xy} = -\frac{[ab]}{[aa]} q_{yy}. \tag{26}$$

Vertauscht man in (25) die Zeilen und die Spalten, so erhält man

y	x	$-l$	q_y	q_x	
$[bb]$	$[ab]$	$-[bl]$	-1	0	(27)
	$[aa]$	$-[al]$	0	-1	

und es folgt nach einmaliger Reduktion

$$x = \frac{[al \cdot 1]}{[aa \cdot 1]}; \quad y = \frac{[bl]}{[bb]} - \frac{[ab]}{[bb]} x;$$

$$q_{xx} = \frac{1}{[aa \cdot 1]}; \quad q_{xy} = -\frac{[ab]}{[bb]} q_{xx}. \tag{28}$$

Darauf gründet sich folgendes Verfahren zum Berechnen der Unbekannten und Gewichtsreziproken: Man reduziert (25) einmal und gewinnt daraus y, x und q_{yy}; dann stellt man (27) auf, reduziert einmal und findet x, y und q_{xx}. Unter Verzicht auf jede andere Probe erhält man dadurch x und y je zweimal und findet nebenher q_{xx} und q_{yy}. Ein Beispiel für dieses recht bequeme Verfahren enthält die Aufgabe 18.

8*

Aus den beiden letzten Gleichungen in (26) und (28) folgt, daß bei nur zwei Unbekannten

$$q_{xx} = q_{yy} \frac{[bb]}{[aa]} \qquad (29)$$

ist. Einsetzen in (12) gibt damit

$$m_y^2 = m^2 \, q_{yy}; \qquad m_x^2 = m_y^2 \, \frac{[bb]}{[aa]}. \qquad (30)$$

Falls nur eine Unbekannte vorhanden ist, gilt

$$q_{xx} = \frac{1}{p_x} = \frac{1}{[aa]}. \qquad (31)$$

§ 18. Mittlere Fehler der beobachteten Größen

18.1 Ableiten der Fehlerformel

Mit den Ergebnissen des § 17 kann nun auch die in § 16 ohne Beweis gegebene Formel

$$m = \pm \sqrt{\frac{[vv]}{n-u}}$$

abgeleitet werden. Die Definitionsgleichung des mittleren Fehlers $m^2 = [\varepsilon\varepsilon]/n$ setzt die Kenntnis der wahren Fehler der Beobachtungen voraus. Da aber nur die Quadratsumme der übrigbleibenden Fehler $[vv]$ bekannt ist, muß der Unterschied $[\varepsilon\varepsilon] - [vv]$ gebildet und abgeschätzt werden.

Sind X, Y und Z die wahren, x, y und z die günstigsten Werte der Unbekannten, so sind die wahren Fehler der Beobachtungen

$$\varepsilon_i = a_i X + b_i Y + c_i Z - l_i \parallel \varepsilon_i \mid v_i \mid \alpha_i. \qquad (1)$$

Entsprechend gilt für die übrigbleibenden Fehler

$$v_i = a_i x + b_i y + c_i z - l_i \parallel v_i \mid \varepsilon_i \mid . \qquad (2)$$

Zur Bildung von $[\varepsilon\varepsilon]$ multipliziere man jede Gl. (1) mit ihrem ε_i und gehe zur Summe

$$[\varepsilon\varepsilon] = [a\varepsilon] X + [b\varepsilon] Y + [c\varepsilon] Z - [l\varepsilon]. \qquad (3)$$

Ebenso führt Multiplikation der Gln. (2) mit den zugehörigen v_i bei gleichzeitiger Beachtung von § 16 (7) auf

$$[vv] = [av] x + [bv] y + [cv] z - [lv] = -[lv]. \qquad (4)$$

(3) und (4) lassen sich noch nicht unmittelbar miteinander vergleichen. Man bilde deshalb durch Multiplikation der Gl. (1) mit den v_i und der Gl. (2) mit den ε_i die gemischten Formen

$$[\varepsilon v] = [av]X + [bv]Y + [cv]Z - [lv] = -[lv],\qquad(5)$$

$$[\varepsilon v] = [a\varepsilon]x + [b\varepsilon]y + [c\varepsilon]z - [l\varepsilon].\qquad(6)$$

Der Vergleich von (4) und (5) zeigt, daß $[vv] = [\varepsilon v]$ ist. Das führt eingesetzt in (6) auf

$$[vv] = [a\varepsilon]x + [b\varepsilon]y + [c\varepsilon]z - [l\varepsilon],$$

und wenn dies von (3) abgezogen wird, so bleibt

$$[\varepsilon\varepsilon] - [vv] = [a\varepsilon](X-x) + [b\varepsilon](Y-y) + [c\varepsilon](Z-z).\qquad(7)$$

Um $(X-x)$ kennenzulernen, entnehme man aus § 17 (7)

$$x = \alpha_1 l_1 + \alpha_2 l_2 + \cdots + \alpha_n l_n = [\alpha l],\qquad(8)$$

multipliziere jede Gl. (1) mit dem zugehörigen α_i und bilde die Summe

$$[\alpha\varepsilon] = [\alpha a]X + [\alpha b]Y + [\alpha c]Z - [\alpha l].$$

Daraus folgt nach § 17 (10) und § 18 (8)

$$[\alpha\varepsilon] = X - [\alpha l] = X - x.\qquad(9)$$

Auf demselben Wege gelingt der Nachweis

$$[\beta\varepsilon] = Y - y;\qquad [\gamma\varepsilon] = Z - z.\qquad(10)$$

Damit wird aus (7)

$$[\varepsilon\varepsilon] - [vv] = [a\varepsilon][\alpha\varepsilon] + [b\varepsilon][\beta\varepsilon] + [c\varepsilon][\gamma\varepsilon],$$

und wenn – nachdem beiderseits durch n dividiert ist – die Glieder mit ε auf eine Seite gebracht werden, ist

$$\frac{[vv]}{n} = \frac{[\varepsilon\varepsilon]}{n} - \frac{[a\varepsilon][\alpha\varepsilon]}{n} - \frac{[b\varepsilon][\beta\varepsilon]}{n} - \frac{[c\varepsilon][\gamma\varepsilon]}{n}.\qquad(11)$$

Hierin ist das erste Glied mit Rücksicht auf die eingangs erwähnte Definition des mittleren Fehlers gleich m^2. Die übrigen Glieder rechter Hand müssen abgeschätzt werden. Dazu wird das zweite Glied in (11) auseinandergezogen in

$$\frac{[a\varepsilon][\alpha\varepsilon]}{n} = \frac{1}{n}(a_1\varepsilon_1 + a_2\varepsilon_2 + \cdots + a_n\varepsilon_n)(\alpha_1\varepsilon_1 + \alpha_2\varepsilon_2 + \cdots + \alpha_n\varepsilon_n)$$

$$= \frac{1}{n}\{(a_1\alpha_1\varepsilon_1^2 + a_2\alpha_2\varepsilon_2^2 + \cdots + a_n\alpha_n\varepsilon_n^2) +$$

$$+ (a_1\alpha_2 + a_2\alpha_1)\varepsilon_1\varepsilon_2 + (a_1\alpha_3 + a_3\alpha_1)\varepsilon_1\varepsilon_3 + \cdots\}.$$

Da die ε_i in diesen Gleichungen nicht bekannt sind, müssen für sie Durchschnittswerte eingeführt werden. Ein brauchbarer Durchschnittswert für die einzelnen wahren Fehler ist zweifelsohne der mittlere Fehler. Die Summe der Glieder mit den gemischten Produkten aber kann nach § 2.3 b, da die Beobachtungen als unabhängig voneinander angenommen sind, vernachlässigt werden. Wegen $[a\alpha] = 1$ wird damit

$$\frac{[a\varepsilon]\,[\alpha\varepsilon]}{n} = \frac{[a\alpha]\,m^2}{n} = \frac{m^2}{n}.$$

Ebenso führt die Abschätzung der letzten beiden Glieder (11) auf

$$\frac{[b\varepsilon]\,[\beta\varepsilon]}{n} = \frac{[b\beta]\,m^2}{n} = \frac{m^2}{n}; \qquad \frac{[c\varepsilon]\,[\gamma\varepsilon]}{n} = \frac{[c\gamma]\,m^2}{n} = \frac{m^2}{n}.$$

Durch Einsetzen der Abschätzungsergebnisse in (11) wird

$$\frac{[vv]}{n} = \frac{[\varepsilon\varepsilon]}{n} - \frac{m^2}{n} - \frac{m^2}{n} - \frac{m^2}{n} = m^2 - \frac{3m^2}{n} = \frac{m^2}{n}(n-3).$$

Daraus ergibt sich als mittlerer Fehler einer ursprünglichen Beobachtung

$$m = \pm\sqrt{\frac{[vv]}{n-3}}.$$

Bei vier Unbekannten wird, wie der Schluß von n auf $n+1$ zeigt, im Nenner $n-4$ stehen, und bei u Unbekannten lautet die Formel

$$m = \pm\sqrt{\frac{[vv]}{n-u}}. \tag{12}$$

Diese Gleichung ist eine Näherungsformel, die um so strenger wird, je größer $n-u$, d. h. die Anzahl der überschüssigen Beobachtungen ist.

18.2 Zweite Gaußsche Begründung der Methode der kleinsten Quadrate

Diese schließt unmittelbar an die vorigen Ausführungen an. Man unterstelle, die Methode der kleinsten Quadrate sei nicht bekannt, und es werde ein Ausgleichsverfahren gesucht, das den aus der Ausgleichung hervorgehenden Werten der Unbekannten kleinste mittlere Fehler zuerteilt.

Es seien x, y, z die auf Grund der genannten Forderung gewonnenen ausgeglichenen Werte und X, Y, Z die entsprechenden wahren Werte der Unbekannten. Lineare Beziehungen vorausgesetzt gelten ganz allgemein die Gln. (1) und (2), letztere mit der Einschränkung, daß der

Weg, auf dem x, y und z gefunden werden, zunächst noch offen ist. Bei jedem Ausgleichungsverfahren müssen ferner, wenn alle Beziehungen linear sind, die ausgeglichenen Unbekannten sich als Funktionen der Beobachtungsgrößen darstellen lassen. Insbesondere gilt, wenn unter α_i gewisse vorläufig noch unbestimmte Koeffizienten verstanden werden,

$$x = \alpha_1 l_1 + \alpha_2 l_2 + \alpha_3 l_3 + \cdots = [\alpha l] \, . \tag{13}$$

Den wahren und den mittleren Fehler von x gewinnt man dann, wenn alle Beobachtungen gleich genau sind, aus

$$\varepsilon_x = \alpha_1 \varepsilon_1 + \alpha_2 \varepsilon_2 + \cdots + \alpha_n \varepsilon_n = [\alpha \varepsilon] \tag{14}$$

$$m_x^2 = \alpha_1^2 m^2 + \alpha_2^2 m^2 + \cdots + \alpha_n^2 m^2 = [\alpha \alpha] m^2 \, . \tag{15}$$

Mithin hat x den kleinsten mittleren Fehler, wenn $[\alpha\alpha]$ ein Minimum wird.

Beim Bestimmen des Minimums beachte man, daß laut Definition $x + \varepsilon_x = X$ ist. Also muß nach (13) und (14) auch

$$[\alpha l] + [\alpha \varepsilon] = X \tag{16}$$

sein. Wenn man andererseits jede der in (1) aufgeführten Bestimmungs-gleichungen mit dem zugehörigen α_i multipliziert und die Summe bildet, so erhält man, nachdem das Glied mit l auf die linke Seite gebracht ist,

$$[\alpha l] + [\alpha \varepsilon] = [\alpha a] X + [\alpha b] Y + [\alpha c] Z \, , \tag{17}$$

(16) und (17) können nur dann nebeneinander bestehen, wenn

$$[\alpha a] = 1, \quad [\alpha b] = 0, \quad [\alpha c] = 0 \tag{18}$$

ist. Diese drei Gleichungen müssen bei der Ermittlung des Minimums für $[\alpha\alpha]$ als Nebenbedingungen berücksichtigt werden. Nach den Regeln der Analysis hat man zu diesem Zweck eine neue Funktion zu bilden, indem man zu der Hauptforderung, $[\alpha\alpha]$ ein Minimum, die Nebenbedingungen, multipliziert mit den zunächst noch unbestimmten Lagrangeschen Multiplikatoren $-2k_1$, $-2k_2$, $-2k_3$, hinzugefügt. Dann lautet die neue Funktion

$$F = [\alpha\alpha] - 2k_1([\alpha a] - 1) - 2k_2[\alpha b] - 2k_3[\alpha c] \, .$$

Hiervon sind die partiellen Ableitungen nach den α_i zu bilden und gleich Null zu setzen. Man erhält für α_1

$$\frac{\partial F}{\partial \alpha_1} = 2\alpha_1 - 2k_1 a_1 - 2k_2 b_1 - 2k_3 c_1 = 0$$

oder

und ebenso

$$\left.\begin{aligned}
\alpha_1 &= a_1 k_1 + b_1 k_2 + c_1 k_3\,, \\
\alpha_2 &= a_2 k_1 + b_2 k_2 + c_2 k_3\,, \\
&\cdots\cdots\cdots\cdots\cdots\cdots\cdots \\
\alpha_n &= a_n k_1 + b_n k_2 + c_n k_3\,.
\end{aligned}\right\} \tag{19}$$

Multipliziert man nun die Gln. (19) für die α_i der Reihe nach mit den bei unserer Ausgleichung übrigbleibenden Fehlern v_i und addiert sie, dann lautet die Summengleichung

$$[\alpha v] = [av]k_1 + [bv]k_2 + [cv]k_3\,. \tag{20}$$

Andererseits erhält man, wenn man die Gln. (2) der Reihe nach mit den α_i multipliziert und zur Summe geht,

$$[\alpha v] = [\alpha a]x + [\alpha b]y + [\alpha c]z - [\alpha l]\,.$$

Damit aber ist wegen (13) und (18) $[\alpha v] = 0$. Da die k_i, – die man durch Vergleich von (19) mit § 17 (9) leicht als identisch mit den q_{xi} erkennt – von Null verschieden sein müssen, kann Gl. (20) nur dann bestehen, wenn

$$[av] = 0\,, \qquad [bv] = 0\,, \qquad [cv] = 0 \tag{21}$$

ist. Diese Gleichungen, die man gleichlautend erhält, wenn man die kleinsten mittleren Fehler von y und z sucht, sind nach § 16 (7) eine abgekürzte Schreibweise für die auf Grund der Forderung $[vv] = \text{Min}$ erhaltenen Normalgleichungen zur Berechnung der Unbekannten.

Die Forderung nach Unbekannten mit kleinsten mittleren Fehlern führt also auf dieselben Werte der Unbekannten wie die Methode der kleinsten Quadrate. Mithin ist bewiesen, daß die Methode der kleinsten Quadrate kleinste mittlere Fehler und damit größte Gewichte der Unbekannten ergibt.

Nach einer brieflichen Mitteilung an *Schumacher* gab *Gauß* dieser Ableitung gegenüber der des § 9 entschieden den Vorzug. Indessen haben beide Ableitungen ihre Schwächen. Die Ableitung des § 9 stützt sich auf das Gaußsche Fehlergesetz und damit auf das in § 7.2 erläuterte Axiom vom arithmetischen Mittel als dem wahrscheinlichsten Wert. Die zweite Ableitung aber benutzt als Genauigkeitsmaßstab den mittleren Fehler, was zwar plausibel, aber nicht zwingend ist.

§ 19. Vermittelnde Beobachtungen verschiedener Genauigkeit

In den Entwicklungen der §§ 13 bis 18 sind durchweg gleichgewichtige Beobachtungen zugrunde gelegt. Liegen Messungen verschiedener

Gewichte vor, so lauten die Fehlergleichungen bei drei Unbekannten in linearer Form:

$$v_i = a_i x + b_i y + c_i z - l_i \qquad \text{Gewicht } p_i \,. \tag{1}$$

Hierzu tritt, wenn die Anzahl der Beobachtungen die der Unbekannten übersteigt, gemäß § 9.2 die Ausgleichungsbedingung $[vvp]$ ein Minimum.

Zum Aufsuchen des Minimums kann man $[vvp]$ bilden und die partiellen Ableitungen nach den Unbekannten x, y, z gleich Null setzen. Einfacher ist es, die Beobachtungen gemäß der Regel zu § 4 (15) durch Multiplikation mit der Wurzel aus ihrem Gewicht auf Beobachtungen vom Gewicht 1 zu reduzieren und das auf diesem Wege entstehende fingierte gleichgewichtige System

$$v_i \sqrt{p_i} = a_i \sqrt{p_i}\, x + b_i \sqrt{p_i}\, y + c_i \sqrt{p_i}\, z - l_i \sqrt{p_i} \tag{2}$$

ebenso zu behandeln wie das System § 15 (1). Auf beiden Wegen ergeben sich übereinstimmend die Normalgleichungen

$$\left.\begin{aligned}
[aap]x + [abp]y + [acp]z - [alp] &= 0 \,,\\
[abp]x + [bbp]y + [bcp]z - [blp] &= 0 \,,\\
[acp]x + [bcp]y + [ccp]z - [clp] &= 0 \,.
\end{aligned}\right\} \tag{3}$$

Die linke Seite der ersten Normalgleichung erhält man auch, wenn man die rechten Seiten der Gl. (2) der Reihe nach mit $a_i \sqrt{p_i}$ multipliziert und zur Summe geht. Entsprechend ergibt die Multiplikation mit $b_i \sqrt{p_i}$ bzw. $c_i \sqrt{p_i}$ die linken Seiten der zweiten und dritten Normalgleichung. Also bestehen die den Gln. § 16 (7) entsprechenden Beziehungen

$$[avp] = 0, \qquad [bvp] = 0, \qquad [cvp] = 0 \,. \tag{4}$$

Durch mechanische Anwendung der Gln. § 16 (9), (12) und (13) auf die Gln. (3) ergeben sich die $[vvp]$-Proben

$$\begin{aligned}
[vvp] \quad &= [llp] - [alp]x - [blp]y - [clp]z \,,\\
[vvp] = [llp \cdot 3] &= [llp] - \frac{[alp]^2}{[aap]} - \frac{[blp \cdot 1]^2}{[bbp \cdot 1]} - \frac{[clp \cdot 2]^2}{[ccp \cdot 2]} \,.
\end{aligned} \tag{5}$$

Endlich ist im Anschluß an § 18 (12) der mittlere Fehler einer *Beobachtung vom Gewicht 1*

$$m_0 = \pm \sqrt{\frac{[vvp]}{n-u}} \,. \tag{6}$$

Zur Berechnung der Gewichtsreziproken sind in den Bestimmungsgleichungen § 17 (3), (4) und (5) die $[aa]$, $[ab]$, ... usw. durch $[aap]$,

[abp], ... usw. zu ersetzen. Die den Gln. § 17 (19) entsprechenden Glei-chungen zur *unbestimmten Auflösung der Normalgleichungen* sind dann

$$\left.\begin{array}{l} [alp]\, q_{xx} + [blp]\, q_{yx} + [clp]\, q_{zx} = x\,, \\ [alp]\, q_{xy} + [blp]\, q_{yy} + [clp]\, q_{zy} = y\,, \\ [alp]\, q_{xz} + [blp]\, q_{yz} + [clp]\, q_{zz} = z\,. \end{array}\right\} \quad (7)$$

Die *Darstellung der Unbekannten* in § 17 (7), nämlich

$$\left.\begin{array}{l} x = \alpha_1 l_1 + \alpha_2 l_2 + \cdots + \alpha_n l_n = [\alpha l]\,, \\ y = \beta_1 l_1 + \beta_2 l_2 + \cdots + \beta_n l_n = [\beta l]\,, \\ z = \gamma_1 l_1 + \gamma_2 l_2 + \cdots + \gamma_n l_n = [\gamma l] \end{array}\right\} \quad (8)$$

bleibt unverändert; doch sind wegen (7) die Einflußzahlen

$$\left.\begin{array}{l} \alpha_i = a_i p_i\, q_{xx} + b_i p_i\, q_{yx} + c_i p_i\, q_{zx}\,, \\ \beta_i = a_i p_i\, q_{xy} + b_i p_i\, q_{yy} + c_i p_i\, q_{zy}\,, \\ \gamma_i = a_i p_i\, q_{xz} + b_i p_i\, q_{yz} + c_i p_i\, q_{zz}\,. \end{array}\right\} \quad (9)$$

Damit erhält man schließlich

$$\left.\begin{array}{lll} \left[\dfrac{\alpha\alpha}{p}\right] = q_{xx}; & \left[\dfrac{\alpha\beta}{p}\right] = q_{xy}; & \left[\dfrac{\alpha\gamma}{p}\right] = q_{xz} \\[3mm] & \left[\dfrac{\beta\beta}{p}\right] = q_{yy}; & \left[\dfrac{\beta\gamma}{p}\right] = q_{yz} \\[3mm] & & \left[\dfrac{\gamma\gamma}{p}\right] = q_{zz}\,. \end{array}\right\} \quad (10)$$

Damit ist die Ausgleichung nach vermittelnden Beobachtungen ver-schiedener Genauigkeit auf die Ausgleichung gleichgenauer Beobach-tungen zurückgeführt. Als Zahlenbeispiel dient die Aufgabe 7.

Noch Aufgabe 7. *Punktbestimmung durch Bogenschnitt* (Forts. v. S. 91)

Die zur Bestimmung des Punktes P gegebenen Stücke und die Näherungskoordinaten des Neupunktes sind

Punkt	y	x	s	Punkt	y	x	s
P_1	306,08	262,27	111,08	P_4	173,30	196,32	124,49
P_2	435,89	91,88	158,20	P_0	289,78	152,36	—
P_3	147,45	56,83	171,40				

Daraus erhält man mit

$$a_i = -\frac{x_i - x_0}{s_i}; \quad b_i = -\frac{y_i - y_0}{s_i}; \quad -l_i = -(s_i - s_i^0); \quad p_i = 100/s_i,$$

wenn die l_i in dm aufgefaßt werden, folgende Tabelle:

Punkt	$x_0 - x_i$	$y_0 - y_i$	s_i^0	a	b	$-l$	p
P_1	$-109{,}91$	$-\ 16{,}30$	$111{,}11$	$-0{,}99$	$-0{,}15$	$+0{,}30$	$0{,}90$
P_2	$+\ 60{,}48$	$-146{,}11$	$158{,}13$	$+0{,}38$	$-0{,}92$	$-0{,}70$	$0{,}63$
P_3	$+\ 95{,}53$	$+142{,}33$	$171{,}42$	$+0{,}56$	$+0{,}83$	$+0{,}20$	$0{,}58$
P_4	$-\ 43{,}96$	$+116{,}48$	$124{,}50$	$-0{,}35$	$+0{,}94$	$+0{,}10$	$0{,}80$

Das vereinigte Normal- und Gewichtsgleichungssystem lautet, wenn von den Proben abgesehen wird,

δx	δy	$-l$	q_x	q_y	Red.-Koeff.
$+1{,}255$	$-0{,}076$	$-0{,}392$	$-1{,}000$	$0{,}000$	$+0{,}061$
	$+1{,}656$	$+0{,}534$	$0{,}000$	$-1{,}000$	
	$-0{,}005$	$-0{,}024$	$-0{,}061$	$-0{,}000$	
	$+1{,}651$	$+0{,}510$	$-0{,}061$	$-1{,}000$	

Daraus folgt

$$\delta y = -0{,}309 \text{ dm} \qquad \delta x = +0{,}296 \text{ dm} \qquad [vvp] = +0{,}130,$$
$$q_{yy} = +0{,}606 \qquad q_{xy} = +0{,}037 \qquad q_{xx} = +0{,}800.$$

Die Fehlerrechnung ergibt für die Gewichtseinheit $s = 100$ m

$$m_0 = \pm \sqrt{\frac{0{,}130}{4-2}} = \pm 0{,}26 \text{ dm} = \pm 0{,}026 \text{ m}.$$

Schließlich ergibt sich der mittlere Fehler der aus der Ausgleichung hervorgegangenen Koordinaten zu

$$m_y = m_0 \sqrt{0{,}606} = \pm 0{,}020 \text{ m}, \qquad m_x = m_0 \sqrt{0{,}800} = \pm 0{,}023 \text{ m}.$$

Mithin ist das Ausgleichungsergebnis

$$y = 289{,}78 - 0{,}031 = 289{,}749 \pm 0{,}020 \text{ m},$$
$$x = 152{,}36 + 0{,}030 = 152{,}390 \pm 0{,}023 \text{ m}.$$

Als Schlußprobe wurden die verbesserten Strecken sowohl mit den ausgeglichenen Koordinaten wie nach den Fehlergleichungen errechnet. Beide Rechnungen stimmen im Ergebnis scharf überein.

§ 20. Die Gewichte von Funktionen der Unbekannten

20.1 Berechnen des Funktionsgewichtes mit Hilfe der Gewichtskoeffizienten

Neben dem mittleren Fehler einer ursprünglichen Beobachtung und den mittleren Fehlern der Unbekannten wird oftmals der mittlere

Fehler einer Funktion der ausgeglichenen Unbekannten verlangt; z. B. kann bei einer Punkteinschaltung nach dem mittleren Fehler der Strecke zwischen dem Neupunkt und einem Ausgangspunkt oder nach dem mittleren Fehler eines ausgeglichenen Richtungswinkels gefragt werden, welche beide Funktionen der aus der Ausgleichung hervorgegangenen Unbekannten sind. Gegeben sei die Funktion

$$F = F(x, y, z) \,. \tag{1}$$

Um sie linear zu machen, verstehe man unter f_0 einen mit Näherungswerten ermittelten Funktionswert und unter f_x, f_y, f_z die partiellen Ableitungen; dann ist

$$F - f_0 = dF = f_x\, dx + f_y\, dy + f_z\, dz \,. \tag{2}$$

Wie im § 17 einleitend ausgeführt wurde, ist es nicht erlaubt, in (2) zu mittleren Fehlern überzugehen und das Fehlerfortpflanzungsgesetz anzuwenden, weil die Unbekannten das Ergebnis einer Ausgleichung, also nicht unabhängig voneinander sind. Es muß daher auf die Gln. § 17 (7) zurückgegriffen werden, die die Unbekannten als lineare Funktionen der ursprünglichen Beobachtungen darstellen. Aus ihnen gewinnt man durch Differentiieren

$$\left.\begin{aligned}
dx &= \alpha_1\, dl_1 + \alpha_2\, dl_2 + \cdots + \alpha_n\, dl_n = [\alpha\, dl] \,, \\
dy &= \beta_1\, dl_1 + \beta_2\, dl_2 + \cdots + \beta_n\, dl_n = [\beta\, dl] \,, \\
dz &= \gamma_1\, dl_1 + \gamma_2\, dl_2 + \cdots + \gamma_n\, dl_n = [\gamma\, dl] \,.
\end{aligned}\right\} \tag{3}$$

Einsetzen in (2) und Ordnen nach den dl führt auf

$$\begin{aligned}
dF = {}&dl_1(f_x\alpha_1 + f_y\beta_1 + f_z\gamma_1) \\
&+ dl_2(f_x\alpha_2 + f_y\beta_2 + f_z\gamma_2) + \quad \text{usw.}
\end{aligned}$$

Betrachtet man nunmehr die dl_1, dl_2 usw. als wahre Fehler der Beobachtungen, so ergibt die Anwendung des Fehlerfortpflanzungsgesetzes § 2 (15)

$$\begin{aligned}
m_F^2 = {}&m_1^2(f_x^2\alpha_1^2 + 2f_xf_y\alpha_1\beta_1 + 2f_xf_z\alpha_1\gamma_1 + f_y^2\beta_1^2 + 2f_yf_z\beta_1\gamma_1 + f_z^2\gamma_1^2) \\
&+ m_2^2(f_x^2\alpha_2^2 + 2f_xf_y\alpha_2\beta_2 + 2f_xf_z\alpha_2\gamma_2 + f_y^2\beta_2^2 + 2f_yf_z\beta_2\gamma_2 + f_z^2\gamma_2^2) + \\
&\text{usw.}
\end{aligned}$$

Man ersetze nun nach § 4 (7) m_1^2 durch m_0^2/p_1, m_2^2 durch m_0^2/p_2 usw., bringe m_0^2 nach links, nehme die p_i in die Summenklammern hinein und ordne rechter Hand nach f_x, f_y, f_z. Dann wird

$$\frac{m_F^2}{m_0^2} = f_x^2 \left[\frac{\alpha\alpha}{p}\right] + 2f_x f_y \left[\frac{\alpha\gamma}{p}\right] + 2f_x f_z \left[\frac{\alpha\gamma}{p}\right] \\
+ f_y^2 \left[\frac{\beta\beta}{p}\right] + 2f_y f_z \left[\frac{\beta\gamma}{p}\right] \\
+ f_z^2 \left[\frac{\gamma\gamma}{p}\right]. \Bigg\} \tag{4}$$

Daraus folgt wegen § 19 (10) als Formel zur Berechnung der Gewichtsreziproken oder des Kofaktors der Funktion (1).

$$\frac{1}{P_F} = q_{FF} = f_x^2\, q_{xx} + 2f_x f_y\, q_{xy} + 2f_x f_z\, q_{xz} \\
+ f_y^2\, q_{yy} + 2f_y f_z\, q_{yz} \\
+ f_z^2\, q_{zz}. \tag{5}$$

Allgemeiner betrachtet ist (5) das Gewichtskoeffizienten- oder Kofaktorenfortpflanzungsgesetz für eine nichtlineare Funktion von mehreren durch eine Ausgleichung korrelierten Größen.

Zusatz. Die rechte Seite von (5) gleicht in ihrem Aufbau einem vollständigen Quadrat. Um das zu einer bequemen Schreibweise auszunutzen, hat *I. M. Tienstra*[6] neben den durch Doppelindizes gekennzeichneten Gewichtsreziproken q_{ik} „symbolische" Gewichtskoeffizienten q_i, q_k eingeführt, die mit nur einem Index versehen sind, indem er definiert $q_i q_k = q_{ik}$. Im Hinblick auf (5) ist also

$$q_x q_x = q_{xx}; \qquad q_x q_y = q_{xy}; \qquad q_x q_z = q_{xz}, \\
q_y q_y = q_{yy}; \qquad q_y q_z = q_{yz}; \qquad q_z q_z = q_{zz}; \qquad q_F q_F = q_{FF}. \tag{6}$$

Mit Hilfe dieser Ausdrücke bildet man zu der Gl. (2), die wir der Allgemeingültigkeit wegen in der Form

$$F = f_0 + f_x \delta x + f_y \delta y + f_z \delta z \tag{7}$$

schreiben, den symbolischen Gewichtskoeffizienten

$$q_F = f_x q_x + f_y q_y + f_z q_z, \tag{8}$$

in dem die Unbekannten durch die entsprechenden q_i ersetzt sind, und erhält dann durch beiderseitiges Quadrieren

$$q_{FF} = q_F^2 = (f_x q_x + f_y q_y + f_z q_z)^2, \tag{9}$$

was unter Beachtung von (6) wieder die Formel (5) ergibt.

Die q_i stellen für sich allein keine algebraischen Größen dar. Erst einem Produkt aus zwei q_i kommt ein Zahlenwert zu. Trotzdem darf man mit den q_i rechnen, als ob sie algebraische Größen wären, und auf sie die gewöhnlichen Regeln der Algebra anwenden, sofern man nur Produkte von mehr als zwei Koeffizienten vermeidet und die Division aus-

---

[6] *Tienstra, J. M.*: Het rekenen met Gewichtsgetallen. Tijdschr. Kadaster Landmeetk. **1934**, 37. — Vgl. auch: *Bachmann, W. K.*: Symbolische Berechnung der Gewichtskoeffizienten. Schweiz. Z. Vermessungsw. u. Kulturtechn. **1945**, 131.

schließt. Durch die symbolischen Gewichtskoeffizienten wird daher die Ermittlung von Formeln für das Funktionsgewicht in vielen Fällen sehr vereinfacht.

Ein erstes Anwendungsbeispiel enthält der 3. Abschnitt dieses Paragraphen. Weitere Beispiele bringen die Aufgaben 20 und 26.

20.2 Berechnen des Funktionsgewichtes durch Erweitern des ursprünglichen Normalgleichungssystems

Die Rechnung nach (5) oder (9) ist immer zweckmäßig, wenn die Gewichtsreziproken bereits vorliegen oder aus anderen Gründen ohnehin zu berechnen sind. Sind sie nicht bekannt, so kann das Funktionsgewicht auch durch die Normalgleichungskoeffizienten ausgedrückt werden. Hierzu schreibe man (5) in der Form

$$\frac{1}{P_F} = f_x (q_{xx} f_x + q_{xy} f_y + q_{xz} f_z)$$
$$+ f_y (q_{xy} f_x + q_{yy} f_y + q_{yz} f_z)$$
$$+ f_z (q_{xz} f_x + q_{yz} f_y + q_{zz} f_z) .$$

Setzt man dann

$$\left.\begin{aligned} q_{xx} f_x + q_{xy} f_y + q_{xz} f_z &= r_x , \\ q_{xy} f_x + q_{yy} f_y + q_{yz} f_z &= r_y , \\ q_{xz} f_x + q_{yz} f_y + q_{zz} f_z &= r_z , \end{aligned}\right\} \tag{10}$$

so wird

$$\frac{1}{P_F} = f_x r_x + f_y r_y + f_z r_z = [fr] . \tag{11}$$

Die Rechnung nach (10) und (11) würde sehr umständlich sein. Deshalb bilde man, indem man zunächst gleichgewichtige Beobachtungen unterstellt, nach dem Vorgang im § 17 (1) und (2) das zu (10) inverse Gleichungssystem und füge diesem System die Gl. (11) mit umgekehrtem Vorzeichen an:

$$\left.\begin{aligned} [aa] r_x + [ab] r_y + [ac] r_z - f_x &= 0 , \\ [ab] r_x + [bb] r_y + [bc] r_z - f_y &= 0 , \\ [ac] r_x + [bc] r_y + [cc] r_z - f_z &= 0 , \\ -f_x r_x - f_y \quad r_y - f_z \quad r_z + 0 \ &= -[fr] . \end{aligned}\right\} \tag{12}$$

Dieses System wird dem Gaußschen Algorithmus unterworfen und liefert nach dreimaliger Reduktion $[0 \cdot 3] = -[fr]$. Also ist wegen (11)

$$\frac{1}{P_F} = -[0 \cdot 3] = [fr] = q_{FF} . \tag{13}$$

Die Berechnung des Funktionsgewichts kann demnach, wenn die q_{ik} der Gl. (5) nicht bekannt sind, sehr bequem mit der Auflösung der Normalgleichungen verbunden werden. Dazu fügt man den mit der L-Gleichung komplettierten Normalgleichungen für die Funktion, deren

Gewicht zu bestimmen ist, eine weitere Spalte an, die bei drei Unbekannten in den drei ersten Zeilen die Absolutglieder von (12) und in der [*ll*]-Zeile eine Null enthält und reduziert sie, bis [0 · 3] erscheint. Werden mehrere Funktionen gesucht, so ist für jede von ihnen eine Spalte anzuordnen.

Zieht man in (13) [0 · 3] nach § 15 (10) auseinander, so erhält man als ausgeschriebene Formel für das Funktionsgewicht bei gleichgewichtigen Beobachtungen

$$\frac{1}{P_F} = \frac{f_x^2}{[aa]} + \frac{[f_y \cdot 1]^2}{[bb \cdot 1]} + \frac{[f_z \cdot 2]^2}{[cc \cdot 2]} = q_{FF} \tag{14}$$

und entsprechend bei ungleich gewichtigen Beobachtungen

$$\frac{1}{P_F} = \frac{f_x^2}{[aap]} + \frac{[f_y \cdot 1]^2}{[bbp \cdot 1]} + \frac{[f_z \cdot 2]^2}{[ccp \cdot 2]} = q_{FF}. \tag{15}$$

20.3 Gewicht einer Funktion von Funktionen der ausgeglichenen Beobachtungen

Wir beschränken die Ableitung, die gleichzeitig ein Beispiel für die Tienstrasche Regel ist, auf zwei Unbekannte. Gegeben seien die linearen oder lineargemachten Funktionen

$$\left. \begin{array}{l} F = f_0 + f_x \delta x + f_y \delta y, \\ G = g_0 + g_x \delta x + g_y \delta y. \end{array} \right\} \tag{16}$$

Gesucht sei das Gewicht q_{HH} der aus ihnen gebildeten Dachfunktion

$$H = h_0 + h_F \delta F + h_G \delta G. \tag{17}$$

Nach der Tienstraschen Regel geht man aus von den Ansätzen

$$\left. \begin{array}{l} q_F = f_x q_x + f_y q_y, \\ q_G = g_x q_x + g_y q_y, \\ q_H = h_F q_F + h_G q_G, \end{array} \right\} \tag{18}$$

und erhält daraus als Rechenformeln für die Zahlenrechnung

$$\left. \begin{array}{l} q_{FF} = f_x^2 q_{xx} + 2f_x f_y q_{xy} + f_y^2 q_{yy}, \\ q_{FG} = f_x g_x q_{xx} + (f_x g_y + f_y g_x) q_{xy} + f_y g_y q_{yy}, \\ q_{GG} = g_x^2 q_{xx} + 2g_x g_x q_{xy} + g_y^2 q_{yy}, \end{array} \right\} \tag{19}$$

berechnet die darin auftretenden Zahlenwerte und findet schließlich

$$q_{HH} = h_F^2 q_{FF} + 2h_F h_G q_{FG} + h_G^2 q_{GG}. \tag{20}$$

Das ist das Gewichtskoeffizienten- oder Kofaktorenfortpflanzungs- gesetz für eine Dachfunktion von zwei korrelierten Funktionen.

Zum Beweise für die Richtigkeit der Gl. (20) ersetze man in der Gl. (17) $\delta F = F - f_0$ und $\delta G = G - g_0$ durch die Ausgangsfunktionen und ordne nach x und y. Auf das Ergebnis wende man die vorher ab- geleitete Formel (5) an und findet dann das obige Ergebnis bestätigt. Damit ist gleichzeitig auch die Richtigkeit der Tienstraschen Regel an einem sehr allgemeinen Fall erwiesen.

Selbstverständlich läßt sich q_{HH} auch durch die Normalgleichungs- koeffizienten ausdrücken. Wir sehen jedoch davon ab, weil die Tienstra- sche Methode bequemer und durchsichtiger ist.

20.4 Freie oder nicht korrelierte Funktionen

Wären F und G in (17) unabhängige Beobachtungsgrößen, so dürfte man das Gewichtsfortpflanzungsgesetz § 4 (9) anwenden und erhielte

$$q_{HH} = h_F^2 q_{FF} + h_G^2 q_{GG}.$$

Das darüber hinaus in (20) auftretende Glied mit q_{FG} bringt zum Aus- druck, daß F und G gegenseitig abhängig sind. Das ist bei Funktionen von Unbekannten, die aus ein und derselben Ausgleichung hervor- gegangen sind, die Regel. Ergibt sich aber in irgendeinem Fall, daß die gemischten q_{ik} verschwinden, so sind F und G gegenseitig unabhängige oder nichtkorrelierte oder freie Funktionen, auf die das Fehlerfort- pflanzungsgesetz § 2 (15) und das Gewichtsfortpflanzungsgesetz § 4 (9) angewandt werden dürfen. Dagegen kann die in (17) und (20) enthaltene Vorschrift als Gewichtsfortpflanzungsgesetz für korrelierte Größen be- trachtet werden, das durch Multiplikation mit m^2 in das entsprechende Fehlerfortpflanzungsgesetz übergeht.

Diese Regeln gelten insbesondere auch für die aus einer Ausgleichung hervorgegangenen Unbekannten selbst. Sie sind gegenseitig frei, wenn in der Q-Matrix die gemischten Glieder gleich Null sind. (Vgl. Aufgabe 12 Gl. (10).) In einem Normalgleichungssystem kommen die Korrelationen zwischen den Unbekannten auch in den gemischten Normalgleichungs- koeffizienten zum Ausdruck. Man kann diese gelegentlich, wie in § 38 gezeigt werden wird, durch Kunstkniffe zum Verschwinden und damit das Normalgleichungssystem zum Zerfallen bringen.

Aufgabe 8. *Mittlere Fehler der ausgeglichenen Strecken bei der Punktbestimmung durch Bogenschnitt*

Nachdem in Aufgabe 7 der mittlere Fehler einer beobachteten Strecke vom Gewicht 1 und die mittleren Fehler der aus der Ausgleichung hervorgegangenen Koordinaten des Neupunktes 1 ermittelt sind, sollen nunmehr die mittleren Fehler der ausgeglichenen

Strecken errechnet werden, welche Funktionen der Unbekannten sind. Zur Berechnung des Funktionsgewichtes möge zunächst die Formel (5) dienen. Für den Ansatz nach (2) findet man in Aufgabe 7, S. 91 für die erste Strecke die Beziehungen

$$S_1 = F_1(x, y) = \sqrt{(x - x_1)^2 + (y - y_1)^2}\,; \quad f_{x1} = \frac{x - x_1}{S_1}\,; \quad f_{y1} = \frac{y - y_1}{S_1}\,.$$

Man entnimmt von S. 123 $f_{x1} = a_1 = -0,99$; $f_{y1} = b_1 = -0,15$; $q_{xx} = +0,800$; $q_{xy} = +0,037$; $q_{yy} = 0,606$ und erhält damit

$$\frac{1}{P_1} = 0,99^2 \cdot 0,800 + 2 \cdot 0,99 \cdot 0,15 \cdot 0,037 + 0,15^2 \cdot 0,606 = 0,809\,.$$

Entsprechend findet sich

für S_2: $f_{x2} = +0,38$, $f_{y2} = -0,92$, $1/P_2 = 0,602$,

für S_3: $f_{x3} = +0,56$, $f_{y3} = +0,83$, $1/P_3 = 0,702$,

für S_4: $f_{x4} = -0,35$, $f_{y4} = +0,94$, $1/P_4 = 0,609$.

Um die Funktionsgewichte auch nach (15) zu berechnen, hat man für jedes S den Koeffizienten $[f_y \cdot 1]$ zu ermitteln. Man übernehme in das nachstehende Schema die Größen links des Doppelstrichs von den Normalgleichungen auf S. 123, während unter S_i die zugehörigen $-f_x$ und $-f_y$ eingetragen werden:

δx	δy	S_1	S_2	S_3	S_4
$+1,255$	$-0,076$	$+0,990$	$-0,380$	$-0,560$	$+0,350$
	$+1,656$	$+0,150$	$+0,920$	$-0,830$	$-0,940$
	$-0,005$	$+0,060$	$-0,023$	$-0,034$	$+0,021$
	$+1,651$	$+0,210$	$+0,897$	$-0,864$	$-0,919$

Die Koeffizienten in der letzten Zeile (rechts vom Doppelstrich) sind die gesuchten $[f_y \cdot 1]$. Einsetzen in (15) gibt wie die erste Rechnung

$$\frac{1}{P_1} = \frac{0,990^2}{1,255} + \frac{0,210^2}{1,651} = 0,808\,, \quad \frac{1}{P_2} = \frac{0,380^2}{1,255} + \frac{0,897^2}{1,651} = 0,601\,,$$

$$\frac{1}{P_3} = \frac{0,560^2}{1,255} + \frac{0,864^2}{1,651} = 0,702\,, \quad \frac{1}{P_4} = \frac{0,350^2}{1,255} + \frac{0,919^2}{1,651} = 0,609\,.$$

Damit gewinnt man als mittlere Fehler der ausgeglichenen Strecken in m

$$M_1 = \pm 0,026 \sqrt{0,808} = \pm 0,023\,, \quad M_2 = \pm 0,026 \sqrt{0,601} = \pm 0,020\,,$$

$$M_3 = \pm 0,026 \sqrt{0,702} = \pm 0,022\,, \quad M_4 = \pm 0,026 \sqrt{0,609} = \pm 0,020\,.$$

Um den Gewinn durch die Ausgleichung zu erkennen, berechne man die mittleren Fehler der beobachteten Strecken auf Grund der Formel $m_i = m_0 \sqrt{s_i}$ und findet

$$m_1 = \pm 0,027\,; \quad m_2 = \pm 0,033\,; \quad m_3 = \pm 0,034\,; \quad m_4 = \pm 0,029\,.$$

Die mittleren Fehler der ausgeglichenen Strecken weisen also im Gegensatz zu denen der beobachteten Strecken keinerlei Abhängigkeit von den Streckenlängen auf. Sie sind nur noch von der Unsicherheit des Neupunktes abhängig.

Zusatz. Sind p_i die Gewichte der ursprünglichen und P_i die der ausgeglichenen Beobachtungen, ist ferner u die Anzahl der Unbekannten, so muß, wie wir im § 34.3 bei der

Ausgleichung nach bedingten Beobachtungen zeigen werden,

$$\left[\frac{p}{P}\right]_1^n = u$$

sein. In der Tat ergibt sich mit den p_i von S. 123

$$0{,}90 \cdot 0{,}808 + 0{,}63 \cdot 0{,}601 + 0{,}58 \cdot 0{,}702 + 0{,}80 \cdot 0{,}609 = 2{,}000 \,.$$

Das ist eine sehr angenehme Probe für die Berechnung der Gewichte der ausgeglichenen Beobachtungen.

§ 21. Rechenmaschinenalgorithmen

Der Rechenaufwand bei der Reduktion von Normal- und Gewichtsgleichungen sowie bei der Berechnung und Verprobung der Unbekannten und Gewichtskoeffizienten wird beim Einsatz von Rechenmaschinen dadurch sehr vermindert, daß die Rechenmaschine es erlaubt, Produktsummen ohne Niederschreiben der Teilprodukte automatisch auflaufen zu lassen. Wenn man dann in das Rechenschema außer den Normalgleichungskoeffizienten auch die Reduktionskoeffizienten nach bestimmten Regeln einordnet, kommt man auf Rechenwege, die den in der Matrizenrechnung üblichen Auflösungsverfahren entsprechen. Die hierfür von der Matrizenalgebra ermittelten Rechenwege lassen sich auch ohne Kenntnis dieser Technik leicht aus unseren bisherigen Entwicklungen herleiten[7].

21.1 Der mechanisierte Gaußsche Algorithmus[8]

Die Grundlage hierfür bildet das im § 17.3 vorgetragene von Grubersche Verfahren. Der dort geschilderte Lösungsweg wird im wesentlichen beibehalten. Nur rechnet man nicht mehr wie dort Zeile für Zeile, sondern man geht in jedem einzelnen der auf S. 112 durch horizontale und vertikale Striche begrenzten Kästchen, ohne die Zwischenprodukte aufzuschreiben, von oben nach unten. Im einzelnen gestaltet der Rechenweg, der in dem Schema auf S. 132 durch Ordnungszahlen angegeben ist, sich folgendermaßen:

In die erste Abteilung des Rechenschemas schreibt man abgekürzt die durch die L-Gleichung, Gewichts- und Summenspalten ergänzte Matrix des Normalgleichungssystems.

In der zweiten Abteilung entsteht rechts von der starken Treppenlinie die zugehörige Matrix der Endgleichungen. In die freien Felder links von der Treppenlinie trägt man mit fortschreitender Rechnung die zur Errechnung der Reduktionsbeträge erforderlichen Reduktionskoeffizienten ein, und zwar so, daß die aus der i-ten Zeile gewonnenen Koeffizienten in die i-te Spalte geschrieben werden und dabei in den Zeilen von links nach rechts, in den Spalten von oben nach unten gegangen wird. Bei dieser Anordnung stehen alle Reduktionskoeffizienten, die zum Bilden der Endgleichungskoeffizienten nötig sind,

---

[7] *Hennecke, F.:* Zur Auflösung linearer Gleichungssysteme. Vermessungstechnik **1960**, 66.

[8] *Beyer, H.:* Ein rationales Eliminationsverfahren. Österr. Z. Vermessungsw. **1954**, 172.

jeweils links außen in derselben Zeile wie der gesuchte Endkoeffizient, und zwar in der Reihenfolge, in der sie gebraucht werden.

Soll z. B. $[ll \cdot 3]$ gebildet werden, wird der mit der Ordnungszahl 16 versehene Wert $[ll]$ in das Resultatwerk der Maschine gebracht. Dann sucht man in der zweiten Abteilung das Kästchen 51, in das $[ll \cdot 3]$ hineinkommt, und bildet zuerst das Produkt aus dem in der Zeile dieses Kästchens am weitesten links stehenden Quotienten 26 mit dem in der Spalte des Kästchens am weitesten oben stehenden Normalgleichungskoeffizienten 21; dann folgt das Produkt aus dem 2. Element von links ($= 36$) mit dem 2. Element von oben ($= 31$), und schließlich das Produkt aus den beiden dritten Elementen 46 und 41. Im Resultatwerk der Maschine steht nunmehr der Wert $[ll \cdot 3]$, der in das Kästchen 51 übernommen wird. Durch mechanische Fortsetzung dieses Verfahrens über die $[ll \cdot 3]$-Zeile hinaus erhält man wie bei *von Gruber* die Unbekannten und die Gewichtskoeffizienten; siehe hierzu die Tabellen auf S. 132 und 133.

Die links der Treppenlinie vermerkten Reduktionskoeffizienten lassen sich dadurch prüfen, daß, wie man leicht einsieht, die Summe aller Koeffizienten einer Spalte + 1 ergeben muß. Zur Verprobung der Unbekannten und Gewichtskoeffizienten dienen die $[vv]$-Probe und die q-Probe nach § 17 (18) und (20).

21.2 Der moderne Gaußsche Algorithmus [9]

Die Rechnung im 1. Abschnitt läßt sich folgendermaßen interpretieren: Es wurde ausgegangen von der nachstehenden durch die Absolutglieder und die Koeffizienten der L-Gleichung komplettierten quadratischen Matrix der Normalgleichungen. Diese Matrix ist schrittweise zer-

$$\left\| \begin{array}{cccc} [aa] & [ab] & [ac] & [al] \\ [ab] & [bb] & [bc] - [bl] \\ [ac] & [bc] & [cc] - [cl] \\ -[al] & -[bl] & -[cl] & +[ll] \end{array} \right\|$$

legt worden in die Matrix H der Endgleichungen, welche eine „obere Dreiecksmatrix" ist, und die untere Dreiecksmatrix G^* der Reduktionskoeffizienten, die man sich noch durch die Diagonalelemente -1 ergänzt denkt, also

$$G^* \qquad\qquad\qquad\qquad H$$

$$\left\| \begin{array}{cccc} -1 & 0 & 0 & 0 \\[2mm] -\dfrac{[ab]}{[aa]} & -1 & 0 & 0 \\[4mm] -\dfrac{[ac]}{[aa]} & -\dfrac{[bc \cdot 1]}{[bb \cdot 1]} & -1 & 0 \\[4mm] +\dfrac{[al]}{[aa]} & +\dfrac{[bl \cdot 1]}{[bb \cdot 1]} & +\dfrac{[cl \cdot 2]}{[cc \cdot 2]} & -1 \end{array} \right\| \left\| \begin{array}{cccc} [aa] & [ab] & [ac] & -[al] \\[2mm] 0 & [bb \cdot 1] & [bc \cdot 1] & -[bl \cdot 1] \\[4mm] 0 & 0 & [cc \cdot 2] & -[cl \cdot 2] \\[4mm] 0 & 0 & 0 & +[ll \cdot 3] \end{array} \right\|$$

---

[9] *Wolf, H.*: Der modernisierte Gaußsche Algorithmus. Z. Vermessungsw. **1950**, 329. — *Mühlig, F.*, u. *E. Koppermann*: Die Rechenvorschrift des „modernisierten" Gaußschen Algorithmus in ihrer einfachsten Form. Z. Vermessungsw. **1953**, 389.

x	y	z	$-l$	q_x	q_y	q_z	$-\Sigma$
$1=[aa]$	$2=[ab]$	$3=[ac]$	$4=-[al]$	$5=-1$	$\cdot$	$\cdot$	$6=-[as]+1$
	$7=[bb]$	$8=[bc]$	$9=-[bl]$	$\cdot$	$10=-1$	$\cdot$	$11=-[bs]+1$
		$12=[cc]$	$13=-[cl]$	$\cdot$	$\cdot$	$14=-1$	$15=-[cs]+1$
			$16=+[ll]$				$17=+[ls]$
$18=1$	$19=2$	$20=3$	$21=4$	$22=5$			$23=6$
$24=-\dfrac{19}{18}$	$29=7+24\cdot19$	$30=8+24\cdot20$	$31=9+24\cdot21$	$32=24\cdot22$	$33=10$		$34=11+24\cdot23$
$25=-\dfrac{20}{18}$	$35=-\dfrac{30}{29}$	$40=12+25\cdot20$ $+35\cdot30$	$41=13+25\cdot21$ $+35\cdot31$	$42=25\cdot22+35\cdot32$ $=[0\cdot2]_x$	$43=35\cdot33$ $=[0\cdot2]_y$	$44=14$	$45=15+25\cdot23$ $+35\cdot34$
$26=-\dfrac{21}{18}$	$36=-\dfrac{31}{29}$	$46=-\dfrac{41}{40}$	$51=16+26\cdot21$ $+36\cdot31+46\cdot41$ $=[ll\cdot3]=[vv]$	$52=26\cdot22+36\cdot32$ $+46\cdot42$ $=-x$	$53=36\cdot33$ $+46\cdot43$ $=-y$	$54=46\cdot44$ $=-z$	$55=17+26\cdot23$ $+36\cdot34+46\cdot45$ $=-[vv]+x+y+z$
$27=-\dfrac{22}{18}$	$37=-\dfrac{32}{29}$	$47=-\dfrac{42}{40}$	$-q_x:$	$56=27\cdot22+37\cdot32$ $+47\cdot42$	$57=37\cdot33$ $+47\cdot43$	$58=47\cdot44$	
$\cdot$	$38=-\dfrac{33}{29}$	$48=-\dfrac{43}{40}$	$-q_y:$	$59=38\cdot32+48\cdot42$	$60=38\cdot33$ $+48\cdot43$	$61=48\cdot44$	*Mechanisierter* *Algorithmus*
$\cdot$	$\cdot$	$49=-\dfrac{44}{40}$	$-q_z:$	$62=49\cdot42$	$63=49\cdot43$	$64=49\cdot44$	
$28=-\dfrac{23}{18}$	$39=-\dfrac{34}{29}$	$50=-\dfrac{45}{40}$					
$+1$	$+1$	$+1$		$[-q_{xx}]$	$[-q_{xy}]$	$[-q_{xz}]$	

							Mechanisierter Algorithmus
+26	+22	−4	−20	−1	·	·	−19
+18	+18	+8	+5	·	−1	·	−52
		+42	+30	·	·	−1	−75
+26		−4	+54	−1	·	·	−69
−0,6923	+9,5386	+10,7692	−20	+0,6923	−1	·	−19
+0,1538	−1,1290	+29,2264	+18,8460	−0,9354	+1,1290	·	−38,8463
+0,7692	−1,9758	−0,1932	+5,6469	−1,9563 = −δx	+1,7577 = −δy	−1	−34,0647
+0,0385	−0,0726	+0,0320	+0,2891 = [ll·3]	−0,1187	+0,1087	+0,1932 = −δz	−0,2810
·	+0,1048	−0,0386		−q_x: +0,1087	−0,1484	−0,0320	
·	·	+0,0342		−q_y: −0,0320	+0,0386	+0,0386	
+0,7308	+4,0725	+1,1655		−q_z: −0,0420	−0,0011	−0,0342	
+1,0000	+0,9999	+0,9999				−0,0276	

Die Überführung der Normalgleichungen in die Endgleichungen ist also in der Sprache der Matrizenrechnung die Zerlegung der obigen quadratischen Matrix in zwei Dreiecksmatrizen, von denen der Aufbau der einen, nämlich der der Endgleichungen, vorgegeben ist.

Wenn man nun die Reduktionsmatrix G^* „transponiert", d. h. die Zeilen und Spalten austauscht und die Zeilen der transponierten Reduktionsmatrix jeweils unter die entsprechende Zeile der Matrix der Endgleichungen schreibt, erhält man das nachstehende Bild. Zum Bilden der Endgleichungskoeffizienten hat man nunmehr Spaltenelemente mit Spaltenelementen zu multiplizieren. Um eine zusätzliche Variation vorzuführen, sollen, nachdem unter § 21.1 von § 17.3 ausgegangen wurde, in den Mustern der S. 135 wie in § 17.2 zuerst die Unbekannten und dann die Gewichtskoeffizienten berechnet werden; das vermindert die Zahl

$$
\begin{array}{cccc}
[aa] & [ab] & [ac] & [al] \\
\hline
-1 & -\dfrac{[ab]}{[aa]} & -\dfrac{[ac]}{[aa]} & +\dfrac{[al]}{[aa]} \\
& [bb \cdot 1] & [bc \cdot 1] & -[bl \cdot 1] \\
& -1 & -\dfrac{[bc \cdot 1]}{[bb \cdot 1]} & +\dfrac{[bl \cdot 1]}{[bb \cdot 1]} \\
& & [cc \cdot 2] & -[cl \cdot 2] \\
& & -1 & +\dfrac{[cl \cdot 2]}{[cc \cdot 2]} \\
& & & +[ll \cdot 3]
\end{array}
$$

der erforderlichen Rechenoperationen um etwa ein Drittel, es verlangt aber etwas größere Aufmerksamkeit.

Bei der neuen Anordnung entstehen die Zeilen unter den Horizontalstrichen, die sog. *gekürzten Endgleichungen*, ganz schematisch dadurch, daß man die über den Horizontalstrichen stehenden Endgleichungen durch das negativ zu nehmende quadratische Glied der Zeile dividiert. Der Rechenweg ist auf S. 135 durch Ordnungszahlen verdeutlicht. Im einzelnen gestaltet er sich folgendermaßen:

Die erste Doppelzeile (d. h. A-Gleichung und gekürzte A-Gleichung) sowie die zweite Doppelzeile (d. h. $B \cdot 1$-Gleichung und gekürzte $B \cdot 1$-Gleichung) verstehen sich von selbst. Um in der dritten Doppelzeile z. B. 34 = $-[cl \cdot 2]$ zu bilden, bringt man $-[cl] = 11$ in das Resultatwerk der Maschine. Dann verfolgt man die c-Zeile der 1. Abteilung bis zu dem quadratischen Koeffizienten, geht in dessen Spalte nach unten in die zweite Abteilung bis zu dem u n t e r dem ersten Horizontalstrich stehenden Koeffizienten 23 und multipliziert diesen mit dem in der Ausgangsspalte ü b e r dem Horizontalstrich stehenden Koeffizienten 20. Darauf geht man zurück in die Spalte des quadratischen Koeffizienten bis zu dem u n t e r dem zweiten Strich stehenden Koeffizienten 30, multipliziert 30 mit dem in der Ausgangsspalte ü b e r dem zweiten Strich stehenden Koeffizienten 28 und hat dann im Resultatwerk

δx	δy	δz	-l	-s	δx	δy	δz	-l	-s
1 = [aa]	2 = [ab]	3 = [ac]	4 = -[al]	5 = -[as]	+ 26	+ 18	- 4	- 20	- 20
	6 = [bb]	7 = [bc]	8 = -[bl]	9 = -[bs]		+ 22	+ 8	+ 5	- 53
		10 = [cc]	11 = -[cl]	12 = -[cs]			+ 42	+ 30	- 76
			13 = +[ll]	14 = +[ls]				+ 54	- 69
17 = 1	18 = 2	19 = 3	20 = 4	21 = 5	+ 26	+ 18	- 4	- 20	- 20
(1:17)	22 = -18:17 26 = 6 + 22·18	23 = -19:17 27 = 7 + 22·19	24 = -20:17 28 = 8 + 22·20	25 = -21:17 29 = 9 + 22·21	(0,03846)	- 0,6923 + 9,5386	+ 0,1538 + 10,7692	+ 0,7692 + 18,8460	+ 0,7692 - 39,1540
(1:26)		30 = -27:26 33 = 10 + 23·19 + 30·27	31 = -28:26 34 = 11 + 23·20 + 30·28	32 = -29:26 35 = 12 + 23·21 + 30·29		(0,10484)	- 1,1290 + 29,2264	- 1,9758 + 5,6469	+ 4,1048 - 34,8711
		(1:33)	36 = -34:33 38 = 13 + 24·20 + 31·28 + 36·34 = [ll·3]	37 = -35:33 39 = 14 + 24·21 + 31·29 + 36·35 = [ls·3]			(0,03422)	- 0,1932 + 0,2891 = [ll·3]	+ 1,1931 - 0,2864 = [ls·3]
42 = 24 + 23·40 + 22·41 = δx	41 = 31 + 30·40 = δy	40 = 36 = δz	[vv]-Probe: [ll·3] = 4·δx + 8·δy + 11·δz + 13		+ 1,9563 = δx	- 1,7577 = δy	- 0,1931 = δz	[vv]-Probe: + 0,2891 = 0,2895	
45 = 25 + 23·43 + 22·44 = 1-δx	44 = 32 + 30·43 = 1-δy	43 = 37 = 1-δz	q-Probe: δx + δy + δz = 4·[-q₁ₗ] + 8·[-q₁ₗ] + 11·[-q₁ₗ]		- 0,9564 = 1-δx	+ 2,7578 = 1-δy	+ 1,1931 = 1-δz	q-Probe: - 0,0045 = 0,0054	
54 = 23·52 + 22·53 + 1:17	53 = 51	52 = 48	qₓₗ		qₓₗ: + 0,1186	- 0,1087	+ 0,0320		
51 = 23·49 + 22·50 + 1:26	50 = 30·49 + 1:26	49 = 47	qᵧₗ		qᵧₗ: - 0,1087	+ 0,1484	- 0,0386		
48 = 23·46 + 22·47	47 = 30·46	46 = 1:33	q_zₗ		q_zₗ: + 0,0320	- 0,0386	+ 0,0342		
[q_xₛ]	[q_yₛ]	[q_zₛ]			+ 0,0419	+ 0,0011	+ 0,0276		

Moderner Algorithmus

der Maschine den reduzierten Koeffizienten $- [cl \cdot 2]$, der in das Rechenformular übertragen wird. Nach diesem Rezept werden alle übrigen Koeffizienten berechnet. Bei den quadratischen Koeffizienten spielt die gesamte Rechnung sich in einer Spalte ab.

In der 3. Abteilung werden die Unbekannten in umgekehrter Reihenfolge durch rückwärtiges Einsetzen in die unter den Horizontalstrichen stehenden gekürzten Endgleichungen gewonnen. Die letzte Unbekannte (z) steht bereits in der $-l$-Spalte der letzten Endgleichung (Kästchen 36) und wird in die 3. Abteilung (Kästchen 40) übertragen. Für jede folgende Unbekannte entnimmt man ihr Absolutglied aus der nächst höheren Zeile der $-l$-Spalte, addiert dazu die Produkte aus den links vom Absolutglied stehenden Elementen mit den in der 3. Abteilung bereits berechneten Unbekannten und trägt die Summen um eine Spalte nach links versetzt in das Formblatt ein. Zur laufenden Verprobung kann man noch, indem man an Stelle der Elemente der $-l$-Spalte die daneben stehenden Elemente der $-s$-Spalte benutzt, die dekadischen Ergänzungen der Unbekannten bilden.

Von den in der 4. Abteilung zu berechnenden Gewichtskoeffizienten ist der quadratische Koeffizient q_{zz} der letzten Unbekannten in der Zeile der letzten gekürzten Endgleichung bereits eingeklammert vermerkt (1 : 33) und wird ungeändert in die letzte Spalte der untersten Zeile der 4. Abteilung übernommen. Die übrigen Gewichtskoeffizienten werden Zeile für Zeile von rechts nach links fortschreitend ganz ebenso berechnet wie die in der 3. Abteilung über ihnen stehenden Unbekannten. Zu beachten ist dabei nur, daß allein die quadratischen Gewichtskoeffizienten (die in der 2. Abteilung eingeklammerten) Absolutglieder besitzen. In die Kästchen oben rechts von der Diagonalen werden die an der Diagonale gespiegelten Eintragungen von unten links ohne Rechnung übernommen. Zur Verprobung werden wieder die Gleichungen § 17 (18) und (20) benutzt. Als größeres Zahlenbeispiel ist in § 27, Aufgabe 21 ein System mit acht Unbekannten durchgerechnet.

Selbstverständlich kann man auch ausgehend von dem Schema § 17 (22) die Unbekannten und Gewichtskoeffizienten gleichzeitig berechnen oder auch, wie in § 17.4 näher ausgeführt, unter Verzicht auf die $-l$-Spalte und die $[ll]$-Zeile die unbestimmte Auflösung wählen.

21.3 Der Algorithmus von Cholesky [10]

Anstatt aus der Ausgangsmatrix die Reduktionsmatrix und die Matrix der Endgleichungen abzuleiten, kann man die Ausgangsmatrix auch in zwei – abgesehen vom Vorzeichen – spiegelbildlich gleiche Dreiecksmatrizen zerlegen. Diesen Weg ist der französische Kapitän *Cholesky* gegangen. Man denke sich in der unter 21.2 aufgeführten Anordnung die Zeilen über den Horizontalstrichen durch die Wurzeln aus den quadratischen Koeffizienten dividiert und die Zeilen unter den Horizontalstrichen mit denselben Wurzeln multipliziert. Dann werden

$$\left\| \begin{matrix} \sqrt{[aa]} & \dfrac{[ab]}{\sqrt{[aa]}} & \dfrac{[ac]}{\sqrt{[aa]}} & \dfrac{-[al]}{\sqrt{[aa]}} \\[2ex] & \sqrt{[bb \cdot 1]} & \dfrac{[bc \cdot 1]}{\sqrt{[bb \cdot 1]}} & \dfrac{-[bl \cdot 1]}{\sqrt{[bb \cdot 1]}} \\[2ex] & & \sqrt{[cc \cdot 2]} & \dfrac{-[cl \cdot 2]}{\sqrt{[cc \cdot 2]}} \end{matrix} \right\|$$

[10] *Hallert, B.*: Über einige Verfahren zur Lösung von Normalgleichungen. Z. Vermessungsw. **1943**, 238; — Ein Schema für die Lösung von Normalgleichungen. Z. Vermessungsw. **1959**, 254.

δx	δy	δz	$-l$	q_x	q_y	q_z	$-\Sigma$
$1=[aa]$	$2=[ab]$	$3=[ac]$	$4=-[a]$	$5=-1$	.	.	$6=-[as]+1$
	$7=[bb]$	$8=[bc]$	$9=-[b]$	.	$10=-1$		$11=-[bs]+1$
		$12=[cc]$	$13=-[c]$			$14=-1$	$15=-[cs]+1$
			$16=+[ll]$				$17=+[s]$
$18=\sqrt{1}$	$19=\dfrac{2}{18}$	$20=\dfrac{3}{18}$	$21=\dfrac{4}{18}$	$22=\dfrac{5}{18}$			$23=\dfrac{6}{18}$
	$24=\sqrt{7-19^2}$	$25=\dfrac{8-19\cdot20}{24}$	$26=\dfrac{9-19\cdot21}{24}$	$27=\dfrac{-19\cdot22}{24}$	$28=\dfrac{10}{24}$		$29=\dfrac{11-19\cdot23}{24}$
		$30=\sqrt{12-20^2-25^2}$	$31=\dfrac{13-20\cdot21-25\cdot26}{30}$	$32=\dfrac{-20\cdot22-25\cdot27}{30}$	$33=\dfrac{-25\cdot28}{30}$	$34=\dfrac{14}{30}$	$35=\dfrac{15-20\cdot23-25\cdot29}{30}$
			$\begin{aligned}36&=16-21^2-26^2\\&\quad-31^2\\&=[ll\cdot3]\end{aligned}$	$\begin{aligned}37&=-21\cdot22\\&\quad-26\cdot27-31\cdot32\\&=-\delta x\end{aligned}$	$\begin{aligned}38&=-26\cdot28\\&\quad-31\cdot33\\&=-\delta y\end{aligned}$	$\begin{aligned}39&=-31\cdot34\\&=-\delta z\end{aligned}$	$\begin{aligned}40&=17-21\cdot23\\&\quad-26\cdot29-31\cdot35\end{aligned}$
				$41=22^2+27^2+32^2$	$42=27\cdot28+32\cdot33$	$43=32\cdot34$	
					$44=28^2+33^2$	$45=33\cdot34$	
						$46=34^2$	

[vv]-Probe:
$[ll\cdot3]=4\cdot\delta x+9\cdot\delta y+13\cdot\delta z+16$

q-Probe: $\delta x+\delta y+\delta z$
$=4\cdot[-q_x]+9\cdot[-q_{yx}]+13\cdot[-q_{zx}]$

δx	δy	δz	$-l$	q_x	q_y	q_z	$-\Sigma$
$+26$	$+18$	-4	-20	-1	.	.	-19
	$+22$	$+8$	$+5$	.	-1	.	-52
		$+42$	$+30$	.	.	-1	-75
			$+54$	.	.	.	-69

δx	δy	δz	$-l$	q_x	q_y	q_z	$-\Sigma$
$5{,}0990$	$+3{,}5301$	$-0{,}7845$	$-3{,}9223$	$-0{,}1961$	.	.	$-3{,}7262$
	$+3{,}0884$	$+3{,}4870$	$+6{,}1022$	$+0{,}2241$	$-0{,}3238$	.	$-12{,}5781$
		$+5{,}4061$	$+1{,}0441$	$-0{,}1730$	$+0{,}2089$	$-0{,}1850$	$-6{,}3009$
			$+0{,}2885=[ll\cdot3]$	$-1{,}9560=-\delta x$	$+1{,}7578=-\delta y$	$+0{,}1932=-\delta z$	$-0{,}2824$
				$q_x:\ +0{,}1186$	$-0{,}1087$	$+0{,}0320$	
					$q_y:\ +0{,}1485$	$-0{,}0386$	
						$q_z:\ +0{,}0342$	

[vv]-Probe:
$0{,}2885=0{,}2950$

q-Probe:
$-0{,}0040=-0{,}0054$

Algorithmus von Choleski

die entsprechenden Zeilen über und unter den Horizontalstrichen identisch, ohne daß die Produkte entsprechender Elemente eine Änderung
erleiden. Man braucht dann, wie vorstehend geschehen, nur noch
eine Zeile hinzuzuschreiben.

Matrizentechnisch entspricht das Verfahren von *Cholesky* der Zerlegung eines algebraischen Ausdrucks in seine Quadratwurzeln. Die
Unbekannten werden jetzt nicht mehr aus den Endgleichungen, sondern
– noch bequemer – aus den Choleskyschen Gleichungen errechnet.
Der Rechengang ist auf S. 137 in Ordnungsnummern angegeben.

Von den genannten Rechenmaschinenalgorithmen prägt sich am
leichtesten der Rhythmus des mechanisierten Algorithmus ein. Ihm
gegenüber hat der moderne Algorithmus den Vorteil, daß man Spalten
mit Spalten multipliziert und dazu – zumal bei größeren Systemen –
die Spalten durch Falten des Rechenblattes unmittelbar nebeneinander-
stellen kann.

Das Verfahren von *Cholesky* verlangt die geringste Anzahl von
Zwischenaufschreibungen. Die Anzahl der Rechenoperationen ist aller-
dings nicht geringer als bei den beiden anderen Verfahren. Welchen
Rechenweg man vorzieht, dürfte in der Hauptsache eine Frage der
Gewöhnung sein.

Für die Programmierung des Rechenweges in Rechenautomaten hat
der Gaußsche Algorithmus in der ursprünglichen, in § 15 gegebenen
Form, jedoch vervollständigt durch die Elemente der *L*-Gleichung, die
Summenspalten und die Spalten mit den Absolutgliedern der Gewichts-
gleichungen sich als günstigster Weg erwiesen, weil dabei nur wenig
Werte gespeichert zu werden brauchen.

Zur unbestimmten Auflösung der Normalgleichungen bediene man
sich des in § 17.4 im letzten Absatz geschilderten Verfahrens. Der dort
gezeigte Weg läßt sich besonders einfach auf den mechanisierten Algorithmus, aber auch auf die anderen Algorithmen übertragen.

§ 22. Übersicht über die Ausgleichung von vermittelnden Beobachtungen

Es seien in einem System mit den drei Unbekannten x, y, z

$L_1, L_2, ..., L_n$ die ursprünglichen Beobachtungen,

$p_1, p_2, ..., p_n$ ihre Gewichte,

$v_1, v_2, ..., v_n$ die plausibelsten Verbesserungen.

Damit ergibt sich folgender Ausgleichungsgang:

1. Aufstellen der ursprünglichen Fehlergleichungen
a) Wahl der Unbekannten.

b) Ausdrücken der Beobachtungen durch die Unbekannten

$$L_1 + v_1 = f_1(x, y, z) \quad \text{Gewicht } p_1,$$

$$L_2 + v_2 = f_2(x, y, z) \quad \text{Gewicht } p_2, \text{ usw.}$$

c) Bestimmen der Gewichte nach § 4.

2. *Aufstellen der umgeformten Fehlergleichungen*
a) Einführen von Näherungswerten x_0, y_0, z_0 durch

$$x = x_0 + \delta x, \quad y = y_0 + \delta y, \quad z = z_0 + \delta z.$$

b) Berechnen der genäherten Funktionswerte

$$f_1(x_0, y_0, z_0), \quad f_2(x_0, y_0, z_0), \quad f_3(x_0, y_0, z_0) \quad \text{usw.}$$

c) Bilden der Absolutglieder

$$-l_1 = -(L_1 - f_1(x_0, y_0, z_0)),$$

$$-l_2 = -(L_2 - f_2(x_0, y_0, z_0)) \quad \text{usw.}$$

d) Berechnen der Fehlergleichungskoeffizienten

$$a_i = \left(\frac{\partial f_i}{\partial x}\right)_0, \quad b_i = \left(\frac{\partial f_i}{\partial y}\right)_0, \quad c_i = \left(\frac{\partial f_i}{\partial z}\right)_0.$$

e) Zusammenstellen der umgeformten Fehlergleichungen

$$v_1 = a_1\,\delta x + b_1\,\delta y + c_1\,\delta z - l_1 \quad \text{Gewicht } p_1,$$

$$v_2 = a_2\,\delta x + b_2\,\delta y + c_2\,\delta z - l_2 \quad \text{Gewicht } p_2, \quad \text{usw.}$$

3. *Aufstellen und Auflösen der Normalgleichungen*
a) Eintragen der $a_i, b_i, c_i, -l_i, -s_i$ und p_i in das Muster auf S.103 und Bilden der Normalgleichungskoeffizienten, Absolutglieder und Summenglieder.
b) Zusammenstellen des abgekürzten Normalgleichungssystems

δx	δy	δz	$-l$	$-s$
$[aap]$	$[abp]$	$[acp]$	$-[alp]$	$-[asp]$
	$[bbp]$	$[bcp]$	$-[blp]$	$-[bsp]$
		$[ccp]$	$-[clp]$	$-[csp]$
			$+[llp]$	$+[lsp]$

und Reduktion bis zur Bildung von

$$[llp \cdot 3] + [lsp \cdot 3] = 0.$$

c) Berechnen der Unbekannten aus den Endgleichungen

$$\delta z = \frac{[clp \cdot 2]}{[ccp \cdot 2]},$$

$$\delta y = \frac{[blp \cdot 1]}{[bbp \cdot 1]} - \frac{[bcp \cdot 1]}{[bbp \cdot 1]} \cdot \delta z,$$

$$\delta x = \frac{[alp]}{[aap]} - \frac{[acp]}{[aap]} \cdot \delta z - \frac{[abp]}{[aap]} \cdot \delta y.$$

d) Prüfen von $\delta x, \delta y, \delta z$ durch Einsetzen der Unbekannten in

$$- [alp] \, \delta x - [blp] \, \delta y - [clp] \, \delta z + [llp] = [llp \cdot 3].$$

e) Berechnen von x, y, z nach 2 a.

4. Berechnen der Gewichtskoeffizienten oder Kofaktoren
a) Entweder aus

$$q_{zz} = \frac{1}{[ccp \cdot 2]}$$

$$q_{yz} = 0 \qquad\qquad - \frac{[bcp \cdot 1]}{[bbp \cdot 1]} \, q_{zz} = q_{zy},$$

$$q_{yy} = \frac{1}{[bbp \cdot 1]} \quad - \frac{[bcp \cdot 1]}{[bbp \cdot 1]} \, q_{yz},$$

$$q_{xz} = 0 \qquad\qquad - \frac{[acp]}{[aap]} \, q_{zz} - \frac{[abp]}{[aap]} \, q_{yz} = q_{zx},$$

$$q_{xy} = 0 \qquad\qquad - \frac{[acp]}{[aap]} \, q_{yz} - \frac{[abp]}{[aap]} \, q_{yy} = q_{yx},$$

$$q_{xx} = \frac{1}{[aap]} \quad - \frac{[acp]}{[aap]} \, q_{xz} - \frac{[abp]}{[aap]} \, q_{xy};$$

b) oder gemeinsam mit den Unbekannten nach § 17.3;
c) Prüfung durch

$$\delta x = [alp] \, q_{xx} + [blp] \, q_{xy} + [clp] \, q_{xz},$$
$$\delta y = [alp] \, q_{xy} + [blp] \, q_{yy} + [clp] \, q_{yz},$$
$$\delta z = [alp] \, q_{xz} + [blp] \, q_{yz} + [clp] \, q_{zz}.$$

5. Berechnung der v_i aus den umgeformten Fehlergleichungen 2 e.

6. Fehlerrechnung.
a) Berechnen von $[vvp]$ nebst der Probe

$$[vvp] = [llp \cdot 3].$$

b) Mittlerer Fehler einer beobachteten Größe vom Gewicht 1

$$m_0 = \pm \sqrt{\frac{[vvp]}{n-u}}.$$

c) Mittlerer Fehler der Unbekannten

$$m_x = m_0 \sqrt{q_{xx}}, \qquad m_y = m_0 \sqrt{q_{yy}}, \qquad m_z = m_0 \sqrt{q_{zz}}.$$

7. *Schlußprobe.* Berechnen der Funktionen $f_1(x, y, z)$, $f_2(x, y, z)$ usw. mit den ausgeglichenen Unbekannten und prüfen, ob die ursprünglichen Fehlergleichungen 1 b mit den nach Ziff. 5 berechneten v_i erfüllt sind.

§ 23. Ausgleichung von Höhennetzen

Nachdem in den §§ 13 bis 22 die theoretischen Grundlagen der vermittelnden Beobachtungen abgeleitet sind, sollen nun die wichtigsten geodätischen Anwendungen besprochen werden. Begonnen werde mit der Ausgleichung von Höhennetzen; denn diese ist verhältnismäßig einfach, weil die ursprünglichen Fehlergleichungen in den meisten Fällen linear sind[11].

Aufgabe 9. *Ausgleichung eines geometrischen Nivellements*

Das im § 5 in Abb. 4 dargestellte freie Nivellementsnetz ist unter Anhalten der Mittel aus den dort gegebenen Hin- und Rückmessungen auszugleichen.

Zur gegenseitigen Festlegung der Punkte sind vier Unbekannte erforderlich. Als solche wählt man in freien Netzen zweckmäßig die Höhenunterschiede gegenüber einem festen Ausgangspunkt. Dies sind in unserem Fall die Höhen der Punkte Soltau, Tostedt, Eschede und Nienburg über Lüneburg, also wenn unter H_i die Höhen der Punkte über NN verstanden werden,

$$x = H_T - H_L; \qquad y = H_S - H_L; \qquad z = H_E - H_L; \qquad t = H_N - H_L.$$

Benutzt man als Näherungswerte $x_0 = L_1, y_0 = L_2, z_0 = L_3, t_0 = L_2 - L_7$, so entsprechen den Beobachtungen zu Abb. 4 folgende Fehlergleichungen:

Linie	p	ursprünglich	umgeformt	v
				mm
1	1,1	$42{,}452 + v_1 = x$	$v_1 = +\delta x \qquad\qquad\qquad + 0$	$+3{,}2$
2	1,8	$42{,}652 + v_2 = y$	$v_2 = \qquad +\delta y \qquad\qquad + 0$	$+2{,}9$
3	1,3	$57{,}044 + v_3 = z$	$v_3 = \qquad\qquad +\delta z \quad + 0$	$-6{,}6$
4	1,9	$14{,}378 + v_4 = -y + z$	$v_4 = \qquad -\delta y + \delta z \quad +14$	$+4{,}5$
5	2,2	$0{,}199 + v_5 = -x + y$	$v_5 = -\delta x + \delta y \qquad\quad + 1$	$+0{,}7$
6	0,7	$31{,}913 + v_6 = +x - t$	$v_6 = +\delta x \qquad\qquad -\delta t - 5$	$-3{,}2$
7	1,4	$32{,}108 + v_7 = +y - t$	$v_7 = \qquad +\delta y \qquad -\delta t + 0$	$+1{,}5$
8	0,8	$46{,}492 + v_8 = +z - t$	$v_8 = \qquad\qquad \delta z - \delta t + 8$	$0{,}0$

---

[11] Siehe auch Lit.-Verz. [*33*], S. 265.

Damit erhält man die abgekürzt geschriebenen Normalgleichungen

δx	δy	δz	δt	$-l$	
+4,03	−2,22	0	−0,66	− 5,52	$x = 42,455$
	+7,28	−1,92	−1,39	− 24,66	$y = 42,655$
		+4,07	−0,82	+ 33,44	$z = 57,037$
			+2,87	− 3,26	$t = 10,545$
				+447,52	$[vv]$-Probe:
$\delta x =$	$\delta y =$	$\delta z =$	$\overline{\delta t =}$		$[llp \cdot 4] = 134,28$
+3,19	+2,89	−6,57	+1,40		$[vvp] = 134,9$.

Die Verbesserungen sind rechts neben den Fehlergleichungen eingetragen. Der mittlere Fehler einer beobachteten Kilometerstrecke ist

$$M_{1\,\text{km}} = \pm \frac{1}{10} \sqrt{\frac{134,9}{8-4}} = \pm 0,6 \text{ mm} .$$

Die Gewichtskoeffizienten und die mittleren Fehler der Unbekannten sind

q_x	q_y	q_z	q_t		
+0,397	+0,202	+0,142	+0,230	q_x	$m_x = \pm 3,7$ mm
	+0,295	+0,188	+0,243	q_y	$m_y = \pm 3,2$ mm
		+0,381	+0,238	q_z	$m_z = \pm 3,6$ mm
			+0,586	q_t	$m_t = \pm 4,5$ mm .

Angeschlossene Netze. Wären z. B. Lüneburg und Nienburg feste Anschlußpunkte mit den NN-Höhen H_L und H_N, so würde man als Unbekannte die NN-Höhen $H_T(= x)$, $H_S(= y)$, $H_E(= z)$ wählen. Die ursprünglichen Fehlergleichungen würden dann sein:

$$L_1 + v_1 = x - H_L ; \quad L_4 + v_4 = -y + z ; \quad L_7 + v_7 = y - H_N ;$$
$$L_2 + v_2 = y - H_L ; \quad L_5 + v_5 = -x + y ; \quad L_8 + v_8 = z - H_N ;$$
$$L_3 + v_3 = z - H_L ; \quad L_6 + v_6 = +x - H_N .$$

Aufgabe 10. *Ausgleichung trigonometrischer Höhenmessungen (I)*

In dem dargestellten Netz, in dem die Höhe des Punktes A, $H_A = 147,23$ m gegeben ist, sollen die Höhen der Punkte B, C und D durch trigonometrische Höhenmessung bestimmt werden. Die beobachteten Zenitdistanzen und die dazugehörigen Entfernungen sind:

$z_1 = 87°52'20''$, $\quad s_1 = 1169,6$ m ,

$z_2 = 89°31'48''$, $\quad s_2 = 1604,4$ m ,

$z_3 = 89°25'00''$, $\quad s_3 = 1836,4$ m ,

$z_4 = 90°35'41''$, $\quad s_4 = 1836,4$ m ,

$z_5 = 89°27'52''$, $\quad s_5 = 2602,5$ m ,

$z_6 = 90°14'26''$, $\quad s_6 = 1317,1$ m ,

$z_7 = 91°01'06''$, $\quad s_7 = 1702,1$ m .

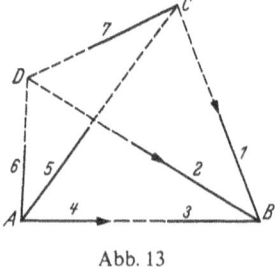

Abb. 13

Als Unbekannte werden die Höhenunterschiede

$$H_B - H_A = x, \qquad H_C - H_A = y, \qquad H_D - H_A = z$$

gewählt. Zur Aufstellung der Fehlergleichungen sind die Beobachtungen als Funktionen der Unbekannten darzustellen. Beobachtet sind die Zenitdistanzen. Zur Vereinfachung berechnet man jedoch meistens die Höhenunterschiede auf Grund der Formel

$$h = s \cot z + K s^2 + i - t,$$

worin $K = \dfrac{1-k}{2r}$ ein Korrekturfaktor wegen der Erdkrümmung und der Strahlenbrechung,

i die Höhe der Kippachse des Instruments und t die Höhe der Zieltafel über dem betreffenden Bodenpunkt ist, und führt die daraus erhaltenen „beobachteten Höhenunterschiede" als fingierte Beobachtungen in die Ausgleichung ein. Damit ist die Ausgleichung trigonometrischer Höhenmessungen auf die Ausgleichung nivellitischer Höhenunterschiede zurückgeführt. Es sind lediglich die Gewichte der fingierten Beobachtungen zu bestimmen.

In der Gleichung für h kann der Einfluß des Fehlers von r stets und der von s dann unberücksichtigt bleiben, wenn s einer Triangulation entnommen ist und Hochgebirgsmessungen außer Betracht bleiben [12]. Mithin ist nach § 2 (15) anzusetzen

$$m_h^2 = \frac{s^2}{\sin^4 z} \frac{m_z^2}{\varrho^2} + \frac{s^4}{4r^2} m_k^2 + m_i^2 + m_t^2.$$

$\sin^4 z$ kann hinreichend genau zu 1 angenommen werden, m_k ist in der Ebene erfahrungsgemäß mit $k/4$, also etwa mit $\pm 0{,}04$ einzuführen. Setzt man m_h in Millimetern, m_z in Altsekunden und s in Kilometern an und nimmt $m_i = \pm 5$ mm und $m_t = \pm 10$ mm, so ist in runden Werten

$$m_h^2 = (5s)^2 \cdot m_z^2 + (80 s^2)^2 \cdot 0{,}04^2 + 5^2 + 10^2$$

oder

$$m_h^2 = (5s)^2 (m_z^2 + 0{,}4 s^2 + 5/s^2).$$

Werden für die Beobachtung der Zenitdistanzen Instrumente eines Typs verwandt, so ist m_z als hinreichend konstant anzusehen. Man kommt dann zu einem Gewichtseinsatz durch

$$p = \frac{c}{m_h^2} = \frac{25 \, m_z^2}{(5s)^2 (m_z^2 + 0{,}4 s^2 + 5/s^2)} = \frac{1}{s^2 (1 + 0{,}4 s^2/m_z^2 + 5/s^2 m_z^2)}.$$

Bei drei bis vier Beobachtungen in jeder Fernrohrlage erhält man je nach dem Instrumententyp m_z zu ± 2 bis $4''$, d. h. $m_z^2 \approx 10$. Damit wird

$$p = \frac{1}{s^2 (1 + 0{,}04 s^2 + 0{,}5/s^2)}.$$

In Zahlen:

s	1	2	3	4	km
p	0,65	0,20	0,08	0,04	
$1/s^2$	1,00	0,25	0,11	0,06	

Es genügt also in den meisten Fällen, $p \approx 1/s^2$ zu setzen. Sind die Höhenunterschiede von beiden Endpunkten aus beobachtet worden, so wird das Mittel mit doppeltem Gewicht in die Rechnung eingeführt.

Mit den gegebenen Beobachtungen und $K = 0{,}0685 \cdot 10^{-6}$ (für s in m) erhält man

$$H_B = 128{,}38 \pm 0{,}05; \qquad H_C = 171{,}94 \pm 0{,}06; \qquad H_D = 141{,}81 \pm 0{,}05.$$

---

[12] *Lichte, H.*: Die trigonometrische Höhenmessung als Hilfsmittel der Landesvermessung. Dissertation TH Hannover 1948.

§ 24. Reduzierte Fehlergleichungen

In vielen Fällen ist es zweckmäßig, aus den Fehlergleichungen eine Unbekannte zu eliminieren. Hierfür sind zwei Wege gebräuchlich: Falls in einem System gleichwertiger Fehlergleichungen eine Unbekannte in *allen* Gleichungen den *gleichen* Koeffizienten hat, so läßt sich die Unbekannte bequem mit Hilfe der Summengleichung eliminieren. Liegt dagegen ein Fehlergleichungssystem allgemeiner Art vor, so bedient man sich besser eines Verfahrens von *O. Schreiber*, das indessen auch auf den erstgenannten Fall mit Nutzen angewandt werden kann.

24.1 Elimination einer Unbekannten mittels der Summengleichung

Gegeben seien die gleichgewichtigen Fehlergleichungen

$$\left.\begin{aligned}
v_1 &= a_1 x + b_1 y + cz - l_1 , \\
v_2 &= a_2 x + b_2 y + cz - l_2 , \\
&\cdots\cdots\cdots\cdots\cdots\cdots \\
v_n &= a_n x + b_n y + cz - l_n ,
\end{aligned}\right\} \tag{1}$$

in denen $c_1 = c_2 = \cdots c_n = c$ ist. Die Normalgleichung für z, die nach § 16 (7) allgemein $[cv] = 0$ ist, lautet hier

$$[cv] = c[v] = c[a]\, x + c[b]\, y + nc^2 z - c[l] = 0$$

oder $\qquad\qquad [v] = [a]\, x + [b]\, y + ncz - [l] = 0 .$ $\qquad\qquad$ (2)

Also ist, wenn in einem Fehlergleichungssystem eine Unbekannte in allen Gleichungen denselben Koeffizienten hat, immer $[v] = 0$. Dividiert man die Gl. (2), die gleichlautend mit der Summengleichung des Systems (1) ist, durch $-n$, so wird

$$0 = -\frac{[a]}{n}\, x - \frac{[b]}{n}\, y - cz + \frac{[l]}{n} , \tag{3}$$

und wenn diese Gleichung zu jeder der gegebenen Fehlergleichungen hinzugezählt wird, so folgen die von z freien *reduzierten* Fehlergleichungen

$$\left.\begin{aligned}
v_1 &= \left(a_1 - \frac{[a]}{n}\right) x + \left(b_1 - \frac{[b]}{n}\right) y - \left(l_1 - \frac{[l]}{n}\right), \\
v_2 &= \left(a_2 - \frac{[a]}{n}\right) x + \left(b_2 - \frac{[b]}{n}\right) y - \left(l_2 - \frac{[l]}{n}\right) \text{ usw.,}
\end{aligned}\right\} \tag{4}$$

oder mit einfacher Bezeichnung der Koeffizienten

$$v_1 = a_1' x + b_1' y - l_1' , \\ v_2 = a_2' x + b_2' y - l_2' \quad \text{usw.,} \qquad \left.\right\} \tag{5}$$

nebst den Proben

$$[a'] = 0, \quad [b'] = 0, \quad -[l'] = 0 . \tag{6}$$

Das Aufstellen reduzierter Fehlergleichungen lohnt sich nur dann, wenn wie z. B. in der Aufgabe 16 in jeder Fehlergleichung alle Unbekannten auftreten. Oftmals geht man besser von (1) sogleich auf die aus (4) folgenden (einmal reduzierten) Normalgleichungen über, welche wegen

$$\left[\left(a_1 - \frac{[a]}{n} \right) \left(b_1 - \frac{[b]}{n} \right) \right] = [ab] - \frac{[a][b]}{n} \tag{7}$$

lauten:

$$\left([aa] - \frac{[a]^2}{n} \right) x + \left([ab] - \frac{[a][b]}{n} \right) y - \left([al] - \frac{[a][l]}{n} \right) = 0 , \\ \left([ab] - \frac{[a][b]}{n} \right) x + \left([bb] - \frac{[b]^2}{n} \right) y - \left([bl] - \frac{[b][l]}{n} \right) = 0 . \qquad \left.\right\} \tag{8}$$

24.2 Die Schreibersche Regel

Nach einem von *O. Schreiber* angegebenen Verfahren kann eine Unbekannte auch in den Fällen eliminiert werden, in denen die in (1) gemachte Voraussetzung, daß eine Unbekannte in allen Fehlergleichungen denselben Koeffizienten hat, nicht erfüllt ist. Zu diesem Zwecke fügt *Schreiber* zu den gegebenen Fehlergleichungen

$$v_1 = a_1 x + b_1 y + c_1 z - l_1 \quad \text{Gewicht } p_1 , \\ v_2 = a_2 x + b_2 y + c_2 z - l_2 \quad \text{Gewicht } p_2 , \\ \cdots \qquad\qquad\qquad \cdots \\ v_n = a_n x + b_n y + c_n z - l_n \quad \text{Gewicht } p_n , \qquad \left.\right\} \tag{9}$$

als $(n + 1)^{\text{te}}$ Gleichung die Normalgleichung für die zu eliminierende Unbekannte hinzu und gibt ihr als Gewicht deren negativen reziproken Koeffizienten. Außerdem bringt er in allen Gleichungen die Glieder mit dieser Unbekannten auf die linke Seite und faßt sie mit den v zusammen zu fingierten Verbesserungen, die wir mit V bezeichnen. Soll also z. B. z eliminiert werden, so ergeben sich nach dieser Vorschrift die

10 Großmann, Ausgleichsrechnung, 3. Aufl.

„Rechengleichungen"

$$\left.\begin{array}{llllll}
v_1 - c_1 z = V_1 = & a_1 x + & b_1 y - & l_1 & \text{Gewicht} & p_1, \\
v_2 - c_2 z = V_2 = & a_2 x + & b_2 y - & l_2 & \text{Gewicht} & p_2, \\
\quad\cdots & & & & & \cdots \\
v_n - c_n z = V_n = & a_n x + & b_n y - & l_n & \text{Gewicht} & p_n, \\
-[ccp] z = V^* = & [acp] x + & [bcp] y - & [clp] & \text{Gewicht} & -\dfrac{1}{[ccp]}.
\end{array}\right\} \quad (10)$$

Die $(n+1)^{\text{te}}$ Gleichung wird als fingierte oder Schreibersche Gleichung bezeichnet.

Wird nun das System der Rechengleichungen als Ausgangssystem betrachtet und werden daraus ganz formal die Normalgleichungen gebildet, so ergeben sich alsbald die von z freien einmal reduzierten Normalgleichungen. Zum Beweise tausche man in (9) die x-Spalte und die z-Spalte gegeneinander aus, reduziere einmal durch und findet die Behauptung bestätigt. Es ergibt sich ferner, wenn auf Grund von (10) die Quadratsumme der Absolutglieder gebildet wird

$$[llp] - \frac{[clp]^2}{[ccp]} = [llp \cdot 1] . \qquad (11)$$

Es bleibt also auch die in § 16 (14) behandelte Fehlerquadratsumme erhalten.

Das System der Schreiberschen Rechengleichungen ist demnach dem Ausgangssystem äquivalent sowohl im Hinblick auf die Berechnung der Unbekannten wie die der Fehlerquadratsumme; d. h. es ist

$$[VVp] = [vvp] , \qquad (12)$$

wobei lediglich zu beachten ist, daß zur Bildung von $[VVp]$ auch die Schreibersche Gleichung heranzuziehen ist. Hingegen sind die einzelnen V nicht identisch mit den entsprechenden v. Werden die v gebraucht, so muß – etwa aus der Schreiberschen Gleichung – zuvor die Unbekannte z errechnet werden.

Das Schreibersche Eliminationsverfahren ist in der Anwendung besonders einfach, wenn in einem gleichgewichtigen System die zu eliminierende Unbekannte in jeder Fehlergleichung den Koeffizienten 1 hat, was z. B. für die in § 25 zu besprechenden Orientierungsunbekannten gilt. In diesem Falle ist die Normalgleichung für die zu eliminierende Unbekannte gleich der Summengleichung, und ihr Gewicht ist $-1/n$.

Gegenüber der Schreiberschen Regel hat die Elimination auf dem unter 24.1 entwickelten Wege den Vorzug, daß die v sowohl aus den ursprünglichen wie aus den reduzierten Fehlergleichungen erhalten werden. Man braucht also, wenn man die v haben will, die eliminierte Unbekannte nicht erst auszurechnen. Nachteilig ist hingegen, daß in den vielen Fällen, in denen die a und b in den ursprünglichen Fehlergleichungen runde Werte – insbesondere $+1$, -1, 0 – aufweisen, die Koeffizienten durch die Reduktion unrund werden und damit die Zahlenrechnung erschwert wird.

Man wird daher das erste Verfahren meistens nur dann anwenden, wenn *alle* Unbekannten in *allen* Fehlergleichungen auftreten, wie das z. B. beim Rückwärtseinschneiden (Aufgabe 16) die Regel ist. Trifft diese Voraussetzung nicht zu (Aufgaben 13, 17 und 19), so führt das Schreibersche Verfahren schneller zum Ziel.

Aufgabe 11. *Maßstabsvergleich (II)*

In den in Aufgabe 6 gefundenen umgeformten Fehlergleichungen hat die Orientierungsunbekannte δx ausnahmslos den Koeffizienten $+1$. δx läßt sich daher auf dem unter 24.1 beschriebenen Weg eliminieren. Dazu bilde man aus dem System der umgeformten Fehlergleichungen auf S. 90 die Summengleichung

$$[v] = 0 = \quad 5\delta x + 15\delta y - 0{,}10$$

oder

$$0 = - \quad \delta x - \quad 3\delta y + 0{,}02\,,$$

addiere diese Gleichung zu jeder der umgeformten Fehlergleichungen und erhält so die reduzierten Fehlergleichungen

$$v_1 = -3\delta y - 0{,}08, \qquad v_4 = +2\delta y + 0{,}07\,,$$
$$v_2 = -2\delta y - 0{,}03, \qquad v_5 = +3\delta y + 0{,}12$$
$$v_3 = \qquad\qquad -0{,}08,$$

und die Normalgleichung

$$26\,\delta y + 0{,}80 = 0$$

und daraus

$$\delta y = -0{,}031\,.$$

Einsetzen in die reduzierten Fehlergleichungen ergibt für die v der Reihe nach

$$+0{,}013, \quad +0{,}032, \quad -0{,}080, \quad +0{,}008, \quad +0{,}027\,.$$

Das Endergebnis ist wie in Aufgabe 6

$$y = 26{,}10 - 0{,}03 = 26{,}07 \text{ mm}\,.$$

Der mittlere Fehler einer beobachteten Größe – also einer Ablesung – ist

$$m = \pm \sqrt{\frac{0{,}0084}{5-2}} = \pm 0{,}053 \text{ mm}\,.$$

Die Gewichtsgleichung für y lautet

$$26\,q_{yy} - 1 = 0\,.$$

Man erhält daher als mittleren Fehler einer ausgeglichenen Größe

$$m_y = m\,\sqrt{q_{yy}} = \frac{m}{\sqrt{26}} = \pm 0{,}01\,.$$

Die Lösung mit der Schreiberschen Regel möge der Leser selbst suchen.

10*

§ 25. Stationsausgleichungen

Den ersten Schritt zur Berechnung trigonometrischer Punkte und
Netze bildet die Ausgleichung der auf den einzelnen Stationen beobachteten Richtungen oder Winkel in einer Stationsausgleichung[13]. Jedem
Beobachtungsverfahren entspricht eine besondere Form der Stationsausgleichung. Die Winkelmessung mit Horizontschluß ist bereits in den
Aufgaben 3 und 5 behandelt worden[14]. In den Aufgaben 12 bis 14 werden die Beobachtung von vollständigen Richtungssätzen sowie die
Winkelmessung in allen Kombinationen vorgeführt werden. Die in
jüngster Zeit sehr in Aufnahme gekommene Sektorenmethode wird im
§ 40 besprochen[15].

Aufgabe 12. *Berechnung vollständiger Richtungssätze*

Ein Richtungsbüschel mit s Strahlen ist in n vollständigen Sätzen beobachtet worden.
Gesucht sind die ausgeglichenen Werte der Richtungen und ihre mittleren Fehler.

Wahl der Unbekannten. Um von den beobachteten zu den ausgeglichenen Richtungen
zu gelangen, hat man unter Beachtung der Forderung, daß die Abweichungen zwischen den
beobachteten und den ausgeglichenen Richtungen ein Minimum werden, einerseits jeden
beobachteten Satz im ganzen zu drehen und dazu je Satz eine „Orientierungsunbekannte"
zu bestimmen. Zum anderen hat man für jede der orientierten Richtungen das v zu ermitteln,
das an der orientierten Richtung angebracht die ausgeglichene Richtung ergibt. Da aber
der Anfangsstrahl jedes Satzes gewöhnlich auf Null reduziert wird, ist es ausgleichungs-
technisch einfacher, wenn man als Unbekannte anstelle der vier Richtungen die Winkel
x_2, x_3 und x_4 einführt, die die betreffenden Richtungen mit dem Nullstrahl bilden. Demnach
sind bei $n = 3$ Sätzen drei Orientierungsunbekannte, nämlich z', z'' und z''', und bei
$s = 4$ Strahlen $s - 1 = 3$ unbekannte Winkel, nämlich x_2, x_3 und x_4, also insgesamt sechs
Unbekannte zu bestimmen.

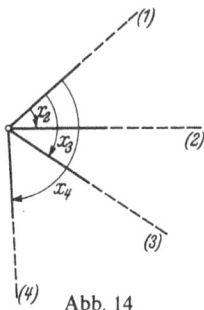

Abb. 14

Die Fehlergleichungen gewinnt man auf Grund des Ansatzes: Beobachtung plus
Orientierung plus Verbesserung gibt ausgeglichenen Wert. Bringt man dabei in jeder Gleichung die Orientierungsunbekannte und die Beobachtungsgröße nach rechts, so erhält man

[13] Vgl. Lit.-Verz. [34], § 30—44.
[14] *Ackerl, F.:* Der Satzschluß. Z. Vermessungsw. **1959**, 57.
[15] *Beck, W.:* Das Gruppenverfahren bei der Winkelmessung I. O. Deutsche Geod.
Komm. Reihe C, Heft 1.

die nachstehend auf der linken Hälfte des Blattes vermerkten Fehlergleichungen. Auf der rechten Hälfte stehen die nach § 24.2 von den Orientierungsunbekannten befreiten Schreiberschen Rechengleichungen, die die Grundlage für das Aufstellen der Normalgleichungen bilden.

Fehlergleichungen und Satzsummen   *Schreibersche Rechengleichungen*

I. Satz:

$$v_1' = \qquad\qquad -z' - l_1' \qquad\qquad V_1' = \qquad\qquad -l_1' \quad \text{Gew. } 1$$
$$v_2' = x_2 \qquad\quad -z' - l_2' \qquad\qquad V_2' = x_2 \qquad\quad -l_2' \quad \text{Gew. } 1$$
$$v_3' = \quad x_3 \quad -z' - l_3' \qquad\qquad V_3' = \quad x_3 \quad -l_3' \quad \text{Gew. } 1$$
$$v_4' = \qquad x_4 - z' - l_4' \qquad\qquad V_4' = \qquad x_4 - l_4' \quad \text{Gew. } 1$$

$$[v'] = 0 = x_2 + x_3 + x_4 - 4z' - [l'] \qquad V_{n+1}' = x_2 + x_3 + x_4 - [l'] \quad \text{Gew. } -\tfrac{1}{4}$$

II. Satz:

$$v_1'' = \qquad\qquad -z'' - l_1'' \qquad\qquad V_1'' = \qquad\qquad -l_1'' \quad \text{Gew. } 1$$
$$v_2'' = x_2 \qquad\quad -z'' - l_2'' \qquad\qquad V_2'' = x_2 \qquad\quad -l_2'' \quad \text{Gew. } 1$$
$$v_3'' = \quad x_3 \quad -z'' - l_3'' \qquad\qquad V_3'' = \quad x_3 \quad -l_3'' \quad \text{Gew. } 1$$
$$v_4'' = \qquad x_4 - z'' - l_4'' \qquad\qquad V_4'' = \qquad x_4 - l_4'' \quad \text{Gew. } 1$$

$$[v''] = 0 = x_2 + x_3 + x_4 - 4z'' - [l''] \qquad V_{n+1}'' = x_2 + x_3 + x_4 - [l''] \quad \text{Gew. } -\tfrac{1}{4}$$

III. Satz:

$$v_1''' = \qquad\qquad -z''' - l_1''' \qquad\qquad V_1''' = \qquad\qquad -l_1''' \quad \text{Gew. } 1$$
$$v_2''' = x_2 \qquad\quad -z''' - l_2''' \qquad\qquad V_2''' = x_2 \qquad\quad -l_2''' \quad \text{Gew. } 1$$
$$v_3''' = \quad x_3 \quad -z''' - l_3''' \qquad\qquad V_3''' = \quad x_3 \quad -l_3''' \quad \text{Gew. } 1$$
$$v_4''' = \qquad x_4 - z''' - l_4''' \qquad\qquad V_4''' = \qquad x_4 - l_4''' \quad \text{Gew. } 1$$

$$[v'''] = 0 = x_2 + x_3 + x_4 - 4z''' - [l'''] \qquad V_{n+1}''' = x_2 + x_3 + x_4 - [l'''] \quad \text{Gew. } -\tfrac{1}{4}$$

Beim Übergang zur Zahlenrechnung beachte man, daß laut Voraussetzung $l_1' = l_1'' = l_1'''$ $= 0$ und daher auch $[l_1] = 0$ ist. Daraus folgt $v_1' = -z'$; $v_1'' = -z''$; $v_1''' = -z'''$; $[v_1] = -[z]$.

Die Normalgleichungen und ihre Summengleichung lauten

$$\frac{9}{4}x_2 - \frac{3}{4}x_3 - \frac{3}{4}x_4 - \left([l_2] - \frac{[l]}{4}\right) = 0, \quad wobei \quad [l] = [l'] + [l''] + [l''']$$

$$-\frac{3}{4}x_2 + \frac{9}{4}x_3 - \frac{3}{4}x_4 - \left([l_3] - \frac{[l]}{4}\right) = 0 \qquad\qquad = [l_1] + [l_2] + [l_3] + [l_4]$$

$$\qquad\qquad\qquad\qquad\qquad\qquad\qquad\qquad\qquad\qquad\qquad\qquad\qquad (1)$$

$$-\frac{3}{4}x_2 - \frac{3}{4}x_3 + \frac{9}{4}x_4 - \left([l_4] - \frac{[l]}{4}\right) = 0, \qquad\qquad = 0 \; + [l_2] + [l_3] + [l_4]$$

$$\frac{3}{4}x_2 + \frac{3}{4}x_3 + \frac{3}{4}x_4 - \left(\qquad + \frac{[l]}{4}\right) = 0, \quad weil \quad [l] - 3\frac{[l]}{4} = +\frac{[l]}{4} \; \text{ist.}$$

Addiert man die Summengleichung zu jeder der Normalgleichungen, so ergeben sich die $x_i = [l_i] : 3$. Man erhält sodann durch Einsetzen der x_i in die Satzsummen der ursprünglichen Fehlergleichungen die Orientierungsunbekannten. Bei s Strahlen und n Sätzen sind

Die Unbekannten

$$
\left.
\begin{aligned}
x_2 &= \frac{[l_2]}{n}; & z' &= \frac{x_2 + x_3 + \cdots + x_s - [l']}{s} \\[2mm]
x_3 &= \frac{[l_3]}{n}; & z'' &= \frac{x_2 + x_3 + \cdots + x_s - [l'']}{s} \\[1mm]
&\cdots\cdots & &\cdots\cdots\cdots\cdots\cdots\cdots\cdots\cdots \\[1mm]
x_s &= \frac{[l_s]}{n}; & z^{(n)} &= \frac{x_2 + x_3 + \cdots + x_s - [l^{(n)}]}{s}
\end{aligned}
\right\}
\qquad (2)
$$

Das übliche Verfahren, als Endwert für jeden Strahl das Mittel aus allen Beobachtungen zu bilden, befindet sich also mit der Methode der kleinsten Quadrate im Einklang. Von der Berechnung der Orientierungsunbekannten wird meistens abgesehen, da sie für die weitere Verarbeitung der Beobachtungen nicht gebraucht werden.

Die Verbesserungen v_i bestimmt man, da in der Regel keine Fehlergleichungen aufgestellt werden, aus den ausgeglichenen Werten der Unbekannten. Dazu schreibe man die Fehlergleichungen z. B. für den I. Satz um in

$$
\begin{aligned}
v_1' &= (0 - l_1') - z' = d_1' - z' \ , & \text{wobei} \quad d_1' = 0, \\
v_2' &= (x_2 - l_2') - z' = d_2' - z' \\
v_3' &= (x_3 - l_3') - z' = d_3' - z' \\
v_4' &= (x_4 - l_4') - z' = d_4' - z'
\end{aligned}
$$

$$
[v'] = 0 = [x - l'] - 4z' = [d'] - 4z', \quad \text{oder} \quad z' = \frac{[d']}{4} \ .
$$

Es ist demnach

$$
v_1' = d_1' - \frac{[d']}{4}; \quad v_2' = d_2' - \frac{[d']}{4} \quad \text{usw.} \qquad (3)
$$

oder allgemein im v-ten Satz bei s Strahlen

$$
v_i^v = d_i^v - \frac{[d^v]}{s} \ . \qquad (4)
$$

In Worten besagt diese Gleichung, daß man die v_i erhält, wenn man die d_i satzweise auf Null reduziert. Dieses Verfahren benutzt die Dienstanweisung für Triangulierung und Polygonierung in Bayern.

In den „Ergänzungsbestimmungen" der ehemaligen Preußischen Katasterverwaltung wird auf die Berechnung der einzelnen v verzichtet und nur $[vv]$ berechnet. Hierzu ergibt das Quadrieren und Aufsummieren der v_i' der Gln. (3) wegen § 24 (7)

$$
\begin{aligned}
[v'v'] &= [d'd'] - \frac{1}{4}[d']^2 \\[2mm]
[v''v''] &= [d''d''] - \frac{1}{4}[d'']^2 , \\[2mm]
[v'''v'''] &= [d'''d'''] - \frac{1}{4}[d''']^2 .
\end{aligned}
$$

Wegen $[vv] = [v'v'] + [v''v''] + [v'''v''']$ folgt daraus bei gleichzeitigem Übergang auf s Strahlen die Rechenformel

$$
[vv] = [dd] - \frac{1}{s} \sum_{v=1}^{v=n} [d^{(v)}]^2 , \qquad (5)
$$

in der $[d^{(v)}]$ die Summe aller d im v-ten Satz bedeutet.

Die Gewichtskoeffizienten der ausgeglichenen Winkel x_2, x_3, x_4 gewinnt man aus den nach § 17 (3) aufzustellenden Gewichtsgleichungen (6), die der Übersichtlichkeit halber mit 4/3 multipliziert und mit ihrer Summengleichung versehen sind.

$$
\begin{array}{rrrl}
3\,q_{22} - & q_{23} - & q_{24} = 4/3 = s/n \\
-\,q_{22} + 3\,q_{23} - & q_{24} = 0 \\
-\,q_{22} - & q_{23} + 3\,q_{24} = 0 \\
\hline
q_{22} + & q_{23} + & q_{24} = 4/3 \, .
\end{array}
\tag{6}
$$

Die Addition der Summengleichung zu jeder Gl. (6) gibt

$$
q_{22} = 2/3 \, ; \qquad q_{23} = 1/3 \, ; \qquad q_{24} = 1/3 \, .
$$

Für n Sätze und eine größere Anzahl von Strahlen folgt daraus im Hinblick auf den symmetrischen Aufbau der Büschel die nachstehende Q-Matrix (7) der ausgeglichenen Winkel[16]. Die Gewichtseinheit ist dabei, da Richtungen beobachtet

$$
Q_{(W)} = \left\|
\begin{array}{cccc}
2 & 1 & 1 & \cdot \\
1 & 2 & 1 & \cdot \\
1 & 1 & 2 & \cdot \\
\cdot & \cdot & \cdot & \cdot
\end{array}
\right\| : n
\tag{7}
$$

sind und für jede Beobachtung eine Fehlergleichung angesetzt wurde, das Gewicht einer einmal beobachteten Richtung. Die Gewichtsreziproken für beliebige Winkelkombinationen lassen sich nach der Tienstraschen Regel (§ 20.1) bestimmen; z. B. ist für den von den Strahlen (2) und (3) gebildeten Winkel $W_{(23)} = -x_2 + x_3$

$$
q_{WW} = q_{22} - 2\,q_{23} + q_{33} = \frac{2}{n} - 2\frac{1}{n} + \frac{2}{n} = \frac{2}{n} \, .
\tag{8}
$$

Demnach haben alle aus dem Büschel zusammenstellbaren Winkel das Gewicht $n/2$. Die ausgeglichenen Winkel sind indessen, wie die gemischten Koeffizienten in (7) erkennen lassen, nicht unabhängig voneinander.

Richtungsgewichte. Würde man die Richtungen als Ausgleichungsunbekannte einführen – einen Ansatz dafür findet man in Aufgabe 13 (4) bis (8) –, so würde man für $x_1 = 0$, x_2, x_3 und x_4 dieselben Werte erhalten wie in (2) bei der Winkelausgleichung. Es ändern sich dann nur die Gewichtsverhältnisse. Die Gewichtsreziproke einer ausgeglichenen Richtung[17] ist nach (7) und (8), wenn davon ausgegangen wird, daß die Richtungsgewichte doppelt so groß sind wie die Winkelgewichte, gleich $1/n$. Nach Tienstra gilt ferner, wenn $r_1, r_2, \ldots, r_n$ ausgeglichene Richtungen und R_{11}, R_{12} usw. ihre Gewichtskoeffizienten sind, für $x_2 = -r_1 + r_2$

$$
q_{22} = R_{11} - 2R_{12} + R_{22}
\tag{9a}
$$

oder $\qquad R_{12} = \frac{1}{2}(R_{11} + R_{22} - q_{22}) = \frac{1}{2}\left(\frac{1}{n} + \frac{1}{n} - \frac{2}{n}\right) = 0 \, .$ $\qquad$ (9b)

Da der gleiche Nachweis sich für alle gemischten R_{ik} erbringen läßt, können die Gewichtskoeffizienten der ausgeglichenen Richtungen unter Anhalten der in (7) benutzten Gewichtseinheit zu der folgenden Matrix $Q_{(R)}$ zusammengefaßt

$$
Q_{(R)} = \left\|
\begin{array}{ccccc}
1 & 0 & 0 & 0 & \cdot \\
0 & 1 & 0 & 0 & \cdot \\
0 & 0 & 1 & 0 & \cdot \\
0 & 0 & 0 & 1 & \cdot \\
\cdot & \cdot & \cdot & \cdot & \cdot
\end{array}
\right\| : n
\tag{10}
$$

---

[16] d. h. $q_{ii} = q_{kk} = 2/n$; $q_{ik} = 1/n$; usw.
[17] Vgl. Lit.-Verz. [17], S. 353.

werden[18]. Nach einer Untersuchung von *Wl. K. Hristow* ist das nur eine, und zwar die zweckmäßigste von unendlich vielen Möglichkeiten, das Ergebnis der Winkelbeobachtungen durch Richtungsbeobachtungen äquivalent (vgl. § 42) darzustellen[19].

Der mittlere Richtungsfehler. Bei n Sätzen und s Strahlen ist die Zahl der beobachteten Richtungen gleich $n \cdot s$ und die Zahl der Unbekannten gleich $(s-1)$ Winkel plus n Orientierungsunbekannte, und damit die Zahl der überschüssigen Beobachtungen gleich $ns - (s-1) - n = (n-1)(s-1)$. Mithin ist der mittlere Fehler einer *beobachteten* Richtung

$$m = \pm \sqrt{\frac{\cdot [vv]}{(n-1)(s-1)}}. \tag{11}$$

Der mittlere Fehler einer *ausgeglichenen* Richtung, die nach (10) das Gewicht $P = n$ hat, ist

$$M_r = \pm \frac{m}{\sqrt{n}} = \pm \sqrt{\frac{[vv]}{n(n-1)(s-1)}}. \tag{12}$$

Der mittlere Richtungsfehler geht demnach durch Beobachten in n Sätzen mit der Wurzel aus der Anzahl der Wiederholungen zurück.

Zahlenbeispiel

	Ziel	Reduzierte Mittel	Mittel aus allen Beobachtungen	d	Preußische Ergänzungsbestimmungen			Bayerische Anweisung	
					dd			v	vv
I. Satz	1	0,0000^g	0,0000^g	0	0			+ 2	4
	2	96,8627	96,8606	− 21	441			− 19	361
	3	172,0407	172,0403	− 4	16			− 2	4
	4	213,3664	213,3679	+ 15	225			+ 17	289
				− 10		$[d]^2 = 100$		− 2	
II. Satz	1	0,0000		0	0			− 2	4
	2	96,8627		− 21	441			− 23	529
	3	172,0370		+ 33	1089			+ 31	961
	4	213,3683		− 4	16			− 6	36
				+ 8		$[d]^2 = 64$		0	
III. Satz	1	0,0000		0	0			0	0
	2	96,8565		+ 41	1681			+ 41	1681
	3	172,0432		− 29	841			− 29	841
	4	213,3689		− 10	100			− 10	100
				+ 2		$[d]^2 = 4$		+ 2	
					4850	$\Sigma\,[d]^2 = 168$			4810

$$[vv] = [dd] - \frac{\Sigma\,[d]^2}{s} = 4850 - \frac{168}{4} = 4808.$$

---

[18] Das heißt $R_{11} = R_{22} = R_{33} = \cdots = 1/n$; $R_{ik} = 0$.

[19] *Hristow, W.*: Strenger Beweis für die Darstellung symmetrischer Winkelbeobachtungen als äquivalente unabhängige Richtungswerte. Vermessungstechnik **1958**, 271.

[vv] wird also nach den Ergänzungsbestimmungen und der Bayerischen Anweisung mit ausreichender Übereinstimmung gefunden.

Mittlerer Fehler einer beobachteten Richtung

$$m = \pm \sqrt{\frac{[vv]}{(n-1)(s-1)}} = \pm \sqrt{\frac{4808}{(3-1)(4-1)}} = \pm 28{,}3^{cc}.$$

Mittlerer Fehler einer gemittelten, d. h. auf der Station ausgeglichenen Richtung

$$m_x = \frac{m}{\sqrt{n}} = \pm \frac{28{,}3}{\sqrt{3}}^{cc} = \pm 16{,}3^{cc}.$$

Aufgabe 13. *Vereinigung unvollständiger Richtungssätze*

In manchen Fällen sind einzelne Ziele infolge unsichtiger Luft nur zeitweise zu sehen; in anderen Fällen müssen die Ziele von verschiedenen Exzentren aus beobachtet werden. Es entsteht dann die Aufgabe, die dabei beobachteten unvollständigen Richtungssätze zu einem Satz zu vereinigen.

Als Beispiel betrachte man folgende Richtungsbeobachtungen (Abb. 15):

I. Satz: $l'_1 \ l'_2 \ \cdot \ l'_4$
II. Satz: $l''_1 \ \cdot \ l''_3 \ \cdot$
III. Satz: $\cdot \ l'''_2 \ l'''_3 \ l'''_4 .$

Gesucht sind die ausgeglichenen Werte und ihre mittleren Fehler.

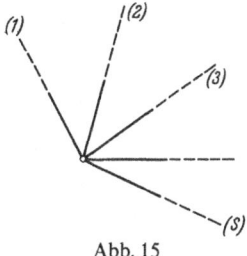

Abb. 15

Wahl der Unbekannten. Unter der Annahme, daß $l'_1 = l''_1 = 0$ ist, hat man vorweg den dritten Satz im ganzen so zu verdrehen – etwa durch Hinzuzählen von l'_2 zu jeder Richtung –, daß er mit den beiden anderen bis auf Abweichungen von der Größe der Messungsungenauigkeiten übereinstimmt (vorläufige Orientierung). Als Unbekannte führt man wie in Aufgabe 12 am einfachsten die Winkel x_2, x_3, x_4 und für jeden der drei Sätze eine Orientierungsunbekannte ein. Die Orientierungsunbekannte eliminiert man zweckmäßig nach dem Schreiberschen Verfahren; dann erhält man folgende

Fehlergleichungen und Satzsummen   *Schreibersche Rechengleichungen*

I. Satz:

$v'_1 =$		$-z'$	$-l'_1$	$V'_1 \ = $	$-l'_1$	Gew. 1
$v'_2 = x_2$	$-z'$	$-l'_2$	$V'_2 \ = x_2$	$-l'_2$	Gew. 1
$v'_4 =$	$x_4 - z'$	$-l'_4$	$V'_4 \ =$	$x_4 - l'_4$	Gew. 1
$[v'] = 0 = x_2$	$+ x_4 - 3z'$	$- [l']$	$V'_{n+1} = x_2$	$+ x_4 - [l']$	Gew. $-\frac{1}{3}$

II. Satz:

$$
\begin{aligned}
v_1'' &= && -z'' -l_1'' & V_1'' &= && -l_1'' && \text{Gew.} \quad 1 \\
v_3'' &= x_3 && -z'' -l_3'' & V_3'' &= x_3 && -l_3'' && \text{Gew.} \quad 1 \\
\hline
[v''] &= 0 = x_3 && -2z'' -[l''] & V_{n+1}'' &= x_3 && -[l''] && \text{Gew.} -\tfrac{1}{2}
\end{aligned}
$$

III. Satz:

$$
\begin{aligned}
v_2''' &= x_2 && -z''' -l_2''' & V_2''' &= x_2 && -l_2''' && \text{Gew.} \quad 1 \\
v_3''' &= \quad x_3 && -z''' -l_3''' & V_3''' &= x_3 && -l_3''' && \text{Gew.} \quad 1 \\
v_4''' &= \quad x_4 -z''' -l_4''' & V_4''' &= && x_4 -l_4''' && \text{Gew.} \quad 1 \\
\hline
[v'''] &= 0 = x_2 + x_3 + x_4 -3z''' -[l'''] & V_{n+1}''' &= x_2 + x_3 + x_4 -[l'''] && \text{Gew.} -\tfrac{1}{3}
\end{aligned}
$$

Die Normalgleichungen sind

$$
\left.
\begin{aligned}
4/3\,x_2 - 1/3\,x_3 - 2/3\,x_4 - \lambda_2 &= 0\,, \quad \text{wobei} \quad -\lambda_2 = -[l_2] + \frac{1}{3}[l'] + \frac{1}{3}[l'''] \\[2mm]
-1/3\,x_2 + 7/6\,x_3 - 1/3\,x_4 - \lambda_3 &= 0\,, \qquad\qquad\quad -\lambda_3 = -[l_3] + \frac{1}{2}[l''] + \frac{1}{3}[l'''] \\[2mm]
-2/3\,x_2 - 1/3\,x_3 + 4/3\,x_4 - \lambda_4 &= 0\,, \qquad\qquad\quad -\lambda_4 = -[l_4] + \frac{1}{3}[l'] + \frac{1}{3}[l''']
\end{aligned}
\right\} (1)
$$

Die Unbekannten sind, indem man x_2, x_3, x_4 als Funktionen der Absolutglieder darstellt (= unbestimmte Auflösung der Normalgleichungen) und die Orientierungsunbekannten aus den Satzsummen ableitet:

$$
\left.
\begin{aligned}
x_2 &= 1,3\,\lambda_2 + 0,6\,\lambda_3 + 0,8\,\lambda_4\,; & z' &= 1/3\,x_2 && + 1/3\,x_4 - 1/3\,[l']\,, \\
x_3 &= 0,6\,\lambda_2 + 1,2\,\lambda_3 + 0,6\,\lambda_4\,; & z'' &= && 1/2\,x_3 && - 1/2\,[l'']\,, \\
x_4 &= 0,8\,\lambda_2 + 0,6\,\lambda_3 + 1,3\,\lambda_4\,; & z''' &= 1/3\,x_2 + 1/3\,x_3 + 1/3\,x_4 - 1/3\,[l''']\,.
\end{aligned}
\right\} (2)
$$

Die Gewichtskoeffizienten der ausgeglichenen Winkel x_2, x_3, x_4 ergeben im Hinblick auf § 17 (2) die Matrix $Q_{(W)}$, wobei wie in Aufgabe 12 als Gewichtseinheit

$$
Q_{(W)} = \begin{Vmatrix} 1,3 & 0,6 & 0,8 \\ 0,6 & 1,2 & 0,6 \\ 0,8 & 0,6 & 1,3 \end{Vmatrix} \tag{3}
$$

eine einmal beobachtete Richtung gilt. Die Winkel x_2, x_3, x_4 sind also weder gleichgewichtig noch unabhängig voneinander.

Richtungsgewichte. Wenn die Gewichtskoeffizienten der ausgeglichenen Richtungen gebraucht werden, können diese entweder nach einem von *F. R. Helmert* angegebenen Verfahren[20] aus den Gewichtskoeffizienten (3) der ausgeglichenen Winkel abgeleitet werden, oder man kann die Ausgleichung von vornherein auf Richtungen abstellen[21]. In letzterem Falle gibt man der Anfangsrichtung nicht wie oben den Wert Null, sondern man setzt sie als Unbekannte x_1 an, also z. B. im I. Satz:

Fehlergleichungen   *Schreibersche Rechengleichungen*

$$
\begin{aligned}
v_1' &= x_1 && -z' -l_1'\,; & V_1' &= x_1 && -l_1' && \text{Gewicht} \quad 1 \\
v_2' &= \quad x_2 && -z' -l_2'\,; & V_2' &= && x_2 && -l_2' && \text{Gewicht} \quad 1 \\
v_4' &= \quad x_4 -z' -l_4'\,; & V_4' &= && x_4 -l_4' && \text{Gewicht} \quad 1 \\[2mm]
&&& V_{n+1}' &= x_1 + x_2 + x_4 -[l'] && \text{Gewicht} -\frac{1}{3}
\end{aligned}
\tag{4}
$$

---

[20] Vgl. Lit.-Verz. [*16*], S. 530 u. [*17*], S. 353.
[21] Vgl. Lit.-Verz. [*8*], S. 146 u. [*17*], S. 331.

Entsprechende Behandlung des II. Satzes – der III. Satz ändert sich nicht – gibt für alle Sätze zusammen die Normalgleichungen

$$\left.\begin{array}{l} 7/6\,x_1 - 1/3\,x_2 - 1/2\,x_3 - 1/3\,x_4 - \lambda_1 = 0\,, \\ -\,1/3\,x_1 + 4/3\,x_2 - 1/3\,x_3 - 2/3\,x_4 - \lambda_2 = 0\,, \\ -\,1/2\,x_1 - 1/3\,x_2 + 7/6\,x_3 - 1/3\,x_4 - \lambda_3 = 0\,, \\ -\,1/3\,x_1 - 2/3\,x_2 - 1/3\,x_3 + 4/3\,x_4 - \lambda_4 = 0\,, \end{array}\right\} \tag{5}$$

mit $-\lambda_1 = -[l_1] + \frac{1}{3}[l'] + \frac{1}{2}[l'']$ und $-\lambda_2, \lambda_3, \lambda_4$ wie in (1). Diese Normalgleichungen sind aber nicht unabhängig voneinander; denn ihre Summe ergibt $0 = 0$. Um zu bestimmten Werten zu gelangen, muß die Anfangsrichtung festgelegt werden. Wir schreiben dazu vor, daß

$$x_1 + x_2 + x_3 + x_4 = 0$$

sein soll und addieren diese Gleichung zu jeder der obigen Normalgleichungen (5); dann erhält man die umgeformten Normalgleichungen

$$\left.\begin{array}{l} 13/6\,x_1 + 2/3\,x_2 + 1/2\,x_3 + 2/3\,x_4 - \lambda_1 = 0\,, \\ 2/3\,x_1 + 7/3\,x_2 + 2/3\,x_3 + 1/3\,x_4 - \lambda_2 = 0\,, \\ 1/2\,x_1 + 2/3\,x_2 + 13/6\,x_3 + 2/3\,x_4 - \lambda_3 = 0\,, \\ 2/3\,x_1 + 1/3\,x_2 + 2/3\,x_3 + 7/3\,x_4 - \lambda_4 = 0\,. \end{array}\right\} \tag{6}$$

Löst man diese wie in (2) geschehen unbestimmt auf, so ergibt sich als Matrix der Gewichtskoeffizienten der ausgeglichenen Richtungen

$$Q_{(R)} = \begin{Vmatrix} +0,55 & -0,13 & -0,05 & -0,13 \\ -0,13 & +0,50 & -0,13 & 0 \\ -0,05 & -0,13 & +0,55 & -0,13 \\ -0,13 & 0 & -0,13 & +0,50 \end{Vmatrix} \tag{7}$$

Im Gegensatz zu den vollständigen Richtungssätzen – Aufgabe 12, Gl. (10) – sind demnach in unvollständigen Sätzen die ausgeglichenen Richtungen korreliert.

Bei der Fehlerrechnung beachte man, daß der zusätzlichen Unbekannten auch eine weitere Bedingung gegenübersteht. Wenn nunmehr R die Anzahl aller beobachteten Richtungen, n die der Sätze und s die der Richtungsunbekannten ist, so erhält man als mittleren Fehler einer beobachteten Richtung

$$m = \pm \sqrt{\frac{[vv]}{R - (n + s - 1)}}\,. \tag{8}$$

Die mittleren Fehler der ausgeglichenen Richtungen findet man über die zugehörigen Gewichtsreziproken in (7).

In der gängigen Praxis wird statt der hier vorgetragenen Lösung gewöhnlich das in § 44, Aufgabe 37 geschilderte Verfahren der schrittweisen Annäherung benutzt.

Aufgabe 14. *Winkelmessung in allen Kombinationen* (I)

Bei Triangulierungen höherer Ordnung sind selten alle Richtungen gleichzeitig zu sehen, so daß unvollständige Richtungssätze und damit nicht ganz gleichgewichtige

Richtungsbüschel die Regel sein müßten. Um diesem Übelstand abzuhelfen, wird vielfach die Winkelmessung in allen Kombinationen benutzt, bei der immer nur zwei Richtungen gleichzeitig sichtbar zu sein brauchen. Bei vier Richtungen gestaltet die Lösung sich folgendermaßen:

Die Winkelräume zwischen den vier Strahlen A, B, C, D sind in allen Kombinationen mit gleicher Genauigkeit beobachtet worden. Gesucht sind die ausgeglichenen Werte und ihre mittleren Fehler.

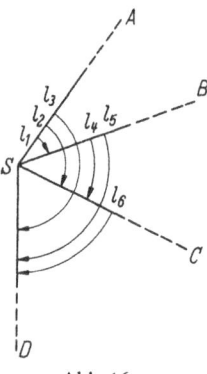

Abb. 16

Aufstellen der Fehlergleichungen. Um das Ausgleichungsergebnis bequem mit einem Richtungssatz vergleichen zu können, werden als Unbekannte die Winkelräume $ASB = x$, $ASC = y$, $ASD = z$ gewählt. Dann ergeben sich mit den Bezeichnungen der Abb. 16 die Fehlergleichungen

$$v_1 = x \quad\quad - l_1, \quad\quad v_4 = -x + y \quad\quad - l_4,$$
$$v_2 = \quad y \quad - l_2, \quad\quad v_5 = -x \quad\quad + z - l_5,$$
$$v_3 = \quad\quad z - l_3, \quad\quad v_6 = \quad\quad - y + z - l_6.$$

Die Normalgleichungen lauten

$$\left.\begin{aligned} 3x - \ y - \ z - l_1 + l_4 + l_5 = 0, \\ -x + 3y - \ z - l_2 - l_4 + l_6 = 0, \\ -x - \ y + 3z - l_3 - l_5 - l_6 = 0. \end{aligned}\right\} \tag{1}$$

Die Unbekannten findet man, indem man die Summengleichung

$$x + y + z - l_1 - l_2 - l_3 = 0$$

zu jeder einzelnen Normalgleichung addiert, zu

$$\left.\begin{aligned} x &= \frac{1}{4}\left(2l_1 + (l_2 - l_4) + (l_3 - l_5)\right), \\ y &= \frac{1}{4}\left(2l_2 + (l_1 + l_4) + (l_3 - l_6)\right), \\ z &= \frac{1}{4}\left(2l_3 + (l_1 + l_5) + (l_2 + l_6)\right). \end{aligned}\right\} \tag{2}$$

In Worten: *Bei der Winkelmessung in allen Kombinationen ergibt sich jeder ausgeglichene Winkel als allgemeines arithmetisches Mittel aus der direkten Messung des Winkels mit dem Gewicht 2 und den ihn bildenden Summen und Differenzen mit dem Gewicht 1.*

Die Berechnung von v und $[vv]$ weist keine Besonderheiten auf.

Die Gewichtskoeffizienten gewinnt man aus den folgenden nach § 17 (3) aus (1) abgeleiteten Gewichtsgleichungen, welche durch Addieren der Summengleichungen zu jeder Gl. (3) ergeben

$$
\left.
\begin{array}{rrrr}
3\,q_{xx} - & q_{xy} - & q_{xz} = 1 \\
- q_{xx} + 3\,q_{xy} - & q_{xz} = 0 \\
- q_{xx} - & q_{xy} + 3\,q_{xz} = 0 \\
\hline
q_{xx} + & q_{xy} + & q_{xz} = 1
\end{array}
\right\}
\tag{3}
$$

$$
q_{xx} = 2/4\,; \qquad q_{xy} = 1/4\,; \qquad q_{xz} = 1/4\,.
$$

Wegen der symmetrischen Anordnung der Messungen folgt daraus, wenn auf s Strahlen übergegangen wird, ganz allgemein

$$
q_{ii} = q_{kk} = \frac{2}{s}\,; \qquad q_{ik} = \frac{1}{s}\,. \tag{4}
$$

Die Gewichtseinheit ist dabei, da Winkel beobachtet und in die Ausgleichung eingeführt sind, ein einmal beobachteter Winkel. Erteilen wir aber, um die Winkelmessung in allen Kombinationen mit den vollständigen Richtungssätzen vergleichen zu können, einer beobachteten R i c h t u n g das Gewicht 1, so gehen die Gewichtszahlen auf die Hälfte zurück, während die Werte der Gewichtskoeffizienten sich verdoppeln. Bei s Strahlen erhält man dann für die Gewichtskoeffizienten die folgende Matrix $Q_{(W)}$.

$$
Q_{(W)} = \left\|
\begin{array}{cccc}
2 & 1 & 1 & \cdot \\
1 & 2 & 1 & \cdot \\
1 & 1 & 2 & \cdot \\
\cdot & \cdot & \cdot & \cdot
\end{array}
\right\| : \frac{s}{2}\,. \tag{5}
$$

Ein Vergleich mit der Matrix (7) in Aufgabe 12 ergibt, daß die beiden Matrizen im Falle $n = s/2$ übereinstimmen. Die Winkelmessung in allen Kombinationen ist daher gleichgewichtig $s/2$ vollständigen Richtungssätzen; sie verlangt aber $s(s-1)$ Beobachtungen, während für die vollen Sätze $n \cdot s = s^2/2$ Beobachtungen erforderlich sind.

Richtungsgewichte. Die im letzten Satz formulierte Beziehung erlaubt es einerseits, das Ausgleichungsergebnis als ein Richtungsbüschel mit den Ausgleichungswerten $0, x, y$ und z zu betrachten. Zum anderen kann der in Aufgabe 12 vollzogene Übergang von der Winkelmatrix (7) zur Richtungsmatrix (10) auf die Winkelmessung in allen Kombinationen dadurch übertragen werden, daß man an die Stelle unserer Matrix (5) die Matrix (10) der Aufgabe 12 setzt, dabei jedoch im Nenner anstelle von n nunmehr $s/2$ schreibt. Also gilt der Satz:

Werden bei der Winkelmessung in allen Kombinationen die Unbekannten auf einen gemeinsamen Anfangsstrahl bezogen, so ergibt die Ausgleichung ein gleichgewichtiges Richtungsbüschel, und zwar hat, wenn bei s Strahlen einer beobachteten Richtung das Gewicht 1 erteilt wurde, eine ausgeglichene Richtung r_i die Gewichtsreziproke $q_{ii} = 1 : s/2 = 2/s$ und damit das Gewicht $s/2$, während alle gemischten q_{ik} verschwinden.

Für die Berechnung der mittleren Fehler nach § 18 (12) ist

die Anzahl der beobachteten Winkel $\qquad = \dfrac{s(s-1)}{1 \cdot 2}$,

die Anzahl der unbekannten Winkel $\qquad = s - 1$,

die Anzahl der überschüssigen Beobachtungen $\quad = \dfrac{(s-1)\,(s-2)}{2}$.

Wenn demnach ein beobachteter *Winkel* das Gewicht 1 erhält, so sind Gewicht und mittlerer Fehler eines beobachteten Winkels

$$p_w = 1 \; ; \quad m_w = \pm \sqrt{\frac{2[vv]}{(s-1)(s-2)}} \, . \tag{6}$$

Die entsprechenden Werte sind wegen (4) für einen ausgeglichenen Winkel

$$P_w = \frac{s}{2} \, ; \quad M_w = \pm m_w \sqrt{\frac{2}{s}} \, , \tag{7}$$

und wenn jeder Winkel *n*-mal beobachtet wurde,

$$P_{nw} = \frac{ns}{2} \, ; \quad M_{nw} = \pm m_w \sqrt{\frac{2}{ns}} \, . \tag{8}$$

In der Landesvermessung wird häufig einer beobachteten *Richtung* das Gewicht 1 erteilt; dann ist das Gewicht einer ausgeglichenen Richtung

$$P_r = \frac{s}{2} \, ; \quad P_{nr} = \frac{ns}{2} \, . \tag{9}$$

§ 26. Trigonometrisches Einschneiden

Das trigonometrische Einschneiden ist von alters her die wichtigste Art der geodätischen Punktbestimmung. Behandelt werden hier Rückwärtseinschneiden, Vorwärtseinschneiden, vereinigtes Vorwärts- und Rückwärtseinschneiden, das Einschalten von Doppelpunkten und die Bestimmung der Fehlerellipse. Als Vorbereitung sind die Beziehungen zwischen Richtungs- und Koordinatenänderung herzuleiten.

Aufgabe 15. *Berechnung der Richtungskoeffizienten*

Von einem festen Standpunkt $P_1(x_1, y_1)$ führe ein Strahl unter dem Richtungswinkel φ zu einem veränderlichen Neupunkt $P(x, y)$. Welche Änderung erleidet φ, wenn P aus der Lage x, y in die Lage $P'(x + \delta x, y + \delta y)$ gerückt wird?

Herleitung der Richtungskoeffizienten. Zwischen φ, x und y besteht die Beziehung

$$\tan \varphi = \frac{y - y_1}{x - x_1} \tag{1}$$

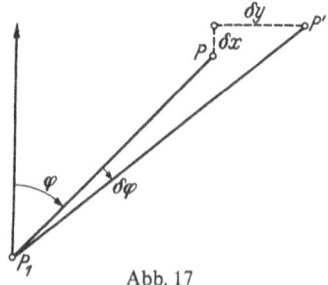

Abb. 17

oder
$$\varphi = \arctan \frac{y - y_1}{x - x_1} = f(x, y).$$

Werden nun x und y um die kleinen Beträge δx und δy geändert, so erleidet φ die Änderung

$$\delta \varphi = \frac{\partial f}{\partial x} \delta x + \frac{\partial f}{\partial y} \delta y$$

mit

$$\frac{\partial f}{\partial x} = \frac{1}{1 + \left(\dfrac{y - y_1}{x - x_1}\right)^2} \cdot \frac{-(y - y_1)}{(x - x_1)^2} = \frac{1}{1 + \tan^2 \varphi} \cdot \frac{-\tan \varphi}{x - x_1} = - \frac{\sin \varphi \cos \varphi}{x - x_1},$$

$$\frac{\partial f}{\partial y} = \frac{1}{1 + \left(\dfrac{y - y_1}{x - x_1}\right)^2} \cdot \frac{1}{x - x_1} = \frac{1}{1 + \tan^2 \varphi} \cdot \frac{+\tan \varphi}{y - y_1} = + \frac{\sin \varphi \cos \varphi}{y - y_1}.$$

Also ist, wenn $\delta \varphi$ im Winkelmaß verlangt wird,

$$\delta \varphi = - \frac{\sin \varphi \cos \varphi \, \varrho}{x - x_1} \delta x + \frac{\sin \varphi \cos \varphi \, \varrho}{y - y_1} \delta y \qquad (2)$$

oder mit einfachen Bezeichnungen

$$\delta \varphi = a \, \delta x + b \, \delta y. \qquad (2\,\text{a})$$

a und b heißen die *Richtungskoeffizienten.*

Verschiedene Formen der Richtungskoeffizienten. 1. Die Richtungskoeffizienten lassen sich leicht auf verschiedene Formen bringen, von denen je nach Art der vorhandenen Unterlagen bald die eine, bald die andere vorzuziehen ist. Wird unter φ der Richtungswinkel vom festen zum veränderlichen Punkt verstanden, so ist

$$\left.\begin{aligned}
a &= - \frac{\sin \varphi \cos \varphi \, \varrho}{x - x_1} = - \frac{\sin \varphi}{s} \varrho = - \frac{y - y_1}{s^2} \varrho = - \frac{\sin^2 \varphi}{y - y_1} \varrho, \\
b &= + \frac{\sin \varphi \cos \varphi \, \varrho}{y - y_1} = + \frac{\cos \varphi}{s} \varrho = + \frac{x - x_1}{s^2} \varrho = + \frac{\cos^2 \varphi}{x - x_1} \varrho.
\end{aligned}\right\} \qquad (3)$$

Am bequemsten sind die zweite und die dritte Form, da die s für die Berechnung ohnehin gebraucht werden. Wird ϱ in Sekunden angesetzt, so ist es, um für a und b mäßige Werte zu erhalten, namentlich bei kürzeren Strecken, zweckmäßig, die s in Dezimetern zu nehmen. Dann werden natürlich auch die Verschiebungen δx und δy in Dezimetern erhalten.

2. Wenn φ der Richtungswinkel vom veränderlichen zum festen Punkt ist, haben a und b umgekehrte Vorzeichen. Da aber bei Drehung um 200^{g} auch $\sin \varphi$ und $\cos \varphi$ das Vorzeichen wechseln, bleibt der Zahlenwert von a und b ungeändert.

3. Um die a und b durch Rechenproben zu sichern, können sie nach je zwei der obigen Formen gerechnet werden. Besser werden sie jedoch mit einer der weiter unten aufgeführten numerischen und graphischen Tafeln zur Berechnung der Richtungskoeffizienten verprobt. Als Probe dient weiter

$$a^2 + b^2 = \frac{\varrho^2}{s^2}. \qquad (4)$$

Steht eine Rechenmaschine zur Verfügung, so kann man auch a und b etwas genauer rechnen als nötig und dann prüfen, ob $a/b = - \operatorname{tg} \varphi$ ist. Hierbei werden jedoch Fehler in s nicht entdeckt.

4. Eine gänzlich unabhängige Form der Richtungskoeffizienten ergibt sich mit Hilfe logarithmischer Fortschritte. Ausgehend von

$$\lg \tan \varphi = \lg(y - y_1) - \lg(x - x_1)$$

wird bei einer Änderung der Punktlage um δx und δy

$$\lg \tan(\varphi + \delta \varphi) = \lg(y - y_1 + \delta y) - \lg(x - x_1 + \delta x).$$

Ist – abweichend von S. 23 – $d \lg$ ein Symbol für den logarithmischen Fortschritt an der betreffenden Stelle, so ist

$$\lg \tan \varphi + d \lg \tan \varphi \, \delta \varphi = \lg(y - y_1) + d \lg \Delta y \, \delta y - \lg(x - x_1) - d \lg \Delta x \, \delta x,$$

und wenn davon die vorangegangene Gleichung abgezogen wird, bleibt

$$\delta \varphi = -\frac{d \lg \Delta x}{d \lg \tan \varphi} \delta x + \frac{d \lg \Delta y}{d \lg \tan \varphi} \delta y. \tag{5}$$

Es ist also

$$a = -\frac{d \lg \Delta x}{d \lg \tan \varphi}, \quad b = +\frac{d \lg \Delta y}{d \lg \tan \varphi}. \tag{6}$$

Diese Form benutzt die Katasteranweisung IX. Sie schreibt außerdem vor, daß die Fortschritte für Δx und Δy in Metern, für $\tan \varphi$ in Sekunden zu nehmen sind.

5. Eine geometrische Ableitung der Richtungskoeffizienten gibt die nebenstehende Abbildung, in der P die ursprüngliche, P' die veränderte Lage des angezielten Punktes bedeutet. Man entnimmt ihr leicht

$$\delta \varphi = -\delta \varphi_x + \delta \varphi_y,$$

$$= -\frac{\delta x \sin \varphi}{s} + \frac{dy \cos \varphi}{s}$$

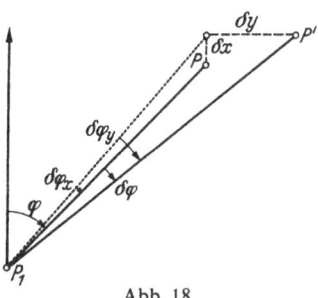

Abb. 18

oder im Gradmaß

$$\delta \varphi = -\frac{\varrho}{s} \sin \varphi \, \delta x + \frac{\varrho}{s} \cos \varphi \, \delta y,$$

wobei das erste Glied negatives Vorzeichen erhalten muß, weil bei wachsendem φ die Abszissen abnehmen.

Rechenhilfsmittel. Die Richtungskoeffizienten werden in der Geodäsie so viel gebraucht, daß dafür zahlreiche numerische und graphische Hilfstafeln entstanden sind und noch laufend neu entstehen. Genannt seien:

1. Die Jordanschen Tafeln der Richtungskoeffizienten für 1 km Entfernung aus [*17*], Anhang.

2. *Seiffert, O.:* Logarithmische Hilfstafeln zur Berechnung der Fehlergleichungskoeffizienten. Halle 1892 (vgl. Z. Vermessungsw. 1893, S. 221).

3. *Eggert, O.:* Hilfstafeln zur Berechnung der Richtungskoeffizienten (vgl. Z. Vermessungsw. 1903, S. 666).

4. *Brandenburg:* Zwei trigonometrische Tafeln zur Berechnung der Hilfs- und Richtungsgrößen. Leipzig 1932.

5. *Schröder:* Trigonometrische und polygonometrische Arbeiten. Sonderdruck aus den Allg. Vermess.-Nachr. 1939.

6. *Sust:* Tafeln der Richtungskoeffizienten beim trigonometrischen Einschneiden für alte und neue Teilung. Herausgegeben von der Hauptvermessungsabteilung Potsdam.

7. *Rein, R.:* Fluchtlinientafel für die Richtungskoeffizienten a und b. Z. Vermessungsw. 1953, S. 233.

Aufgabe 16. *Rückwärtseinschneiden mit Richtungen*

Zur Bestimmung des Neupunktes $P(x, y)$ sind auf P die Richtungen nach den Festpunkten P_1 bis P_4 beobachtet worden. Gesucht sind die günstigsten Werte der Koordinaten des Neupunktes und ihre mittleren Fehler.

Lösungsweg. Um die Ausgleichsunbekannten kennenzulernen, geht man zweckmäßig von einer graphischen Vorstellung aus. Man denke sich, es seien auf einem mit einem Quadratnetz versehenen Zeichenkarton die gegebenen Punkte mit aller Sorgfalt

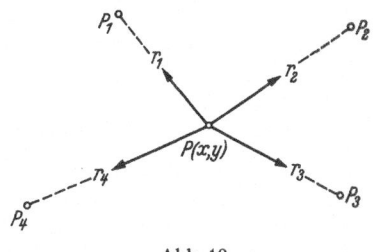

Abb. 19

nach Koordinaten aufgetragen. Es sei ferner das auf dem Neupunkt beobachtete Richtungsbüschel auf einer durchsichtigen Pause (Spinne) eingezeichnet. Zur Ermittlung des Neupunktes hat man nun die Pause nach Augenmaß so auf den Zeichenkarton zu legen, daß die Strahlen der Spinne nahezu durch die Festpunkte gehen, und gewinnt damit eine vorläufige Orientierung des Richtungsbüschels ($= z_0$) und vorläufige Koordinaten ($= x_0, y_0$) für den Neupunkt. Um diese vorläufigen Werte noch zu verbessern, hat man die Spinne um den kleinen Winkel δz ($=$ Orientierungsverbesserung) zu drehen und sie außerdem in Richtung der Koordinatenachsen um die Koordinatenzuschläge δx und δy so lange zu verschieben, bis die verbleibenden Richtungsabweichungen an den Festpunkten soweit wie möglich verschwunden sind. Ausgleichsunbekannte sind also die Orientierungsunbekannte $z = z_0 + \delta z$ und die Neupunktskoordinaten $x = x_0 + \delta x$, $y = y_0 + \delta y$.

11   Großmann, Ausgleichsrechnung, 3. Aufl.

Die zahlenmäßige Ausgleichung beginnt mit dem Berechnen der Näherungskoordinaten x_0, y_0 z.B. durch Rückwärtseinschneiden nach 3 Punkten. Dann berechnet man die genäherten Richtungswinkel vom Näherungspunkt zu den Festpunkten, dreht in das durch diese Rechnung entstandene Richtungsbüschel den beobachteten Richtungssatz ein (= vorläufige Orientierung mit z_0) und bestimmt schließlich auf Grund der Forderung, daß die Quadratsumme der an den beobachteten Richtungen anzubringenden Verbesserungen ein Minimum wird, $\delta x, \delta y$ und δz.

Fehlergleichungen. In Übereinstimmung mit der Lageskizze sind:

$$r_i + v_i$$

die auf dem Neupunkt beobachteten inneren Richtungen und ihre plausibelsten Verbesserungen,

$$\varphi_{pi} = \varphi_{pi}^0 + \delta\varphi_{pi}$$

die ausgeglichenen Richtungswinkel vom Neupunkt P nach den Festpunkten P_i.

Man gelangt von den beobachteten Richtungen zu den ausgeglichenen Richtungswinkeln auf Grund des Ansatzes: Beobachtete Richtungen plus Verbesserungen plus Orientierungsunbekannte gleich ausgeglichene Richtungswinkel. Demnach lautet z. B. für die Richtung r_1 von P nach P_1 die *ursprüngliche Fehlergleichung*

$$r_1 + v_1 + z = \varphi_{p1} . \tag{1}$$

Hierin ist

$$z = z_0 + \delta z . \tag{2}$$

Ferner ist nach Aufgabe 15, Gl. (2a)

$$\varphi_{p1} = \varphi_{p1}^0 + \delta\varphi_{p1} = \varphi_{p1}^0 + a_1 \delta x + b_1 \delta y . \tag{3}$$

Man stelle nun (1) so um, daß auf der linken Seite allein v_1 bleibt, setze (2) und (3) in (1) ein und schreibe auf die rechte Seite zunächst die Ausdrücke mit den Unbekannten in alphabetischer Reihenfolge und dann alle übrigen Stücke, also

$$v_1 = a_1 \delta x + b_1 \delta y - \delta z + \varphi_{p1}^0 - r_1 - z_0 . \tag{4}$$

Um zu Zahlenwerten überzugehen, ermittle man mit Hilfe der Näherungskoordinaten x_0, y_0 den genäherten Richtungswinkel φ_{p1}^0 aus $\tan\varphi_{p1}^0 = (y_1 - y_0):(x_1 - x_0)$ und berechne die Richtungskoeffizienten aus

$$a_1 = +\frac{\sin\varphi_{p1}^0}{s_1^0}\varrho , \qquad b_1 = -\frac{\cos\varphi_{p1}^0}{s_1^0}\varrho , \tag{5}$$

wobei die Vorzeichen gegenüber Aufgabe 15 (3) umgekehrt sind, weil φ_{p1} vom veränderlichen zum festen Punkt weist. z_0 bestimmt man zweckmäßig, nachdem alle φ_{pi}^0 berechnet sind, bei n gemessenen Richtungen als arithmetisches Mittel aller $(\varphi_{pi}^0 - r_i)$ zu

$$z_0 = \frac{[\varphi_{pi}^0 - r_i]}{n} . \tag{6}$$

Schließlich faßt man alle bekannten Größen zusammen zu dem Absolutglied

$$-l_1 = \varphi_{p1}^0 - r_1 - z_0 . \tag{7}$$

Dann lauten, nachdem sämtliche anderen Strahlen entsprechend behandelt sind, die *umgeformten Fehlergleichungen*

$$\left.\begin{array}{l} v_1 = a_1 \delta x + b_1 \delta y - \delta z - l_1 \quad \text{Gewicht} \quad 1, \\ v_2 = a_2 \delta x + b_2 \delta y - \delta z - l_2 \quad \text{Gewicht} \quad 1, \\ \dots\dots\dots\dots\dots\dots\dots\dots\dots\dots\dots\dots\dots \\ v_n = a_n \delta x + b_n \delta y - \delta z - l_n \quad \text{Gewicht} \quad 1. \end{array}\right\} \tag{8}$$

Eliminieren der Orientierungsunbekannten. Die Orientierungsunbekannte δz kann nach § 24, Gln. (4) oder (10) eliminiert werden. Da δz in jeder Gleichung den Koeffizienten -1 hat, sei Gl. (4) gewählt. Dazu bilde man die Summengleichung zum System (8), dividiere diese durch n, also

$$-\frac{[v]}{n} = 0 = -\frac{[a]}{n}\delta x - \frac{[b]}{n}\delta y + \delta z - \frac{[l]}{n}, \qquad (9)$$

und addiere (9) zu jeder der Gln. (8). Dann ergeben sich die von δz befreiten *reduzierten Fehlergleichungen*

$$\left.\begin{aligned}
v_1 &= \left(a_1 - \frac{[a]}{n}\right)\delta x + \left(b_1 - \frac{[b]}{n}\right)\delta y - \left(l_1 - \frac{[l]}{n}\right) = a_1'\,\delta x + b_1'\,\delta y - l_1'\,, \\
v_2 &= \left(a_2 - \frac{[a]}{n}\right)\delta x + \left(b_2 - \frac{[b]}{n}\right)\delta y - \left(l_2 - \frac{[l]}{n}\right) = a_2'\,\delta x + b_2'\,\delta y - l_2'\,, \\
&\,\cdots\cdots\cdots\cdots\cdots\cdots\cdots\cdots\cdots\cdots\cdots\cdots\cdots\cdots\cdots\cdots\cdots\cdots\cdots\cdots \\
v_n &= \left(a_n - \frac{[a]}{n}\right)\delta x + \left(b_n - \frac{[b]}{n}\right)\delta y - \left(l_n - \frac{[l]}{n}\right) = a_n'\,\delta x + b_n'\,\delta y - l_n'\,,
\end{aligned}\right\} \quad (10)$$

in denen, falls z_0 nach (6) berechnet ist, die $-l_i' = -l_i$ sind. Zur Probe hat man dann

$$[a'] = 0, \qquad [b'] = 0, \qquad -[l] = -[l'] = 0. \qquad (11)$$

Auf Grund der reduzierten Fehlergleichungen werden die Normalgleichungen für δx und δy auf dem üblichen Wege aufgestellt und aufgelöst. δz läßt sich am einfachsten aus (9) ermitteln.

Für die Fehlerrechnung können die v_i aus (8) oder bequemer aus (10) hergeleitet werden. In beiden Fällen ist jedoch die eliminierte Unbekannte δz bei der Berechnung des mittleren Fehlers nach der Formel § 18 (12) mitzuzählen. Also ist der mittlere Fehler einer in die Ausgleichung eingegangenen beobachteten Richtung

$$m = \pm \sqrt{\frac{[vv]}{n-3}}. \qquad (12)$$

Die mittleren Fehler der Koordinaten sind – vgl. § 17.5 –

$$m_x = m\sqrt{q_{xx}}; \qquad m_y = m\sqrt{q_{yy}}. \qquad (13)$$

Als Schlußprobe werden für jeden Strahl die mit Hilfe der ausgeglichenen Koordinaten errechneten endgültigen Richtungswinkel φ den auf Grund der ursprünglichen Fehlergleichungen gebildeten

$$\varphi_i = r_i + v_i + z \qquad (14)$$

gegenübergestellt. Die auf beiden Wegen gefundenen φ müssen bis auf Abrundungsfehler übereinstimmen.

Aufgabe 17. *Vorwärtseinschneiden mit Richtungen*

Zum Bestimmen des Neupunktes $P(x, y)$ sind auf den gegebenen Standpunkten P_1, P_2, P_3 die in der Abb. 20 eingetragenen Richtungen nach den festen Anschlußpunkten F_i', F_i'' usw. und zum Neupunkt P beobachtet worden. Gesucht sind die günstigsten Werte der Koordinaten des Neupunktes und ihre mittleren Fehler.

Lösungsweg. Wäre der Neupunkt von nur zwei Standpunkten aus angeschnitten, so lägen seine Koordinaten eindeutig fest. Der dritte Neustrahl dagegen wird am Schnittpunkt der beiden anderen vorbeiführen und damit das in der Abbildung angedeutete fehlerzeigende Dreieck entstehen lassen, das durch eine Ausgleichung zu beseitigen ist. Diese besteht aus zwei verschiedenen Operationen: Zunächst hat man auf jedem der Standpunkte das Büschel der beobachteten Anschlußrichtungen zu orientieren, d. h. es so in

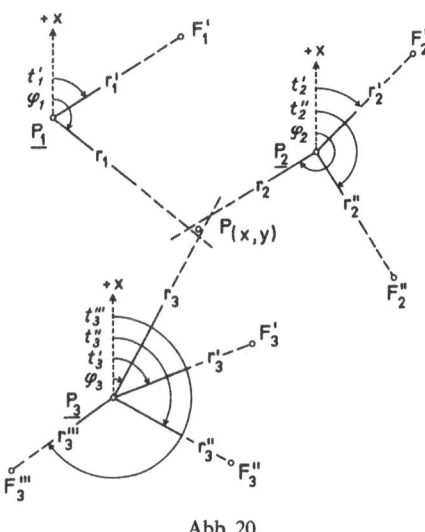

Abb. 20

den aus den Koordinaten der gegebenen Festpunkte errechneten Richtungssatz hineinzupassen, daß man den günstigsten Wert für den Richtungswinkel des Nullstrahls erhält. Alsdann sind die orientierten Bestimmungsstrahlen für den Neupunkt $P(x, y)$ so zu verbessern, daß sie sich stets in einem Punkte, der gesuchten Punktlage, schneiden. Ausgleichungsunbekannte sind daher je Standpunkt eine Orientierungsunbekannte und die beiden Neupunktskoordinaten x und y.

Fehlergleichungen. Es seien auf jedem Standpunkt P_i:

$$t_i', t_i'' \dots$$

die aus den Koordinaten errechneten festen Richtungswinkel vom Standpunkt nach den Anschlußpunkten $F_i', F_i'', \dots$,

$$r_i' + v_i', \ r_i'' + v_i'' \dots$$

die beobachteten Richtungen nach den Anschlußpunkten mit ihren plausibelsten Verbesserungen,

$$r_i + v_i \dots$$

die beobachtete Richtung nach dem Neupunkt nebst ihrer plausibelsten Verbesserung,

$$z_i = z_i^0 + \delta z_i \dots$$

die Orientierungsunbekannte,

$$\varphi_i = \varphi_i^0 + \delta\varphi_i \dots$$

der ausgeglichene Richtungswinkel vom Standpunkt P_i zum Neupunkt.

Auf Grund der Regel „Beobachtete Richtung plus Verbesserung plus Orientierungsunbekannte gibt ausgeglichenen Richtungswinkel" ergeben sich anhand der Abb. 20 folgende *ursprünglichen Fehlergleichungen*:

$$
\left.
\begin{aligned}
\text{auf } P_1: \quad & r_1 + v_1' + z_1 = t_1' \\
& r_1 + v_1 + z_1 = \varphi_1 = \varphi_1^0 + a_1\,\delta x + b_1\,\delta y \\
\text{auf } P_2: \quad & r_2' + v_2' + z_2 = t_2' \\
& r_2'' + v_2'' + z_2 = t_2'' \\
& r_2 + v_2 + z_2 = \varphi_2 = \varphi_2^0 + a_2\,\delta x + b_2\,\delta y \\
\text{auf } P_3: \quad & r_3' + v_3' + z_3 = t_3' \\
& r_3'' + v_3'' + z_3 = t_3'' \\
& r_3''' + v_3''' + z_3 = t_3''' \\
& r_3 + v_3 + z_3 = \varphi_3 = \varphi_3^0 + a_3\,\delta x + b_3\,\delta y.
\end{aligned}
\right\} \tag{1}
$$

Zur Umformung von (1) stellt man z. B. die Fehlergleichungen auf P_2 mit $z_2 = z_2^0 + \delta z_2$ folgendermaßen um:

$$
\left.
\begin{aligned}
v_2' &= & -\delta z_2 + t_2' - r_2' - z_2^0 \\
v_2'' &= & -\delta z_2 + t_2'' - r_2'' - z_2^0 \\
v_2 &= a_2\,\delta x + b_2\,\delta y - \delta z_2 + \varphi_2^0 - r_2 - z_2^0.
\end{aligned}
\right\} \tag{2}
$$

Den Näherungswert z_2^0 bestimmt man als arithmetisches Mittel aller $(t_2 - r_2)$, d. h. wenn auf einem Festpunkt v Anschlußsichten beobachtet sind, nach der Formel

$$z^0 = \frac{[t-r]}{v}. \tag{3}$$

Mit z_2^0 orientiert man so dann alle auf P_2 beobachteten Richtungen, indem man setzt

$$r_2' + z_2^0 = \alpha_2'; \quad r_2'' + z_2^0 = \alpha_2''; \quad r_2 + z_2^0 = \alpha_2, \tag{4}$$

und nennt die α_2 die „beobachteten Richtungswinkel". Schließlich bildet man die Differenzen zwischen den aus Koordinaten errechneten Richtungswinkeln t_2 bzw. φ_2^0, und den beobachteten Richtungswinkeln α_2 und bekommt damit die Absolutglieder

$$t_2' - \alpha_2' = -l_2'; \quad t_2'' - \alpha_2'' = -l_2''; \quad \varphi_2^0 - \alpha_2 = -l_2. \tag{5}$$

Entsprechend werden die $-l_i$ auf allen Standpunkten errechnet. Wenn man dann noch stationsweise die Summengleichungen bildet und dabei beachtet, daß einerseits wegen § 24 (2) auf jedem Stand $[v] = 0$ ist, und andererseits berücksichtigt, daß wegen (3)

$$-l_1' = 0; \quad -l_2' - l_2'' = 0; \quad -l_3' - l_3'' - l_3''' = 0 \tag{6}$$

ist, so erhält man die *umgeformten Fehlergleichungen*

$$
\begin{aligned}
\text{auf } P_1: \qquad v_1' &= & -\delta z_1 - l_1' \qquad \text{mit } z_1^0 = \frac{[t_1 - r_1]}{1} \\
\underline{v_1 = a_1\,\delta x + b_1\,\delta y - \delta z_1 - l_1} & & \underline{\qquad\qquad = t_1' - r_1'} \\
[v_1] = 0 = a_1\,\delta x + b_1\,\delta y - 2\delta z_1 - l_1 & &
\end{aligned}
$$

auf P_2:
$$v_2' = \qquad\qquad\quad -\delta z_2 \quad -l_2'$$
$$v_2'' = \qquad\qquad\quad -\delta z_2 \quad -l_2''$$
$$v_2 = a_2\,\delta x + b_2\,\delta y - \delta z_2 \quad -l_2$$

mit $\quad z_2^0 = \dfrac{[t_2 - r_2]}{2}$

$$\overline{[v_2] = 0 = a_2\,\delta x + b_2\,\delta y - 3\delta z_2 - l_2}$$

$$\tag{7}$$

auf P_3:
$$v_3' = \qquad\qquad\quad -\delta z_3 \quad -l_3'$$
$$v_3'' = \qquad\qquad\quad -\delta z_3 \quad -l_3''$$
$$v_3''' = \qquad\qquad\quad -\delta z_3 \quad -l_3'''$$
$$v_3 = a_3\,\delta x + b_3\,\delta y - \delta z_3 \quad -l_3$$

mit $\quad z_3^0 = \dfrac{[t_3 - r_3]}{3}$

$$\overline{[v_3] = 0 = a_3\,\delta z + b_3\,\delta y - 4\delta z_3 - l_3}\,.$$

Zum Eliminieren der Orientierungsunbekannten bedient man sich zweckmäßig der Schreiberschen Regel nach § 24 (10). Nach dieser Regel fügt man auf jeder Station die Summengleichung als fingierte Fehlergleichung den übrigen Fehlergleichungen an und gibt ihr, wenn auf einer Station v Anschlußrichtungen beobachtet sind, das Gewicht $-1/(v+1)$. Alsdann bringt man in allen Gleichungen die δz_i auf die linke Seite und faßt sie mit den v_i zu fingierten Verbesserungen V_i zusammen. Dann erhält man z. B. auf P_2

$$\left.\begin{aligned}
v_2' + \delta z_2 = V_2' &= \qquad\qquad\qquad -l_2' & p &= 1\\
v_2'' + \delta z_2 = V_2'' &= \qquad\qquad\qquad -l_2'' & &\ 1\\
v_2 + \delta z_2 = V_2 &= a_2\,\delta x + b_2\,\delta y - l_2 & &\ 1\\
3\delta z_2 = V_2^* &= a_2\,\delta x + b_2\,\delta y - l_2 & &\ -\tfrac{1}{3}\,.
\end{aligned}\right\}\tag{8}$$

Hierin tragen die beiden ersten Gleichungen zur Berechnung der Unbekannten nichts bei; sie können also unberücksichtigt bleiben. Die rechten Seiten der beiden übrigbleibenden Gleichungen sind bis auf das Gewicht völlig gleichlautend. Man erhält aber, wie eine kurze Zwischenrechnung erweist, ganz dieselben Normalgleichungsanteile, wenn man die beiden Gleichungen durch eine Gleichung mit dem Gewicht

$$p_2 = 1 - \frac{1}{v_2 + 1} = \frac{v_2}{v_2 + 1}\tag{9}$$

ersetzt. Es ergeben sich mithin, nachdem die übrigen Stationen in gleicher Weise behandelt sind, zur Berechnung der Unbekannten x und y die Rechengleichungen

$$\left.\begin{aligned}
V_1 &= a_1\,\delta x + b_1\,\delta y - l_1 & \text{Gewicht} \quad &\frac{v_1}{v_1 + 1}\\[2mm]
V_2 &= a_2\,\delta x + b_2\,\delta y - l_2 & \text{Gewicht} \quad &\frac{v_2}{v_2 + 1}\\
&\ \cdots\cdots\cdots\cdots\cdots\cdots\cdots\cdots\cdots\\
V_n &= a_n\,\delta x + b_n\,\delta y - l_n & \text{Gewicht} \quad &\frac{v_n}{v_n + 1}\,,
\end{aligned}\right\}\tag{10}$$

aus denen zunächst die Normalgleichungen und dann die Unbekannten auf dem üblichen Wege erhalten werden.

Für die Fehlerrechnung beachte man, daß bei dem Schreiberschen Eliminationsverfahren die Fehlerquadratsumme erhalten bleibt. Die Gln. (10) aber ergeben lediglich die V_i nach den Neupunkten. Die V_i nach den Anschlußpunkten entnimmt man aus (8) zu $V_i' = -l_i'$; $V_i'' = -l_i''$ usw. Infolgedessen ist die Quadratsumme aller v_i

$$[vv] = [VVp] + [l'l'] + [l''l''] + \cdots, \tag{11}$$

wobei $[VVp]$ durch $[llp \cdot 3]$ geprüft werden kann.

Werden die einzelnen v_i benötigt, so beachte man, daß allgemein $V_i = v_i + \delta z$ ist. Zur Berechnung der δz aber erhält man auf Grund der letzten Gl. (8)

$$\left.\begin{array}{l} V_1 = V_1^* = (v_1 + 1)\delta z_1 \quad \text{oder} \quad \delta z_1 = \dfrac{V_1}{v_1 + 1}, \\[2mm] V_2 = V_2^* = (v_2 + 1)\delta z_2 \quad \text{oder} \quad \delta z_2 = \dfrac{V_2}{v_2 + 1}, \quad \text{usw.} \end{array}\right\} \tag{12}$$

Die Anzahl der Beobachtungen ist bei n Stationen mit insgesamt $(v_1 + v_2 + \cdots + v_n)$ Anschlußstrahlen gleich $(v_1 + v_2 + \cdots + v_n + n)$, die der Unbekannten ist $n + 2$. Mithin ist der mittlere Fehler einer beobachteten Richtung

$$m^2 = \frac{[vv]}{v_1 + v_2 + \cdots + v_n - 2}. \tag{13}$$

Die mittleren Fehler der Neupunktskoordinaten sind

$$m_x = m\sqrt{q_{xx}}; \quad m_y = m\sqrt{q_{yy}}. \tag{14}$$

Zusätze. *1. Ansetzen der Fehlergleichungen im Neupunkt.* Die Fehlergleichungen für die Strahlen, die den Neupunkt bestimmen, können statt auf den n Standpunkten auch im Neupunkt angesetzt werden. Dazu werden die auf den Standpunkten beobachteten Richtungen v_i um 200^g geändert; als vorläufige Richtungswinkel werden nicht die φ_{ip}^0, sondern die vom Neupunkt zu den Standpunkten weisenden φ_{pi}^0 berechnet, und die Vorzeichen der Richtungskoeffizienten werden umgekehrt. Der algebraische Wert der a, b und $-l$ erleidet hierdurch keine Änderung. Dieses Verfahren empfiehlt sich vor allem beim vereinigten Vor- und Rückwärtseinschneiden (Aufgabe 18).

2. Rechenweg in der Praxis. In der Triangulationspraxis pflegt man von dem hier vorgetragenen Ausgleichungsverfahren insofern abzuweichen, als man die Ausgleichung in zwei nacheinander vorzunehmende Schritte zerlegt. Im ersten Schritt werden die Bestimmungsstrahlen auf den Standpunkten orientiert. Die Berechnung von δz und damit auch die Unterscheidung von v und V entfallen; es werden also die mit (3) orientierten Bestimmungsstrahlen geradezu als ursprüngliche Beobachtungen angesehen. Mit diesen folgt dann als zweiter Schritt die Ausgleichung im Neupunkt. Meistens wird dabei auch die im Zusatz 1 erläuterte Richtungsänderung vorgenommen. Es ergibt sich dann folgender Rechenweg:

a) Aus den Differenzen $(t - r)$ wird nach (3) unter Vernachlässigung der δz auf jedem Punkt die Orientierungsunbekannte z_i^0 ermittelt, und es werden damit nach (4) die auf dem Standpunkt orientierten „beobachteten" Richtungswinkel α_i gebildet. Siehe hierzu das Zahlenbeispiel auf S. 170ff.

b) Es folgt die Berechnung der Näherungskoordinaten für den Neupunkt, der genäherten Richtungswinkel φ_{pi}^0 vom Neupunkt zum Standpunkt und das Bilden der Absolutglieder aus

$$-l_i = \varphi_{pi}^0 - (\alpha_i \pm 200^g).$$

Schließlich berechnet man die Richtungskoeffizienten

$$a_i = +\frac{\sin\varphi_{pi}^0}{s_i}\varrho, \quad b_i = -\frac{\cos\varphi_{pi}^0}{s_i}\varrho.$$

c) Alsdann wird das Fehlergleichungssystem (10) mit den dort angegebenen Gewichten aufgestellt; jedoch wird links überall V durch v ersetzt.

d) Hiernach werden die Normalgleichungen aufgestellt und aufgelöst, und es werden die endgültigen Koordinaten x und y und die v_i (d. h. die nunmehr als v_i bezeichneten V_i des Systems (10)) errechnet.

e) Alsdann wird $m^2 = [vvp]/(n-2)$ gebildet, und es werden daraus m_x und m_y nach den Formeln (14) abgeleitet.

f) Den Anschluß bildet die Schlußprobe

$$\varphi_{pi} = \text{arc tg} \frac{y_i - y}{x_i - x} = \alpha_i \pm 200^g + v_i,$$

die bis auf die Abrundungsfehler für jede Bestimmungsrichtung erfüllt sein muß.

Die auf diesem Wege errechneten Koordinaten des Neupunktes stimmen mit denen der strengen Ableitung scharf überein. Ein Unterschied besteht lediglich in der Fehlerrechnung. Der strenge Wert (13) berücksichtigt sämtliche Beobachtungen, während der zuletzt gegebene Wert m lediglich die Widersprüche im Neupunkt repräsentiert. Dieser Wert ist aber für die Praxis bedeutungsvoller als der strenge Wert. Wir werden diesen Rechenweg in Zukunft einhalten und ihn auch unserer nachfolgenden Aufgabe 18 zugrunde legen.

3. Die Rechenvorschrift III. Ordnung der ehemaligen Preußischen Landesaufnahme setzt, wie bei der strengen Ableitung vorgeführt, die Fehlergleichungen auf den Standpunkten an. Sie gibt ferner, da immer nur ein Anschlußstrahl vorausgesetzt wird, allen Neustrahlen gleichmäßig das Gewicht $p = 1/2$.

4. Die Preußische Anweisung IX und die Ergänzungsbestimmungen vom 1.6.1931 benutzen zwar mehrere Anschlußvisuren; sie setzen jedoch das Gewicht der Bestimmungsstrahlen immer gleich 1. Dadurch kommt theoretisch eine Unschärfe in die Rechnung hinein. Praktisch pflegt diese sich jedoch auf die Koordinaten des Neupunktes nicht nachteilig auszuwirken.

5. Ein Zahlenbeispiel erhält man, wenn man im Zahlenbeispiel der Aufgabe 18 alles streicht, was sich auf die im Neupunkt beobachteten „inneren" Richtungen bezieht.

Aufgabe 18. *Vereinigtes Vorwärts- und Rückwärtseinschneiden*

Ein Punkt P ist gleichzeitig durch Vorwärts- und Rückwärtsstrahlen bestimmt. Gesucht sind seine günstigste Lage und deren mittlerer Fehler.

Lösungsweg. Die Fehlergleichungen werden im Neupunkt getrennt für Vorwärts- und Rückwärtsstrahlen (äußere und innere Richtungen) aufgestellt, wobei für die Vorwärtsstrahlen der in Aufgabe 17 unter Zusatz 2 erläuterte vereinfachte Weg gewählt wird. Die Normalgleichungen dagegen werden in einem Zuge gebildet. Alles weitere entspricht den Verfahren beim Vorwärts- bzw. Rückwärtseinschnitt.

Die Fehlergleichungen lauten nach Aufgabe 16 und 17, wenn zur Unterscheidung die Verbesserungen der inneren Richtungen mit u bezeichnet werden:

a) für die äußeren Richtungen (Anzahl n, Absolutglied $-l$)

$$\left.\begin{aligned}
v_1 &= a_1\,\delta x + b_1\,\delta y - l_1 \quad \text{Gewicht} \quad p_1 = \frac{v_1}{v_1 + 1}, \\
v_2 &= a_2\,\delta x + b_2\,\delta y - l_2 \quad \text{Gewicht} \quad p_2 = \frac{v_2}{v_2 + 1}, \\
&\dots\dots\dots\dots\dots\dots\dots\dots\dots\dots\dots\dots\dots\dots\dots \\
v_n &= a_n\,\delta x + n_n\,\delta y - l_n \quad \text{Gewicht} \quad p_n = \frac{v_n}{v_n + 1};
\end{aligned}\right\} \quad (1)$$

b) für die inneren Richtungen (Anzahl r, Absolutglied $-\lambda$)

$$\left.\begin{aligned}
u_1 &= a_1\,\delta x + b_1\,\delta y - \delta z - \lambda_1 \quad \text{Gewicht} \quad 1\,, \\
u_2 &= a_2\,\delta x + b_2\,\delta y - \delta z - \lambda_2 \quad \text{Gewicht} \quad 1\,, \\
&\cdots\cdots\cdots\cdots\cdots\cdots\cdots\cdots\cdots\cdots\cdots \\
u_r &= a_r\,\delta x + b_r\,\delta y - \delta z - \lambda_r \quad \text{Gewicht} \quad 1\,,
\end{aligned}\right\} \quad (2)$$

wobei zu beachten ist, daß nicht alle Strahlen gleichzeitig vorwärts und rückwärts beobachtet zu sein brauchen.

Um die Aufstellung der Normalgleichungen zu erleichtern, werden gemäß § 4.4 die Fehlergleichungen für die äußeren Richtungen durch Multiplikation mit $\sqrt{p}$ auf das Gewicht 1 gebracht; ferner werden die inneren Richtungen durch die Ansätze

$$a' = \left(a - \frac{[a]}{r}\right), \quad b' = \left(b - \frac{[b]}{r}\right), \quad -\lambda' = -\left(\lambda - \frac{[\lambda]}{r}\right) \quad (3)$$

von der Orientierungsunbekannten befreit. Dann erhält man die umgebildeten Fehlergleichungen

$$\left.\begin{aligned}
v_1\sqrt{p_1} &= a_1\sqrt{p_1}\,\delta x + b_1\sqrt{p_1}\,\delta y - l_1\sqrt{p_1} \quad \text{Gewicht} \quad 1\,, \\
v_2\sqrt{p_2} &= a_2\sqrt{p_2}\,\delta x + b_2\sqrt{p_2}\,\delta y - l_2\sqrt{p_2} \quad \text{Gewicht} \quad 1\,, \\
&\cdots\cdots\cdots\cdots\cdots\cdots\cdots\cdots\cdots\cdots\cdots\cdots \\
v_n\sqrt{p_n} &= a_n\sqrt{p_n}\,\delta x + b_n\sqrt{p_n}\,\delta y - l_n\sqrt{p_n} \quad \text{Gewicht} \quad 1\,, \\
u_1 &= \quad\ a_1'\,\delta x + \quad b_1'\,\delta y - \lambda_1' \quad\quad\ \text{Gewicht} \quad 1\,, \\
u_2 &= \quad\ a_2'\,\delta x + \quad b_2'\,\delta y - \lambda_2' \quad\quad\ \text{Gewicht} \quad 1\,, \\
&\cdots\cdots\cdots\cdots\cdots\cdots\cdots\cdots\cdots\cdots\cdots\cdots \\
u_r &= \quad\ a_r'\,\delta x + \quad b_r'\,\delta y - \lambda_r' \quad\quad\ \text{Gewicht} \quad 1\,.
\end{aligned}\right\} \quad (4)$$

Auf Grund dieser Fehlergleichungen ist das Normalgleichungssystem zu bilden, aus dem δx, δy und $[vvp]$ auf dem üblichen Wege errechnet werden. δz wird wie in Aufgabe 16 (9) mittels der Koeffizientensumme der inneren Strahlen bestimmt.

Für die Fehlerrechnung ist
die Anzahl der beobachteten Richtungen $= n + r$,
die Anzahl u der Unbekannten $= 3$, nämlich $\delta x, \delta y, \delta z$.
Der mittlere Fehler einer beobachteten Richtung vom Gewicht 1 ist mithin

$$m_0 = \pm\sqrt{\frac{[vvp] + [uu]}{n + r - 3}}. \quad (5)$$

Die mittleren Fehler der Unbekannten sind

$$m_x = m_0\sqrt{q_{xx}}; \quad m_y = m_0\sqrt{q_{yy}}. \quad (6)$$

Wegen ihrer Berechnung vgl. § 17.5 und das nachfolgende Zahlenbeispiel.

Die Schlußprobe gleicht für die äußeren Richtungen der des Vorwärtseinschneidens, für die inneren Richtungen der des Rückwärtseinschneidens.

Zusätze. 1. Hinsichtlich der Strenge des Verfahrens gilt Aufgabe 17, Zusatz 2.
2. Ein von *O. Schreiber* entwickeltes Ausgleichsverfahren weicht von dem hier vorgetragenen Rechenweg etwas ab. *Schreiber* setzt alle Fehlergleichungen in den äußeren Punkten an. Vorwärts und rückwärts beobachtete Richtungen werden zu einer Fehlergleichung zusammengefaßt. Die inneren Richtungen erhalten das Gewicht 2/3, die äußeren Richtungen, da *Schreiber* nur *einen* Anschlußstrahl voraussetzt, das Gewicht 1/3, die vorwärts *und* rückwärts beobachteten Strahlen das Gewicht 1. Die Orientierungsunbekannte wird nach dem Schreiberschen Verfahren eliminiert. Diese Rechnung ist zwar etwas kürzer, aber weniger durchsichtig als das hier vorgetragene Verfahren.

Zahlenbeispiel zum vereinigten Vorwärts- und Rückwärtseinschneiden

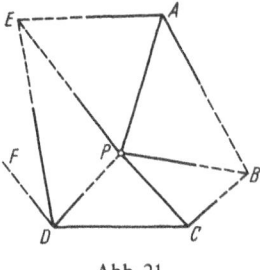

Abb. 21

Gegebene Koordinaten

Punkt	y	x
A	9 498,26	78 594,91
B	10 367,59	75 913,25
C	9 300,43	75 306,80
D	7 115,09	75 723,68
E	7 206,65	78 907,88
F	6 633,27	76 701,57
P_0	8 401,88	76 607,85

Beachte: $v =$ Anzahl der Orientierungsstrahlen auf den äußeren Punkten.
$ n =$ Anzahl der äußeren und inneren Richtungen

Beobachtete Richtungen

Stand A		Stand C		Stand D		Stand P	
Ziel	Richtung	Ziel	Richtung	Ziel	Richtung	Ziel	Richtung
B	0,0000	B	0,0000	E	0,0000	A	0,0000
P	52,0596	D	244,8923	P	59,8493	B	89,5219
E	128,6019	P	294,4157	C	110,1815	C	129,4256
				F	369,0330	E	337,3908

1. Orientieren der äußeren Richtungen

Äußere Richtung		Richtungs-winkel aus Koordinaten	Beobachtete Richtungen	$t - r$	Auf den Standpunkten orientierte Richtungen	$v = (t-r) - z$	
				$[t - r]$		$[v]$	
von	nach	t	r	$z = [t-r]/v$	$\alpha = r + z$	$+$	$-$
A	B	180,0426	0,0000	180,0426		19	
	P		52,0596		232,1003		
	E	308,6407	128,6019	0388			19
				0814		19	19
$p = 2/3$				180,0407			
C	B	67,1009	0,0000	67,1009			34
	D	312,0000	244,8923	1077		34	
	P		294,4157		361,5200		
				2086		34	34
$p = 2/3$				67,1043			
D	E	1,8296	0,0000	1,8296		61	
	P		59,8493		61,6728		
	C	112,0000	110,1815	8185			50
	F	370,8553	369,0330	8223			12
				4704		61	62
$p = 3/4$				1,8235			

2. Genäherte Richtungswinkel und Richtungskoeffizienten

zu 6:[a]

Festpunkt	y_i	x_i	$\sin\varphi_0\,(=S)$	$a=+S\cdot\varrho/s_0$	$\Delta y=y_i-y$
Neupunkt	y_0	x_0	$\cos\varphi_0\,(=C)$	$b=-C\cdot\varrho/s_0$	$\Delta x=x_i-x$
	$\Delta y_0=y_i-y_0$	$\Delta x_0=x_i-x_0$	$s_0=\Delta y_0/S$		$\tan\varphi$
	$\tan\varphi_0$	φ_0	$=\Delta x_0/C$	ϱ/s_0 in dm	φ
A	9 498,26	78 594,91	$+0,483102$	$a=+13,5$	$+1096,40$
P_0	8 401,88	76 607,85	$+0,875564$	$b=-24,6$	$+1987,05$
	$+1096,38$	$+1987,06$	2269,46		$+\quad0,551773$
	$+\quad0,551760$	32,0980	,46	28,05	32,0986
B	10 367,59	75 913,25	$+0,942867$	$a=+28,8$	$+1965,73$
P_0	8 401,88	76 607,85	$-0,333170$	$b=+10,2$	$-\quad694,60$
	$+1965,71$	$-\quad694,60$	2084,82		$-\quad2,829977$
	$-\quad2,829988$	121,6236	,82	30,54	121,6237
C	9 300,43	75 306,80	$+0,568279$	$a=+22,9$	$+\quad898,57$
P_0	8 401,88	76 607,85	$-0,822836$	$b=+33,1$	$-1301,06$
	$+\quad898,55$	$-1301,05$	1581,18		$-\quad0,690645$
	$-\quad0,690634$	161,5219	,18	40,26	161,5214
D	7 115,09	75 723,68	$-0,824191$	$a=-33,6$	$-1286,77$
P_0	8 401,88	76 607,85	$-0,566312$	$b=+23,1$	$-\quad884,18$
	$-1286,79$	$-\quad884,17$	1561,28		$+\quad1,455326$
	$+\quad1,455365$	261,6739	,28	40,77	261,6732
E	7 206,65	78 907,88	$-0,461114$	$a=-11,3$	$-1195,21$
P_0	8 401,88	76 607,85	$+0,887341$	$b=-21,8$	$+2300,02$
	$-1195,23$	$+2300,03$	2592,05		$-\quad0,519652$
	$-\quad0,519658$	369,4900	,05	24,56	369,4903

[a] Ausgeglichene Richtungswinkel.

3. Fehlergleichungen

Auf dem Standpunkt orientierte Richtungen $\alpha\pm200^g$	Genäherte Richtungswinkel φ_0	$-l=\varphi_0-(\alpha\pm200^g)$	$\sqrt{p}$	$-l\sqrt{p}$	Äußere Richtungen	a	b	$a\sqrt{p}$	$b\sqrt{p}$
32,1003	32,0980	-23	0,82	$-18,9$	A	$+13,5$	$-24,6$	$+11,1$	$-20,2$
161,5200	161,5219	$+19$	0,82	$+15,6$	C	$+22,9$	$+33,1$	$+18,8$	$+27,1$
261,6728	261,6739	$+11$	0,87	$+\;9,6$	D	$-33,6$	$+23,1$	$-29,2$	$+20,1$

Beobachtete innere Richtungen r	φ_0-r z_0	$-\lambda=\varphi_0-r-z_0$	$-\lambda'=-\lambda-\dfrac{[\lambda]}{n}$	Innere Richtungen	a	b	$a'=a-\dfrac{[a]}{n}$	$b'=b-\dfrac{[b]}{n}$
0,0000	32,0980	32,0980	$-\;8$	$-\;8$	A	$+13,5$	$-24,6$	0,0	$-23,8$
89,5219	121,6236	1017	$+29$	$+29$	B	$+28,8$	$+10,2$	$+15,3$	$+11,0$
129,4256	161,5219	0963	-25	-25	C	$+22,9$	$+33,1$	$+\;9,4$	$+33,9$
337,3908	369,4900	0992	$+\;4$	$+\;4$	E	$-11,3$	$-21,8$	$-24,8$	$-21,0$
	3952	0	0		$+53,9$	$-\;3,1$	$-\;0,1$	$+\;0,1$
$z_0=$	32,0988			$1/4=$	$+13,5$	$-\;0,8$		

4. Normalgleichungskoeffizienten

Äußere Richtungen	$A = a\sqrt{p}$	$B = b\sqrt{p}$	$-L = -l\sqrt{p}$	AA	AB	$-AL$	BB	$-BL$	LL
A	$+11,1$	$-20,2$	$-18,9$	$123,2$	$-224,2$	$-209,8$	$408,0$	$+381,8$	$357,2$
C	$+18,8$	$+27,1$	$+15,6$	$353,4$	$+509,5$	$+293,3$	$734,4$	$+422,8$	$243,4$
D	$-29,2$	$+20,1$	$+9,6$	$852,6$	$-586,9$	$-280,3$	$404,0$	$+193,0$	$92,2$
Innere Richt.	$A = a'$	$B = b'$	$-L = -\lambda'$						
A	$0,0$	$-23,8$	$-8,0$	$0,0$	$0,0$	$0,0$	$566,4$	$+190,4$	$64,0$
B	$+15,3$	$+11,0$	$+29,0$	$234,1$	$+168,3$	$+443,7$	$121,0$	$+319,0$	$841,0$
C	$+9,4$	$+33,9$	$-25,0$	$88,4$	$+318,7$	$-235,0$	$1149,2$	$-847,5$	$625,0$
E	$-24,8$	$-21,0$	$+4,0$	$615,0$	$+520,8$	$-99,2$	$441,0$	$-84,0$	$16,0$
				$2266,7$	$+706,2$	$-87,3$	$3824,0$	$+575,5$	$2238,8$

5. Auflösung der Normalgleichungen durch Umstellen nach § 17.5

	$A]$	$B]$	$-L]$		$B]$	$A]$	$-L]$
$[A$	$+2267$	$+706$	-87	$[B$	$+3824$	$+706$	$+575$
$[B$		$+3824$	$+575$	$[A$		$+2267$	-87
		$-219,8$	$+27,1$			$-130,3$	$-106,1$
$[-L$			$+2239$	$[-L$			$+2239$
			$-3,3$				$-86,5$
	$[BB \cdot 1] = +3604,2$	$+602,1$			$[AA \cdot 1] = +2136,7$	$-193,1$	
		$+2235,7$				$+2152,5$	
		$-100,6$				$-17,5$	
	$[LL \cdot 2] = +2135,1$				$[LL \cdot 2] = +2135,0$		

$$\delta y = -\frac{602,1}{3604,2} = -0,167 \text{ dm} \qquad\qquad \delta x = +\frac{193,1}{2136,7} = +0,090 \text{ dm}$$

6. Fehlerrechnung und Schlußprobe

Äußere Richtung	$a\,\delta x + b\,\delta y - l$	v_a	p	vvp	$\alpha \pm 200^g + v_a$
A	$+1,2+4,1-23$	$-17,7$	$0,67$	$209,9$	$32,0985$
C	$+2,1-5,5+19$	$+15,6$	$0,67$	$163,1$	$161,5215$
D	$-3,0-3,9+11$	$+4,1$	$0,75$	$12,6$	$261,6732$
Innere Richtung	$a\,\delta x + b\,\delta y - \lambda$	$-\delta z$	v_i		$r + v_i + z$
A	$+1,2+4,1-8$	$-1,3$	$-4,0$	$16,0$	$32,0985$
B	$+2,6-1,8+29$	$-1,3$	$+28,5$	$812,2$	$121,6236$
C	$+2,0-5,5-25$	$-1,3$	$-29,8$	$888,0$	$161,5215$
E	$-1,0+3,6+4$	$-1,3$	$+5,3$	$28,1$	$369,4902$
$n\,\delta z$	$+4,8+0,4-0$		$0,0$	$2129,9$	Soll gleich φ in
δz	$+1,3$	$z_0 + \delta z$	$= z =$	$32,0989$	Abt. 2 letzte Spalte

7. Endgültige Koordinaten und mittlere Fehler

$y_0 =$ 8401,88 $x_0 = 76\,607,85$

$\delta y = -$ 0,02 $\delta x = +$ 0,01

$$m = \sqrt{\frac{[vvp]}{n-3}} = \sqrt{\frac{2129,9}{4}} = \pm 23,1^{cc}$$

$y =$ 8401,86 $x = 76\,607,86$

$m_y = \pm 0,04$ $m_x = \pm 0,05$

$$m_y = \frac{m}{\sqrt{[BB \cdot 1]}} \qquad \frac{23,1}{\sqrt{3604}} = \pm \; 0,39 \, \text{dm}$$

$$m_x = \frac{m}{\sqrt{[AA \cdot 1]}} = \frac{23,1}{\sqrt{2137}} = \pm \; 0,50 \, dm$$

Aufgabe 19. *Doppelpunkteinschaltung*

Zur Bestimmung der Neupunkte P_a und P_b sind die in der Skizze eingetragenen Richtungen beobachtet worden. Sie sind in einem Zuge auszugleichen.

Lösungsweg. Die Lösung entspricht dem Ansatz bei gemeinsamem Vorwärts- und Rückwärtseinschneiden; jedoch sind drei Gruppen von Fehlergleichungen zu unterscheiden:

    a) für die äußeren Richtungen von den Festpunkten zu den Neupunkten,

    b) für die inneren Richtungen von den Neupunkten zu den Festpunkten,

    c) für die beiden Richtungen von einem Neupunkt zum anderen.

Unbekannte sind die Neupunktskoordinaten x_a, y_a, x_b, y_b sowie die Orientierungsunbekannten auf den Neupunkten P_a und P_b und auf den Festpunkten P_4 und P_6.

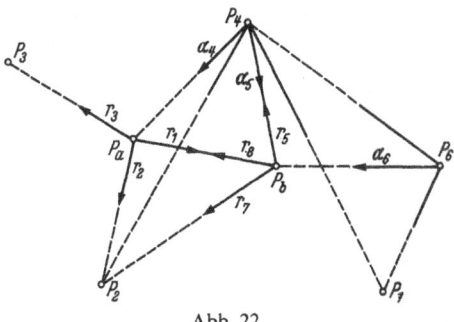

Abb. 22

Gegenüber dem Vorwärts- und Rückwärtseinschneiden treten zwei bisher noch nicht behandelte Aufgaben auf, nämlich das Orientieren der äußeren Richtungen auf dem Punkt P_4, von dem aus zwei Neupunkte angezielt sind, und das Aufstellen von Fehlergleichungen für die Strahlen zwischen den beiden Neupunkten. Wir wollen drittens, um auch diesen Weg vorzuführen, die Orientierungsunbekannten auf den beiden Neupunkten abweichend von den Aufgaben 16 und 18 nach der Schreiberschen Regel behandeln. Das hat auch bei der Fehlerberechnung und bei der Schlußprobe einige Unterschiede gegenüber den Aufgaben 16 und 18 zur Folge.

Bezeichnungen. Es sind

$$\alpha_i + v_i$$

die auf den Festpunkten wie im Zahlenbeispiel zu Aufgabe 18 unter 1 vorläufig orientierten äußeren Richtungen und ihre Verbesserungen;

$$r_i + u_i$$

die auf den Neupunkten beobachteten inneren Richtungen und ihre Verbesserungen;

$$t_{ik}$$

die aus Koordinaten berechneten Richtungswinkel von Festpunkten P_i zu den Anschlußpunkten P_k;

$$\left.\begin{aligned} \varphi_{ai} &= \varphi_{ai}^0 + \delta\varphi_{ai} \\ \varphi_{bi} &= \varphi_{bi}^0 + \delta\varphi_{bi} \end{aligned}\right\}$$

die von den Neupunkten P_a und P_b ausgehenden ausgeglichenen Richtungswinkel;

$$z_i = z_i^0 + \delta z_i$$

die Orientierungsunbekannten;

$$a, b \quad \text{bzw.} \quad c, d$$

die Richtungskoeffizienten in P_a bzw. P_b.

Fehlergleichungen. *a) Auf dem Festpunkt P_6 ist ein Neupunkt angezielt.* Der Ansatz kann von Aufgabe 17 übernommen werden; dabei werden folgende Bezeichnungen benutzt: Die Richtungen nach den Neupunkten erhalten nur einen Index; dagegen heißen z. B. auf P_6 die Richtungen nach den Anschlußpunkten P_1 und P_4, r_{61} und r_{64}. Entsprechend werden die Richtungswinkel, die Absolutglieder und die Verbesserungen bezeichnet.

Die Zahlenrechnung beginnt mit der Berechnung der Richtungswinkel t_{ik} von den Festpunkten zu den Anschlußpunkten; es folgt die Ermittlung von Näherungswerten für die Neupunkte und die von ihnen ausgehenden Richtungswinkel. Endlich berechnet man die vorläufigen Orientierungsunbekannten auf den Standpunkten und die Richtungskoeffizienten in den Neupunkten, die „beobachteten Richtungswinkel" α_i und die Absolutglieder. Für P_6 gibt das

$$z_6^0 = \frac{(t_{61} - r_{61}) + (t_{64} - r_{64})}{2}; \quad c_6 = \frac{\sin\varphi_{b6}}{s_6}\varrho; \quad d_6 = -\frac{\cos\varphi_{b6}}{s_6}\varrho,$$

$$\alpha_{61} = r_{61} + z_6^0; \quad \alpha_{64} = r_{64} + z_6^0; \quad \alpha_6 = r_6 + z_6^0,$$

$$-l_{61} = t_{61} - \alpha_{61}; \quad -l_{64} = t_{64} - \alpha_{64}; \quad -l_6 = \varphi_{b6}^0 - \alpha_6 \pm 200^{\text{g}}.$$

Damit lauten auf P_6 die Fehlergleichungen und wegen der Wahl von z_6^0 ihre Summengleichung

$$\left.\begin{aligned} v_{61} &= & & -\delta z_6 - l_{61} \\ v_{64} &= & & -\delta z_6 - l_{64} \\ v_6 &= & c_6\,\delta x_b + d_6\,\delta y_b - & \delta z_6 - l_6 \\ \hline [v_6] = 0 = & c_6\,\delta x_b + d_6\,\delta y_b - & 3\,\delta z_6 - l_6\,. \end{aligned}\right\} \tag{1}$$

b) Auf dem Festpunkt P_4 sind beide Neupunkte angezielt. Unter entsprechender Wiederholung der Überlegungen unter a) berechne man a_4, b_4, c_4, d_4 und

$$z_4^0 = \tfrac{1}{2}\big((t_{41} - r_{41}) + (t_{42} - r_{42})\big); \quad \alpha_{41} = r_{41} + z_4^0; \quad \alpha_{42} = r_{42} + z_4^0; \quad \alpha_4 = r_4 + z_4^0;$$

$$\alpha_5 = r_5 + z_4^0; \quad -l_{41} = t_{41} - \alpha_{41}; \quad -l_{42} = t_{42} - \alpha_{42}; \quad -l_4 = \varphi_{a4}^0 - \alpha_4 \pm 200^{\text{g}};$$

$$-l_5 = \varphi_{b4}^0 - \alpha_5 \pm 200^{\text{g}}.$$

Dann sind die Fehlergleichungen und ihre Summengleichung auf P_4

$$\left.\begin{array}{rl}
v_{41} = & \quad\quad\quad\quad\quad\quad\quad - \delta z - l_{41} \\
v_{42} = & \quad\quad\quad\quad\quad\quad\quad - \delta z_4 - l_{42} \\
v_4 = a_4 \, \delta x_a + b_4 \, \delta y_a & \quad\quad\quad\quad\quad - \delta z_4 - l_4 \\
v_5 = & + c_5 \, \delta x_b + d_5 \, \delta y_b - \delta z_4 - l_5 \\
\hline
[v]_4 = 0 = a_4 \, \delta x_a + b_4 \, \delta y_a & + c_5 \, \delta x_b + d_5 \, \delta y_b - 4\delta z_4 - (l_4 + l_5).
\end{array}\right\} \quad (2)$$

c) *Auf den Neupunkten P_a und P_b sind die inneren Richtungen nach mehreren Fest-*
punkten und die Gegenvisur zum anderen Neupunkt beobachtet. Mit Benutzung der Erläuterung zur Aufgabe 16 lautet, wenn unter u_i die Verbesserungen der inneren Richtungen
verstanden werden, die ursprüngliche Fehlergleichung für die Visur von P_a nach P_b

$$r_1 + u_1 + z_a^0 + \delta z_a = \varphi_{ab} = \text{arc tan} \frac{y_b - y_a}{x_b - x_a}.$$

Da beide Endpunkte veränderlich sind, ergibt eine Taylorentwicklung

$$\varphi_{ab} = \text{arc tan} \frac{y_b^0 - y_a^0}{x_b^0 - x_a^0} + \frac{\partial \varphi}{\partial x_a} \delta x_a + \frac{\partial \varphi}{\partial y_a} \delta y_a + \frac{\partial \varphi}{\partial x_b} \delta x_b + \frac{\partial \varphi}{\partial y_b} \delta y_b$$

$$= \varphi_{ab}^0 + \frac{\sin \varphi_{ab}}{s_{ab}} \varrho \, \delta x_a - \frac{\cos \varphi_{ab}}{s_{ab}} \varrho \, \delta y_a - \frac{\sin \varphi_{ab}}{s_{ab}} \varrho \, \delta x_b + \frac{\cos \varphi_{ab}}{s_{ab}} \varrho \, \delta y_b$$

$$= \varphi_{ab}^0 + a_1 \, \delta x_a + b_1 \, \delta y_a + c_1 \, \delta x_b + d_1 \, \delta y_b \,,$$

so daß wir schließlich erhalten

$$u_1 = a_1 \, \delta x_a + b_1 \, \delta y_a + c_1 \, \delta x_b + d_1 \, \delta y_b - \delta z_a + \varphi_{ab}^0 - r_1 - z_a^0 \,.$$

Eine entsprechende Entwicklung gibt für die Gegenrichtung r_8

$$u_8 = a_8 \, \delta x_a + b_8 \, \delta y_a + c_8 \, \delta x_b + d_8 \, \delta y_b - \delta z_b + \varphi_{ba}^0 - r_8 - z_b^0 \,.$$

Hierbei ist

$$a_1 = - c_1 \,, \quad b_1 = - d_1 \,, \quad a_8 = - c_8 \,, \quad b_8 = - d_8 \,,$$

und da weiter $\varphi_{ab} = \varphi_{ba} \pm 200^g$ ist, gilt auch

$$a_1 = a_8 = - c_1 = - c_8 \quad \text{und} \quad b_1 = b_8 = - d_1 = - d_8 \,.$$

Auf P_a erhält man demnach mit $z_a = \frac{1}{3}[\varphi^0 - r]_a$ und

$$- \lambda_1 = \varphi_{ab}^0 - r_1 - z_a^0; \quad - \lambda_2 = \varphi_{a2}^0 - r_2 - z_a^0; \quad - \lambda_3 = \varphi_{a3}^0 - r_3 - z_a^0$$

die umgeformten Fehlergleichungen

$$\left.\begin{array}{rl}
u_1 = a_1 \, \delta x_a & + b_1 \, \delta y_a \; + c_1 \, \delta x_b + d_1 \, \delta y_b - \delta z_a - \lambda_1 \\
u_2 = a_2 \, \delta x_a & + b_2 \, \delta y_a \quad\quad\quad\quad\quad\quad\quad - \delta z_a - \lambda_2 \\
u_3 = a_3 \, \delta x_a & + b_3 \, \delta y_a \quad\quad\quad\quad\quad\quad\quad - \delta z_a - \lambda_3 \\
\hline
0 = [u]_a = [a]_a \, \delta x_a & + [b]_a \, \delta y_a + c_1 \, \delta x_b + d_1 \, \delta y_b - 3\delta z_a - [\lambda]_a \,.
\end{array}\right\} \quad (3)$$

Auf P_b ist entsprechend mit $z_b^0 = \frac{1}{3} [\varphi^0 - r]_b$;

$$-\lambda_5 = \varphi_{b5}^0 - r_5 - z_b^0; \qquad -\lambda_7 = \varphi_{b7}^0 - r_7 - z_b^0; \qquad -\lambda_8 = \varphi_{ba}^0 - r_8 - z_b^0$$

$$\left.\begin{aligned}
u_5 &= && c_5\,\delta x_b + d_5\,\delta y_b &&- \delta z_b - \lambda_5 \\
u_7 &= && c_7\,\delta x_b + d_7\,\delta y_b &&- \delta z_b - \lambda_7 \\
u_8 &= a_8\,\delta x_a + b_8\,\delta y_a + && c_8\,\delta x_b + d_8\,\delta y_b &&- \delta z_b - \lambda_8 \\
\hline
0 = [u]_b &= a_8\,\delta x_a + b_8\,\delta y_a + [c]_b\,\delta x_b + [d]_b\,\delta y_b - 3\,\delta z_b - [\lambda]_b\,.
\end{aligned}\right\} \tag{4}$$

Eliminieren der Orientierungsunbekannten. Am bequemsten ist die Anwendung der Schreiberschen Regel § 24 (10), d. h. man setzt $\delta z + v = V$ und $\delta z + u = U$ und versteht unter den Gleichungen für V^* und U^* die Schreiberschen Gleichungen. Dann können die Anschlußstrahlen auf P_6 und P_4, für welche nunmehr gilt

$$\left.\begin{aligned}
V_{61} &= -l_{61} & V_{41} &= -l_{41} \\
V_{64} &= -l_{64} & V_{42} &= -l_{42},
\end{aligned}\right\} \tag{5}$$

unberücksichtigt bleiben, weil sie zur Bestimmung der Unbekannten nichts beitragen. Ferner können auf P_6 die Gleichungen für V_6 ($p = 1$) und V_6^* ($p = -1/3$) zu einer Gleichung mit $p = +2/3$ vereinigt werden. Das von den Orientierungsunbekannten befreite fingierte Fehlergleichungssystem lautet dann

$$\left.\begin{array}{llllll}
3\,\delta z_6 = V_6^* = & & c_6\,\delta x_b & +d_6\,\delta y_b & -l_6 & \text{Gewicht} \quad 2/3 \\
V_4 = a_4\,\delta x_a & +b_4\,\delta y_a & & & -l_4 & \text{Gewicht} \quad 1 \\
V_5 = & & +c_5\,\delta x_b & +d_5\,\delta y_b & -l_5 & \text{Gewicht} \quad 1 \\
4\,\delta z_4 = V_4^* = a_4\,\delta x_a & +b_4\,\delta y_a & +c_5\,\delta x_b & +d_5\,\delta y_b & -(l_4 + l_5) & \text{Gewicht} \quad -1/4 \\
U_1 = a_1\,\delta x_a & +b_1\,\delta y_a & +c_1\,\delta x_b & +d_1\,\delta y_b & -\lambda_1 & \text{Gewicht} \quad 1 \\
U_2 = a_2\,\delta x_a & +b_2\,\delta y_a & & & -\lambda_2 & \text{Gewicht} \quad 1 \\
U_3 = a_3\,\delta x_a & +b_3\,\delta y_a & & & -\lambda_3 & \text{Gewicht} \quad 1 \\
3\,\delta z_a = U_a^* = [a]_a\,\delta x_a & +[b]_a\,\delta y_a + c_1\,\delta x_b & +d_1\,\delta y_b & -[\lambda]_a & \text{Gewicht} \quad -1/3 \\
U_5 = & & c_5\,\delta x_b & +d_5\,\delta y_b & -\lambda_5 & \text{Gewicht} \quad 1 \\
U_7 = & & c_7\,\delta x_b & +d_7\,\delta y_b & -\lambda_7 & \text{Gewicht} \quad 1 \\
U_8 = a_8\,\delta x_a & +b_8\,\delta y_a & +c_8\,\delta x_b & +d_8\,\delta y_b & -\lambda_8 & \text{Gewicht} \quad 1 \\
3\,\delta z_b = U_b^* = a_8\,\delta x_a & +b_8\,\delta y_a & +[c]_b\,\delta x_b & +[d]_b\,\delta y_b & -[\lambda]_b & \text{Gewicht} \quad -1/3
\end{array}\right\} \tag{6}$$

wobei $a_1 = a_8 = -c_1 = -c_8$; $b_1 = b_8 = -d_1 = -d_8$ ist.

Unbekannte und mittlere Fehler. Auf Grund der Fehlergleichungen (6) sind die Normalgleichungen aufzustellen, die aufgelöst die Unbekannten δx_a, δy_a, δx_b, δy_b ergeben.

Bei Berechnung der Fehlerquadratsumme ist zu beachten, daß in den fingierten Fehlergleichungen (6) auf P_4 und P_6 die Gln. (5) für die Anschlußvisuren unberücksichtigt geblieben sind. Für die Berechnung der Fehlerquadratsumme müssen sie jedoch herangezogen werden. Diese ist demnach

$$[vv] + [uu] = [VVp] + [UUp] + [l_{ik}l_{ik}].$$

Hierin bekommt man, wie nachstehend gezeigt wird, $[VVp] + [UUp]$ am besten aus den Normalgleichungen, während $[l_{ik}l_{ik}]$ aus (5) erhalten wird. Da als Unbekannte 4 Neupunktskoordinaten und je eine Orientierungsunbekannte auf den Punkten P_a, P_b, P_4 und

P_6 zu zählen und 3 äußere, 6 innere und 4 Anschlußstrahlen beobachtet sind, ergibt der mittlere Fehler einer beobachteten Richtung sich aus

$$m^2 = \frac{[VVp] + [UUp] + [l_{ik}l_{ik}]}{13 - 8}. \tag{7}$$

Die mittleren Fehler der Unbekannten sind

$$m_{xa} = m\sqrt{q_{11}}, \quad m_{ya} = m\sqrt{q_{22}}, \quad m_{xb} = m\sqrt{q_{33}}, \quad m_{yb} = m\sqrt{q_{44}}, \tag{8}$$

wobei die q nach § 17 berechnet werden.

[vv]-Probe und Schlußprobe. Zur Ermittlung der u und v sowie v_{ik} muß man zuvor aus den V^* und U^* in (6) die Orientierungsunbekannten errechnen. Man kann die [vv]-Probe und die Schlußprobe aber auch auf die V und U gründen. Bei der [vv]-Probe beschränkt man sich dann darauf, ausgehend von (6) lediglich die Richtigkeit der Gleichung

$$[VVp] + [UUp] = [(llp + \lambda\lambda p) \cdot 4] \tag{9}$$

zu prüfen, wobei in den Ausdrücken linker Hand die V^* und U^* einzubeziehen sind. Bei der Schlußprobe setzt man in die ursprünglichen Fehlergleichungen an Stelle von $v_i + z$ usw. $V_i + z_0$ usw. ein.

Zusätze. *1. In der Praxis* wird die Behandlung der äußeren Richtungen in der Regel in ähnlicher Weise vereinfacht, wie im Zusatz 2 zu Aufgabe 17. Das geschieht auch, wenn wie in P_4 von einem Standpunkt aus beide Neupunkte angeschnitten sind. Hinsichtlich der Strenge gilt das dort Gesagte auch für Doppelpunkte. Wenn aber die Verbesserungen der Anschlußstrahlen unberücksichtigt bleiben, dürfen bei der Fehlerberechnung die Orientierungsunbekannten auf den Festpunkten nicht mitgezählt werden. Es würde also bei den genannten Vernachlässigungen in unserem Beispiel sein

$$m^2 = \frac{[VVp] + [UUp]}{9 - 6}.$$

2. Übergang auf mehrere Punkte. Das für die Doppelpunkteinschaltung gezeigte Verfahren läßt sich ohne weiteres auf drei oder mehr Punkte übertragen. Abgesehen von den Schwierigkeiten, die der wachsende Umfang der Arbeit mit sich bringt, kommen neue Probleme nicht hinzu. Für die strenge Zusammenfassung mehrerer Punkte in einer gemeinsamen Ausgleichung empfiehlt sich die Anwendung der Schreiberschen „mechanischen Regeln" zur Reduktion und Zusammenfassung der Fehlergleichungen [22]. Durch sie wird bei voller Strenge des Verfahrens eine wesentliche Verkürzung der Rechnung erzielt, so daß der Zeitaufwand für die Mehrpunkteinschaltung nur unwesentlich größer als bei Einzelpunkteinschaltungen ist.

Aufgabe 20. *Die Fehlerellipse und der mittlere Punktfehler*

1. Die Gleichung der Fußpunktkurve. Die in den Aufgaben 16 bis 19 auf Grund der Entwicklungen in § 17 abgeleiteten mittleren Koordinatenfehler m_x und m_y geben die mittlere Unsicherheit der Punktlage lediglich in Richtung der Koordinatenachsen an. Oftmals wird darüber hinaus nach dem mittleren Fehler der Punktlage in einer beliebigen Richtung gefragt. Hierzu betrachte man einen frei zu wählenden festen Punkt P_1, der

---

[22] Vgl. Lit.-Verz. [*10*], S. 140 und [*17*], S. 470.

in dem zu untersuchenden Punkt P unter dem Richtungswinkel φ erscheint. Der mittlere Fehler in der Richtung φ ist dann identisch mit dem mittleren Fehler M_s der Strecke

$$PP_1 = S = \sqrt{(X_1 - X)^2 + (Y_1 - Y)^2},$$

wobei die großen Buchstaben X und Y gewählt sind, weil x und y später anderweitig gebraucht werden. Um M_s zu finden, ist zunächst das Funktionsgewicht q_{ss} der Strecke S zu ermitteln. Zur Linearisierung der Funktion setzt man wie üblich

$$X = X_0 + \delta x, \qquad Y = Y_0 + \delta y$$

und erhält unter Benutzung der in § 14, Aufgabe 7, gebildeten Ableitungen

$$dS = \cos\varphi \, \delta x + \sin\varphi \, \delta y.$$

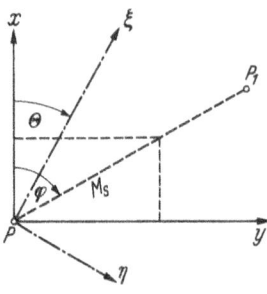

Abb. 23

Daraus folgt nach der Tienstraschen Regel (§ 20.1)

$$q_s = \cos\varphi \; q_x + \sin\varphi \; q_y,$$

so daß, wenn unter m der Gewichtseinheitsfehler verstanden wird, gilt

$$M_s^2 = m^2 q_{ss} = m^2(\cos^2\varphi \, q_{xx} + 2\sin\varphi \cos\varphi \, q_{xy} + \sin^2\varphi \, q_{yy}) \tag{1}$$

und, wenn beiderseits mit M_s^2 multipliziert wird,

$$M_s^4 = m^2(q_{xx}M_s^2 \cos^2\varphi + 2q_{xy}M_s \cos\varphi M_s \sin\varphi + q_{yy}M_s^2 \sin^2\varphi). \tag{1a}$$

Zur geometrischen Deutung dieses Ausdruckes betrachte man für einen Augenblick den Punkt P als Ursprung eines xy-Systems, dessen Achsen denen unseres Ausgangssystems parallel sind und setze

$$M_s \cos\varphi = x, \qquad M_s \sin\varphi = y, \tag{2}$$

woraus durch Quadrieren und Summieren folgt

$$M_s^2 = x^2 + y^2.$$

Wird das in die linke, (2) in die rechte Seite von (1a) eingeführt, so erhält man

$$(x^2 + y^2)^2 = m^2(q_{xx}x^2 + 2q_{xy}xy + q_{yy}y^2). \tag{3}$$

Um den Klammerausdruck rechter Hand zu deuten, wird im Ursprung P noch ein $\zeta\eta$-System eingeführt, dessen Achsen mit denen des xy-Systems den Winkel Θ bilden, und es wird Θ so gewählt, daß das gemischte Glied in der Klammer verschwindet. In diesem System erhält (3) die Form

$$(\zeta^2 + \eta^2)^2 = m^2 (q_{\zeta\zeta}\zeta^2 + q_{\eta\eta}\eta^2),$$

und wenn man weiter

$$m^2 q_{\zeta\zeta} = A^2 \quad \text{und} \quad m^2 q_{\eta\eta} = B^2 \tag{4}$$

setzt, so wird

$$(\zeta^2 + \eta^2)^2 - (A^2 \zeta^2 + B^2 \eta^2) = 0. \tag{5}$$

Das ist die Gleichung der *Fußpunktkurve* einer Ellipse mit den Halbachsen A und B im $\zeta\eta$-System, und es muß demnach (3) ihre Gleichung im xy-System sein.

Geometrisch ist die Fußpunktkurve definiert als Ort der Fußpunkte aller vom Mittelpunkt einer Ellipse auf die Ellipsentangente gefällten Lote; bildlich betrachtet ist sie eine

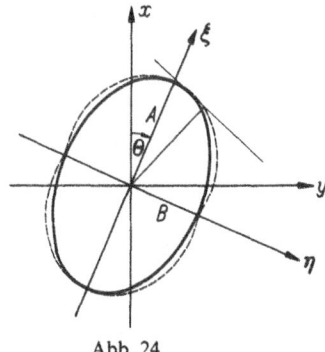

Abb. 24

mit vier Wülsten versehene Ellipse. Der gesuchte mittlere Fehler in irgendeiner Richtung aber ist gleich dem Radiusvektor der Fußpunktkurve in der gleichen Richtung.

Die die Fußpunktkurve tragende Ellipse heißt Fehlerellipse. Ihre Gleichung im $\zeta\eta$-System ist

$$\frac{\zeta^2}{A^2} + \frac{\eta^2}{B^2} = 1. \tag{6}$$

Da Fußpunktkurve und Fehlerellipse im $\zeta\eta$-System die gleichen Achsenabschnitte haben und in der Praxis diese Achsenabschnitte als ausreichende Charakteristika für die Güte der Punktbestimmung angesehen werden, wird in der Regel nur von der Lage und der Größe der Fehlerellipse, seltener der Fußpunktkurve gesprochen.

2. Berechnung der Ellipsenkonstanten aus Gewichtskoeffizienten. Zur Berechnung des Winkels Θ entnehme man der Abbildung die Beziehungen

$$\zeta = x \cos\Theta + y \sin\Theta, \quad \eta = -x \sin\Theta + y \cos\Theta, \tag{7}$$

bilde die symbolischen Koeffizienten

$$q_\zeta = q_x \cos\Theta + q_y \sin\Theta, \qquad q_\eta = -q_x \sin\Theta + q_y \cos\Theta \tag{8}$$

und bestimme dann Θ auf Grund der oben gestellten Forderung $q_{\zeta\eta} = 0$ aus

$$q_{\zeta\eta} = q_\zeta q_\eta = (q_x \cos\Theta + q_y \sin\Theta)(-q_x \sin\Theta + q_y \cos\Theta) = 0.$$

12*

Ausmultiplizieren ergibt

$$0 = -\sin\Theta\cos\Theta\,(q_{xx} - q_{yy}) + q_{xy}(\cos^2\Theta - \sin^2\Theta)$$

und nach einfachen goniometrischen Umformungen

$$\tan 2\Theta = \frac{2q_{xy}}{q_{xx} - q_{yy}}, \tag{9}$$

womit Θ bekannt ist. Zur Ermittlung von A und B nach (4) bilde man mit (8)

$$q_{\xi\xi} = q_{xx}\cos^2\Theta + q_{yy}\sin^2\Theta + 2q_{xy}\sin\Theta\cos\Theta\,,$$
$$q_{\eta\eta} = q_{xx}\sin^2\Theta + q_{yy}\cos^2\Theta - 2q_{xy}\sin\Theta\cos\Theta$$

und beachte die Beziehungen

$$\cos^2\Theta = \frac{1 + \cos 2\Theta}{2}, \qquad \sin^2\Theta = \frac{1 - \cos 2\Theta}{2}.$$

Damit wird

$$\left.\begin{array}{l} 2q_{\xi\xi} = q_{xx} + q_{yy} + (q_{xx} - q_{yy})\cos 2\Theta + 2q_{xy}\sin 2\Theta\,, \\ 2q_{\eta\eta} = q_{xx} + q_{yy} - (q_{xx} - q_{yy})\cos 2\Theta - 2q_{xy}\sin 2\Theta\,. \end{array}\right\} \tag{10}$$

Andererseits folgt aus (9)

$$\cos 2\Theta = \frac{q_{xx} - q_{yy}}{k}, \qquad \sin 2\Theta = \frac{2q_{xy}}{k},$$

worin, da die Quadratsumme von Sinus und Cosinus 1 ergibt,

$$k = \sqrt{(q_{xx} - q_{yy})^2 + 4q_{xy}^2} = \frac{2q_{xy}}{\sin 2\Theta} = \frac{q_{xx} - q_{yy}}{\cos 2\Theta} \tag{11}$$

ist. Einsetzen in (10) führt auf

$$2q_{\xi\xi} = q_{xx} + q_{yy} + \frac{(q_{xx} - q_{yy})^2 + 4q_{xy}^2}{k} = q_{xx} + q_{yy} + k\,,$$

$$2q_{\eta\eta} = q_{xx} + q_{yy} - \frac{(q_{xx} - q_{yy})^2 + 4q_{xy}^2}{k} = q_{xx} + q_{yy} - k\,.$$

Nach (4) wird also erhalten

$$\left.\begin{array}{ll} A^2 = m^2\,\dfrac{q_{xx} + q_{yy} + k}{2}\,; & \text{Richtungswinkel } \Theta, \\[3mm] B^2 = m^2\,\dfrac{q_{xx} + q_{yy} - k}{2}\,; & \text{Richtungswinkel } \Theta + 100^{\text{g}}\,. \end{array}\right\} \tag{12}$$

Bestimmt man dann noch, daß k stets positiv zu nehmen ist, so sind A und B die große und die kleine Halbachse der Fehlerellipse und der von ihr getragenen Fußpunktkurve. (9), (11) und (12) sind die Formeln zur Berechnung der Zahlenwerte.

3. Berechnung der Ellipsenkonstanten aus Normalgleichungskoeffizienten. Um Θ, A und B auch ohne Kenntnis der Gewichtskoeffizienten berechnen zu können, wendet man die Gewichtsformeln des § 17.5 für zwei Unbekannte an. Man findet dort

$$q_{xx} = \frac{1}{[aa \cdot 1]}, \qquad q_{yy} = \frac{1}{[bb \cdot 1]}\,; \qquad q_{xy} = \frac{1}{[ab \cdot 1]} = -\frac{[ab]}{[aa]}\,q_{yy}. \tag{13a}$$

Schreibt man die reduzierten Koeffizienten nach § 15 (9) auf und führt man dann noch die Koeffizientendeterminante

$$D = [aa]\,[bb] - [ab]\,[ab] \tag{13b}$$

ein, so erhält man

$$q_{xx} = \frac{[bb]}{D}, \qquad q_{xy} = -\frac{[ab]}{D}, \qquad q_{yy} = \frac{[aa]}{D} \tag{14}$$

und nach Einsetzen in (9)

$$\tan 2\Theta = \frac{-2[ab]}{-([aa]-[bb])}. \tag{15}$$

Für die Darstellung von A und B bildet man vorbereitend mit Hilfe von (11) und (13 b) den Ausdruck $W = kD$ oder

$$W = \sqrt{([aa]-[bb])^2 + 4[ab]^2} = \frac{-2[ab]}{\sin 2\Theta} = \frac{-([aa]-[bb])}{\cos 2\Theta} \tag{16}$$

und erhält nach leichter Zwischenrechnung als *zweites Formelsystem*

$$A^2 = m^2 \frac{[aa]+[bb]+W}{2D}, \qquad B^2 = m^2 \frac{[aa]+[bb]-W}{2D}. \tag{17}$$

Es ist aber auch

$$W^2 = ([aa]+[bb])^2 - 4[aa][bb] + 4[ab]^2 = ([aa]+[bb])^2 - 4D, \tag{18}$$
$$4D = (([aa]+[bb]) + W)(([aa]+[bb]) - W).$$

Daraus folgt durch Einsetzen von $4D$ in (17) als *drittes Formelsystem*

$$A^2 = \frac{2m^2}{[aa]+[bb]-W}; \qquad B^2 = \frac{2m^2}{[aa]+[bb]+W}. \tag{19}$$

Als *Gleichung der Fehlerellipse im x y-System* erhält man, indem man in (6) ξ und η durch (7), A und B durch (17) ersetzt und (13 b) und (16) beachtet,

$$[aa]x^2 + [bb]y^2 + 2[ab]xy - m^2 = 0. \tag{20}$$

Die *Gleichung der Fußpunktkurve* (3) lautet nach Einführen der Gln. (13)

$$(x^2+y^2)^2 - \left(\frac{x^2}{[aa \cdot 1]} + \frac{y^2}{[bb \cdot 1]} + \frac{2xy}{[ab \cdot 1]}\right)m^2 = 0. \tag{21}$$

4. Lage der Fehlerellipse im Koordinatensystem. Nach Aufgabe 17 sind die Richtungskoeffizienten definiert durch die Gleichungen

$$a = +\frac{\varrho}{s}\sin\varphi, \qquad b = -\frac{\varrho}{s}\cos\varphi.$$

Mithin ist der Ausdruck

$$[aa]+[bb] = \varrho^2 \left(\frac{1}{s_1^2} + \frac{1}{s_2^2} + \cdots + \frac{1}{s_n^2}\right) \tag{22}$$

unabhängig vom Richtungswinkel und damit von der Lage des Koordinatensystems. Es ist weiter

$$D = (a_1^2 + a_2^2 + \cdots)(b_1^2 + b_2^2 + \cdots) - (a_1 b_1 + a_2 b_2 + \cdots)^2.$$

Dies läßt sich umbilden in

$$D = (a_1 b_2 - a_2 b_1)^2 + (a_1 b_3 - a_3 b_1)^2 + (a_2 b_3 - a_3 b_2)^2 + \cdots$$

oder mit den obigen Werten der a und b in

$$D = \varrho^4 \left(\frac{\sin^2(\varphi_2 - \varphi_1)}{s_1^2 s_2^2} + \frac{\sin^2(\varphi_3 - \varphi_1)}{s_3^2 s_1^2} + \frac{\sin^2(\varphi_3 - \varphi_2)}{s_3^2} + \cdots \right). \tag{23}$$

Da hier nur die Differenzen der Richtungswinkel auftreten, ist auch D von der Richtung der Koordinatenachsen unabhängig. Mit (22) und (23) ist aber wegen (18) auch die Unabhängigkeit von W bewiesen. Zur Untersuchung von Θ gibt Einsetzen der a und b in (15), wenn die eckigen Klammern als Summenzeichen verstanden werden,

$$\tan 2\Theta = \frac{2\left[\dfrac{\sin\varphi \cos\varphi}{s^2} \right]}{\left[\dfrac{\cos^2\varphi}{s^2} \right] - \left[\dfrac{\sin^2\varphi}{s^2} \right]} = \frac{\left[\dfrac{\sin 2\varphi}{s^2} \right]}{\left[\dfrac{\cos 2\varphi}{s^2} \right]}.$$

Würde man das xy-System um den Winkel ψ drehen, so wäre im neuen System

$$a' = \frac{\varrho}{s} \sin(\varphi - \psi); \quad b' = -\frac{\varrho}{s} \cos(\varphi - \psi),$$

und es gälte für den Richtungswinkel der großen Halbachse, wenn man beachtet, daß ψ konstant ist,

$$\tan 2\Theta' = \frac{\left[\dfrac{\sin 2(\varphi - \psi)}{s^2} \right]}{\left[\dfrac{\cos 2(\varphi - \psi)}{s^2} \right]} = \frac{\cos 2\psi \left[\dfrac{\sin 2\varphi}{s^2} \right] - \sin 2\psi \left[\dfrac{\cos 2\varphi}{s^2} \right]}{\cos 2\psi \left[\dfrac{\cos 2\varphi}{s^2} \right] + \sin 2\psi \left[\dfrac{\sin 2\varphi}{s^2} \right]}.$$

Wird der letzte Bruch mit $\cos 2\psi \left[\dfrac{\cos 2\varphi}{s^2} \right]$ gekürzt, so wird im Hinblick auf die Gleichung für $\operatorname{tg} 2\Theta$

$$\tan 2\Theta' = \frac{\tan 2\Theta - \tan 2\psi}{1 + \tan 2\Theta \cdot \tan 2\psi} = \tan(2\Theta - 2\psi). \tag{24}$$

Es würde also $\Theta' = \Theta - \psi$ werden, d. h. eine Drehung des Koordinatensystems würde auch auf die Richtung der großen Halbachse keinen Einfluß ausüben.

Fehlerellipse und Fußpunktkurve sind mithin gegen Drehungen des Koordinatensystems invariant.

Infolgedessen bieten die Radienvektoren der Fußpunktkurve einen von der Lage des Koordinatensystems unabhängigen vollständigen Überblick über den mittleren linearen Fehler der Punktlage in jeder beliebigen Richtung.

Setzt man $m = 1$, so erhält man die der Fehlerellipse ähnliche *Fehlereinheitsellipse*. Diese ist nur von den Richtungskoeffizienten und damit von der Lage der Bestimmungspunkte abhängig; sie ermöglicht also, da man die zu erwartenden mittleren Beobachtungsfehler m in der Regel bereits vor der Messung hinreichend genau abschätzen kann, theoretisch bereits *vor* der Messung ein Urteil über die Güte der Bestimmungsstücke. Darauf gründen sich die von der ehemaligen Preußischen Katasterverwaltung herausgegebenen Genauigkeitsvoranschläge für die trigonometrische Punktbestimmung.

Zur Berechnung der Fehlerellipse bei der gemeinsamen Einschaltung mehrerer Neupunkte benutzt man am zweckmäßigsten die Formeln (9), (11), (12). Man errechnet die Konstanten der Fehlerellipse auf dem ersten Punkt aus q_{11}, q_{12}, q_{22}, auf dem zweiten aus q_{33}, q_{34}, q_{44}, usw.

5. Der mittlere Punktfehler. Neben der Fehlerellipse wird als Genauigkeitsmaß für die Punktbestimmung der mittlere Punktfehler benutzt. Dieser ist definiert durch die mit Hilfe von (12) sowie § 17 (12) leicht abzuleitenden Beziehungen

$$M = \sqrt{A^2 + B^2} = m \sqrt{q_{xx} + q_{yy}} = \sqrt{m_x^2 + m_y^2} \,. \tag{25}$$

M ist ebenfalls eine Invariante. Geometrisch wird M als Halbmesser eines Fehlerkreises um den Neupunkt gedeutet. Dieser Fehlerkreis darf nicht verwechselt werden mit dem Kreis, den man erhält, wenn etwa bei symmetrischer Verteilung der Bestimmungspunkte $A = B$ und damit die Fehlerellipse zum Kreis wird. Das tritt ein, wenn in (12) und (17) k oder W gleich Null werden. Man gewinnt dann in

$$A = B = m \sqrt{\frac{q_{xx} + q_{yy}}{2}} = m \sqrt{\frac{[aa] + [bb]}{2D}} \tag{26}$$

einen Fehlerausdruck, der $\sqrt{2}$ mal kleiner ist als M. Fehlerellipse und mittlerer Punktfehler sind also verschiedene Genauigkeitsmaße. *A. Möhle* und *G. Reissmann* empfehlen deshalb als Genauigkeitsmaß eine Fehlerellipse, deren Halbachsen aus den hier vorgetragenen Werten durch Multiplikation mit $\sqrt{2}$ erhalten werden [23].

Zahlenbeispiel. Im Falle der Aufgabe 18 (Vereinigtes Vorwärts- und Rückwärtseinschneiden) ist

$$q_{xx} = 0,000468 \,, \qquad q_{xy} = 0,000086 \,, \qquad q_{yy} = 0,000278 \,.$$

Damit gibt das Formelsystem (9), (11), (12)

$$\tan 2\Theta = \frac{-0,000172}{0,000468 - 0,000278} = -0,9053 \,; \qquad \Theta = 176,58^g \,,$$

$$k = \sqrt{(0,000468 - 0,000278)^2 + 4 \cdot 0,000086^2} = 0,000256 \,,$$

$$A = 23,1 \sqrt{\frac{0,000468 + 0,000278 + k}{2}} = \pm 0,52 \,\text{dm} = \pm 0,05 \,\text{m} \,,$$

$$B = 23,1 \sqrt{\frac{0,000468 + 0,000278 - k}{2}} = \pm 0,36 \,\text{dm} = \pm 0,04 \,\text{m} \,,$$

und in Übereinstimmung damit das System (15), (16), (17)

$$D = 2267 \cdot 3824 - 706^2 = 8\,170\,572 \,,$$

$$\tan 2\Theta = \frac{-2 \cdot 706}{-(2267 - 3824)} = -0,9069 \,; \qquad \Theta = 176,56^g \,,$$

$$W = \sqrt{(2267 - 3824)^2 + 4 \cdot 706^2} = 2102 \,,$$

$$A = 23,1 \sqrt{\frac{2267 + 3824 + 2102}{2 \cdot 8170572}} = \pm 0,52 \,\text{dm} = \pm 0,05 \,\text{m} \,,$$

$$B = 23,1 \sqrt{\frac{2267 + 3824 - 2102}{2 \cdot 8170572}} = \pm 0,36 \,\text{dm} = \pm 0,04 \,\text{m} \,.$$

[23] *Möhle, A.*: Zur Theorie der Genauigkeitsmaße in der Ebene. Z. Vermessungsw. **1941**, 33. – *Bachmann, W. K.*: L'ellipsoid d'erreur. Schweiz. Z. Vermessungsw. **1940**, 181. – *Großmann, W.*: Symbolische Gewichtskoeffizienten und Fehlerellipse. Z. Vermessungsw. **1949**, 133. – *Kappes, Th.*: Punktfehler und Fehlerellipse. Z. Markscheidew. **1957**, 123. – *Reissmann, G.*: Die Genauigkeitsmaße bei der Punktbestimmung. Vermessungstechnik **1959**, 161.

§ 27. Ausgleichung von Streckennetzen

Die Ausgleichung von Streckennetzen, ein früher nur wenig beachtetes Gebiet, ist aktuell geworden, seitdem lange Strecken und Dreiecksseiten mit Hilfe elektromagnetischer Wellen sehr genau gemessen werden können. Streckennetze unterscheiden sich von den Triangulierungsnetzen in der Hauptsache dadurch, daß sie sehr viele Diagonalen enthalten. Sie lassen sich infolgedessen leichter nach vermittelnden als nach bedingten Beobachtungen ausgleichen [24].

Die Ausgleichung nach vermittelnden Beobachtungen ist in ihren Grundzügen bereits in der Aufgabe 7 behandelt worden. Zweckmäßig wählt man als Unbekannte die Koordinaten der Neupunkte und setzt die Ausgleichung so an, daß jede gemessene Strecke eine Verbesserung erhält. Wird beachtet, daß im Gegensatz zur Aufgabe 7 beide Endpunkte einer Strecke veränderlich sind, so lauten die Fehlergleichungen, wenn x_i^0, y_i^0, x_k^0, y_k^0 Näherungswerte für die Koordinaten der zu bestimmenden Punkte sind,

$$v_{ik} = -\frac{x_k - x_i}{s_{ik}}\delta x_i - \frac{y_k - y_i}{s_{ik}}\delta y_i + \frac{x_k - x_i}{s_{ik}}\delta x_k + \frac{y_k - y_i}{s_{ik}}\delta y_k - l_{ik} \qquad (1)$$

mit

$$-l_{ik} = -(s_{ik} - s_{ik}^0); \qquad s_{ik}^0 = \sqrt{(x_k^0 - x_i^0)^2 + (y_k^0 - y_i^0)^2}$$

oder wenn φ_{ik} ein Richtungswinkel von P_i nach P_k ist,

$$v_{ik} = -\cos\varphi_{ik}^0\,\delta x_i - \sin\varphi_{ik}^0\,\delta y_i + \cos\varphi_{ik}^0\,\delta x_k + \sin\varphi_{ik}^0\,\delta y_k - l_{ik}. \qquad (2)$$

In dieser Form gelten die Fehlergleichungen allerdings nur für Streckennetze, die so begrenzt sind (< 10 km^2), daß die Krümmung der Erdoberfläche vernachlässigt werden kann. Bei größerer Ausdehnung des Netzes rechnet man entweder in einem ebenen konformen System oder im Netz der geographischen Koordinaten. Im ersten Falle sind zu den beobachteten Werten der Strecken die Entfernungsreduktionen hinzuzuschlagen. Im zweiten Falle setzt man, indem man unter B_i, L_i und A_i die geographischen Breiten, die geographischen Längen und die

---

[24] *Rinner, K.:* Geometrie mit Strecken. Schweiz. Z. Vermessungsw. **1950**, 176. – *Arnold, K.:* Zur Fehlertheorie der streckenmessenden Triangulation. Dresden 1951. – *Tarczy-Hornoch, A.:* Über die Ausgleichung von Streckennetzen. Acta technica academiae scientiarum Hungarica, Tomus VIII, Fasciculi 3–4, Budapest 1954; – Notes on the adjustment of Trilateration. Empire Survey Rev. **1964**, 363. – *Gerke, K.:* Über die Berechnung von Streckennetzen. Z. Vermessungsw. **1954**, 164. – *Wolf, H.:* Die Ausgleichung von Streckennetzen. Z. Vermessungsw. **1958**, 337. – *Rinner, K.:* Zweidimensionale Netze in [50], S. 618 ff. – *Wolf, H.:* Über die Berechnung von Streckennetzen in [47], S. 382 ff. – *Großmann, W.:* Geodätische Rechnungen und Abbildungen. 2. Aufl. Stuttgart 1964.

Azimute, unter M_i und N_i die Meridian- und Querkrümmungshalbmesser versteht,

$$\delta\overline{x} = \frac{1}{\varrho}\,M\,dB\,, \qquad \delta\overline{y} = \frac{1}{\varrho}\,N\cos B\,dL \qquad (3)$$

und erhält damit als Fehlergleichungen für die beobachteten Strecken

$$v_{ik} = -\cos A^0_{ik}\,\delta\overline{x}_i - \sin A^0_{ik}\,\delta\overline{y}_i - \cos A^0_{ki}\,\delta\overline{x}_k - \sin A^0_{ki}\,\delta\overline{y}_k - l_{ik}\,, \qquad (4)$$

wobei $-l_{ik} = -(s_{ik} - S^0_{ik})$ ist und A^0_{ik} und S^0_{ik} vorläufige Azimute und Strecken sind, die aus den Näherungskoordinaten der gesuchten Punkte mit Hilfe der 2. geodätischen Hauptaufgabe zu errechnen sind.

Aufgabe 21. *Ausgleichung eines Tellurometernetzes*

Zum Bestimmen der Gaußschen Koordinaten der Punkte 2 bis 7 des in Abb. 25 dargestellten Netzes wurden die ausgezogenen Strecken mit einem Tellurometer ein- bis dreimal gemessen. Die gemittelten Messungsergebnisse und die Anzahl der Einzelmessungen

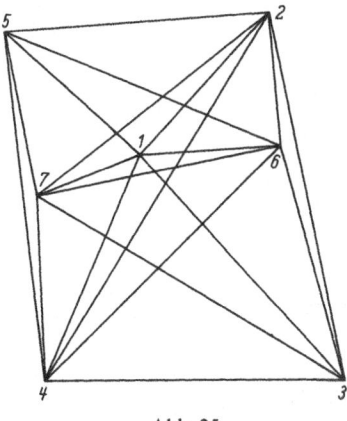

Abb. 25

sind in der Tab. 1 vermerkt. Zur Orientierung des Netzes sind die Koordinaten des Punktes 1 (Tab. 2) und der Richtungswinkel $(12) = 29,6945^g$ anzuhalten. Bekannt sind ferner die in Tab. 2 nachgewiesenen einer Triangulierung entstammenden Gauß-Krügerschen Koordinaten der Punkte 2 bis 7, die bei der Ausgleichung als Näherungskoordinaten dienen.

Da die gegebenen Punkt einem konformen Netz angehören, dessen Längeneinheit das legale Meter (= Intern. Meter × 0,999986404) ist, sind die gemessenen Strecken in der Tab. 1 entsprechend reduziert und in dieser Form als „beobachtete Strecken" s_{ik} in die Ausgleichung eingeführt. Daneben sind mit den aus Näherungskoordinaten gerechneten s^0_{ik} die Absolutglieder $-l_{ik} = -(s_{ik} - s^0_{ik})$ gebildet worden.

Die Tab. 3 enthält die Koeffizienten der nach dem Muster der Gl. (2) aufgebauten Fehlergleichungen, jedoch um Platz zu sparen, mit einer Dezimale weniger als tatsächlich gerechnet wurde. Unbekannte sind die Koordinatenzuschläge δy_i und δx_i; doch fallen δy_1

und δx_1 aus, weil Punkt 1 fester Anschlußpunkt ist; ferner ist, weil der Richtungswinkel (12) erhalten bleiben soll, δy_2 durch die Beziehung $\delta y_2 = \delta x_2 \tan (12)$ bestimmt. Als Gewicht jeder Strecke gilt die Anzahl der nach Tab. 1 dafür benötigten Einzelmessungen.

Tabelle 1

Str.	$n=p$	Beobachtet	Reduziert auf		Gem.	Ger.		Ausgleichsergebnis Verb. Fehl.gl. Koord.		
		$m_{\text{int.}}$	$m_{\text{leg.}}$	Ebene	s_{ik}	s_{ik}^0	$-l_{ik}$	v_{ik}	s_{ik}	s_{ik}
12	3	11 679,513	−0,155	+0,403	·9,76	·9,72	−0,04	−0,02	·9,74	·9.74
13	2	17 163,975	−0,228	+0,694	·4,44	·4,44	0,00	0,00	·4,44	·4,45
14	2	13 169,625	−0,175	+0,373	·9,82	·9,83	+0,01	−0,01	·9,81	·9,81
15	2	16 025,028	−0,215	+0,372	·5,18	·5,20	+0,02	+0,02	·5,20	·5,20
16	1	7 539,030	−0,100	+0,269	·9,20	·9,26	+0,06	0,00	·9,20	·9,20
17	1	8 831,013	−0,117	+0,232	·1,13	·1,15	+0,02	−0,05	·1,08	·1,08
23	2	22 181,474	−0,294	+0,981	·2,16	·2,16	0,00	+0,01	·2,17	·2,17
24	2	24 816,020	−0,330	+0,782	·6,47	·6,49	+0,02	+0,02	·6,49	·6,49
25	2	19 134,348	−0,254	+0,505	·4,60	·4,62	+0,02	−0,03	·4,57	·4,58
26	1	8 254,728	−0,110	+0,325	·4,94	·4,97	+0,03	−0,06	·4,88	·4,88
27	1	19 205,867	−0,255	+0,564	·6,18	·6,33	+0,15	+0,09	·6,27	·6,27
34	2	18 801,956	−0,250	+0,703	·2,41	·2,43	+0,02	0,00	·2,41	·2,41
36	1	14 120,858	−0,186	+0,644	·1,32	·1,18	−0,14	−0,02	·1,30	·1,30
37	1	23 165,079	−0,307	+0,816	·5,59	·5,57	−0,02	−0,03	·5,56	·5,56
45	1	22 451,363	−0,298	+0,467	·1,53	·1,43	−0,10	−0,04	·1,49	·1,50
46	1	18 872,574	−0,250	+0,617	·2,94	·2,91	−0,03	−0,04	·2,90	·2,89
47	1	9 699,443	−0,129	+0,230	·9,54	·9,54	0,00	+0,05	·9,59	·9,60
56	1	21 698,381	−0,288	+0,598	·8,69	·8,87	+0,18	+0,05	·8,74	·8,74
57	1	12 768,620	−0,170	+0,243	·8,69	·8,67	−0,02	−0,01	·8,68	·8,69
67	1	16 363,577	−0,217	+0,501	·3,86	·3,97	+0,11	−0,01	·3,85	·3,86

Tabelle 2

Punkt Nr.	Näherungskoordinaten		Zuschläge		Ausgeglichene Koord.	
	y^0	x^0	δy	δx	y	x
1	3 550 295,83	5 804 022,95			3 550 295,83	5 804 022,95
2	55 548,31	14 454,98	+0,01	+0,02	55 548,32	14 455,00
3	64 273,51	5 794 060,89	+0,01	+0,01	64 273,52	5 794 060,90
4	45 618,41	91 711,73	+0,03	+0,01	45 618,44	91 711,74
5	36 541,56	5 812 246,52	+0,05	+0,09	36 541,61	5 812 246,61
6	57 443,69	06 420,55	−0,09	+0,09	57 443,60	06 420,64
7	42 094,22	00 748,39	+0,04	+0,07	42 094,26	00 748,46

Mit diesen Fehlergleichungen wurden in der Tab. 4 im ersten Block die Normalgleichungen aufgestellt und im zweiten Block nach dem im § 21.2 geschilderten modernen Gaußschen Algorithmus reduziert. Im dritten Block sind die Unbekannten und im vierten Block die Gewichtskoeffizienten berechnet (vgl. auch § 50.52). Als mittlerer Fehler einer einmal beobachteten Strecke ergibt sich danach

$$m_0 = \pm \sqrt{\frac{0,029}{20 - 11}} = \pm \sqrt{0,0032} = \pm 0,055 \text{ m}.$$

Tabelle 3

Str.	p	δx_2	δy_3	δx_3	δy_4	δx_4	δy_5	δx_5	δy_6	δx_6	δy_7	δx_7	$-l$	$-s$
12	3	+1,12											−0,04	−1,08
13	2		+0,81	−0,58									0,00	−0,23
14	2				−0,36	−0,93							+0,01	+1,28
15	2						−0,86	+0,51					+0,02	+0,33
16	1								+0,95	+0,32			+0,06	−1,33
17	1										−0,93	−0,37	+0,02	+1,28
23	2	+0,72	+0,39	−0,92									0,00	−0,19
24	2	+1,12			−0,40	−0,92							+0,02	+0,18
25	2	+0,62					−0,99	−0,12					+0,02	+0,47
26	1	+0,86							+0,23	−0,97			+0,03	−0,15
27	1	+1,07									−0,70	−0,71	+0,15	−0,21
34	2		+0,99	+0,12	−0,99	−0,12							+0,02	−0,02
36	1		+0,48	−0,88					−0,48	+0,88			−0,14	+0,14
37	1		+0,96	−0,29							−0,96	+0,29	−0,02	+0,02
45	1				+0,40	−0,91	−0,40	+0,91					−0,10	+0,10
46	1				−0,63	−0,78			+0,63	+0,78			−0,03	+0,03
47	1				+0,36	−0,93					−0,36	+0,93	0,00	0,00
56	1						−0,96	+0,27	+0,96	−0,27			+0,18	−0,18
57	1						−0,43	+0,90			+0,43	−0,90	−0,02	+0,02
67	1								+0,94	+0,35	−0,94	−0,35	+0,11	−0,11

Tabelle 4

δx_2	δy_3	δx_3	δy_4	δx_4	δy_5	δx_5	δy_6	δx_6	δy_7	δx_7	$-l$	$-s$
9,959	+0,561	−1,326	−0,885	−2,054	−1,232	−0,150	+0,198	−0,834	−0,749	−0,760	+0,124	−2,853
	4,737	−2,121	−1,960	−0,238			−0,230	+0,422	−0,922	+0,278	−0,044	−0,484
		3,250	−0,238	−0,029			+0,422	−0,774	+0,278	−0,084	+0,134	+0,488
			3,220	+1,432	−0,160	+0,364	−0,397	−0,491	−0,130	+0,335	−0,085	−1,005
				5,763	+0,364	−0,828	−0,491	−0,608	+0,335	−0,865	+0,057	−2,837
					4,715	−1,651	−0,922	+0,259	−0,185	+0,387	−0,203	−1,373
						2,258	+0,259	−0,073	+0,387	−0,810	−0,044	+0,287
							3,388	+0,220	−0,884	−0,329	+0,388	−1,622
								2,622	−0,329	−0,122	−0,167	−0,123
									3,475	+0,170	−0,216	−1,231
										2,522	−0,140	−0,582
											0,122	0,084
9,959	+0,561	−1,326	−0,885	−2,054	−1,232	−0,150	+0,198	−0,834	−0,749	−0,760	+0,124	−2,853
(0,100)	−0,056	+0,133	+0,089	+0,206	+0,124	+0,015	−0,020	+0,084	+0,075	+0,076	−0,012	−0,286
	4,706	−2,047	−1,910	−0,122	+0,069	+0,008	−0,241	+0,469	−0,880	+0,321	−0,051	−0,323
	(0,212)	+0,435	+0,406	+0,026	−0,015	−0,002	+0,051	−0,100	+0,187	−0,068	+0,011	+0,069
		2,183	−1,187	−0,355	−0,134	−0,016	+0,343	−0,681	−0,204	−0,045	+0,128	−0,032
		(0,458)	+0,544	+0,163	+0,061	+0,007	−0,157	+0,312	+0,093	+0,021	−0,059	+0,015
			1,720	+1,007	−0,315	+0,345	−0,291	−0,745	−0,665	+0,373	−0,025	−1,407
			(0,581)	−0,585	+0,183	−0,201	+0,169	+0,433	+0,387	−0,217	+0,015	+0,818
				4,689	+0,274	−1,063	−0,231	−0,443	+0,513	−1,239	+0,117	−2,616
				(0,213)	−0,058	+0,277	+0,049	+0,094	−0,109	+0,264	−0,025	+0,558
					4,480	−1,546	−0,913	−0,003	−0,428	+0,425	−0,190	−1,830
					(0,223)	+0,345	+0,204	+0,001	+0,096	−0,095	+0,042	+0,408
						1,412	−0,044	−0,043	+0,479	−1,032	−0,075	−0,698
						(0,708)	+0,031	+0,030	−0,339	+0,731	+0,053	+0,494
							3,071	+0,218	−1,042	−0,233	+0,323	−2,337
							(0,326)	−0,071	+0,339	+0,076	−0,105	+0,761
								1,912	−0,519	−0,201	−0,137	−1,052
								(0,523)	+0,271	+0,105	+0,072	+0,550
									2,225	+0,705	−0,147	−2,784
									(0,449)	−0,317	+0,066	+1,251
										0,976	−0,068	−0,905
										(1,025)	+0,070	+0,927
+0,019	+0,015	+0,009	+0,027	+0,010	+0,052	+0,089	−0,091	+0,091	+0,044	+0,070	0,029	
0,981	0,988	0,992	0,977	0,988	0,949	0,908	1,091	0,907	0,957	0,927	0,029	
+0,171	+0,058	+0,139	+0,051	+0,094	+0,073	+0,126	+0,018	+0,122	+0,034	+0,111	−0,999	
+0,058	+1,152	+0,834	+1,156	−0,389	−0,071	−0,680	+0,135	+0,216	+0,488	−0,581	−0,996	
+0,139	+0,834	+1,007	+0,859	−0,207	−0,025	−0,391	+0,048	+0,333	+0,324	−0,323	−1,001	
+0,051	+1,156	+0,859	+1,606	−0,563	−0,109	−0,930	+0,172	+0,259	+0,567	−0,776	−1,002	
+0,094	−0,389	−0,207	−0,563	+0,495	+0,114	+0,581	−0,026	+0,043	−0,220	+0,492	−0,998	
+0,073	−0,071	−0,025	−0,109	+0,114	+0,349	+0,374	+0,072	+0,007	−0,028	+0,161	−1,001	
+0,126	−0,680	−0,391	−0,930	+0,581	+0,374	+1,475	−0,065	−0,008	−0,416	+0,859	−0,996	
+0,018	+0,135	+0,048	+0,172	−0,026	+0,072	−0,065	+0,376	+0,001	+0,154	−0,034	−0,998	
+0,122	+0,216	+0,333	+0,259	+0,043	+0,007	−0,008	+0,001	+0,556	+0,115	+0,020	−0,998	
+0,034	+0,488	+0,324	+0,567	−0,220	−0,028	−0,416	+0,154	+0,115	+0,552	−0,325	−1,000	
+0,111	−0,581	−0,323	−0,776	+0,492	+0,161	+0,895	−0,034	+0,020	−0,325	+1,025	−0,997	
−2,728	−0,528	+0,622	−1,090	−2,780	−1,576	+0,243	−1,234	−0,290	−1,447	−0,722		

Die Unbekannten und ihre mittleren Fehler sind

$$\delta y_2 = +0{,}010 \pm 0{,}012 \qquad \delta x_2 = +0{,}019 \pm 0{,}023$$
$$\delta y_3 = -0{,}015 \pm 0{,}059 \qquad \delta x_3 = +0{,}009 \pm 0{,}055$$
$$\delta y_4 = +0{,}027 \pm 0{,}070 \qquad \delta x_4 = +0{,}010 \pm 0{,}039$$
$$\delta y_5 = +0{,}052 \pm 0{,}033 \qquad \delta x_5 = +0{,}089 \pm 0{,}067$$
$$\delta y_6 = -0{,}091 \pm 0{,}034 \qquad \delta x_6 = +0{,}091 \pm 0{,}041$$
$$\delta y_7 = +0{,}044 \pm 0{,}041 \qquad \delta x_7 = +0{,}070 \pm 0{,}056 .$$

Die endgültigen Koordinaten der Netzpunkte sind in Tab. 2 vermerkt. Die v_{ik} und die ausgeglichenen Strecken s_{ik} – berechnet sowohl aus den Fehlergleichungen wie aus den endgültigen Koordinaten der Netzpunkte – sind in der Tab. 1 am rechten Rande eingetragen.

§ 28. Die Ausgleichung von Triangulierungsnetzen nach vermittelnden Beobachtungen

Triangulierungsnetze werden in der Regel nach der Methode der bedingten Beobachtungen ausgeglichen. Bei den bedingten Beobachtungen hat man gewöhnlich weniger Normalgleichungen aufzulösen als bei den vermittelnden Beobachtungen. Letztere sind ferner dadurch benachteiligt, daß man Näherungskoordinaten für die Neupunkte gebraucht, die so genau sein müssen, daß man die Taylor-Glieder der zweiten Ordnung vernachlässigen kann.

Trotzdem gibt es einige Fälle, in denen die vermittelnden Beobachtungen vorzuziehen sind. Das betrifft einerseits die Ausgleichung von Füllnetzen, weil dabei in der Regel weniger Normalgleichungen auftreten als beim Verfahren der bedingten Beobachtungen (s. § 37.3, 4. Beispiel). Andererseits gilt es für die Ausgleichung von großräumigen Flächennetzen, weil die Ausgleichung nach vermittelnden Beobachtungen sich sehr vie übersichtlicher anordnen läßt als die nach bedingten Beobachtungen.

28.1 Ausgleichen von Füllnetzen [25]

Füllnetze haben die freien Räume im Innern eines Dreieckskranzes oder zwischen den (meistens nordsüdlich und ostwestlich verlaufenden) Dreiecksketten aufzuschließen. Man bestimmt die Koordinaten der Füllnetzpunkte zweckmäßig im Wege des gleichzeitigen Einschneidens mehrerer Einzelpunkte, wofür ein Spezialfall, die Einschaltung von Doppelpunkten bereits in Aufgabe 19 behandelt ist. Bei der gleichzeitigen Bestimmung von 3, 4 und mehr Punkten („Dreier", „Vierer" usw.) treten dieselben drei Gruppen von Fehlergleichungen auf, die in der Aufgabe 19 als Fälle a, b und c aufgestellt worden sind. Es ändert

---

[25] *Wolf, H.,* u. *H. J. Spiess:* Über die Ausgleichung von Füllnetzen im Rahmen des Zentraleuropäischen Dreiecksnetzes RE 1950. Deutsche Geod.Komm. Reihe B, Heft 47, Frankfurt 1957.

sich also im Vergleich zu den Doppelpunkten zwar der Umfang der Ausgleichungsarbeit, nicht aber das Ausgleichungsverfahren (vgl. Aufgabe 19, Zusatz 2).

28.2 Ausgleichen von freien Flächennetzen

Beobachtungsgrößen sind in freien Flächennetzen neben den Dreieckswinkeln oder den Richtungen die Basis- oder Grundlinienmessungen, die den Maßstab liefern, und die astronomischen Messungen, die das Netz auf dem Ellipsoid orientieren.

Begnügt man sich dabei mit einem nach Länge und Breite astronomisch festgelegten Ausgangspunkt, einer Basis und dem Azimut einer Dreiecksseite, so liegt die rein geodätische Aufgabe der Netzausbreitung vor. Sind dagegen mehrere Punkte astronomisch bestimmt und mehrere Basen sowie mehrere Azimute gemessen, so treten zusätzlich die vor allem durch die Anomalien der Lotrichtung verursachten Widersprüche auf, welche durch eine astronomisch-geodätische Netzausgleichung verteilt werden müssen. Vergleiche hierzu die Darstellung im IV. Band des Handbuches der Vermessungskunde von *Jordan-Eggert-Kneissl*.

Soll nun ein rein geodätisches oder ein astronomisch-geodätisches Netz nach vermittelnden Beobachtungen ausgeglichen werden, so kann man, wie bereits im Jahre 1880 *F. R. Helmert* und in jüngerer Zeit *Pranis-Praniewitsch* gezeigt haben, das Netz zunächst in mehrere Teilnetze zerlegen, dann jedes der Teilnetze weitgehend unabhängig von den übrigen für sich ausgleichen und schließlich in einer Hauptausgleichung die Teilausgleichungen so zusammenfassen, daß das Ergebnis der Ausgleichung in einem Guß entspricht[26]. Unter der Annahme, daß Richtungen beobachtet wurden, sind folgende Schritte erforderlich:

a) Als *Umringsgrenzen der Teilnetze* bestimmt man geschlossene, aus Dreiecksseiten gebildete Polygone, deren Brechpunkte ausgewählte Dreieckspunkte, die sog. Verbindungspunkte, sind. Die innerhalb eines Polygons liegenden Dreieckspunkte eines Teilnetzes heißen die inneren Punkte diese Teilnetzes.

---

[26] *Helmert, F. R.*: Die mathematischen und physikalischen Theorien der höheren Geodäsie, I. Teil (1880), S. 279–286. – Vgl. auch Lit.-Verz. [*34*], S. 610; ferner: *Wolf, H.*: Das Verfahren von *Pranis-Praniewitsch* zum Ausgleichen geodätischer Netze. Z. Vermessungsw. **1951**, 374. – Zur Ausgleichung großflächiger Dreiecksnetze nach vermittelnden Beobachtungen mit Koordinaten stufenweiser Abbildungen. Z. Vermessungsw. **1954**, 174. – Die Ausgleichung weltweiter Triangulationen. Z. Vermessungsw. **1958**, 276. – *Arnold, K.*: Über die strenge Ausgleichung des europäischen Dreiecksnetzes mit besonderer Berücksichtigung des Einsatzes einer elektronischen Rechenmaschine. Deutsche Geod. Komm. Reihe B, Heft 42, II, S. 11–15. – *Baarda, W.*: Some remarks on the computation and adjustment of large systems of geodetic triangulation. Bull. Géodésique **1957**, 20.

b) Die *Fehlergleichungen* werden in jedem Teilnetz für sich aufgestellt; die von den Verbindungspunkten ausgehenden Richtungen werden dabei je nach der Netzfigur entweder dem einen oder dem anderen Teilnetz zugewiesen. Die Fehlergleichungen für die Richtungsverbesserungen und die Seitenverbesserungen entnehme man der Aufgabe 19 und dem § 27 (2). Die Fehlergleichungen für die astronomischen (Laplaceschen) Azimute erhält man aus denen für die Richtungen, indem man die Azimute durch Hinzufügen der Meridiankonvergenz in Richtungswinkel verwandelt und die Orientierungsunbekannten fortläßt. Wenn aber zum Festlegen des Maßstabs und der Orientierung des Netzes wie in Aufgabe 21 nur eine Seite und ein Richtungswinkel gegeben sind, so erhalten diese keine Verbesserungen.

Die Orientierungsunbekannten werden auf den inneren Punkten mit Hilfe der Schreiberschen Gleichung eliminiert. Bei den Orientierungsunbekannten auf den Verbindungspunkten ist das nur dann möglich, wenn jeder der dort beobachteten (2 bzw. 3) Richtungssätze – wie es an Landesgrenzen vorkommen kann – nur Richtungen aus einem Teilnetz enthält. Andernfalls sind sie in den Fehlergleichungen zu belassen.

c) Die *Normalgleichungen* werden getrennt für jedes Teilnetz ohne Rücksicht auf die durch die angrenzenden Teilnetze gegebenen Zusammenhänge aufgestellt. Die Reihenfolge der Unbekannten in den Normalgleichungen wird dabei so gewählt, daß diejenigen Normalgleichungen, die sich auf die Verbindungspunkte beziehen, bei der Reduktion des betreffenden Teilnetzes als letzte übrig bleiben.

d) Die *Reduktion der Normalgleichungen* wird für jedes Teilnetz gesondert durchgeführt und soweit getrieben, bis die Koordinatenunbekannten der inneren Punkte eliminiert sind.

e) Für die *Hauptausgleichung* werden nunmehr die Matrizen der reduzierten Teilsysteme, welche als Unbekannte nur noch die Koordinatenunbekannten und die nicht nach c) eliminierten Orientierungsunbekannten der Verbindungspunkte enthalten, addiert. Als Matrizensumme bekommt man das Hauptnormalgleichungssystem, das nach einem geeigneten Verfahren aufgelöst die Koordinaten der Verbindungspunkte ergibt. Setzt man diese Koordinaten rückwärts in die Normalgleichungssysteme der Teilnetze ein, so erhält man die Koordinaten der inneren Punkte.

f) Als *Rechenproben* stehen die üblichen fortlaufenden Summenproben, die Abschnittsproben und die Schlußproben zur Verfügung. Zur Verprobung der in der Ausgleichung angebrachten Richtungs- und Entfernungsreduktionen empfiehlt es sich, die ausgeglichenen Richtungen und Seiten dreiecksweise zusammenzustellen und zu prüfen, ob die Reduktionsbeträge dem Sollwert des sphärischen Exzesses bzw. dem Legendreschen Satz genügen.

g) Muß im System der *geographischen Koordinaten* (B, L) ausgeglichen werden, so lauten nach [*35*], S. 615 ff. mit den in § 27 (3) eingeführten Symbolen die Fehlergleichungen für die beobachteten geodätischen Azimute

$$v_{ik} = + \frac{\sin A_{ik}^0}{S_{ik}^0} \delta \bar{x}_i - \frac{\cos A_{ik}^0}{S_{ik}^0} \delta \bar{y}_i + \frac{\sin A_{ki}^0}{S_{ik}^0} \delta \bar{x}_k - \frac{\cos A_{ki}^0}{S_{ik}^0} \delta \bar{y}_k - \delta \bar{z}_i - l_{ik},$$

wobei $-\delta \bar{z}_i = -\delta z_i + \delta L_i \sin B_i$ und $-l_{ik} = -(r_{ik} - A_{ik}^0 + z_i^0)$ ist und A_{ik}^0 und S_{ik}^0 wie in § 27 (4) berechnet werden.

Bei einem astronomisch beobachteten (Laplaceschen) Azimut fällt das Glied $-\delta \bar{z}_i$ fort; ferner ist $-l_{ik} = A_{ik}^0 - (\alpha_{ik} - (\lambda_i - L_i^0) \sin B_i^0)$, worin α_{ik} und λ_i die astronomisch beobachteten Werte sind [26a].

[26a] *Fischer, W.*: Vorschläge zur Bestimmung von Lotabweichungen. Schweiz. Z. Vermessungsw. **1965**, 197.

IV. Die Ausgleichung von bedingten Beobachtungen

§ 29. Einführung in die Methode der bedingten Beobachtungen

Bei der Ausgleichung nach vermittelnden Beobachtungen wurden die v erst *nach* der Berechnung der Unbekannten gewissermaßen nebenher erhalten. Vielfach ist es jedoch erwünscht, von *vornherein* Einblick in das Verhalten der v zu gewinnen. Dieser Gedanke liegt besonders nahe, wenn die ausgeglichenen Beobachtungen gewisse geometrische Bedingungen erfüllen müssen, wie z. B. bei Triangulierungen die Sollwerte der Winkelsummen in den Dreiecken und Vielecken oder bei Nivellements die Sollwerte der Schleifenschlüsse. In solchen Fällen kann man, wie *C. F. Gauß* gezeigt hat, geradezu die Verbesserungen als Unbekannte betrachten und sie so bestimmen, daß neben der Hauptforderung, $[vv]$ ein Minimum, auch den Bedingungen Genüge geschieht, die durch die überschießenden Beobachtungen hervorgerufen sind.

Als Einführungsbeispiel diene wiederum die bereits in den §§ 12 und 13 behandelte Winkelbeobachtung mit Horizontschluß.

Aufgabe 22. *Winkelbeobachtung mit Horizontschluß (III)*

Es seien auf einer Station die drei den Horizont schließenden Winkel l_1, l_2, l_3 beobachtet. Zwischen ihnen besteht die Bedingung

$$l_1 + v_1 + l_2 + v_2 + l_3 + v_3 - 400^g = 0,$$

die man mit

$$l_1 + l_2 + l_3 - 400^g = w$$

in die Form

$$v_1 + v_2 + v_3 + w = 0$$

bringt. Diese Bedingung tritt zu der Grundforderung der Ausgleichungsrechnung, $[vv]$ ein Minimum, als Nebenbedingung hinzu. Zur Lösung dieser Aufgabe hat man wie in § 18.2 zu der zum Minimum zu machenden Funktion die mit einem vorläufig noch unbestimmten Lagrangeschen Faktor multiplizierte Nebenbedingung additiv hinzuzufügen und von der so entstandenen neuen Funktion das Minimum zu ermitteln. Wird als unbestimmter Faktor der Ausdruck $-2k$ gewählt, so lautet die neue Funktion

$$F = v_1^2 + v_2^2 + v_3^2 - 2k(v_1 + v_2 + v_3 + w).$$

13   Großmann, Ausgleichsrechnung, 3. Aufl.

Zum Aufsuchen des Extremums dient

$$\frac{\partial F}{\partial v_1} = 2v_1 - 2k = 0, \quad \text{oder} \quad v_1 = k,$$

$$\frac{\partial F}{\partial v_2} = 2v_2 - 2k = 0, \qquad v_2 = k,$$

$$\frac{\partial F}{\partial v_3} = 2v_3 - 2k = 0, \qquad v_3 = k.$$

Aufsummieren ergibt unter Berücksichtigung der Ausgangsbedingung

$$v_1 + v_2 + v_3 = 3k = -w$$

oder

$$v_1 = v_2 = v_3 = k = -\frac{w}{3},$$

womit die Aufgabe in Übereinstimmung mit den Aufgaben 3 und 5 gelöst ist.

Nun sind meistens mehrere Bedingungen vorhanden, so daß mehrere Lagrangesche Multiplikatoren zu bestimmen sind. Die Bedingungsgleichungen sind ferner meistens nicht so einfach aufzustellen wie in diesem Beispiel. Daher soll, bevor weitergegangen wird, im folgenden Paragraphen zunächst das Aufstellen der Bedingungsgleichungen ausführlich dargestellt werden.

§ 30. Das Aufstellen der Bedingungsgleichungen

30.1 Aufsuchen der Bedingungen

Soll eine Gruppe von Beobachtungen nach dem Verfahren der bedingten Beobachtungen ausgeglichen werden, so muß man die Zahl und die Art der Bedingungen ermitteln, denen die ausgeglichenen Beobachtungen genügen müssen. Dazu überlegt man zunächst, wieviel unabhängige Beobachtungen zur eindeutigen Lösung der Aufgabe notwendig sind. Jede darüber hinausgehende Beobachtung liefert eine Bedingungsgleichung. Mithin ist die Anzahl der Bedingungsgleichungen gleich der Zahl der überschüssigen Beobachtungen.

Die Anzahl der Bedingungsgleichungen und ihr Aufbau lassen sich vielfach an Netzskizzen ablesen. In der Regel bestehen für den Aufbau verschiedene Möglichkeiten. Welche man wählt, hängt von später zu erörternden rechentechnischen Überlegungen ab. Wichtig ist nur, daß die richtige Anzahl gefunden wird und daß die Bedingungsgleichungen unabhängig voneinander sind.

Beispiele. a) Auf einer Station mit vier Strahlen (Abb. 16) sind die Winkel in allen Kombinationen beobachtet. Drei Messungen sind überschüssig; also bestehen drei (lineare) Bedingungsgleichungen, z. B.

$$l_1 + v_1 + l_4 + v_4 - l_2 - v_2 = 0,$$

$$l_2 + v_2 + l_6 + v_6 - l_3 - v_3 = 0,$$

$$l_4 + v_4 + l_6 + v_6 - l_5 - v_5 = 0.$$

b) In dem in Abb. 26 dargestellten freien Nivellementsnetz genügen zur gegenseitigen Festlegung der Punkte drei Messungen, z. B. die Beobachtungen l_1, l_2, l_3. Es bestehen mithin drei ebenfalls lineare Bedingungen, die etwa in der Form

$$l_1 + v_1 + l_2 + v_2 - l_5 - v_5 = 0,$$
$$l_5 + v_5 - l_3 - v_3 - l_4 - v_4 = 0,$$
$$l_1 + v_1 + l_6 + v_6 - l_4 - v_4 = 0$$

gebracht werden können. Die Bedingung, daß auch das Dreieck BDC schließen muß, ist in den ersten drei Bedingungen bereits enthalten.

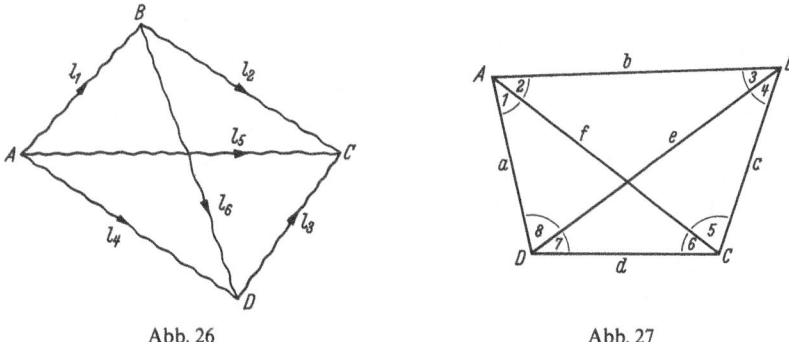

Abb. 26   Abb. 27

c) In dem Diagonalenviereck der Abb. 27 sind alle acht Winkel beobachtet. Da vier Winkel zur gegenseitigen Festlegung der Punkte genügen, sind vier überschüssige Messungen, also auch vier Bedingungen vorhanden. Es liegt nahe, diese in den Winkelsummenbedingungen der Dreiecke zu suchen. Das ist jedoch nicht richtig; denn zwei gegenüberliegende Dreiecke ergeben bereits als Winkelsumme der ganzen Figur 400^g. Wird dann noch ein drittes Dreieck hinzugenommen, so findet sich die Winkelsumme des vierten Dreiecks durch Abziehen des dritten von der Summe der beiden ersten. Die vierte Winkelsummenbedingung ist also in den ersten drei bereits enthalten und damit nicht unabhängig von ihnen. Die richtige vierte Bedingung ist eine Seitengleichung; sie hat, wie im § 37 begründet werden wird, die Form

$$\frac{\sin(l_3 + v_3)\,\sin(l_5 + v_5)\,\sin(l_7 + v_7)\,\sin(l_1 + v_1)}{\sin(l_8 + v_8)\,\sin(l_2 + v_2)\,\sin(l_4 + v_4)\,\sin(l_6 + v_6)} = 1\,.$$

Sie ist also nicht linear.

30.2 Lineare Bedingungsgleichungen

Es seien die Größen $l_1, l_2, \ldots, l_n$[27] unmittelbar beobachtet, und es werde neben der Forderung $[vv]$ ein Minimum verlangt, daß die aus-

---

[27] Im Gegensatz zu Abschn. III werden in Abschn. IV die ursprünglichen Beobachtungen nicht mit L_i, sondern mit l_i bezeichnet, weil sie – anders als die vermittelnden Beobachtungen – gewöhnlich unverändert in die Rechnung eingehen.

geglichenen Größen

$$l_1 + v_1 = x_1 ; \quad l_2 + v_2 = x_2 ; \quad \dots ; \quad l_n + v_n = x_n \tag{1}$$

unter der Voraussetzung, daß $n > r$ ist, r von vornherein bekannte Bedingungen erfüllen. Liegen lineare Beziehungen vor, so bringt man diese in die Form der *ursprünglichen Bedingungsgleichungen*

$$r \text{ Bedingungen} \begin{cases} a_0 + a_1 x_1 + a_2 x_2 + \cdots + a_n x_n = 0, \\ b_0 + b_1 x_1 + b_2 x_2 + \cdots + b_n x_n = 0, \\ \dots\dots\dots\dots\dots\dots\dots\dots\dots\dots\dots\dots \\ r_0 + r_1 x_1 + r_2 x_2 + \cdots + r_n x_n = 0. \end{cases} \tag{2}$$

$$\underbrace{\qquad\qquad\qquad\qquad}_{n \text{ Unbekannte}}$$

Um einen Ansatz für die Ausgleichung zu bekommen, bringe man (2) mit Hilfe von (1) in die Form

$$a_1 v_1 + a_2 v_2 + \cdots + a_n v_n + (a_0 + a_1 l_1 + a_2 l_2 + \cdots + a_n l_n) = 0,$$
$$b_1 v_1 + b_2 v_2 + \cdots + b_n v_n + (b_0 + b_1 l_1 + b_2 l_2 + \cdots + b_n l_n) = 0,$$
$$\dots\dots\dots\dots\dots\dots\dots\dots\dots\dots\dots\dots\dots\dots\dots\dots\dots$$
$$r_1 v_1 + r_2 v_2 + \cdots + r_n v_n + (r_0 + r_1 l_1 + r_2 l_2 + \cdots + r_n l_n) = 0,$$

und fasse die Klammerausdrücke, die die unverbesserten Beobachtungen enthalten, zusammen zu den *Widersprüchen*[28]

$$\begin{cases} a_0 + a_1 l_1 + a_2 l_2 + \cdots + a_n l_n = w_a, \\ b_0 + b_1 l_1 + b_2 l_2 + \cdots + b_n l_n = w_b, \\ \dots\dots\dots\dots\dots\dots\dots\dots\dots\dots\dots\dots \\ r_0 + r_1 l_1 + r_2 l_2 + \cdots + r_n l_n = w_r. \end{cases} \tag{3}$$

Mit (3) erhält man die *umgeformten Bedingungsgleichungen*

$$\begin{cases} a_1 v_1 + a_2 v_2 + \cdots + a_n v_n + w_a = 0, \\ b_1 v_1 + b_2 v_2 + \cdots + b_n v_n + w_b = 0, \\ \dots\dots\dots\dots\dots\dots\dots\dots\dots\dots\dots\dots \\ r_1 v_1 + r_2 v_2 + \cdots + r_n v_n + w_r = 0. \end{cases} \tag{4}$$

Bringt man die w_i auf die rechte Seite, so sieht man, daß ihre Vorzeichen denen der v_i entgegengesetzt sind. Also ist

Widerspruch = Beobachtung − Soll.

---

[28] Das Vorzeichen des Widerspruchs ist bei den meisten Autoren dem der Verbesserungen entgegengesetzt. Ausnahme u. a. in [*15*].

In abgekürzter Schreibweise lauten

die Widerspruchsgleichungen   die Bedingungsgleichungen

$$a_0 + [al] = w_a,$$
$$b_0 + [bl] = w_b,$$
$$\dots\dots\dots\dots$$
$$r_0 + [rl] = w_r,$$

$$\left. \begin{array}{l} [av] + w_a = 0, \\ [bv] + w_b = 0, \\ \dots\dots\dots\dots \\ [rv] + w_r = 0. \end{array} \right\} \quad (5)$$

30.3 Nichtlineare Bedingungsgleichungen

Nichtlineare Bedingungsgleichungen bringe man auf die Form

$$\varphi(x_1, x_2, \dots, x_n) = 0,$$

führe darin (1) ein und erhält

$$\left. \begin{array}{l} \varphi_a(l_1 + v_1, l_2 + v_2, \dots, l_n + v_n) = 0 \\ \varphi_b(l_1 + v_1, l_2 + v_2, \dots, l_n + v_n) = 0 \ \text{usw.} \end{array} \right\} \quad (6)$$

Sind die linken Seiten logarithmierbar, so kann man (6) durch Logarithmieren linear machen (vgl. die Aufgaben 27 und 28). In anderen Fällen wendet man die Taylor-Reihe an und benutzt dabei die l_i als Näherungswerte (vgl. Aufgabe 26 und 29). Dann wird aus der ersten Gl. (6), wenn man die höheren Ableitungen vernachlässigt,

$$\varphi_a(l_1, l_2, \dots, l_n) + \frac{\partial \varphi_a}{\partial l_1} v_1 + \frac{\partial \varphi_a}{\partial l_2} v_2 + \cdots \frac{\partial \varphi_a}{\partial l_n} v_n = 0$$

und mit leicht erkennbaren Identitäten

$$w_a + a_1 v_1 + a_2 v_2 + a_n v_n = 0.$$

Wenn man dann noch w_a umstellt und die übrigen Bedingungsgleichungen ebenso behandelt, erhält man wieder das lineare System (4).

§ 31. Korrelatengleichungen, Normalgleichungen und Proben

31.1 Aufstellen und Auflösen der Korrelatengleichungen und der Normalgleichungen

Um, wie im § 30 einleitend ausgeführt ist, neben der allgemeinen Forderung

$$[vv] = \text{Minimum} \quad (1)$$

die r Nebenbedingungen

$$[av] + w_a = 0; \quad [bv] + w_b = 0; \quad \dots; \quad [rv] + w_r = 0 \quad (2)$$

zu befriedigen, multipliziert man nach dem Vorgang des § 29 die Gln. (2) der Reihe nach mit den Lagrangeschen Multiplikatoren $-2k_a$, $-2k_b$, ..., $-2k_r$, addiert sie zur Gl. (1) und bestimmt das Minimum der Funktion

$$F = [vv] - 2k_a([av] + w_a) - 2k_b([bv] + w_b) - \cdots - 2k_r([rv] + w_r).$$

Um die Differentiation zu erleichtern, werden die Summenklammern gelöst. Bei Beschränkung auf n Beobachtungen und 3 Nebenbedingungen mit den „Korrelaten" k_a, k_b und k_c lautet die Aufgabe

$$\begin{aligned}
F = \quad & v_1^2 + v_2^2 + \cdots + v_n^2 \\
& - 2k_a(a_1 v_1 + a_2 v_2 + \cdots + a_n v_n + w_a) \\
& - 2k_b(b_1 v_1 + b_2 v_2 + \cdots + b_n v_n + w_b) \\
& - 2k_c(c_1 v_1 + c_2 v_2 + \cdots + c_n v_n + w_c) = \text{Min}.
\end{aligned}$$

Zur Ermittlung des Minimums sind die partiellen Ableitungen zu bilden und gleich Null zu setzen

$$\frac{\partial F}{\partial v_1} = 2v_1 - 2k_a a_1 - 2k_b b_1 - 2k_c c_1 = 0,$$

$$\frac{\partial F}{\partial v_2} = 2v_2 - 2k_a a_2 - 2k_b b_2 - 2k_c c_2 = 0 \quad \text{usw}.$$

Daraus folgen nach Division durch 2 die *Korrelatengleichungen*

$$\left.\begin{aligned}
v_1 &= a_1 k_a + b_1 k_b + c_1 k_c, \\
v_2 &= a_2 k_a + b_2 k_b + c_2 k_c \quad \text{usw}.
\end{aligned}\right\} \tag{3}$$

Um hieraus die v zu gewinnen, müssen zunächst die Korrelaten durch Einsetzen der Gln. (3) in (2) berechnet werden. Vorbereitend multipliziert man jede der Gln. (3) zuerst mit ihrem a, dann mit ihrem b und schließlich mit ihrem c, geht jedesmal zur Summe und erhält

$$\begin{aligned}
[av] &= [aa]\, k_a + [ab]\, k_b + [ac]\, k_c, \\
[bv] &= [ab]\, k_a + [bb]\, k_b + [bc]\, k_c, \\
[cv] &= [ac]\, k_a + [bc]\, k_b + [cc]\, k_c.
\end{aligned}$$

Einsetzen dieser Ausdrücke in (2) ergibt die *Normalgleichungen*

$$\left.\begin{aligned}
[aa]\, k_a + [ab]\, k_b + [ac]\, k_c + w_a &= 0, \\
[ab]\, k_a + [bb]\, k_b + [bc]\, k_c + w_b &= 0, \\
[ac]\, k_a + [bc]\, k_b + [cc]\, k_c + w_c &= 0.
\end{aligned}\right\} \tag{4}$$

Danach hat man folgenden Rechenweg:
1. Aufstellen der ursprünglichen Bedingungsgleichungen.
2. Aufstellen der umgeformten Bedingungsgleichungen.
3. Aufstellen der Normalgleichungen und Berechnen der Korrelaten.
4. Berechnen der v_i aus den Korrelatengleichungen.
5. Bilden der günstigsten Werte nach § 30 (1).

Man beachte: *Anzahl der Bedingungen gleich Anzahl der Korrelaten gleich Anzahl der Normalgleichungen.*

31.2 Die [v v]-Proben

Es werden wieder zwei $[vv]$-Proben gebildet. Zur Ableitung der ersten multipliziere man jede der Korrelatengleichungen (3) mit ihrem v und gehe zur Summe. Dann ergibt sich

$$[vv] = [av] k_a + [bv] k_b + [cv] k_c.$$

Daraus aber folgt, da nach (2) die Beziehungen

$$[av] = -w_a, \qquad [bv] = -w_b, \qquad [cv] = -w_c$$

bestehen, bereits die gesuchte *erste* $[vv]$-Probe

$$[vv] = -w_a k_a - w_b k_b - w_c k_c = -[wk]. \tag{5}$$

Die zweite $[vv]$-Probe gewinnt man, indem man aus (5) die k eliminiert. Dazu wird (5) unter Umkehren der Vorzeichen den Normalgleichungen angefügt und das so gewonnene System

$$\left.\begin{aligned}
[aa] k_a + [ab] k_b + [ac] k_c + w_a &= 0, \\
[ab] k_a + [bb] k_b + [bc] k_c + w_b &= 0, \\
[ac] k_a + [bc] k_b + [cc] k_c + w_c &= 0, \\
w_a k_a + w_b k_b + w_c k_c + 0 &= -[vv]
\end{aligned}\right\} \tag{6}$$

dreimal reduziert. Es bleibt dann die *zweite* $[vv]$-Probe

$$[0 \cdot 3] = -[vv], \tag{7}$$

oder wenn $[0 \cdot 3]$ nach § 15 (10) auseinandergezogen wird,

$$[vv] = + \frac{w_a^2}{[aa]} + \frac{(w_b \cdot 1)^2}{[bb \cdot 1]} + \frac{(w_c \cdot 2)^2}{[cc \cdot 2]}. \tag{8}$$

Die $[vv]$-Proben prüfen die ganze Rechnung von den umgeformten Bedingungsgleichungen bis zur Berechnung der v. Ungeprüft bleibt lediglich die Umformung der ursprünglichen Bedingungsgleichungen; deren Prüfung geschieht durch eine durchgreifende Schlußprobe.

31.3 Summenproben und Schlußprobe

Zur laufenden Verprobung der Rechnung dürfte wie im § 16.1 eine Zeilenprobe am vorteilhaftesten sein. Wir stellen deshalb die Koeffiziententabelle nicht, wie es oft geschieht, im Schema der Bedingungsgleichungen auf, sondern im Schema der Korrelatengleichungen, was schon deswegen einleuchtet, weil die Fehlergleichungen der vermittelnden Beobachtungen nicht den Bedingungsgleichungen, sondern den Korrelatengleichungen entsprechen. Setzt man

$$a_i + b_i + c_i + \cdots + r_i - \sigma_i = 0,$$

so ergibt sich die nachstehende Tabelle, die in den Zeilen die Koeffizienten der Korrelatengleichungen, in den Spalten die der Bedingungsgleichungen enthält:

v_i	k_a	k_b	$\cdots$	k_r	$-\sigma_i$
v_1	a_1	b_1	$\cdots$	r_1	$-\sigma_1$
v_2	a_2	b_2	$\cdots$	r_2	$-\sigma_2$
$\cdots$			$\cdots$		
v_n	a_n	b_n	$\cdots$	r_n	$-\sigma_n$
w_i	w_a	w_b	$\cdots$	w_r	$-[w]$

(9)

Auf Grund dieser Tabelle bildet man wie bei den vermittelnden Beobachtungen die Normalgleichungskoeffizienten $[aa]$, $[ab]$, ..., $[rr]$. Ein Unterschied besteht nur beim Absolutglied, das unverändert aus der Bedingungsgleichung in die entsprechende Normalgleichung übernommen wird. Zur Verprobung berechne man $-[a\sigma]$, $-[b\sigma]$, ..., $-[r\sigma]$ und bilde mit leicht verständlichen Symbolen

$$-[a\sigma] - w_a = -s_a; \quad -[b\sigma] - w_b = -s_b; \quad \cdots; \quad -[r\sigma] - w_r = -s_r;$$
$$-[w] = -s_w.$$

(10)

Dann lautet bei drei Bedingungsgleichungen das Koeffizientensystem der durch die zweite $[vv]$-Probe und die Quersummenprobe vervollständigten Normalgleichungen in abgekürzter Schreibweise

k_a	k_b	k_c	w	$-s$
$[aa]$	$[ab]$	$[ac]$	w_a	$-s_a$
	$[bb]$	$[bc]$	w_b	$-s_b$
		$[cc]$	w_c	$-s_c$
			0	$-s_w,$

(11)

woraus sich nach dreimaliger Reduktion die Endgleichungen und die Summenprobe

$$[0 \cdot 3] - [s_w \cdot 3] = 0 \tag{12}$$

ergeben. Es folgt die Berechnung der k mit der Probe

$$[0 \cdot 3] = [wk] \tag{13}$$

und die Berechnung der v aus (9) mit den $[vv]$-Proben

$$[vv] = -[wk] = -[0 \cdot 3]. \tag{14}$$

Als Schlußprobe werden die verbesserten Beobachtungen in die ursprünglichen Bedingungsgleichungen eingesetzt, die erfüllt sein müssen.

§ 32. Mittlerer Fehler einer beobachteten Größe

32.1 Zurückführen bedingter auf vermittelnde Beobachtungen

Die Ausgleichung bedingter Beobachtungen läßt sich mit Hilfe eines Kunstgriffs auf die von vermittelnden Beobachtungen zurückführen: Man führt als Unbekannte so viele v ein, wie zur endgültigen Lösung der Aufgabe erforderlich sind — also $(n - r)$ — und drückt durch diese v und die Widersprüche die übrigen v aus. Als einfachstes Beispiel diene die Winkelausgleichung im Dreieck (Abb. 28).

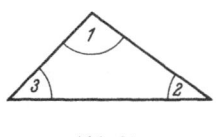

Abb. 28

Aufgabe 23. *Winkelausgleichung im Dreieck*

Bedingte Beobachtungen	Vermittelnde Beobachtungen
Bedingungsgleichungen	Fehlergleichungen
$l_1 + v_1 + l_2 + v_2 + l_3 + v_3 - 2R = 0$	$v_1 = x_1$
	$v_2 = \quad x_2$
Setze $\quad l_1 + l_2 + l_3 - 2R = w,$	$v_3 = -x_1 - x_2 - w.$
dann ist $\quad v_1 + v_2 + v_3 + \quad w = 0.$	Normalgleichungen
Normalgleichung $\quad 3k + \quad w = 0$	$2x_1 + \quad x_2 + w = 0,$
$k = -\dfrac{w}{3}.$	$x_1 + 2x_2 + w = 0.$

Daraus

$$v_1 = a_1 k = -\frac{w}{3},$$

$$v_2 = a_2 k = -\frac{w}{3},$$

$$v_3 = a_3 k = -\frac{w}{3}.$$

Daraus $-3x_1 - w = 0,$

$$v_1 = x_1 = -\frac{w}{3},$$

$$v_2 = x_2 = -\frac{w}{3},$$

$$v_3 = \frac{w}{3} + \frac{w}{3} - w = -\frac{w}{3}.$$

Auf demselben Wege kann ein System von n Beobachtungen mit r Bedingungsgleichungen in ein System von n Fehlergleichungen überführt werden, indem als Unbekannte soviel der v gewählt werden, wie zur eindeutigen Bestimmung nötig sind. Notwendig sind bei r Bedingungen aber $(n-r)$ Beobachtungen. Demnach ist in $(n-r) = h$ Fehlergleichungen lediglich die Identität von Verbesserungen und Unbekannten festzustellen, während die v_i der r Fehlergleichungen für die überschüssigen Beobachtungen durch die zu Unbekannten gemachten $v_{r+i} = x_i$ auszudrücken sind. Wird mit der letzten Gruppe begonnen, so erhält man

$$n = r + h \begin{cases} v_1 &= A_1 x_1 + B_1 x_2 + \cdots + H_1 x_h - L_1 \\ v_2 &= A_2 x_1 + B_2 x_2 + \cdots + H_2 x_h - L_2 \\ \cdots\cdots\cdots\cdots\cdots\cdots\cdots\cdots\cdots\cdots \\ v_r &= A_r x_1 + B_r x_2 + \cdots + H_r x_h - L_r \\ v_{r+1} &= \quad x_1 \\ v_{r+2} &= \qquad\quad x_2 \\ \cdots\cdots\cdots\cdots\cdots\cdots\cdots\cdots\cdots\cdots \\ v_{r+h} &= \qquad\qquad\qquad x_h \end{cases}$$

r überschüssige Beobachtungen

$(n-r) = h$ notwendige Beobachtungen

$$\underbrace{\qquad\qquad\qquad\qquad}_{n-r=h \text{ Unbekannte}}$$

(1)

Hierin sind die $A, B, \ldots$ Funktionen der in § 30 (4) benutzten $a, b, \ldots$, während die $-L$ Funktionen der w sind. Ob man so ausgleichen wird, steht dahin. Meistens wird es sehr umständlich sein. Es folgt jedoch eine sehr wichtige Nutzanwendung:

32.2 Die Berechnung des mittleren Fehlers einer beobachteten Größe

Sie kann auf die Formel § 18 (12) für vermittelnde Beobachtungen zurückgeführt werden. Es ist nämlich die Anzahl $(n-u)$ der überschüssigen Beobachtungen gleich der Anzahl r der Bedingungsgleichungen und mithin

$$m = \pm \sqrt{\frac{[vv]}{r}}.$$

(2)

§ 33. Bedingte Beobachtungen mit ungleichen Gewichten

Wenn die Beobachtungen verschiedene Gewichte $p_1, p_2, ..., p_n$ haben, so besteht das Ausgleichungsprinzip

$$[vvp] = v_1^2 p_1 + v_2^2 p_2 + \cdots + v_n^2 p_n = \text{Min}. \tag{1}$$

Die Bedingungsgleichungen lauten – bei Beschränkung auf drei Bedingungen – in linearer Form, wenn über jedem v das zugehörige Gewicht vermerkt wird,

$$\begin{array}{cccc} p_1 & p_2 & \cdots & p_n \end{array}$$
$$\left. \begin{array}{l} a_1 v_1 + a_2 v_2 + \cdots + a_n v_n + w_a = 0, \\ b_1 v_1 + b_2 v_2 + \cdots + b_n v_n + w_b = 0, \\ c_1 v_1 + c_2 v_2 + \cdots + c_n v_n + w_c = 0. \end{array} \right\} \tag{2}$$

Zur Bestimmung des Minimums (1) mit Beachtung der Nebenbedingungen (2) bildet man entsprechend dem Vorgehen in § 31 die Funktion

$$\begin{aligned} F = \quad & p_1 v_1^2 + p_2 v_2^2 + \cdots + p_n v_n^2 \\ & - 2 k_a (a_1 v_1 + a_2 v_2 + \cdots + a_n v_n + w_a) \\ & - 2 k_b (b_1 v_1 + b_2 v_2 + \cdots + b_n v_n + w_b) \\ & - 2 k_c (c_1 v_1 + c_2 v_2 + \cdots + c_n v_n + w_c), \end{aligned}$$

setzt die partiellen Ableitungen gleich Null

$$\frac{\partial F}{\partial v_1} = 2 v_1 p_1 - 2 a_1 k_a - 2 b_1 k_b - 2 c_1 k_c = 0,$$

$$\frac{\partial F}{\partial v_2} = 2 v_2 p_2 - 2 a_2 k_a - 2 b_2 k_b - 2 c_2 k_c = 0 \quad \text{usw.}$$

und erhält die *Korrelatengleichungen*

$$\left. \begin{array}{l} v_1 = \dfrac{a_1}{p_1} k_a + \dfrac{b_1}{p_1} k_b + \dfrac{c_1}{p_1} k_c, \\[2ex] v_2 = \dfrac{a_2}{p_2} k_a + \dfrac{b_2}{p_2} k_b + \dfrac{c_2}{p_2} k_c \quad \text{usw.} \end{array} \right\} \tag{3}$$

Diese ergeben eingesetzt in (2) die *Normalgleichungen*

$$\left. \begin{array}{l} \left[\dfrac{aa}{p} \right] k_a + \left[\dfrac{ab}{p} \right] k_b + \left[\dfrac{ac}{p} \right] k_c + w_a = 0, \\[2ex] \left[\dfrac{ab}{p} \right] k_a + \left[\dfrac{bb}{p} \right] k_b + \left[\dfrac{bc}{p} \right] k_c + w_b = 0, \\[2ex] \left[\dfrac{ac}{p} \right] k_a + \left[\dfrac{bc}{p} \right] k_b + \left[\dfrac{cc}{p} \right] k_c + w_c = 0. \end{array} \right\} \tag{4}$$

Die $[vv]$-*Proben* erhalten die Form

$$[vvp] = - [wk]$$

$$= \frac{w_a^2}{\left[\dfrac{aa}{p}\right]} + \frac{(w_b \cdot 1)^2}{\left[\dfrac{bb}{p} \cdot 1\right]} + \frac{(w_c \cdot 2)^2}{\left[\dfrac{cc}{p} \cdot 2\right]}.$$

Der *mittlere Fehler einer Beobachtung* vom Gewicht 1 ist

$$m_0 = \pm \sqrt{\frac{[vvp]}{r}}.$$

§ 34. Die Gewichte von Funktionen der ausgeglichenen Beobachtungen

34.1 Darstellen des Funktionsgewichtes mittels der Übertragungskoeffizienten

Würde man an die Auflösung der Normalgleichungen die von den vermittelnden Beobachtungen her bekannte Berechnung der Gewichtskoeffizienten anschließen, so erhielte man die reziproken Gewichte der k. Diese interessieren jedoch im allgemeinen nicht; dagegen werden neben dem in § 32 abgeleiteten mittleren Fehler der ursprünglichen Beobachtungen oftmals auch die mittleren Fehler der ausgeglichenen Beobachtungen verlangt. Es wird ferner nach dem mittleren Fehler einer aus den ausgeglichenen Beobachtungen abgeleiteten Größe gefragt, z. B. nach dem mittleren Fehler einer Dreiecksseite, die durch Winkelmessung aus einer gegebenen Seite hergeleitet ist.

Da das Gaußsche Fehlerfortpflanzungsgesetz nur auf unabhängige Beobachtungen angewendet werden darf, müssen die ausgeglichenen Größen oder die Funktionen von ihnen, deren mittlere Fehler gesucht werden, als lineare Funktion der ursprünglichen Beobachtungen dargestellt werden. Sind $x_1, x_2, ..., x_n$ Symbole für die ausgeglichenen Beobachtungen, so lautet diese Funktion in allgemeinster Form

$$F = F(x_1, x_2, ..., x_n), \tag{1}$$

oder wenn die ursprünglichen Beobachtungen abweichend von unserer bisherigen Übung mit $L_1, L_2, ..., L_n$ bezeichnet werden,

$$F = F(L_1 + v_1, L_2 + v_2, ..., L_n + v_n). \tag{1a}$$

Zur Herstellung eines linearen Zusammenhanges zerlege man die Beobachtungen durch Näherungswerte L_i^0 in

$$L_1 = L_1^0 + l_1, \qquad L_2 = L_2^0 + l_2 \ \text{ usw.}$$

Dann ergibt eine Taylor-Entwicklung

$$F = F(L_1^0, L_2^0, \ldots, L_n^0) + \frac{\partial F}{\partial L_1}(l_1 + v_1)$$

$$+ \frac{\partial F}{\partial L_2}(l_2 + v_2) + \cdots + \frac{\partial F}{\partial L_n}(l_n + v_n)$$

und mit leicht erkennbaren Identitäten

$$F = f_0 + f_1(l_1 + v_1) + f_2(l_2 + v_2) + \cdots + f_n(l_n + v_n),$$

oder[29] $$F = f_0 + [fl] + f_1 v_1 + f_2 v_2 + \cdots + f_n v_n. \qquad (2)$$

Hierin sind die v das Ergebnis einer Ausgleichung, also nicht unabhängig voneinander, sondern Funktionen der l. Sie müssen daher vor Anwendung des Fehlerfortpflanzungsgesetzes aus (2) eliminiert werden. Das geschieht in zwei Schritten. Zunächst werden die v mit Hilfe der Korrelatengleichungen durch die k ausgedrückt, und dann werden die k mit der Methode der unbestimmten Koeffizienten wieder entfernt. Zur Durchführung des ersten Schrittes werden, wenn wieder von drei Bedingungsgleichungen ausgegangen wird, die Korrelatengleichungen

$$v_i = a_i k_a + b_i k_b + c_i k_c$$

mit dem zugehörigen f_i aus (2) multipliziert. Dann wird die Summe gebildet und in (2) eingesetzt mit dem Ergebnis

$$F = f_0 + [fl] + [af]k_a + [bf]k_b + [cf]k_c. \qquad (3)$$

Zur Elimination von k benutzt man die Normalgleichungen; man bringt sie jedoch unter Beachtung von § 30 (5) in die Form

$$\begin{aligned}
[aa]k_a + [ab]k_b + [ac]k_c + a_0 + [al] &= 0 & & r_a, \\
[ab]k_a + [bb]k_b + [bc]k_c + b_0 + [bl] &= 0 & & r_b, \\
[ac]k_a + [bc]k_b + [cc]k_c + c_0 + [cl] &= 0 & & r_c.
\end{aligned}$$

Diese Gleichungen multipliziere man der Reihe nach mit den unbestimmten Koeffizienten r_a, r_b, r_c, addiere dazu (3) und erhält

$$\begin{aligned}
F = &[aa]k_a r_a + [ab]k_b r_a + [ac]k_c r_a + a_0 r_a + [al]r_a \\
&+ [ab]k_a r_b + [bb]k_b r_b + [bc]k_c r_b + b_0 r_b + [bl]r_b \\
&+ [ac]k_a r_c + [bc]k_b r_c + [cc]k_c r_c + c_0 r_c + [cl]r_c \\
&+ [af]k_a \quad + [bf]k_b \quad + [cf]k_c \quad + f_0 \quad + [fl].
\end{aligned}$$

---

[29] Werden die Beobachtungen selbst als Näherungswerte benutzt, so fällt das Glied $[fl]$ fort.

Setzt man dann, um die Spalten mit k_a, k_b und k_c zu eliminieren,

$$\left. \begin{array}{l} [aa]\,r_a + [ab]\,r_b + [ac]\,r_c + [af] = 0\,, \\ [ab]\,r_a + [bb]\,r_b + [bc]\,r_c + [bf] = 0\,, \\ [ac]\,r_a + [bc]\,r_b + [cc]\,r_c + [cf] = 0\,, \end{array} \right\} \qquad (4)$$

so sind die „Übertragungskoeffizienten" r_a, r_b, r_c bestimmt, und die vorangegangene Gleichung vereinfacht sich zu

$$F = f_0 + [f\,l] + (a_0 + [a\,l])\,r_a + (b_0 + [b\,l])\,r_b + (c_0 + [c\,l])\,r_c\,.$$

Wenn man jetzt die Summenklammern auflöst und die Absolutglieder und Koeffizienten für jedes einzelne l_i zusammenfaßt zu

$$\left. \begin{array}{l} \alpha_0 = f_0 + a_0 r_a + b_0 r_b + c_0 r_c\,, \\ \alpha_1 = f_1 + a_1 r_a + b_1 r_b + c_1 r_c \quad \text{usw.} \end{array} \right\} \qquad (5)$$

so gewinnt man in

$$F = \alpha_0 + \alpha_1 l_1 + \alpha_2 l_2 + \cdots + \alpha_n l_n \qquad (6)$$

eine Form, auf die das Fehlerfortpflanzungsgesetz angewandt werden kann, und zwar ist, wenn jeder Beobachtung der gleiche mittlere Fehler m zukommt,

$$m_F^2 = [\alpha\alpha]\, m^2 \quad \text{oder} \quad \frac{m_F^2}{m^2} = \frac{1}{P_F} = [\alpha\alpha]\,. \qquad (7\,\text{a})$$

Zum Berechnen von $[\alpha\alpha]$ multipliziere man ähnlich wie im § 17 (9) jede der Gln. (5) zunächst mit ihrem α_i, dann mit ihrem f_i und bilde die Summen

$$[\alpha\alpha] = [\alpha f] + [\alpha a]\,r_a + [\alpha b]\,r_b + [\alpha c]\,r_c\,,$$
$$[\alpha f] = [ff] + [af]\,r_a + [bf]\,r_b + [cf]\,r_c\,.$$

Wenn man dann auf demselben Wege $[\alpha a]$, $[\alpha b]$, $[\alpha c]$ bestimmt und (4) beachtet, so zeigt sich, daß $[\alpha a]$, $[\alpha b]$ und $[\alpha c]$ verschwinden. Mithin ist

$$\frac{1}{P_F} = q_{FF} = [af]\,r_a + [bf]\,r_b + [cf]\,r_c + [ff] = [\alpha\alpha]\,. \qquad (7\,\text{b})$$

34.2 Berechnen der Funktionsgewichte

Sind die ursprünglichen Beobachtungen gleichgewichtig, so bringe man die Funktion der ausgeglichenen Beobachtungen, deren Gewicht gesucht wird, in die Form (2); dabei braucht man jedoch nur die $(l_i + v_i)$

aufzuführen, die für die betreffende Funktion benötigt werden. Das Funktionsgewicht erhält man dann in folgenden Schritten:

a) Man ermittelt nach (2) die f_i aus dem Ansatz

$$
\left.\begin{aligned}
F &= F(l_1, l_2, \ldots, l_n) + \frac{\partial F}{\partial l_1} v_1 + \frac{\partial F}{\partial l_2} v_2 \cdots + \frac{\partial F}{\partial l_n} v_n \\
&= \quad f_0 \qquad\quad + f_1 \; v_1 + f_2 \; v_2 \cdots + f_n \; v_n .
\end{aligned}\right\} \tag{8a}
$$

b) Der Koeffiziententabelle § 31 (9) füge man eine Spalte an, in die man $f_1, f_2, \ldots, f_n$ einträgt, bilde $[af]$, $[bf]$, ..., $[ff]$ und erweitere damit das im § 31 (11) bereits durch die Glieder der $[vv]$-Probe und die Quersummenglieder komplettierte abgekürzt geschriebene System der Normalgleichungskoeffizienten zu

$$
\left.\begin{array}{cccc|c|c}
k_a & k_b & k_c & w & -s & f \\
\hline
[aa] & [ab] & [ac] & w_a & -s_a & [af] \\
& [bb] & [bc] & w_b & -s_b & [bf] \\
& & [cc] & w_c & -s_c & [cf] \\
& & & 0 & -s_w & [ff]
\end{array}\right\} \cdot \tag{8b}
$$

c) Man reduziert diese Tabelle bis zur $[cc \cdot 2]$-Zeile, berechnet nach den Formeln § 15 (7), in denen man die Absolutglieder durch die entsprechenden Glieder der f-Spalte ersetzt, die Übertragungskoeffizienten r_a, r_b und r_c und findet damit das Funktionsgewicht nach (7b) und den mittleren Fehler der Funktion nach (7a).

d) Oder noch einfacher: Man fügt dem System (4) die Gl. (7b) an – was oben durch das Eintragen von $[ff]$ in (8b) praktisch bereits geschehen ist –, führt die Reduktion noch eine Zeile weiter und erhält aus der f-Spalte von (8b) in der letzten Reduktionsstufe

$$
\frac{1}{P_F} = [ff \cdot 3] = [\alpha\alpha] = q_{FF}, \tag{9}
$$

oder noch übersichtlicher, wenn man (9) nach § 15 (10) auseinanderzieht,

$$
\frac{1}{P_F} = q_{FF} = [ff \cdot 3] = [ff] - \left(\frac{[af]^2}{[aa]} + \frac{[bf \cdot 1]^2}{[bb \cdot 1]} + \frac{[cf \cdot 2]^2}{[cc \cdot 2]} \right). \tag{10}
$$

Bei Beobachtungen ungleicher Genauigkeit ersetzt man die Normalgleichungskoeffizienten in (4) durch die entsprechenden Glieder der Gln. § 33 (4) und findet anstelle von (7b)

$$
q_{FF} = \frac{1}{P_F} = \left[\frac{af}{p} \right] r_a + \left[\frac{bf}{p} \right] r_b + \left[\frac{cf}{p} \right] r_c + \left[\frac{ff}{p} \right]. \tag{11}
$$

Entsprechend wird aus (10)

$$\frac{1}{P_F} = q_{FF} = \left[\frac{ff}{p} \cdot 3\right] = \left[\frac{ff}{p}\right] - \left(\frac{\left[\dfrac{af}{p}\right]^2}{\left[\dfrac{aa}{p}\right]} + \frac{\left[\dfrac{bf}{p} \cdot 1\right]^2}{\left[\dfrac{bb}{p} \cdot 1\right]} + \frac{\left[\dfrac{cf}{p} \cdot 2\right]^2}{\left[\dfrac{cc}{p} \cdot 2\right]}\right). \quad (12)$$

Die Gln. (10) und (12) lassen sehr bequem den durch die Ausgleichung erzielten Gewichtszuwachs erkennen. Man bilde eine der Gl. (2) entsprechende Funktion aus den unverbesserten Beobachtungen. Diese laute

$$(F) = f_0 + f_1 l_1 + f_2 l_2 + \cdots + f_n l_n.$$

Haben alle Beobachtungen das Gewicht 1, so ist nach dem Gewichtskoeffizientenfortpflanzungsgesetz

$$\frac{1}{(P)} = f_1^2 + f_2^2 + \cdots + f_n^2 = [ff]. \quad (13)$$

Also stellen in (10) und (12) die Klammerausdrücke die durch die Ausgleichung erzielte Steigerung des Gewichts dar.

34.3 Die Gewichtskoeffizienten der ausgeglichenen Beobachtungen

Die quadratischen Gewichtskoeffizienten q_{ii}, q_{kk} der ausgeglichenen Beobachtungen $x_i = l_i + v_i$ lassen sich unschwer aus (10) bzw. (12) ableiten. Zum Bestimmen der gemischten Koeffizienten q_{ik} bedarf es einer Zwischenbetrachtung: Man denke sich zu der Gl. (6) eine zweite Funktion

$$G = \beta_0 + \beta_1 l_1 + \beta_2 l_2 + \cdots + \beta_n l_n \quad (6a)$$

hinzugefügt. Dann hat man in (6) und (6a) zwei Gleichungen, die im Aufbau den Gln. § 17 (7) entsprechen. Mithin besteht nach § 17 (14) auch die Beziehung $q_{FG} = [\alpha\beta]$. Zur Berechnung von $[\alpha\beta]$ hat man auf Grund von (5) je n Gleichungen von der Form

$$\alpha_i = f_i + a_i r_a + b_i r_b + c_i r_c ,$$
$$\beta_i = g_i + a_i q_a + b_i q_b + c_i q_c ,$$

wobei q_a, q_b, q_c die Übertragungskoeffizienten der β-Gleichung sind. Man bilde nun durch Multiplikation dieser Gleichungen alle Produkte $\alpha_i \cdot \beta_i$ und gehe zur Summe. Im Ergebnis fasse man die Koeffizienten von q_a, q_b und q_c zusammen und beachte (4). Dann bleibt

$$[\alpha\beta] = [fg] + [ag] r_a + [bg] r_b + [cg] r_c .$$

Es ist ferner, wenn man den Gedankengang von (7b) bis (10) entsprechend wiederholt, $[\alpha\beta] = [fg \cdot 3]$ und damit nach § 15 (9)

$$q_{FG} = [\alpha\beta] = [fg] - \left(\frac{[af][ag]}{[aa]} + \frac{[bf \cdot 1][bg \cdot 1]}{[bb \cdot 1]} + \frac{[cf \cdot 2][cg \cdot 2]}{[cc \cdot 2]} \right). \quad (14)$$

Bei ungleichen Gewichten sind die Produktsummen $\left[\dfrac{fg}{p} \right], \left[\dfrac{af}{p} \right]$ usw.

Aus (10) und (14) lassen sich nunmehr die quadratischen und die gemischten Gewichtskoeffizienten zweier ausgeglichener Unbekannten $x_i = l_i + v_i$ und $x_k = l_k + v_k$ ableiten. Bringt man (2) in die Form

$$F = f_0 + f_1(l_1 + v_1) \cdots + f_i(l_i + v_i) + f_k(l_k + v_k) \cdots + f_n(l_n + v_n),$$

so ist im Falle $F = l_i + v_i$ $f_i = 1$, und die übrigen f sind Null; desgleichen ist im Falle $G = l_k + v_k$ $f_k = 1$, während alle übrigen f verschwinden.

Setzt man das in (10) ein, so wird im Falle
der Funktion $F = l_i + v_i$

$$[ff] = [f_i f_i] = 1 \, ;$$

der Funktion $G = l_k + v_k$

$$[gg] = [f_k f_k] = 1 \, .$$

Schließlich ist zum Einsetzen in (14)

$$[fg] = [f_i f_k] = f_i \cdot 0 + 0 \cdot f_k = 0 \, .$$

Entsprechende Behandlung der übrigen Glieder in (10) und (14) gibt schließlich die quadratischen und gemischten Gewichtskoeffizienten oder Kofaktoren zweier ausgeglichenen Beobachtungen $(l_i + v_i)$ und $(l_k + v_k)$

$$\left. \begin{aligned} q_{ii} &= 1 - \frac{a_i^2}{[aa]} - \frac{(b_i \cdot 1)^2}{[bb \cdot 1]} - \frac{(c_i \cdot 2)^2}{[cc \cdot 2]} \\[2mm] q_{kk} &= 1 - \frac{a_k^2}{[aa]} - \frac{(b_k \cdot 1)^2}{[bb \cdot 1]} - \frac{(c_k \cdot 2)^2}{[cc \cdot 2]} \\[2mm] q_{ik} &= 0 - \frac{a_i a_k}{[aa]} - \frac{(b_i \cdot 1)(b_k \cdot 1)}{[bb \cdot 1]} - \frac{(c_i \cdot 2)(c_k \cdot 2)}{[cc \cdot 2]} \end{aligned} \right\} \quad (15)$$

mit
$$(b_i \cdot 1) = b_i - a_i \frac{[ab]}{[aa]} \, ;$$

$$(c_i \cdot 1) = c_i - a_i \frac{[ac]}{[aa]}$$

und
$$(c_i \cdot 2) = (c_i \cdot 1) - (b_i \cdot 1)\frac{[bc \cdot 1]}{[bb \cdot 1]};\quad \text{usw.}$$

Die entsprechenden Formeln für ungleiche Gewichte erhält man, wenn unter p_i die Gewichte der unverbesserten Beobachtungen verstanden werden, indem man $a_i, (b_i \cdot 1)$ usw. durch $\dfrac{a_i}{p_i}, \left(\dfrac{b_i}{p_i} \cdot 1\right)$ usw. und ebenso $[aa], [bb \cdot 1]$ usw. durch $\left[\dfrac{aa}{p}\right], \left[\dfrac{bb}{p} \cdot 1\right]$ usw. ersetzt. Ferner tritt in den ersten beiden Gln. (15) an die Stelle von 1 der Wert $1/p_i$. Bildet man die Summe der quadratischen Gewichtskoeffizienten aller ausgeglichenen Beobachtungen, so wird nach *A. Ansermet*[30] bei gleichen Gewichten in der Summengleichung in jedem Bruch die Zählersumme gleich dem Nenner, und es ergibt sich die einfache Probe

$$\left[\frac{1}{P}\right]_1^n = n - 1 - 1 - 1 = n - r. \tag{15a}$$

Ganz entsprechend erhält man im Falle ungleichgewichtiger Beobachtungen

$$\left[\frac{p_i}{P_i}\right]_1^n = n - r. \tag{15b}$$

Diese beiden Proben gelten auch für die Ausgleichung nach vermittelnden Beobachtungen mit der Maßgabe, daß dort $n - r$ durch u ($=$ Anzahl der Unbekannten) zu ersetzen ist. Beispiele enthalten die Aufgaben 8 und 26.

34.4 Das Gewicht einer Funktion von Funktionen der ausgeglichenen Beobachtungen

Es seien
$$F = f_0 + f_1(l_1 + v_1) + f_2(l_2 + v_2) + \cdots f_n(l_n + v_n) \tag{16}$$
$$G = g_0 + g_1(l_1 + v_1) + g_2(l_2 + v_2) + \cdots g_n(l_n + v_n)$$

zwei auf die Form (2) gebrachte Funktionen der Beobachtungen, und es sei
$$H = h_0 + h_1 F + h_2 G \tag{17}$$

eine Funktion von F und G. Nach der Tienstraschen Regel in § 20 (6) bis (9) setzt man
$$q_H = h_1 q_F + h_2 q_G.$$

---

[30] *Ansermet, A.*: Les calculs de compensation et le contrôle des poids. Schweiz. Z. Vermessungsw. **1945**, 176.

Dann erhält man als reziprokes Gewicht der Funktion H

$$\frac{1}{P_H} = q_{HH} = h_1^2 q_{FF} + 2h_1 h_2 q_{FG} + h_2^2 q_{GG} \tag{18}$$

und berechnet q_{FF} und q_{GG} nach (10) bzw. (12) und q_{FG} nach (14). Die Bemerkungen zu § 20.3 gelten entsprechend.

§ 35. Übersicht über die Ausgleichung von bedingten Beobachtungen

Sind

$l_1, l_2, \ldots, l_n$	die beobachteten Größen[31],
$p_1, p_2, \ldots, p_n$	ihre Gewichte,
$v_1, v_2, \ldots, v_n$	die Verbesserungen,
$x_1 = l_1 + v_1$ usw.	die günstigsten Werte,

so ergibt sich folgender Ausgleichungsgang:

1. Aufstellen der auf die günstigsten Werte bezogenen ursprünglichen Bedingungsgleichungen

falls linear:

$$a_0 + a_1 x_1 + a_2 x_2 + \cdots a_n x_n = 0$$
$$b_0 + b_1 x_1 + b_2 x_2 + \cdots b_n x_n = 0 \quad \text{usw.}$$

falls nicht linear:

$$\varphi_a(x_1, x_2 \ldots x_n) = 0,$$
$$\varphi_b(x_1, x_2 \ldots x_n) = 0 \quad \text{usw.}$$

Nichtlineare Bedingungsgleichungen macht man durch Logarithmieren oder nach *Taylor* linear. Siehe hierzu § 30.3.

2. Bilden der Widersprüche auf Grund der Widerspruchsgleichungen[32]

$$a_0 + a_1 l_1 + a_2 l_2 + \cdots + a_n l_n = w_a,$$
$$b_0 + b_1 l_1 + b_2 l_2 + \cdots + b_n l_n = w_b \quad \text{usw.}$$

3. Bilden der auf die Verbesserungen bezogenen umgeformten Bedingungsgleichungen (gegebenenfalls mit einer Spalte für die f_i in Ziff. 9) durch Aufstellen der Tabelle

v_i	$1/p_i$	k_a	$k_b \ldots k_r$		$-\sigma_i$	f_i
v_1	$1/p_1$	a_1	b_1	r_1	$-\sigma_1$	f_1
v_2	$1/p_2$	a_2	b_2	r_2	$-\sigma_2$	f_2
...	...	.	.	.	...	.
v_n	$1/p_n$	a_n	b_n	r_n	$-\sigma_n$	f_n
		w_a	$w_b \ldots w_r$		$-[w]$	

---

[31] Im Gegensatz zu Abschn. III werden in Abschn. IV die ursprünglichen Beobachtungen nicht mit L_i, sondern mit l_i bezeichnet, weil sie – anders als die vermittelnden Beobachtungen – gewöhnlich unverändert in die Rechnung eingehen.

[32] Das Vorzeichen des Widerspruchs ist bei den meisten Autoren dem der Verbesserungen entgegengesetzt. Ausnahme u. a. in [15].

4. Aufstellen und Auflösen des erweiterten Normalgleichungssystems.

a) Berechnen der Normalgleichungskoeffizienten, der Summenglieder $-s_i = -\sigma_i - w_i$, der Koeffizienten für die $[vvp]$-Probe und gegebenenfalls des Funktionsgewichts.

b) Zusammenstellen der genannten Glieder in der Tabelle

k_a	k_b	k_c	w	$-s$	f
$\left[\dfrac{aa}{p}\right]$	$\left[\dfrac{ab}{p}\right]$	$\left[\dfrac{ac}{p}\right]$	w_a	$-s_a$	$\left[\dfrac{af}{p}\right]$
	$\left[\dfrac{bb}{p}\right]$	$\left[\dfrac{bc}{p}\right]$	w_b	$-s_b$	$\left[\dfrac{bf}{p}\right]$
		$\left[\dfrac{cc}{p}\right]$	w_c	$-s_c$	$\left[\dfrac{cf}{p}\right]$
			0	$-s_w$	$\left[\dfrac{ff}{p}\right]$

c) Reduzieren des Normalgleichungssystems nach §§ 15 oder 21 bis zum Bilden von

$$[0 \cdot 3] - [s_w \cdot 3] = 0 \quad \text{und} \quad \left[\frac{ff}{p} \cdot 3\right] = \frac{1}{P_F}.$$

d) Berechnen der Korrelaten $k_a, k_b, \ldots, k_r$, mit der Probe $[0 \cdot 3] = [wk]$.

5. Berechnen der v_i mit Hilfe der Korrelatengleichungen

$$v_i = \frac{a_i}{p_i} k_a + \frac{b_i}{p_i} k_b + \cdots + \frac{r_i}{p_i} k_r.$$

6. Fehlerrechnung.

a) Berechnen von $[vvp]$ und Vergleichen mit $-[0 \cdot 3]$ oder mit $-[wk]$.

b) Mittlerer Fehler einer Beobachtung vom Gewicht 1

$$m_0 = \pm \sqrt{\frac{[vvp]}{r}}.$$

7. Schlußprobe. Berechnen der günstigsten Werte $x_1 = l_1 + v_1$, $x_2 = l_2 + v_2$ usw. und Einsetzen in die ursprünglichen Bedingungsgleichungen, die erfüllt sein müssen.

8. Berechnen der Gewichte der ausgeglichenen Größen nach § 34 (15), mit den Proben (15a) und (15b).

9. Berechnen der Gewichte von Funktionen der ausgeglichenen Größen nach § 34 (7) bis (12).

Zusatz. Als Kriterium dafür, ob eine Aufgabe nach vermittelnden oder nach bedingten Beobachtungen zu lösen ist, dient in der Regel die Anzahl der Normalgleichungen. Für die bedingten Beobachtungen spricht, daß die Bedingungsgleichungen meistens einfacher gebaut sind als die Fehlergleichungen. Dagegen lassen sich bei den vermittelnden Beobachtungen die mittleren Fehler der aus der Ausgleichung hervorgehenden Unbekannten mit Hilfe der Gewichtsreziproken leichter bestimmen als die mittleren Fehler der ausgeglichenen Größen bei den bedingten Beobachtungen, für die es der Berechnung des Funktionsgewichtes bedarf.

§ 36. Einfache Anwendungen der bedingten Beobachtungen

Aufgabe 24. *Winkelmessung in allen Kombinationen (II)*

Die Aufgabe 14 ist nach dem Verfahren der bedingten Beobachtungen auszugleichen. Da Näherungswerte nicht eingeführt zu werden brauchen, wird für die Beobachtungen das Symbol l benutzt. Es werden ferner, um die Normalgleichungen bequem auflösen zu können, die Bedingungsgleichungen so angesetzt, daß die Koeffizientensumme der drei vom Anfangsstrahl ausgehenden Beobachtungen gleich Null wird. Man erhält der Reihe nach:

1. *Die ursprünglichen Bedingungsgleichungen*

$$
\begin{aligned}
+l_1+v_1-l_2-v_2 \quad\quad +l_4+v_4 \quad\quad\quad\quad\quad &=0\\
-l_1-v_1 \quad\quad +l_3+v_3 \quad\quad -l_5-v_5 \quad\quad &=0\\
+l_2+v_2-l_3-v_3 \quad\quad\quad\quad +l_6+v_6 &=0\\
\hline
+l_4+v_4-l_5-v_5+l_6+v_6 &=0
\end{aligned}
$$

2. *Die Widersprüche*

$$
\begin{aligned}
+l_1-l_2 \quad +l_4 \quad\quad &=w_a\\
-l_1 \quad +l_3 \quad -l_5 &=w_b\\
+l_2-l_3 \quad +l_6 &=w_c\\
\hline
+l_4-l_5+l_6 &=[w]
\end{aligned}
$$

3. *Die umgeformten Bedingungsgleichungen*

$$
\begin{aligned}
+v_1-v_2 \quad +v_4 \quad\quad +w_a &=0\\
-v_1 \quad +v_3 \quad -v_5 \quad +w_b &=0\\
+v_2-v_3 \quad\quad +v_6+w_c &=0\\
\hline
+v_4-v_5+v_6+[w] &=0
\end{aligned}
$$

4. *Die Normalgleichungen*

$$
\begin{aligned}
+3k_a- k_b- k_c+w_a &=0\\
- k_a+3k_b- k_c+w_b &=0\\
- k_a- k_b+3k_c+w_c &=0\\
\hline
k_a+ k_b+ k_c+[w] &=0
\end{aligned}
$$

Die Addition der Summengleichung unter 4. zu jeder Zeile gibt die Korrelaten

$$4k_a + w_a + [w] = 0 \quad \text{oder} \quad k_a = -0,5\ w_a - 0,25\ w_b - 0,25\ w_c$$
$$4k_b + w_b + [w] = 0 \quad \text{oder} \quad k_b = -0,25\ w_a - 0,5\ w_b - 0,25\ w_c$$
$$4k_c + w_c + [w] = 0 \quad \text{oder} \quad k_c = -0,25\ w_a - 0,25\ w_b - 0,5\ w_c$$

$$\text{oder } \overline{[k] = -\quad w_a - \quad w_b - \quad w_c}$$

5. und 6. Nach Einsetzen der Zahlenwerte folgen

die Berechnung der v aus den Korrelatengleichungen,

die Berechnung von $[vv]$ aus den v nebst den $[vv]$-Proben,

die Berechnung von $m^2 = [vv]/r$, wobei $r = 3$ ist.

7. Berechnen der günstigsten Werte und Schlußprobe.

8. *Berechnen des Gewichtes einer ausgeglichenen Richtung.* Der symmetrischen Anordnung wegen sind alle ausgeglichenen Winkel gleichgewichtig. Es genügt mithin die Berechnung der Funktionsgewichte für den Winkel $x_1 = l_1 + v_1$. Ist $1/P_1$ das Gewicht des ausgeglichenen Winkels x_1, so gilt nach § 34 (15), da drei Bedingungsgleichungen vorhanden
sind,

$$q_{11} = \frac{1}{P_1} = 1 - \frac{a_1^2}{[aa]} - \frac{(b_1 \cdot 1)^2}{[bb \cdot 1]} - \frac{(c_1 \cdot 2)^2}{[cc \cdot 2]}.$$

Aus den umgeformten Bedingungsgleichungen und den Normalgleichungen entnehme man

$$a_1 = +1; \quad b_1 = -1; \quad c_1 = 0; \quad [aa] = 3; \quad [ab] = -1; \quad [bb] = 3$$

und hat dann

$$(b_1 \cdot 1) = b_1 - a_1 \frac{[ab]}{[aa]} = -\frac{2}{3}; \quad [bb \cdot 1] = [bb] - \frac{[ab]^2}{[aa]} = +\frac{8}{3},$$

so daß man als Gewichtsreziproke für einen *ausgeglichenen* Winkel erhält

$$\frac{1}{P} = 1 - \frac{1}{3} - \frac{[2/3]^2}{8/3} = \frac{1}{2}$$

mit der Probe

$$\left[\frac{1}{P}\right]_1^6 = \frac{1}{2} + \frac{1}{2} + \frac{1}{2} + \frac{1}{2} + \frac{1}{2} + \frac{1}{2} = 3 = n - r.$$

Also ist das Gewicht eines *ausgeglichenen* Winkels gleich 2, wenn die *beobachteten* Winkel
das Gewicht 1 erhalten. Wird wie üblich einer beobachteten *Richtung* das Gewicht 1 erteilt,
so erhält der beobachtete Winkel das Gewicht 1/2 und damit die ausgeglichene Richtung
das Gewicht 2. Bei der Ausgleichung nach vermittelnden Beobachtungen war dafür der
Ausdruck $s/2$ erhalten, wobei s die Anzahl der Strahlen ist. Da in unserem Beispiel 4 Strahlen
vorhanden sind, ergibt sich als Gewicht einer ausgeglichenen Richtung ebenfalls der Wert 2.

Aufgabe 25. *Ausgleichung eines geometrischen Nivellements (II)*

Die in Aufgabe 9 gegebenen Beobachtungen sind nach der Methode der bedingten
Beobachtungen auszugleichen.

Die Anzahl der Bedingungsgleichungen findet man an Hand der Abb. 4 (S. 41). Da
zur gegenseitigen Festlegung der Knotenpunkte des Netzes vier Messungen ausreichen,

sind vier überschüssige Beobachtungen und damit vier Bedingungsgleichungen vorhanden. Die ursprünglichen Bedingungsgleichungen lauten:

$$-v_1 + v_2 - v_5 + w_a = 0\,; \qquad w_a = -L_1 + L_2 - L_5 = +\ 1\,,$$
$$-v_2 + v_3 - v_4 + w_b = 0\,; \qquad w_b = -L_2 + L_3 - L_4 = +14\,,$$
$$+v_4 + v_7 - v_8 + w_c = 0\,; \qquad w_c = +L_4 + L_7 - L_8 = -\ 6\,,$$
$$+v_5 + v_6 - v_7 + w_d = 0\,; \qquad w_d = +L_5 + L_6 - L_7 = +\ 4\,.$$

Probe:
$$-L_1 + L_3 + L_6 - L_8 = w_a + w_b + w_c + w_d = +13\,.$$

Die Elemente der umgeformten Fehlergleichungen finden sich in der nachstehenden Tabelle in der 2. bis 6. Spalte.

Linie	$1/p_i$	a	b	c	d	f_1	f_2	f_3	f_4	v_i
										mm
1	0,87	-1				$+1$				$+3,2$
2	0,57	$+1$	-1				$+1$		$+1$	$+2,9$
3	0,75		$+1$					$+1$		$-6,6$
4	0,52		-1	$+1$						$+4,5$
5	0,45	-1			$+1$					$+0,7$
6	1,51				$+1$					$-3,2$
7	0,72			$+1$	-1				$+1$	$+1,5$
8	1,22			-1						$+0,0$
w_i		$+1$	$+14$	-6	$+4$				$[vvp] = 134{,}9$	

Aus den zugehörigen Normalgleichungen findet man die Korrelaten

$$k_d = -2{,}118\,; \qquad k_c = -0{,}032\,; \qquad k_b = -8{,}756\,; \qquad k_a = -3{,}674$$

und mit ihnen die in der Tabelle eingetragenen Verbesserungen. Der mittlere Kilometerfehler ist wie in Aufgabe 9 $M_{1\,\text{km}} = \pm\,0{,}6$ mm.

Zur Ermittlung des mittleren Fehlers der ausgeglichenen Höhen bilde man die Funktionen

$$h_T = L_1 + v_1 = f_1(L_1 + v_1)\,; \qquad h_S = L_2 + v_2 = f_2(L_2 + v_2)$$
$$h_E = L_3 + v_3 = f_3(L_3 + v_3)\,; \qquad h_N = (L_2 + v_2) - (L_7 + v_7) = f_4(L_4 + v_4) + f_7(L_7 + v_7)$$

und trage die f_i in die Spalten 7 bis 10 der Tabelle ein. Man erhält dann nach § 34.3 wie in Aufgabe 9 die Gewichtsreziproken

$$1 : P_T = 0{,}397\,; \qquad 1 : P_S = 0{,}295\,; \qquad 1 : P_E = 0{,}381\,; \qquad 1 : P_N = 0{,}585\,.$$

Aufgabe 26. *Ausgleichung trigonometrischer Höhenmessungen (II)*

Die in Aufgabe 10 gegebenen Beobachtungen sind nach der Methode der bedingten Beobachtungen auszugleichen.

a) Aufstellen der Bedingungsgleichungen und Berechnen der günstigsten Werte der Höhen.

Auch bei der Methode der bedingten Beobachtungen kommt man am schnellsten zum Ziel, indem man aus den Zenitdistanzen die „beobachteten Höhenunterschiede" errechnet, sie mit dem Gewicht $1/s^2$ in die Rechnung einführt, im übrigen aber ebenso ausgleicht wie in Nivellementsnetzen. Um jedoch ein Beispiel für nichtlineare Bedingungsgleichungen zu bringen, soll hier darauf ausgegangen werden, die beobachteten Zenitdistanzen selbst zu verbessern.

Die Beobachtungen sind, wenn nur der reine Ablesevorgang ins Auge gefaßt wird, als gleichgewichtig anzusehen. Gewichtsunterschiede kommen herein durch den vom Quadrat der Strecke abhängigen Einfluß der Refraktion und durch die Messungsungenauigkeiten bei der Bestimmung von Instrumenten- und Zieltafelhöhe. Solange jedoch die Beobachtungsgenauigkeit 3″ bis 5″ und die Entfernung 4 km nicht übersteigt, können die Gewichtsunterschiede vernachlässigt und mithin die Beobachtungen als gleichgewichtig angesehen werden.

Da 3 Höhenunterschiede notwendig, aber 7 beobachtet sind, sind 4 Bedingungen vorhanden. Wird die Berechnung der Höhenunterschiede wie in Aufgabe 10 auf die Formel

$$\Delta h = s \cot z + K s^2$$

gegründet, so lauten die *ursprünglichen Bedingungsgleichungen*

$$s_5 \cot(z_5 + v_5) + s_7 \cot(z_7 + v_7) - s_6 \cot(z_6 + v_6) + K(s_5^2 + s_7^2 - s_6^2) = 0,$$
$$s_1 \cot(z_1 + v_1) + s_7 \cot(z_7 + v_7) - s_2 \cot(z_2 + v_2) + K(s_1^2 + s_7^2 - s_2^2) = 0,$$
$$s_3 \cot(z_3 + v_3) + s_5 \cot(z_5 + v_5) - s_1 \cot(z_1 + v_1) + K(s_3^2 + s_5^2 - s_1^2) = 0,$$
$$s_3 \cot(z_3 + v_3) + s_4 \cot(z_4 + v_4) \qquad\qquad + K(s_3^2 + s_4^2) \quad = 0.$$

Die Strecken sind in der Regel aus einer Triangulation so genau bestimmt, daß sie als fehlerfrei angesehen werden können. Daher ergibt eine Taylor-Entwicklung

$$s \cot(z + v) = s \cot z - \frac{s}{\sin^2 z} v + \cdots$$

Weil z nahe an 90° ist, kann $\sin z \approx 1$ gesetzt werden. Also ist, wenn v in Gradmaß erhalten werden soll,

$$s \cot(z + v) = s \cot z - \frac{s}{\varrho} v.$$

Wird dies in die ursprünglichen Bedingungsgleichungen eingesetzt, so gewinnt man die *Widersprüche*

$$s_5 \cot z_5 - s_6 \cot z_6 + s_7 \cot z_7 + K(s_5^2 - s_6^2 + s_7^2) = w_a,$$
$$s_1 \cot z_1 - s_2 \cot z_2 + s_7 \cot z_7 + K(s_1^2 - s_2^2 + s_7^2) = w_b,$$
$$- s_1 \cot z_1 + s_3 \cot z_3 + s_5 \cot z_5 + K(s_3^2 - s_1^2 + s_5^2) = w_c,$$
$$s_3 \cot z_3 + s_4 \cot z_4 \qquad\qquad + K(s_3^2 + s_4^2) \quad = w_d.$$

Für die zahlenmäßige Ausrechnung der Koeffizienten und der Widersprüche bilde man vorbereitend die untenstehenden Größen, in denen ϱ und damit auch die v in Altminuten angesetzt sind. Alsdann stelle man die auf S. 217 stehende Koeffizententabelle auf, die links die Koeffizienten und Widersprüche der umgeformten Bedingungsgleichungen in der Formelsprache, rechts in Zahlenwerten enthält. Alle Zahlenausdrücke sind, um die Zahlenrechnung übersichtlicher zu machen, mit 10 multipliziert, was ja – anders als bei den Fehlergleichungen der vermittelnden Beobachtungen – bei Bedingungsgleichungen erlaubt ist.

v	s/ϱ	$s \cot z$	$K s^2$
v_1	0,341	$+ 43,48$	$+ 0,09$
v_2	0,467	$+ 13,16$	$+ 0,18$
v_3	0,534	$+ 18,70$	$+ 0,23$
v_4	0,534	$- 19,06$	$+ 0,23$
v_5	0,757	$+ 24,33$	$+ 0,46$
v_6	0,383	$- 5,53$	$+ 0,12$
v_7	0,495	$- 30,26$	$+ 0,20$

v	a	b	c	d	a	b	c	d	$-\sigma$
v_1		$-s_1/\varrho$	$+s_1/\varrho$			$-3,41$	$+3,41$		$0,00$
v_2		$+s_2/\varrho$				$+4,67$			$-\ 4,67$
v_3			$-s_3/\varrho$	$-s_3/\varrho$			$-5,34$	$-5,34$	$+10,68$
v_4				$-s_4/\varrho$				$-5,34$	$+\ 5,34$
v_5	$-s_5/\varrho$		$-s_5/\varrho$		$-7,57$		$-7,57$		$+15,14$
v_6	$+s_6/\varrho$				$+3,83$				$-\ 3,83$
v_7	$-s_7/\varrho$	$-s_7/\varrho$			$-4,95$	$-4,95$			$+\ 9,90$
w	w_a	w_b	w_c	w_d	$+1,40$	$+1,70$	$+1,50$	$+1,00$	$-\ 5,60$

Nach Bilden der $[aa]$, $[ab]$ usw. sowie der Zeilensummenglieder usw. folgt daraus das *Normalgleichungssystem*

k_a	k_b	k_c	k_d	w	$-s$
$+96,47$	$+24,50$	$+57,30$	.	$+1,40$	$-179,67$
	$+57,93$	$-11,63$	.	$+1,70$	$-\ 72,50$
		$+97,45$	$+28,52$	$+1,50$	$-173,14$
			$+57,04$	$+1,00$	$-\ 86,56$
				$0,00$	$-\ 5,60$

Die Auflösung dieses Normalgleichungssystems ergibt

$$k_d = -0,0059, \quad k_c = -0,0236, \quad k_b = -0,0380, \quad k_a = +0,0091$$

und

$$[0 \cdot 4] = [wk] = -0,0932.$$

Es folgt die *Berechnung der v* anhand des obigen Koeffizientenschemas nebst der $[vv]$-Probe. Ferner sind die ausgeglichenen Zenitdistanzen und mit deren Hilfe die *endgültigen Höhenunterschiede* zu bilden. Die Resultate sind

Index	v'	$v'v'$	v''	Ausgeglichene Zenitdistanz	Endgültiger Höhenunterschied
1	$+0{,}049$	$0,0025$	$+\ 2,''9$	$87°52'23''$	$+43,56$ m
2	$-0,177$	$0,0313$	$-10,6$	$89\ 31\ 37$	$+13,43$
3	$+0,158$	$0,0250$	$+\ 9,5$	$89\ 25\ 09$	$+18,85$
4	$+0,032$	$0,0010$	$+\ 1,9$	$90\ 35\ 43$	$-18,85$
5	$+0,109$	$0,0111$	$+\ 6,5$	$89\ 27\ 59$	$+24,70$
6	$+0,035$	$0,0012$	$+\ 2,1$	$90\ 14\ 28$	$-\ 5,42$
7	$+0,143$	$0,0204$	$+\ 8,6$	$91\ 01\ 15$	$-30,13$
		$0,0933$			

Mit den endgültigen Höhenunterschieden werden die ursprünglichen Bedingungsgleichungen bis auf 0,01 m erfüllt. Die *Fehlerrechnung* ergibt

$$m = \pm \sqrt{\frac{0{,}0933}{4}} = \pm 0{,}153 = \pm 9{,}''2 \, .$$

Mit der Ausgangshöhe $H_A = 147{,}23$ findet man endlich

$$H_B = 128{,}38 \, , \quad H_C = 171{,}93 \, , \quad H_D = 141{,}81 \, .$$

b) Die Berechnung des mittleren Fehlers der ausgeglichenen Höhen diene als Beispiel für die Anwendung des Funktionsgewichtes.

Die Funktionen, deren Gewichte bestimmt werden müssen, sind

$$H_B = H_A + s_4 \cot(z_4 + v_4) + K s_4^2$$

$$= (H_A + s_4 \cot z_4 + K s_4^2) - \frac{s_4}{\varrho} v_4 = 128{,}40 + f_4 v_4 \, ,$$

$$H_C = (H_A + s_5 \cot z_5 + K s_5^2) - \frac{s_5}{\varrho} v_5 = 172{,}02 + f_5 v_5 \, ,$$

$$H_D = (H_A + s_6 \cot z_6 + K s_6^2) - \frac{s_6}{\varrho} v_6 = 141{,}82 + f_6 v_6$$

mit den Zahlenwerten

$$f_4 = -0{,}534 \, , \quad f_5 = -0{,}757 \, , \quad f_6 = -0{,}383 \, .$$

Die Tabelle auf S. 217, die die Koeffizienten der Bedingungsgleichungen enthält, ist nach § 34.2 durch die untenstehende Tabelle zu ergänzen, in der ebenfalls der Übersichtlichkeit halber die Koeffizienten f mit 10 multipliziert sind.

Index	f_B	f_C	f_D
1			
2			
3			
4	$-5{,}34$		
5		$-7{,}57$	
6			$-3{,}83$
7			

Damit erhält man die Produktsummen

für H_B: $[af] = [bf] = [cf] = 0 \, ,$ $[df] = [ff] = 28{,}52 \, ,$

für H_C: $[af] = [cf] = [ff] = 57{,}30 \, ,$ $[bf] = [df] = 0 \, ,$

für H_D: $[bf] = [cf] = [df] = 0 \, ,$ $[af] = -14{,}67 \, ,$ $[ff] = +14{,}67 \, .$

Für die *Methode der Übertragungsgleichungen* ist nunmehr das Normalgleichungssystem § 34 (8b) ohne dessen letzte Zeile aufzustellen, wobei die ersten vier Spalten und die Reduktionsfaktoren von dem ursprünglichen Normalgleichungssystem auf S. 217 übernommen werden können.

r_a	r_b	r_c	r_d	f_B	f_C	f_D
$+96{,}47$	$+24{,}50$	$+57{,}30$	.	.	$+57{,}30$	$-14{,}67$
	$+57{,}93$	$-11{,}63$	.	.	.	.
		$+97{,}45$	$+28{,}52$	.	$+57{,}30$	.
			$+57{,}04$	$+28{,}52$	.	.

Daraus folgen die Übertragungskoeffizienten

für H_B: $r_d = -0{,}698$, $r_c = +0{,}396$, $r_b = +0{,}200$, $r_a = -0{,}286$,

für H_C: $r_d = +0{,}221$, $r_c = -0{,}443$, $r_b = +0{,}057$, $r_a = -0{,}345$,

für H_D: $r_d = +0{,}148$, $r_c = -0{,}295$, $r_b = -0{,}221$, $r_a = +0{,}383$.

Durch Einsetzen in § 34 (7 b) erhält man die Gewichtsreziproken mit dem hundertfachen Betrag, weil die Bedingungsgleichungen mit 10 multipliziert waren:

für H_B: $100/P_B = 28{,}52 - 28{,}52 \cdot 0{,}698 = 8{,}61$; $1/P_B = 0{,}0861$,

für H_C: $100/P_C = 57{,}30 - 57{,}30 \cdot 0{,}345 - 57{,}30 \cdot 0{,}443 = 12{,}15$; $1/P_C = 0{,}1215$,

für H_D: $100/P_D = 14{,}67 - 14{,}67 \cdot 0{,}383 = 9{,}07$; $1/P_D = 0{,}0907$.

Für die *Gewichtsermittlung durch Erweiterung des Normalgleichungssystems* nach § 34 (9) hat man in den f-Spalten des obigen Schemas noch eine weitere Zeile mit den $[ff]$, d. h. mit 28,52 bzw. 57,30 bzw. 14,67, einzufügen und diese durchzureduzieren, bis die $[ff \cdot 4]$ erscheinen, die identisch sind mit $100/P_B$ bzw. $100/P_C$ bzw. $100/P_D$.

Mit $m = \pm 0{,}153$ erhält man dann die mittleren Fehler

$$m_B = \pm 0{,}045 \,\mathrm{m} ; \qquad m_C = \pm 0{,}053 \,\mathrm{m} ; \qquad m_D = \pm 0{,}046 \,\mathrm{m} .$$

c) Die Berechnung des mittleren Fehlers der ausgeglichenen Zenitdistanzen. Diese soll auf zwei verschiedenen Wegen durchgeführt werden.

Die einfachste Lösung gibt, da alle Beobachtungen als gleichgewichtig angenommen sind, § 34 (15). Dazu hat man zunächst ausgehend von der Tabelle der a_i, b_i, c_i und d_i auf S. 217 mitgeteilten Formeln für jedes v_i die Ausdrücke $(b_i \cdot 1)$, $(c_i \cdot 2)$ und $(d_i \cdot 3)$ zu berechnen; diese Rechnung macht, da die Normalgleichungskoeffizienten und Reduktionsfaktoren für das auf S. 217 mitgeteilte Normalgleichungssystem bereits berechnet sind, nur wenig Arbeit. Die Gewichtsformel und die zugehörigen Daten der Zahlenrechnung lauten

$$q_{ii} = 1 - \frac{a_i^2}{[aa]} - \frac{(b_i \cdot 1)^2}{[bb \cdot 1]} - \frac{(c_i \cdot 2)^2}{[cc \cdot 2]} - \frac{(d_i \cdot 3)^2}{[dd \cdot 3]} .$$

$q_{11} = 1 - 0{,}000$	$-0{,}225$	$-0{,}056$	$-0{,}022$	$= 0{,}697$
$q_{22} = 1 - 0{,}000$	$-0{,}422$	$-0{,}111$	$-0{,}044$	$= 0{,}423$
$q_{33} = 1 - 0{,}000$	$-0{,}000$	$-0{,}568$	$-0{,}131$	$= 0{,}301$
$q_{44} = 1 - 0{,}000$	$-0{,}000$	$-0{,}000$	$-0{,}699$	$= 0{,}301$
$q_{55} = 1 - 0{,}594$	$-0{,}071$	$-0{,}089$	$-0{,}035$	$= 0{,}211$
$q_{66} = 1 - 0{,}152$	$-0{,}018$	$-0{,}153$	$-0{,}060$	$= 0{,}617$
$q_{77} = 1 - 0{,}254$	$-0{,}264$	$-0{,}023$	$-0{,}009$	$= 0{,}450$
$[q_{ii}] = 7 - 1{,}000$	$-1{,}000$	$-1{,}000$	$-1{,}000$	$= 3{,}000$

$$= n - r .$$

Die letzte Zeile bestätigt die Probe § 34 (15 a). Die mittleren Fehler der ausgeglichenen Zenitdistanzen $M_i = m \cdot \sqrt{q_{ii}}$ sind $M_1 = \pm 7{,}''7$: $M_2 = \pm 6{,}''0$; $M_3 = M_4 = \pm 5{,}''1$; $M_5 = \pm 4{,}''2$; $M_6 = \pm 7{,}''2$; $M_7 = \pm 6{,}''2$.

Die zweite Lösung, die wir auf die Bestimmung des ausgeglichenen Wertes Z_1 der Beobachtung z_1 beschränken, folgt als Beispiel für die Berechnung des *Gewichts einer Funktion von Funktionen der ausgeglichenen Beobachtungen.*

Z_1 läßt sich darstellen als Funktion der endgültigen Höhen H_B und H_C, die ihrerseits Funktionen der aus der Ausgleichung hervorgegangenen Zenitdistanzen sind. Die „Funktion von Funktionen", deren Gewicht gesucht wird, ist demnach

$$Z_1 = \mathrm{arc}\,\cot(H_C - H_B) : s_1 \,.$$

Um eine lineare Beziehung zwischen der gesuchten Funktion Z_1 und den Größen H_B und H_C, den gegebenen Funktionen der ausgeglichenen Beobachtungen, zu bekommen, bilde man vorbereitend

$$\frac{\partial Z_1}{\partial H_B} = -\frac{-1}{1 + (H_C - H_B)^2 : s_1^2} \cdot \frac{1}{s_1} = +8{,}54 \cdot 10^{-4} \,,$$

$$\frac{\partial Z_1}{\partial H_C} = -\frac{+1}{1 + (H_C - H_B)^2 : s_1^2} \cdot \frac{1}{s_1} = -8{,}54 \cdot 10^{-4} \,.$$

Dann ist, da die Strecke s_1 zwischen den beiden Punkten als fehlerfrei betrachtet werden kann, der gesuchte lineare Zusammenhang nach § 34 (17)

$$dZ_1 = \varrho\,\frac{dZ}{\partial H_B}\,dH_B + \varrho\,\frac{\partial Z}{\partial H_C}\,dH_C = h_1\,dH_B + h_2\,dH_C \,,$$

wobei

$$h_1 = +8{,}54 \cdot 10^{-4} \cdot 3438 = +2{,}94 \,; \qquad h_2 = -h_1 = -2{,}94 \,.$$

Anwendung der Tienstraschen Regel ergibt als Gewichtsreziproke für dZ_1

$$1 : P_1 = q_{Z_1 Z_1} = (h_1 q_B + h_2 q_C)^2 = h_1^2 q_{BB} + 2 h_1 h_2 q_{BC} + h_2^2 q_{CC} \,.$$

Hierin sind $q_{BB} = 1/P_B$ und $q_{CC} = 1/P_C$ bereits auf S. 219 berechnet. Man findet ferner auf Grund der Formel § 34 (14) $q_{BC} = +0{,}0632$. Einsetzen dieser Werte in die vorige Gleichung gibt

$$1 : P_1 = 2{,}94^2 \cdot 0{,}0861 - 2 \cdot 2{,}94^2 \cdot 0{,}0632 + 2{,}94^2 \cdot 0{,}1215 = 0{,}699 \,.$$

Der mittlere Fehler der ausgeglichenen Zenitdistanz Z_1 ist dann wie oben:

$$M_1 = 0{,}153 \sqrt{0{,}699} = 0{,}128 = \pm 7{,}''7 \,.$$

§ 37. Bedingungsgleichungen in Dreiecksnetzen

37.1 Bedingungen bei Winkelbeobachtungen in freien Netzen

In freien, d. h. ohne Zwangsanschlüsse an vorhandene Triangulierungen entstandenen Netzen, in denen Winkel beobachtet sind, treten vorzüglich 3 Gruppen von „netzeigenen" Bedingungen auf, Stationsbedingungen, Winkelsummenbedingungen und Seitenbedingungen.

a) Die *Stations- oder Horizontbedingungen* sagen aus, daß die Winkelsumme auf einer Station gleich $4R$ sein muß. Sie treten auf, wenn auf einer Station mit s Strahlen mehr als $(s-1)$ unabhängige Winkel beobachtet sind. Sind $\alpha_i + v_i$ die beobachteten Winkel und ihre Verbesserungen, so muß sein

$$v_1 + v_2 + \cdots + v_n + w_h = 0 \tag{1}$$

mit

$$w_h = [\alpha] - 4R = \text{Horizontwiderspruch}.$$

b) Die *Winkelsummenbedingungen* fordern, daß in einem geschlossenen n-Eck die Summe der Innenwinkel gleich $(2n-4)R$ plus dem sphärischen Exzeß ε der n-Ecksfläche ist; also gilt

$$v_1 + v_2 + \cdots + v_n + w_w = 0 \tag{2}$$

mit

$$w_w = [\alpha] - (2n - 4)R - \varepsilon = \text{Winkelsummenwiderspruch}.$$

c) Die *Seitengleichungen* sollen garantieren, daß eine Dreiecksseite, die sich aus einer anderen rechnerisch auf mehreren Wegen ableiten

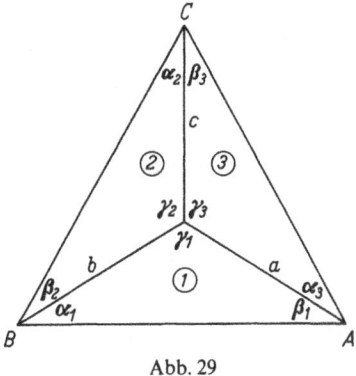

Abb. 29

läßt, unabhängig vom Wege immer den gleichen Wert erhält. Die Bedeutung und das Aufstellen der Seitengleichungen möge am Beispiel eines ebenen dreistrahligen Zentralsystems erläutert werden. Anhand der Abb. 29 ergeben sich, wenn unter den (α_i) ausgeglichene Winkel verstanden werden, die Beziehungen

$$\frac{a}{b} = \frac{\sin(\alpha_1)}{\sin(\beta_1)}; \quad \frac{b}{c} = \frac{\sin(\alpha_2)}{\sin(\beta_2)}; \quad \frac{c}{a} = \frac{\sin(\alpha_3)}{\sin(\beta_3)}.$$

Multiplizieren dieser Ausdrücke gibt die *ursprüngliche Seitengleichung*

$$\frac{\sin(\alpha_1)\sin(\alpha_2)\sin(\alpha_3)}{\sin(\beta_1)\sin(\beta_2)\sin(\beta_3)} = 1. \tag{3}$$

Gl. (3) wird am einfachsten durch Logarithmieren linear gemacht. Versteht man dabei unter $\Delta_{\alpha i}$ den Tafelfortschritt für eine Einheit an der Stelle lg sin α_i, so ist wegen $(\alpha_i) = \alpha_i + v_{\alpha i}$

$$\lg \sin(\alpha_i) = \lg \sin \alpha_i + \Delta_{\alpha i} \cdot v_{\alpha i}\,. \qquad (4)$$

Einsetzen in (3) gibt als *erste Form der umgeformten Seitengleichung*

$$\Delta_{\alpha 1} \cdot v_{\alpha 1} + \Delta_{\alpha 2} \cdot v_{\alpha 2} + \Delta_{\alpha 3} \cdot v_{\alpha 3} - \Delta_{\beta 1} \cdot v_{\beta 1} - \Delta_{\beta 2} \cdot v_{\beta 2} - \Delta_{\beta 3} \cdot v_{\beta 3} + w_S = 0 \quad (5)$$

mit

$$w_S = [\lg \sin \alpha_i] - [\lg \sin \beta_i] = \text{Seitenwiderspruch}\,.$$

Der lg sin (α_1) läßt sich aber auch nach *Taylor* entwickeln in

$$\lg \sin(\alpha_1 + v_1) = \lg \sin \alpha_1 + \frac{\text{Mod} \cot \alpha_1}{\varrho} \cdot v_{\alpha 1} + \cdots\,. \qquad (6)$$

Also ist nach (4) und (6) $\Delta_{\alpha i} = \cot \alpha_i \cdot \text{Mod}/\varrho''$, was zur Verprobung der Δ_i benutzt werden kann. Man kann anderseits aber auch (5) mit ϱ''/Mod multiplizieren und bekommt dann als *zweite Form der umgeformten Seitengleichungen*

$$\begin{aligned} \cot \alpha_1 \cdot v_{\alpha 1} + \cot \alpha_2 \cdot v_{\alpha 2} + \cot \alpha_3 \cdot v_{\alpha 3} - \cot \beta_1 \cdot v_{\beta 1} \\ - \cot \beta_2 \cdot v_{\beta 2} - \cot \beta_3 \cdot v_{\beta 3} + w_S \cdot \varrho''/\text{Mod} = 0\,. \end{aligned} \qquad (7)$$

Nach (6) erhält man die Koeffizienten der v_i schärfer als nach (4), so daß die Form (7) der Form (5) vorzuziehen ist.

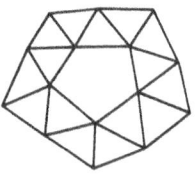

Abb. 30

Seitengleichungen treten in freien Netzen vornehmlich in Diagonalfiguren (Abb. 27), Zentralsystemen (Abb. 29) und in Dreieckskränzen (Abb. 30) auf, nicht aber in einfachen Dreiecksketten.

37.2 Abzählformeln bei Winkelbeobachtungen in freien Netzen

Zum Ermitteln der Anzahl der Bedingungsgleichungen – einzeln und im ganzen – gelten folgende Regeln:

a) Die Gesamtzahl der Bedingungsgleichungen. Es sei in einem Netz

    r die Zahl der unabhängigen Bedingungsgleichungen,

    p die Anzahl der Eckpunkte,

    W die Anzahl der beobachteten Winkel.

Für die ersten beiden Punkte – die Endpunkte der Ausgangsseite – bedarf es keiner Winkelmessung. Für jeden weiteren Punkt sind 2 Winkel erforderlich.

Also verlangen: Mithin überschüssige Beobachtungen:

3 Punkte   2 Winkel $W - 2 \cdot 1 = W - 2(3 - 2)$

4 Punkte   4 Winkel $W - 2 \cdot 2 = W - 2(4 - 2)$

5 Punkte   6 Winkel $W - 2 \cdot 3 = W - 2(5 - 2)$

p Punkte $2p - 4$ Winkel $W - 2(p - 2)$.

Daraus erfolgt als Gesamtzahl der Bedingungsgleichungen überhaupt:

$$r = W - 2p + 4 .\qquad(8)$$

b) Die Anzahl der Winkelsummengleichungen. Es sei

l die Zahl aller beobachteten Linien (Dreiecksseiten),

l' die Anzahl der einseitig beobachteten Linien,

$l - l'$ die Anzahl der beiderseits beobachteten Linien.

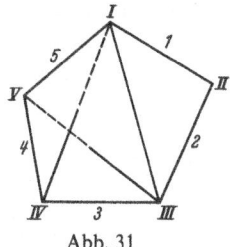

Abb. 31

Sind p Punkte durch p Linien miteinander verbunden, so ist eine Linie überschüssig. Jede beiderseits beobachtete Linie, die hinzutritt, bringt ein weiteres überschüssiges Stück. Dagegen gibt eine einseitig beobachtete Linie, wie Abb. 31 zeigt, keine neue Bedingung. Mithin bestehen

$$(l - l') - p + 1\qquad(9)$$

Winkelsummengleichungen. Hierbei dürfen Punkte, die nur vorwärts oder nur rückwärts eingeschnitten sind, nicht mitgezählt werden. Da solche Punkte aber wohl niemals in die Netzausgleichung einbezogen werden, hat diese Einschränkung nur theoretische Bedeutung.

c) Die Anzahl der Seitengleichungen. Eine gegebene Seite (Linie) legt zwei Punkte fest. Für jeden weiteren Punkt verlangt man zwei Linien. Also sind für

3 Punkte $(1 + 2)$ Linien erforderlich

4 Punkte $(1 + 4)$ Linien erforderlich

5 Punkte $(1 + 6)$ Linien erforderlich

p Punkte $(1 + 2(p - 2))$ Linien erforderlich .

Hierbei ist es gleichgültig, ob die Linien einseitig oder zweiseitig beobachtet sind. Daher bestehen, wenn l Linien beobachtet sind,

$$l - 2p + 3 \text{ Seitengleichungen} . \tag{10}$$

d) Die Anzahl der Stationsgleichungen. Auf einer Station mit s Strahlen sind, wenn n die Anzahl der auf der Station beobachteten Winkel ist,

$$n - s + 1 \text{ Stationsbedingungen} \tag{11}$$

vorhanden. Eine Formel, die alle Stationsbedingungen eines Netzes erfaßt, erübrigt sich, weil die Verhältnisse sich leicht übersehen lassen und weil im allgemeinen die Stationsausgleichungen eine Sonderbehandlung erfahren, mit dem Ziele, sie von der eigentlichen Netzausgleichung zu trennen.

Beispiele.

1. Einfache Dreieckskette (Abb. 32). Abzählen ergibt 5 Dreiecksschlüsse. Zur Prüfung durch die Formeln ist

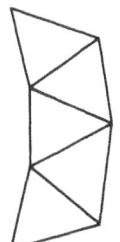

$$W = 15, \quad p = 7, \quad l = 11 .$$

Winkelsummengleichungen:	$11 - 7 + 1 = 5$,
Seitengleichungen:	$11 - 14 + 3 = 0$,
Stationsbedingungen:	0,
Gesamtzahl:	$15 - 14 + 4 = 5$.

Beachte: In einer einfachen Dreieckskette treten keine Seitengleichungen auf.

Abb. 32

2. Zentralsystem und Diagonalfigur (Abb. 33). Abzählen ergibt eine Stationsbedingung, 5 Dreiecksschlüsse und 2 Seitengleichungen (1 Zentralsystem, 1 Diagonale). Das sind insgesamt 8 Bedingungen. Zur Prüfung durch die Formeln ist

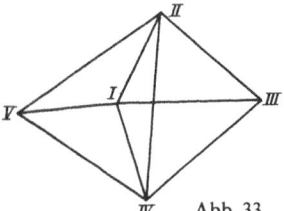

$$W = 14, \quad p = 5, \quad l = 9 .$$

Winkelsummengleichungen:	$9 - 5 + 1 = 5$,
Seitengleichungen:	$9 - 10 + 3 = 2$,
Stationsbedingungen (auf I):	1,
Gesamtzahl:	$14 - 10 + 4 = 8$.

Abb. 33

3. Kranzsystem (Abb. 34). Abzählen ergibt 18 Winkelsummen und 1 Seitengleichung, zusammen 19 Bedingungen. Zur Anwendung der Formeln ist

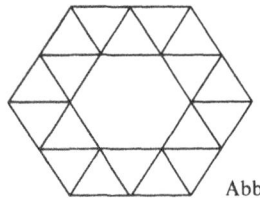

$$W = 54, \quad p = 18, \quad l = 36 .$$

Winkelsummengleichungen:	$36 - 18 + 1 = 19$,
Seitengleichungen:	$36 - 36 + 3 = 3$,
Stationsbedingungen:	0,
Gesamtzahl:	$54 - 36 + 4 = 22$!

Abb. 34

Beim Abzählen sind drei Bedingungen, nämlich die sog. Polygonbedingungen über-sehen. Diese besagen, daß ein Polygonzug, der entweder auf der Außen- oder auf der Innenseite eines Kranzsystems entlanglaufend zu denken ist, ohne Verfehlung abschließen muß. Der gedachte Polygonzug hat wie ein gewöhnlicher Polygonzug eine Winkelsummen-gleichung und zwei Koordinatenabschlüsse, die den Seitengleichungen zuzurechnen sind. Zum Aufstellen der Polygongleichungen wird das Netz zweckmäßig mit vorläufigen Werten konform in einem rechtwinkligen ebenen System abgebildet. In diesem System werden die Winkelsummenbedingungen und die Koordinatenabschlußbedingungen ebenso gebildet wie beim gewöhnlichen Polygonzug.

4. Mehrere Zentralsysteme. Wird die innere Fläche der Abb. 34 bedeckt (Abb. 35), so fallen die Polygonbedingungen fort. Anhand der Figur zählt man 24 Dreiecke und 7 Zentralsysteme. Das gibt 7 Stationsbedingungen, 24 Winkelsummengleichungen und 7 Seitengleichungen, insgesamt 38 Bedingungen. Die Formeln geben mit

$$W = 72, \quad p = 19, \quad l = 42.$$

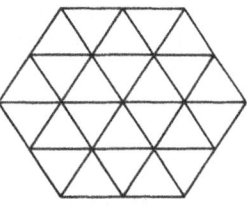

Winkelsummengleichungen:	$42 - 19 + 1 = 24$,
Seitengleichungen:	$42 - 38 + 3 = \ \ 7$,
Stationsbedingungen:	7,
Gesamtzahl:	$72 - 38 + 4 = 38$.

Abb. 35

5. Einseitig beobachtete Strahlen (Abb. 36). An Figuren mit mehreren Diagonalen und einseitig beobachteten Strahlen läßt sich die Anzahl der Bedingungen an der Figur nur unsicher ablesen. Im Falle der Abb. 36 geben die Formeln mit

$$W = 11, \quad p = 5, \quad l = 10, \quad l' = 4.$$

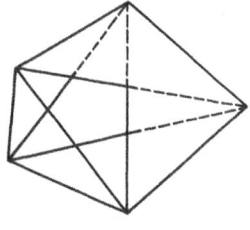

Winkelsummengleichungen:	$(10 - 4) - \ \ 5 + 1 = 2$,
Seitengleichungen:	$10 - 10 + 3 = 3$,
Stationsbedingungen:	0,
Gesamtzahl:	$11 - 10 + 4 = 5$.

Abb. 36

Werden die Figuren noch komplizierter, insbesondere mit zahlreichen Diagonalen und mit einseitig beobachteten Strahlen durchsetzt, die sich vielfach überschneiden, so versagen die Abzählformeln. Sie versagen ferner, wenn nicht alle Winkel gemessen sind und das Netz sich dadurch in mehrere Teilnetze zerlegen läßt. Für solche Fälle siehe die Abhandlungen von *Jung, Blanusa* und *Knorr*[33].

---

[33] *Jung, H.*: Über die Anzahl der verschiedenartigen Bedingungsgleichungen in Triangulationsnetzen. Z. Vermessungsw. **1941**, 482. — *Blanusa, D.*: Über die Anzahl der Bedingungsgleichungen in beliebigen geodätischen Netzen. Z. Vermessungsw. **1944**, 54. — *Knorr, H.*: Über die Anzahl der Bedingungsgleichungen bei Verwendung von Richtungs-messungen in Triangulationsnetzen mit Gelenkverbindungen. Z. Vermessungsw. **1953**, 148. — Ferner: Lit.-Verz. [*34*], S. 545.

37.3 Bedingungen bei Winkelbeobachtungen in angeschlossenen Netzen

Zu den Bedingungen des freien Netzes kommen die netzfremden oder Anschlußbedingungen. Sie treten auf, wenn neue Netzteile an vorhandene Netze, die unveränderlich festliegen, angeschlossen werden. Hierbei ist zu beachten:

1. *Eine* gegebene Seite oder Basis bewirkt keine Bedingung, während jede weitere Seite, die unverändert erhalten bleiben muß, eine Seitengleichung (Grundlinienbedingung) gibt.

2. Jeder beizubehaltende Winkel des alten Netzes hat eine Winkelsummengleichung zur Folge.

3. Verbindet das neue Netz zwei vorhandene Altnetze, so treten die bei Abb. 34 erläuterten Polygonbedingungen auf.

Beispiele.

1. Einschalten längs einer Randfigur. Zu den 5 Winkelsummengleichungen des freien Netzes kommen 1 Seitengleichung und 1 Winkelsummengleichung hinzu (Abb. 37).

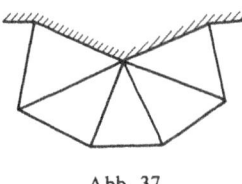   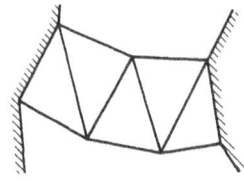

Abb. 37   Abb. 38

2. Einketten zwischen zwei festen Seiten. Außer den 5 Winkelsummengleichungen des freien Netzes treten 1 Seitengleichung und die 3 Polygonbedingungen auf. Insgesamt sind also 6 Winkelsummen- und 3 Seitengleichungen vorhanden (Abb. 38).

3. Angeschlossene Kette. Das freie Netz der Abb. 39 enthält:
17 Winkelsummengleichungen,
 1 Seitengleichung (auf Z),
 1 Stationsbedingung (auf Z).
Durch den Anschlußzwang treten, da eine Basis (B) gemessen ist, hinzu
 3 Seitenidentitätsgleichungen (B : a, B : b, B : c),
 1 Winkelidentitätsgleichung [Winkel (bc)],
 3 Polygongleichungen.

Insgesamt sind also 1 Stationsbedingung, 19 Winkelsummengleichungen und 6 Seitengleichungen zu berücksichtigen.

4. Füllnetze. Das freie Netz in Abb. 40 enthält:
11 Winkelsummengleichungen,
 3 Seitengleichungen (U, V, Z),
 3 Stationsbedingungen (U, V, Z).

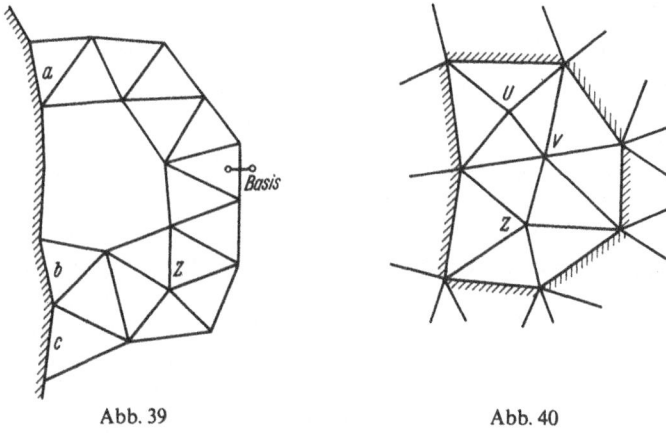

Abb. 39   Abb. 40

Durch den Anschlußzwang, d. h. die Einpassung des freien Netzes in das Festpunktpolygon von 7 Festpunkten, kommen hinzu

5 Seitenidentitätsbedingungen,
5 Winkelidentitätsbedingungen.

Damit nämlich zwei geschlossene Polygone mit je n Eckpunkten zusammenfallen, ist allgemein die Identität von $(n-1)$ Seiten und $(n-2)$ Winkeln notwendig und hinreichend.
Da für die Ausgleichung von Füllnetzen der Maßstab des auf das Festpunktpolygon ein-
zupassenden freien Netzes frei gewählt werden kann, gibt man einer der identischen Seiten
den Wert, den sie in dem vorhandenen festen Netz hat. Damit fällt eine Seitenidentitäts-
bedingung fort, so daß je $(n-2)$ Seiten- und Winkelidentitätsbedingungen verbleiben.
    Insgesamt sind also 27 Bedingungsgleichungen zu berücksichtigen und demnach
27 Normalgleichungen aufzulösen. Nimmt man für U, V, Z jedoch eine Koordinatenausgleichung nach vermittelnden Beobachtungen vor, so sind nur 6 Koordinatenver-
besserungen als Unbekannte zu berechnen und damit nur 6 Normalgleichungen aufzulösen.

37.4 Behandlung von Richtungssätzen

    Beim Aufstellen der Bedingungsgleichungen ist es zweckmäßig, zu-
nächst einmal anzunehmen, es seien Winkel gemessen, und die Bedingungsgleichungen unter dieser Annahme aufzustellen. Alsdann führe
man anstelle der Winkel ihre beiden Schenkel und damit die Richtungen
ein und stelle für jede Richtung eine Verbesserung in Rechnung. Die
Bedingungsgleichungen weisen in einem Dreiecksnetz, das nach Richtungen beobachtet ist, folgende Besonderheiten auf:

    a) In jeder Bedingungsgleichung ist die algebraische Summe der
Koeffizienten aller v gleich Null, weil der rechte Schenkel eines jeden
Winkels ein positives und der linke ein negatives Vorzeichen hat.

    b) Aus dieser Regel folgt unmittelbar, daß auf jeder Station die
Summen $[a]$, $[b]$, $[c]$, ... der Koeffizienten der Korrelaten gleich Null
sind.

15*

c) Die Summe der Richtungsverbesserungen $[v]$ ist auf jeder Station ebenfalls gleich Null; denn wenn wieder drei Bedingungsgleichungen unterstellt werden, ist wegen Regel b)

$$[v] = [a]k_a + [b]k_b + [c]k_c = 0 . \tag{12}$$

Diese Regeln lassen sich anhand der Koeffizententabelle der nachfolgenden Aufgabe 28 zahlenmäßig leicht bestätigen (vgl. S. 233).

Zur Ableitung von Abzählformeln für die Zahl der notwendigen Bedingungen bezeichne man die Anzahl der Richtungen mit R und beachte, daß $R = 2l - l'$ sein muß. Die Stationsausgleichungen fallen bei Richtungsbeobachtungen fort. Streicht man entsprechend der Bemerkung zu (9) die *nur* vorwärts oder *nur* rückwärts beobachteten Punkte, die in der Praxis ausschließlich durch Einschneiden bestimmt werden, aus dem Netzbild, so erhält man

$$\left. \begin{array}{l} (l - l') - \ p + 1 \text{ Winkelsummengleichungen}, \\ l - 2p + 3 \text{ Seitengleichungen}, \\ R - 3p + 4 \text{ Bedingungsgleichungen insgesamt}. \end{array} \right\} \tag{13}$$

37.5 Fehlerberechnung in trigonometrischen Netzen

Die Fehlerrechnung soll einerseits Rechenschaft über die erreichte Genauigkeit geben, zum anderen aber auch helfen, die Fehleranteile nach ihren Ursachen zu trennen und damit Wege zu ihrer Bekämpfung zu finden. Im Verlauf der trigonometrischen Arbeiten werden in der Regel folgende mittlere Fehler berechnet:

a) Der mittlere Fehler m_S einer auf der Station einmal beobachteten Richtung wird gemäß § 25, wo n die Anzahl der Sätze und s die Anzahl der Strahlen ist, berechnet nach den Formeln

bei der Satzwinkelmessung   bei der Winkelmessung in allen Komb.

$$m_S = \pm \sqrt{\frac{[vv]}{(n-1)(s-1)}} ; \tag{14a} \qquad m_S = \pm \sqrt{\frac{2[vv]}{(s-1)(s-2)}} . \tag{14b}$$

Diese mittleren Fehler enthalten alle Fehlereinflüsse, die vom Instrument, von Standunsicherheiten usw. und vom Beobachter herrühren.

b) Der mittlere Fehler M_S einer auf der Station ausgeglichenen Richtung wird entsprechend (14a) und (14b) berechnet aus

$$M_S = \pm \frac{m_S}{\sqrt{n}} ; \tag{15a} \qquad M_S = \pm m_S \sqrt{\frac{2}{s \cdot n}} . \tag{15b}$$

Nach diesen Formeln kann bei vorgegebenen Genauigkeitsanforderungen auch die erforderliche Wiederholungszahl n ermittelt werden.

c) Der mittlere Richtungsfehler m_A abgeleitet aus der Internationalen Näherungsformel für mittlere Winkelfehler. Auf Grund einer Vereinbarung aus dem Jahre 1887 wird ebenso, wie im § 12 (13) für Nivellementsschleifen gezeigt wurde, aus den Dreieckswidersprüchen w_i überschlägig ein quadratischer Durchschnittswert für die mittleren Fehler der beobachteten Winkel errechnet. Nach Division dieser Formel durch $\sqrt{2}$ erhält man aus n

Dreiecken als mittleren Fehler einer beobachteten Richtung

$$m_A = \pm \sqrt{\frac{[ww]}{6n}}; \quad w_i = \alpha_i + \beta_i + \gamma_i - (180° + \text{sphär. Exz.}).$$ (16)

Die Winkel, mit denen die Dreieckswidersprüche ermittelt wurden, sind aus den auf der Station ausgeglichenen Richtungen gebildet. Der nach (16) berechnete mittlere Fehler gibt über die in (15) enthaltenen Fehlerbestandteile hinaus in der Hauptsache den Einfluß der Zentrierungsgenauigkeiten und bei körperlichen Zielen auch der Beleuchtungsphasen wieder.

In den Hauptdreiecken treten außer den Dreieckswidersprüchen auch noch die Widersprüche der Seitengleichungen auf. Man erhält daher nach *W. Höpcke* einen zuverlässigeren Wert für m_A, wenn man auch diese berücksichtigt. Dazu braucht man lediglich, wie es in der Aufgabe 29 gezeigt werden wird, die Seitengleichung mit $\sqrt{6/[aa]}$ zu multiplizieren ([aa] = quadratischer Koeffizient der Seitengleichung) und die so umgeformten Seitengleichungswidersprüche beim Bilden von [ww] zu berücksichtigen, wobei dann an die Stelle von n die Gesamtzahl r a l l e r Bedingungsgleichungen tritt.

d) Der mittlere Fehler m_N einer „im Netz beobachteten Richtung" – d. h. einer Richtung, die auf der Station ausgeglichen und als beobachtet in die Netzausgleichung eingeführt wurde – ergibt sich aus den Formeln

bei Einschneideaufgaben   bei Dreiecksmessungen

$$m_N = \pm \sqrt{\frac{[pvv]}{n-u}}, \qquad\qquad m_N = \pm \sqrt{\frac{[pvv]}{r}}.$$ (17)

Die danach berechneten mittleren Fehler geben über die in (16) enthaltenen Fehleranteile hinaus bei Einschneideaufgaben und in angeschlossenen Netzen vorwiegend den Einfluß der Unsicherheiten der Anschlußpunkte, bei freien Netzen den der Netzkonfiguration (Seitengleichungen) wieder.

e) Der mittlere Fehler M_N einer im Netz ausgeglichenen Richtung wird nur ausnahmsweise verlangt, z. B. bei Tunnelabsteckungen, um die Unsicherheit einer trigonometrisch ermittelten Durchschlagsrichtung anzugeben; M_N ist mit Hilfe des Funktionsgewichts zu errechnen.

f) Die Aufspaltung der Fehleranteile läßt sich im einzelnen noch weitertreiben. So lassen sich z. B., wie *O. Schreiber* bereits im Jahrgang 1878, S. 209 der Z. Vermessungsw. gezeigt hat, bei der Winkelmessung in allen Kombinationen die verschiedenen Instrumentalfehler und die Beobachtungsfehler durch zweckentsprechende Kombination der auf der Station gemachten Beobachtungen voneinander trennen.

Aufgabe 27. *Ausgleichung eines Diagonalenvierecks mit beobachteten Winkeln*

Das in § 30, Abb. 27 dargestellte Diagonalenviereck ist nach bedingten Beobachtungen auszugleichen. Die Beobachtungen sind

$l_1 = 45,63475^g$ $l_2 = 41,52141^g$ $l_3 = 37,14022^g$ $l_4 = 39,91919^g$

$l_5 = 81,41962^g$ $l_6 = 40,40648^g$ $l_7 = 38,25519^g$ $l_8 = 75,70549^g$.

a) Aufstellen der ursprünglichen Bedingungsgleichungen. Wie bereits in § 30 Beispiel c ausgeführt ist, sind 4 Bedingungen vorhanden, 3 Winkelsummenbedingungen und 1 Seitengleichung. Werden unter (1), (2) usw. die ausgeglichenen Größen verstanden, so lauten die Winkelsummenbedingungen

$$a: \quad (2)+(3)+(4)+(5)-200^{g}=0\,,$$
$$b: \quad (4)+(5)+(6)+(7)-200^{g}=0\,,$$
$$c: \quad (1)+(6)+(7)+(8)-200^{g}=0\,.$$

Eine Seitengleichung ist notwendig, weil man z. B. die Seite d aus der Seite a auf verschiedenen Wegen ableiten kann. Sie läßt sich folgendermaßen ansetzen:

Ist etwa die Seite a gegeben, so läßt sich aus ihr mit Hilfe des Sinussatzes die Seite b ableiten, aus b die Seite c, aus c die Seite d, und endlich aus d wieder a. Verlangt wird, daß aus dieser Rechnung a unverändert hervorgeht. Es muß also

$$\frac{a}{b}\,\frac{b}{c}\,\frac{c}{d}\,\frac{d}{a}=1 \quad \text{oder} \quad \frac{\sin(3)\sin(5)\sin(7)\sin(1)}{\sin(8)\sin(2)\sin(4)\sin(6)}=1$$

sein. Statt über die Umfangsseiten zu gehen, kann auch der Weg über die Diagonalen gewählt werden. Hier bieten sich die vier Möglichkeiten der Abb. 41:

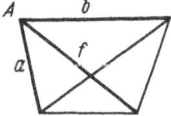 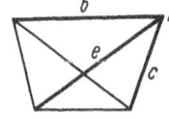 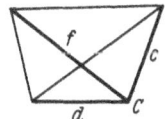 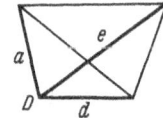

Abb. 41

α) Zentralpunkt A:

$$\frac{a}{f}\,\frac{f}{b}\,\frac{b}{a}=1 \quad \text{oder} \quad \frac{\sin(6)}{\sin(7+8)}\,\frac{\sin(3+4)}{\sin(5)}\,\frac{\sin(8)}{\sin(3)}=1\,,$$

β) Zentralpunkt B:

$$\frac{b}{e}\,\frac{e}{c}\,\frac{c}{b}=1 \quad \text{oder} \quad \frac{\sin(8)}{\sin(1+2)}\,\frac{\sin(5+6)}{\sin(7)}\,\frac{\sin(2)}{\sin(5)}=1\,,$$

γ) Zentralpunkt C:

$$\frac{c}{f}\,\frac{f}{d}\,\frac{d}{c}=1 \quad \text{oder} \quad \frac{\sin(2)}{\sin(3+4)}\,\frac{\sin(7+8)}{\sin(1)}\,\frac{\sin(4)}{\sin(7)}=1\,,$$

δ) Zentralpunkt D:

$$\frac{a}{e}\,\frac{e}{d}\,\frac{d}{a}=1 \quad \text{oder} \quad \frac{\sin(3)}{\sin(1+2)}\,\frac{\sin(5+6)}{\sin(4)}\,\frac{\sin(1)}{\sin(6)}=1\,.$$

Die Gleichungen α) bis δ) sind bequemer als die erstgenannte Form, weil sie ein Glied weniger aufweisen. Von ihnen ist am günstigsten die Gleichung, die die spitzesten Winkel enthält; denn je spitzer ein Winkel ist, um so empfindlicher ist sein Sinus gegen Änderungen. Nach einem Satz von *Zachariae* und *Jordan* wählt man daher als Zentralpunkt die Ecke, die der größten Dreieckfläche gegenüberliegt. Das ist in unserem Falle der Punkt D, auf dem die Seitengleichung ausgeschrieben lautet:

$$\frac{\sin(l_3+v_3)\sin(l_5+l_6+v_5+v_6)\sin(l_1+v_1)}{\sin(l_1+l_2+v_1+v_2)\sin(l_4+v_4)\sin(l_6+v_6)}=1\,.$$

b) Umformen der Bedingungsgleichungen. Nach § 37 (5) läßt sich die vorangegangene Gleichung umbilden in

$$\lg \sin l_3 + \Delta_3 v_3 + \lg \sin(l_5 + l_6) + \Delta_{5,6}(v_5 + v_6) + \lg \sin l_1 + \Delta_1 v_1$$
$$- \{\lg \sin(l_1 + l_2) + \Delta_{1,2}(v_1 + v_2) + \lg \sin l_4 + \Delta_4 v_4 + \lg \sin l_6 + \Delta_6 v_6\} = 0.$$

Bildet man weiter den *Widerspruch*

$$\lg \sin l_3 + \lg \sin(l_5 + l_6) + \lg \sin l_1 - \{\lg \sin(l_1 + l_2) + \lg \sin l_4 + \lg \sin l_6\} = w_d,$$

so folgt nach Ordnen der v die *umgeformte Seitengleichung*

$$(\Delta_1 - \Delta_{1,2})v_1 - \Delta_{1,2}v_2 + \Delta_3 v_3 - \Delta_4 v_4 + \Delta_{5,6}v_5 + (\Delta_{5,6} - \Delta_6)v_6 + w_d = 0.$$

c) Die Zahlenrechnung ergibt als Widerspruch der Gleichungen a) bis c)

$$w_a = +4,4; \quad w_b = +4,8; \quad w_c = +19,1.$$

Für die Seitengleichung nimmt man, um bequeme Zahlen zu erhalten, die Fortschritte für 1^{cc} in Einheiten der 6. Mantissenstelle und erhält

$\sin l_3$	9.7410432	+1,0	$\sin(l_1 + l_2)$. .	9.9911008	+0,1
$\sin(l_5 + l_6)$. .	9.9739599	−0,2	$\sin l_4$	9.7684589	+0,9
$\sin l_1$	9.8175636	+0,8	$\sin l_6$	9.7730099	+0,9
Zähler	9.5325667		Nenner	9.5325696	

$$\text{Zähler} - \text{Nenner} = w_d = -2,9 \cdot 10^{-6}.$$

Damit ergibt sich endlich die untenstehende Koeffiziententabelle, nach der die Normalgleichungen aufgestellt werden. Die Korrelaten lauten

$$k_a = -4,6746, \quad k_b = +7,5815,$$
$$k_c = -8,1326, \quad k_d = +4,3232.$$

v	a	b	c	d	v
1			+ 1	+0,7	−5,1
2	+1			−0,1	−5,1
3	+1			+1,0	−0,4
4	+1	+1		−0,9	−1,0
5	+1	+1		−0,2	+2,0
6		+1	+ 1	−1,1	−5,3
7		+1	+ 1	−0,6	−0,6
8			+ 1		−8,1
w	+4,4	+4,8	+19,1	−2,9	

Aufgabe 28. *Ausgleichung eines sphärischen Zentralsystems mit Richtungsbeobachtungen*

In dem der Verbindungskette Berlin–Schubin entnommenen Zentralsystem der Abb. 42 sind die Richtungen l_1 bis l_{20} beobachtet. Die beobachteten Richtungen entnehme man der Tabelle auf S. 233. Gegeben sind ferner die sphärischen Exzesse $\varepsilon_I = 5,347''$, $\varepsilon_{II} = 4,923''$, $\varepsilon_{III} = 6,295''$, $\varepsilon_{IV} = 6,454''$, $\varepsilon_V = 5,933''$.

Die Abbildung enthält 5 Winkelsummenbedingungen und 1 Seitenbedingung. Stationsbedingungen entfallen, da Richtungen beobachtet sind.

Zur Aufstellung der Bedingungsgleichungen nehme man vorübergehend an, es seien nicht Richtungen, sondern die eingetragenen Winkel beobachtet. Dann ergeben sich, wenn unter (α_i), (β_i), (γ_i) ausgeglichene Größen verstanden werden, die fünf Winkelsummen-bedingungen aus

$$(\alpha_i) + (\beta_i) + (\gamma_i) - (180° + \varepsilon_i) = 0\,.$$

Die Seitenbedingung lautet, wenn die Ausgangsseite mit Hilfe des (sphärischen) Sinussatzes um die ganze Figur herum in sich selbst zurückgerechnet wird,

$$\frac{\sin(\alpha_\mathrm{I}) \cdot \sin(\alpha_\mathrm{II}) \cdot \sin(\alpha_\mathrm{III}) \cdot \sin(\alpha_\mathrm{IV}) \cdot \sin(\alpha_\mathrm{V})}{\sin(\beta_\mathrm{I}) \cdot \sin(\beta_\mathrm{II}) \cdot \sin(\beta_\mathrm{III}) \cdot \sin(\beta_\mathrm{IV}) \cdot \sin(\beta_\mathrm{V})} = \frac{[\sin(\alpha)]}{[\sin(\beta)]} = 1\,.$$

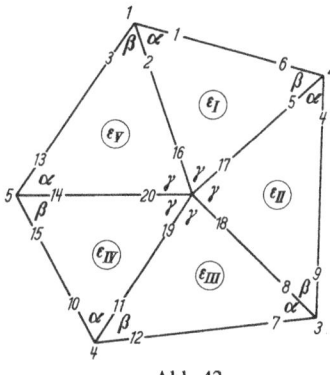

Abb. 42

Für die Zahlenrechnung sind nun anstatt der Winkel die beobachteten Richtungen und ihre Verbesserungen einzuführen, indem man anhand der Abb. 42 setzt

$$(\alpha_\mathrm{I}) = (l_2 - l_1) + v_2 - v_1\,; \quad (\beta_\mathrm{I}) = (l_6 - l_5) + v_6 - v_5 \quad \text{usw.}$$

Die Winkelsummengleichungen erhalten dann die in der Tabelle auf S. 233 unter k_I bis k_V ersichtliche Form, und aus der Seitengleichung wird

$$\frac{\sin(-1+2) \cdot \sin(-4+5) \cdot \sin(-7+8) \cdot \sin(-10+11) \cdot \sin(-13+14)}{\sin(-5+6) \cdot \sin(-8+9) \cdot \sin(-11+12) \cdot \sin(-14+15) \cdot \sin(-2+3)} = 1\,.$$

Nach § 37 (5) erhält man durch Logarithmieren

$$\lg \sin \alpha_\mathrm{I} + \lg \sin \alpha_\mathrm{II} + \lg \sin \alpha_\mathrm{III} + \lg \sin \alpha_\mathrm{IV} + \lg \sin \alpha_\mathrm{V}$$
$$- \lg \sin \beta_\mathrm{I} - \lg \sin \beta_\mathrm{II} - \lg \sin \beta_\mathrm{III} - \lg \sin \beta_\mathrm{IV} - \lg \sin \beta_\mathrm{V} = w_\mathrm{VI}\,,$$

und nach Linearisieren mit den Tafelfortschritten Δ_i und gleichzeitigem Ordnen nach den Verbesserungen

$$- \Delta_{\alpha \mathrm{I}} v_1 + (\Delta_{\alpha \mathrm{I}} + \Delta_{\beta \mathrm{V}}) v_2 - \Delta_{\beta \mathrm{V}} v_3 - \Delta_{\alpha \mathrm{II}} v_4 + (\Delta_{\alpha \mathrm{II}} + \Delta_{\beta \mathrm{I}}) v_5$$
$$- \Delta_{\beta \mathrm{I}} v_6 - \Delta_{\alpha \mathrm{III}} v_7 + (\Delta_{\alpha \mathrm{III}} + \Delta_{\beta \mathrm{II}}) v_8 - \Delta_{\beta \mathrm{II}} v_9 - \Delta_{\alpha \mathrm{IV}} v_{10}$$
$$+ (\Delta_{\alpha \mathrm{IV}} + \Delta_{\beta \mathrm{III}}) v_{11} - \Delta_{\beta \mathrm{III}} v_{12} - \Delta_{\alpha \mathrm{V}} v_{13} + (\Delta_{\alpha \mathrm{V}} + \Delta_{\beta \mathrm{IV}}) v_{14}$$
$$- \Delta_{\beta \mathrm{IV}} v_{15} + w_\mathrm{VI} = 0\,.$$

Danach lautet das Bildungsgesetz der Seitengleichungen[34]:

1. Die vom Zentralpunkt ausgehenden Richtungen kommen nicht vor.

2. Die zum Zentralpunkt führenden Richtungen bekommen als Koeffizienten die Summe der Δ_i der beiden der Richtung anliegenden Winkel.

3. Die peripheren Richtungen bekommen als Koeffizienten das negative Δ_i des anliegenden Winkels.

Wenn die Fortschritte in Einheiten der 6. Stelle des Logarithmus angegeben werden, erhält man folgende Zahlenrechnung

Dreieck	α	$\lg \sin \alpha$	$\Delta 1''$	β	$\lg \sin \beta$	$\Delta 1''$
I	53°29'12,53"	9,905 1048	+1,56	59°41'09,45"	9,936 1476	+1,23
II	61 03 06,79	9,942 0370	+1,16	57 37 28,02	9,926 6287	+1,33
III	62 49 58,26	9,949 2330	+1,08	49 28 38,68	9,880 8992	+1,80
IV	46 17 58,65	9,859 1158	+2,01	59 15 26,73	9,934 2321	+1,26
V	46 37 53,65	9,861 5064	+1,99	43 39 36,58	9,839 0879	+2,21
	lg Zähler	9,516 9970		lg Nenner	9,516 9955	

$$w_{VI} = \lg \text{Zähler} - \lg \text{Nenner} = +1,5 \cdot 10^{-6}.$$

Damit erhält man die in der nachstehenden Tabelle unter k_{VI} eingetragenen Werte.

Beobachtungen			k_I	k_{II}	k_{III}	k_{IV}	k_V	k_{VI}	v
l_1	114°07'46,72"	v_1	-1					$-1,56$	$-0,''09$
l_2	167 36 59,25	v_2	$+1$				-1	$+3,77$	$+0,14$
l_3	211 16 35,83	v_3					$+1$	$-2,21$	$-0,05$
l_4	175 47 00,90	v_4		-1				$-1,16$	$+0,06$
l_5	236 50 07,69	v_5	-1	$+1$				$+2,39$	$-0,10$
l_6	296 31 17,14	v_6	$+1$					$-1,23$	$+0,04$
l_7	235 19 17,09	v_7			-1			$-1,08$	$-0,09$
l_8	298 09 15,35	v_8		-1	$+1$			$+2,41$	$+0,19$
l_9	355 46 43,37	v_9		$+1$				$-1,33$	$-0,10$
l_{10}	317 10 31,20	v_{10}				-1		$-2,01$	$-0,16$
l_{11}	3 28 29,85	v_{11}			-1	$+1$		$+3,81$	$+0,13$
l_{12}	52 57 08,53	v_{12}				$+1$		$-1,80$	$+0,03$
l_{13}	31 16 55,38	v_{13}					-1	$-1,99$	$-0,03$
l_{14}	77 54 49,04	v_{14}				-1	$+1$	$+3,25$	$-0,07$
l_{15}	137 10 15,77	v_{15}					$+1$	$-1,26$	$+0,10$
l_{16}	347 37 20,87	v_{16}	-1				$+1$		$-0,07$
l_{17}	54 27 04,81	v_{17}	$+1$	-1					$+0,14$
l_{18}	115 46 34,18	v_{18}		$+1$	-1				$-0,15$
l_{19}	183 28 03,80	v_{19}			$+1$	-1			$-0,06$
l_{20}	257 54 45,53	v_{20}				$+1$	-1		$+0,14$
		w	$+0,57$	$-0,73$	$+0,27$	$+0,66$	$-0,36$	$+1,5$	

---

[34] *Tardi, P.*, u. *G. Laclavère*: Traité de Géodésie Tome I, Paris 1954, S. 631/32.

Die auf Grund dieser Tabelle aufgestellten Normalgleichungen ergeben aufgelöst die Korrelaten

$$k_I = +0,061\,; \quad k_{II} = -0,078\,; \quad k_{III} = +0,067\,;$$
$$k_{IV} = +0,126\,; \quad k_V = -0,010\,; \quad k_{VI} = +0,018\,.$$

Mit ihrer Hilfe errechnet man die in der letzten Spalte der Tabelle eingetragenen Verbesserungen, die stationsweise, wie es sein soll, die Summe Null ergeben und alle Bedingungsgleichungen befriedigen. Der mittlere Fehler einer beobachteten Richtung ist $m = \pm 0{,}''20$.

Aufgabe 29. *Ausgleichung einer nach Richtungen beobachteten Kette mit beiderseitigem Zwangsanschluß*

In der Dreieckskette der Abb. 43, die wiederum der Verbindungskette Berlin–Schubin entnommen ist, sind die in der Tab. 1 eingetragenen Richtungen l_1 bis l_{18} beobachtet. Die Kette soll in der Weise ausgeglichen werden, daß die Koordinaten der Anschlußpunkte (A, B, C, D) nicht verändert werden [35]. Gegeben sind dazu deren Gauß-Krüger-Koordinaten und vorläufige Koordinaten der Punkte E und F im System $L_0 = 15°$. Diese lauten nach Abziehen der Konstanten 5 500 000:

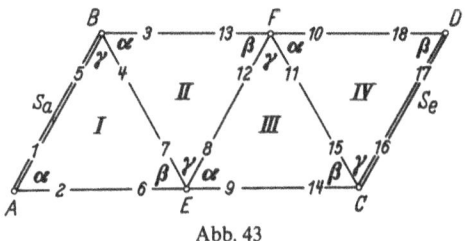

Abb. 43

Punkte	y	x
A	$-113\,623{,}54$	$265\,977{,}74$
B	$-107\,911{,}61$	$321\,783{,}04$
C	$-\;16\,720{,}63$	$313\,325{,}88$
D	$+\;\;\;2\,029{,}85$	$343\,884{,}86$
E	$-\;65\,656$	$299\,168$
F	$-\;69\,191$	$347\,088$

Damit sind auch die ebenen Richtungswinkel

$$(AB) = 5°50'38{,}89''\,; \quad (CD) = 31°31'57{,}30''$$

sowie die Logarithmen der ebenen Seiten

$$\lg s_a = 4{,}7489385\,; \quad \lg s_c = 4{,}5545245$$

bekannt.

---

[35] Das Beispiel steht für umfangreichere Ketten dieser Art. Praktisch würde es sehr viel einfacher durch Koordinatenausgleich nach vermittelnden Beobachtungen gemäß § 28.1 zu lösen sein.

a) Aufsuchen der Bedingungsgleichungen. Die Abb. 43 enthält die 4 Winkelsummenbedingungen des freien Netzes sowie 1 Seitengleichung und 3 Polygonbedingungen; insgesamt also 8 Bedingungen. Die Ausgleichung kann sowohl auf dem Ellipsoid (ersatzweise einer Kugel mit dem mittleren Krümmungshalbmesser r) als auch in der Gaußschen Bildebene angesetzt werden. Versteht man für den Augenblick unter A_i, B_i, C_i die ausgeglichenen sphärischen Winkel, so findet man für das freie Netz leicht die sphärischen Winkelsummenbedingungen

$$A_i + B_i + C_i - (180 + \varepsilon_i) = 0 \tag{1}$$

und die sphärischen Seitenbedingungen [36]

$$\frac{\sin A_I \sin A_{II} \sin A_{III} \sin A_{IV} \sin \dfrac{s_e}{r}}{\sin B_I \sin B_{II} \sin B_{III} \sin B_{IV} \sin \dfrac{s_a}{r}} = 1 \tag{2}$$

oder

$$[\lg \sin A_i] - [\lg \sin B_i] - \left(\lg s_e - \frac{\text{Mod}}{6r^2} s_e^2\right) + \left(\lg s_a - \frac{\text{Mod}}{6r^2} s_a^2\right) = 0.$$

Die sphärischen Polygonbedingungen dagegen sind so umständlich anzusetzen, daß man die Rechnung besser in der Bildebene durchführt. Zu diesem Zweck werden in der Tab. 1 die beobachteten (sphärischen) Richtungen durch Anbringen der Richtungsreduktion in ebene Richtungen überführt.

Eine Kontrolle für die Richtungsreduktionen erhält man, wenn man sie dreiecksweise dem sphärischen Exzeß des betreffenden Dreiecks gegenüberstellt.

Tabelle 1

Stand-punkt	Richtung Nr.	Beob. sphärische Richtungen l	Richtungs-reduktion δ	Reduzierte ebene Richtungen $t = l + \delta$
A	1	3°28′29,85″	+15,78″	3°28′45,63″
	2	52 57 08,53	+ 8,20	52 57 16,73
B	3	54 27 04,81	+ 6,08	54 27 10,89
	4	115 46 34,18	− 5,37	115 46 28,81
	5	183 28 03,80	−15,52	183 27 48,28
E	6	235 19 17,09	− 6,86	235 19 10,23
	7	298 09 15,35	+ 4,57	298 09 19,92
	8	355 46 43,37	+ 8,07	355 46 51,44
	9	73 51 48,17	+ 1,77	73 51 49,94
F	10	92 34 31,98	− 0,37	92 34 31,61
	11	122 45 38,83	− 4,42	122 45 34,41
	12	175 47 00,90	− 8,29	175 46 52,61
	13	236 50 07,69	− 5,26	236 50 02,43
C	14	253 51 51,37	− 1,19	253 51 50,18
	15	302 45 31,27	+ 2,92	302 45 34,19
	16	31 31 56,61	+ 0,81	31 31 57,42
D	17	211 31 57,47	− 0,33	211 31 57,14
	18	272 34 31,37	+ 0,17	272 34 31,54

[36] Vgl. *Großmann, W.*: Geodätische Rechnungen und Abbildungen in der Landesvermessung, S. 28 ff., 2. Aufl. Stuttgart 1964.

b) Um *die Winkelsummenbedingungen und die Seitengleichung des freien Netzes* in der Ebene aufzustellen, benutze man für die in die Bildebene übertragenen ausgeglichenen Winkel die Symbole (α_i), (β_i), (γ_i). Mit diesen lauten die ebenen Winkelsummenbedingungen I bis IV:

$$(\alpha_i) + (\beta_i) + (\gamma_i) - 180° = 0 \,. \tag{3}$$

Ersetzt man darin anhand der Figur die Winkel durch die auf die Ebene reduzierten Richtungen und deren Verbesserungen, so erhält man für die v_i die in der Tab. 2 (S. 238) unter k_1 bis k_{IV} eingetragenen Koeffizienten und Widersprüche.

Sind sodann nunmehr s_a und s_e die aus den Gauß-Krüger-Koordinaten der Endpunkte errechneten Längen der Anschlußseiten, so erhält man die ebene Seitengleichung in der Form

$$[\lg \sin(\alpha_i)] - [\lg \sin(\beta_i)] + \lg s_a - \lg s_e = 0 \,. \tag{4}$$

Sie werde nach dem Muster der Gl. § 37 (7) behandelt; dann erhält man mit $\mathrm{Mod}/\varrho'' = 0,0475$ folgende Zahlenrechnung:

Dreieck	α	$\lg \sin\alpha$	$\cot\alpha$	β	$\lg \sin\beta$	$\cot\beta$
I	49°28′31″,10	9,8808856	+0,855	62°50′09″,69	9,9492453	+0,513
II	61 19 17,92	9,9431617	+0,547	61 03 09,82	9,9420406	+0,553
III	78 04 58,50	9,9905375	+0,211	48 53 44,00	9,8770904	+0,872
IV	30 11 02,80	9,7013782	+1,719	61 02 34,40	9,9419993	+0,553
	$[\lg\sin\alpha] = 9,5159630$			$[\lg\sin\beta] = 9,7103756$		
	$\lg s_a = 4,7489385$			$\lg s_e = 4,5545245$		
	$\lg$ Zähler $= 4,2649015$			$\lg$ Nenner $= 4,2649001$		

$$\lg \text{Zähler} - \lg \text{Nenner} = +14\,E_7 \,,$$
$$w_V = +14 \cdot 0,0475 = +0,66 \,.$$

Zur Verprobung der Cotangenten nehme man die von *M. Kneissl* [37] angegebene Formel

$$[\varepsilon_i(\cot\alpha_i - \cot\beta_i)] = -\frac{\varrho}{2r^2}(s_e^2 - s_a^2)\,, \tag{5}$$

worin s_e und s_a sphärische Strecken sind. Die sphärischen Exzesse ε_i können hierbei aus der für die Richtungsreduktion (Tab. 1) angegebenen Kontrollrechnung übernommen werden.

Man ersetze jetzt die Winkel durch die beobachteten (reduzierten) Richtungen und ihre Verbesserungen; dann ist die umgeformte Seitengleichung

V: $-0,855 v_1 + 0,855 v_2 - 0,547 v_3 + 0,547 v_4 + 0,513 v_6 - 0,513 v_7$
$-0,211 v_8 + 0,211 v_9 - 1,719 v_{10} + 1,719 v_{11} + 0,553 v_{12} - 0,553 v_{13}$
$+0,872 v_{14} - 0,872 v_{15} + 0,553 v_{17} - 0,553 v_{18} + 0,66 = 0 \,.$

Wenn man schließlich nach einem Vorschlag von *W. Höpcke* [38], um den Koeffizienten der Seitengleichung eine den Koeffizienten der übrigen Bedingungsgleichungen ähnliche Größenordnung zu geben, die Seitengleichung mit $\sqrt{6/[aa]}$ multipliziert, worin $[aa]$ der

---

[37] Vgl. *Kneissl, M.:* Die Aufstellung und Verprobung der sphärischen Seiten- oder Sinusbedingungsgleichungen bei der Netzausgleichung nach bedingten Beobachtungen. Z. Vermessungsw. **1950**, 168.

[38] *Höpcke, W.:* Über die Widersprüche in Seitenbedingungen. Z. Vermessungsw. **1954**, 161.

quadratische Koeffizient der Seitengleichung ist, so entsteht – hier mit $\sqrt{6/[aa]} = 0{,}7277$ – die in der Tab. 2 unter k_V eingetragene endgültige Bedingungsgleichung.

c) Um die *Polygonbedingungen* zu erfüllen, muß ein z. B. von A über E nach C gerechneter Polygonzug in Richtung und Koordinaten widerspruchsfrei abschließen; d. h. es muß, wenn die (t_i) ausgeglichene ebene Richtungen sind,

$$-(t_1) + (t_2) - (t_6) + (t_9) - (t_{14}) + (t_{16}) + (AB) - (CD) + 2 \cdot 180° = 0 \qquad (6)$$

sein und, wenn die (t_i) durch $t_i + v_i$ ersetzt werden, so bleibt

VI: $\qquad -v_1 + v_2 - v_6 + v_9 - v_{14} + v_{16} + w_{VI} = 0 ,$
wobei $\qquad w_{VI} = [t] + (AB) - (CD) + 2 \cdot 180°$ $\qquad\qquad (7)$

ist. Die Koeffizienten und der Widerspruch dieser Gleichung sind in der Tab. 2 unter k_{VI} eingetragen. Die beiden Koordinatenbedingungen lauten in ihrer urursprünglichen Form

$$\overline{AE} \sin(AE) + \overline{EC} \sin(EC) - (y_C - y_A) = 0 , \qquad (8)$$

$$\overline{AE} \cos(AE) + \overline{EC} \cos(EC) - (x_C - x_A) = 0 . \qquad (9)$$

Die hierin vorkommenden Richtungswinkel und Strecken werden durch die reduzierten beobachteten Richtungen und die gegebenen Strecken folgendermaßen ausgedrückt:

$$(AE) = (AB) + (t_2 - t_1) - v_1 + v_2 , \qquad (10)$$

$$(EC) = (AB) + (t_2 - t_1) + (t_9 - t_6) \pm 180° - v_1 + v_2 - v_6 + v_9 , \qquad (11)$$

$$\overline{AE} = s_a \cdot \frac{\sin\gamma_I}{\sin\beta_I} = s_a \frac{\sin(t_5 - t_4)}{\sin(t_7 - t_6)} , \qquad (12)$$

$$\overline{EC} = s_e \cdot \frac{\sin\gamma_{III} \sin\beta_{IV}}{\sin\alpha_{III} \sin\alpha_{IV}} = s_e \cdot \frac{\sin(t_{12} - t_{11}) \cdot \sin(t_{18} - t_{17})}{\sin(t_9 - t_8) \cdot \sin(t_{11} - t_{10})} . \qquad (13)$$

Linearmachen nach *Taylor* ergibt für $\overline{AE}$

$$\overline{AE} = \frac{s_a \sin\gamma_I}{\sin\beta_I} + \frac{s_a \cos\gamma_I}{\sin\beta_I \cdot \varrho} (v_5 - v_4) - \frac{s_a \sin\gamma_I \cos\beta_I}{\sin^2\beta_I \varrho} (v_7 - v_6)$$

$$= 58330{,}85 + \frac{\overline{AE}}{\varrho} (-\cot\gamma_I v_4 + \cot\gamma_I v_5 + \cot\beta_I v_6 - \cot\beta_I v_7) ,$$

$$\overline{AE} = 58330{,}85 - 0{,}116 v_4 + 0{,}116 v_5 + 0{,}145 v_6 - 0{,}145 v_7 . \qquad (12a)$$

Mit entsprechenden Mitteln findet man für $\overline{EC}$

$$\overline{EC} = 50942{,}55 + 0{,}052 v_8 - 0{,}052 v_9 + 0{,}425 v_{10} - 0{,}611 v_{11}$$
$$+ 0{,}186 v_{12} - 0{,}137 v_{17} + 0{,}137 v_{18} . \qquad (13a)$$

Sodann müssen die für (8) und (9) benötigten Sinus und Cosinus von (10) und (11) nach *Taylor* entwickelt werden. Nach dem Muster

$$\sin(AE) = \sin(55°19'09{,}''99 - v_1 + v_2) = 0{,}8223372 + \frac{\cos(AE)}{\varrho}(-v_1 + v_2) + \cdots$$

erhält man der Reihe nach

$$\sin(AE) = 0{,}8223372 + 0{,}276 \cdot 10^{-5}(-v_1 + v_2) , \qquad (14a)$$

$$\cos(AE) = 0{,}5690005 + 0{,}399 \cdot 10^{-5}(v_1 - v_2) , \qquad (14b)$$

$$\sin(EC) = 0{,}9606038 + 0{,}135 \cdot 10^{-5}(-v_1 + v_2 - v_6 + v_9) , \qquad (15a)$$

$$\cos(EC) = 0{,}2779215 + 0{,}466 \cdot 10^{-5}(v_1 - v_2 + v_6 - v_9) . \qquad (15b)$$

Zum Einsetzen in (8) bildet man vorbereitend $\overline{AE}\sin(AE) = (12\,\mathrm{a}) \cdot (14\,\mathrm{a})$ und $\overline{EC}\sin(EC) = (13\,\mathrm{a}) \cdot (15\,\mathrm{a})$ und findet unter Vernachlässigung der als klein von der II. Ordnung anzusprechenden Produkte der v_i

$$\overline{AE}\sin(AE) = 47\,967,63 - 0,161\,v_1 + 0,161\,v_2 - 0,096\,v_4 + 0,096\,v_5$$
$$+ 0,119\,v_6 - 0,119\,v_7, \tag{16}$$

$$\overline{EC}\sin(EC) = 48\,935,61 - 0,069\,v_1 + 0,069\,v_2 - 0,069\,v_6 + 0,050\,v_8$$
$$+ 0,019\,v_9 + 0,408\,v_{10} - 0,586\,v_{11} + 0,179\,v_{12}$$
$$- 0,131\,v_{17} + 0,131\,v_{18}. \tag{17}$$

Einsetzen von diesen Produkten und von $(y_C - y_A)$ in (8) und entsprechende Behandlung von (9) gibt die Koordinatengleichungen in der Form

VII:　　$-0,230\,v_1 + 0,230\,v_2 - 0,096\,v_4 + 0,096\,v_5 + 0,051\,v_6$
　　　　$-0,119\,v_7 + 0,050\,v_8 + 0,019\,v_9 + 0,408\,v_{10} - 0,586\,v_{11}$
　　　　$+0,179\,v_{12} - 0,131\,v_{17} + 0,131\,v_{18} + 0,33 = 0.$

VIII:　　$+0,470\,v_1 - 0,470\,v_2 - 0,066\,v_4 + 0,066\,v_5 + 0,320\,v_6$
　　　　$-0,083\,v_7 + 0,014\,v_8 - 0,252\,v_9 + 0,118\,v_{10} - 0,170\,v_{11}$
　　　　$+0,052\,v_{12} - 0,038\,v_{17} + 0,038\,v_{18} + 0,17 = 0.$

Diese Gleichungen werden, wie bei Gl. V näher ausgeführt, mit den Höpckeschen Faktoren $\sqrt{6/7200} = 2,887$ bzw. $\sqrt{6/6711} = 2,990$ multipliziert und ergeben dann die in Tab. 2 unter k_VII und k_VIII eingetragenen endgültigen Korrelatengleichungen.

Tabelle 2

	k_I	k_II	k_III	k_IV	k_V	k_VI	k_VII	k_VIII	v
v_1	-1	.	.	.	$-0,622$	-1	$-0,663$	$+1,405$	$+0,07''$
v_2	$+1$	.	.	.	$+0,622$	$+1$	$+0,663$	$-1,405$	$-0,07$
v_3	.	-1	.	.	$-0,398$	.	.	.	$+0,19$
v_4	-1	$+1$	.	.	$+0,398$	.	$-0,276$	$-0,198$	$+0,20$
v_5	$+1$	.	.	.	.	.	$+0,276$	$+0,198$	$-0,39$
v_6	-1	.	.	.	$+0,373$	-1	$+0,146$	$+0,956$	$-0,37$
v_7	$+1$	-1	.	.	$-0,373$	.	$-0,344$	$-0,247$	$+0,11$
v_8	.	$+1$	-1	.	$-0,154$	.	$+0,144$	$+0,043$	$+0,21$
v_9	.	.	$+1$	.	$+0,154$	$+1$	$+0,054$	$-0,753$	$+0,05$
v_{10}	.	.	.	-1	$-1,251$	.	$+1,178$	$+0,353$	$+0,18$
v_{11}	.	.	.	$+1$	$+1,251$	.	$-1,693$	$-0,507$	$+0,26$
v_{12}	.	-1	$+1$	.	$+0,402$	.	$+0,516$	$+0,155$	$-0,54$
v_{13}	.	$+1$	.	.	$-0,402$	.	.	.	$+0,09$
v_{14}	.	.	-1	.	$+0,635$	-1	.	.	$-0,11$
v_{15}	.	.	$+1$	-1	$-0,635$	.	.	.	$+0,14$
v_{16}	.	.	.	$+1$	.	$+1$	.	.	$-0,03$
v_{17}	.	.	.	-1	$+0,402$	.	$-0,379$	$-0,114$	$+0,17$
v_{18}	.	.	.	$+1$	$-0,402$	.	$+0,379$	$+0,114$	$-0,17$
w	$+0,26$	$-0,74$	$+0,70$	$+0,43$	$+0,48$	$-0,36$	$+0,95$	$+0,51$	

Wie bei allen Richtungsbeobachtungen ergibt sich eine Probe für die Koeffizienten dadurch, daß in jeder Spalte ihre Summe stationsweise zu Null werden muß.

Die Auflösung der Normalgleichungen führt auf die Korrelaten

$$
\begin{aligned}
k_{\mathrm{I}} &= -0{,}252 & k_{\mathrm{V}} &= -0{,}361 \\
k_{\mathrm{II}} &= -0{,}051 & k_{\mathrm{VI}} &= +0{,}141 \\
k_{\mathrm{III}} &= -0{,}256 & k_{\mathrm{VII}} &= -0{,}277 \\
k_{\mathrm{IV}} &= -0{,}171 & k_{\mathrm{VIII}} &= -0{,}318 \,,
\end{aligned}
$$

mit denen dann die in der letzten Spalte der Tab. 2 eingetragenen Verbesserungen berechnet wurden. Diese ergeben stationsweise die Summe Null; sie befriedigen ferner alle ursprünglichen Bedingungsgleichungen. Der mittlere Fehler einer beobachteten Richtung ist $m = \pm 0{,}''34$.

§ 38. Iterative und gruppenweise Behandlung von Bedingungsgleichungen

Da der Umfang eines Normalgleichungssystems und die Auflösungsarbeit bei zunehmender Zahl der Bedingungsgleichungen nahezu quadratisch wachsen, liegt es nahe, die Bedingungsgleichungen in mehrere Gruppen zu zerlegen, deren jede für sich behandelt werden kann [39]. Nach einer Bemerkung von *C. F. Gauß* in Artikel 20 des Supplementum theoriae combinationis etc. ist es erlaubt, zuerst einen Teil der Bedingungsgleichungen für sich auszugleichen, darauf mit den dadurch erstmalig verbesserten Beobachtungen die Ausgleichung der restlichen Bedingungen vorzunehmen und dann jeweils unter Anbringen der zuvor erhaltenen Verbesserungen abwechselnd die eine und die andere Gruppe auszugleichen, bis die Widersprüche abklingen. Dieses iterative Verfahren konvergiert jedoch sehr langsam. *Gauß* hat es daher später modifiziert, indem er entweder die Iterationsschritte ineinanderschachtelte (Ziff. 1) oder die Normalgleichungen durch Kniffe ganz oder teilweise unabhängig voneinander machte (Ziff. 2 und 3) oder auch beide Verfahren gleichzeitig anwandte (Ziff. 3); dadurch ist er dann in zwei oder drei Schritten zum Ziele gekommen. Ziff. 4 enthält eine von *L. Krüger* angegebene Erweiterung.

38.1 Ein Gaußsches Iterationsverfahren

Gegeben seien die Bedingungsgleichungen

$$
\left.
\begin{aligned}
a_1 v_1 + a_2 v_2 + \cdots + a_n v_n + w_a &= 0 \,, \\
b_1 v_1 + b_2 v_2 + \cdots + b_n v_n + w_b &= 0 \,, \\
c_1 v_1 + c_2 v_2 + \cdots + c_n v_n + w_c &= 0 \,,
\end{aligned}
\right\} \tag{1}
$$

[39] *Krüger, L.*: Über die Ausgleichung von bedingten Beobachtungen in zwei Gruppen. Veröff. Preuß. Geod. Inst., N. F. Nr. 18. Potsdam 1905. – Lit.-Verz. [*17*], § 50, S. 261.

nebst den dazugehörenden Normalgleichungen

$$\left.\begin{aligned}
[aa]k_a + [ab]k_b + [ac]k_c + w_a = 0\,, \\
[ab]k_a + [bb]k_b + [bc]k_c + w_b = 0\,, \\
[ac]k_a + [bc]k_b + [cc]k_c + w_c = 0\,.
\end{aligned}\right\} \tag{2}$$

Nun erhält man nach *C. F. Gauß* ein strenges Ausgleichungsergebnis, wenn man zunächst aus einem Teil der Bedingungsgleichungen Teilverbesserungen ableitet und dann die damit erstmalig verbesserten Beobachtungen einer zweiten Ausgleichung unterzieht, bei der nunmehr alle Bedingungen berücksichtigt werden. Wir beweisen das lediglich für den Fall, daß eine Bedingungsgleichung vorweg behandelt wird.

Beachtet man in (1) nur die *a*-Bedingung, so erhält man anstelle von k_a eine Teilkorrelate k'_a aus

$$[aa]k'_a + w_a = 0 \quad \text{und} \quad k'_a = -\frac{1}{[aa]}\,w_a\,. \tag{3}$$

Die zugehörigen Korrelatengleichungen liefern die Teilverbesserungen

$$\delta_1 = a_1 k'_a = -a_1\frac{w_a}{[aa]}\,; \quad \delta_2 = a_2 k'_a = -a_2\frac{w_a}{[aa]} \quad \text{usw.} \tag{4}$$

Die nach Anbringen der δ_i verbleibenden Restverbesserungen mögen ε_i heißen, so daß die $v_i = \delta_i + \varepsilon_i$ sind. Wir führen diese Beziehung in die *b*-Bedingung ein, schreiben aber statt der δ_i die rechten Seiten der Gln. (4) und stellen diese Ausdrücke an das Ende, also

$$b_1\varepsilon_1 + b_2\varepsilon_2 + \cdots + b_n\varepsilon_n + \left(w_b - \frac{w_a}{[aa]}(a_1 b_1 + a_2 b_2 + \cdots + a_n b_n)\right) = 0\,.$$

Darin ist der Klammerausdruck identisch mit $(w_b \cdot 1)$. Eine entsprechende Behandlung der *c*-Bedingung führt auf $(w_c \cdot 1)$. Mithin bestehen für die zweite Ausgleichung die Bedingungen

$$\left.\begin{aligned}
a_1\varepsilon_1 + a_2\varepsilon_2 + \cdots + a_n\varepsilon_n + 0 = 0\,, \\
b_1\varepsilon_1 + b_2\varepsilon_2 + \cdots + b_n\varepsilon_n + (w_b \cdot 1) = 0\,, \\
c_1\varepsilon_1 + c_2\varepsilon_2 + \cdots + c_n\varepsilon_n + (w_c \cdot 1) = 0\,.
\end{aligned}\right\} \tag{5}$$

Die daraus folgende erste Korrelate ist wieder eine Teilkorrelate, die wir mit k''_a bezeichnen; k_b und k_c werden aus (5) ebenso erhalten wie aus (2). Infolgedessen sind die Endgleichungen

$$\left.\begin{aligned}
[aa]k''_a + [ab]k_b + \quad [ac]k_c + 0 \qquad\quad = 0\,, \\
[bb \cdot 1]k_b + [bc \cdot 1]k_c + (w_b \cdot 1) = 0\,, \\
[cc \cdot 2]k_c + (w_c \cdot 2) = 0\,.
\end{aligned}\right\} \tag{6}$$

Die ε_i errechnet man aus den Korrelatengleichungen zu

$$\varepsilon_i = a_i k_a'' + b_i k_b + c_i k_c,$$

so daß

$$v_i = \delta_i + \varepsilon_i = a_i(k_a' + k_a'') + b_i k_b + c_i k_c \tag{7}$$

ist. Für k_a aber ergibt ein Vergleich der ersten Gln. (2) und (6)

$$k_a = k_a'' - \frac{w_a}{[aa]} = k_a'' + k_a', \tag{8}$$

womit der Gaußsche Satz bewiesen ist. Der Rechengang ist in den bezifferten Formeln enthalten.

38.2 Näherungsausgleichung von Dreiecksnetzen mit Richtungsbeobachtungen

Hierfür hat *C. F. Gauß* zu dem vorigen Verfahren folgenden Gedanken hinzugefügt:

Man führt eine erste Ausgleichung allein mit den meistens einfach aufzustellenden Winkelsummenbedingungen durch und gewinnt damit erste Verbesserungen, die wir für eine Seite $P_i P_k$ im Punkte P_i mit δ_{ik} und im Punkt P_k mit δ_{ki} bezeichnen. Mit den verbesserten Beobachtungen müßte jetzt eine zweite Ausgleichung zur Errechnung der Restverbesserungen ε_{ik} und ε_{ki} vorgenommen werden, bei der alle Bedingungen zu berücksichtigen wären. Um das zu umgehen, hat *Gauß* auf Grund der Tatsache, daß in nach Richtungen beobachteten Dreiecksnetzen die Verbesserungen stets in der Kombination $(v_{ik} - v_{ki})$ auftreten, willkürlich $\varepsilon_{ik} = \varepsilon_{ki}$ gesetzt. Dadurch bleiben die im ersten Ausgleichungsgang befriedigten Winkelsummenbildungen bei der zweiten Ausgleichung ungestört; man kann also die zweite Ausgleichung auf die mit den erstmalig verbesserten Beobachtungen aufzustellenden Seitengleichungen beschränken. Wenn man dann für jede Richtung die $v_i = \delta_i + \varepsilon_i$ berechnet, werden die v_i noch nicht die Stationsbedingungen $[v] = 0$ erfüllen; sie müssen daher stationsweise auf Null abgestimmt werden. Bei diesem Verfahren wird $[vv]$ nicht ganz, sondern nur nahezu zum Minimum gemacht; es liefert jedoch durchweg überraschend gute Ergebnisse. Eine Durchrechnung der Aufgabe 28 ergab für die v_i Abweichungen von einigen Zehntelsekunden.

38.3 Reduzierte Bedingungsgleichungen

In (1) und (2) würde die a-Bedingung unabhängig von den beiden übrigen sein, wenn $[ab]$ und $[ac]$ den Wert Null hätten. Nun darf man Bedingungsgleichungen beliebig umformen und mit anderen kombinieren, sofern nur ihre Anzahl und ihre Unabhängigkeit erhalten bleiben. Von dieser Möglichkeit werde Gebrauch gemacht mit dem Ziel, mit den Symbolen $b'_1 = (b_1 \cdot 1)$, $b'_2 = (b_2 \cdot 1)$, $w'_b = (w_b \cdot 1)$, $c'_1 = (c_1 \cdot 1)$ usw. ein System *reduzierter Bedingungsgleichungen*

$$\left.\begin{array}{l} a_1 v_1 + a_2 v_2 + \cdots + a_n v_n + w_a = 0 \\ b'_1 v_1 + b'_2 v_2 + \cdots + b'_n v_n + w'_b = 0 \\ c'_1 v_1 + c'_2 v_2 + \cdots + c'_n v_n + w'_c = 0 \end{array}\right\} \tag{9}$$

aufzustellen, in denen $[ab'] = [ac'] = 0$ ist. Dazu multipliziere man in (1) die a-Bedingung mit einem vorläufig noch unbekannten Faktor z_{ab} und addiere das Ergebnis zur b-Gleichung; darauf multipliziere man die a-Bedingung mit dem Faktor z_{ac} und addiere dies zur c-Bedingung. Dann wird

$$b'_1 = b_1 + z_{ab} a_1 \,; \quad b'_2 = b_2 + z_{ab} a_2 \,; \quad \ldots \quad w'_b = w_b + z_{ab} w_a \,;$$
$$c'_1 = c_1 + z_{ac} a_1 \,; \quad c'_2 = c_2 + z_{ac} a_2 \,; \quad \ldots \quad w'_c = w_c + z_{ac} w_a \,;$$

und es folgt aus den Bedingungen $[ab'] = 0$ und $[ac'] = 0$

$$z_{ab} = - \frac{[ab]}{[aa]} \,; \quad z_{ac} = - \frac{[ac]}{[aa]} \,. \tag{10}$$

Bildet man damit $[b'b']$, $[b'c']$ usw., so erhält man die Normalgleichungen

$$\left.\begin{array}{l} [aa]k'_a \hspace{3.5cm} + w_a = 0 \,, \\ [b'b']k'_b + [b'c']k'_c + w'_b = 0 \,, \\ [b'c']k'_b + [c'c']k'_c + w'_c = 0 \,. \end{array}\right\} \tag{11}$$

Darin sind die Koeffizienten und Widersprüche der beiden letzten Gleichungen identisch mit den Werten, die man nach einmaliger Reduktion der Normalgleichungen (2) erhält. Also ist auch $k'_b = k_b$ und $k'_c = k_c \ldots$. Die v_i errechnet man aus den Korrelatengleichungen

$$v_i = a_i k'_a + b'_i k'_b + c'_i k'_c \,. \tag{12}$$

Um auch die 2. und 3. Bedingungsgleichung unabhängig voneinander zu machen, forme man die 3. Gleichung (9) abermals um, so daß die Bedingungsgleichungen nunmehr lauten:

$$\left.\begin{array}{l} a_1 v_1 + a_2 v_2 + \cdots + a_n v_n + w_a = 0 \,, \\ b'_1 v_1 + b'_2 v_2 + \cdots + b'_n v_n + w'_b = 0 \,, \\ c''_1 v_1 + c''_2 v_2 + \cdots + c''_n v_n + w''_c = 0 \,. \end{array}\right\} \tag{13}$$

Man bestimme sodann die c''_i so, daß der Ausdruck $[b'c'']$ verschwindet. Dazu multipliziere man die b'-Bedingung mit dem Faktor z'_{bc}, addiere das Ergebnis zur c'-Bedingung und erhält mit $c''_1 = (c_1 \cdot 2)$ usw.

$$c''_1 = c'_1 + z'_{bc} \cdot b'_1 \,; \quad c''_2 = c'_2 + z'_{bc} \cdot b'_2 \,; \quad \ldots \,; \quad w''_c = w'_c + z'_{bc} \cdot w'_b \,,$$

woraus sich durch Einsetzen in die Bedingung $[b'c''] = 0$ ergibt

$$z'_{bc} = - \frac{[b'c']}{[b'b']}. \tag{14}$$

Damit lauten die aus (13) hervorgehenden Normalgleichungen

$$\left.\begin{array}{r}
[aa]k''_a \qquad\qquad\quad + w_a = 0, \\
[b'b']k''_b \qquad\quad + w'_b = 0, \\
[c''c'']k''_c + w''_c = 0.
\end{array}\right\} \tag{15}$$

Darin ist $k''_a = k'_a$, aber $k''_b \neq k'_b$. Da ferner, wie man sich leicht überzeugt, $[c''c''] = [cc \cdot 2]$ und $w''_c = (w_c \cdot 2)$ ist, muß k''_c gleich dem aus (2) hervorgehenden k_c sein. Die Korrelatengleichungen sind

$$v_i = a_i k''_a + b'_i k''_b + c''_i k''_c. \tag{16}$$

Das Verfahren läßt sich leicht auf vier und mehr Unbekannte ausdehnen. Bedingungsgleichungen, die wie die Gln. (13) auf ein System von lauter unabhängigen Normalgleichungen führen, werden in der neueren Literatur als „orthogonalisierte Bedingungsgleichungen" bezeichnet[40].

Der in den Gln. (9) bis (12) enthaltene erste Schritt läßt sich sehr gut mit dem unter § 38.1 geschilderten Verfahren verbinden. Man leitet aus der a-Bedingung Teilverbesserungen ab, stellt mit den verbesserten Beobachtungen alle Bedingungen neu auf und unterzieht diese neuen Bedingungen der Ausgleichung nach (9) bis (12). Dabei erhält die neue erste Korrelate den Wert Null, weil der Widerspruch der neuen a-Bedingung durch die Vorausgleichung verschwunden ist. Die zweite Ausgleichung beschränkt sich daher auf die Ausgleichung der mit den verbesserten Beobachtungen aufgestellten b- und c-Bedingung nach (9) bis (12). Dieses Verfahren kommt in der Aufgabe 30 zur Anwendung.

38.4 Das Krügersche Zweigruppenverfahren

Das Krügersche Zweigruppenverfahren ist eine Erweiterung des vorigen Verfahrens, die es erlaubt, mehrere Bedingungen gleichzeitig abzuspalten. Man denke sich dazu die Gln. (1) um eine d-Bedingung und eine e-Bedingung vermehrt und die entsprechenden Normalgleichungen aufgestellt, und man stelle sich die Aufgabe, die d- und e-Bedingungen so umzuformen, daß die Normalgleichungen in eine erste Gruppe von drei Gleichungen und eine davon unabhängige zweite

[40] *Cvetkov*, B., and *J. E. Lilly*, J. E.: Triangulation adjustment by orthogonalization. Canadian Surveyor **1955**, 396. – *Wermann*, G.: Ausgleichung nach bedingten Beobachtungen durch Orthogonalisieren der Bedingungsgleichungen. Z. Vermessungsw. **1960**, 38.

Gruppe von zwei Gleichungen zerfallen. Die umgeformten d- und e-Bedingungen mögen sein

$$\left.\begin{array}{l} D_1 v_1 + D_2 v_2 + \cdots + D_n v_n + W_D = 0, \\ E_1 v_1 + E_2 v_2 + \cdots + E_n v_n + W_E = 0. \end{array}\right\} \tag{17}$$

Die hieraus hervorgehenden Normalgleichungen sind unabhängig von denen der ersten Gruppe, wenn

$$[aD] = [bD] = [cD] = 0 \quad \text{und} \quad [aE] = [bE] = [cE] = 0 \tag{18}$$

ist. Um das zu erreichen, multipliziere man in (1) die a-, b- bzw. c-Bedingungen zuerst mit den „Zwischenkorrelaten" z_{ad}, z_{bd} bzw. z_{cd} und addiere sie zur d-Bedingung; darauf multipliziere man sie mit z_{ae}, z_{be} bzw. z_{ce} und addiere sie zur e-Bedingung. Dann sind die Koeffizienten und Widersprüche der D- und der E-Bedingung

$$\begin{array}{ll} D_i = a_i z_{ad} + b_i z_{bd} + c_i z_{cd} + d_i; & W_D = w_a z_{ad} + w_b z_{bd} + w_c z_{cd} + w_d, \\ E_i = a_i z_{ae} + b_i z_{be} + c_i z_{ce} + e_i; & W_E = w_a z_{ae} + w_b z_{be} + w_c z_{ce} + w_e. \end{array} \tag{19}$$

Einsetzen dieser Werte in (18) gibt für die z_{ik} die Bestimmungsgleichungen

$$\left.\begin{array}{l} [aa]z_{ad} + [ab]z_{bd} + [ac]z_{cd} + [ad] = 0, \\ [ab]z_{ad} + [bb]z_{bd} + [bc]z_{cd} + [bd] = 0, \\ [ac]z_{ad} + [bc]z_{bd} + [cc]z_{cd} + [cd] = 0. \end{array}\right\} \tag{20a}$$

$$\left.\begin{array}{l} [aa]z_{ae} + [ab]z_{be} + [ac]z_{ce} + [ae] = 0, \\ [ab]z_{ae} + [bb]z_{be} + [bc]z_{ce} + [be] = 0, \\ [ac]z_{ae} + [bc]z_{be} + [cc]z_{ce} + [ce] = 0. \end{array}\right\} \tag{20b}$$

Mit Hilfe der z_{ik} gestaltet der Rechenweg sich folgendermaßen:

a) Aufstellen des Koeffizientenschemas der Normalgleichungen für die a-, b- und c-Bedingungen mit zusätzlichen Spalten für die Absolutglieder der Gln. (20), gleichzeitige Reduktion aller Spalten und Berechnen der Teilkorrelaten k_a^0, k_b^0, k_c^0 sowie der z_{ik}.

b) Berechnen der Koeffizienten der D- und E-Bedingung nach (19).

c) Aufstellen der aus (19) folgenden Normalgleichungen, welche, wie man sich mit wenig Rechnung überzeugen kann, identisch mit den dreimal reduzierten ursprünglichen Normalgleichungen sind, und Auflösen nach $k_D = k_d$ und $k_E = k_e$.

d) Für den letzten Schritt sind zwei Wege möglich. Entweder berechnet man die v_i aus

$$v_i = a_i k_a^0 + b_i k_b^0 + c_i k_c^0 + D_i k_D + E_i k_E, \tag{21}$$

oder man ermittelt zunächst die den ursprünglichen Bedingungsgleichungen (1) entsprechenden Werte von k_a, k_b und k_c, indem man in die drei ersten Gleichungen die verbesserten Widersprüche

$$[ad]k_d + [ae]k_e + w_a = w_a'; \qquad [bd]k_d + [be]k_e + w_b = w_b' \quad \text{usw.}$$

einführt und damit die Rechnung wiederholt. Dann sind die Verbesserungen

$$v_i = a_i k_a + b_i k_b + c_i k_c + d_i k_d + e_i k_e . \qquad (22)$$

Dieser Weg bildet den Übergang zum Boltzschen Entwicklungsverfahren.

Aufgabe 30. *Strenge Ausgleichung eines Polygonzuges*

Die in der Abb. 44 eingetragenen Bezeichnungen sind ohne weiteres verständlich. Es seien weiter

$v_1, v_2, \ldots$ die Verbesserungen, die an den beobachteten Brechungswinkeln anzubringen sind,

$\lambda_1, \lambda_2, \ldots$ die Verbesserungen, die an den beobachteten Strecken anzubringen sind,

$\alpha_1, \alpha_2, \ldots$ die Richtungswinkel der auf (1), (2) ... folgenden Polygonseiten,

$\Delta\alpha_1, \Delta\alpha_2, \ldots$ die Verbesserungen, die die Richtungswinkel durch die Ausgleichung erhalten.

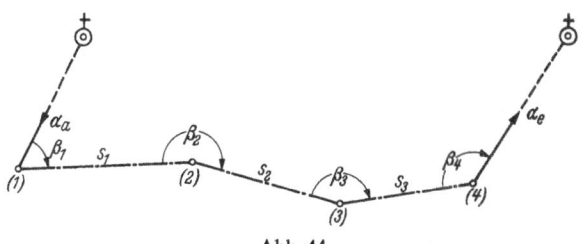

Abb. 44

Grundlage der Ausgleichung sind eine Winkelsummenbedingung und zwei Koordinatenabschlußbedingungen. Sie lauten im Falle der obigen Figur in ihrer ursprünglichen Form, wenn in den Absolutgliedern im Interesse der Allgemeingültigkeit die Indizes a und e statt 1 und 4 benutzt werden:

$$\beta_1 + v_1 + \beta_2 + v_2 + \beta_3 + v_3 + \beta_4 + v_4 \pm n \cdot 180° - (\alpha_e - \alpha_a) = 0 ,$$

$$(s_1 + \lambda_1)\sin(\alpha_1 + \Delta\alpha_1) + (s_2 + \lambda_2)\sin(\alpha_2 + \Delta\alpha_2) + (s_3 + \lambda_3)\sin(\alpha_3 + \Delta\alpha_3) - (y_e - y_a) = 0 ,$$

$$(s_1 + \lambda_1)\cos(\alpha_1 + \Delta\alpha_1) + (s_2 + \lambda_2)\cos(\alpha_2 + \Delta\alpha_2) + (s_3 + \lambda_3)\cos(\alpha_3 + \Delta\alpha_3) - (x_e - x_a) = 0 .$$

Zur Vereinfachung setzt man in der ersten Gleichung

$$(\alpha_e - \alpha_a) - [\beta] \pm n \cdot 180° = f_\beta . \qquad (1)$$

Für die zweite und dritte Gleichung ergibt eine Taylor-Entwicklung

$$(s + \lambda)\sin(\alpha + \Delta\alpha) = s \sin\alpha + \sin\alpha\,\lambda + s \cos\alpha\,\Delta\alpha + \cdots ,$$

$$(s + \lambda)\cos(\alpha + \Delta\alpha) = s \cos\alpha + \cos\alpha\,\lambda - s \sin\alpha\,\Delta\alpha + \cdots .$$

Diese Gleichungen lassen sich zusammenfassen zu

$$[\sin\alpha\,\lambda] + [s \cos\alpha\,\Delta\alpha] + [s \sin\alpha] - (y_e - y_a) = 0 ,$$

$$[\cos\alpha\,\lambda] - [s \sin\alpha\,\Delta\alpha] + [s \cos\alpha] - (x_e - x_a) = 0 .$$

Nun ist

$$\alpha_1 = \alpha_a + \beta_1 \pm 180°, \quad \alpha_2 = \alpha_a + \beta_1 + \beta_2 \pm 2 \cdot 180° \quad \text{usw.}$$

und

$$\Delta\alpha_1 = v_1, \quad \Delta\alpha_2 = v_1 + v_2, \quad \Delta\alpha_3 = v_1 + v_2 + v_3.$$

Damit wird

$$\begin{aligned}
[s \cos\alpha \, \Delta\alpha] = (s_1 \cos\alpha_1 + \; & s_2 \cos\alpha_2 + \; s_3 \cos\alpha_3)v_1 \\
+ \; & (s_2 \cos\alpha_2 + \; s_3 \cos\alpha_3)v_2 \\
+ \; & (s_3 \cos\alpha_3)v_3
\end{aligned}$$

oder auch, da man in der Regel vorläufige Koordinaten berechnet hat,

$$[s \cos\alpha \, \Delta\alpha] = (x_e - x_1)v_1 + (x_e - x_2)v_2 + (x_e - x_3)v_3.$$

In derselben Weise läßt sich $-[s \sin\alpha \, \Delta\alpha]$ umbilden, so daß die linearisierten Bedingungsgleichungen lauten

$$\begin{aligned}
v_1 + v_2 + v_3 + v_4 \qquad\qquad\qquad -f_\beta &= 0, \\
[\sin\alpha\lambda] + [(x_e - x_i)v_i] + [s \sin\alpha] - (y_e - y_a) &= 0, \\
[\cos\alpha\lambda] - [(y_e - y_i)v_i] + [s \cos\alpha] - (x_e - x_a) &= 0.
\end{aligned}$$

Dieses System soll auf dem in § 38,3 am Schluß angegebenen Wege reduziert werden. Zuerst wird, wie bei der üblichen Näherungsausgleichung, die Winkelsummenbedingung durch gleichmäßige Verteilung des Widerspruchs auf die Brechungswinkel für sich allein ausgeglichen und dann der Zug mit den erstmalig verbesserten Richtungswinkeln α' durchgerechnet. Man setze die dabei auftretenden Koordinatenabschlußfehler

$$\left. \begin{aligned}
(y_e - y_a) - [s \sin\alpha'] &= f_y, \\
(x_e - x_a) - [s \cos\alpha'] &= f_x.
\end{aligned} \right\} \tag{2}$$

Man bezeichne weiter die noch unbekannten zweiten Verbesserungen der Brechungswinkel mit δ und gewinnt damit als zweite Verbesserungen der Richtungswinkel

$$d\alpha_1 = \delta_1, \quad d\alpha_2 = \delta_1 + \delta_2, \quad d\alpha_3 = \delta_1 + \delta_2 + \delta_3.$$

Benutzt man endlich, um Platz zu sparen, für einen Augenblick die Abkürzungen

$$s_1 = \sin\alpha'_1 \quad \text{und} \quad c_1 = \cos\alpha'_1 \quad \text{usw.},$$

dann lauten die Bedingungsgleichungen mit den erstmalig verbesserten Beobachtungen

$$\begin{aligned}
\delta_1 + \qquad\qquad \delta_2 + \qquad\qquad \delta_3 + \delta_4 &= 0, \\
s_1\lambda_1 + s_2\lambda_2 + s_3\lambda_3 + (x_4 - x_1)\delta_1 + (x_4 - x_2)\delta_2 + (x_4 - x_3)\delta_3 - f_y &= 0, \\
c_1\lambda_1 + c_2\lambda_2 + c_3\lambda_3 - (y_4 - y_1)\delta_1 - (y_4 - y_2)\delta_2 - (y_4 - y_3)\delta_3 - f_x &= 0.
\end{aligned}$$

Als Vorbereitung für die Ermittlung der reduzierten Koeffizienten nach § 38,3 (10) berechne man

$$\begin{aligned}
-\frac{[ab]}{[aa]} &= -\frac{1}{4}\{(x_4 - x_1) + (x_4 - x_2) + (x_4 - x_3)\} \\
&= -\frac{1}{4}\{4x_4 - x_1 - x_2 - x_3 - x_4\} \\
-\frac{[ac]}{[aa]} &= +\frac{1}{4}\{(y_4 - y_1) + (y_4 - y_2) + (y_4 - y_3)\} \\
&= +\frac{1}{4}\{4y_4 - y_1 - y_2 - y_3 - y_4\}
\end{aligned}$$

und bilde diese Ausdrücke durch Einführen des Schwerpunktes P_0 mit

$$x_0 = \frac{x_1 + x_2 + x_3 + x_4}{4}, \qquad y_0 = \frac{y_1 + y_2 + y_3 + y_4}{4} \tag{3}$$

um in

$$-\frac{[ab]}{[aa]} = +(x_0 - x_4), \qquad -\frac{[ac]}{[aa]} = -(y_0 - y_4).$$

Multipliziert man dann die erste Bedingungsgleichung mit $(x_0 - x_4)$ und addiert sie zur zweiten Gleichung, und addiert weiter die mit $-(y_0 - y_4)$ multiplizierte erste Gleichung zur dritten Gleichung, so folgen die reduzierten Bedingungsgleichungen

$$s_1 \lambda_1 + s_2 \lambda_2 + s_3 \lambda_3 + (x_0 - x_1)\delta_1 + (x_0 - x_2)\delta_2 + (x_0 - x_3)\delta_3$$
$$+ (x_0 - x_4)\delta_4 - f_y = 0,$$
$$c_1 \lambda_1 + c_2 \lambda_2 + c_3 \lambda_3 - (y_0 - y_1)\delta_1 - (y_0 - y_2)\delta_2 - (y_0 - y_3)\delta_3$$
$$- (y_0 - y_4)\delta_4 - f_x = 0.$$

Wir beziehen endlich die Koordinaten mittels

$$x_1 - x_0 = \xi_1, \; x_2 - x_0 = \xi_2, \ldots; \; y_1 - y_0 = \eta_1, \; y_2 - y_0 = \eta_2, \ldots \tag{4}$$

auf den Schwerpunkt, eliminieren die s_i und die c_i mittels der Relationen

$$\sin \alpha' = \frac{\varDelta y}{s}, \qquad \cos \alpha' = \frac{\varDelta x}{s},$$

in denen die s auf der rechten Seite wieder die Strecken bedeuten, und gehen durch Anfügen von ϱ auf das Gradmaß über; dann erhalten die reduzierten Bedingungsgleichungen die endgültige Form

$$\left. \begin{array}{l} \dfrac{\varDelta y_1}{s_1} \lambda_1 + \dfrac{\varDelta y_2}{s_2} \lambda_2 + \dfrac{\varDelta y_3}{s_3} \lambda_3 - \dfrac{\xi_1}{\varrho} \delta_1 - \dfrac{\xi_2}{\varrho} \delta_2 - \dfrac{\xi_3}{\varrho} \delta_3 - \dfrac{\xi_4}{\varrho} \delta_4 - f_y = 0, \\[2mm] \dfrac{\varDelta x_1}{s_1} \lambda_1 + \dfrac{\varDelta x_2}{s_2} \lambda_2 + \dfrac{\varDelta x_3}{s_3} \lambda_3 + \dfrac{\eta_1}{\varrho} \delta_1 + \dfrac{\eta_2}{\varrho} \delta_2 + \dfrac{\eta_3}{\varrho} \delta_3 + \dfrac{\eta_4}{\varrho} \delta_4 - f_x = 0. \end{array} \right\} \tag{5}$$

Zum Aufstellen der Normalgleichungen sind noch die Gewichte zu bestimmen; insbesondere muß ein zutreffendes Verhältnis von Winkel- und Streckengewichten hergestellt werden. Dazu müssen gute Näherungswerte für die mittleren Fehler im voraus (a priori) bekannt sein. Es sei $m_w = m$ der mittlere Fehler a priori eines beobachteten Winkels, während der entsprechende mittlere Fehler einer beobachteten Strecke sich in dem für Polygonseiten in Frage kommenden Bereich genau genug in der Form $m_s = c \sqrt{s}$ darstellen lassen wird. Dann sind die Gewichtsreziproken für die Strecken und Winkel

$$\frac{1}{p_s} = c^2 s, \qquad \frac{1}{p_w} = m^2. \tag{6}$$

Mit deren Hilfe bildet man die Normalgleichungskoeffizienten und erhält, wenn die Korrelaten nunmehr mit k_1 und k_2 bezeichnet werden, die Normalgleichungen

$$\left. \begin{array}{l} \left(\left[\dfrac{\varDelta y^2}{s} \right] c^2 + [\xi^2] \dfrac{m^2}{\varrho^2} \right) k_1 + \left(\left[\dfrac{\varDelta x \varDelta y}{s} \right] c^2 - [\xi \eta] \dfrac{m^2}{\varrho^2} \right) k_2 - f_y = 0, \\[3mm] \left(\left[\dfrac{\varDelta x \varDelta y}{s} \right] c^2 - [\xi \eta] \dfrac{m^2}{\varrho^2} \right) k_1 + \left(\left[\dfrac{\varDelta x^2}{s} \right] c^2 + [\eta^2] \dfrac{m^2}{\varrho^2} \right) k_2 - f_x = 0. \end{array} \right\} \tag{7}$$

Die restlichen Verbesserungen ergeben sich aus den Korrelatengleichungen

$$\left.\begin{aligned}
\lambda_1 &= c^2(\varDelta y_1 k_1 + \varDelta x_1 k_2), & \lambda_2 &= c^2(\varDelta y_2 k_1 + \varDelta x_2 k_2) \dots, \\
\delta_1 &= \frac{m^2}{\varrho}(-\xi_1 k_1 + \eta_1 k_2), & \delta_2 &= \frac{m^2}{\varrho}(-\xi_2 k_1 + \eta_2 k_2) \dots
\end{aligned}\right\} \tag{8}$$

Zum Schluß wird der Zug nach Anbringen von λ und δ an den erstmalig verbesserten Beobachtungen ein zweites Mal durchgerechnet; er muß dann – das ist die Schlußprobe – ohne Fehler abschließen.

Will man die zweite Durchrechnung des Zuges ersparen, dann muß man die Verbesserungen

$$d\alpha_1 = \delta_1, \quad d\alpha_2 = \delta_1 + \delta_2, \quad d\alpha_3 = \delta_1 + \delta_2 + \delta_3 \tag{9}$$

der bei der ersten Durchrechnung benutzten Richtungswinkel α' errechnen und erhält ausgehend von der strengen Beziehung

$$\varDelta y + d\varDelta y = (s + \lambda)\sin(\alpha' + d\alpha),$$
$$\varDelta x + d\varDelta x = (s + \lambda)\cos(\alpha' + d\alpha),$$

auf Grund einer Taylor-Entwicklung für die vorläufigen Koordinatenunterschiede die Verbesserungen

$$\left.\begin{aligned}
d\varDelta y &= \frac{\lambda}{s}\varDelta y + \frac{d\alpha}{\varrho}\varDelta x, \\
d\varDelta x &= \frac{\lambda}{s}\varDelta x - \frac{d\alpha}{\varrho}\varDelta y.
\end{aligned}\right\} \tag{10}$$

Zur Ermittlung des mittleren Fehlers der Gewichtseinheit hat man die bei der ersten Abstimmung der Winkelsummengleichung angeführten ersten Verbesserungen $(v - \delta)$ mit den δ zu den v zusammenzusetzen und findet

$$m_0 = \pm \sqrt{\frac{[p_s\lambda\lambda] + [p_w vv]}{3}}. \tag{11}$$

Dieser Ausdruck wird, wenn die mittleren Fehler a priori zutreffend geschätzt sind, nahezu 1 ergeben.

Als Zahlenbeispiel möge der in den Preußischen Ergänzungsbestimmungen zu den Anweisungen VIII, IX und X in Anlage 28 berechnete Polygonzug streng ausgeglichen werden. Da es sich um einen gewöhnlichen Feldmeßzug handelt, können beim Bestimmen des Verhältnisses von Winkel- und Streckengewichten die in dem gleichen Buch angegebenen Fehlergrenzen des Beirats für das Vermessungswesen vom Jahre 1927 zugrunde gelegt werden. An sich werden mittlere Fehler gebraucht, während der Beirat Grenzfehler festgesetzt hat. Da es aber lediglich auf das Verhältnis ankommt, ist das unbedenklich. Wir setzen daher für den Brechungswinkel $m_w = \pm 1'$ und bringen die Fehlerfunktion für die Strecken in die für die ersten 400 m völlig ausreichende Form $m_s = \pm 0{,}01\sqrt{s}$.

Damit die Gewichte nicht allzu unterschiedlich werden, ist es zweckmäßig, die Winkelfehler in Altminuten und die Strecken und Streckenfehler in Dezimetern anzugeben. Es ist also die Formel für m_s umzuschreiben in

$$m_s(\text{in dm}) = 0{,}01\sqrt{10}\sqrt{s(\text{in dm})} = 0{,}032\sqrt{s(\text{in dm})},$$

so daß für c^2 der Wert 0,001 erhalten wird. Mit den genannten Zahlen wird dann

$$\frac{1}{p_w} = m^2 = 1, \quad \frac{1}{p_s} = 0{,}032^2 s_{(\text{dm})} = 0{,}001\, s_{(\text{dm})}. \tag{12}$$

Damit sind die Vorbereitungen beendet.

P	Brechungswinkel β	Richtungswinkel α	Strecken s	sin α' / cos α'	Δy = s·sin α'	Δx = s·cos α'	Endgültige Koordinaten y	Endgültige Koordinaten x	P	Näher. koord. (y)	Näher. koord. (x)	η	ξ
22/26	+8 / 285°22'42"	17°09'12"							26	576	348	−365	+142
1	+8 / 161°30'24"	122°32'02"	157,86	+0,84308 / −0,53780	+1 / +133,09	+1 / −84,90	2576,18 / +133,10	2347,58 / −84,89	1	709	263	−232	+57
2	+7 / 159°00'12"	104°02'34"	123,66	+0,97011 / −0,24265	+3 / +119,96	+2 / −30,01	2709,28 / +119,99	2262,69 / −29,99	2	829	233	−112	+27
3	+8 / 218°37'24"	83°02'53"	127,90	+0,99265 / +0,12103	+3 / +126,96	+3 / +15,48	2829,27 / +126,99	2232,70 / +15,51	3	956	248	+15	+40
4	+7 / 190°48'54"	121°40'25"	134,46	+0,85106 / −0,52512	+2 / +114,43	+3 / −70,61	2956,26 / +114,45	2248,21 / −70,58	4	1071	178	+130	−28
5	+8 / 142°24'48"	132°29'26"	130,70	+0,73738 / −0,67552	+2 / +96,38	+2 / −88,29	3070,71 / +96,40	2177,63 / −88,27	5	1167	89	+226	−117
16	+8 / 15°53'18"	94°54'22"	115,32	+0,99634 / −0,08553	+2 / +114,90	+1 / +9,86	3167,11 / +114,92	2089,36 / +9,85	16	1282	80	+341	−126
26	1173°37'42"	290°47'48" = α_e − α_a	789,90	Soll	+705,72	−268,19	3282,03 / +705,85	2079,51 / −268,07	1/7	6590	1439	+712	−266
	900°	273°38'36"			+705,85	−268,07	= y_e − y_a	= x_e − x_a		941 = y_0	206 = x_0	−709	−271
	273°37'42" = α_e − α_a				f_y = +13	f_x = +12							
	273°38'36"												
Soll	f_β = +54"												

Die Messungsergebnisse, die Abstimmung der Brechungswinkel und die Berechnung der vorläufigen Koordinatenunterschiede sind aus der Anweisung auf das Rechenblatt S. 249 übernommen. Mit Hilfe roher Näherungswerte berechnet man nach (3) und (4) zuerst die Schwerpunktkoordinaten ξ und η und bildet dann in der nachstehenden Tabelle die Gewichte gemäß (12) sowie die Koeffizienten der reduzierten Bedingungsgleichungen in der Form, wie sie in (5) enthalten sind. Auf Grund dieser Tabelle – also nicht nach (7) – werden die Normalgleichungskoeffizienten auf dem üblichen Wege berechnet.

| | $1/p$ | Koeffizienten der | | λ bzw. δ |
		y-Gleichung	x-Gleichung	
λ_1	1,6	+0,84	−0,54	+0,05 dm
λ_2	1,2	+0,97	−0,24	+0,18 dm
λ_3	1,3	+0,99	+0,12	+0,35 dm
λ_4	1,3	+0,85	−0,52	+0,06 dm
λ_5	1,3	+0,74	−0,68	−0,03 dm
λ_6	1,1	+1,00	−0,09	+0,22 dm
δ_1	1	−0,41	−1,06	−0,41'
δ_2	1	−0,17	−0,68	−0,24'
δ_3	1	−0,08	−0,33	−0,12'
δ_4	1	−0,12	+0,04	−0,02'
δ_5	1	+0,08	+0,38	+0,13'
δ_6	1	+0,34	+0,66	+0,28'
δ_7	1	+0,37	+0,99	+0,38'
w		−1,30	−1,20	—

Die Normalgleichungen und ihre Korrelaten sind

$$6{,}75 k_1 - 0{,}96 k_2 - 1{,}30 = 0, \quad k_1 = 0{,}235,$$
$$-0{,}96 k_1 + 4{,}78 k_2 - 1{,}20 = 0, \quad k_2 = 0{,}297.$$

Die gemäß (8) erhaltenen λ und δ sind in der letzten Spalte der Koeffiziententabelle eingetragen. Mit Hilfe von (9) und (10) gewinnt man schließlich als Verbesserungen der vorläufigen Koordinatenunterschiede

$$d\Delta y_1 = \quad 0{,}04 + 0{,}10 = 14 \text{ mm} \qquad d\Delta x_1 = -0{,}03 + 0{,}16 = 13 \text{ mm}$$
$$d\Delta y_2 = \quad 0{,}17 + 0{,}06 = 23 \text{ mm} \qquad d\Delta x_2 = -0{,}04 + 0{,}23 = 19 \text{ mm}$$
$$d\Delta y_3 = \quad 0{,}35 - 0{,}03 = 32 \text{ mm} \qquad d\Delta x_3 = \quad 0{,}04 + 0{,}28 = 32 \text{ mm}$$
$$d\Delta y_4 = \quad 0{,}05 + 0{,}17 = 22 \text{ mm} \qquad d\Delta x_4 = -0{,}03 + 0{,}26 = 23 \text{ mm}$$
$$d\Delta y_5 = -0{,}02 + 0{,}17 = 15 \text{ mm} \qquad d\Delta x_5 = \quad 0{,}02 + 0{,}18 = 20 \text{ mm}$$
$$d\Delta y_6 = \quad 0{,}22 + 0{,}01 = 23 \text{ mm} \qquad d\Delta x_6 = -0{,}02 + 0{,}13 = 11 \text{ mm}.$$

Nach Anfügen der abgerundeten Verbesserungen an die vorläufigen Koordinatenunterschiede schließt der Zug widerspruchsfrei ab. Die endgültigen Koordinaten unterscheiden sich von denen der Näherungsausgleichung um höchstens 2 cm.

Aus den mit den Gewichten multiplizierten λ bzw. δ der obigen Tabelle ergibt sich die Probe

$$[vvp] = -[wk] = 0{,}661.$$

Für die Fehlerrechnung sind indessen die δ mit den im Rechenschema der S. 249 an den Brechungswinkeln angebrachten ersten Verbesserungen zusammenzufassen. Es ergibt sich dann auf Grund der Gl. (11)

$$m_0 = \pm \sqrt{\frac{0{,}180 + 0{,}598}{3}} = \pm 0{,}5, \quad m_w = \pm \frac{m_0}{\sqrt{p_w}} = \pm 0{,}5',$$

$$m_s(\text{in dm}) = \pm \frac{m_0}{\sqrt{p_s}} = \pm m_0 \sqrt{\frac{s(\text{in dm})}{1000}} = \pm 0{,}016 \sqrt{s(\text{in dm})}\,.$$

Die Ausgleichung führt also auf mittlere Fehler, die halb so groß sind wie die a priori eingeführten Fehler. Das ist plausibel, da die letzteren Grenzfehler sind.

Die strenge Ausgleichung von Polygonzügen hat keine große praktische Bedeutung, weil hierbei im Gegensatz zu den trigonometrischen Aufgaben einer großen Anzahl gemessener Stücke nur drei Überbestimmungen gegenüberstehen, so daß die Ausgleichung nur eine unbedeutende Gewichtserhöhung mit sich bringt. Ihre strenge mathematische Behandlung muß jedoch so weitgehend wie möglich durchgeführt werden, um zu einwandfreien Erkenntnisformeln zu gelangen. Theoretisch ist die Aufgabe sehr interessant und darum in der Literatur[41] sehr häufig behandelt.

§ 39. Entwicklungsverfahren und Substitutionsverfahren

39.1 Grundgedanken des Entwicklungsverfahrens

Das Entwicklungsverfahren und das Substitutionsverfahren sind von *H. Boltz* in Potsdam begründet worden[42]. Mit Hilfe des Entwicklungsverfahrens können in einem System von Bedingungsgleichungen, das in mehrere Gruppen zerlegt oder durch Hinzutreten neuer Bedingungen erweitert ist, die Korrelaten durch schrittweises Zusammenfügen der aus den einzelnen Gruppen herrührenden Anteile so bestimmt werden, als wären sie in einem Zuge aus allen Bedingungsgleichungen gewonnen. *Boltz* fußt auf dem Krügerschen Zweigruppenverfahren, das er durch mehrere zusätzliche Gedanken bereichert: Es wird nicht sogleich auf die Zahlenwerte der Korrelaten ausgegangen, sondern die Korrelaten werden als unbestimmte Funktionen der Widersprüche dargestellt oder wie *Boltz* sagt „entwickelt" und erst gegen Ende der Rechnung durch Einsetzen der Widerspruchswerte in Zahlen ausgedrückt. Ferner wird der Rechenablauf so gestaltet, daß Teilabschnitte der Rechnung aus

---

[41] *Eggert, O.*: Die Ausgleichung von Polygonzügen nach der Methode der kleinsten Quadrate. Z. Vermessungsw. **1928**, 657 u. **1935**, 1 (für unsere Darstellung benutzt). — *Förstner, G.*: Ausgleichung und Genauigkeit von Polygonzügen im weitmaschigen Dreiecksnetz. Stuttgart 1933. — *Tschebotarew, A. S.*: Kombiniertes Verfahren der strengen Ausgleichung von Polygonzügen. Z. Vermessungsw. **1935**, 686. — *Alves, A.*: Gemeinsame strenge Ausgleichung von Dreiecks- und Polygonnetzen. Dissertation Hannover 1966 (mit vollständigem Literaturverzeichnis). — *Matthias, H.*: „Strenge" Ausgleichung von Polygonzügen und -netzen mit Fehlerellipsen, ohne Normalgleichungen. Schweiz. Z. Vermessungsw. **1967**, 183. — *Nittinger, J.*: Ausgleichung polygonaler Züge und Netze. Berlin 1938. — *Brennecke, E.*: Was ist Strenge der Ausgleichung in der prakt. Anwendung? Z. Vermessungsw. **1940**, 422.

[42] *Boltz, H.*: Entwicklungsverfahren zum Ausgleichen geodätischer Netze. Veröffentl. Preuß. Geod. Institut, N. F., Nr. 90. Berlin 1923. — Lit.-Verz. [*17*], § 81.

vorbereiteten Tafeln entnommen werden können. Durch diese Kunst-kniffe ist es schließlich möglich, an die fertigen Entwicklungen zweier Gruppen neu hinzutretende Gruppen von Bedingungsgleichungen nach-träglich anzuschließen.

39.2 Die Entwicklung der Korrelaten nach den Widersprüchen

Wie bei den vermittelnden Beobachtungen die Unbekannten durch Inversion der Normalgleichungen als Funktionen der Absolutglieder dargestellt werden konnten, lassen die Korrelaten sich als Funktionen der Widersprüche „entwickeln". Die den q_{ik} des § 17 entsprechenden Koeffizienten werden dabei die f_{ik} genannt. Bei drei Korrelaten, die wir fortan abweichend von unserer bisherigen Übung durch Zahlen-indizes unterscheiden, ist nach § 17 (2)

$$k_1 = f_{11}w_1 + f_{12}w_2 + f_{13}w_3,$$
$$k_2 = f_{21}w_1 + f_{22}w_2 + f_{23}w_3,$$
$$k_3 = f_{31}w_1 + f_{32}w_2 + f_{33}w_3.$$

Analog § 17 (15) sind die $f_{ik} = f_{ki}$.

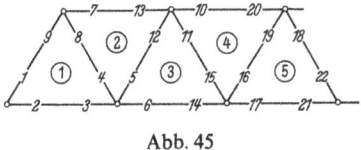

Abb. 45

Man betrachte als Beispiel die Dreieckskette Abb. 45, die nach Rich-tungen oder durch Winkelmessung in allen Kombinationen beobachtet sei. Die Netzbedingungen sind in tabellarischer Form:

v_1	v_2	v_3	v_4	v_5	v_6	v_7	v_8	v_9	v_{10}	v_{11}	v_{12}	v_{13}	v_{14}	v_{15}	v_{16}	v_{17}	v_{18}	v_{19}	v_{20}	v_{21}	v_{22}	w
-1	$+1$	-1	$+1$					-1	$+1$													w_1
			-1	$+1$				-1	$+1$			-1	$+1$									w_2
				-1	$+1$						-1	$+1$		-1	$+1$							w_3
										-1	$+1$				-1	$+1$		-1	$+1$			w_4
																-1	$+1$	-1	$+1$	-1	$+1$	w_5

Dazu gehören die Normalgleichungen

$$
\begin{aligned}
6k_1 - 2k_2 \qquad\qquad\qquad\quad + w_1 &= 0,\\
-2k_1 + 6k_2 - 2k_3 \qquad\qquad + w_2 &= 0,\\
-2k_2 + 6k_3 - 2k_4 \qquad + w_3 &= 0,\\
-2k_3 + 6k_4 - 2k_5 + w_4 &= 0,\\
-2k_4 + 6k_5 + w_5 &= 0.
\end{aligned}
\qquad (1)
$$

Demnach hat die Korrelate, die denselben Index besitzt wie der Widerspruch, den Koeffizienten $+6$, die Korrelaten der anschließenden Dreiecke haben den Koeffizienten -2; in allen übrigen Fällen ist er Null. Das dazu gehörende inverse System, d. h. die Entwicklung der k_i nach den Widersprüchen, ist ebenfalls symmetrisch; es gilt z. B. für fünf Korrelaten

$$\left.\begin{aligned}
k_1 &= -0{,}191\,w_1 - 0{,}073\,w_2 - 0{,}028\,w_3 - 0{,}010\,w_4 - 0{,}003\,w_5\,, \\
k_2 &= -0{,}073\,w_1 - 0{,}219\,w_2 - 0{,}083\,w_3 - 0{,}031\,w_4 - 0{,}010\,w_5\,, \\
k_3 &= -0{,}028\,w_1 - 0{,}083\,w_2 - 0{,}222\,w_3 - 0{,}083\,w_4 - 0{,}028\,w_5\,, \\
k_4 &= -0{,}010\,w_1 - 0{,}031\,w_2 - 0{,}083\,w_3 - 0{,}219\,w_4 - 0{,}073\,w_5\,, \\
k_5 &= -0{,}003\,w_1 - 0{,}010\,w_2 - 0{,}028\,w_3 - 0{,}073\,w_4 - 0{,}191\,w_5\,.
\end{aligned}\right\} \quad (2)$$

Die Korrelaten hängen also in erster Linie vom Widerspruch der zugehörigen Bedingungsgleichung, d. h. der mit dem gleichen Index ab, während der Einfluß der übrigen Widersprüche mit zunehmender Entfernung zurückgeht. Entwicklungen nach Art von (2) hat *Boltz* in seiner Originalschrift für einfache Dreiecksketten, für Zentral- und für Kranzsysteme gegeben.

Sind Netzdiagonalen beobachtet, so ruft jede Diagonale eine neue Korrelate hervor. In den Normalgleichungen erhalten dann die Korrelaten für Dreiecke, die eine Seite gemeinsam haben und deren Flächen einander teilweise überdecken, den Koeffizienten $+2$. Solche Fälle berücksichtigt *W. Jenne* in „Kettenbruchformeln und Korrelatentabellen für trigonometrische Netze" (Veröff. Preuß. Geod. Inst. Neue Folge 107, Potsdam 1937), wo Tabellen für die verschiedensten Figuren bis zu 9 Dreiecken und für Doppelketten aus lauter 6 strahligen Zentralsystemen gegeben werden.

39.3 Der Algorithmus des Entwicklungsverfahrens

Gegeben seien fünf unabhängige Bedingungsgleichungen, von denen die drei ersten die I. Gruppe, die beiden letzten die II. Gruppe bilden sollen.

$$\left.\begin{aligned}
a_1 v_1 + a_2 v_2 + a_3 v_3 + \cdots + a_n v_n + w_1 &= 0\,, \\
b_1 v_1 + b_2 v_2 + b_3 v_3 + \cdots + b_n v_n + w_2 &= 0\,, \\
c_1 v_1 + c_2 v_2 + c_3 v_3 + \cdots + c_n v_n + w_3 &= 0\,, \\
\cdots \qquad \cdots \qquad \cdots \qquad \cdots \qquad \cdots \quad &\ \ \cdot \\
d_1 v_1 + d_2 v_2 + d_3 v_3 + \cdots + d_n v_n + w_4 &= 0\,, \\
e_1 v_1 + e_2 v_2 + e_3 v_3 + \cdots + e_n v_n + w_5 &= 0\,.
\end{aligned}\right\} \quad (3)$$

Die der Übersichtlichkeit halber etwas umgestellten Normalgleichungen sind:

$$\begin{aligned}
[aa]\,k_1 + [ab]\,k_2 + [ac]\,k_3 + w_1 \quad &+ [ad]\,k_4 + [ae]\,k_5 &= 0\,, \\
[ab]\,k_1 + [bb]\,k_2 + [bc]\,k_3 + w_2 \quad &+ [bd]\,k_4 + [be]\,k_5 &= 0\,, \\
[ac]\,k_1 + [bc]\,k_2 + [cc]\,k_3 + w_3 \quad &+ [cd]\,k_4 + [ce]\,k_5 &= 0\,, \\
\cdots \qquad \cdots \qquad \cdots \qquad \ \cdot\cdot \quad &\quad \cdots \qquad \cdots &\ \ \cdot \\
[ad]\,k_1 + [bd]\,k_2 + [cd]\,k_3 \quad\ \ &+ [dd]\,k_4 + [de]\,k_5 + w_4 &= 0\,, \\
[ae]\,k_1 + [be]\,k_2 + [ce]\,k_3 \quad\ \ &+ [de]\,k_4 + [ee]\,k_5 + w_5 &= 0\,.
\end{aligned} \quad (4)$$

Hierin stehen oben links die Normalgleichungen, die allein der I. Gruppe von Bedingungsgleichungen entsprechen, unten rechts die Normalgleichungen der II. Gruppe und in den verbleibenden Sektoren diejenigen „störenden" Glieder, die die gegenseitige Abhängigkeit der beiden Gruppen erkennen lassen. Wenn man k_1, k_2 und k_3 allein aus der I. Gruppe rechnet, so bekommt man statt der endgültigen Werte der k_i die Teilkorrelaten k_1^0, k_2^0 und k_3^0, die entwickelt nach dem Schema (2) lauten

$$\left.\begin{aligned}
k_1^0 &= f_{11}w_1 + f_{12}w_2 + f_{13}w_3\,, \\
k_2^0 &= f_{21}w_1 + f_{22}w_2 + f_{23}w_3\,, \\
k_3^0 &= f_{31}w_1 + f_{32}w_2 + f_{33}w_3\,.
\end{aligned}\right\} \tag{5}$$

Nun setze man für den Augenblick in (4)

$$\left.\begin{aligned}
w_1 + [ad]\,k_4 + [ae]\,k_5 &= w_1'\,, \\
w_2 + [bd]\,k_4 + [be]\,k_5 &= w_2'\,, \\
w_3 + [cd]\,k_4 + [ce]\cdot k_5 &= w_3'\,.
\end{aligned}\right\} \tag{6}$$

Damit erhält man strenge Entwicklungen für die k_i aus

$$\left.\begin{aligned}
k_1 &= f_{11}w_1' + f_{12}w_2' + f_{13}w_3'\,, \\
k_2 &= f_{21}w_1' + f_{22}w_2' + f_{23}w_3'\,, \\
k_3 &= f_{31}w_1' + f_{32}w_2' + f_{33}w_3'\,.
\end{aligned}\right\} \tag{7}$$

Der Vergleich der ersten Gln. (5) und (7) ergibt

$$k_1 - k_1^0 = f_{11}(w_1' - w_1) + f_{12}(w_2' - w_2) + f_{13}(w_3' - w_3)\,,$$

oder wenn man mit Hilfe von (6) die $(w' - w)$ durch die Ausdrücke mit k_4 und k_5 ersetzt

$$\begin{aligned}
k_1 = k_1^0 &+ (f_{11}[ad] + f_{12}[bd] + f_{13}[cd])\,k_4 \\
&+ (f_{11}[ae] + f_{12}[be] + f_{13}[ce])\,k_5\,.
\end{aligned}$$

Gleichlautende Ausdrücke lassen sich für k_2 und k_3 ableiten, wobei an die Stelle der f_{11}, f_{12}, f_{13} für k_2 die f_{21}, f_{22}, f_{23} und für k_3 die f_{31}, f_{32}, f_{33} treten. Die dabei erscheinenden Koeffizienten von k_4 und k_5 sind die bei *Krüger* (§ 38 (20)) eingeführten Zwischenkorrelaten, jedoch entwickelt als Funktionen der Störglieder. Sie lauten

$$\text{für } k_4 \quad \left.\begin{aligned}
z_{14} &= f_{11}[ad] + f_{12}[bd] + f_{13}[cd]\,, \\
z_{24} &= f_{21}[ad] + f_{22}[bd] + f_{23}[cd]\,, \\
z_{34} &= f_{31}[ad] + f_{32}[bd] + f_{33}[cd]\,,
\end{aligned}\right\} \tag{8a}$$

$$\text{für } k_5 \quad \left.\begin{aligned}
z_{15} &= f_{11}[ae] + f_{12}[be] + f_{13}[ce]\,, \\
z_{25} &= f_{21}[ae] + f_{22}[be] + f_{23}[ce]\,, \\
z_{35} &= f_{31}[ae] + f_{32}[be] + f_{33}[ce]\,.
\end{aligned}\right\} \tag{8b}$$

Mit den Zwischenkorrelaten, die, wie ein Vergleich mit (5) zeigt, bei der Entwicklung der Teilkorrelaten k_1^0, k_2^0, k_3^0 nebenher erhalten werden, bekommt man die endgültigen Korrelaten aus

$$\left.\begin{array}{l} k_1 = k_1^0 + z_{14}k_4 + z_{15}k_5\,, \\ k_2 = k_2^0 + z_{24}k_4 + z_{25}k_5\,, \\ k_3 = k_3^0 + z_{34}k_4 + z_{35}k_5\,. \end{array}\right\} \tag{9}$$

Mit Hilfe dieser Gleichungen können k_1, k_2, k_3 aus den beiden letzten Gln. (4) eliminiert werden. Dazu setze man (9) in diese Gleichungen ein, fasse alle Koeffizienten von k_4 und k_5 zusammen und führe die folgenden neuen Symbole ein:

$$\left.\begin{array}{l} [dd] + [ad]\,z_{14} + [bd]\,z_{24} + [cd]\,z_{34} = [DD]\,, \\ [de] + [ad]\,z_{15} + [bd]\,z_{25} + [cd]\,z_{35} = [DE]\,, \\ \quad w_4 + [ad]\,k_1^0 \;+ [bd]\,k_2^0 \;+ [cd]\,k_3^0 \;= W_4\,, \\ [de] + [ae]\,z_{14} + [be]\,z_{24} + [ce]\,z_{34} = [ED]\,, \\ [ee] + [ae]\,z_{15} + [be]\,z_{25} + [ce]\,z_{35} = [EE]\,, \\ \quad w_5 + [ae]\,k_1^0 \;+ [be]\,k_2^0 \;+ [ce]\,k_3^0 \;= W_5\,. \end{array}\right\} \tag{10}$$

Damit erhält man die von k_1, k_2 und k_3 freien dreimal reduzierten oder, wie *Boltz* sagt, *gestörten* Normalgleichungen der II. Gruppe

$$\left.\begin{array}{l} [DD]\,k_4 + [DE]\,k_5 + W_4 = 0\,, \\ [ED]\,k_4 + [EE]\,k_5 + W_5 = 0\,, \end{array}\right\} \tag{11}$$

in welchen, was als Rechenprobe dienen mag, $[DE] = [ED]$ ist. Den Gln. (11) entsprechen die Entwicklungen

$$\left.\begin{array}{l} k_4 = F_{44}W_4 + F_{45}W_5\,, \\ k_5 = F_{54}W_4 + F_{55}W_5\,, \end{array}\right\} \tag{12}$$

für die man die F_{ik} durch Inversion der Gln. (11) nach § 17 gewinnen und in einigen Fällen (s. u.) auch aus Tafeln entnehmen kann. Aus (12) ergeben sich die endgültigen Entwicklungen für k_4 und k_5, indem man nach (10) und (5) die gestörten Widersprüche W durch die ursprünglichen Widersprüche w ersetzt. Durch rückwärtiges Einsetzen dieser Entwicklungen in (9) erhält man schließlich die endgültigen Entwicklungen für die Korrelaten k_1, k_2, k_3 der I. Gruppe.

Soll jetzt noch eine weitere Gruppe von Bedingungsgleichungen in die Ausgleichung einbezogen werden, so betrachte man die Entwicklungen der I. und II. Gruppe als neue I. Gruppe und die hinzukommende Gruppe als II. Gruppe und wiederhole das Verfahren. Auf diesem Wege können immer weitere Gruppen angehängt werden. In die letzten Entwicklungen setzt man die Zahlenwerte der Widersprüche ein und gewinnt damit dann endlich die Zahlenwerte der Korrelaten.

Für den Sonderfall, daß die II. Gruppe aus den Winkelbedingungen einer einfachen Dreieckskette besteht, die mit dem Netzverband der I. Gruppe lediglich eine Seitengemeinschaft hat, gibt *Boltz* gleichfalls fertige Korrelatentabellen. Als Beispiel entnehmen wir aus den Boltzschen Tabellen auf S. 21 bis 23 seines Werkes die Korrelatenentwicklung für eine „gestörte" einfache Kette aus 3 Dreiecken:

$$2(8A - 6)k_1 = -16W_1 - 6w_2 - 2w_3,$$
$$2(8A - 6)k_2 = -6W_1 - 3Aw_2 - Aw_3,$$
$$2(8A - 6)k_3 = -2W_1 - Aw_2 - (3A-2)w_3.$$

(13)

Darin sind 1, 2 und 3 die Indizes einer aus drei Gleichungen bestehenden II. Gruppe, und es ist A der quadratische Koeffizient für die erste der gestörten Normalgleichungen.

Die Proben und die Fehlerrechnung entsprechen im großen und ganzen denen beim einfachen Verfahren der bedingten Beobachtungen. Eine zusätzliche Probe besteht darin, daß die Entwicklungen durchweg einen symmetrischen Aufbau aufweisen müssen. Vgl. im übrigen die eingehende Darstellung in [*35*], S. 567 ff.

Das Entwicklungsverfahren und der Gaußsche Algorithmus unterscheiden sich weniger voneinander, als es zunächst scheint. *Gauß* eliminiert mit Hilfe der Reduktionskoeffizienten jeweils eine Unbekannte, *Boltz* dagegen mit Hilfe der Zwischenkorrelaten, die man als Reduktionskoeffizienten für Gleichungsgruppen ansehen kann, eine Gruppe von Unbekannten. Dieser Zusammenhang wird besonders deutlich in der Matrizendarstellung[43].

Aufs ganze gesehen ist die Anzahl der Rechenschritte bei *Boltz* nicht geringer als bei *Gauß*. Das Entwicklungsverfahren bringt nur dadurch eine Arbeitsersparnis, daß bestimmte Gruppen regelmäßig gebauter Normalgleichungen abgespalten und die zugehörigen Entwicklungen (d. h. die Kehrmatrizen) aus Tafeln entnommen werden können[44].

39.4 Grundgedanken des Substitutionsverfahrens

Wenn 100 und mehr Bedingungsgleichungen vorhanden sind, wird das Entwicklungsverfahren zu schwerfällig. Für solche Fälle hat *Boltz* das Substitutionsverfahren geschaffen, mit dessen Hilfe zwei Netze, für die die fertigen Korrelatenentwicklungen vorliegen, so zusammen-

---

[43] *Wolf, H.*: Die Stellung des Boltzschen Entwicklungsverfahrens in der Ausgleichsrechnung nach bedingten Beobachtungen. Veröff. Inst. Erdmessung, Nr. 3, Bamberg 1949. – Vgl. auch *Gotthardt, E.*: Boltzsches Entwicklungsverfahren und Gaußscher Algorithmus. Z. Vermessungsw. **1953**, 97.

[44] *E. Strobel* hat in seiner Dissertation „Zur Ausgleichung von Dreiecksnetzen nach bedingten Beobachtungen mit Hilfe tabellierter Teillösungen" den Zeitaufwand beim Entwicklungsverfahren und einigen anderen modernen Verfahren dem Zeitaufwand beim Auflösen der Normalgleichungen nach dem modernen Gaußschen Algorithmus gegenübergestellt; er kommt zu dem Schluß, daß der moderne Gaußsche Algorithmus, zumal bei Benutzung der von *Strobel* berechneten Tabelle, am schnellsten zum Ziele führt.

geschlossen werden können, daß das Ergebnis der Ausgleichung in einem Guß entspricht. *Boltz* erreicht das in der Hauptsache dadurch, daß er in die Korrelatenentwicklungen der beiden Teilnetze die Zahlenwerte der Widersprüche einführt und damit für die Korrelaten der Teilnetze Zahlenausdrücke gewinnt, die leichter übersehbar sind als die vielgliedrigen Entwicklungen.

Das Verfahren werde wieder an dem System (4) in Verbindung mit Abb. 45 erläutert, und zwar mögen in (4) die Normalgleichungen oben links, die den Dreiecken ①, ②, ③ entsprechen, das I. Teilnetz und die Normalgleichungen unten rechts, d. h. die Dreiecke ④ und ⑤, das II. Teilnetz verkörpern. Würde man die Korrelaten allein aus den Teilnetzen errechnen, so bekäme man Teilkorrelaten k_i', die nach (9) zu verbessern wären, auf Grund der *Substitutionsgleichungen*

für Teilnetz I   für Teilnetz II

$$k_1 = k_1' + z_{14}k_4 + z_{15}k_5,$$

$$k_4 = k_4' + z_{41}k_1 + z_{42}k_2 + z_{43}k_3,$$

$$k_2 = k_2' + z_{24}k_4 + z_{25}k_5,$$

$$k_5 = k_5' + z_{51}k_1 + z_{52}k_2 + z_{53}k_3. \qquad (14)$$

$$k_3 = k_3' + z_{34}k_4 + z_{35}k_5,$$

In dieser Vollständigkeit werden die Substitutionsgleichungen jedoch nie gebraucht. Man trenne in dem Normalgleichungssystem (1), das der Abb. 45 entspricht, die Gruppen I und II – wie in (4) – durch einen Horizontal- und einen Vertikalstrich ab. Dann erkennt man, daß in unserem Beispiel nur die Zwischenkorrelaten z_{34} und z_{43} von Null verschieden sind und demnach in den Substitutionsgleichungen (14) nur die Korrelaten der Bedingungen auftreten, welche von der trennenden „Naht" zwischen den Teilnetzen berührt werden. Diese Korrelaten – es sind k_3 und k_4 – heißen die Hauptkorrelaten. Zu ihrer Bestimmung entnimmt man aus (14) die Gleichungen

$$k_3 = k_3' + z_{34}k_4 \quad \text{und} \quad k_4 = k_4' + z_{43}k_3$$

oder

$$\left.\begin{array}{l} -k_3 + z_{34}k_4 + k_3' = 0, \\ +z_{43}k_3 - k_4 + k_4' = 0. \end{array}\right\} \qquad (15)$$

Aus diesen Gleichungen, die zwar wegen $z_{34} \neq z_{43}$ nicht symmetrisch sind, aber außer k_3 und k_4 nur bekannte Größen enthalten, sind k_3 und k_4 herzuleiten. Einsetzen von k_3 und k_4 in (14) gibt die endgültigen Zahlenwerte der k_1, k_2, k_3 und der k_4 und k_5. Gebraucht man nicht die Zahlenwerte, sondern die Entwicklungen der Korrelaten, so hat man in (14) statt der Zahlenwerte der k' ihre aus den Teilnetzen bekannten Entwicklungen einzuführen.

Etwas schwieriger ist die Aufgabe, an das vereinigte I. und II. Netz noch ein drittes Netz heranzuführen, weil im allgemeinen die Korrelatenentwicklungen von (I + II) nicht vorliegen. Hierzu wird auf die Boltzsche Originalschrift verwiesen.

Aufgabe 31. *Korrelatenentwicklungen nach dem Entwicklungs- und dem Substitutionsverfahren*

1. Entwicklung der Korrelaten einer einfach gestörten Dreieckskette

Das Netz Abb. 46 besteht aus zwei Gruppen. Als I. Gruppe gelten die Dreiecke ① bis ④, als II. Gruppe die Dreiecke ⑤ und ⑥. Das vollständige Normalgleichungssystem für beide Gruppen, in dem man die Beziehungen zwischen den beiden Gruppen und die ausfallenden Koeffizienten erkennen kann, lautet auf Grund des Bildungsgesetzes § 39 (1)

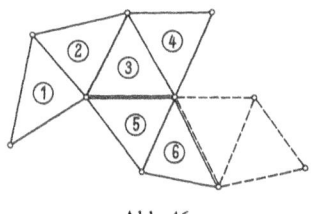

Abb. 46

	a	b	c	d	e	f	
a	$6k_1$	$-2k_2$					$+w_1 = 0$
b	$-2k_1$	$+6k_2$	$-2k_2$				$+w_2 = 0$
c		$-2k_2$	$+6k_3$	$-2k_4$	$-2k_5$		$+w_3 = 0$
d			$-2k_3$	$+6k_4$			$+w_4 = 0$
e			$-2k_3$		$+6k_5$	$-2k_6$	$+w_5 = 0$
f					$-2k_5$	$+6k_6$	$+w_6 = 0$

(I. Gruppe — Zeilen a bis d / II. Gruppe — Zeilen e, f)

II. Gruppe

Die Korrelaten werden nach *Boltz* folgendermaßen entwickelt:

a) Aufstellen der vorläufigen Entwicklungen für die Korrelaten der I. Gruppe nach *Boltzs* Tafeln S. 12 für einfache Dreiecksketten:

$$k_1^0 = -0,19091\, w_1 - 0,07273\, w_2 - 0,02727\, w_3 - 0,00909\, w_4$$
$$k_2^0 = -0,07273\, w_1 - 0,21818\, w_2 - 0,08182\, w_3 - 0,02727\, w_4$$
$$k_3^0 = -0,02727\, w_1 - 0,08182\, w_2 - 0,21818\, w_3 - 0,07273\, w_4 ,$$
$$k_4^0 = -0,00909\, w_1 - 0,02727\, w_2 - 0,07273\, w_3 - 0,19091\, w_4 .$$

b) Zum Berechnen der Zwischenkorrelaten ersetzt man auf Grund des aus (8) zu entnehmenden Bildungsgesetzes in den obigen Entwicklungen die w_i zunächst für die z_{i5} durch $[ae]$, $[be]$, $[ce]$ und $[de]$ und dann für die z_{i6} durch $[af]$, $[bf]$, $[cf]$ und $[df]$. Es ist aber, wie ein Blick auf das vollständige Normalgleichungssystem zeigt, $[ae] = [be] = [de] = 0$; $[ce] = -2$; $[af] = [bf] = [cf] = [df] = 0$. Also sind die Zwischenkorrelaten

$$z_{15} = +0,05454; \quad z_{25} = +0,16364; \quad z_{35} = +0,43636; \quad z_{45} = +0,14546;$$
$$z_{16} = 0 \qquad\qquad z_{26} = 0 \qquad\qquad z_{36} = 0 \qquad\qquad z_{46} = 0 .$$

c) Berechnen der gestörten (= 4 × red.) Normalgleichungskoeffizienten nach dem Bildungsgesetz (10)

$$[EE] = [ee] + [ce] \cdot z_{35} = 6 - 2 \cdot 0{,}43636 = 5{,}12728,$$

$$[EF] = [ef] = -2,$$

$$W_5 = w_5 + [ce] k_3^0 = w_5 - 2k_3^0,$$

$$= w_5 + 0{,}05454\, w_1 + 0{,}16364\, w_2 + 0{,}43636\, w_3 + 0{,}14546\, w_4,$$

$$[EF] = [ef] = -2; \quad [FF] = [ff] = +6; \quad W_6 = w_6.$$

Damit sind die gestörten (= 4 × red.) Normalgleichungen

$$5{,}12728\, k_5 - 2k_6 + W_5 = 0,$$

$$-2{,}00000\, k_5 + 6k_6 + w_6 = 0.$$

d) Entnehmen der Entwicklungen für gestörte einfache Dreiecksketten aus *Boltz'* Werk S. 21/22. Dort findet sich für k_5 und k_6, indem unter A der gestörte quadratische Koeffizient verstanden wird,

$$2(3A - 2) k_5 = -6W_5 - 2w_6 = 2(15{,}38184 - 2) k_5 = -6W_5 - 2w_6,$$

$$2(3A - 2) k_6 = -2W_5 - Aw_6 = 2(15{,}38184 - 2) k_6 = -2W_5 - 5{,}12728\, w_6.$$

Lösen der Klammern und Einführen der Entwicklungen für W_5 aus c) gibt als endgültige Entwicklung für die Korrelaten der II. Gruppe

$$k_5 = -0{,}01223\, w_1 - 0{,}03669\, w_2 - 0{,}09782\, w_3 - 0{,}03261\, w_4 - 0{,}22418\, w_5 - 0{,}07473\, w_6,$$

$$k_6 = -0{,}00408\, w_1 - 0{,}01223\, w_2 - 0{,}03261\, w_3 - 0{,}01087\, w_4 - 0{,}07473\, w_5 - 0{,}19158\, w_6.$$

e) Aufstellen der Entwicklungen für die Korrelaten der I. Gruppe auf Grund der aus (9) folgenden Zusammenhänge

$$k_1 = k_1^0 + z_{15} k_5 + z_{16} k_6 = k_1^0 + 0{,}05454\, k_5,$$

$$k_2 = k_2^0 + z_{25} k_5 + z_{26} k_6 = k_2^0 + 0{,}16364\, k_5,$$

$$k_3 = k_3^0 + z_{35} k_5 + z_{36} k_6 = k_3^0 + 0{,}43636\, k_5,$$

$$k_4 = k_4^0 + z_{45} k_5 + z_{46} k_6 = k_4^0 + 0{,}14546\, k_5.$$

Setzt man darin die Entwicklungen aus a) und d) ein, so ergeben sich die endgültigen Entwicklungen für k_1, k_2, k_3, k_4. Unter Anfügen der Entwicklungen für k_5 und k_6 erhält man als Endergebnis der Reihe nach für k_1 bis k_6

$$-0{,}19158\, w_1 - 0{,}07473\, w_2 - 0{,}03261\, w_3 - 0{,}01087\, w_4 - 0{,}01223\, w_5 - 0{,}00408\, w_6,$$

$$-0{,}07473\, w_1 - 0{,}22418\, w_2 - 0{,}09783\, w_3 - 0{,}03261\, w_4 - 0{,}03668\, w_5 - 0{,}01223\, w_6,$$

$$-0{,}03261\, w_1 - 0{,}09783\, w_2 - 0{,}26086\, w_3 - 0{,}08696\, w_4 - 0{,}09782\, w_5 - 0{,}03261\, w_6,$$

$$-0{,}01087\, w_1 - 0{,}03261\, w_2 - 0{,}08696\, w_3 - 0{,}19565\, w_4 - 0{,}03261\, w_5 - 0{,}01087\, w_6,$$

$$-0{,}01223\, w_1 - 0{,}03669\, w_2 - 0{,}09782\, w_3 - 0{,}03261\, w_4 - 0{,}22418\, w_5 - 0{,}07473\, w_6,$$

$$-0{,}00408\, w_1 - 0{,}01223\, w_2 - 0{,}03261\, w_3 - 0{,}01087\, w_4 - 0{,}07473\, w_5 - 0{,}19158\, w_6.$$

Die Symmetrie dieses Schemas zur Diagonalen ist gleichzeitig eine vorzügliche Probe für die nichtquadratischen Glieder, während die quadratischen Glieder durch unabhängige Doppelberechnung geprüft werden müssen. Die Entwicklungen für k_1 und k_6 stimmen in Beziehung auf w_2, w_3 und w_5 spiegelbildlich miteinander überein, weil die Dreiecke ① und ⑥ symmetrisch zu ②, ③ und ⑤ liegen.

f) Anschließen weiterer Gruppen. Ist nun noch eine III. Gruppe, etwa bestehend aus den gestrichelt gezeichneten Dreiecken, anzuschließen, so betrachte man diese letztere als II., dagegen die unter e) stehenden Entwicklungen als „Vorläufige Entwicklungen der I. Gruppe", und das Verfahren beginnt von b) an neu zu laufen. Entsprechend gestaltet sich der Anschluß weiterer Gruppen.

17*

Mit den endgültigen Entwicklungen ist das Ziel des Entwicklungsverfahrens erreicht. Die Zahlenwerte der Korrelaten ergeben sich, indem die w_i durch ihre Zahlenwerte ersetzt werden. Der weitere Gang der Ausgleichung vollzieht sich nach dem Schema der bedingten Beobachtungen.

2. Zusammenschließen zweier entwickelter Teilnetze nach dem Substitutionsverfahren

In dem vollständigen Normalgleichungssystem auf S. 258 denke man sich die Bezeichnungen I. und II. Gruppe ersetzt durch I. und II. Teilnetz. Aus dem I. Teilnetz habe man die Korrelatenentwicklungen für k'_1, k'_2, k'_3, k'_4, aus dem II. Teilnetz die für k'_5, k'_6 erhalten.

a) Berechnen der Korrelaten aus den Teilnetzen. Die Entwicklungen für k'_1, k'_2, k'_3, k'_4 sind identisch mit den unter 1 a) stehenden Entwicklungen für $k^0_1, k^0_2, k^0_3, k^0_4$. Die Entwicklungen für das II. Teilnetz lauten nach *Boltz'* Tafeln S. 12

$$k'_5 = -0,18750\,w_5 - 0,06250\,w_6\,,$$
$$k'_6 = -0,06250\,w_5 - 0,18750\,w_6\,.$$

Um zu Zahlenwerten für die Korrelaten zu kommen, werden alle Widersprüche mit $+1$ angenommen. Dann wird

$$k'_1 = -0,3\,;\quad k'_2 = -0,4\,;\quad k'_3 = -0,4\,;\quad k'_4 = -0,3\,;$$
$$k'_5 = -0,25\,;\quad k'_6 = -0,25\,.$$

b) Die Substitutionsgleichungen sind nach (14) vollständig ausgeschrieben für das I. Teilnetz

$$k_1 = k'_1 + z_{15}k_5 + z_{16}k_6\,,$$
$$k_2 = k'_2 + z_{25}k_5 + z_{26}k_6\,,$$
$$k_3 = k'_3 + z_{35}k_5 + z_{36}k_6\,,$$
$$k_4 = k'_4 + z_{45}k_5 + z_{46}k_6\,;$$

für das II. Teilnetz

$$k_5 = k'_5 + z_{51}k_1 + z_{52}k_2 + z_{53}k_3 + z_{54}k_4\,,$$
$$k_6 = k'_6 + z_{61}k_1 + z_{62}k_2 + z_{63}k_3 + z_{64}k_4\,.$$

Es ist aber wie unter 1 b) $[ae] = [be] = [de] = 0$; $[ce] = -2$; $[af] = [bf] = [cf] = [df] = 0$. Mithin ist

$$z_{15} = f_{13}[ce] = +0,05454\,,\qquad z_{25} = f_{23}[ce] = +0,16364\,,$$
$$z_{35} = f_{33}[ce] = +0,43636\,,\qquad z_{45} = f_{43}[ce] = +0,14546\,,$$
$$z_{63} = f_{65}[ce] = +0,12500\,,\qquad z_{53} = f_{55}[ce] = +0,37500\,.$$

Damit wird

$$k_1 = k'_1 + 0,05454\,k_5\,,\qquad k_4 = k'_4 + 0,14546\,k_5\,,$$
$$k_2 = k'_2 + 0,16364\,k_5\,,\qquad k_5 = k'_5 + 0,37500\,k_3\,,$$
$$k_3 = k'_3 + 0,43636\,k_5\,,\qquad k_6 = k'_6 + 0,12500\,k_3\,.$$

c) Die Hauptkorrelaten – d. h. die Korrelaten der an die trennende Naht anstoßenden Dreiecke – ergeben sich aus dem auf Grund der Substitutionsgleichungen für k_3 und k_5 aufgestellten unsymmetrischen System

$$-k_3 + 0,34636\,k_5 - 0,40 = 0$$
$$+0,37500\,k_3 - k_5 - 0,25 = 0$$

zu $$k_5 = -0,47826\,,\qquad k_3 = -0,60869\,.$$

Daraus folgen durch Einsetzen in die übrigen Substitutionsgleichungen

$$k_1 = -0,32608\,;\quad k_2 = -0,47826\,;\quad k_4 = -0,36957\,;\quad k_6 = -0,32609\,.$$

Dieselben Werte erhält man, wenn man in den endgültigen Entwicklungen unter 1 e) alle Widersprüche zu $+1$ annimmt.

V. Ausgleichung von korrelierten Beobachtungen

Die Ausgleichung von korrelierten Beobachtungen, deren Fehlerfortpflanzungsgesetz bereits in § 6.2 und § 20.1 abgeleitet ist, wird vor allem dank den Arbeiten von *J. M. Tienstra* in jüngerer Zeit stärker beachtet. Das Problem selbst ist – wenn auch ohne den Begriff „korrelierte Beobachtungen" – bereits von *F. W. Bessel* gelöst, der dazu das Verfahren der vermittelnden Beobachtungen mit Bedingungsgleichungen entwickelte. Wir bringen daher zunächst dieses Verfahren (§ 40) und die ihm verwandte Methode der bedingten Beobachtungen mit Unbekannten (§ 41). Diese beiden Verfahren sind gleichzeitig notwendige Zwischenglieder für die dann folgende von *F. R. Helmert* eingeführte Ausgleichung korrelierter Beobachtungen mit äquivalenten Fehlergleichungen (§ 42). Wir behandeln schließlich im Vorgriff auf Abschnitt VII die auf die Matrizenrechnung abgestellte Ausgleichung korrelierter Beobachtungen mit Hilfe der Matrix der Kofaktoren (§ 43).

§ 40. Vermittelnde Beobachtungen mit Bedingungsgleichungen

Für die obige Aufgabe gibt es zahlreiche Lösungen. Zur Behandlung nach der Methode der vermittelnden Beobachtungen kann man die gegebenen r Bedingungsgleichungen benutzen, um r Unbekannte aus den n Fehlergleichungen zu eliminieren, und hat dann ein System von n Fehlergleichungen mit $(u - r)$ Unbekannten aufzulösen. Entsprechend kann man bei Rückgriff auf die Methode der bedingten Beobachtungen aus den n Fehlergleichungen + den r Bedingungsgleichungen die u Unbekannten eliminieren und stellt dann $(n + r - u)$ Bedingungsgleichungen auf. Wir bringen nachstehend eine direkte Lösung und eine auf *F. W. Bessel* und *P. Hansen* zurückgehende Unterteilung in zwei Teilausgleichungen.

40.1 Direkte Lösung

Gegeben: *n Fehlergleichungen mit u Unbekannten*

$$\left.\begin{aligned}
v_1 &= a_1 x + b_1 y + c_1 z + \cdots - l_1 \quad \text{Gewicht } p_1, \\
v_2 &= a_2 x + b_2 y + c_2 z + \cdots - l_2 \quad \text{Gewicht } p_2, \\
&\quad\ldots\ldots\ldots\ldots\ldots\ldots\ldots\ldots\ldots\ldots\ldots\ldots\ldots \\
v_n &= a_n x + b_n y + c_n z + \cdots - l_n \quad \text{Gewicht } p_n,
\end{aligned}\right\} \tag{1}$$

r Bedingungsgleichungen zwischen den Unbekannten

$$\left.\begin{aligned}
\alpha_0 + \alpha_1 x + \alpha_2 y + \alpha_3 z + \cdots &= 0, \\
\beta_0 + \beta_1 x + \beta_2 y + \beta_3 z + \cdots &= 0, \\
\ldots\ldots\ldots\ldots\ldots\ldots\ldots\ldots\ldots\ldots\ldots&
\end{aligned}\right\} \tag{2}$$

Um die Minimumsbedingung im Hinblick auf (2) zu erfüllen, bilde man wie im § 31 die partiellen Ableitungen der Funktion

$$F = [vvp] + 2k_\alpha(\alpha_0 + \alpha_1 x + \alpha_2 y + \alpha_3 z + \cdots)$$
$$+ 2k_\beta(\beta_0 + \beta_1 x + \beta_2 y + \beta_3 z + \cdots)$$
$$+ \cdots\cdots\cdots\cdots\cdots\cdots\cdots\cdots\cdots\cdots\cdots\cdots\cdots$$

nach den Unbekannten und setze sie gleich Null. Beschränken wir uns auf $u = 3$ Unbekannte mit $r = 2$ Bedingungsgleichungen und beachten bei der Differentiation, daß auf Grund der Gln. (1)

$$[vvp] = [aap]\, x^2 + 2[abp]\, xy + 2[acp]\, xz - 2[alp]\, x$$
$$+ \quad [bbp]\, y^2 + 2[bcp]\, yz - 2[blp]\, y$$
$$+ \quad [ccp]\, z^2 - 2[clp]\, z + [llp]$$

ist, heben wir ferner aus den gleich Null gesetzten Ableitungen den Koeffizienten 2 heraus und fügen dann noch die Bedingungsgleichungen (2) hinzu, so erhalten wir zum Berechnen der Unbekannten und der Korrelaten das System

$$\left.\begin{aligned}
[aap]\, x + [abp]\, y + [acp]\, z + \alpha_1 k_\alpha + \beta_1 k_\beta - [alp] &= 0,\\
[abp]\, x + [bbp]\, y + [bcp]\, z + \alpha_2 k_\alpha + \beta_2 k_\beta - [blp] &= 0,\\
[acp]\, x + [bcp]\, y + [ccp]\, z + \alpha_3 k_\alpha + \beta_3 k_\beta - [clp] &= 0,\\
\alpha_1 x + \quad \alpha_2 y + \quad \alpha_3 z \qquad\qquad\qquad + \alpha_0 &= 0,\\
\beta_1 x + \quad \beta_2 y + \quad \beta_3 z \qquad\qquad\qquad + \beta_0 &= 0.
\end{aligned}\right\} \quad (3)$$

Hieraus reduziert man zweckmäßig zunächst k_α und k_β heraus; dann lassen sich nach § 17 aus dem reduzierten System neben den Unbekannten auch ihre Gewichtsreziproken ableiten. Die v errechnet man aus (1) mit der Probe

$$[vvp] = [llp] - [alp]\, x - [blp]\, y - [clp]\, z + \alpha_0 k_\alpha + \beta_0 k_\beta. \quad (4)$$

Schließlich findet man als mittleren Fehler einer Beobachtung vom Gewicht 1

$$m_0 = \pm \sqrt{\frac{[vvp]}{(n-u)+r}}, \quad (5)$$

woraus sich dann mit Hilfe der Gewichtsreziproken auch die mittleren Fehler der Unbekannten errechnen lassen.

40.2 Zweistufige Ausgleichung nach F. W. Bessel

Die Ausgleichung vermittelnder Beobachtungen mit Bedingungsgleichungen tritt u. a. dann auf, wenn Winkel- oder Richtungsbeobachtungen in einem Zuge auf der Station nach vermittelnden und im Netz nach bedingten Beobachtungen auszugleichen sind. Nach *F. W. Bessel*[1]

---

[1] Vgl. Lit.-Verz. [*16*], S. 280 und [*17*], § 55 und § 56.

läßt diese Aufgabe sich dadurch lösen, daß man zunächst in der Stationsausgleichung erste Teilverbesserungen bestimmt, dann mit den verbesserten Beobachtungen unter Berücksichtigung der durch die erste Ausgleichung hervorgerufenen gegenseitigen Abhängigkeit (= Korrelation) in die Netzausgleichung eingeht und dort die Restverbesserungen ermittelt. Der zweite Ausgleichungsschritt ist also identisch mit der Aufgabe, korrelierte Beobachtungen (§ 42), nach der Methode der bedingten Beobachtungen auszugleichen.

Auf Grund der Fehlergleichungen (1) (= Stationsausgleichung) ergeben sich anstelle der gesuchten x, y und z die Näherungswerte x_0, y_0 und z_0, welche bei Annahme gleichgewichtiger Beobachtungen bestimmt werden aus

$$\left.\begin{aligned}
[aa]\,x_0 + [ab]\,y_0 + [ac]\,z_0 - [al] &= 0\,, \\
[ab]\,x_0 + [bb]\,y_0 + [bc]\,z_0 - [bl] &= 0\,, \\
[ac]\,x_0 + [bc]\,y_0 + [cc]\,z_0 - [cl] &= 0\,.
\end{aligned}\right\} \tag{6}$$

Hieraus lassen sich außer x_0, y_0, z_0 auch die Gewichtskoeffizienten q_{xx}, q_{xy} usw. errechnen. Man erhält ferner durch Einsetzen in (1) die ersten Teilverbesserungen

$$v_i' = a_i x_0 + b_i y_0 + c_i z_0 - l_i\,. \tag{7}$$

Im zweiten Ausgleichungsschritt, also auf Grund der Bedingungsgleichungen (2) (= Netzausgleichung), erhalten x_0, y_0, z_0 die Zuschläge δx, δy, δz. Wenn man nun anstelle von x in (3) $x_0 + \delta x$ usw. einführt, und gleichzeitig die Korrelaten negativ nimmt, so lautet die erste Zeile von (3), weil gleichgewichtige Beobachtungen angenommen sind,

$$[aa]\,(x_0 + \delta x) + [ab]\,(y_0 + \delta y) + [ac]\,(z_0 + \delta z) - [al] = a_1 k_\alpha + \beta_1 k_\beta\,.$$

Ein Vergleich dieser Zeile mit der ersten Zeile von (6) und entsprechende Behandlung der übrigen Zeilen von (3) und (6) gibt

$$\left.\begin{aligned}
[aa]\,\delta x + [ab]\,\delta y + [ac]\,\delta z &= a_1 k_\alpha + \beta_1 k_\beta\,, \\
[ab]\,\delta x + [bb]\,\delta y + [bc]\,\delta z &= a_2 k_\alpha + \beta_2 k_\beta\,, \\
[ac]\,\delta x + [bc]\,\delta y + [cc]\,\delta z &= a_3 k_\alpha + \beta_3 k_\beta\,.
\end{aligned}\right\} \tag{8}$$

Daraus folgt für δx durch unbestimmte Auflösung nach § 17.4

$$\delta x = q_{xx}(a_1 k_\alpha + \beta_1 k_\beta) + q_{xy}(a_2 k_\alpha + \beta_2 k_\beta) + q_{xz}(a_3 k_\alpha + \beta_3 k_\beta)\,,$$

oder, wenn man nach k_α und k_β ordnet und die entsprechenden Gleichungen für δy und δz aufstellt,

$$\left.\begin{aligned}
\delta x &= (a_1 q_{xx} + a_2 q_{xy} + a_3 q_{xz})\,k_\alpha + (\beta_1 q_{xx} + \beta_2 q_{xy} + \beta_3 q_{xz})\,k_\beta\,, \\
\delta y &= (a_1 q_{xy} + a_2 q_{yy} + a_3 q_{yz})\,k_\alpha + (\beta_1 q_{xy} + \beta_2 q_{yy} + \beta_3 q_{yz})\,k_\beta\,, \\
\delta z &= (a_1 q_{xz} + a_2 q_{yz} + a_3 q_{zz})\,k_\alpha + (\beta_1 q_{xz} + \beta_2 q_{yz} + \beta_3 q_{zz})\,k_\beta\,.
\end{aligned}\right\} \tag{9}$$

Als Vorbereitung für das Bilden der Normalgleichungen bezeichnen wir in (9) die Koeffizienten von k_α der Reihe nach mit $\alpha_x, \alpha_y, \alpha_z$ und die von k_β mit $\beta_x, \beta_y, \beta_z$. Wir spalten ferner in (2) die bekannten Teile ab, indem wir setzen

$$w_\alpha = \alpha_0 + \alpha_1 x_0 + \alpha_2 y_0 + \alpha_3 z_0 ; \quad w_\beta = \beta_0 + \beta_1 x_0 + \beta_2 y_0 + \beta_3 z_0 . \quad (10)$$

Dann ergeben sich durch Einsetzen in (2) die Normalgleichungen

$$\left.\begin{aligned}(\alpha_1\alpha_x + \alpha_2\alpha_y + \alpha_3\alpha_z)\,k_\alpha + (\alpha_1\beta_x + \alpha_2\beta_y + \alpha_3\beta_z)\,k_\beta + w_\alpha = 0\,, \\ (\beta_1\alpha_x + \beta_2\alpha_y + \beta_3\alpha_z)\,k_\alpha + (\beta_1\beta_x + \beta_2\beta_y + \beta_3\beta_z)\,k_\beta + w_\beta = 0\,. \end{aligned}\right\} \quad (11)$$

Nachdem daraus k_α und k_β errechnet sind, gewinnt man über (9) $\delta x, \delta y$ und δz, und erhält damit als Differenz der Gln. (1) und (7) die zweiten Verbesserungen der ursprünglichen Beobachtungen folgendermaßen:

$$v_i'' = a_i\,\delta x + b_i\,\delta y + c_i\,\delta z . \quad (12)$$

Aus (7) und (12) ergeben sich die vollständigen Verbesserungen $v_i = v_i' + v_i''$. Wenn man sodann jede Gl. (12) mit dem zugehörigen v' multipliziert und zur Summe geht, so zeigt sich, daß wegen $[av'] = [bv'] = [cv'] = 0$ auch $[v'v'']$ verschwindet. Also ist auch

$$[vv] = [v'v'] + 2[v'v''] + [v''v''] = [v'v'] + [v''v''] . \quad (13)$$

Mithin ist mit leicht verständlichen Symbolen

$$m_0' = \pm \sqrt{\frac{[v'v']}{n-u}} ; \quad m_0'' = \pm \sqrt{\frac{[v''v'']}{r}} ; \quad m_0 = \pm \sqrt{\frac{[v'v'] + [v''v'']}{(n-u)+r}} . \quad (14)$$

Mit (11) und (8) läßt sich schließlich nachweisen, daß

$$[v''v''] = -[wk] \quad (15)$$

ist. Eine zweite Lösung dieser Aufgabe bringt § 42.2. *G. Lehmann* hat unsere Formeln (9) bis (14) in Z. Vermessungsw. **1954**, 33 ff. mit Hilfe der Matrizenrechnung abgeleitet und ein Zahlenbeispiel angefügt.

40.3 Eine Lösung von C. F. Baeschlin

In manchen Fällen kann die schematische Auflösung der Normalgleichungen dadurch umgangen werden, daß man mit Hilfe der mannigfachen Beziehungen zwischen den Unbekannten abkürzende Wege ausfindig macht.

Als Beispiel hierfür bringen wir die von *C. F. Baeschlin* angegebene Ausgleichung der Schweizer Sektorenmethode und mit ihr einen bemerkenswerten Beitrag dafür, wie allein durch eine geschickte Bezeichnungsweise eine übersichtliche Darstellung erzielt wird. Gleichzeitig ergänzen wir damit die Liste der Stationsausgleichungen im § 25.

Aufgabe 32. *Winkelmessung nach der Schweizer Sektorenmethode*

Es seien die in Abb. 47 eingezeichneten Winkel mit den in nachstehenden Fehlergleichungen angemerkten Gewichten beobachtet. Durch Ausgleichung sollen unter Beachtung aller Messungen zunächst die günstigsten Werte der Sektorenwinkel zwischen den stark ausgezogenen Hauptrichtungen bestimmt und dann die Zwischenrichtungen zwischen den Hauptrichtungen eingepaßt werden.

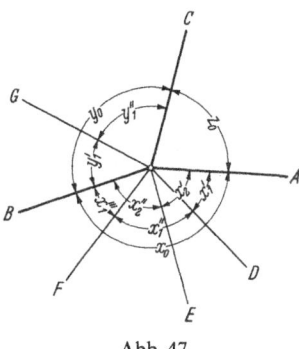

Abb. 47

Aus der Abb. 47 entnimmt man unschwer folgende

Fehlergleichungen	und	*Bedingungsgleichungen*	
$v_{x0} = x_0 - l_{x0}$ Gewicht p_{x0}		$x_0 + y_0 + z_0 - 4R = 0$	Korrelate k_0
$v'_{x1} = x'_1 - l'_{x1}$ Gewicht p'_{x1}		$x'_1 + x''_1 + x'''_1 - x_0 = 0$	Korrelate k_{x1}
$v''_{x1} = x''_1 - l''_{x1}$ Gewicht p''_{x1}		$x'_2 + x''_2 \quad\; - x_0 = 0$	Korrelate k_{x2}
$v'''_{x1} = x'''_1 - l'''_{x1}$ Gewicht p'''_{x1}		$y'_1 + y''_1 \quad\; - y_0 = 0$	Korrelate k_{y1}
$v'_{x2} = x'_2 - l'_{x2}$ Gewicht p'_{x2}			
$v''_{x2} = x''_2 - l''_{x2}$ Gewicht p''_{x2}			
$v_{y0} = y_0 - l_{y0}$ Gewicht p_{y0}			
$v'_{y1} = y'_1 - l'_{y1}$ Gewicht p'_{y1}			
$v''_{y1} = y''_1 - l''_{y1}$ Gewicht p''_{y1}			
$v_{z0} = z_0 - l_{z0}$ Gewicht p_{z0}			

x_0, y_0, z_0 sind in diesem Beispiel nicht wie sonst Näherungswerte, sondern die strengen Werte der ausgeglichenen Sektoren. Bei der praktischen Rechnung wird man jedoch Näherungen benutzen, so daß dann statt $x_0, y_0, \ldots, \delta x_0, \delta y_0 \ldots$ zu schreiben ist und unter den l_i die Unterschiede von Messungs- und Näherungswert verstanden werden müssen. Die Gewichte der beobachteten Winkel pflegt man proportional zur Anzahl der gemessenen Sätze anzunehmen.

Wenn man die Fehlergleichungen in dem üblichen Schema schreibt, so sieht man, daß die Fehlergleichungskoeffizienten von oben links nach unten rechts = 1, im übrigen = 0 sind. Daher sind in den Normalgleichungen, soweit sie sich aus den Fehlergleichungen herleiten, die quadratischen Koeffizienten = 1, alle anderen = 0. Mithin erhält man nach dem Muster (3) die auf S. 266 übersichtlich zusammengestellten Normalgleichungen.

Nr.	
1	$p_{x0}x_0 \qquad\qquad\qquad\qquad +k_0-k_{x1}-k_{x2} \qquad -p_{x0}l_{x0}=0$
2	$+p_{x1}'x_1' \qquad\qquad\qquad\qquad +k_{x1} \qquad -p_{x1}'l_{x1}'=0$
3	$+p_{x1}''x_1'' \qquad\qquad\qquad\qquad +k_{x1} \qquad -p_{x1}''l_{x1}''=0$
4	$+p_{x1}'''x_1''' \qquad\qquad\qquad\qquad +k_{x1} \qquad -p_{x1}'''l_{x1}'''=0$
5	$+p_{x2}'x_2' \qquad\qquad\qquad\qquad +k_{x2} \qquad -p_{x2}'l_{x2}'=0$
6	$+p_{x2}''x_2'' \qquad\qquad\qquad\qquad +k_{x2} \qquad -p_{x2}''l_{x2}''=0$
7	$+p_{y0}y_0 \qquad\qquad\qquad\qquad +k_0 \qquad -k_{y1}-p_{y0}l_{y0}=0$
8	$+p_{y1}'y_1' \qquad\qquad\qquad\qquad +k_{y1} \qquad -p_{y1}'l_{y1}'=0$
9	$+p_{y1}''y_1'' \qquad\qquad\qquad\qquad +k_{y1} \qquad -p_{y1}''l_{y1}''=0$
10	$+p_{z0}z_0+k_0 \qquad\qquad\qquad\qquad -p_{z0}l_{z0}=0$
11	$+x_0 \qquad +y_0 \qquad +z_0 \qquad -4R \qquad = 0$
12	$-x_0 \qquad +x_1' \qquad +x_1'' \qquad +x_1''' \qquad = 0$
13	$-x_0 \qquad +x_2' \qquad +x_2'' \qquad = 0$
14	$-y_0 \qquad +y_1' \qquad +y_1'' \qquad = 0$

Diese Gleichungen lassen sich in mehreren kleinen Schritten auflösen. Zunächst ergeben die Normalgleichungen Nr. 2 bis 4

$$\frac{k_{x1}}{p'_{x1}} = l'_{x1} - x'_1\,; \qquad \frac{k_{x1}}{p''_{x1}} = l''_{x1} - x''_1\,; \qquad \frac{k_{x1}}{p'''_{x1}} = l'''_{x1} - x'''_1\,.$$

Wenn man diese Gleichungen aufsummiert und dabei

$$\frac{1}{p'_{x1}} + \frac{1}{p''_{x1}} + \frac{1}{p'''_{x1}} = \left[\frac{1}{p_{x1}}\right],$$

$$l'_{x1} + l''_{x1} + l'''_{x1} = [l_{x1}]$$

und $$x'_1 + x''_1 + x'''_1 = [x_1]$$

setzt, so wird

$$k_{x1} = \frac{1}{[1/p_{x1}]}\,([l_{x1}] - [x_1])\,.$$

Ebenso folgt aus den Normalgleichungen Nr. 5 und 6

$$k_{x2} = \frac{1}{[1/p_{x2}]}\,([l_{x2}] - [x_2])\,.$$

Als nächster Schritt sind diese Werte in die erste Normalgleichung einzusetzen. Man beachte jedoch, daß nach der 12. und 13. Normalgleichung

$$[x_1] = x_0 \quad \text{und} \quad [x_2] = x_0$$

ist. Benutzen wir ferner, um die Übersicht zu erleichtern, die Identitäten

$$p_{x1} \equiv \frac{1}{[1/p_{x1}]} \quad \text{und} \quad p_{x2} \equiv \frac{1}{[1/p_{x2}]}\,,$$

so ergibt das Einführen von k_{x1} und k_{x2} in die erste Normalgleichung:

$$p_{x0}x_0 + k_0 - p_{x1}([l_{x1}] - x_0) - p_{x2}([l_{x2}] - x_0) - p_{x0}l_{x0} = 0\,.$$

Wir setzen weiter

$$p_{x0} + p_{x1} + p_{x2} = [p_x]\,,$$

bilden entsprechend

$$p_{x0}l_{x0} + p_{x1}[l_{x1}] + p_{x2}[l_{x2}] = [p_x l_x]$$

und führen dies in die vorangegangene Gleichung ein. Behandelt man dann die 7. und 10. Normalgleichung ebenso wie die erste und fügt noch die 11. Normalgleichung hinzu, so erhält man die Gleichungen

$$k_0 + [p_x]\,x_0 - [p_x l_x] = 0\,,$$
$$k_0 + [p_y]\,y_0 - [p_y l_y] = 0\,,$$
$$k_0 + [p_z]\,z_0 - [p_z l_z] = 0\,,$$
$$x_0 + y_0 \quad + z_0 = 4R\,,$$

die nach k_0, x_0, y_0 und z_0 aufzulösen sind. Zunächst werden zur Berechnung von k_0 die drei ersten Gleichungen durch die Koeffizienten von x_0 bzw. y_0 bzw. z_0 geteilt, und es wird aus den so behandelten drei Gleichungen die Summe gebildet. Führt man dann noch folgende Symbole ein

$$P_x \equiv [p_x]\,; \qquad P_y \equiv [p_y]\,; \qquad P_z \equiv [p_z]\,,$$

$$L_x \equiv \frac{[p_x l_x]}{[p_x]}\,; \qquad L_y \equiv \frac{[p_y l_y]}{[P_y]}\,; \qquad L_z \equiv \frac{[p_z l_z]}{[p_z]}\,,$$

so wird, wenn man noch die obige vierte Gleichung beachtet,

$$k_0 = \frac{(L_x + L_y + L_z) - 4R}{\dfrac{1}{P_x} + \dfrac{1}{P_y} + \dfrac{1}{P_z}} .$$

Zur knapperen Darstellung benutze man weiter den Horizontwiderspruch

$$W = L_x + L_y + L_z - 4R$$

und erhält schließlich als ausgeglichene Werte der Sektoren, wenn man der Übersichtlichkeit halber $1/P_i = q_{ii}$ setzt

$$x_0 = L_x - W \frac{q_{xx}}{q_{xx} + q_{yy} + q_{zz}} ; \qquad y_0 = L_y - W \frac{q_{yy}}{q_{xx} + q_{yy} + q_{zz}} ;$$

$$z_0 = L_z - W \frac{q_{zz}}{q_{xx} + q_{yy} + q_{zz}} .$$

In Worten: *Nachdem man für jeden Sektor das allgemeine arithmetische Mittel aus der direkten Messung des Winkels und den ihn füllenden Zwischenwinkeln gebildet hat, stellt man die Sektoren im Kreis zusammen und hat dann den Widerspruch proportional zu den Gewichtsreziproken zu verteilen. Diese Regel gilt, wie sich durch Wiederholung unseres Gedankenganges nachweisen läßt, entsprechend auch für die Unterverteilung des Teilwiderspruches in den Sektoren.*

Praktisch besteht die Lösung in einer mehrfachen Anwendung des allgemeinen arithmetischen Mittels und des Gewichtsfortpflanzungsgesetzes.

Der mittlere Fehler der Gewichtseinheit, d. h. also des einmal gemessenen Winkels, ergibt sich aus

$$M_0 = \pm \sqrt{\frac{[pv v]}{n - u + r}}$$

mit n = Anzahl der beobachteten Winkel,
u = Anzahl der Unbekannten,
r = Anzahl der Winkelsummenbedingungen, wobei der Horizontschluß nicht vergessen werden darf.

Nach einem Vorschlag von *Zoelly* kann man die Quadratsumme der übrigbleibenden Fehler unter Umgehung der Gewichte auch aus den Unterschieden jedes einzelnen gemessenen Satzes gegen den entsprechenden ausgeglichenen Winkel errechnen.

Das Gewicht eines ausgeglichenen Sektorenwinkels läßt sich schnell mit der verallgemeinerten Formel § 12 (11) bestimmen. Nach dieser Formel ist für unseren Fall, wenn G_{x0} das Gewicht und M_{x0} der mittlere Fehler des ausgeglichenen Sektors x_0 ist,

$$\frac{1}{G_{x0}} = \frac{M_{x0}^2}{m_0^2} = \frac{1}{P_x}\left(1 - \frac{q_{xx}}{q_{xx} + q_{yy} + q_{zz}}\right) = \frac{1}{P_x} \cdot \frac{q_{yy} + q_{zz}}{q_{xx} + q_{yy} + q_{zz}}$$

$$G_{x0} = P_x \frac{(q_{yy} + q_{zz}) + q_{xx}}{q_{yy} + q_{zz}} = P_x + \frac{1}{q_{yy} + q_{zz}} ; \qquad M_{x0} = \frac{m_0}{\sqrt{G_{x0}}} .$$

Entsprechend ergeben sich M_{y0} und M_{z0}.

Für die Gewichte der ausgeglichenen *Zwischen*winkel bedarf es einer weitläufigen Ableitung. Praktisch hat diese kaum Bedeutung, so daß wir darauf verzichten.

Das nachstehende *Zahlenbeispiel* ist mit einem Theodoliten der Firma Kern, Typ DKM/2, beobachtet und entspricht den Verhältnissen in Abb. 47.

Tabelle 1. *Stationsausgleichung*

Sektor	Winkel		Vorläufiger Sektoren- winkel	Gew. p	$1/p$	Verb. v	pvv	Aus- geglichener Winkel
	Bezeichnung	Messung						
x_0	x_1'	$17,5844^g$		4,0	0,25	+ 1	4	$17,5845^g$
	x_1''	87,3872		4,0	0,25	+ 2	16	87,3874
	x_1'''	40,4093		4,0	0,25	+ 2	16	40,4095
	$[x_1] = x_0$		$145,3809^g$	1,3	0,75	+ 5		145,3814
	x_2'	42,2184		2,0	0,50	− 3	18	42,2181
	x_2''	103,1636		2,0	0,50	− 3	18	103,1633
	$[x_2] = x_0$		145,3820	1,0	1,00	− 6		145,3814
	x_0	145,3807	145,3807	4,0	—	+ 7	196	145,3814
	allg. arithm. Mittel		145,3810	6,3	0,16	+ 4		145,3814
y_0	y_1'	138,9054		4,0	0,25	+ 5	100	138,9059
	y_1''	57,2298		4,0	0,25	+ 5	100	57,2303
	$[y_1] = y_0$		196,1352	2,0	0,50	+10		196,1362
	y_0	196,1360	196,1360	4,0	—	+ 2	16	196,1362
	allg. arithm. Mittel		196,1357	6,0	0,17	+ 5		196,1362
z_0	z_0	58,4820	58,4820	6,0	0,17	+ 4	96	58,4824
						$[pvv] = 580$		

In Tab. 1 sind in Spalte 3 die unmittelbar gemessenen Winkel eingetragen. Spalte 4 enthält die unmittelbaren und mittelbaren Beobachtungen der Sektorenwinkel zu allgemeinen arithmetischen Mitteln zusammengesetzt. Die so erhaltenen vorläufigen Sektorenwinkel werden in Tab. 2 durch Abstimmung auf den Horizont in endgültige Sektorenwinkel überführt. Diese endgültigen Ausgleichungsergebnisse werden in die Spalte 9 der Tab. 1 übernommen, und es werden hierauf die Winkel innerhalb eines jeden Sektors unter Beachtung ihrer ursprünglichen Gewichte abgestimmt. Tab. 3 enthält die Fehlerrechnung.

Tabelle 2. *Horizontschluß*

Sektor	Vorläufiger Sektorenwinkel	P	$1/P = q$	v	Ausgeglichener Sektorenwinkel
x_0	$145,3810^g$	6,3	0,16	+ 4	$145,3814^g$
y_0	196,1357	6,0	0,17	+ 5	196,1362
z_0	58,4820	6,0	0,17	+ 4	58,4824
Summe	399,9987	18,3	0,50	+13	400,0000

Tabelle 3. *Fehlerrechnung*

$n = 10$ $[pvv] = 580$

$u = 10$ $m_0 = \pm \sqrt{\dfrac{[pvv]}{n-u+r}} = \pm \sqrt{\dfrac{580}{4}} = \pm 12^{cc}$

$r = 4$

$G_{x0} = 6,3 + \dfrac{1}{0,17 + 0,17} = 9,3 ;$ $M_{x0} = \pm \dfrac{m_0}{\sqrt{G_{x0}}} = \pm \dfrac{12,0}{\sqrt{9,3}} = \pm 3,9^{cc}$

$G_{y0} = G_{z0} = 6,0 + \dfrac{1}{0,16 + 0,17} = 9,0 ;$ $M_{y0} = M_{z0} = \pm 3,9^{cc}.$

§ 41. Bedingungsgleichungen mit Unbekannten

41.1 Allgemeine Form der Ausgleichungsaufgabe [1]

Auch die Auflösung von Bedingungsgleichungen mit (nicht gemessenen) Unbekannten läßt sich ähnlich wie die Aufgabe des vorigen Paragraphen auf die beiden einfachen Ausgleichungsverfahren zurückführen [2]. Wir wollen indessen auch hier ausgehend von einem allgemeinen Fall eine direkte Lösung suchen und dann eine Spezialisierung vornehmen.

Es mögen in einem System von Bedingungsgleichungen neben den Beobachtungen und ihren Widersprüchen auch die Unbekannten x, y, z enthalten sein, so daß es lautet

$$\left.\begin{aligned}
a_1 v_1 + a_2 v_2 + \cdots + a_n v_n + \alpha_1 x + \beta_1 y + \gamma_1 z + w_a = 0, \\
b_1 v_1 + b_2 v_2 + \cdots + b_n v_n + \alpha_2 x + \beta_2 y + \gamma_2 z + w_b = 0, \\
\cdots\cdots\cdots\cdots\cdots\cdots\cdots\cdots\cdots\cdots\cdots\cdots\cdots\cdots\cdots\cdots \\
r_1 v_1 + r_2 v_2 + \cdots + r_n v_n + \alpha_r x + \beta_r y + \gamma_r z + w_r = 0.
\end{aligned}\right\} \quad (1)$$

Um dieses System einer Ausgleichung nach der Methode der kleinsten Quadrate zu unterziehen, hat man, wie in § 31.1 begründet ist, das Minimum der Funktion

$$\begin{aligned}
F = [vvp] &- 2k_a(a_1 v_1 + a_2 v_2 + \cdots + a_n v_n + \alpha_1 x + \beta_1 y + \gamma_1 z + w_a) \\
&- 2k_b(b_1 v_1 + b_2 v_2 + \cdots + b_n v_n + \alpha_2 x + \beta_2 y + \gamma_2 z + w_b) \quad \text{usw.}
\end{aligned}$$

zu suchen. Man bilde zu diesem Zweck die partiellen Ableitungen der vorstehenden Funktion nach $v_1, v_2, \ldots, v_n, x, y, z$ und setze jede von

---

[1] *Wolf, H.:* Über eine allgemeine Form der Ausgleichsrechnung nach der Methode der kleinsten Quadrate. Einzelveröff. d. Inst. Erdmessung, Bamberg 1948.

[2] Vgl.: Lit.-Verz. [*16*], S. 285. — *Wernicke:* Die nachträgliche Berechnung der Unbekannten bei der Ausgleichung bedingter Beobachtungen mit Unbekannten. Z. Vermessungsw. **1944**, 135. — *Tschapanow, C.:* Genauigkeit der bedingten Ausgleichung mit Unbekannten, zwischen denen Bedingungsgleichungen bestehen. Schweiz. Z. Vermessungsw. **1959**, 216.

ihnen gleich Null. Die Ableitungen nach den v_i führen auf die Korrelatengleichungen

$$\left.\begin{aligned}
v_1 &= \frac{a_1}{p_1}k_a + \frac{b_1}{p_1}k_b + \cdots + \frac{r_1}{p_1}k_r, \\
v_2 &= \frac{a}{p_2}k_a + \frac{b_2}{p_2}k_b + \cdots + \frac{r_2}{p_2}k_r \quad \text{usw.}
\end{aligned}\right\} \tag{2}$$

und wenn diese in (1) eingesetzt werden, so erhält man die nachstehenden Normalgleichungen (3a). Werden dann noch die Ableitungen nach den Unbekannten – gleich Null gesetzt – als (3b) hinzugefügt, so hat man zur Errechnung der Korrelaten und Unbekannten die Gleichungen

$$\left.\begin{aligned}
\left[\frac{aa}{p}\right]k_a + \left[\frac{ab}{p}\right]k_b + \cdots + \left[\frac{ar}{p}\right]k_r + \alpha_1 x + \beta_1 y + \gamma_1 z + w_a &= 0, \\
\left[\frac{ab}{p}\right]k_a + \left[\frac{bb}{p}\right]k_b + \cdots + \left[\frac{br}{p}\right]k_r + \alpha_2 x + \beta_2 y + \gamma_2 z + w_b &= 0, \\
\cdots\cdots\cdots\cdots\cdots\cdots\cdots\cdots\cdots\cdots\cdots\cdots\cdots\cdots\cdots\cdots\cdots\cdots\cdots\cdots\cdots\cdots\cdots\cdots\cdots \\
\left[\frac{ar}{p}\right]k_a + \left[\frac{br}{p}\right]k_b + \cdots + \left[\frac{rr}{p}\right]k_r + \alpha_r x + \beta_r y + \gamma_r z + w_r &= 0.
\end{aligned}\right\} \tag{3a}$$

$$\left.\begin{aligned}
\alpha_1 k_a + \quad \alpha_2 k_b + \cdots + \quad \alpha_r k_r &= 0, \\
\beta_1 k_a + \quad \beta_2 k_b + \cdots + \quad \beta_r k_r &= 0, \\
\gamma_1 k_a + \quad \gamma_2 k_b + \cdots + \quad \gamma_r k_r &= 0.
\end{aligned}\right\} \tag{3b}$$

Reduziert man aus diesem System die k_r nach dem Gaußschen Algorithmus heraus, so erhält man zur Berechnung der Unbekannten Gleichungen von der Form

$$\left.\begin{aligned}
\{\alpha\alpha\}\, x + \{\alpha\beta\}\, y + \{\alpha\gamma\}\, z + \{\alpha w\} &= 0, \\
\{\alpha\beta\}\, x + \{\beta\beta\}\, y + \{\beta\gamma\}\, z + \{\beta w\} &= 0, \\
\{\alpha\gamma\}\, x + \{\beta\gamma\}\, y + \{\gamma\gamma\}\, z + \{\gamma w\} &= 0,
\end{aligned}\right\} \tag{4}$$

wobei Koeffizienten und Widersprüche folgendermaßen aufgebaut sind:

$$\{\alpha\beta\} = -\frac{\alpha_1\beta_1}{\left[\dfrac{aa}{p}\right]} - \frac{(\alpha_2 \cdot 1)(\beta_2 \cdot 1)}{\left[\dfrac{bb}{p}\cdot 1\right]} - \frac{(\alpha_3 \cdot 2)(\beta_3 \cdot 2)}{\left[\dfrac{cc}{p}\cdot 2\right]} - \cdots$$

$$\{\alpha w\} = -\frac{\alpha_1 w_a}{\left[\dfrac{aa}{p}\right]} - \frac{(\alpha_2 \cdot 1)(w_b \cdot 1)}{\left[\dfrac{bb}{p}\cdot 1\right]} - \frac{(\alpha_3 \cdot 2)(w_c \cdot 2)}{\left[\dfrac{cc}{p}\cdot 2\right]} - \cdots \quad \text{usw.}$$

Die v errechne man aus (2) mit der Probe

$$[vvp] = -[wk]$$

und findet als mittleren Fehler einer Beobachtung vom Gewicht 1

$$m_0 = \pm \sqrt{\frac{[pvv]}{r-u}}.$$

Wie ohne weiteres einleuchtet, können die Verfahren der vermittelnden und der bedingten Beobachtungen als Sonderfälle der hier vorgetragenen Aufgabe betrachtet werden. Wir wollen diesen Gedanken indessen nicht weiter verfolgen, sondern wollen eine Spezialisierung vornehmen mit dem Ziel, ein Verfahren zur Behandlung von

41.2 Fehlergleichungen mit verschiedenartigen Beobachtungsgrößen

zu gewinnen. Hierzu werden für das Ausgangssystem (1) folgende einengende Vorschriften gegeben:

a) Jede Verbesserung soll nur in *einer* Gleichung vorkommen.

b) Jede Gleichung soll nur *zwei* Verbesserungen enthalten.

c) Diese beiden Verbesserungen sollen zu *verschiedenartigen* Beobachtungen gehören.

Werden dann unter den v_i Verbesserungen der einen, unter v_i' Verbesserungen der anderen Art verstanden, so erhält man anstelle von (1) das neue Ausgangssystem

$$\begin{aligned}
a_1 v_1 + a_1' v_1' \qquad\qquad &+ \alpha_1 x + \beta_1 y + \gamma_1 z + w_a = 0, \\
b_2 v_2 + b_2' v_2' \qquad &+ \alpha_2 x + \beta_2 y + \gamma_2 z + w_b = 0, \\
&\cdots\cdots\cdots\cdots\cdots\cdots\cdots\cdots\cdots\cdots\cdots\cdots\cdots\cdots \\
r_r v_r + r_r' v_r' + \alpha_r x &+ \beta_r y + \gamma_r z + w_r = 0.
\end{aligned} \qquad (5)$$

Sind ferner p_i und p_i' die den v_i und v_i' entsprechenden Gewichte, so lauten die den (3a) entsprechenden Normalgleichungen

$$\left(\frac{a_1^2}{p_1} + \frac{a_1'^2}{p_1'} \right) k_a + \alpha_1 x + \beta_1 y + \gamma_1 z + w_a = 0,$$

$$\left(\frac{b_2^2}{p_2} + \frac{b_2'^2}{p_2'} \right) k_b + \alpha_2 x + \beta_2 y + \gamma_2 z + w_b = 0 \quad \text{usw.}$$

Diese lassen sich mit Hilfe der Substitutionen

$$\frac{a_1^2}{p_1} + \frac{a_1'^2}{p_1'} = \frac{1}{g_1}, \quad \frac{b_2^2}{p_2} + \frac{b_2'^2}{p_2'} = \frac{1}{g_2} \quad \text{usw.} \qquad (6)$$

umbilden in

$$\left.\begin{array}{l}
\dfrac{k_a}{g_1} = -\alpha_1 x - \beta_1 y - \gamma_1 z - w_a, \\[3mm]
\dfrac{k_b}{g_2} = -\alpha_2 x - \beta_2 y - \gamma_2 z - w_b \quad \text{usw.}
\end{array}\right\} \tag{7}$$

Eliminiert man mit Hilfe dieser Gleichungen die Korrelaten aus (3 b), so erhält man das Normalgleichungssystem

$$\left.\begin{array}{l}
[\alpha\alpha g]\,x + [\alpha\beta g]\,y + [\alpha\gamma g]\,z + [\alpha w g] = 0, \\[2mm]
[\alpha\beta g]\,x + [\beta\beta g]\,y + [\beta\gamma g]\,z + [\beta w g] = 0, \\[2mm]
[\alpha\gamma g]\,x + [\beta\gamma g]\,y + [\gamma\gamma g]\,z + [\gamma w g] = 0,
\end{array}\right\} \tag{8}$$

dessen Auflösung die Unbekannten x, y und z liefert. Setzt man diese in (7) ein, so bekommt man Zahlenwerte für die Korrelaten, und mit diesen findet man aus (2) schließlich die Verbesserungen v und v'

$$\left.\begin{array}{ll}
v_1 = \dfrac{a_1}{p_1} k_a, & v_2 = \dfrac{b_2}{p_2} k_b, \dots, \\[3mm]
v_1' = \dfrac{a_1'}{p_1'} k_a, & v_2' = \dfrac{b_2'}{p_2'} k_b, \dots.
\end{array}\right\} \tag{9}$$

Der mittlere Fehler der Gewichtseinheit ist

$$m_0 = \pm \sqrt{\frac{[vvp] + [v'v'p']}{r - u}}. \tag{10}$$

Man kann nun die Gln. (5) geradezu als Fehlergleichungen mit zwei verschiedenen Beobachtungsgrößen ansehen und die Gln. (6) bis (10) als die zugehörige Auflösungsvorschrift betrachten. Dann ist in den Formeln (5) bis (10) ein Weg gefunden, um eine Messungsserie, in der verschiedenartige Beobachtungen – etwa Winkel- und Streckenmessungen – vorkommen, gewissermaßen nach dem Verfahren der vermittelnden Beobachtungen auszugleichen.

Es liegt nahe, dieses Verfahren auf die strenge Ausgleichung von Polygonzügen anzuwenden, eine Aufgabe, die im vorigen Abschnitt mit Hilfe der reduzierten Bedingungsgleichungen gelöst worden ist. Das hat in der Tat G. *Förstner*[3] getan. Wir wollen indessen ein anderes Beispiel wählen:

Aufgabe 33.

Die Bestimmung der inneren Orientierung einer Meßkammer[4]

Zur Ermittlung der Brennweite f und der Lage des Bildhauptpunktes H einer Meßkammer ist bei vertikaler Bildebene eine Reihe von weit entfernten, jedoch etwa im Bild-

---

[3] *Förstner, G.*: Wie S. 251, Anm. 41.

[4] Vgl. *Baeschlin, F.*: Korrekte und strenge Behandlung des Problems der inneren Orientierung eines Phototheodoliten. Schweiz. Z. Vermessungsw. **1929**, 31.

horizont liegenden Marken P_i aufgenommen worden. Nach der Aufnahme wurde ein Theodolit mit seinem Achsenschnittpunkt an die Stelle der Blendenmitte des Kammerobjektivs gebracht, und es wurden die Richtungen α' nach denselben Zielen P_i gemessen, wobei als Nullrichtung der Strahl nach dem Bildhauptpunkt H gelten soll.

Die Bildabszissen der Ziele rechnet man vom Markenschnittpunkt aus, der eine genäherte Lage des Bildhauptpunktes darstellt; es werde ferner angenommen, Neigung und Kantung der Aufnahme seien so gering, daß die Abszissen der aufgenommenen Marken durch sie keine meßbare Beeinflussung erlitten haben.

Sowohl die gemessenen Richtungen α' wie die Abszissen x' sind mit Messungsfehlern behaftet, die wir mit λ und v bezeichnen. An beiden Messungsgrößen sind außerdem noch Nullpunktskorrektionen anzubringen. Diese mögen unter der Voraussetzung, daß eine vorläufige Orientierung bereits stattgefunden hat, $\delta\zeta$ und δx heißen. Wird endlich für die

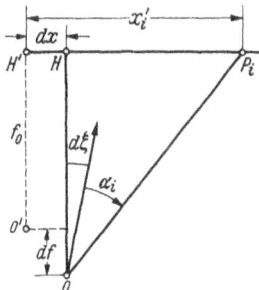

Abb. 48

Brennweite f – Abb. 48 – durch $f = f_0 + \delta f$ ein Näherungswert f_0 eingeführt, so besteht zwischen den verbesserten Beobachtungen die Beziehung

$$\tan(\alpha_i' + \lambda_i + \delta\zeta) = \frac{x_i' + v_i - \delta x}{f_0 + \delta f}. \tag{11}$$

Diese Gleichung ist zu linearisieren. Eine Taylor-Entwicklung der linken Seite ergibt

$$(f_0 + \delta f)\left(\tan\alpha_i' + \frac{\lambda_i}{\cos^2\alpha_i'} + \frac{\delta\zeta}{\cos^2\alpha_i'} + \cdots\right) = x_i' + v_i - \delta x$$

oder, wenn alle Glieder von höherer als erster Ordnung fortgelassen und die erforderlichen ϱ hinzugefügt werden,

$$\frac{f_0}{\varrho\cos^2\alpha_i'}\lambda_i - v_i + \delta x + \frac{f_0}{\varrho\cos^2\alpha_i'}\delta\zeta + \tan\alpha_i'\,\delta f + f_0\tan\alpha_i' - x_i' = 0\,.$$

Um zu einfacheren Bezeichnungen zu gelangen, setze man

$$\frac{f_0}{\varrho\cos^2\alpha_i'} = \frac{f_0}{\varrho}(1 + \tan^2\alpha_i') \approx \frac{f_0}{\varrho}\,\frac{f_0^2 + x_i'^2}{f_0^2} = \frac{f_0^2 + x_i'^2}{\varrho f_0} = a_i, \left.\begin{array}{c}\\\\\\\end{array}\right\}$$

$$\tan\alpha_i' \approx x_i'/f_0 = b_i \quad \text{und} \quad f_0\tan\alpha_i' - x_i' = w_i. \tag{12}$$

Dann gewinnt man in

$$a_i\lambda_i - v_i + \delta x + a_i\,\delta\zeta + b_i\,\delta f + w_i = 0 \tag{13}$$

Gleichungen, die in ihrem Aufbau mit den Identitäten

$$a_i \equiv +\alpha_i, \quad a_i' \equiv -1,$$
$$\alpha_i \equiv +1, \quad \beta_i \equiv +a_i, \quad \Big\}$$
$$\gamma_i \equiv +b_i, \quad w_i \equiv \ \ w_i$$

(14)

dem System (5) entsprechen und daher nach den Vorschriften (6) bis (10) aufzulösen sind.

Zuvor müssen noch die Gewichte bestimmt werden. Sind π und p die Gewichte, μ und m die mittleren Fehler von α und x, ist ferner c eine Konstante, dann ist $\pi = c/\mu^2$ und $p = c/m^2$. Setzt man, da es ja nur auf das Verhältnis ankommt, zur Vereinfachung $p = 1$, so wird $\pi = (m/\mu)^2$, wobei lediglich darauf zu achten ist, daß m und μ in denselben Einheiten gegeben werden wie f_0 und ϱ. Die Anwendung der Gl. (6) auf unser Beispiel ergibt die Rechenvorschrift

$$\frac{a_i^2}{p_i} + \frac{a_i'^2}{p_i'} = \frac{a_i^2}{\pi_i} + \frac{(-1)^2}{1} = \frac{a_i^2}{\pi_i} + 1 = \frac{1}{g_i} = \left(\frac{f_0^2 + x_i^2}{\varrho f_0}\right)^2 \left(\frac{\mu}{m}\right)^2 + 1 .$$

(15)

Werden dann die Werte (14) und (15) in (8) eingesetzt, so erhält man zur Berechnung von $\delta x, \delta \zeta$ und δf das Normalgleichungssystem

$$[g]\,\delta x + \ \ [ag]\,\delta \zeta + \ \ [bg]\,\delta f + \ \ [wg] = 0, \ \ \Big\}$$
$$[ag]\,\delta x + [aag]\,\delta \zeta + [abg]\,\delta f + [awg] = 0, \ \ \Big\}$$
$$[bg]\,\delta x + [abg]\,\delta \zeta + [bbg]\,\delta f + [bwg] = 0.$$

(16)

Es folgt die Berechnung der Verbesserungen und mittleren Fehler durch sinngemäße Anwendung der Gln. (7), (9) und (10), womit die Aufgabe in aller theoretischen Strenge gelöst ist.

Die Lösung vereinfacht sich sehr, wenn man, wie es meistens geschieht, die Richtungsmessungen α' als fehlerfrei ansieht. Ihre Gewichte haben dann den Wert unendlich, und es wird in (15)

$$a_1^2/\pi_1 = a_2^2/\pi_2 = \cdots = a_n^2/\pi_n = 0, \quad g_1 = g_2 = \cdots = g_n = +1 .$$

Die Fehlergleichungen (13) aber erhalten die vom Rückwärtseinschneiden her bekannte Form

$$v_i = +\delta x + a_i\,\delta \zeta + b_i\,\delta f + w_i ,$$

und die Normalgleichungen lauten:

$$[n]\,\delta x + \ \ [a]\,\delta \zeta + \ \ [b]\,\delta f + \ \ [w] = 0, \ \ \Big\}$$
$$[a]\,\delta x + [aa]\,\delta \zeta + [ab]\,\delta f + [aw] = 0, \ \ \Big\}$$
$$[b]\,\delta x + [ab]\,\delta \zeta + [bb]\,\delta f + [bw] = 0.$$

(17)

Die Aufgabe ist damit auf einen gewöhnlichen Rückwärtseinschnitt zurückgeführt. Man kann auch, wie es in Aufgabe 16 geschehen ist, die Unbekannte δx aus den Fehlergleichungen herausreduzieren. Doch wird damit nicht viel gewonnen, da man auf die Berechnung der Größe δx und ihres mittleren Fehlers in der Regel nicht verzichten wird. Dagegen kann es von Nutzen sein, die Unbekannte $\delta \zeta$ etwa nach dem Verfahren von *Schreiber*, das im § 24 beschrieben ist, zu eliminieren.

Eine andere Möglichkeit ergibt sich, wenn die x_i' als fehlerfrei betrachtet werden. Dann wird nämlich $1/g_i = a_i^2/\pi_i$ oder, da alle α_i gleichgewichtig sind, wird nun $\pi_i = 1$ und $g_i = 1/a_i^2$. Die Weiterentwicklung möge der Leser selbst vornehmen.

Zahlenbeispiel für die Formeln (11) bis (16). Zur Bestimmung der inneren Orientierung des leichten Phototheodoliten (TAL) Nr. 70 119 von Zeiß, Bildformat $6,5 \times 9$ cm, Brennweite etwa 55 mm, sind die in der Tabelle der S. 276 in den Spalten 2 und 4 angegebenen Beobachtungen gemacht und die in der gleichen Tabelle enthaltenen Ergebnisse erzielt worden.

Zahlenbeispiel zur Bestimmung der inneren Orientierung eines Phototheodoliten (Aufgabe 33)

Punkt	Gemessen mit Theodolit α'	$f_0 \tan\alpha'$ $f_0 = 551,4$	Gemessen am Stereokomparator x'	Koeffizienten $+1 \mid a \mid b$ der Fehlergleichung für die Unbekannten			Widerspruch $f_0\tan\alpha' - x'$ $=(3)-(4)$	$g = \dfrac{\pi}{a^2+\pi}$ *	Nach der Ausgleichung übrigbleibende Verbesserungen		λ	λ
	g	mm/10	mm/10	dx	$d\zeta$	df	w	g	v	c	cc
					a	b			mm/10		
1	2	3	4	5	6	7	8	9	10	11	12
1	365,0587	−337,20	−336,92	+1	0,119	−0,611	−0,28	0,980	+0,058	−0,007	−0,7
2	369,7192	−284,02	−283,68	+1	0,110	−0,514	−0,34	0,983	−0,003	0,000	0,0
3	373,5041	−243,73	−243,30	+1	0,103	−0,441	−0,43	0,985	−0,093	+0,010	+1,0
4	393,9408	−52,64	−52,35	+1	0,087	−0,095	−0,29	0,989	+0,037	−0,003	−0,3
5	399,5311	−4,06	−3,75	+1	0,087	−0,007	−0,31	0,989	+0,012	−0,001	−0,1
6	3,5493	+30,77	+31,10	+1	0,087	+0,056	−0,33	0,989	−0,012	+0,001	+0,1
7	30,1068	+282,12	+282,40	+1	0,109	+0,512	−0,28	0,983	+0,003	0,000	0,0
8	32,1499	+304,83	+305,08	+1	0,113	+0,553	−0,25	0,982	+0,029	−0,003	−0,3
9	36,5685	+356,88	+357,18	+1	0,123	+0,648	−0,30	0,979	−0,031	+0,004	+0,4

Normalgleichungen*

$$9,0000\,dx + 0,9380\,d\zeta + 0,1010\,df - 2,8100 = 0$$
$$0,0994\,d\zeta + 0,0193\,df - 0,2916 = 0$$
$$1,8321\,df + 0,0707 = 0$$
$$+ 0,8989 = [ww]$$

$$[vv] = 0,0155 \qquad m_0 = \pm 0,05$$

Ergebnis der Ausgleichung

Unbekannte	endgültige Werte
	$dx = +0,365\ \text{mm}/10$
	$d\zeta = -0,500^{\text{c}}$
	$df = -0,053\ \text{mm}/10$
	$dx = +0,04\ \text{mm} \pm 0,00_4\ \text{mm}$
	$d\zeta = -50^{\text{cc}} \pm 130^{\text{cc}}$
	$f = 55,13\ \text{mm} \pm 0,01_4\ \text{mm}$

* Die Gewichte wurden wegen ihrer geringfügigen Unterschiede in der Rechnung nicht berücksichtigt.

Für die Zahlenrechnung sei auf folgendes hingewiesen:

1. Als Längeneinheit wurde $^1/_{10}$ mm und als Winkeleinheit 1^c gewählt.

2. Um das Gewichtsverhältnis von Winkel- und Streckenmessung zu bestimmen, wurden die mittleren Fehler aus der Stationsausgleichung bzw. aus Beobachtungsdifferenzen ermittelt. Es ergab sich

$$\mu = \pm 0{,}095^c \quad \text{und} \quad m = \pm 0{,}08 \text{ mm}/10\,, \quad \text{also} \quad \pi = 0{,}70\,.$$

3. Die verhältnismäßig großen mittleren Fehler von δx und $\delta\zeta$, die regelmäßig aufzutreten pflegen, sind u. a. durch den schmalen Sektor bedingt, der für die Bestimmung der Lage des Objektivmittelpunktes O zur Verfügung steht. Dadurch liegen die Bestimmungspunkte stets in der Nähe des gefährlichen Kreises[5].

4. Aus der geringen Größe der Winkelverbesserungen λ erkennt man, daß das übliche Verfahren, die Winkelbeobachtungen als fehlerfrei zu betrachten, praktisch auf das gleiche Ergebnis führt.

§ 42. Ausgleichen korrelierter Beobachtungen mittels äquivalenter Fehlergleichungen

42.1 Äquivalente Fehlergleichungen

Wenn zwei verschiedene Systeme von Fehlergleichungen auf dasselbe Normalgleichungssystem führen, so ergeben sie auch identische Werte der Unbekannten und ihrer Gewichte. Solche Fehlergleichungssysteme heißen äquivalent[6]. Ein spezielles System, das dem System der ursprünglichen Fehlergleichungen im § 19 (1) äquivalent ist, ist das mit den nachstehend angefügten Gewichten versehene System der gekürzten Endgleichungen

$$
\left.
\begin{aligned}
0 &= x + \frac{[abp]}{[aap]}\, y + \frac{[acp]}{[aap]}\, z - \frac{[alp]}{[aap]} \qquad \text{Gewicht } [aap] \\[2mm]
0 &= \qquad\quad y + \frac{[bcp \cdot 1]}{[bbp \cdot 1]}\, z - \frac{[blp \cdot 1]}{[bbp \cdot 1]} \quad \text{Gewicht } [bbp \cdot 1] \\[2mm]
0 &= \qquad\qquad\qquad\quad z - \frac{[clp \cdot 2]}{[ccp \cdot 2]} \qquad \text{Gewicht } [ccp \cdot 2]\,,
\end{aligned}
\right\} \quad (1)
$$

Diese Gleichungen sind *äquivalente Fehler*gleichungen und in ihnen

$$\frac{[alp]}{[aap]} = \lambda_1; \qquad \frac{[blp \cdot 1]}{[bbp \cdot 1]} = \lambda_2; \qquad \frac{[clp \cdot 2]}{[ccp \cdot 2]} = \lambda_3 \qquad (2)$$

die (fingierten) *äquivalenten Beobachtungen*. Setzt man dann noch

$$\frac{[abp]}{[aap]} = \alpha_b'; \qquad \frac{[acp]}{[aap]} = \alpha_c'; \qquad \frac{[bcp \cdot 1]}{[bbp \cdot 1]} = \beta_c''; \qquad \alpha_c' - \alpha_b' \beta_c'' = \alpha_c''\,, \qquad (3)$$

---

[5] Vgl. *Gast, P.*: Vorlesungen über Photogrammetrie, S. 182. Leipzig: J. A. Barth 1930.

[6] Vgl. Lit.-Verz. [*16*], S. 213—217 und S. 269—273.

so lautet das äquivalente Fehlergleichungssystem

$$
\begin{aligned}
0 &= x + \alpha_b' y + \alpha_c' z - \lambda_1 \qquad &\text{Gewicht } [aap] \\
0 &= \qquad\quad y + \beta_c'' z - \lambda_2 \qquad &\text{Gewicht } [bbp \cdot 1] \\
0 &= \qquad\qquad\quad z - \lambda_3 \qquad &\text{Gewicht } [ccp \cdot 2]
\end{aligned}
\right\} \tag{4}
$$

Hieraus können die Unbekannten leicht berechnet werden. Die zugehörigen Gewichtskoeffizienten oder Kofaktoren lassen sich, wenn man in die Gleichungsgruppe am Schluß von § 17.3 die Abkürzungen (3) einführt, darstellen durch

$$
\left.
\begin{aligned}
q_{11} &= + \frac{1}{[aa]} + \frac{\alpha_b' \alpha_b'}{[bb \cdot 1]} + \frac{\alpha_c'' \alpha_c''}{[cc \cdot 2]} ; \quad & q_{22} &= + \frac{1}{[bb \cdot 1]} + \frac{\beta_c'' \beta_c''}{[cc \cdot 2]} , \\
q_{12} &= \qquad - \frac{\alpha_b'}{[bb \cdot 1]} - \frac{\alpha_c'' \beta_c''}{[cc \cdot 2]} ; \quad & q_{23} &= \qquad - \frac{\beta_c''}{[cc \cdot 2]} , \\
q_{13} &= \qquad\qquad\quad - \frac{\alpha_c''}{[cc \cdot 2]} ; \quad & q_{33} &= \qquad + \frac{1}{[cc \cdot 2]} .
\end{aligned}
\right\} \tag{5}
$$

Nach *Helmerts* Darstellung in [*16*] § 11 sind die λ_i gegenseitig freie Funktionen (vgl. § 20.4), die in bezug auf die Ausgleichung und die Berechnung des Gewichtseinheitsfehlers wie direkte Beobachtungen behandelt werden können. Man darf sie infolgedessen mit anderen tatsächlichen oder fingierten Beobachtungen zusammen einer abermaligen Ausgleichung unterziehen. Dabei erhalten die λ_i die Verbesserungen u_i, und die x, y und z aus (1), die von der zweiten Ausgleichung aus gesehen vorläufige Werte sind, bekommen die Zuschläge δx, δy und δz. Damit sind die zum Einführen in weitere Ausgleichungen aufbereiteten äquivalenten Fehlergleichungen

$$
\left.
\begin{aligned}
u_1 &= (x + \delta x) + \alpha_b'(y + \delta y) + \alpha_c'(z + \delta z) - \lambda_1 \quad &\text{Gewicht } [aap] , \\
u_2 &= \qquad\qquad (y + \delta y) + \beta_c''(z + \delta z) - \lambda_2 \quad &\text{Gewicht } [bbp \cdot 1] , \\
u_3 &= \qquad\qquad\qquad\qquad (z + \delta z) - \lambda_3 \quad &\text{Gewicht } [ccp \cdot 2] ,
\end{aligned}
\right\} \tag{6}
$$

oder wenn hiervon (4) abgezogen wird,

$$
\left.
\begin{aligned}
u_1 &= \delta x + \alpha_b' \delta y + \alpha_c' \delta z \\
u_2 &= \qquad\; \delta y + \beta_c'' \delta z \\
u_3 &= \qquad\qquad\quad \delta z
\end{aligned}
\right\} \tag{7}
\qquad
\left.
\begin{aligned}
\delta x &= u_1 - \alpha_b' u_2 - \alpha_c'' u_3 \\
\delta y &= \qquad\; u_2 - \beta_c'' u_3 \\
\delta z &= \qquad\qquad\quad u_3 ,
\end{aligned}
\right\} \tag{8}
$$

wobei u_1, u_2 und u_3 die Gewichte $[aap]$, $[bbp \cdot 1]$ und $[ccp \cdot 2]$ haben.

42.2 Ausgleichen korrelierter Größen nach bedingten Beobachtungen

Als Anwendung entwickeln wir ein zweites Verfahren zur Lösung der in § 40.2 behandelten Aufgabe. Jedoch bezeichnen wir, um Verwechs-

lungen mit den α_i aus (3) vorzubeugen, die Koeffizienten der Bedingungsgleichungen mit r_i und s_i. Gegeben sind demnach

a) *die Fehlergleichungen*   b) *die Bedingungsgleichungen*

$$v_1 = a_1 x + b_1 y + c_1 z - l_1 , \qquad r_0 + r_1 x + r_2 y + r_3 z = 0 ,$$

$$v_2 = a_2 x + b_2 y + c_2 z - l_2 , \qquad s_0 + s_1 x + s_2 y + s_3 z = 0 . \qquad \Big\} \quad (9)$$

$$\cdot \quad \cdot \quad \cdot \quad \cdot \quad \cdot$$

$$v_n = a_n x + b_n y + c_n z - l_n ,$$

Die Ausgleichung von (9a) allein ergibt die vorläufigen Werte x_0, y_0
und z_0, die durch die Berücksichtigung von (9b) die Zuschläge δx, δy
und δz erhalten. Vorbereitend wird in (9b) x durch $x_0 + \delta x$ usw. ersetzt,
so daß man erhält

$$r_1 \delta x + r_2 \delta y + r_3 \delta z + w_r = 0 \quad \text{mit} \quad w_r = r_0 + r_1 x_0 + r_2 y_0 + r_3 z_0 ,$$
$$s_1 \delta x + s_2 \delta y + s_3 \delta z + w_s = 0 \qquad w_s = s_0 + s_1 x_0 + s_2 y_0 + s_3 z_0 . \qquad (10)$$

Um die durch die Ausgleichung von (9a) entstandenen Korrelationen
zwischen x_0, y_0 und z_0 zu berücksichtigen, werden bei der Ausgleichung
von (10) δx, δy und δz nach (8) durch die in die äquivalenten Fehlergleichungen eingeführten u_i ausgedrückt, nämlich

$$r_1 u_1 + (r_2 - r_1 \alpha_b') u_2 + (r_3 - r_2 \beta_c'' - r_1 \alpha_c'') u_3 + w_r = 0 ,$$
$$s_1 u_1 + (s_2 - s_1 \alpha_b') u_2 + (s_3 - s_2 \beta_c'' - s_1 \alpha_c'') u_3 + w_s = 0 .$$

Hierin sind die Klammerausdrücke, wie ein Blick auf (3) und den
Aufbau der reduzierten Größen im § 34 (15) erkennen läßt, reduzierte
Formen der r_i und s_i. Man kann die obigen Gleichungen daher auch
wiedergeben durch

$$r_1 u_1 + (r_2 \cdot 1) u_2 + (r_3 \cdot 2) u_3 + w_r = 0 , \quad \Big\}$$
$$s_1 u_1 + (s_2 \cdot 1) u_2 + (s_3 \cdot 2) u_3 + w_s = 0 , \quad \Big\} \qquad (11)$$

wobei, da gleichgewichtige Beobachtungen vorausgesetzt sind, u_1, u_2
und u_3 die Gewichte $[aa]$, $[bb \cdot 1]$ und $[cc \cdot 2]$ haben. Die zugehörigen
Normalgleichungen sind

$$[AA] k_r + [AB] k_s + w_r = 0 , \quad \Big\}$$
$$[AB] k_r + [BB] k_s + w_s = 0 , \quad \Big\} \qquad (12)$$

mit

$$[AB] = \frac{r_1 s_1}{[aa]} + \frac{(r_2 \cdot 1)(s_2 \cdot 1)}{[bb \cdot 1]} + \frac{(r_3 \cdot 2)(s_3 \cdot 2)}{[cc \cdot 2]} \quad \text{usw.}$$

Danach ergibt sich folgender Ausgleichungsgang:

1. Man bilde das Koeffizientenschema der aus den Fehlergleichungen
(9a) folgenden Normalgleichungen und komplettiere es mit den r_i und

den s_i aus (9 b); also

$$\begin{array}{llll|ll}
[aa] & [ab] & [ac] & -[al] & r_1 & s_1, \\
[ab] & [bb] & [bc] & -[bl] & r_2 & s_2, \\
[ac] & [bc] & [cc] & -[cl] & r_3 & s_3.
\end{array}$$

2. Dieses Schema reduziert man wie üblich durch und erhält neben x_0, y_0, z_0 auch die reduzierten Werte der r_i und s_i.

3. Damit bilde man nach (10) und (12) die Widersprüche sowie die Normalgleichungskoeffizienten und errechne k_r und k_s.

4. Mit k_r und k_s ergeben sich die u_i und die δ_i aus

$$u_1 = \frac{r_1}{[aa]} k_r + \frac{s_1}{[aa]} k_s \quad \bigg| \quad \delta x = u_1 - \alpha_b' u_2 - \alpha_c'' u_3,$$

$$u_2 = \frac{(r_2 \cdot 1)}{[bb \cdot 1]} k_r + \frac{(s_2 \cdot 1)}{[bb \cdot 1]} k_s \quad \bigg| \quad \delta y = u_2 - \beta_c'' u_3,$$

$$u_3 = \frac{(r_3 \cdot 2)}{[cc \cdot 2]} k_r + \frac{(s_3 \cdot 2)}{[cc \cdot 2]} k_s \quad \bigg| \quad \delta z = u_3.$$

5. Die endgültigen Werte der Unbekannten sind

$$x = x_0 + \delta x; \qquad y = y_0 + \delta y.$$

6. Die Fehlerrechnung entspricht § 40 (7) und (12) bis (15).

Wie unsere Entwicklung zeigt, kann man mit Hilfe äquivalenter Beobachtungen ein größeres System in mehrere Teilausgleichungen zerlegen. *O. Eggert* hat aus diesen Gedanken heraus einen recht durchsichtigen, aber etwas allgemein gehaltenen Vorschlag zur Ausgleichung von Großraumtriangulationen entwickelt. *G. Lehmann* hat darauf ein spezielles Verfahren zur Ausgleichung von Kranzsystemen gegründet[7].

42.3 Ausgleichen korrelierter Größen nach vermittelnden Beobachtungen[8]

Die nachstehende Lösung geht insoweit über § 42.2 hinaus, als die Unbekannten der Vorausgleichung mit denen der Hauptausgleichung nicht identisch sind. Als möglichen Fall der Anwendung stelle man sich vor, es seien im Zuge einer Triangulation als erster Schritt die auf den Stationen beobachteten Richtungen oder Winkel $x_1, x_2, x_3, \ldots$ ver-

[7] Verhandlungen der Baltischen Geodätischen Kommission. Neunte Tagung. S. 114, Helsinki 1934. — Vgl. *Lehmann, G.:* Über ein Verfahren zur gruppenweisen Ausgleichung von Dreiecksnetzen nach bedingten Beobachtungen unter besonderer Berücksichtigung der Ausgleichung von Kranzsystemen. Z. Vermessungsw. **1936**, 193.

[8] *Wolf, H.:* Zur Ausgleichung vermittelnder Beobachtungen, zwischen denen Abhängigkeiten bestehen. Z. Vermessungsw. **1955**, 432; — Beitrag zur Ausgleichung von untereinander abhängigen Beobachtungen. Z. Vermessungsw. **1958**, 113.

mittelnd auszugleichen (Vorausgleichung); sodann seien in einem zweiten Schritt mit den auf der Station ausgeglichenen und als korreliert anzunehmenden Richtungen oder Winkeln die Koordinaten $\xi, \eta, \ldots$ der Netzpunkte durch eine Ausgleichung ebenfalls nach vermittelnden Beobachtungen zu bestimmen (Hauptausgleichung).

Unter der Annahme, daß etwaige Orientierungsunbekannte nach § 24.1 eliminiert sind, lauten die Fehlergleichungen der Vorausgleichung

$$v'_i = \bar{a}_i x_1 + \bar{b}_i x_2 + \bar{c}_i x_3 \ldots - \bar{l}_i. \tag{13}$$

Daraus folgen die Normalgleichungen

$$\left.\begin{array}{l} [\overline{aap}]x_1 + [\overline{abp}]x_2 + [\overline{acp}]x_3 + \cdots - [\overline{alp}] = 0 \\ [\overline{abp}]x_1 + [\overline{bbp}]x_2 + [\overline{bcp}]x_3 + \cdots - [\overline{blp}] = 0 \\ [\overline{acp}]x_1 + [\overline{bcp}]x_2 + [\overline{ccp}]x_3 + \cdots - [\overline{clp}] = 0 \\ \cdots\cdots\cdots\cdots\cdots\cdots\cdots\cdots\cdots\cdots\cdots\cdots\cdots\cdots \end{array}\right\} \tag{14}$$

Aus diesen gewinnt man auf bekanntem Wege die unbekannten Winkel oder Richtungen und die Elemente der Matrix $\boldsymbol{Q}_{xx}$ ihrer Gewichtskoeffizienten oder Kofaktoren. Diese letzteren lassen sich auch mit den in (3) eingeführten Symbolen durch die Gln. (5) darstellen, wobei lediglich im Hinblick auf die in (13) gewählten Koeffizienten $\bar{a}_i, \bar{b}_i, \bar{c}_i, \ldots$ die in (3) und (5) auftretenden Koeffizientensummen überstrichen zu nehmen sind, also $[\overline{aap}], [\overline{abp \cdot 1}]$ usw.

In die Fehlergleichungen der Hauptausgleichung mit den Unbekannten $\xi, \eta, \ldots$, werden entsprechend unseren einleitenden Bemerkungen als Absolutglieder die durch die Vorausgleichung gewonnenen korrelierten Größen (Winkel, Richtungen) $x_1, x_2, x_3, \ldots$ eingeführt. Diese sollen durch die Hauptausgleichung die Zuschläge (Verbesserungen) $\delta_1, \delta_2, \delta_3, \ldots$ erhalten. Setzt man weiter

$$\xi = \xi_0 + d\xi, \quad \eta = \eta_0 + d\eta \ \ldots, \tag{15}$$

wobei ξ_0 und $\eta_0 \ldots$ irgendwie gewonnene Näherungswerte sind, so lauten die umgeformten Fehlergleichungen der Hauptausgleichung

$$\begin{array}{ll} \delta_1 = a_1 \, d\xi + b_1 \, d\eta + \cdots - l_1 \quad \text{mit} & -l_1 = -(x_1 - a_1\xi_0 - b_1\eta_0 \ldots), \\ \delta_2 = a_2 \, d\xi + b_2 \, d\eta + \cdots - l_2 & -l_2 = -(x_2 - a_2\xi_0 - b_2\eta_0 \ldots), \quad (16) \\ \delta_3 = a_3 \, d\xi + b_3 \, d\eta + \cdots - l_3 & -l_3 = -(x_3 - a_3\xi_0 - b_3\eta_0 \ldots). \end{array}$$

Um den Korrelationen zwischen den in den l_i enthaltenen Größen $x_1, x_2, x_3, \ldots$ Rechnung zu tragen, sind in (16) $\delta_1, \delta_2, \delta_3, \ldots$ gemäß (8) durch die Verbesserungen $u_1, u_2, u_3, \ldots$ der nach (2) gebildeten äquivalenten Beobachtungen $\lambda_1, \lambda_2, \lambda_3$ auszudrücken. Damit geht (16) über in

$$\left.\begin{array}{l} -u_1 + \alpha'_b u_2 + \alpha''_c u_3 + a_1\, d\xi + b_1\, d\eta + \cdots - l_1 = 0 \\ -u_2 + \beta''_c u_3 + a_2\, d\xi + b_2\, d\eta + \cdots - l_2 = 0 \\ -u_3 + a_3\, d\xi + b_3\, d\eta + \cdots - l_3 = 0 \\ \overline{} \end{array}\right\} \quad (17)$$

Dies aber sind, wie ein Vergleich mit § 41 (1) zeigt, bedingte Beobachtungen mit Unbekannten. Um aus (17) nach dem Muster § 41 (3) die Normalgleichungen abzuleiten, hat man $u_1, u_2, u_3, \ldots$ mit den Gewichten $[\overline{abp}]$, $[\overline{bbp} \cdot 1]$, $[\overline{ccp} \cdot 2] \ldots$ anzusetzen. Dann erhält man als Normalgleichungen der Hauptausgleichung

$$\left.\begin{array}{l} q_{11}k_1 + q_{12}k_2 + q_{13}k_3 + a_1\, d\xi + b_1\, d\eta - l_1 = 0 \\ q_{12}k_1 + q_{22}k_2 + q_{23}k_3 + a_2\, d\xi + b_2\, d\eta - l_2 = 0 \\ q_{13}k_1 + q_{23}k_2 + q_{33}k_3 + a_3\, d\xi + b_3\, d\eta - l_3 = 0 \\ a_1\ k_1 + a_2\ k_2 + a_3\ k_3 + 0 \qquad + 0 \qquad - 0 = 0 \\ b_1\ k_1 + b_2\ k_2 + b_3\ k_3 + 0 \qquad + 0 \qquad - 0 = 0, \end{array}\right\} \quad (18)$$

in denen die q_{ik} die nach (5) mit überstrichenen Koeffizienten anzusetzenden Gewichtskoeffizienten der Vorausgleichung sind.

Zur Berechnung der Unbekannten des Systems (18) wollen wir, indem wir die Ausdrücke $(a_i\, d\xi + b_i\, d\eta - l_i)$ als Absolutglieder betrachten, zuerst die drei ersten Gleichungen unbestimmt nach $k_1, k_2, k_3, \ldots$ auflösen. Wir bilden dazu gemäß § 17.4 die zur $\boldsymbol{Q}$-Matrix der Normalgleichungskoeffizienten in (18) inverse Matrix der Gewichtskoeffizienten und bezeichnen sie einstweilen als $\boldsymbol{P}$-Matrix mit den Elementen p_{ik}. Dann wird

$$\left.\begin{array}{l} -k_1 = p_{11}(a_1\, d\xi + b_1\, d\eta - l_1) + p_{12}(a_2\, d\xi + b_2\, d\eta - l_2) \\ \qquad\qquad\qquad + p_{13}(a_3\, d\xi + b_3\, d\eta - l_3) \\ -k_2 = p_{12}(a_1\, d\xi + b_1\, d\eta - l_1) + p_{22}(a_2\, d\xi + b_2\, d\eta - l_2) \\ \qquad\qquad\qquad + p_{23}(a_3\, d\xi + b_3\, d\eta - l_3) \\ -k_3 = p_{13}(a_1\, d\xi + b_1\, d\eta - l_1) + p_{23}(a_2\, d\xi + b_2\, d\eta - l_2) \\ \qquad\qquad\qquad + p_{33}(a_3\, d\xi + b_3\, d\eta - l_3)\,. \end{array}\right\} \quad (19)$$

Nun ist aber, wenn wie hier die Absolutglieder der Hauptausgleichung identisch sind mit den Unbekannten der Vorausgleichung, gemäß § 17 (1) und (2) die zur $\boldsymbol{Q}$-Matrix inverse Matrix $\boldsymbol{Q}^{-1} = \boldsymbol{P} = \boldsymbol{N}$, wobei $\boldsymbol{N}$ die Matrix der Normalgleichungskoeffizienten der Vorausgleichung in (14) ist. Mithin ist in unserem Sonderfall

$$p_{11} = [\overline{aap}], \quad p_{12} = [\overline{abp}], \quad p_{13} = [\overline{acp}]; \quad p_{22} = [\overline{bbp}] \quad \text{usw.} \quad (20)$$

Unter Beachtung dieser Identitäten werden nunmehr zum Bilden von

Normalgleichungen für die Unbekannten $\xi, \eta, \ldots$ die Gln. (19) in die beiden letzten Gln. (18) eingesetzt, und im Ergebnis so geordnet, daß man die nachstehenden Substitutionen einführen kann, nämlich

$$
\left.
\begin{aligned}
A_1 &= [\overline{aap}]a_1 + [\overline{abp}]a_2 + [\overline{acp}]a_3 \\
A_2 &= [\overline{abp}]a_1 + [\overline{bbp}]a_2 + [\overline{bcp}]a_3 \\
A_3 &= [\overline{acp}]a_1 + [\overline{bcp}]a_2 + [\overline{ccp}]a_3 \\
B_1 &= [\overline{aap}]b_1 + [\overline{abp}]b_2 + [\overline{acp}]b_3 \\
B_2 &= [\overline{abp}]b_1 + [\overline{bbp}]b_2 + [\overline{bcp}]b_3 \\
B_3 &= [\overline{acp}]b_1 + [\overline{bcp}]b_2 + [\overline{ccp}]b_3 \\
-L_1 &= -[\overline{aap}]l_1 - [\overline{abp}]l_2 - [\overline{acp}]l_3 \\
-L_2 &= -[\overline{abp}]l_1 - [\overline{bbp}]l_2 - [\overline{bcp}]l_3 \\
-L_3 &= -[\overline{acp}]l_1 - [\overline{bcp}]l_2 - [\overline{ccp}]l_3 \, .
\end{aligned}
\right\}
\tag{21}
$$

Damit ergeben sich, wenn $a_1 A_1 + a_2 A_2 + a_3 A_3 = [aA]$ usw. gesetzt wird, die Normalgleichungen

$$
\left.
\begin{aligned}
[aA]\,d\xi + [aB]\,d\eta - [aL] &= 0 \\
[aB]\,d\xi + [bB]\,d\eta - [bL] &= 0,
\end{aligned}
\right\}
\tag{22}
$$

aus denen $d\xi$ und $d\eta$ und nach (15) die Unbekannten ξ und η erhalten werden.

Die Gln. (22) stellen den Typus der Normalgleichungen für die vermittelnde Ausgleichung korrelierter Beobachtungen dar. Bei unabhängigen Beobachtungen würden in (21) die Glieder mit dem gemischten Normalgleichungskoeffizienten $[\overline{abp}]$, $[\overline{acp}]$, $[\overline{bcp}]$, ... bzw. mit den gemischten Gewichtskoeffizienten p_{ik} verschwinden.

Sind in (18) die Kofaktoren q_{ik} der Hauptausgleichung nicht durch eine Vorausgleichung, sondern auf anderem Wege gewonnen, so ist die zur Q-Matrix inverse Matrix P nicht identisch mit der Matrix N der Normalgleichungskoeffizienten einer Vorausgleichung. Man hat dann vielmehr die Elemente der P-Matrix durch Inversion der Q-Matrix zu bestimmen, und hat in (21) überall die Elemente der N-Matrix durch die der P-Matrix zu ersetzen, also $[aap]$, $[abp]$, $[acp]$, $[bbp]$, ... durch p_{11}, p_{12}, p_{13}, p_{22}, ... Dieser Fall tritt jedoch in der Ausgleichungsrechnung nur selten auf. Meistens ist es dann rationeller, bei der Berechnung der Unbekannten von (13) auszugehen.

Die Fehlerrechnung entspricht im grundsätzlichen dem § 40 (7) und (12) bis (15). Die ersten Teilverbesserungen v' der ursprünglichen Beobachtungen l_i erhält man aus den Fehlergleichungen (13) der Vorausgleichung. Die Verbesserungen u_i der korrelierten Beobachtungen und ihre gewogene Quadratsumme könnte man nach (7) mit den dort angegebenen Gewichten berechnen. Einfacher ist es jedoch, weil die

Quadratsumme der zweiten Teilverbesserungen v'' der ursprünglichen Beobachtungen l_i, nämlich $[v''v''] = [uup]$ ist, diese zweiten
Teilverbesserungen v'' analog § 40 (12) zu ermitteln aus

$$v_i'' = \bar{a}_1 \delta_1 + \bar{b}_1 \delta_2 + \bar{c}_1 \delta_3 + \cdots; \tag{23}$$

darin sind die δ_i die Zuschläge, die die aus der Vorausgleichung gewonnenen Unbekannten – also die in die Hauptausgleichung eingeführten korrelierten Beobachtungen – durch die Hauptausgleichung
erhalten haben. Aus den v_i' und den v_i'' folgen die Gewichtseinheitsfehler

$$m_0' = \pm \sqrt{\frac{[v'v']}{r'}}; \quad m_0'' = \pm \sqrt{\frac{[v''v'']}{r''}}; \quad m_0 = \pm \sqrt{\frac{[v'v'] + [v''v'']}{r' + r''}}. \tag{24}$$

Alle 3 Werte beziehen sich auf die Gewichtseinheit, nämlich eine ursprüngliche Beobachtung. Doch repräsentiert m_0' nur die Beobachtungs-
ungenauigkeiten auf den Stationen; in m_0'' sind noch die Netzbedingungen und die Lagefehler der Anschlußpunkte enthalten; m_0 berücksichtigt beides, worin r' und r'' die Anzahl der überschüssigen Beobachtungen bedeuten. $[vv]$-Proben ergeben sich durch

$$[v''v''] = -[k\delta], \quad [v''v''] = [lk] \quad \text{und} \quad [v''v''] = [ll \cdot 2]. \tag{25}$$

Hierbei ist $[ll \cdot 2]$ die übliche $[vv]$-Probe durch Erweitern des Normalgleichungssystems, angewandt auf das Normalgleichungssystem der
korrelierten Beobachtungen.

Aufgabe 34. *Strenge Ausgleichung eines nach unvollständigen*
Richtungssätzen beobachteten Rückwärtseinschnittes

1. Anordnung der Rechnung. Auf dem Neupunkt P wurden die in der nachstehenden
Tabelle eingetragenen unvollständigen Richtungssätze beobachtet und nach dem in Aufgabe 13, Gln. (4) bis (8) angegebenen Verfahren vereinigt. Auf Grund des dabei erhaltenen
Richtungssatzes wurde der Neupunkt $P(\xi, \eta)$ unter Beachtung der vorhandenen Korrelationen durch Rückwärtseinschnitt ausgeglichen. Vgl. § 26, Aufgabe 16.

2. Satzvereinigung

| Ziel | Beobachtete Richtungen | | | | Ausgeglichene |
	Satz I	Satz II	Satz III	Satz IV	Richtungen x_i^0
1	0,0000[g]	0000	0000	—	0,0000[g]
2	58,6685	—	6700	6700	58,6694
3	174,1940	1945	1925	1935	174,1936
4	207,6915	6900	—	—	207,6907
5	318,8750	—	—	—	318,8749

Die Ausgleichung auf dem oben angegebenen Wege ergab die den Gln. (6) der Aufgabe 13 entsprechende Normalgleichungsmatrix N und die in der obigen Tabelle eingetragenen ausgeglichenen Richtungen. Als Fehlerquadratsumme wurde $[v'v'] = 459{,}35$ gefunden.

$$N = \begin{Vmatrix} 3{,}133 & 0{,}467 & 0{,}133 & 0{,}467 & 0{,}800 \\ 0{,}467 & 2{,}967 & -0{,}033 & 0{,}800 & 0{,}800 \\ 0{,}133 & -0{,}033 & 3{,}633 & 0{,}467 & 0{,}800 \\ 0{,}467 & 0{,}800 & 0{,}467 & 2{,}467 & 0{,}800 \\ 0{,}800 & 0{,}800 & 0{,}800 & 0{,}800 & 1{,}800 \end{Vmatrix}.$$

3. Rückwärtseinschnitt. Die Fehlergleichungen sind nach Aufgabe 16 und § 42 (16)

$$\delta_i = a_1\,d\xi + b_1\,d\eta - d\zeta - l_i,$$

wobei ζ die Orientierungsunbekannte ist. Mit den folgenden Koordinaten

Koordinaten der Anschlußpunkte und Näherungskoordinaten von P

Punkte	η	ζ
1	52 096,86	00 088,70
2	50 397,31	00 317,13
3	51 733,91	03 385,32
4	53 172,20	04 681,52
5	55 694,06	99 761,11
P_0	52 279,10	01 362,64

und den auf der Station ausgeglichenen Richtungen ergibt sich, wenn $d\xi$ und $d\eta$ in Zentimetern und $d\zeta$ in Neusekunden angesetzt werden, die nachstehende Tabelle:

Ziel	Beobacht. Richtungen r_i	Genäh. Richtungsw. φ_0	$\varphi_0 - r_i$	$\varphi_0 - r_i - \zeta_0$ $= -l_i$	a_i	b_1	δ_i	Endgült. Richtungsw. aus $r_i + z_0 +$ $+ d\zeta + \delta_i$	endg. Koordinat.
1	0,0000	209,0456	209,0456	10	−0,70	4,90	6,8	209,0450	209,0450
2	58,6694	267,7153	59	13	−2,58	1,44	− 3,3	267,7134	267,7134
3	174,1936	383,2390	54	8	−0,79	−2,93	5,4	383,2385	383,2384
4	207,6907	16,7348	41	− 5	0,48	−1,79	1,4	16,7352	16,7351
5	318,8749	127,9171	22	−24	1,53	0,72	−10,3	127,9182	127,9183
			232						
		$\zeta_0 = 209{,}0446$							

Die Fehlergleichungen lauten demnach

$$\delta_1 = -0{,}70\,d\xi + 4{,}90\,d\eta - d\zeta + 10{,}0$$
$$\delta_2 = -2{,}58\,d\xi + 1{,}44\,d\eta - d\zeta + 13{,}0$$
$$\delta_3 = -0{,}79\,d\xi - 2{,}93\,d\eta - d\zeta + \; 8{,}0$$
$$\delta_4 = \;\;\; 0{,}48\,d\xi - 1{,}79\,d\eta - d\zeta - \; 5{,}0$$
$$\delta_5 = \;\;\; 1{,}53\,d\xi + 0{,}72\,d\eta - d\zeta - 24{,}0\,.$$

Aus ihnen gewinnt man nach den Regeln § 42 (21) und (22) die Normalgleichungen mit dem Koeffizientenschema und den Auflösungsergebnissen

$d\xi$	$d\eta$	$d\zeta$	$-l$	
18,60	$-$ 14,48	$+$ 10,30	$-$ 109,9	$[ll \cdot 2] =$ 308,8
	118,90	$-$ 11,70	$+$ 93,4	$d\xi = +$ 7,3 cm $q_{\xi\xi} = 0,0739$
		25,00	10,0	$d\eta = -$ 0,2 cm $q_{\eta\eta} = 0,0094$
			1095,1	$d\zeta = -$ 2,7^{cc} $q_{\zeta\zeta} = 0,0522$

Die damit berechneten Zuschläge δ_i, die die Unbekannten der Stationsausgleichung durch die Punktausgleichung erhalten, sowie die Schlußprobe sind in den letzten 3 Spalten der obigen Tabelle eingetragen.

4. Die Fehlerrechnung liefert als 2. Verbesserungen der ursprünglichen Beobachtungen nach der aus § 42 (23) folgenden Gleichung

$$v_i'' = \bar{a}_i \delta_1 + \bar{b}_i \delta_2 + \bar{c}_i \delta_3 + \bar{d}_i \delta_4 + \bar{e}_i \delta_5 - d\zeta \; ; \quad [v''v''] = 307,7 \, .$$

Als mittlere Fehler folgen nach § 42 (24) aus den Teilausgleichungen

$$m_0' = \pm \sqrt{\frac{460}{13 - (5 + 4 - 1)}} = \pm 9,6^{cc} ; \quad m_0'' = \pm \sqrt{\frac{308}{5 - 3}} = \pm 12,4^{cc} \, .$$

m_0'' ist größer als m_0', weil m_0'' mit den Koordinatenfehlern der Anschlußfehler belastet ist. Die Zusammenfassung, die an sich nicht viel bedeutet, ergibt

$$m_0 = \pm \sqrt{\frac{460 + 308}{5 + 2}} = \pm 10,5^{cc} \, .$$

5. Das Endergebnis.   Die ausgeglichenen Koordinaten und ihre mittleren Fehler sind

$$\eta = 52\,279,10 \; ; \; m_\eta = \pm 0,01 \quad \xi = 01\,362,71 \; ; \; m_\xi = \pm 0,03 \, .$$

Eine Rechnung ohne Berücksichtigung der Korrelation ergab

$$\eta = 52\,279,10 \; ; \; m_\eta = \pm 0,01 \quad \xi = 01\,362,73 \; ; \; m_\xi = \pm 0,03 \, .$$

Die Richtungsverbesserungen δ_i sind hier $+7,0^{cc}$; $-6,8^{cc}$; $+4,2^{cc}$; $+2,6^{cc}$; $-7,0^{cc}$. Daraus folgt

$$m_0 = \pm \sqrt{\frac{169}{5 - 3}} = \pm 9,2^{cc} \, .$$

Daß der mittlere Richtungsfehler aus der Ausgleichung ohne Berücksichtigung der Korrelationen einen kleineren Wert ergeben mußte, war auf Grund der Gleichung § 6 (7) zu erwarten; denn bei Vernachlässigung der Korrelationen wird in dieser Gleichung das Glied $2m_{xy}$ unberechtigt fortgelassen.

Eine Durchrechnung dieses Beispiels nach dem Formelapparat von § 43.3 führte auch in den Dezimalen auf die gleichen Ergebnisse wie oben.

§ 43. Ausgleichen korrelierter Beobachtungen mit Hilfe der Matrix der Gewichtskoeffizienten

Korrelierte Beobachtungen lassen sich besonders einfach mit Hilfe von Matrizen ausgleichen. Soweit dafür im folgenden mehr als deren einfache Grundregeln (§ 50) benötigt werden, verweisen wir von Fall zu Fall auf die entsprechenden Stellen unseres VII. Abschnittes.

43.1 Das Ausgleichungsverfahren

Im § 6.2 ist ein allgemeines Kofaktoren- und Fehlerfortpflanzungs-gesetz für eine lineare Funktion von zwei algebraisch korrelierten Beobachtungen mit Hilfe der Gewichtskoeffizienten – oder Kofaktoren-matrix – entwickelt worden. Im § 20 wurde dieses Gesetz im Anschluß an die Ausgleichung vermittelnder Beobachtungen auf eine nicht lineare Funktion von drei (oder mehr) korrelierten Beobachtungen ausgedehnt. Dieses Gesetz lautet in einer gegenüber § 20 etwas veränderter Schreib-weise: Für

$$F = F(x, y, z) = f_0 + f_x dx + f_y dy + f_z dz$$

ist

$$\left. \begin{aligned} \frac{m_F^2}{m_0^2} = Q_{FF} = &f_x^2 q_{xx} + f_x f_y q_{xy} + f_x f_z q_{xz} \\ &+ f_x f_y q_{xy} + f_y^2 q_{yy} + f_y f_z q_{yz} \\ &+ f_x f_z q_{xz} + f_y f_z q_{yz} + f_z^2 q_{zz} \end{aligned} \right\} \tag{1}$$

Hierin sind f_x, f_y und f_z die partiellen Ableitungen von F. In Matrizen-darstellung (vgl. § 50.35 und § 51 (19)) lautet das Gesetz

$$\left. Q_{FF} = \begin{Vmatrix} f_x \\ f_y \\ f_z \end{Vmatrix}^* \cdot \begin{Vmatrix} q_{xx} & q_{xy} & q_{xz} \\ q_{xy} & q_{yy} & q_{yz} \\ q_{xz} & q_{yz} & q_{zz} \end{Vmatrix} \cdot \begin{Vmatrix} f_x \\ f_y \\ f_z \end{Vmatrix} \quad \text{oder} \quad Q_{FF} = f^* Q_{xx} f \cdot \right\} \tag{2}$$

Bereits im § 4.5 ist ein entsprechendes Kofaktoren- und Fehlerfort-pflanzungsgesetz für unabhängige Beobachtungen entwickelt worden. Ersetzt man, um dies Gesetz auf nicht-lineare Funktionen auszudehnen, in § 4 (18a) die Koeffizienten α_1, α_2, α_3 durch die partiellen Ableitungen f_x, f_y, f_z, so erhält das Gesetz die Form

$$Q_{FF} = \begin{Vmatrix} f_x \\ f_y \\ f_z \end{Vmatrix}^* \cdot \begin{Vmatrix} q_{xx} & & \\ & q_{yy} & \\ & & q_{zz} \end{Vmatrix} \cdot \begin{Vmatrix} f_x \\ f_y \\ f_z \end{Vmatrix} \cdot \tag{3}$$

Die mittels der Kofaktoren ausgedrückten Kofaktoren- und Fehler-fortpflanzungsgesetze (2) und (3) stimmen also in ihrem Aufbau völlig überein; sie unterscheiden sich nur durch die Kofaktorenmatrix, die bei den unabhängigen Beobachtungen (3) eine Diagonalmatrix, bei den korrelierten Beobachtungen (2) aber eine voll besetzte symmetrische Matrix ist.

Dieses Verfahren läßt sich, wie in § 53.3 bewiesen werden wird, unschwer auf die Ausgleichung von korrelierten Beobachtungen über-tragen. Besonders einfach ist dies bei korrelierten bedingten Beob-achtungen. Nach § 52 (6) und (7) lauten die Korrelatengleichungen und die Normalgleichungen in der Matrizensprache

$$v = P^{-1}Ak \quad \text{und} \quad A^*P^{-1}Ak + w = 0, \tag{4}$$

worin $P^{-1} = Q$ eine Diagonalmatrix ist. Diese Gleichungen und die anderen Formeln des § 52 gelten auch bei korrelierten bedingten Beobachtungen; es tritt dort lediglich an die Stelle der Diagonalmatrix Q die vollbesetzte Q-Matrix der korrelierten Beobachtungen.

Bei nicht korrelierten vermittelnden Beobachtungen werden die Fehlergleichungen und die Normalgleichungen nach § 51 (1) und (5) wiedergegeben durch die Matrizengleichungen.

$$v = Ax - l \quad \text{und} \quad A^*PAx - A^*Pl = 0. \tag{5}$$

Um diese Formeln auf die Ausgleichung korrelierter vermittelnder Beobachtungen zu übertragen, hat man zunächst auf einem der anschließend unter a) bis c) gezeigten Wege die vollbesetzte Q-Matrix der korrelierten Beobachtungen zu bestimmen, daraus durch Inversion nach § 50.4 die vollbesetzte P-Matrix abzuleiten und diese in (5) und in den übrigen Gleichungen des § 51 an die Stelle der Diagonalmatrix P zu setzen.

Wie kommt man nun zu der Matrix der Kofaktoren? Nach § 6.2 unterscheidet man algebraische und physikalische Korrelationen, und die algebraischen Korrelationen lassen sich noch einmal unterteilen. Man kann dann folgende Fälle unterscheiden:

a) Die korrelierten Beobachtungen sind verschiedene Funktionen von ursprünglich unabhängigen Beobachtungen. Ein Beispiel dafür sind z. B. die durch die Bestimmungsgleichungen § 6 (3) beschriebenen korrelierten Beobachtungen x und y. Fügt man zu diesen noch eine dritte ursprüngliche Beobachtung l_3 hinzu, so lassen x und y sich nach dem Muster von § 6 (12) und (13) darstellen durch

$$x = A^*l \quad \text{oder} \quad \begin{Vmatrix} x \\ y \end{Vmatrix} = \begin{Vmatrix} \alpha_1 & \beta_1 \\ \alpha_2 & \beta_2 \\ \alpha_3 & \beta_3 \end{Vmatrix}^* \cdot \begin{Vmatrix} l_1 \\ l_2 \\ l_3 \end{Vmatrix} \tag{6}$$

und gewinnt die Kofaktoren wegen $Q_{ll} = \begin{Vmatrix} q_1 & & \\ & q_2 & \\ & & q_3 \end{Vmatrix}$ aus

$$Q_{xx} = A^*Q_{ll}A \quad \text{oder} \quad \begin{Vmatrix} q_{xx} & q_{xy} \\ q_{xy} & q_{yy} \end{Vmatrix} = \begin{Vmatrix} \alpha_1 & \beta_1 \\ \alpha_2 & \beta_2 \\ \alpha_3 & \beta_3 \end{Vmatrix}^* \cdot \begin{Vmatrix} q_1 & & \\ & q_2 & \\ & & q_3 \end{Vmatrix} \cdot \begin{Vmatrix} \alpha_1 & \beta_1 \\ \alpha_2 & \beta_2 \\ \alpha_3 & \beta_3 \end{Vmatrix} \tag{7}$$

Ein Beispiel hierzu enthält die Aufgabe 35.

b) Die korrelierten Beobachtungen sind das Ergebnis einer Ausgleichung („Vorausgleichung"); dann errechnet man die Gewichtskoeffizienten oder Kofaktoren im Falle der vermittelnden Beobachtungen nach § 17, im Falle der bedingten Beobachtungen nach § 34. Beispiele hierfür bringen § 43.2 und 3.

c) Bei physikalischen Korrelationen, d. h. wenn bereits die ursprünglichen Beobachtungen korreliert sind, bildet man möglichst mit Erfahrungswerten der mittleren Fehler und der Korrelationskoeffizienten die Kofaktoren, stellt damit die Kofaktorenmatrix Q_{ll} der korrelierten Beobachtungen auf und hat, falls eine Ausgleichung nach vermittelnden Beobachtungen folgen soll, noch $P_{ll} = Q_{ll}^{-1}$ zu bilden. Dabei verfahre man im einzelnen folgendermaßen:

Hat man keine Erfahrungswerte für mittlere Fehler und Korrelationskoeffizienten zur Verfügung, so kann man sich Schätzwerte hierfür ableiten, indem man z. B. zwei mit den Indizes i und k versehene korrelierte Beobachtungsreihen mit Beobachtungen höherer Genauigkeit vergleicht und daraus nach § 3.1 „wahre" Fehler bildet. Aus diesen gewinnt man zuerst die mittleren Fehlerquadrate oder Varianzen m_{ii}^2 und m_{kk}^2 und die in § 6 (7) eingeführte Kovarianz m_{ik}, nämlich

$$m_{ii}^2 = \frac{[\varepsilon_i \varepsilon_i]}{n}; \qquad m_{kk}^2 = \frac{[\varepsilon_k \varepsilon_k]}{n}; \qquad m_{ik} = \frac{[\varepsilon_i \varepsilon_k]}{n} \tag{8}$$

und außerdem, indem man in § 49 (27) anstelle der v_i die sicherlich noch besseren ε_i benutzt und statt dort s hier m schreibt, den empirischen Korrelationskoeffizienten

$$r_{ik} = \frac{[\varepsilon_i \varepsilon_k]}{\sqrt{[\varepsilon_i \varepsilon_i][\varepsilon_k \varepsilon_k]}} = \frac{m_{ik}}{\sqrt{m_{ii}^2 m_{kk}^2}}. \tag{9}$$

Aus den entweder nach (8) und (9) errechneten oder aus der Erfahrung herrührenden Werten m_{ii}^2, m_{kk}^2 und r_{ik} bildet man ferner analog § 6 (9)

$$q_{ii} = \frac{m_{ii}^2}{m_0^2}; \qquad q_{kk} = \frac{m_{kk}^2}{m_0^2}; \qquad q_{ik} = \frac{m_{ik}}{m_0^2}, \tag{10}$$

setzt dies in die rechte Gl. (9) ein und gewinnt damit

$$r_{ik} = \frac{q_{ik}}{\sqrt{q_{ii} q_{kk}}} \quad \text{und} \quad q_{ik} = r_{ik} \sqrt{q_{ii} q_{kk}}. \tag{11}$$

Mit den q_{ii} und den q_{kk} aus (10) und den q_{ik} aus (11) kann man schließlich die Kofaktorenmatrix Q_{ll} der korrelierten Beobachtungen zusammenstellen. Ein Beispiel hierfür bringt unsere Aufgabe 36.

In der Praxis sind die physikalischen Korrelationen meistens nicht sehr streng, so daß den Korrelationskoeffizienten und damit auch den Kofaktoren mit gemischten Indizes eine ziemlich erhebliche Unsicherheit

anhaftet. Der Nachweis einer physikalischen Korrelation gelingt nach
E. Gotthardt nur in besonderen Fällen [9]. Nach *W. Höpcke* sind vor allem
solche Beobachtungen stark korreliert, deren Genauigkeit durch die
physikalische Struktur des Luftraums bestimmt wird; das sind z. B.
trigonometrische Höhenmessungen und elektronische Streckenmessungen. In diesen Fällen wird die Korrelation durch eine ungenaue Ermittlung des Refraktionskoeffizienten k bzw. des Brechungsindex n der
atmosphärischen Luft verursacht.

Man sollte daher nach *Höpcke* Funktion und Parameter des mathematischen Modells, welches das physikalische Phänomen für die Berechnung ersetzt, so genau bestimmen, wie es ökonomisch vertretbar ist.
Die dann noch verbleibenden Auswirkungen ungenauer Parameter betrachten einige Autoren als systematische Fehler [10], andere als Korrelationen. *W. Höpcke* [11] schreibt dazu:

„Systematische Fehler entstehen, wenn das Modell ein stabiles
(z. B. bei der Reichenbachschen Distanzmessung ein geometrisches)
Phänomen ungenau beschreibt. Danach ist der systematische Fehler
vermeidbar; häufig ist er durch eine Eichung zu beheben.

Wenn die Unzulänglichkeit des Modells jedoch darin besteht, daß
es ein instabiles (physikalisches) Phänomen wohl in seinem Normal-
zustand richtig beschreibt, aber den bei der Messung aktuellen Zustand
nicht exakt wiedergibt, sollte man nicht von systematischen Fehlern
sprechen, wohl aber die Korrelation solcher Messungen ermitteln und
berücksichtigen."

In gewissem Ausmaß treten physikalische Korrektionen bei sehr
vielen geodätischen Messungen auf: So streuen z. B. bei länger andau-
ernden Beobachtungen im allgemeinen die Messungen eines Tages
weniger, als die Tagesmittel von verschiedenen Tagen, weil die meteoro-
logischen und andere Umstände zwar während e i n e s Tages ziemlich
gleich bleiben, nicht aber während mehrerer Tage. Die Messungen ein-
und desselben Tages sind also offensichtlich korreliert, so daß die
mittleren Fehler der Tagesmittel nach dem allgemeinen Fehlerfortpflanzungsgesetz (2) berechnet werden müßten. Gerechnet wird aber
gewöhnlich nach dem Gaußschen Fehlerfortpflanzungsgesetz (3), das
die Kofaktoren mit den gemischten Indizes nicht enthält. Das Vernachlässigen dieser aus den Korrelationen herrührenden Bestandteile –

---

[9] *Gotthardt, E.:* Zur Ermittlung von Korrelationen. Z. Vermessungsw. **1960**, 180; —
Die Auswirkungen unrichtiger Annahmen über Gewichte und Korrelationen. Z. Vermessungsw. **1962**, 65.

[10] *Böhm, J.:* Theorie der gesamten Fehler. Z. Vermessungsw. **1967**, 81.

[11] *Höpcke, W.:* Eine Studie über die Korrelation elektromagnetischer gemessener
Strecken. All. Verm.-Nachr. **1965**, 140; — Ausgleichung korrelierter Streckenmessungen.
Allg. Verm.-Nachr. **1966**, 14; — Systematischer Fehler und Korrelation, in [*46*], S. 132.
— Über Korrelationen in der Fehlerlehre. Allg. Verm.-Nachr. **1968**, 146.

vgl. hierzu § 6 (7) – könnte nach *W. Höpcke* ein Grund dafür sein, daß der die sogenannte innere Genauigkeit beschreibende mittlere Fehler meistens kleiner ist, als der, der die äußere Genauigkeit repräsentiert.

Aufgabe 35. *Ausgleichen eines nach Richtungen beobachteten Dreiecks-netzes, nach den aus den Differenzen der Richtungen gebildeten Winkeln*

Auf den Stationen ausgeglichene Richtungen

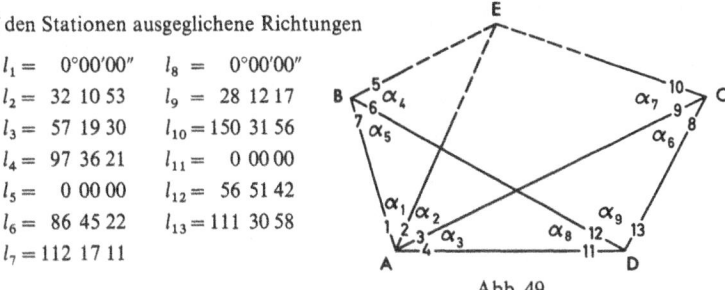

$l_1 =$	$0°00'00''$	$l_8 = \quad 0°00'00''$
$l_2 =$	$32\ 10\ 53$	$l_9 = \quad 28\ 12\ 17$
$l_3 =$	$57\ 19\ 30$	$l_{10} = 150\ 31\ 56$
$l_4 =$	$97\ 36\ 21$	$l_{11} = \quad 0\ 00\ 00$
$l_5 =$	$0\ 00\ 00$	$l_{12} = \quad 56\ 51\ 42$
$l_6 =$	$86\ 45\ 22$	$l_{13} = 111\ 30\ 58$
$l_7 =$	$112\ 17\ 11$	

Abb. 49

Die auf den Stationen ausgeglichenen Richtungen können, da vollständige Richtungssätze beobachtet wurden, gemäß § 25, Aufgabe 12, Gl. (10) wie ursprüngliche unabhängige Beobachtungen behandelt werden. Da nach dem Aufgabentext das Netz nach Winkeln ausgeglichen werden soll, sind aus den Richtungen die aus der Figur ersichtlichen Winkel α_i gebildet worden. Diese sind aber korreliert. Es folgt daher

a) Das Aufstellen der Matrix der Kofaktoren. Hierzu stellt man zunächst die Bestimmungsgleichungen der α_i zusammen und erhält dann nach (6) in der Matrizenschreibweise, wenn die Koeffizientenmatrix der Bestimmungsgleichungen **B** genannt wird, folgende Gleichung:

$$\alpha = B^* \cdot l \, .$$

Da die Richtungen l_i auf allen Stationen gleichgewichtig sind, erteilen wir ihnen einfachheitshalber das Gewicht 1, und weil sie auch unabhängig voneinander sind, ist $P_{ll} = E$ und auch $Q_{ll} = E$.

Damit wird nach (7)

$$Q_{\alpha\alpha} = B^* Q_{ll} B = B^* B = \begin{Vmatrix} 2 & -1 & \cdot & \cdot & \cdot & \cdot & \cdot & \cdot \\ -1 & 2 & -1 & \cdot & \cdot & \cdot & \cdot & \cdot \\ \cdot & -1 & 2 & \cdot & \cdot & \cdot & \cdot & \cdot \\ \cdot & \cdot & \cdot & 2 & -1 & \cdot & \cdot & \cdot \\ \cdot & \cdot & \cdot & -1 & 2 & \cdot & \cdot & \cdot \\ \cdot & \cdot & \cdot & \cdot & \cdot & 2 & -1 & \cdot \\ \cdot & \cdot & \cdot & \cdot & \cdot & -1 & 2 & \cdot \\ \cdot & \cdot & \cdot & \cdot & \cdot & \cdot & 2 & -1 \\ \cdot & \cdot & \cdot & \cdot & \cdot & \cdot & -1 & 2 \end{Vmatrix} \, .$$

b) Ausgleichung des Dreiecksnetzes nach bedingten Beobachtungen *unter Berücksichtigung* der Kofaktoren $Q_{\alpha\alpha}$. Die Bedingungsgleichung für die Netzfigur, die zwei Winkelsummen- und eine Seitenbedingung enthält, lautet nach § 52 (3)

$$A^* v + w = 0 \, .$$

Mit der nach § 33.3 behandelten Seitengleichung

$$\frac{\sin(\alpha_1 + v_1 + \alpha_4 + v_4 + \alpha_5 + v_5) \cdot \sin(\alpha_7 + v_7) \cdot \sin(\alpha_8 + v_8 + \alpha_9 + v_9) \cdot \sin(\alpha_5 + v_5)}{\sin(\alpha_4 + v_4 + \alpha_5 + v_5) \cdot \sin(\alpha_2 + v_2 + \alpha_7 + v_7) \cdot \sin(\alpha_6 + v_6) \cdot \sin(\alpha_8 + v_8)} = 1$$

erhält man dann in der Elementendarstellung

$$
\begin{Vmatrix}
+1 & \cdot & -2{,}9 \\
+1 & \cdot & +3{,}3 \\
+1 & +1 & \cdot \\
\cdot & \cdot & -2{,}0 \\
\cdot & \cdot & +2{,}4 \\
\cdot & +1 & -3{,}9 \\
\cdot & \cdot & +2{,}9 \\
+1 & +1 & -2{,}2 \\
\cdot & +1 & -0{,}8
\end{Vmatrix}^{*}
\begin{Vmatrix}
v_1 \\ v_2 \\ v_3 \\ v_4 \\ v_5 \\ v_6 \\ v_7 \\ v_8 \\ v_9
\end{Vmatrix}
\cdot
+
\begin{Vmatrix}
- 8{,}0 \\ + 6{,}0 \\ -15{,}7
\end{Vmatrix}
= 0 .
$$

Die Normalgleichung lautet nach § 52 (8)

$$N k + w = 0 .$$

Hierin ist nach § 52 (7a) und wegen $P^{-1} = Q_{\alpha\alpha}$

$$N = A^* P^{-1} A = A^* Q_{\alpha\alpha} A =
\begin{Vmatrix}
+6 & + 2 & + 0{,}3 \\
+2 & + 6 & - 16{,}1 \\
+0{,}3 & - 16{,}1 & + 148{,}3
\end{Vmatrix},$$

während der Vektor w aus der Bedingungsgleichung entnommen werden kann. Daraus ergeben sich die Korrelaten k und mit diesen nach § 52.6 die Verbesserungen

$$k = \begin{Vmatrix} +1{,}99 \\ -1{,}96 \\ -0{,}11 \end{Vmatrix}
\qquad
v = P^{-1} A k =
\begin{Vmatrix}
+3{,}00 \\ +0{,}91 \\ -1{,}57 \\ -1{,}28 \\ +3{,}24 \\ -2{,}84 \\ +1{,}09 \\ +2{,}42 \\ -4{,}02
\end{Vmatrix} .$$

c) Fehlerrechnung. Zur Berechnung des mittleren Gewichtseinheitsfehlers hat man nach § 59 (9) $v^* P v$ zu bilden. Um jedoch die zur Berechnung von P erforderliche Inversion von $Q_{\alpha\alpha}$ zu umgehen, benutzt man zweckmäßig die in § 52 (6) gegebene Beziehung $v = P^{-1} A k$ und erhält

$$v^* P v = v^* P P^{-1} A k = v^* A k = 25{,}96 .$$

Der Gewichtseinheitsfehler, der sich nach unseren Festsetzungen auf eine beobachtete Richtung bezieht, ergibt sich mit

$$m_0^2 = \frac{v^* P v}{r} = \frac{25{,}96}{6} = 8{,}6 \quad \text{zu} \quad m_0 = \pm 2{,}9'' .$$

Die Ausgleichung nach Richtungen führt auf denselben Vektor w und dieselbe Matrix N wie oben. Somit sind auch die Korrelaten identisch. Nach Umrechnung der damit berechneten Richtungsverbesserungen v_l in Winkelverbesserungen v_α erhält man bis auf Abrundungsfehler von $0,02''$ ebenfalls identische Werte der v_α. $[v_l v_l]$ berechnet sich zu 25,94; das deckt sich mit dem Ergebnis, das aus $v^* P v$ erhalten wurde.

Aufgabe 36. *Ausgleichen trigonometrischer Höhenmessungen III*

a) Bestimmen des Korrelationskoeffizienten durch Vergleich mit nivellierten (= wahren) Höhenunterschieden. Hierzu wurden an einem warmen Sommertage zwischen 10^h und 16^h auf zwei rund 2 km voneinander entfernten Standpunkten P_1 und P_2 gegenseitige gleichzeitige Zenitdistanzen und außerdem auf P_2 über 1 km Distanz nach P_3 einseitige Zenitdistanzen in halbstündlichem Abstand gemessen. Der Zielstrahl verlief nur wenige Meter über dem Boden.

Die Zenitdistanzen wurden nach

$$h_{\text{Trig}} = s \cdot \cot z + (1-k)\frac{s^2}{2R}$$

mit $k = 0,13$ in Höhenunterschiede umgerechnet. Da alle Stand- und Zielpunkte einnivelliert waren, konnten mit den „wahren Höhenunterschieden" die „wahren Fehler"

$$\varepsilon = h_{\text{Niv}} - h_{\text{Trig}}$$

gebildet werden.

Die folgende Tabelle enthält in der obersten Abteilung die ε der drei Visuren; in der unteren Abteilung stehen die nach (8) errechneten empirischen Varianzen m_{11}^2, m_{22}^2 und m_{33}^2, die Kovarianzen m_{12} und m_{23} sowie die Korrelationskoeffizienten r_{12} und r_{23}.

	$\varepsilon_1 [\text{dm}]$	$\varepsilon_2 [\text{dm}]$	$\varepsilon_3 [\text{dm}]$
	0,63	1,35	0,34
	−0,55	0,50	0,38
	1,09	1,48	0,37
	−0,55	−0,23	0,15
	1,55	1,95	0,48
	2,37	2,70	0,71
	2,24	2,27	0,61
	0,07	0,20	0,45
	1,22	1,91	0,23
	−0,29	0,04	0,09
	−4,37	−3,52	−0,64
	−3,97	−3,26	−0,26
	−1,93	−1,51	−0,47
m_{ii}^2	$m_{11}^2 = 4,259$	$m_{22}^2 = 3,814$	$m_{33}^2 = 0,192$
m_{ik}		$m_{12} = +3,876$	$m_{23} = +0,749$
r_{ik}		$r_{12} = +0,96$	$r_{23} = +0,88$

Die hohe Korrelation − $r_{ik} \approx 0,9$ − ist darauf zurückzuführen, daß der tatsächliche Refraktionskoeffizient am Meßtage von dem bei der Berechnung der trigonometrischen Höhenunterschiede benutzten $k = 0,13$ stark abweicht.

b) Ausgleichen der trigonometrischen Höhenmessungen des Beispiels § 23, Aufgabe 10 unter Berücksichtigung des unter a) errechneten Korrelationskoeffizienten nach vermittelnden Beobachtungen. Nach Aufgabe 10 ist, wenn die Entfernungen s_i heißen, das Gewicht einer Beobachtung über die Strecke s gleich $1/s^2$. Ist m_0^2 das mittlere Fehlerquadrat oder die Varianz eines über 1 km Distanz gemessenen Höhenunterschiedes, so ist nach § 4 (8) und (16) mit den in § 43 (8) und (9) verwendeten Doppelindizes

$$m_{ii}^2 = m_0^2 \cdot s_i^2 \quad \text{und} \quad q_{ii} = \frac{m_{ii}^2}{m_0^2} = s_i^2,$$

wobei die s_i in Kilometern anzusetzen ist.

In der den Beobachtungen der Aufgabe 10 entsprechenden Kofaktorenmatrix sind demnach die Diagonalelemente $q_{11}, q_{12} \dots q_{77}$ gegeben durch die Quadrate der Strecken $s_1, s_2 \dots s_7$. Die gemischten Elemente $q_{12}, q_{13} \dots q_{23} \dots$ ergeben sich nach § 43 (11), weil nach Voraussetzung $r_{ik} = 0{,}9$ sein soll, zu

$$q_{ik} = 0{,}9 \sqrt{q_{ii} \cdot q_{kk}}.$$

Danach errechnet man als Kofaktorenmatrix der Beobachtungen

$$Q_{ll} = \begin{Vmatrix} 1{,}37 & 1{,}69 & 1{,}93 & 1{,}93 & 2{,}74 & 1{,}39 & 1{,}79 \\ 1{,}69 & 2{,}57 & 2{,}65 & 2{,}65 & 3{,}76 & 1{,}90 & 2{,}46 \\ 1{,}93 & 2{,}65 & 3{,}37 & 3{,}03 & 4{,}30 & 2{,}18 & 2{,}81 \\ 1{,}93 & 2{,}65 & 3{,}03 & 3{,}37 & 4{,}30 & 2{,}18 & 2{,}81 \\ 2{,}74 & 3{,}76 & 4{,}30 & 4{,}30 & 6{,}77 & 3{,}08 & 3{,}99 \\ 1{,}39 & 1{,}90 & 2{,}18 & 2{,}18 & 3{,}08 & 1{,}73 & 2{,}02 \\ 1{,}79 & 2{,}46 & 2{,}81 & 2{,}81 & 3{,}99 & 2{,}02 & 2{,}90 \end{Vmatrix}.$$

Hieraus folgt durch Inversion nach § 50.5, 3. Absatz

$$P_{ll} = \begin{Vmatrix} 6{,}21 & -0{,}78 & -0{,}60 & -0{,}60 & -0{,}46 & -1{,}04 & -0{,}64 \\ -0{,}78 & 3{,}39 & -0{,}48 & -0{,}48 & -0{,}35 & -0{,}62 & -0{,}54 \\ -0{,}60 & -0{,}48 & 2{,}54 & -0{,}40 & -0{,}30 & -0{,}65 & -0{,}43 \\ -0{,}60 & -0{,}48 & -0{,}40 & 2{,}54 & -0{,}30 & -0{,}65 & -0{,}43 \\ -0{,}46 & -0{,}35 & -0{,}30 & -0{,}30 & 1{,}27 & -0{,}36 & -0{,}33 \\ -1{,}04 & -0{,}62 & -0{,}65 & -0{,}65 & -0{,}36 & 5{,}15 & -0{,}66 \\ -0{,}64 & -0{,}54 & -0{,}43 & -0{,}43 & -0{,}33 & -0{,}66 & 2{,}95 \end{Vmatrix}.$$

Mit der nach dem Text der Aufgabe 10 leicht herzustellenden Matrix der Fehlergleichungskoeffizienten und dem Vektor der Absolutglieder, nämlich

$$A^* = \begin{Vmatrix} -1 & -1 & -1 & 1 & \cdot & \cdot & \cdot \\ 1 & \cdot & \cdot & \cdot & 1 & \cdot & -1 \\ \cdot & 1 & \cdot & \cdot & \cdot & 1 & 1 \end{Vmatrix}$$

$$-l^* = \begin{Vmatrix} 0{,}072 & 0{,}083 & -0{,}096 & 0{,}000 & 0{,}000 & 0{,}000 & -0{,}143 \end{Vmatrix}$$

erhält man schließlich nach § 51 (5) die Normalgleichungen

$$A^* P A x - A^* P l = 0.$$

Die Auflösung liefert

$H_B = 128{,}39$; $H_C = 171{,}89$; $H_D = 141{,}75$ mit $m_B = \pm 0{,}03$; $m_C = \pm 0{,}04$; $m_D = \pm 0{,}05$.

Diese Ergebnisse weichen von den in Aufgabe 10 ohne Rücksicht auf die Korrelationen ermittelten Werten bis zu 0,06 m ab. Das erklärt sich aus den ungewöhnlich hohen Korrelationen mit $r_{ik} = 0{,}9$.

c) *Ausgleichen des unter b) genannten trigonometrischen Höhennetzes nach korrelierten bedingten Beobachtungen.* Das Netz ist in § 36, Aufgabe 26 ohne Berücksichtigung von Korrelationen nach bedingten Beobachtungen ausgeglichen worden. Anders als dort sollen hier nicht die beobachteten Zenitdistanzen, sondern die aus ihnen berechneten und bereits unter b) benutzten Höhenunterschiede in die Ausgleichung eingeführt werden. Die Bedingungsgleichungen dagegen sollen jedoch die gleiche geometrische Form haben wie in Aufgabe 26. Die ursprünglichen Bedingungsgleichungen sind dann

$$
\begin{aligned}
& & & +h_5+v_5 & -h_6-v_6 & +h_7+v_7 &=0 \\
h_1+v_1 & -h_2-v_2 & & & & +h_7+v_7 &=0 \\
-h_1-v_1 & & h_3+v_3 & +h_5+v_5 & & &=0 \\
& & h_3+v_3 & +h_4+v_4 & & &=0.
\end{aligned}
$$

Diese lauten nach § 52 (2), (3) in der Matrizendarstellung

$$
A^*v+w=0 \quad \text{mit} \quad A^* = \begin{Vmatrix} \cdot & \cdot & \cdot & +1 & -1 & +1 \\ +1 & -1 & \cdot & \cdot & \cdot & +1 \\ -1 & \cdot & +1 & +1 & \cdot & \cdot \\ \cdot & \cdot & +1 & +1 & \cdot & \cdot \end{Vmatrix}; \quad w = \begin{Vmatrix} 0{,}143 \\ 0{,}154 \\ 0{,}168 \\ 0{,}096 \end{Vmatrix}.
$$

Die Normalgleichungen sind nach § 52 (7) und (8) wegen $P^{-1}=Q_{ll}$

$$
A^*Q_{ll}Ak+w=0 \quad \text{oder} \quad Nk+w=0.
$$

Hieraus folgt für die k_i und die nach § 52 (6) errechneten v_i

$$
-N^{-1}w=k= \begin{Vmatrix} 0{,}171 \\ -0{,}284 \\ -0{,}233 \\ 0{,}156 \end{Vmatrix}; \quad v=Q_{ll}A\,k= \begin{Vmatrix} -0{,}047 \\ 0{,}017 \\ -0{,}090 \\ -0{,}010 \\ -0{,}129 \\ -0{,}074 \\ -0{,}091 \end{Vmatrix}.
$$

Mit den ausgeglichenen Beobachtungen l_i+v_i ergeben sich schließlich die gesuchten Höhen wie unter b) zu $H_B=128{,}39$ m; $H_C=171{,}89$ m; $H_D=141{,}75$ m.

Die Fehlerberechnung gibt nach § 52 (9) und (10) den Gewichtseinheitsfehler

$$
m_0^2=\frac{1}{r}v^*Pv=-\frac{1}{r}w^*k=0{,}011 \quad \text{bzw.} \quad m_0=\pm0{,}105.
$$

Man ermittelt alsdann nach § 52 (13) die Kofaktoren der ausgeglichenen Beobachtungen nach § 52 (13) wegen $P^{-1}=Q_{ll}$ aus

$$
Q_{vv}=\Psi^*Q_{ll}\Psi \quad \text{mit} \quad \Psi=A^*Q_{ll}.
$$

Schließlich bringt man den Zusammenhang zwischen den ausgeglichenen Beobachtungen und den endgültigen Höhen in die Form

$$
\varphi=f_0+F^*(l+v).
$$

Hierin ist in unserem Falle wegen

$$
H_B=H_A+(h_4+v_4); \quad H_C=H_A+(h_5+v_5); \quad H_D=H_A+(h_6+v_6)
$$

$$
F^*=\begin{Vmatrix} \cdot & \cdot & \cdot & 1 & \cdot & \cdot \\ \cdot & \cdot & \cdot & \cdot & 1 & \cdot \\ \cdot & \cdot & \cdot & \cdot & \cdot & 1 \end{Vmatrix}.
$$

Damit ergeben sich nach § 52 (18) die Kofaktoren der endgültigen Höhen

$$Q_{\varphi\varphi} = F^*(Q_{ll} - Q_{vv})F = \begin{Vmatrix} 0{,}10 & 0{,}08 & 0{,}05 \\ 0{,}08 & 0{,}19 & 0{,}12 \\ 0{,}05 & 0{,}12 & 0{,}21 \end{Vmatrix}.$$

womit folgt

$$m_B = \pm 0{,}03 \,; \qquad m_C = \pm 0{,}05 \,; \qquad m_D = \pm 0{,}05 \,.$$

43.2 Ausgleichen korrelierter Größen nach bedingten Beobachtungen

Als Anwendung der in § 43.1 gegebenen Ausgleichungsregel Fall b) wird das Beispiel des § 42.2 noch einmal behandelt und wie dort die Ausgleichung in eine Vorausgleichung nach vermittelnden Beobachtungen und eine Hauptausgleichung nach (algebraisch) korrelierten bedingten Beobachtungen zerlegt werden. Die Fehlergleichungen der Vorausgleichung – § 42 (9a) – lauten in der Matrizendarstellung nach § 51 (1)

$$v = Ax - l \,. \tag{12}$$

Aus ihnen werden nach bekannten Regeln vorläufige Werte der Unbekannten x_0, y_0, z_0 und die Elemente der Kofaktorenmatrix

$$Q_{xx} = \begin{Vmatrix} q_{xx} & q_{xy} & q_{xz} \\ q_{xy} & q_{yy} & q_{yz} \\ q_{xz} & q_{yz} & q_{zz} \end{Vmatrix} \tag{13}$$

errechnet. Die vorläufigen Werte x_0, y_0, z_0 sind sodann zur Berücksichtigung der nach § 42 (9b) gebildeten umgeformten Bedingungsgleichungen § 42 (10) einem zweiten Ausgleichungsschritt zu unterwerfen, durch den sie die Verbesserungen δx, δy, δz erhalten. Die Matrix der Koeffizienten dieser Bedingungsgleichungen und der Widerspruchsvektor sind (nach § 52 (3))

$$B^* = \begin{Vmatrix} r_1 & r_2 & r_3 \\ s_1 & s_2 & s_3 \end{Vmatrix} \quad \text{und} \quad w = \begin{Vmatrix} w_r \\ w_s \end{Vmatrix}. \tag{14}$$

Mit diesen lauten die Gln. § 42 (10) in der Matrizenschreibweise

$$B^* \delta x + w = 0 \,. \tag{15}$$

Die zugehörigen Normalgleichungen sind nach § 52 (7) bis (8) wegen $P^{-1} = Q$

$$B^* P^{-1} Bk + w = B^* QBk + w = 0 \,, \tag{16}$$

und mit der Substitution

$$B^* QB = N \tag{17}$$

wird

$$Nk + w = 0 \,. \tag{18}$$

In (17) ist mit (14) und (13) das Matrizenprodukt

$$B^*Q = \begin{Vmatrix} R_1 & R_2 & R_3 \\ S_1 & S_2 & S_3 \end{Vmatrix} \quad \text{mit} \quad \left.\begin{aligned} R_1 &= r_1 q_{xx} + r_2 q_{xy} + r_3 q_{xz} \\ R_2 &= r_1 q_{xy} + r_2 q_{yy} + r_3 q_{yz} \\ S_1 &= s_1 q_{xx} + s_2 q_{xy} + s_3 q_{xz} \end{aligned}\right\} \text{usw.} \tag{19}$$

Ferner folgt aus (19) und (14)

$$B^*QB = N = \begin{Vmatrix} [Rr] & [Rs] \\ [Ss] & [Ss] \end{Vmatrix} \quad \text{mit} \quad \left.\begin{aligned} [Rr] &= R_1 r_1 + R_2 r_2 + R_3 r_3 \\ [Rs] &= R_1 s_1 + R_2 s_2 + R_3 s_3 \end{aligned}\right\} \text{usw.} \tag{20}$$

Die Normalgleichungen (18) lauten dann, da $[Rs]$ und $[Sr]$ identisch sind, ausgeschrieben

$$\left.\begin{aligned} [Rr]k_r + [Rs]k_s + w_r &= 0 \\ [Rs]k_r + [Ss]k_s + w_s &= 0 \,. \end{aligned}\right\} \tag{21}$$

Diese Gleichungen führen, wie sich über die in § 17.3 am Schluß stehende „Variante" nachweisen läßt, auf die gleichen Korrelaten wie § 42 (12). Den mittleren Fehler der Gewichtseinheit erhält man nach § 52 (9) und (10) mit

$$v^*Pv = -w^*k \quad \text{zu} \quad m_0^2 = \frac{1}{r} v^*Pv \,. \tag{21a}$$

Die $[vv]$-Proben entnehme man § 52 (9).

43.3 Ausgleichen korrelierter Größen nach vermittelnden Beobachtungen [12]

Als weitere Anwendung der Regel in § 43.1 Ziff. b sei auch das in § 42.3 erörterte Problem noch einmal behandelt.

In der Vorausgleichung lauten die Fehlergleichungen mit den aus § 42 (13) zu ersehenden Elementen von $\overline{A}$ in der Schreibweise unseres § 51 (1)

$$v' = \overline{A}x - \overline{l} \quad \text{oder} \quad \begin{Vmatrix} v_1 \\ v_2 \\ v_3 \\ \vdots \end{Vmatrix} = \begin{Vmatrix} \overline{a}_1 & \overline{b}_1 & \overline{c}_1 \\ \overline{a}_2 & \overline{b}_2 & \overline{c}_2 \\ \overline{a}_3 & \overline{b}_3 & \overline{c}_3 \\ \vdots & \vdots & \vdots \end{Vmatrix} \cdot \begin{Vmatrix} x_1 \\ x_2 \\ x_3 \end{Vmatrix} - \begin{Vmatrix} \overline{l}_1 \\ \overline{l}_2 \\ \overline{l}_3 \\ \vdots \end{Vmatrix} . \tag{22}$$

Die zugehörigen Normalgleichungen sind nach § 51 (6)

$$\overline{N}x - \overline{n} = 0 \,, \tag{23}$$

[12] *Wolf, H.*: Zur Frage der Korrelationen bei der Berechnung von großen geodätischen Dreiecksnetzen .... Nachr. aus dem Karten- und Vermessungswesen, Reihe I, Heft 30. Frankfurt a. M. 1965.

wobei nach § 42 (14) ist

$$\bar{N} = \begin{Vmatrix} \overline{[aap]} & \overline{[abp]} & \overline{[acp]} & \dots \\ \overline{[abp]} & \overline{[bbp]} & \overline{[bcp]} & \dots \\ \overline{[acp]} & \overline{[bcp]} & \overline{[ccp]} & \dots \end{Vmatrix}; \quad -\bar{n} = \begin{Vmatrix} -\overline{[alp]} \\ -\overline{[blp]} \\ -\overline{[clp]} \end{Vmatrix}. \quad (24)$$

Mit Hilfe der Matrix Q_{xx} der Kofaktoren der ausgeglichenen Unbekannten, deren Elemente in (13) gegeben sind, können nach § 51 (8) x_1, x_2, x_3, ... auch dargestellt werden durch

$$x = Q_{xx} n. \quad (25)$$

Die Matrix Q_{xx} und ihre Elemente sind, obwohl sie zur Vorausgleichung gehören, nicht überstrichen, weil Verwechslungen nicht zu befürchten sind.

In der Hauptausgleichung werden wie in § 42.3 die Unbekannten mit $\xi = \xi_0 + d\xi$; $\eta = \eta_0 + d\eta$ bezeichnet. Als Absolutglieder werden die mit den Unbekannten x_i der Vorausgleichung gebildeten Ausdrücke $-l_i = -(x_i - a_1\xi_0 - b_i\eta_0)$ eingeführt mit dem Ziel, für sie die Verbesserungen δ_i zu errechnen. Im Anhalt an § 51 (1) lassen die Fehlergleichungen § 42 (16) sich dann darstellen durch

$$\delta = B\, d\xi - l \quad \text{oder} \quad \begin{Vmatrix} \delta_1 \\ \delta_2 \\ \delta_3 \\ \cdot \\ \cdot \end{Vmatrix} = \begin{Vmatrix} a_1 & b_1 \\ a_2 & b_2 \\ a_3 & b_3 \\ \cdot & \cdot \\ \cdot & \cdot \end{Vmatrix} \cdot \begin{Vmatrix} d\xi \\ d\eta \end{Vmatrix} - \begin{Vmatrix} l_1 \\ l_2 \\ l_3 \\ \cdot \\ \cdot \end{Vmatrix}. \quad (26)$$

Die Matrizendarstellung der Normalgleichungen lautet, wenn in § 51 (5) statt der Gewichtsmatrix die reziproke Kofaktorenmatrix $Q^{-1} = P$ der Absolutglieder, d. h. der ausgeglichenen Unbekannten der Vorausgleichung eingesetzt wird,

$$B^* Q^{-1} B\, d\xi - B^* Q^{-1} l = 0. \quad (27)$$

Nun stehen, wie aus § 17 (1) und (2) hervorgeht, die Matrizen der Normal- und der Gewichtsgleichungen in einem reziproken Verhältnis zueinander; also ist $Q^{-1} = \bar{N}$ und damit

$$B^* \bar{N} B\, d\xi - B^* \bar{N} l = 0. \quad (28)$$

Setzen wir schließlich

$$\bar{N} B = A \quad \text{und} \quad -\bar{N} l = -L, \quad (29)$$

so lautet die Matrizengleichung der Normalgleichungen

$$B^* A\, d\xi - B^* L = 0. \quad (30)$$

Die Matrizenmultiplikation $\bar{N}B = A$ aber ergibt als Elemente der Matrix A die A_i und B_i aus § 42 (21), und ebenso gibt die Multiplikation $-\bar{N}l = -L$ die $-L_i$ aus § 42 (21). Aus (30) folgen dann mit $(a_1 A_1 + a_2 A_2 + a_3 A_3) = [aA]$ usw. die ausgeschriebenen Normalgleichungen

$$\left. \begin{array}{l} [aA]\, d\xi + [aB]\, d\eta - [aL] = 0 \\ [aB]\, d\xi + [bB]\, d\eta - [bL] = 0 . \end{array} \right\} \tag{31}$$

Diese Gleichungen sind identisch mit § 42 (22). Mittels äquivalenter Fehlergleichungen und mit der vollbesetzten Matrix der Kofaktoren werden also nicht nur identische Unbekannte, sondern auch identische Rechenwege erhalten.

Den mittleren Fehler der Gewichtseinheit erhält man aus

$$m_0^2 = \frac{1}{n-u}\, v^* P v \quad \text{bzw.} \quad m_0^2 = \frac{1}{n-u}\, v^* \bar{N} v , \tag{32}$$

dabei gilt die rechte Formel in (32) nur dann, wenn wie für unseren Sonderfall in (27) erläutert ist, $P = Q^{-1} = \bar{N}$ ist.

Die bei § 42 (22) gegebene Regel für die Behandlung der Fälle, in denen die Absolutglieder der Hauptausgleichung nicht identisch mit den ausgeglichenen Unbekannten der Vorausgleichungen sind, gilt auch hier.

VI. Sonderaufgaben und mathematische Statistik
§ 44. Ausgleichung durch schrittweise Annäherung

In manchen Fällen führt die Ausgleichung durch schrittweise Annäherung (Iteration) schneller zum Ziel, als die bisher geschilderten direkten Ausgleichungsverfahren. Anders als bei Näherungsausgleichungen, bei denen eine Verminderung der Ausgleichungsarbeit durch Verzicht auf die theoretische Strenge erstrebt wird, erhält man durch die Iteration, sofern nur die Ausgangsgleichungen streng aufgestellt werden, dieselben Werte der ausgeglichenen Größen wie bei den direkten Verfahren. Mittlere Fehler der Beobachtungen und die Funktionsgewichte zur Ermittlung mittlerer Fehler abgeleiteter Größen können mit befriedigender Genauigkeit ermittelt werden.

Das Verfahren der schrittweisen Annäherung läßt sich sowohl im Zuge der Ausgleichung nach vermittelnden wie bedingten Beobachtungen anwenden. Der erste Schritt pflegt im allgemeinen eine einfache Abstimmung zu sein. Man nähert sich dann dem Ausgleichungsziel dadurch, daß das Ergebnis des vorhergehenden Schrittes in den nächstfolgenden Schritt übernommen wird. Dabei wird unterschieden zwischen Verfahren, bei denen die schrittweise Annäherung ohne Zuhilfenahme von Normalgleichungen durchgeführt wird, und solchen, bei denen sie erst nach dem Aufstellen der Normalgleichungen einsetzt[1].

Der Arbeitsaufwand bei der schrittweisen Annäherung wird einerseits durch die Güte der Ausgangswerte, zum anderen durch das Tempo der Konvergenz bestimmt. Die Konvergenz läßt sich nach *C. F. Gauß*, der die Iteration in großem Umfang angewandt hat, durch Kunstkniffe beträchtlich beschleunigen: Hier ist zunächst die im § 38 beschriebene Umformung von Bedingungsgleichungen zu nennen; weitere Hilfsmittel sind das Ansetzen abhängiger Zusatzbedingungen und das Einführen von Hilfsunbekannten. Für tieferes Eindringen in diese Materie sei auf die einschlägige Literatur verwiesen[1]. Wir begnügen uns an dieser Stelle damit, ohne theoretische Begründung einige für die Praxis wichtige Beispiele vorzuführen, bei denen die schrittweise Annäherung eine erhebliche Arbeitsersparnis zur Folge hat.

---

[1] *Vogler, Chr. A.*: Lehrbuch der praktischen Geometrie, II. Teil, §§ 297—303. Braunschweig 1899; — Geodätische Übungen, Teil II, Winterübungen. 3. Aufl., Aufgaben 108 bis 111. Berlin 1913. — *Pinkwart, E.*: Auflösung der Normalgleichungen von Direktnetzen durch schrittweise Annäherung. Z. Vermessungsw. **1927**, 257. — *Wolf, H.*: Geodätische Anwendungen des Verfahrens der schrittweisen Annäherung. Z. Vermessungsw. **1951**, 48.

Aufgabe 37. *Schrittweise Ausgleichung unvollständiger Richtungssätze*

Das Verfahren entspricht im Ansatz der Ausgleichung nach vermittelnden Beobachtungen. Wie in Aufgabe 13 werden bei jedem Schritt zuerst die einzelnen Sätze gegeneinander orientiert, und dann wird das Mittel aus den orientierten Beobachtungen gebildet. Im einzelnen wird dabei, wie man anhand des nachstehenden Beispiels verfolgen möge, folgendermaßen vorgegangen:

Schrittweise Vereinigung unvollständiger Richtungssätze

Ziel	Beobachtete Richtungen r			Mittel R	Differenzen $d = R - r$			
	1. Satz	2. Satz	3. Satz		1. Satz	2. Satz	3. Satz	Σ
1	2	3	4	5	6	7	8	9
A	0000	0000		0,0000	0	0		0
B		0928	0928	62,0928		0	0	0
C	(1735)			(129,1735)	.	.	.	.
D	8936	8924	8952	158,8937	+ 1	+ 13	− 15	− 1
E	0012		0046	213,0029	+ 17		− 17	0
	$n=3$	$n=3$	$n=3$	$[d] =$	+ 18	+ 13	− 32	− 1
				$z = [d]/n =$	+ 6	+ 4	− 11	
	Einmal orient. Richtungen			Mittel	Differenzen $d_1 = R_1 - r_1$			
	$r_1 = r + z$			R_1				
A	0006	0004		0,0005	− 1	+ 1		0
B		0932	0917	62,0924		− 8	+ 7	− 1
C	(1741)			(129,1741)	.	.	.	.
D	8942	8928	8941	158,8937	− 5	+ 9	− 4	0
E	0018		0035	213,0026	+ 8		− 9	− 1
				$[d_1] =$	+ 2	+ 2	− 6	− 2
				$z_1 = [d_1]/n =$	+ 1	+ 1	− 2	
	Zweimal orient. Richtungen			Mittel	Differenzen $d_2 = R_2 - r_2$			
	$r_2 = r_1 + z_1$			R_2				
A	0007	0005		0,0006	− 1	+ 1		0
B		0933	0915	62,0924		− 9	+ 9	0
C	(1742)		8939	(129,1742)	.	.	.	.
D	8943	8929	8939	158,8937	− 6	+ 8	− 2	0
E	0019		0033	213,0026	+ 7		− 7	0
				$[d_2] =$	0	0	0	0
				Reduktion auf Null	Quadrate $d_2 d_2$			
A				0,0000	1	1		2
B				62,0918		81	81	162
C				129,1736	.	.	.	.
D				158,8931	36	64	4	104
E				213,0020	49		49	98

$$m = \pm \sqrt{\frac{366}{9 - 3 - (4 - 1)}} = \pm 11^{cc} \qquad\qquad [vv] = [d_2 d_2] = 366$$

Nachdem die beobachteten Richtungen in allen Sätzen – im 3. Satz des Beispiels durch vorläufige Orientierung – auf eine gemeinsame Nullrichtung bezogen sind, werden sie in der linken Hälfte der ersten Abteilung unseres Rechenblattes eingetragen und gemittelt. In den Spalten 6 bis 8 werden die Unterschiede d zwischen den gegebenen Richtungen r und den Mittelwerten R gebildet. Dabei bleiben Richtungen, die nur in einem Satz vorkommen, unberücksichtigt, da sie zur Orientierung nichts beitragen. Wird dann in jedem Satz die Summe der d gezogen, so gewinnt man in den $z = [d]/n$ erste Näherungswerte für die Orientierungsunbekannten der einzelnen Sätze. Diese legt man in den Spalten 2 bis 4 der zweiten Abteilung den gegebenen Richtungen r zu und erhält damit die erstmalig orientierten Richtungen r_1 und ihre Mittel R_1. Die Differenzen $(R_1 - r_1)$ ergeben rechter Hand die d_1, aus denen die ersten Orientierungsverbesserungen $z_1 = [d_1]/n$ abgeleitet werden. Dieses Verfahren wird solange wiederholt, bis in allen Sätzen $[d] = 0$ wird. Dann ist in jedem Satz $[z]$ die endgültige Orientierungsunbekannte für den betreffenden Satz, während die Mittelwerte der endgültig orientierten Sätze die endgültigen Richtungen darstellen. Als Schlußprobe werden den ausgeglichenen Richtungen die mit den Orientierungsunbekannten $[z]$ sowie den letzten d verbesserten ursprünglichen Beobachtungen gegenübergestellt. Falls der Anfangsstrahl des endgültigen Richtungsbüschels von Null abweicht, kann man ihn durch eine zusätzliche Drehung des Büschels leicht zu Null machen. Das ist in der letzten Abteilung unseres Beispiels geschehen.

Die bei der letzten Orientierung verbliebenen Unterschiede $d = R - r$ sind die sonst mit v bezeichneten übrigbleibenden Fehler. Mit diesen erhält man, wenn unter R die Gesamtzahl aller beobachteten Richtungen, unter n die der Sätze (oder Orientierungsunbekannten) und unter s die aller vorkommenden Ziele (Strahlen) verstanden wird, den mittleren Fehler einer ursprünglichen Beobachtung aus

$$m = \pm \sqrt{\frac{[vv]}{R - (n + s - 1)}} .$$

Das Verfahren ist nach *Helmert* ([*16*], S. 199) in England ausgebildet worden. *F. G. Gauß* hat es in die Preußische Vermessungsanweisung IX übernommen.

Aufgabe 38. *Stufenweise Ausgleichung eines Nivellementsnetzes*

Das Netz in Abb. 50 sei ein Beitrag zur schrittweisen Auflösung von Bedingungsgleichungen. Da die Bedingungsgleichungen in Nivellementsnetzen sehr einfach gebaut sind, wird auf Zuhilfenahme der Normalgleichungen verzichtet. Damit erübrigt es sich

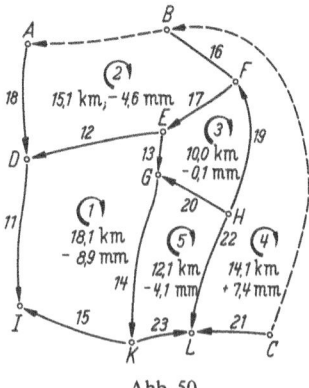

Abb. 50

auch, einzelne Bedingungen auf einem des in § 38 gezeigten Wege unabhängig von den anderen zu machen. Dagegen stellt man in Anwendung eines Gaußschen Kunstkniffes neben den Schleifenbedingungen als abhängige Zusatzbedingung die Umringsbedingung auf, deren Widerspruch gleich der Summe aller Schleifenwidersprüche sein muß. Diese Zusatzbedingung dient vor allem der Verprobung; sie kann jedoch, wie in unserem Falle, zur Konvergenzbeschleunigung beitragen[2].

Nachdem man die Anzahl der notwendigen Bedingungsgleichungen ermittelt hat, stellt man die Schleifenbedingungen und die Umringsbedingung auf, indem man die beobachteten Höhenunterschiede und die Gewichtsreziproken $p = 1/s_{km}$ in die Spalten 2 bis 4 der folgenden Seite einträgt, und die Widersprüche w und die Schleifenumfänge $[s]$ berechnet. Dabei müssen alle Schleifen in gleichem Drehsinne umfahren werden. Anzuhaltende Sollhöhenunterschiede erhalten das Gewicht unendlich, also $1/p = 0$. Man berechnet sodann für jede Schleife $w^2/[s]$ und trägt diesen Wert für jede einzelne Bedingung in die Kopfzeile der ersten Rechenstufe (Spalte 5) ein. Darunter vermerkt man den − bereits in der Spalte 3 gebildeten − Widerspruch der betreffenden Schleife. Widerspruch sucht man die Schleife mit dem größten $w^2/[s]$ (in unserem Falle Schleife 1) und macht in ihr den Widerspruch zu Null, indem man ihn proportional den Wegelängen s verteilt. Gleichzeitig aber hat man die so erhaltenen vorläufigen Verbesserungen in den Schleifen anzumerken, in denen die Höhenunterschiede ein zweites Mal auftreten, und zwar mit umgekehrten Vorzeichen, wenn die Wegerichtung entgegengesetzt ist. Die bisher unberührte Schleife 4 wird in gleicher Weise behandelt wie die Schleife 1. Schließlich werden die Verbesserungen schleifenweise zu den in der Kopfzeile vermerkten ursprünglichen Widersprüchen hinzuaddiert. Damit erhält man in den Schlußzeilen der einzelnen Bedingungen die erstmalig verbesserten Widersprüche mit der Verprobung über die Umringsschleife.

Zur Einleitung des nächsten Schrittes werden die erstmalig verbesserten Widersprüche in die Kopfzeile der zweiten Rechenstufe (Spalte 6) übertragen; es wird für jede Schleife $w^2/[s]$ gebildet, der Größtwert herausgesucht (in unserem Beispiel Schleife 3) und der Widerspruch wie in der ersten Rechenstufe verteilt. Das Verfahren wird so lange fortgesetzt, bis die Widersprüche, abgesehen von zu vernachlässigenden Restfehlern, in allen Schleifen zu Null geworden sind. Die Quersumme aller Teilverbesserungen für einen Höhenunterschied gibt seine endgültige Verbesserung v, so daß durch Anbringen der v an den ursprünglichen Höhenunterschieden die ausgeglichenen Höhenunterschiede erhalten werden. Schleifenweise aufaddiert muß in jeder Schleife $[v] = -w$ sein.

Zur Berechnung des mittleren Fehlers der Gewichtseinheit darf jede Linie und damit jedes v nur einmal verwendet, und es dürfen nur die r notwendigen Bedingungen angesetzt werden. Als mittlerer Fehler einer in die Rechnung eingeführten Beobachtung von 1 km Länge ergibt sich dann

$$m = \sqrt{\frac{1}{r}\left[\frac{vv}{s}\right]} = \pm\sqrt{\frac{930}{5}} = \pm 1,4\ \mathrm{mm}\,.$$

Das Verfahren stammt nach *Vogler*[3] von C. F. *Gauß*; *Vogler* selbst hat eine strenge Begründung hinzugefügt. Die schematische Anordnung unseres Beispiels entspricht *Voglers* Abhandlung im Taschenbuch der Landmessung und Kulturtechnik 1918, S. 177. Über *Voglers* Vorschläge hinaus kann man die Konvergenz durch Springen von einer Stufe in die andere noch etwas verbessern. Konvergenzverzögerungen können auftreten, wenn im Anfang oder nach den ersten Stufen mehrere nebeneinanderliegende Schleifen Widersprüche gleicher Größenordnung und gleichen Vorzeichens aufweisen. Dann ist es zur Konvergenzbeschleunigung geboten, diese Schleifen zu einer Hauptschleife mit dem Gewicht

[2] *Hirvonen, R. A.*: Ausgleichung großer Nivellementsnetze durch sukzessive Annäherungen. Z. Vermessungsw. **1958**, 27.

[3] *Vogler, Chr. A.*: Lehrbuch der praktischen Geometrie, Bd. II, § 302. Braunschweig 1899.

Schleife	Linie	Gemessener Höhen-unterschied	Strecke $s = 1/p$	Rechenstufen in $^1/_{10}$ mm						vv/s $= vvp$	Ausgeglichener Höhen-unterschied
				I	II	III	IV	V	v		
1	2	3	4	5	6	7	8	9	10	11	12
			$w^2/[s] =$	438	0	4	0	0,1			
			$w =$	+ 89	0	− 9	0	+ 1			
1	11	× 2,2876	3,9	− 19	− 6	+ 2		− 1	− 24	148	× 2,2852
	12	× 8,4172	4,1	− 20		+ 2	− 1		− 19	88	× 8,4153
	13	3,7261	0,8	− 4	+ 2	0		0	− 2	5	3,7259
									+ 1		
	14	0,7389	5,6	− 28		+ 3	+ 2		− 23	86	0,7367
	15	4,8391	3,7	− 18	− 5	+ 2		− 1	− 22	131	4,8369
									+ 1		
		$w = 89$	18,1	0	− 9	0	+ 1	− 1	− 90		0,0000
			$w^2/[s] =$	140	1	0,6	0,6	0			
			$w =$	− 46	− 4	− 3	− 3	0			
2	AB	(× 8,0430)	0,0	—	—	—	—	—	—	152	(× 8,0430)
	16	0,5515	4,1	+ 22		+ 2	+ 1		+ 25	152	0,5540
	17	1,1722	3,1		+ 7		0	+ 1	+ 8	21	1,1730
	12	1,5828	4,1	+ 20		− 2	+ 1		+ 19		1,5847
	18	× 8,6459	3,8		− 6		+ 1	− 1	− 6	9	× 8,6453
		$w = 74$	15,1	− 4	− 3	− 3	0	0	+ 46		0,0000
			$w^3/[s] =$	0	58	0	0,4	0,9			
			$w =$	− 1	+ 24	0	+ 2	+ 3			
3	17	× 8,8278	3,1		− 7		0	− 1	− 8		× 8,8270
	19	× 6,3734	4,1	+ 21	− 10	+ 2		− 1	+ 12	35	× 6,3746
	20	8,5248	2,0		− 5		+ 1	− 1	− 5	12	8,5243
	13	× 6,2739	0,8	+ 4	− 2	0		0	+ 2		× 6,2741
		$w = ×99$	10,0	+ 24	0	+ 2	+ 3	0	+ 1		0,0000
			$w^2/[s] =$	388	0	3	0	0			
			$w =$	+ 74	0	+ 6	0	0			
4	BC	(× 8,9860)	0,0	—	—	—	—	—	—	157	(× 8,9860)
	21	11,8315	2,8	− 15	− 4	− 1		− 1	− 21	157	11,8294
	22	×86,1148	3,1	− 16		− 1	+ 1		− 16	83	×86,1132
	19	3,6266	4,1	− 21	+ 10	− 2		+ 1	− 12		3,6254
	16	× 9,4485	4,1	− 22		− 2	− 1		− 25		× 9,4460
		$w = 74$	14,1	0	+ 6	0	0	0	− 74		0,0000
			$w^2/[s] =$	139	1	3	1,3	0			
			$w =$	− 41	+ 3	+ 6	+ 4	0			
5	23	× 5,3744	1,4		− 2		0		− 2	3	× 5,3742
									− 1		
	14	× 9,2611	5,6	+ 28		− 3	− 2		+ 23		× 9,2633
	20	× 1,4752	2,0		+ 5		− 1	+ 1	+ 5		× 1,4757
	22	13,8852	3,1	+ 16		+ 1	− 1		+ 16		13,8868
									− 1		
		$w = ×59$	12,1	+ 3	+ 6	+ 4	0	+ 1	+ 42		0,0000
			$w^2/[s] =$	360	34	0	0,6	1,0			
			$w =$	+ 75	+ 23	0	+ 3	+ 4			
Umring	AB	(× 8,0430)	0,0	+ 75	+ 23	0	+ 3	+ 4	—		(× 8,0340)
	BC	(× 8,9860)	0,0	—	—	—	—	—	—		(× 8,9860)
	21	11,8315	2,8	− 15	− 4	− 1		− 1	− 21		11,8294
	23	× 5,3744	1,4		− 2		0		− 2		× 5,3742
	15	4,8391	3,7	− 18	− 5	+ 2		− 1	− 22		4,8369
	11	× 2,2876	3,9	− 19	− 6	+ 2		− 1	− 24		× 2,2852
	18	× 8,6459	3,8		− 6		+ 1	− 1	− 6		× 8,6453
		$w = 75$	15,6	+ 23	0	+ 3	+ 4	0	− 75	930	0,0000

$w^2/[s]$ zusammenzufassen und die Hauptschleife als zusätzliche Bedingung in die Rechnung aufzunehmen. Sie wird dann so lange mitgeführt, bis der Widerspruch abgeklungen ist. Größere Schwierigkeiten können auftreten, wenn feste Anschlußhöhen im Innern des Netzes anzuhalten sind. In solchen Fällen behandelt man zunächst die netzeigenen Bedingungen und dann den Anschlußzwang.

Zusatz: *Berechnung des mittleren Fehlers eines ausgeglichenen Höhenunterschiedes.* Wird der mittlere Fehler eines ausgeglichenen Höhenunterschiedes verlangt, so läßt sich die dafür erforderliche Gewichtsreziproke durch eine der Netzausgleichung nachgebildete schrittweise Annäherung errechnen[4].

Die Gewichtsreziproke eines aus einem oder mehreren Einzelhöhenunterschieden bestehenden ausgeglichenen Höhenunterschiedes zwischen zwei Netzpunkten P_i und P_k ist, wenn drei Bedingungen angenommen werden, nach § 34 (11)

$$\frac{1}{P_{ik}} = \left[\frac{ff}{p}\right] + \left[\frac{af}{p}\right]r_a + \left[\frac{bf}{p}\right]r_b + \left[\frac{cf}{p}\right]r_c.$$

Bei Nivellements sind die a, b, c und die f gleich 0, $+1$ oder -1; ferner ist $1/p_i = s_i$. Mithin ist $[ff/p]$ die Gesamtlänge des Übertragungsweges, und es sind die $[if/p]$ die zur i-ten Schleife gehörenden Teilstrecken s_i, wobei die s_i mit positivem oder negativem Vorzeichen eingeführt werden, je nachdem ob der Richtungssinn des Übertragungsweges mit dem der Schleife übereinstimmt oder nicht. Es ist aber $[ff/p] = [s]$ das reziproke Gewicht der unverbesserten Beobachtungen, und es stellen nach § 34 (12) die übrigen Glieder rechter Hand die „Gewichtsverbesserungen" γ_i dar, so daß die obige Gleichung sich umschreiben läßt in

$$\frac{1}{P_{ik}} = \left[\frac{ff}{p}\right] + \gamma_a + \gamma_b + \gamma_c.$$

Man erhält nach § 34.2 die r_i, indem man in den Normalgleichungen die w_i durch die $[if/p]$ ersetzt. Also ergeben sich die γ_i, indem in das Schema der stufenweisen Ausgleichung in jeder Schleife anstelle der Schleifenwidersprüche w_i die „Gewichtswidersprüche" $[if/p] = \bar{w}_i$ eingeführt und proportional zu den Gewichtsreziproken s_i verteilt werden.

Nach diesem Verfahren ist auf S. 306 die Gewichtsreziproke für den ausgeglichenen Höhenunterschied $K - B = +6,1896$ m auf dem 13,6 km langen Übertragungsweg B-F-E-G-K, d. h. über die Linien 16, 17, 13 und 14 errechnet worden.

Während hierbei immer nur ein einzelnes Funktionsgewicht erhalten wird, lassen sich nach einem von *H. Mälzer*[5] angegebenen halbgraphischen Verfahren genäherte Funktionsgewichte für den gesamten Komplex ermitteln. Für gleichmäßig aufgebaute Netze sei auf die von *A. Heupel*[6] angegebene Überschlagsformel $1/P_{ik} \approx \sqrt{S/2}$ verwiesen, in der S der kürzeste direkte Messungsweg von P_i nach P_k ist. Die Voraussetzung der Gleichmäßigkeit ist in unserem Beispiel der Zwangsanschlüsse wegen nicht gegeben.

---

[4] *Marzahn, K.:* Berechnung von Funktionsgewichten in Nivellementsnetzen nach dem Verfahren der schrittweisen Annäherung von *Gauß-Vogler*. Z. Vermessungsw. **1956**, 121; – Über die Ausgleichung großer Nivellementsnetze nach Verfahren der schrittweisen Annäherung. Veröff. DGK, Reihe A, Heft 20, München 1957.

[5] *Mälzer, H.:* Zur Ausgleichung von Nivellementsnetzen durch schrittweise Annäherung. DGK, Reihe C, Heft 33.

[6] *Heupel, A.:* Ein Beitrag zur Ausgleichung größerer Höhennetze unter besonderer Berücksichtigung der bedingten Beobachtungen. Diss. T. H. Aachen 1958.

Schleife	Linie	Gewichts-widerspruch	Strecke $s = 1/p$	Rechenstufe					Probe	Gew.-verb. γ
				I	II	III	IV	V		
1	2	3	4	5	6	7	8	9	10	11
			$\bar{w}^2/[s] =$	2,26	1,79	0	0,07	0		
			$\bar{w} =$	+6,4	+5,7	0	+1,1	0		
1	11		3,9		−1,2	+0,7	−0,2		−0,7	
	12		4,1	+1,9	−1,3		−0,3	−0,1	+0,2	
	13	+0,8	0,8		−0,3	−0,3	−0,1		−0,7	$= \gamma_{13}$
	14	+5,6	5,6	−2,6	−1,8		−0,3	+0,2	−4,5	$= \gamma_{14}$
	15		3,7		−1,1	+0,7	−0,2		−0,6	
	$\bar{w} = +6,4$		18,1	+5,7	0	+1,1	0	+0,1	−6,3	
			$\bar{w}^2/[s] =$	3,43	0	0,01	0,01	0,011		
			$\bar{w} =$	+7,2	0	+0,3	−0,3	−0,4		
2	AB		0,0	—	—	—		—	—	
	16		4,1	−2,0	−1,0		−0,4	+0,1	−3,3	$= \gamma_{16}$
	17	+3,1	3,1	−1,5		−1,3		+0,1	−2,7	$= \gamma_{17}$
	12	+4,1	4,1	−1,9	+1,3		+0,3	+0,1	−0,2	
	18		3,8	−1,8		+0,7		+0,1	−1,0	
	$\bar{w} = +7,2$		15,1	0	+0,3	−0,3	−0,4	0	−7,2	
			$\bar{w}^2/[s] =$	1,52	1,16	1,68	0	0,004		
			$\bar{w} =$	−3,9	−3,4	−4,1	0	−0,2		
3	17	−3,1	3,1	+1,5		+1,3		−0,1	+2,7	
	19		4,1		−1,0	+1,7	−0,3		+0,4	
	20		2,0	−1,0		+0,8		+0,1	−0,1	
	13	−0,8	0,8		+0,3	+0,3	+0,1		+0,7	
	$\bar{w} = −3,9$		10,0	−3,4	−4,1	0	−0,2	−0,2	+3,7	
			$\bar{w}^2/[s] =$	1,19	0,87	0	0,11	0		
			$\bar{w} =$	−4,1	−3,5	0	−1,2			
4	BC		0,0	—	—	—	—	—	—	
	21		2,8		+0,7	+0,5	+0,2		+1,4	
	22		3,1	−1,4	+0,8		+0,3	+0,1	−0,2	
	19		4,1		+1,0	−1,7	+0,3		−0,4	
	16	−4,1	4,1	+2,0	+1,0		+0,4	−0,1	+3,3	
	$\bar{w} = −4,1$		14,1	−3,5	0	−1,2	0	0	+4,1	
			$\bar{w}^2/[s] =$	2,58	0	0,09	0,01	0,013		
			$\bar{w} =$	−5,6	0	+1,0	+0,4	+0,4		
5	23		1,4	+0,6		+0,2		−0,0	+0,8	
	14	−5,6	5,6	+2,6	+1,8		+0,3	−0,2	+4,5	
	20		2,0	+1,0		−0,8		−0,1	+0,1	
	22		3,1	+1,4	−0,8		−0,3	−0,1	+0,2	
	$\bar{w} = −5,6$		12,1	0	+1,0	+0,4	+0,4	0	+5,6	
			$\bar{w}^2/[s] =$	0	0,09	0,50	0	0,003		
			$\bar{w} =$	0	+1,2	+2,8	0			
Umring	AB		0,0	—	—	—	—	—	—	
	BC		0,0	—	—	—	—	—	—	
	21		2,8		−0,7	−0,5	−0,2		−1,4	
	23		1,4	−0,6		−0,2		+0,0	−0,8	
	15		3,7		+1,1	−0,7	+0,2		+0,6	
	11		3,9		+1,2	−0,7	+0,2		+0,7	
	18		3,8	+1,8		−0,7		−0,1	+1,0	
	$\bar{w} = \pm0,0$		15,6	+1,2	+2,8	0	+0,2	−0,1	+0,1	

Mittlerer Kilometerfehler

$$m_{1\,km} = \pm \sqrt{\frac{930}{5}}$$

$$= \pm 1,4 \text{ mm.}$$

Übertragungsweg $B\text{-}F\text{-}E\text{-}G\text{-}K$

$$\left[\frac{ff}{p}\right] = 13,6; \quad [\gamma] = -11,2$$

$$1 : P_{BK} = 2,4.$$

$K - B = +6,190$ m

$$M_{KB} = \pm 1,4\sqrt{2,4}$$

$$= \pm 2,2 \text{ mm.}$$

Aufgabe 39. *Ausgleichung trigonometrischer Höhenmessungen*
durch wiederholte Mittelbildung

Die Ausgleichung trigonometrischer Höhenmessungen ist umständlicher als die Ausgleichung von Nivellements, weil die Sichten einander vielfach überschneiden. Andererseits sind die Ansprüche an die Genauigkeit geringer, so daß das Mißverhältnis von Arbeitsaufwand und Ausgleichungseffekt bei den in den Aufgaben 10 und 26 geschilderten Verfahren, zumal für ausgedehnte Netze, besonders augenfällig ist. In der Praxis werden daher fast ausschließlich Näherungslösungen angewandt. Zweckmäßiger als solche oft recht angreifbare Methoden ist die Ausgleichung durch wiederholte Mittelbildung.

Diesem Verfahren liegt folgender Gedankengang zugrunde: In einem trigonometrisch beobachteten Höhennetz seien die Höhenunterschiede h_i von Punkt zu Punkt gemessen, und es seien für alle Punkte P_i genäherte Höhen H_i^0 errechnet worden. Um die Näherungshöhen zu verbessern, betrachte man für den Augenblick einen bestimmten Punkt P mit der Näherungshöhe H_P^0 als Neupunkt, während alle übrigen Höhen H_i^0 als festgegebene Anschlußhöhen gelten. Dann erhält man auf Grund des allgemeinen arithmetischen Mittels als verbesserte Höhe von P

$$H_P^0 + d_1 = \frac{[(H_i^0 + h_i)p]}{[p]},\qquad(1)$$

wobei man gemäß Aufgabe 10 die Gewichte der zweiseitig beobachteten Strahlen in der Regel mit $1/s^2$, die der einseitig beobachteten mit $1/2s^2$ ansetzen wird.

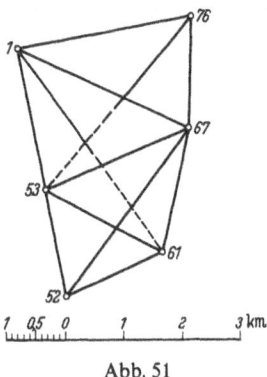

Abb. 51

In der gleichen Weise wie dieser Punkt P werden nacheinander alle übrigen Netzpunkte behandelt, indem man den jeweils zu verbessernden Punkt als Neupunkt, alle übrigen als Festpunkte betrachtet. Sind auf diese Weise alle Punkte erstmalig verbessert, so werden auf demselben Wege zweite Verbesserungen errechnet und so fort, bis alle Abweichungen getilgt sind. Im einzelnen möge das Verfahren anhand des in Abb. 51 dargestellten Netzes erläutert werden:

Nachdem in den Spalten 2 bis 4 des Rechenblattes die vorläufigen Höhen H_i^0 und die beobachteten Höhenunterschiede h_i eingetragen sind und für jeden Punkt die Summe $(H_i^0 + h_i)$ gebildet ist, müssen die ersten Verbesserungen d_1 berechnet werden. Um jedoch nicht mit den Höhen selbst, sondern mit Höhendifferenzen arbeiten zu können, wird in (1) H_P^0 auf die rechte Seite gebracht, so daß man erhält

$$d_1 = \frac{[(H_i^0 + h_i)p_i]}{[p]} - H_P^0 = \frac{[(H_i^0 + h_i - H_P^0)p_i]}{[p]};$$

Ausgleichung trigonometrischer Höhenmessungen durch wiederholte Mittelbildung

Anschlußpunkt P_i / Neupunkt P	Anschlußhöhe H_i^0 m	Höhenunterschied h_i m	Vorläufige Höhe $H_i^0+h_i$ / Ausgangshöhe H_p^0 m	p / $[p]$	I. Stufe $V_1 = H_0^1 + h_i - H_0^d$ cm	$\Delta_i p_i$ (+/−), $[\Delta p]$, $d_1=\frac{[\Delta p]}{[p]}$ cm	II. Stufe d_{1i} cm	$d_{1i}p_i$ (+/−), $[d_1p]$, $d_2=\frac{[d_1p]}{[p]}$ cm	III. Stufe d_{2i} cm	$d_{2i}p_i$ (+/−), $[d_2p]$, $d_3=\frac{[d_2p]}{[p]}$ cm	$[d]$ cm	$[d]_{red}$ cm	H_i+h_i / Endgült. Höhe H m	Fehlerrechnung v cm	vp m	$[vvp]$ cm, m_H
1	2	3	4	5	6	7	8	9	10	11	12	13	14	15	16	17
76	51,12	+5,05	56,17	0,4	−1	−0,4	−3,7	−1,5	+2,6	+1,0			56,17	−1	0	0
67	50,70	+5,43	13	0,4	−5	−2,0	+4,7	+1,9	−1,7	−0,7			19	+1	0	0
61	51,39	+4,83	22	0,1	+4	+0,4	+0,6	+0,1	+0,3				25	+7	+1	7
53	57,37	−1,22	15	0,7	−3	−2,1	−0,1	−0,1	−0,5	−0,4			17	−1	−1	1
1			56,18	1,6		+0,4 / 4,5; $d_1=-2,6$		+2,0 / 1,6; $d_2=+0,2$		+1,0 / 1,1; $d_3=-0,1$	−2,5	0	56,18		0	8, ±0,01
67	50,70	+6,61	57,31	0,6	−6	−3,6	+4,7	+2,8	−1,7	−1,0			57,37	−2	−1	2
61	51,39	+5,98	37	0,8	0		+0,6	+0,5	+0,3	+0,2			40	+1	+1	1
52	57,02	+0,35	37	1,2	0		−2,2	−2,6	+0,7	+0,8			38	−1	−1	1
1	56,18	+1,22	40	0,7	+3	+2,1	−2,6	−1,8	+0,2	+0,1			40	+1	+1	1
76	51,12	+6,30	42	0,2	+5	+1,0	−3,7	−0,7	+2,6	+0,5			42	+3	+1	3
53			57,37	3,5		+3,1 / 3,6; $d_1=-0,1$		+3,3 / 5,1; $d_2=-0,5$		+1,6 / 1,0; $d_3=+0,2$	−0,4	+2,1	57,39		+1	8, ±0,01
53	57,37	−0,35	57,02	1,2	0		−0,1	−0,1	−0,5	−0,6			57,04	+1	+1	1
67	50,70	+6,24	56,94	0,3	−8	−2,4	+4,7	+1,4	−1,7	−0,5			00	−3	−1	3
61	51,39	+5,60	99	1,2	−3	−3,6	+0,6	+0,7	+0,3	+0,4			02	−1	−1	1
52			57,02	2,7		6,0; $d_1=-2,2$		+2,1 / 0,1; $d_2=+0,7$		+0,4 / 1,1; $d_3=-0,3$	−1,8	+0,7	57,03		−1	5, ±0,01

(Fortsetzung)

Anschlußpunkt P_i / Neupunkt P	Anschlußhöhe H_i^0 m	Höhenunterschied h_i m	Vorläufige Höhe $H_i^0+h_i$ / Ausgangshöhe H_P^0 m	p / $[p]$	I. Stufe $\Delta_i = H_P^1 + h_i - H_P^0$ cm	$\Delta_i p_i$ / $d_1=\frac{[\Delta p]}{[p]}$ (+ / −) cm	II. Stufe d_{1i} cm	$d_{1i}p_i$ / $d_2=\frac{[d_1 p]}{[p]}$ (+ / −) cm	III. Stufe d_{2i} cm	$d_{2i}p_i$ / $d_3=\frac{[d_2 p]}{[p]}$ (+ / −) cm	$[d]$ cm	$[d]_{red}$ cm	H_i+h_i / Endgült. Höhe H m	Fehlerrechnung v cm	vp cm	vvp cm / m_H
1	2	3	4	5	6	7	8	9	10	11	12	13	14	15	16	17
52	57,02	−5,60	51,42	1,2	+3	+3,6	−2,2	−2,6	+0,7	+0,8			51,43	+1	+1	1
53	57,37	−5,98	39	0,8	0		−0,1	−0,1	−0,5	−0,4			41	−1	−1	1
1	56,18	−4,83	35	0,1	−4	−0,4	−2,6	−0,3	+0,2				35	−7	−1	7
67	50,70	+0,67	37	0,8	−2	−1,6	+4,7	+3,8	−1,7	−1,4			43	+1	+1	1
61			51,39	2,9		3,6 / 2,0 +0,6		3,8 / 3,0 +0,3		0,8 / 1,8 −0,3	+0,6	+3,1	51,42	0	0	10 ±0,01
61	51,39	−0,67	50,72	0,8	+2	+1,6	+0,6	+0,5	+0,3	+0,2			50,75	−1	−1	1
52	57,02	−6,24	78	0,3	+8	+2,4	−2,2	−0,7	+0,7	+0,2			79	+3	+1	3
53	57,37	−6,61	76	0,6	+6	+3,6	−0,1	−0,1	−0,5	−0,3			78	+2	+1	2
1	56,18	−5,43	75	0,4	+5	+2,0	−2,6	−1,0	+0,2	+0,1			75	−1	0	0
76	51,12	−0,37	75	1,2	+5	+6,0	−3,7	−4,4	+2,6	+3,1			75	−1	−1	1
67			50,70	3,3		15,6 +4,7		0,5 / 6,2 −1,7		3,6 / 0,3 +1,0	+4,0	+6,5	50,76		0	7 ±0,01
1	56,18	−5,05	51,13	0,4	+1	+0,4	−2,6		+0,2	+0,1			51,13	+1	0	0
67	50,70	+0,37	07	1,2	−5	−6,0	+4,7	5,6	−1,7	−2,0			13	+1	+1	1
53	57,37	−6,30	07	0,2	−5	−1,0	−0,1		−0,5	−0,1			04	−3	−1	3
76			51,12	1,8		0,4 / 7,0 −3,7		5,6 / 1,0 +2,6		0,1 / 2,1 −1,1	−2,2	+0,3	51,12	0	0	4 ±0,01

wenn man dann einführt

$$\Delta_i = (H_i^0 + h_i) - H_p^0 , \qquad (2)$$

so wird

$$d_1 = \frac{[\Delta_i p_i]}{[p]} . \qquad (3)$$

(2) und (3) sind die nächsten, in den Spalten 5 bis 7 zu erledigenden, Rechenschritte; mit ihnen ist die erste Stufe beendet.

In der zweiten Stufe wird von den erstmalig verbesserten Höhen ausgegangen. Wieder gilt ein Punkt P als Neupunkt, während alle übrigen Punkte P_i als Festpunkte betrachtet werden. Die „Festpunkte" aber haben gegenüber der Ausgangslage durch die erste Stufe die Höhenänderung d_{1i} erlitten; also muß der „Neupunkt" die weitere Verbesserung

$$d_2 = \frac{[d_{1i} p_i]}{[p]} \qquad (4)$$

erhalten. In gleicher Weise werden alle übrigen Punkte mit zweiten Verbesserungen versehen. Ganz entsprechend folgt

$$d_3 = \frac{[d_{2i} p_i]}{[p]} \qquad (5)$$

usw.

In unserem Beispiel haben sich, da gute Näherungswerte vorlagen, eine zweite und eine dritte Verbesserung als ausreichend erwiesen, wofür die Spalten 8 bis 11 in Anspruch genommen sind. In Spalte 12 bildet man $[d]$ und hat dann für ein freies Netz

$$H = H_p^0 + d_1 + d_2 + \cdots + d_n = H_p^0 + [d] . \qquad (6)$$

In der Regel wird jedoch für einen Punkt des Netzes eine endgültige Höhe schon bekannt sein. Man wendet dann (6) auf diesen Punkt an, vergleicht das Ergebnis mit der Sollhöhe und erhält daraus einen für alle Netzpunkte konstanten Zuschlag, um den die Verbesserungen $[d]$ zu reduzieren sind, so daß in diesem Fall erhalten wird

$$H = H_p^0 + [d]_{red} . \qquad (7)$$

Hierfür stehen die Spalten 13 und 14 zur Verfügung. Sind im Netz mehrere Punkte mit Sollhöhen vorhanden, so kann man diese im Rechenblatt ganz schematisch mit durchrechnen, indem man auf ihnen die d stets gleich Null setzt; allerdings wird dadurch die Konvergenz sehr verzögert.

Im Rahmen der Fehlerberechnung interessiert weniger der mittlere Fehler einer Beobachtung als vielmehr die erzielte Punktgenauigkeit. Da aber die Berechnung von Gewichtsreziproken und Funktionsgewichten einen unangemessenen Aufwand bedeuten würde, begnügt man sich mit einem Näherungsverfahren. Hierfür werden auf jedem Punkt die mit den verbesserten Höhen H_i der „Anschlußpunkte" herzuleitenden Werte $(H_i + h_i)$ der endgültigen Höhe H des „Neupunktes" gegenübergestellt und es wird daraus die Differenz $(H_i + h_i) - H = v$ gebildet und in Spalte 16 eingetragen. Dann hat man zunächst in $[vp] = 0$ eine erwünschte Probe und findet schließlich mit

$$m_H = \pm \sqrt{\frac{[vvp]}{[p](n-1)}}$$

ein plausibles Maß für die relative Punktgenauigkeit.

Die Konvergenzbetrachtungen zeigen ein ähnliches Bild wie bei der stufenweisen Ausgleichung der Nivellements. Zur Konvergenzbeschleunigung ist eine Unbekannte mehr eingeführt als erforderlich. Lokale Fehlerhäufungen und Anschlußzwänge können hier wie dort die Konvergenz beträchtlich verlangsamen. Liegen mehrere Anschlußpunkte vor, so empfiehlt es sich im allgemeinen, zunächst zwangsfrei auszugleichen und den Anschluß-zwang durch eine Zusatzrechnung oder durch proportionale Verteilung zu berücksichtigen.

Das hier gezeigte Verfahren ist von *H. Anér* angegeben und von *H. Lichte* begründet und ausgebaut worden[7]. *Lichte* behandelt dort eingehend die Frage des Anschlusses an mehrere Festpunkte. Siehe auch *Mälzer, H.*: Zur Ausgleichung von Nivellementsnetzen durch schrittweise Annäherung. Dissertation Karlsruhe 1958.

§ 45. Bestimmen der Konstanten einer linearen Transformation (Helmert-Transformation)

Es sei ein älteres in einem Spezialsystem (x, y) koordiniertes Fest-punktnetz durch eine Ähnlichkeitstransformation in ein im Landes-system (X, Y) bestimmtes Netz einzugliedern, das mit dem alten Netz lediglich einige Paßpunkte gemeinsam hat. Diese Aufgabe tritt auch in der Photogrammetrie auf, wenn es sich darum handelt, die aus dem Aus-wertegerät entnommenen Maschinenkoordinaten mit Hilfe einiger Paß-punkte in Landeskoordinaten zu transformieren.

Bei einer Ähnlichkeitstransformation ist das zu transformierende Netz in den beiden Koordinatenrichtungen um α_0 bzw. um β_0 zu ver-schieben, um den Winkel ε zu drehen und schließlich durch Multipli-kation der Maßstabseinheit mit dem Faktor m im Maßstab zu ändern. Zur Berechnung der Transformationskonstanten genügen zwei Paß-punkte. Bei mehr als zwei Paßpunkten bestimmt man die Konstanten, indem man die Quadratsumme der Abweichungen in den Koordinaten der Paßpunkte durch eine vermittelnde Ausgleichung zum Minimum macht und dabei die Korrelation zwischen Abszisse und Ordinate der Paßpunkte vernachlässigt[8].

45.1 Berechnen der Transformationskonstanten aus den auf die Schwerpunkte bezogenen Koordinaten der Paßpunkte

Die Grundgleichungen einer Ähnlichkeitstransformation sind mit den Bezeichnungen der Abb. 52

$$\left. \begin{array}{l} X = \alpha_0 + m \cos\varepsilon \cdot x - m \sin\varepsilon \cdot y, \\ Y = \beta_0 + m \cos\varepsilon \cdot y + m \sin\varepsilon \cdot x, \end{array} \right\} \tag{1}$$

[7] *Anér, H.*: Ausgleichung durch Anwendung des arithmetischen Mittels. Z. Ver-messungsw. **1926**, 65. — *Lichte, H.*: Ausgleichung umfangreicher Höhennetze. Z. Ver-messungsw. **1949**, 2.

[8] *Helmert, F. R.*: Besonderes Verfahren zum Aneinanderfügen zweier Dreiecksnetze. Die europäische Längengradmessung in 52 Grad Breite von Greenwich bis Warschau. I. Heft, 1893, S. 47. — *Kneissl, M.*: Näherungsverfahren zum Zusammenschluß von Drei-ecksnetzen. Allg. Verm. Nachr. **1941**, 124.

oder mit den Abkürzungen

$$m \cos \varepsilon = \alpha_1, \qquad m \sin \varepsilon = \beta_1 \tag{2}$$

$$\left. \begin{aligned} X &= \alpha_0 + \alpha_1 x - \beta_1 y; \\ Y &= \beta_0 + \alpha_1 y + \beta_1 x. \end{aligned} \right\} \tag{3}$$

Nach diesen Gleichungen sei einer der Paßpunkte, der im Spezialsystem die Koordinaten x, y hat, in das Landessystem transformiert. Seine dabei gefundenen Koordinaten X, Y werden infolge der Netzspannungen nicht identisch sein mit den Sollkoordinaten X^*, Y^*, die der Paßpunkt bei der Triangulierung im Landessystem bekommen hat. Man muß also, um die Restklaffungen $X^* - X = u$ und $Y^* - Y = v$ zu beseitigen, X um u, Y um v verbessern. Wenn man diesen Zusammenhang in die

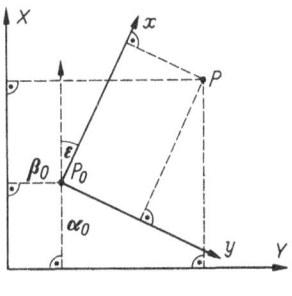

Abb. 52

Form von Fehlergleichungen bringt, so erhält man für jeden der n Paßpunkte zwei Fehlergleichungen von der Form

$$-u_i = \alpha_0 + x_i \alpha_1 - y_i \beta_1 - X_i^*; \qquad -v_i = \beta_0 + y_i \alpha_1 + x_i \beta_1 - Y_i^*. \tag{4}$$

Bildet man die Summen aller u_i und aller v_i, so ergibt sich nach § 24, da α_0 und β_0 in jeder Gleichung den Koeffizienten $+1$ haben, $[u] = [v] = 0$. Also lauten die Summengleichungen nach Division durch $-n$

$$0 = -\alpha_0 - \frac{[x]}{n} \alpha_1 + \frac{[y]}{n} \beta_1 + \frac{[X^*]}{n};$$

$$0 = -\beta_0 - \frac{[y]}{n} \alpha_1 - \frac{[x]}{n} \beta_1 + \frac{[Y^*]}{n}. \tag{5}$$

Wenn jetzt die Gln. (4) und (5) paarweise addiert werden, fallen α_0 und β_0 heraus, und es entstehen Koeffizienten und Absolutglieder von der Form $\left(x_i - \dfrac{[x]}{n} \right)$. Zur Vereinfachung ermittle man in beiden Systemen die Koordinaten des Schwerpunktes der Paßpunktgruppe

$$\frac{[x]}{n} = x_s ; \qquad \frac{[y]}{n} = y_s ; \qquad \frac{[X^*]}{n} = X_s^* ; \qquad \frac{[Y^*]}{n} = Y_s^* , \qquad (6)$$

bilde die auf diese Schwerpunkte bezogenen Koordinaten

$$x_i - x_s = \bar{x}_i ; \qquad y_i - y_s = \bar{y}_i ; \qquad X_i^* - X_s^* = \bar{X}_i^* ; \qquad Y_i^* - Y_s^* = \bar{Y}_i^* , \qquad (7)$$

führe sie in (4) ein und erhält die reduzierten Fehlergleichungen

$$-u_i = \bar{x}_i \alpha_1 - \bar{y}_i \beta_1 - \bar{X}_i^* ; \qquad -v_i = \bar{y}_i \alpha_1 + \bar{x}_i \beta_1 - \bar{Y}_i^* \qquad (8)$$

sowie die zugehörigen Normalgleichungen

$$[\bar{x}^2 + \bar{y}^2]\alpha_1 \qquad\qquad - [\bar{x}\bar{X}^* + \bar{y}\bar{Y}^*] = 0 ,$$
$$[\bar{x}^2 + \bar{y}^2]\beta_1 - [\bar{x}\bar{Y}^* - \bar{y}\bar{X}^*] = 0 , \qquad (9)$$

welche aufgelöst die Transformationskonstanten

$$\alpha_1 = \frac{[\bar{x}\bar{X}^*] + [\bar{y}\bar{Y}^*]}{[\bar{x}^2 + \bar{y}^2]} = \frac{\mathrm{II}}{\mathrm{I}} ; \qquad \beta_1 = \frac{[\bar{x}\bar{Y}^*] - [\bar{y}\bar{X}^*]}{[\bar{x}^2 + \bar{y}^2]} = \frac{\mathrm{III}}{\mathrm{I}} \qquad (10)$$

ergeben. Man erhält ferner aus (5) und (6)

$$\alpha_0 = X_s^* - \alpha_1 x_s + \beta_1 y_s ; \qquad\qquad \beta_0 = Y_s^* - \alpha_1 y_s - \beta_1 x_s , \qquad (11)$$

womit die Aufgabe gelöst ist. Zur Verprobung hat man

a) $[\bar{X}^*] = [\bar{Y}^*] = [\bar{x}] = [\bar{y}] = 0.$
b) Man berechne für jeden Punkt $\bar{X}_i^* + \bar{Y}_i^* + \bar{x}_i + \bar{y}_i = S_i$ und bilde $[\bar{x}\bar{X}^*] - [\bar{y}^2] = \mathrm{IV}$; $[\bar{x}S] - [\bar{y}S] = \mathrm{V}$; dann muß sein $\mathrm{I} - \mathrm{II} + \mathrm{III} + 2 \cdot \mathrm{IV} = \mathrm{V}.$ $\qquad (12)$
c) α_1 usw. prüft man mit $(\alpha_1 + \beta_1) \cdot \mathrm{I} = \mathrm{II} + \mathrm{III}.$
d) Schlußprobe: Es muß $[u] = [v] = 0$ sein; ferner müssen die aus (8) berechneten u_i und v_i mit den $u_i = X^* - X$ bzw. $v_i = Y^* - Y$ übereinstimmen.

Im Zuge der Fehlerrechnung bestimmt man den mittleren Betrag der Restklaffungen in Richtung der Koordinatenachsen m_0 und die mittlere Lageunsicherheit eines Paßpunktes m_p zu

$$m_0 = \pm \sqrt{\frac{[u^2 + v^2]}{2n - 4}} , \quad m_p = m_0 \sqrt{2} , \qquad (13\mathrm{a})$$

sowie die Unsicherheiten der Transformationskonstanten[9]

$$m_{\alpha_0} = m_{\beta_0} = m_0 \sqrt{\frac{[x^2 + y^2]}{n[x^2 + y^2] - [x]^2 - [y]^2}} \; , \\ \left. m_{\alpha_1} = m_{\beta_1} = \frac{m_0}{\sqrt{[x^2] + [y^2] - [y]^2/n - [x]^2/n}} \; . \right\} \quad (13\,\text{b})$$

Mit α_0, β_0, α_1 und β_1 können nunmehr nach (3) die Koordinaten der nicht identischen Punkte des Spezialsystems in das Landessystem transformiert werden. Man beschränkt die Rechnung nach (3) jedoch gewöhnlich auf zwei extrem gelegene Paßpunkte, d. h. auf einen Anfangs- und einen Endpunkt und formt die Koordinaten der dazwischen liegenden Punkte um, indem man beginnend am Anfangspunkt und endigend am Endpunkt die Koordinatenunterschiede bildet und diese transformiert. Um dafür Formeln abzuleiten, setzt man die Gln. (3) in zwei aufeinander folgenden Punkten P_i und P_{i+1} an und erhält mit $\Delta x_i = x_{i+1} - x_i$ und

$\Delta y_i = y_{i+1} - y_i$

$$X_{i+1} = X_i + \alpha_1 \Delta x_i - \beta_1 \Delta y_i ; \qquad Y_{i+1} = Y_i + \alpha_1 \Delta y_i + \beta_1 \Delta x_i . \quad (14)$$

Ein Rechenbeispiel enthält die Aufgabe 40.

Variante. Wünscht man mit kleineren Zahlen zu rechnen, so setze man

$$\bar{X}_i^* - \bar{x}_i = \xi ; \qquad \bar{Y}_i^* - \bar{y}_i = \eta . \quad (15)$$

Dann wird aus (8) und (10)

$$-u_i = \bar{x}_i(\alpha_1 - 1) - \bar{y}_i \beta_1 - \xi_i ; \qquad -v_i = \bar{y}_i(\alpha_1 - 1) + \bar{x}_i \beta_1 - \eta_i ; \quad (8\,\text{a})$$

$$(\alpha_1 - 1) = \frac{[\bar{x}\xi] + [\bar{y}\eta]}{[\bar{x}^2 + \bar{y}^2]} = \frac{\text{II}'}{\text{I}} ; \qquad \beta_1 = \frac{[\bar{x}\eta] - [\bar{y}\xi]}{[\bar{x}^2 + \bar{y}^2]} = \frac{\text{III}'}{\text{I}} . \quad (10\,\text{a})$$

Die den Gln. (12) entsprechenden Proben möge der Leser selbst bilden. Die Formeln (3), (13), (14) gelten unverändert.

45.2 Berechnen der Konstanten zur Transformation photogrammetrischer Modelle aus den ursprünglichen Koordinaten der Paßpunkte

Die photogrammetrischen Auswertegeräte besitzen in der Regel nicht das geodätische, sondern das mathematische Koordinatensystem. Wenn man dementsprechend in Abb. 52 x und y austauscht und außerdem an Stelle von X, Y die Hoch- und Rechtswerte der deutschen Meridian-

---

[9] *Wolf, H.:* Die Genauigkeit der für eine Helmert-Transformation berechneten Konstanten. Z. Vermessungsw. **1966**, 33.

streifensysteme benutzt, so lauten die Gln. (10)

$$\alpha_1 = \frac{[\bar{y}\bar{H}^*] + [\bar{x}\,\bar{R}^*]}{[\bar{x}^2 + \bar{y}^2]} = \frac{\text{(II)}}{\text{(I)}}\,; \qquad \beta_1 = \frac{[\bar{y}\bar{R}^*] - [\bar{x}\bar{H}^*]}{[\bar{x}^2 + \bar{y}^2]} = \frac{\text{(III)}}{\text{(I)}}\,. \qquad (16)$$

Diese Gleichungen werden für die Maschinenrechnung so umgeformt, daß die Ermittlung der auf die Schwerpunkte bezogenen Paßpunkt-koordinaten sich erübrigt. Dazu ergibt sich für den ersten Ausdruck im Zähler von α_1

$$[\bar{y}\bar{H}^*] = \left[\left(y - \frac{[y]}{n}\right)\left(H^* - \frac{[H^*]}{n}\right)\right]$$

$$= \left[yH^* - \frac{[y]H^*}{n} - \frac{y[H^*]}{n} + \frac{[y]\,[H^*]}{n^2}\right]$$

oder nach Lösen der Summenklammern und Einführen von $[H^*]:n$
$= H_s^*$

$$[\bar{y}\bar{H}^*] = [yH^*] - \frac{2[y]\,[H^*]}{n} + \frac{n[y]\,[H^*]}{n^2} = [yH^*] - [y]H_s^*\,.$$

Entsprechende Behandlung der übrigen Ausdrücke in (16) gibt die Rechenformeln

$$\frac{[y]}{n} = y_s\,; \qquad \frac{[x]}{n} = x_s\,; \qquad \frac{[R^*]}{n} = R_s^*\,; \qquad \frac{[H^*]}{n} = H_s^*\,, \qquad (17)$$

$$\begin{aligned}
\alpha_1 &= \frac{[yH^*] + [xR^*] - [y]H_s^* - [x]R_s^*}{[yy] + [xx] - [y]y_s - [x]x_s} = \frac{\text{(II)}}{\text{(I)}}\,, \\[2mm]
\beta_1 &= \frac{[yR^*] - [xH^*] - [y]R_s^* + [x]H_s^*}{[yy] + [xx] - [y]y_s - [x]x_s} = \frac{\text{(III)}}{\text{(I)}}\,.
\end{aligned} \qquad (18)$$

Man erhält ferner durch Einführen der geänderten Koordinaten in (11)

$$\alpha_0 = H_s^* - \alpha_1 y_s + \beta_1 x_s\,; \qquad \beta_0 = R_s^* - \alpha_1 x_s - \beta_1 y_s\,. \qquad (19)$$

Zur Verprobung berechne man für jeden Punkt und den Schwerpunkt

$$R_i^* + H_i^* + y_i + x_i = S_i\,; \qquad R_s^* + H_s^* + y_s + x_s = T$$

und bilde die Ausdrücke

$$\text{(IV)} = [xR^*] - [yy] - [x]R_s^* + [y]y_s\,; \quad \text{(V)} = [xS] - [yS] - [x]T + [y]T\,.$$

Dann muß sein

$$\text{(I)} - \text{(II)} - \text{(III)} + 2(\text{IV}) = \text{(V)}\,; \qquad (\alpha_1 + \beta_1)\cdot\text{(I)} = \text{(II)} + \text{(III)}\,. \qquad (20)$$

Für die Transformation der nicht identischen Punkte gelten die Formeln (16) und die den neuen Bezeichnungen anzupassenden Gln. (14). Für die Fehlerrechnung steht (13) zur Verfügung. Zur Vereinfachung der Rechnung werden von den Hoch- und Rechtswerten die allen Koordinaten gemeinsamen vorderen Ziffern fortgelassen. Ein Rechenbeispiel enthält die Aufgabe 41.

Aufgabe 40. *Helmert-Transformation eines ebenen Festpunktnetzes*

Punkte	geg. Stadtkoord.		geg. Landeskoord.		$\bar{y}=y-y_s$	$\bar{x}=x-x_s$	$\bar{Y}^*=Y^*-Y_s^*$	$\bar{X}^*=X^*-X_s^*$	S
	y	x	Y^*	X^*					
52	+ 1984,34	+ 1942,05	+ 88 890,83	+ 84 868,09	+ 1381,16	+ 204,21	+ 1381,79	+ 200,51	+ 3167,67
341	+ 950,31	+ 4,72	+ 87 851,39	+ 82 933,48	+ 347,13	− 1733,12	+ 342,35	− 1734,10	− 2777,74
345	− 1328,56	+ 1299,31	+ 85 575,91	+ 84 234,37	− 1931,74	− 438,53	− 1933,13	− 433,21	− 4736,61
446	+ 806,63	+ 3705,28	+ 87 718,02	+ 86 634,36	+ 203,45	+ 1967,44	+ 208,98	+ 1966,78	+ 4346,65
Σ	+ 2412,72	+ 6951,36	350 036,15	338 670,30	0,00	0,00	− 0,01	− 0,02	− 0,03
P_s	+ 603,18	+ 1737,84	+ 87 509,04	84 667,58					

$$[\bar{x}^2] + [\bar{y}^2] = I = 12 909 648,89$$

$$[\bar{x}\bar{X}^*] + [\bar{y}\bar{Y}^*] = II = 12 909 981,32$$

$$[\bar{x}\bar{Y}^*] - [\bar{y}\bar{X}^*] = III = 35 764,08$$

$$[\bar{x}\bar{X}^*] - [\bar{y}^2] = IV = 1 304 733,25$$

Probe nach (12b)

$$I - II + III + 2 \cdot IV = 2 644 898,15$$
$$[\bar{x}S] - [\bar{y}S] = 2 644 898,14$$

nach (10) $\alpha_1 = \dfrac{II}{I} = 1,0000258$

$\beta_1 = \dfrac{III}{I} = 0,0027703$

nach (11) $\alpha_0 = 82 931,366$

$\beta_0 = 86 901,030$

Probe nach (12c)

$$(\alpha_1 + \beta_1) \cdot I = II + III$$
$$12 945 745,5 = 12 945 745,4$$

Transformierte Koordinaten und Schlußprobe:

Punkte	$\Delta y = y_{i+1} - y_i$	$\Delta x = x_{i+1} - x_i$	Y	X	$-v^*$	$-u^*$	Schlußprobe nach (8)	
							$-v_i$	$-u_i$
52			88 890,80	84 867,97	−0,03	−0,12	−0,03	−0,12
	− 1034,03	− 1937,33						
341			87 851,38	82 933,45	−0,01	−0,03	−0,01	−0,03
	− 2278,87	+ 1294,59						
345			85 576,03	84 234,39	+0,12	+0,02	+0,13	+0,02
	+ 2135,19	+ 2405,97	(94)					
446			87 717,95	86 634,51	−0,07	+0,15	−0,07	+0,15
					+0,01	+0,02	+0,02	+0,02
					$[v^{*2} + u^{*2}] = 0,0585$		$[v_i^2 + u_i^2] = 0,0610$	

Fehlerrechnung: $m_0 = \sqrt{\dfrac{0,0585}{8-4}} = \pm 0,12 \text{ m}$; $m_p = m_0 \cdot \sqrt{2} = \pm 0,17 \text{ m}$.

Aufgabe 41. *Helmert-Transformation eines photogrammetrischen Modells*

Punkte	photogr. Koordinaten		Landes-Koordinaten		Probe	transf. Koord.		Restfehler	
	x	y	R_i^*	H_i^*	S	R_i	H_i	$v_i = R_i^* - R_i$	$u_i = H_i^* - H_i$
6	264,54	576,00	903,75	691,65	2435,94	903,70	691,59	+0,05	+0,06
7	326,28	558,16	1156,38	644,05	2684,87	1156,33	644,09	+0,05	−0,04
8	344,76	588,95	1218,11	773,74	2925,56	1218,17	773,73	−0,06	+0,01
13	383,70	450,24	1426,06	236,35	2496,35	1426,09	236,28	−0,03	+0,07
14	319,84	411,93	1186,39	59,36	1977,52	1186,43	59,40	−0,04	−0,04
15	247,29	427,32	891,72	92,96	1659,29	891,70	93,02	+0,02	−0,06
Σ	1886,41	3012,60	6782,41	2498,11	14179,53			−0,01	0,00
Σ/n	314,40167 $=x_s$	502,10000 $=y_s$	1130,40167 $=R_s^*$	416,35167 $=H_s^*$	2363,25500 $=T$			$[v_i^2 + u_i^2] = 0,0269$	

$$[yy] + [xx] - [y] \cdot y_s - [x] \cdot x_s = (I) = \quad 45443,71$$
$$[yH^*] + [xR^*] - [y] \cdot H_s^* - [x] \cdot R_s^* = (II) = \quad 180940,46$$
$$[yR^*] - [xH^*] - [y] \cdot R_s^* + [x] \cdot H_s^* = (III) = - \; 17324,10$$

$$\alpha_1 = \frac{(II)}{(I)} = +3,981639; \qquad \alpha_0 = H_s^* - \alpha_1 y_s + \beta_1 x_s = - \quad 1702,686$$

$$\beta_1 = \frac{(III)}{(I)} = -0,381221; \qquad \beta_0 = R_s^* - \alpha_1 x_s - \beta_1 y_s = + \quad 69,976$$

Probe:

$$[xR^*] - [yy] + [y] \cdot y_s - [x] \cdot R_s^* = (IV) = \quad 18524,93$$
$$[xS] - [yS] - [x]T + [y]T = (V) = -81122,80$$
$$(V) \, \text{Soll} = (I) - (II) - (III) + 2(IV) = -81122,79$$

Probe:

$$(\alpha_1 + \beta_1) \cdot I = 163616,35; \qquad \text{Soll} = (II) + (III) = 163616,36.$$

$$\text{Fehlerrechnung:} \quad m_0 = \sqrt{\frac{0,0269}{8}} = \pm 0,06 \, \text{m}; \qquad m_p = m_0 \sqrt{2} = \pm 0,08 \, \text{m}.$$

§ 46. Genäherte Darstellung von Funktionen

Des öfteren hat man eine der Beobachtung zugängliche Erscheinung als Funktion einer oder mehrerer unabhängiger Veränderlicher darzustellen. Wenn nun, wie es oft der Fall ist, die Funktion selbst nur näherungsweise bekannt ist, so mischen sich die Fehler der Theorie mit den Beobachtungsfehlern. Es entsteht dann die Aufgabe, eine den Beobachtungen sich möglichst eng anschließende Funktion zu ermitteln. Diese Aufgabe ist in erster Linie Gegenstand der Korrelationsrechnung. Sie läßt sich jedoch auch mit Hilfe der Methode der kleinsten Quadrate lösen, indem man die Quadratsumme der Abweichungen zwischen den Beobachtungen und den (gesuchten) Funktionswerten zum Minimum macht. Die Zusammenhänge sind indessen nicht immer so einfach und eindeutig in Fehler- oder Bedingungsgleichungen darzustellen wie bei den bisher behandelten Aufgaben.

Wir behandeln nachstehend zuerst den Sonderfall einer linearen Funktion, betrachten sodann Funktionen, die sich durch Potenzreihen erfassen lassen und fügen schließlich den Fall einer periodischen Erscheinung an.

46.1 Bestimmen der ausgleichenden Geraden

Es sei eine Anzahl von Beobachtungen gemacht, zwischen denen ein linearer Zusammenhang besteht, und es sei jede Beobachtung in einem Kartesischen Koordinatensystem durch einen Punkt mit den Koordinaten x und y versinnbildlicht, wobei unter y der gemessene Funktionswert verstanden wird – den wir sonst mit l bezeichnet haben – und unter x die – meistens frei wählbare – Stelle, an der die Funktion gemessen ist. Verlangt sei die Gleichung der ausgleichenden Geraden

$$y = a + bx, \tag{1}$$

für die der Achsenabschnitt a und das Steigungsmaß $b = \tan\varphi$ durch Ausgleichung zu ermitteln sind. Diese Aufgabe läßt sich verschieden anfassen. Man kann die Fehler entweder allein den y oder allein den x oder den x und y gemeinsam zur Last legen [10].

Sind die Fehler allein den beobachteten Funktionswerten y zuzuschreiben, so haben die Fehlergleichungen die Form

$$v_{yi} = a + x_i b - y_i. \tag{2}$$

Es handelt sich mithin um einen einfachen Fall der Ausgleichung nach vermittelnden Beobachtungen, und zwar liegt, wenn auch die geometrischen Vorstellungen etwas andere sind, ausgleichstechnisch gesehen, derselbe Fall vor, wie im § 14, Aufgabe 6 (Maßstabsvergleich). Auch kann, wie im § 24, Aufgabe 11, die Konstante a als Orientierungsunbekannte angesehen und eliminiert werden. Als Anwendung kommt das ganze Gebiet der Konstantenbestimmung in Frage, also die Bestimmung der Konstanten von optischen Distanzmessern, von Libellenprüfern und Planimetern, ferner die Bestimmung von Stand-, Teilungsund Temperaturkorrektionen bei Federbarometern, schließlich die Aufstellung empirischer Funktionstafeln, sofern die Zusammenhänge linear sind oder – etwa durch Logarithmieren oder Einführen von neuen Unbekannten – linear gemacht werden können.

---

[10] *Hugershoff, R.*: Ausgleichungsrechnung, Kollektivmaßlehre und Korrelationsrechnung. Berlin 1940. — *Wolf, H.*: Beitrag zur Bestimmung der plausibelsten Geraden. Z. Vermessungsw. **1941**, 411. — *Pinkwart, E.*: Nochmals die Bestimmung einer Geraden. Z. Vermessungsw. **1942**, 217. — *Friedrich, K.*: Strenge Fassung der Gleichungen *Werkmeisters* für die ausgleichende Gerade. Z. Vermessungsw. **1950**, 139.

Daß allein die x fehlerhaft sind, wird nur in Ausnahmefällen vorkommen, da die Ablesestellen in der Regel recht genau bekannt sind.

Fehler in x *und* y sind anzunehmen, wenn die Punkte stärker streuen, was meistens dann eintreten wird, wenn zwischen x und y nur ein loser funktionaler Zusammenhang besteht. Man könnte dann nach § 41 die x *und* y verbessern. Man erreicht jedoch das gleiche auf einfacherem Wege, indem man anhand der Abb. 53 als übrigbleibende Fehler v_i

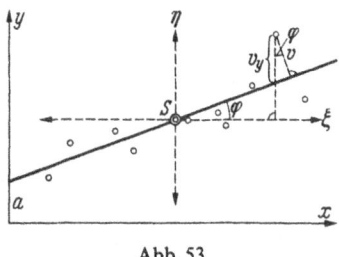

Abb. 53

nicht die v_{yi} der Gl. (2), sondern die senkrechten Abstände der beobachteten Punkte von der ausgleichenden Geraden, also die $v_i = v_{yi} \cos \varphi$ ansieht und demgemäß die Gerade so bestimmt, daß die Quadratsumme dieser v_i zum Minimum gemacht wird. Die Fehlergleichungen lauten dann

$$v_i = (a + x_i b - y_i) \cos \varphi \,. \tag{3}$$

Um rechentechnisch schnell zum Ziel zu kommen, bestimme man mit

$$x_s = \frac{[x]}{n} \quad \text{und} \quad y_s = \frac{[y]}{n} \tag{4}$$

den Schwerpunkt S der eingetragenen Punkte und erhält in

$$\xi = x - x_s \quad \text{und} \quad \eta = y - y_s \tag{5}$$

die Koordinaten ξ, η der Punkte in einem System, dessen Ursprung der Schwerpunkt ist, und dessen Achsen denen des gegebenen Systems parallel laufen mit der Probe $[\xi] = [\eta] = 0$. Einsetzen von (5) in (3) gibt, wenn gleichzeitig beachtet wird, daß $b = \tan \varphi$ ist,

$$v_i = (a + x_s \tan \varphi - y_s) \cos \varphi + \xi_i \sin \varphi - \eta_i \cos \varphi \,.$$

Es ist aber nach Abb. 53, weil die ausgleichende Gerade durch den Schwerpunkt geht,

$$a = y_s - x_s \tan \varphi \,. \tag{6}$$

Der Klammerausdruck in der vorangegangenen Gleichung verschwindet also, und die Fehlergleichungen vereinfachen sich zu

$$v_i = \xi_i \sin \varphi - \eta_i \cos \varphi \,. \tag{7}$$

Zum Aufsuchen des Minimums bilde man

$$[vv] = [\xi\xi]\sin^2\varphi + [\eta\eta]\cos^2\varphi - 2[\xi\eta]\sin\varphi\cos\varphi \qquad (8)$$

$$\frac{d[vv]}{d\varphi} = 2[\xi\xi]\sin\varphi\cos\varphi - 2[\eta\eta]\sin\varphi\cos\varphi - 2[\xi\eta](\cos^2\varphi - \sin^2\varphi),$$

setze die Ableitung gleich Null und erhält

$$\sin 2\varphi([\xi\xi] - [\eta\eta]) - 2\cos 2\varphi[\xi\eta] = 0$$

oder

$$\tan 2\varphi = \frac{2[\xi\eta]}{[\xi\xi] - [\eta\eta]}. \qquad (9)$$

Daraus lassen sich φ und $b = \tan\varphi$ errechnen; auf Grund von (6) erhält man a und hat damit die Konstanten der ausgleichenden Geraden in der Ausgangsform (1) gefunden.

Die übrigbleibenden Fehler errechnen sich am schnellsten nach (7), wobei $[v] = 0$ sein muß und darüber hinaus die Gl. (8) als Probe dienen kann. Der mittlere Fehler eines beobachteten Abstandes ist

$$m = \pm\sqrt{\frac{[vv]}{n-2}}. \qquad (10)$$

Als übrigbleibende Fehler in der Ordinatenrichtung findet man bei Beachtung der Abb. 53 und der Gl. (7)

$$v_{yi} = \frac{v_i}{\cos\varphi} = \xi_i\tan\varphi - \eta_i, \qquad (11)$$

mit $[v_{yi}] = 0$. Der mittlere Fehler einer Ordinate ist dann

$$m_y = \pm\sqrt{\frac{[v_y^2]}{n-2}}. \qquad (12)$$

Die v_{xi} und m_x werden kaum benötigt.

Die meisten Aufgaben, die sowohl auf dem in Aufgabe 6 bzw. Aufgabe 11 benutzten Wege als auch nach den Gln. (3) bis (12) durchgerechnet werden, weisen im Ergebnis nur so unbedeutende Unterschiede auf, daß man den erstgenannten einfachen Weg vorziehen wird, zumal sich dabei auch die mittleren Fehler von a und b leichter errechnen lassen. Nur wenn zwischen x und y kein straffer funktionaler Zusammenhang besteht oder gar beide völlig unabhängig voneinander sind, ist, wie schon erwähnt, die zweite Lösung vorzuziehen. Auch die nachstehende Aufgabe würde man am besten nach dem Muster der Aufgabe 6 lösen. Um jedoch ein Beispiel für den zweiten Weg zu bringen, wird sie nach dem Ansatz (3) bis (12) durchgerechnet werden.

Aufgabe 42. *Bestimmen der Standkorrektion und des Temperaturkoeffizienten eines Federbarometers*

Ablesungen an Federbarometern pflegt man zum Ausschalten des Temperatureinflusses zu reduzieren nach der Formel

$$Q_0 = F + a + bt \, .$$

Dabei ist F die Ablesung am Federbarometer, t die Temperatur in Celsiusgraden, b der Temperaturkoeffizient und a die Standkorrektion, während Q_0, die berichtigte Ablesung, der auf $0°$ reduzierten Ablesung an einem fehlerfreien Quecksilberbarometer entsprechen soll. Zur Bestimmung der Konstanten a und b des Federbarometers Nr. 1301 des Geodätischen Instituts der TH Hannover wurden an einem heißen Junitage 13 Federbarometerablesungen F_i einer entsprechenden Anzahl gleichzeitig beobachteter und auf $0°$ reduzierter Quecksilberbarometerablesungen Q_{0i} gegenübergestellt, wobei die letzten 5 Ablesungen unter Verwendung einer Kühlvorrichtung erzielt wurden.

Die Ablesungen und die wichtigsten Daten der Rechnung nach den Formeln (4) bis (9), (11) und (12) sind:

Uhrzeit	$x = t$	$y = Q_0 - F$	$\xi = x - x_s$	$\eta = y - y_s$	$10^2 v_y$	$10^4 v_y^2$
13^{05}	$+31{,}^{\!\circ}4$	$-6{,}96$	$+11{,}3$	$-0{,}76$	$+2{,}7$	$7{,}3$
13^{40}	$29{,}7$	$-6{,}86$	$+ 9{,}6$	$-0{,}66$	$-3{,}4$	$11{,}6$
14^{10}	$28{,}4$	$-6{,}74$	$+ 8{,}3$	$-0{,}54$	$-0{,}8$	$0{,}6$
14^{30}	$26{,}2$	$-6{,}62$	$+ 6{,}1$	$-0{,}42$	$+0{,}3$	$0{,}1$
15^{00}	$24{,}4$	$-6{,}54$	$+ 4{,}3$	$-0{,}34$	$+0{,}6$	$0{,}4$
15^{30}	$22{,}8$	$-6{,}40$	$+ 2{,}7$	$-0{,}20$	$-2{,}0$	$4{,}0$
16^{45}	$20{,}4$	$-6{,}23$	$+ 0{,}3$	$-0{,}03$	$+1{,}0$	$1{,}0$
17^{55}	$18{,}2$	$-6{,}05$	$- 1{,}9$	$+0{,}15$	$+1{,}6$	$2{,}6$
19^{10}	$16{,}2$	$-5{,}94$	$- 3{,}9$	$+0{,}26$	$+4{,}6$	$21{,}2$
21^{30}	$13{,}6$	$-5{,}76$	$- 6{,}5$	$+0{,}44$	$+0{,}4$	$0{,}2$
23^{15}	$12{,}0$	$-5{,}64$	$- 8{,}1$	$+0{,}56$	$-2{,}7$	$7{,}3$
1^{00}	$10{,}2$	$-5{,}49$	$- 9{,}9$	$+0{,}71$	$-0{,}5$	$0{,}3$
3^{40}	$7{,}7$	$-5{,}38$	$-12{,}4$	$+0{,}82$	$-1{,}2$	$1{,}4$
Σ	$261{,}2$	$-80{,}61$	$- 0{,}1$	$-0{,}01$	$+0{,}6$	$58{,}0$
S	$+20{,}1$	$-6{,}20$				

Daraus folgt

$$\tan 2\varphi = \frac{-2 \cdot 49{,}88}{730{,}3 - 3{,}42} = -0{,}13724\,; \qquad [v_y v_y] = 0{,}00580\,.$$

$$2\varphi = -7°48{,}'9\,; \qquad \psi = -3°54{,}'5\,;$$

$$b = \tan\varphi = -0{,}0683\,.$$

$$\underline{a = -6{,}20 + 0{,}00683 \cdot 20{,}1\,; \qquad a = -4{,}83}\,.$$

$$m_y = \pm \sqrt{\frac{0{,}00580}{13 - 2}} = \pm 0{,}023\,.$$

Die gesuchte Reduktionsformel lautet also:

$$Q_0 = F - 4{,}83 \text{ mm} - 0{,}0683\, t \, .$$

21 Großmann, Ausgleichsrechnung, 3. Aufl.

46.2 Darstellung einer Funktion durch eine Potenzreihe

Diese Aufgabe entspricht im Ansatz der vorigen. Doch möge beim Auftragen der Messungsergebnisse zu erkennen sein, daß die Beziehung zwischen x und y nicht linear ist, sondern etwa die Form

$$y = a + bx + cx^2 \qquad (13)$$

hat. Diese Aufgabe tritt wie die vorige in sehr verschiedener Fassung auf, und ihre Lösung verlangt von Fall zu Fall besondere Rechenkniffe. In einzelnen Fällen kann sich das Eliminieren von a nach § 24, in anderen das Einführen von Schwerpunktskoordinaten gemäß (4) und (5) empfehlen. Oftmals sind die (gesuchten) Konstanten von sehr unterschiedlicher Größenordnung; dann wird man Hilfsunbekannte benutzen, die um ein oder zwei Zehnerpotenzen größer oder kleiner sind als die gesuchten Unbekannten. Vielfach sind die x-Werte gleichabständig; dann wählt man als Anfangspunkt der Zählung zweckmäßig den mittelsten runden x-Wert, von dem aus die positiven ganzen Zahlen nach der einen, die negativen nach der andere Seite durchlaufen [11]. Gelegentlich führt ein Ansatz von der Form

$$y = a + b(x + c)^2 \qquad (14)$$

am schnellsten zum Ziel [12]. Weisen die übrigbleibenden Fehler regelmäßige Bestandteile auf, so kann es geraten sein, dem ursprünglichen Ansatz noch ein Glied mit x^3 anzufügen. Stets beachte man jedoch, daß bei all diesen Verfahren die Konstanten der gesuchten Funktionen lediglich Interpolationskonstanten sind. Über den Bereich der zugrundeliegenden Beobachtungen hinaus wird man die Funktion daher nur mit äußerster Vorsicht benützen dürfen.

Von den vorgenannten Rechenkniffen ist das Arbeiten mit Schwerpunktskoordinaten an die wenigsten Voraussetzungen gebunden und daher am allgemeinsten zu verwenden. Wir denken uns demnach in (13) Schwerpunktskoordinaten gemäß (4) und (5) eingeführt und erhalten damit die zu bestimmende Funktion in der Form

$$\eta_i = a + b\xi_i + c\xi_i^2 \,, \qquad (15)$$

in der allerdings die gesuchten Konstanten a, b und c nicht mehr dieselbe Bedeutung haben wie in (13).

Meistens sind nun die ξ_i, worunter man etwa freiwählbare Einstellungen oder Ablesestellen verstehen möge, als praktisch fehlerfrei zu

---

[11] *von Sanden, H.*: Mathematisches Praktikum, 2. Aufl., S. 55. Berlin-Leipzig 1944. — *Hirvonen, R. A.*: Bestimmung der Libellenempfindlichkeit und eines konstanten Verhältnisses im allgemeinen. Z. Vermessungsw. **1950**, 137.

[12] *Werkmeister, P.*: Beitrag zur Bestimmung der plausibelsten Gleichungen der plausibelsten Kurve einer fehlerzeigenden Punktreihe. Z. Vermessungsw. **1932**, 727.

betrachten, so daß die Fehler ausschließlich den η_i, d. h. den an den Ablesestellen ermittelten Funktionswerten zuzuschreiben sind. Also lauten nunmehr unsere Fehlergleichungen, wenn jetzt unter den v_i die Verbesserungen in der Ordinatenrichtung verstanden werden,

$$v_i = a + \xi_i b + \xi_i^2 c - \eta_i . \tag{16}$$

Beiderseitiges Quadrieren und Aufsummieren über die i von 1 bis n gibt, da im Schwerpunktssystem $[\xi] = 0$ und $[\eta] = 0$ ist,

$$[vv] = n \cdot a^2 + (b^2 + 2ac)[\xi^2] + 2bc[\xi^3] + c^2[\xi^4]$$
$$- 2b[\xi\eta] - 2c[\xi^2\eta] + [\eta^2] .$$

Zum Gewinnen des Minimums bilde man die partiellen Ableitungen nach a, b und c und setze sie gleich Null. Dann erhält man das Normalgleichungssystem

$$\left. \begin{array}{l} n \cdot a \qquad\quad + [\xi^2]c \qquad\quad = 0 \\ \qquad\quad + [\xi^2]b + [\xi^3]c - [\xi\eta] \;= 0 \\ + [\xi^2]a + [\xi^3]b + [\xi^4]c - [\xi^2\eta] = 0, \end{array} \right\} \tag{17}$$

welches sich leicht auflösen läßt in

$$\left. \begin{array}{l} c = \dfrac{[\xi^2][\xi^2\eta] - [\xi\eta][\xi^3]}{[\xi^2][\xi^4] - [\xi^3]^2 - \dfrac{1}{n}[\xi^2]^3} \\[4ex] b = \dfrac{[\xi\eta] - c[\xi^3]}{[\xi^2]} ; \qquad a = -c\,\dfrac{[\xi^2]}{n} . \end{array} \right\} \tag{18}$$

Damit sind die Konstanten der Gl. (15) gefunden. Ihre Gewichtsreziproken erhält man, indem man in (17) die Absolutglieder in bekannter Weise (§ 17) durch 1, 0, 0 usw. ersetzt. Die übrigbleibenden Fehler v_i errechne man auf Grund von (16) mit der Probe

$$[vv] = [\eta\eta] - [\xi\eta]b - [\xi^2\eta]c \tag{19}$$

und findet schließlich als mittleren Fehler einer Beobachtung

$$m = \pm \sqrt{\frac{[vv]}{n-3}} . \tag{20}$$

Die Rechnungen vereinfachen sich noch etwas, wenn die x_i der Gl. (13) in ungerader Anzahl mit gleichen Intervallen aufeinanderfolgen, weil dann $[\xi^3]$ gleich Null wird. Der Weg über die Schwerpunktskoordinaten unterscheidet sich damit in der Zahlenrechnung nur noch wenig von den in der ersten Anmerkung auf S. 322 zitierten speziellen Verfahren von *von Sanden* und *Hirvonen*; denn die Abszissen werden bei diesen Verfahren ebenfalls von ihrem Schwerpunkt an gezählt, und die Ordinaten unterscheiden sich lediglich um den Betrag der Schwerpunktsordinate.

Wünscht man die Funktion in dem System der Gl. (13) dargestellt zu haben (d. h. Abszissenzählung vom Ursprung $x = 0$ ab), so hat man in (15) ξ und η gemäß (5) durch $(x - x_s)$ und $(y - y_s)$ zu ersetzen und dann nach Potenzen von x zu ordnen[13]. Als Beispiel diene

Aufgabe 43. *Bestimmen von Stand und Gang einer Pendeluhr*

Zur Bestimmung von Stand und Gang einer mehrfach umgearbeiteten Pendeluhr wurde die Uhr an 13 aufeinanderfolgenden Tagen um 0^h Weltzeit mit dem Zeitzeichen des Senders Norddeich verglichen. Das Auftragen der Meßwerte ließ erkennen, daß der Gang nicht linear ist. Es wurde daher ein Zusammenhang nach Gl. (13) unterstellt, wobei a als Stand, b als linearer Teil des Ganges und c als Accellerationskoeffizient gedeutet werden kann. Die Rechnung wurde unter Einführung von Schwerpunktskoordinaten nach den obigen Formeln (15) bis (18) durchgeführt. Versteht man unter x die Zeit in Tagen und unter y die Differenz

Zeitzeichen − Uhrablesung

in Sekunden, so hat man die nachstehenden Beobachtungen und Rechenergebnisse:

Datum	x	y	$\xi = x - x_s$	$\eta = y - y_s$	v	vv
27. 2.	1	8,457	−6	−2,829	−0,109	0,0119
28. 2.	2	8,741	−5	−2,545	− 3	0
1. 3.	3	9,077	−4	−2,209	+ 78	61
2. 3.	4	9,521	−3	−1,765	+ 79	62
3. 3.	5	10,021	−2	−1,265	+ 50	25
4. 3.	6	10,550	−1	−0,736	+ 21	4
5. 3.	7	11,082	0	−0,204	+ 14	2
6. 3.	8	11,677	+1	+0,391	− 28	8
7. 3.	9	12,317	+2	+1,031	− 88	77
8. 3.	10	12,897	+3	+1,611	− 61	37
9. 3.	11	13,528	+4	+2,242	− 57	32
10. 3.	12	14,129	+5	+2,843	+ 3	0
11. 3.	13	14,720	+6	+3,434	+0,100	100
Σ	91	146,717	0	−0,001	−0,001	0,0527
S	7	11,286				

Damit ist $[\xi^2] = 182, \qquad [\xi^3] = 0, \qquad [\xi^4] = 4550,$

$[\xi\eta] = + 98,169, \qquad [\xi^2\eta] = +27,091, \qquad [\eta\eta] = 53,371,$

und man erhält:

$$c = \frac{182 \cdot 27,091}{182 \cdot 4550 - \dfrac{1}{13}\, 182^3} = +0,01355,$$

$$b = \frac{98,169}{182} = +0,5394,$$

$$a = -0,01355 \cdot \frac{182}{13} = -0,190.$$

---

[13] *Tschapanow, C.:* Für den Fall, daß diese Kurve ein Kreis ist. Schweiz. Z. Vermessungsw. **1957**, 270.

Damit lautet die Uhrgleichung im System des Schwerpunktes – Gl. (15) –

$$\eta = -0,190 + 0,5394\,\xi + 0,01355\,\xi^2\,,$$

d. h. – 0,190 ist die Standkorrektion am 7. Tag; denn durch Einführen des Schwerpunktes sind die ξ von diesem Tage an vor- und rückwärts gezählt.

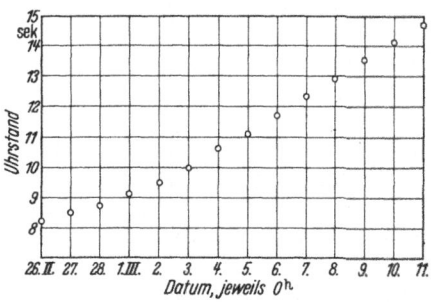

Abb. 54

Im ursprünglichen System – (Gl. (13)) – lautet die Gleichung

$$y - 11,286 = -0,190 + 0,5394(x - 7) + 0,01355(x - 7)^2$$
$$y = +7,987 + 0,349\,x + 0,01355\,x^2\,,$$

d. h. + 7,987 ist die Standkorrektion am 0. Tag, und die x sind vom 0. Tag an zu zählen. Die y ergeben sich um y_s größer als die η.

Die übrigbleibenden Fehler v lassen eine leichte Systematik erkennen, woraus geschlossen werden kann, daß der Vorgang durch eine Funktion von der Form der Gl. (13) noch nicht scharf erfaßt wird. Die Einführung eines Gliedes mit x^3 dürfte jedoch bei der geringen Anzahl der Beobachtungen keinen vertretbaren Nutzen bringen.

Der mittlere Fehler – berechnet aus den übrigbleibenden v – ergibt sich zu:

$$m = \sqrt{\frac{[vv]}{n-u}} = \sqrt{\frac{0,053}{13-3}} = \pm 0,072\,.$$

Mit Hilfe der Gewichtsreziproken erhält man

$$m_a = \pm 0,02, \quad m_b = \pm 0,005, \quad m_c = \pm 0,0016\,.$$

Alle Endergebnisse sind in Zeitsekunden zu verstehen.

46.3 Darstellung einer Funktion durch trigonometrische Reihen

Ist die Erscheinung, die man erfassen will, periodischer Natur, so gelangt man in der Regel zum Ziel, wenn man die Funktionen in Form einer Fourier-Reihe

$$F(t) = \alpha + a\sin(t+A) + b\sin(2t+B) + c\sin(3t+C) + \cdots \qquad (21)$$

ansetzt, in der t eine frei zu wählende unabhängige Veränderliche – etwa die Zeit – sein möge. Es seien nun zu den Zeiten $t_0 = 0$, $t_1 = t$, $t_2 = 2t$, $t_3 = 3t, \ldots$ die Beobachtungen $F_0, F_1, F_2, F_3, \ldots$ gemacht. Dann sind die (unbekannten) Konstanten α, a, b, c, ..., A, B, C, ... so zu bestimmen, daß die Quadratsumme der übrigbleibenden Unterschiede zwischen Funktionswert und Beobachtungen ein Minimum wird.

Um die (21) entsprechenden Fehlergleichungen

$$v_i = \alpha + a \sin(t_i + A) + b \sin(2t_i + B) + c \sin(3t_i + C) \cdots - F(t) \quad (22)$$

in Beziehung auf die Unbekannten linear zu machen, setzt man zunächst

$$\left.\begin{array}{l} \sin\,(t_i + A) = \sin A \cos\,t_i + \cos A \sin\,t_i \\ \sin(2t_i + B) = \sin B \cos 2t_i + \cos B \sin 2t_i \\ \sin(3t_i + C) = \sin C \cos 3t_i + \cos C \sin 3t_i \quad \text{usw.} \end{array}\right\} \quad (23)$$

Alsdann führt man anstelle der gesuchten Unbekannten als Hilfsunbekannte

$$\left.\begin{array}{ll} a \sin A = x_1 & a \cos A = x_2 \\ b \sin B = y_1 & b \cos B = y_2 \\ c \sin C = z_1 & c \cos C = z_2 \quad \text{usw.} \end{array}\right\} \quad (24)$$

ein und erhält bei Beschränkung auf nur zwei Glieder die umgeformten Fehlergleichungen

$$\left.\begin{array}{l} v_0 = \alpha + \cos t_0 \cdot x_1 + \sin t_0 x_2 + \cos 2t_0 \cdot y_1 + \sin 2t_0 \cdot y_2 - F_0, \\ v_1 = \alpha + \cos t_1 \cdot x_1 + \sin t_1 x_2 + \cos 2t_1 \cdot y_1 + \sin 2t_1 \cdot y_2 - F_1, \\ \cdots\cdots\cdots\cdots\cdots\cdots\cdots\cdots\cdots\cdots\cdots\cdots\cdots\cdots\cdots\cdots\cdots\cdots\cdots\cdots\cdots\cdots \\ v_n = \alpha + \cos t_n \cdot x_1 + \sin t_n x_2 + \cos 2t_n \cdot y_1 + \sin 2t_n \cdot y_2 - F_n. \end{array}\right\} \quad (25)$$

Die entsprechenden Normalgleichungen lauten abgekürzt geschrieben

$$
\begin{array}{l}
n\alpha + [\cos t]x_1 + \quad [\sin t]x_2 + \quad [\cos 2t]y_1 + \quad [\sin 2t]y_2 - \quad [F] = 0 \\
\quad + [\cos^2 t]x_1 + [\cos t \sin t]x_2 + [\cos t \cos 2t]y_1 + [\cos t \sin 2t]y_2 - [F \cos t] = 0 \\
\quad\quad\quad + \quad [\sin^2 t]x_2 + [\sin t \cos 2t]y_1 + [\sin t \sin 2t]y_2 - [F \sin t] = 0 \quad (26) \\
\quad\quad\quad\quad\quad + \quad [\cos^2 2t]y_1 + [\cos 2t \sin 2t]y_2 - [F \cos 2t] = 0 \\
\quad\quad\quad\quad\quad\quad\quad + \quad [\sin^2 2t]y_2 - [F \sin 2t] = 0.
\end{array}
$$

Wenn nun die t_i in gerader Anzahl gleichmäßig auf eine Periode verteilt werden, so ist, wie am einfachsten ein Blick auf die Funktionsbilder in Abb. 55 zeigt, $[\cos t] = 0$ und $[\sin t] = 0$. Ebenso verschwinden $[\cos 2t]$, $[\sin 2t]$ usw.

Deutet man ferner anhand der nachstehenden Abb. 56 in der Produktsumme $[\sin t \cos t]$ die Ausdrücke $\sin t_i \cos t_i$ als Fläche, dann erkennt man, daß die Summe je zweier um 90° voneinander abstehenden Produkte Null ergibt. Damit entfallen also auch die gemischten Produkte. Bei n Beobachtungen findet endlich für die quadratischen Glieder $n/2$ mal die Gleichung $\cos^2 t + \cos^2(90 - t) = 1$ statt, so daß die Ausdrücke $[\cos^2 t]$ und ebenso $[\sin^2 t]$ usw. jeweils $n/2$ ergeben.

Mithin bleiben in den Normalgleichungen (26) neben den Absolutgliedern nur die unterstrichenen Ausdrücke auf der Diagonale übrig,
und zwar hat in der ersten Normalgleichung α den Koeffizienten n,
während die verbleibenden Koeffizienten sämtlich den Wert $n/2$ haben.

Auf Grund der ersten Normalgleichung ergibt sich α als arithmetisches
Mittel aus allen Beobachtungen. Diesen Wert kann man vorweg berechnen und damit die Absolutglieder der verbleibenden Normalgleichungen
für die Rechnung noch etwas umbilden. Es ist nämlich wegen $[\cos t] = 0$

$$[F \cos t] = [F \cos t] - \alpha [\cos t] = [(F - \alpha) \cos t].$$

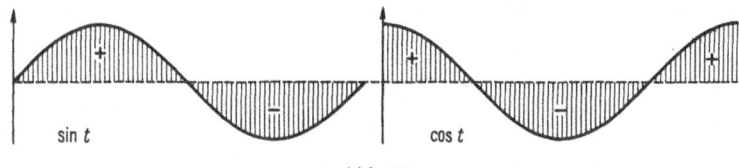

sin t cos t

Abb. 55

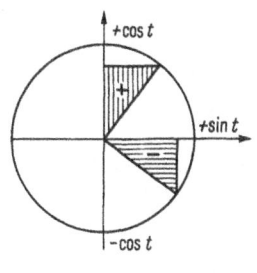

Abb. 56

Ebenso gilt

$$[F \sin t] = [(F - \alpha) \sin t] \quad \text{usw.}$$

Damit erhält man schließlich folgende Normal- und Gewichtsgleichungen

$$
\left.
\begin{aligned}
n\alpha - \quad\quad [F] &= 0 \quad\quad n q_{11} = 1 \\
\frac{n}{2} x_1 - [(F - \alpha) \cos t] &= 0 \quad\quad \frac{n}{2} q_{22} = 1 \\
\frac{n}{2} x_2 - [(F - \alpha) \sin t] &= 0 \quad\quad \frac{n}{2} q_{33} = 1 \\
\frac{n}{2} y_1 - [(F - \alpha) \cos 2t] &= 0 \quad\quad \frac{n}{2} q_{44} = 1 \\
\frac{n}{2} y_2 - [(F - \alpha) \sin 2t] &= 0 \quad\quad \frac{n}{2} q_{55} = 1 .
\end{aligned}
\right\} \quad (27)
$$

Hieraus können $\alpha, x_1, x_2, y_1, y_2$ usw. und ihre Gewichtsreziproken leicht errechnet werden. Es ist ferner wegen (24)

$$\left.\begin{aligned}\frac{x_1}{x_2} = \tan A \quad a = \frac{x_1}{\sin A} = \frac{x_2}{\cos A}, \\[2mm] \frac{y_1}{y_2} = \tan B \quad b = \frac{y_1}{\sin B} = \frac{y_2}{\cos B}.\end{aligned}\right\} \tag{28}$$

Einsetzen dieser Ausdrücke sowie des bereits gefundenen α in (21) ergibt die gesuchte Funktion.

Nachdem sodann auf Grund der Fehlergleichungen (25) die v_i und $[vv]$ gebildet sind, errechnet man den mittleren Fehler einer Beobachtung F nach der bekannten Formel

$$m = \pm \sqrt{\frac{[vv]}{n-u}}, \tag{29}$$

wobei in unserem Falle $u = 5$, bei Mitführen der Glieder mit $3t$ aber $u = 7$ sein würde. Mittels der Gewichtsreziproken in (27) gewinnt man daraus leicht die mittleren Fehler von $\alpha, x_1, x_2, \ldots, y_1, y_2, \ldots$, aus denen sich die mittleren Fehler von $a, b, \ldots, A, B, \ldots$ mit Hilfe des Funktionsgewichtes (§ 20) ableiten lassen. Wegen einiger Vereinfachungen bei der Verprobung von $[vv]$ vergleiche [17], S. 41.

Als Anwendungsbeispiel diene *Heuvelinks* Verfahren zur Bestimmung der regelmäßigen Teilungsverbesserungen von Teilkreisen [14].

Aufgabe 44. *Heuvelinks Verfahren zur Bestimmung der regelmäßigen Teilungsverbesserungen*

Die Teilkreise unserer Theodolite weisen sowohl regelmäßige wie unregelmäßige Teilungsfehler auf. Die vorangegangenen Entwicklungen setzen uns in den Stand, die regelmäßigen Anteile zu ermitteln und ihre Auswirkung auf die Winkelmessung kennenzulernen. Nun pflegt man in der Praxis immer an zwei um 200^g voneinanderstehenden Mikroskopen zu beobachten und das Beobachtungsmittel in die Rechnung einzuführen, welches bei Theodoliten mit Koinzidenzmikroskopen am Mikrometer abgelesen wird. *Heuvelink* sucht daher nicht den regelmäßigen Teilungsfehler selbst, sondern er bestimmt

---

[14] *Heuvelink, Hk. J.:* Bestimmung des regelmäßigen und des mittleren zufälligen Durchmesserteilungsfehlers von Theodoliten und Universalinstrumenten. Z. Vermessungsw. **1913**, 441; — Die Prüfung der Kreisteilungen von Theodoliten und Universalinstrumenten. Z. Instrumentenk. **1925**, 70. — *Ackerl, F.:* Untersuchung der Teilung eines Wildschen Präzisionstheodolits. Z. Instrumentenk. **1928**, 516. — *Kasper, H.:* Teilkreisuntersuchung eines Wildschen Präzisionstheodoliten nach der Seemannschen Anschlagmethode. Z. Instrumentenk. **1936**, 375. — *Ansermet, A.:* Beitrag zur Bestimmung von regelmäßigen Kreisteilungsverbesserungen. Schweiz. Z. Vermessungsw. **1954**, 62. — Lit.-Verz. [34], S. 228. — *Jochmann, H.:* Die Kreisteilungsfehler der Horizontalkreise. Z. d. Techn. Hochsch. Dresden 1955/56. — *Wermann, G.:* Kreisteilungsuntersuchungen. Veröff. Deut. Geod. Komm. Reihe C, Heft 18, München 1957. — *Roelofs, R.:* Optimalisierung der Kreisteilungsuntersuchung. Z. Vermessungsw. **1965**, 489. — Vgl. *Husti, G. J.:* Z. Vermessungsw. **1967**, 405.

die an dem Mittel aus beiden Ablesungen anzubringenden Durchmesserkorrektionen. Ist φ die für die Ablesung benutzte Kreislage, so lautet *Heuvelinks* Ansatz für eine Durchmesserkorrektion

$$\Delta\varphi = a \sin(2\varphi + A) + b \sin(4\varphi + B) + c \sin(6\varphi + C) + \cdots, \tag{1}$$

wobei φ von 0^g bis 200^g läuft und die ungeraden Vielfachen von φ nicht auftreten, weil die durch sie auszudrückenden Fehleranteile durch die Mittelung herausgefallen sind. Es werde nun ein und derselbe Winkel β in n gleich weit voneinander abstehenden Kreislagen mehrere Male gemessen, und es sei l das arithmetische Mittel mehrerer Beobachtungen in einer Kreislage, α dagegen der günstigste Wert aus allen Beobachtungen. Dabei sei φ die Kreislage, die bei der Ablesung des linken Winkelschenkels benutzt wird, während der rechte Schenkel in die Kreislage $\varphi + \beta$ fallen möge. Dann gilt für jede Beobachtung l_i

$$\alpha = l_i + v_i - \Delta\varphi_i + \Delta(\varphi + \beta)_i, \tag{2}$$

und die Fehlergleichungen lauten

$$\left.\begin{aligned}
v_i = & -l_i + \alpha + a \sin(2\varphi_i + A) - a \sin(2\varphi_i + 2\beta + A) \\
& + b \sin(4\varphi_i + B) - b \sin(4\varphi_i + 4\beta + B) \\
& + c \sin(6\varphi_i + C) - c \sin(6\varphi_i + 6\beta + C).
\end{aligned}\right\} \tag{3}$$

Zweimalige Anwendung des Additionstheorems ergibt

$$a \sin(2\varphi + A) - a \sin(2\varphi + 2\beta + A)$$
$$= -2a \sin\beta \cos(\beta + A) \cos 2\varphi + 2a \sin\beta \sin(\beta + A) \sin 2\varphi,$$

$$b \sin(4\varphi + B) - b \sin(4\varphi + 4\beta + B)$$
$$= -2b \sin 2\beta \cos(2\beta + B) \cos 4\varphi + 2b \sin 2\beta \sin(2\beta + B) \sin 4\varphi,$$

$$c \sin(6\varphi + C) - c \sin(6\varphi + 6\beta + C)$$
$$= -2c \sin 3\beta \cos(3\beta + C) \cos 6\varphi + 2c \sin 3\beta \sin(3\beta + C) \sin 6\varphi.$$

Setzt man dann noch

$$\left.\begin{aligned}
-2a \sin\beta \cos(\beta + A) = x_1; & \quad +2a \sin\beta \sin(\beta + A) = x_2, \\
-2b \sin 2\beta \cos(2\beta + B) = y_1; & \quad +2b \sin 2\beta \sin(2\beta + B) = y_2, \\
-2c \sin 3\beta \cos(3\beta + C) = z_1; & \quad +2c \sin 3\beta \sin(3\beta + C) = z_2,
\end{aligned}\right\} \tag{4}$$

so lauten die umgeformten Fehlergleichungen

$$\begin{aligned}
v_i = \alpha & + \cos 2\varphi_i x_1 + \sin 2\varphi_i x_2 + \cos 4\varphi_i y_1 + \sin 4\varphi_i y_2 \\
& + \cos 6\varphi_i z_1 + \sin 6\varphi_i z_2 - l_i.
\end{aligned} \tag{5}$$

Daraus aber ergeben sich gemäß § 46 (26) und (27) die Unbekannten und Gewichtsreziproken

$$\left.\begin{aligned}
\alpha &= \frac{1}{n}[l] & q_{11} &= \frac{1}{n} \\
x_1 &= \frac{2}{n}[(l-\alpha)\cos 2\varphi] & q_{22} &= \frac{2}{n} \\
x_2 &= \frac{2}{n}[(l-\alpha)\sin 2\varphi] & q_{33} &= \frac{2}{n} \\
y_1 &= \frac{2}{n}[(l-\alpha)\cos 4\varphi] & q_{44} &= \frac{2}{n} \\
y_2 &= \frac{2}{n}[(l-\alpha)\sin 4\varphi] & q_{55} &= \frac{2}{n} \\
z_1 &= \frac{2}{n}[(l-\alpha)\cos 6\varphi] & q_{66} &= \frac{2}{n} \\
z_2 &= \frac{2}{n}[(l-\alpha)\sin 6\varphi] & q_{77} &= \frac{2}{n}.
\end{aligned}\right\} \tag{6}$$

Man gewinnt sodann, da β ein bekannter Wert ist,

$$\left.\begin{array}{lll}
A & \text{aus} & \tan(A + \beta) = \dfrac{-x_2}{+x_1}, \\[3mm]
B & \text{aus} & \tan(B + 2\beta) = \dfrac{-y_2}{+y_1}, \\[3mm]
C & \text{aus} & \tan(C + 3\beta) = \dfrac{-z_2}{+z_1}
\end{array}\right\} \tag{7}$$

und findet schließlich

$$\left.\begin{array}{l}
a = \dfrac{-x_1}{2\sin\beta\cos(\beta + A)} = \dfrac{+x_2}{2\sin\beta + \sin(\beta + A)}, \\[4mm]
b = \dfrac{-y_1}{2\sin 2\beta\cos(2\beta + B)} = \dfrac{+y_2}{2\sin 2\beta\sin(2\beta + B)}, \\[4mm]
c = \dfrac{-z_1}{2\sin 3\beta\cos(3\beta + C)} = \dfrac{+z_2}{2\sin 3\beta\sin(3\beta + C)}.
\end{array}\right\} \tag{8}$$

Damit sind alle Konstanten berechnet, womit gleichzeitig die gesuchte Funktion bestimmt ist.

Das Beobachtungsprogramm wird zweckmäßig folgendermaßen gestaltet: Ein Winkel von 50^g wird in vier Reihen zu je fünf Kreislagen beobachtet. In jeder Kreislage werden zwei Sätze gemessen, deren jeder seinerseits aus Hin- und Rückgang besteht, so daß zu jeder Reihe 10 Sätze oder 20 Messungen des Winkels α gehören. Das ergibt insgesamt 40 Sätze oder 80 Messungen des Winkels α. Die $20\,l_i$ unserer Fehlergleichungen sind dann die Mittel aus je vier Einzelbeobachtungen. Ein entsprechendes Beobachtungsbeispiel ist in der Tab. 1 auf S. 332 zusammengestellt.

Die Fehlerrechnung gründet sich auf folgende Zusammenhänge: Der gemäß § 46 (29) aus den v zu errechnende Gesamtfehler M einer Beobachtungsgröße l_i setzt sich zusammen aus einem Beobachtungsfehler m und einem Teilungsfehler t gemäß

$$M^2 = m^2 + t^2.$$

Wenn nun der mittlere Beobachtungsfehler einer einmal beobachteten Richtung mit μ bezeichnet wird, so ist der mittlere Beobachtungsfehler eines einmal gemessenen Winkels $\mu\sqrt{2}$, und man erhält für einen viermal beobachteten Winkel

$$m^2 = \frac{2\mu^2}{4} = \frac{1}{2}\mu^2.$$

Der mittlere Teilungsfehler tritt, da die vier Einzelbeobachtungen in derselben Kreislage gemacht sind, für jeden Schenkel nur einmal auf, so daß, wenn sein Wert für einen Durchmesser gleich τ gesetzt wird,

$$t^2 = 2\tau^2 \quad \text{und damit} \quad M^2 = \frac{1}{2}\mu^2 + 2\tau^2 \tag{9}$$

ist. Es sind also μ, M und τ zu berechnen.

Der mittlere Fehler einer beobachteten Richtung ist gleich dem mittleren Fehler eines aus zwei Messungen gemittelten Winkels. Dieser läßt sich nach § 5 (4) berechnen. Man bildet dazu die insgesamt $2n$ Differenzen d zwischen den im Hin- und Rückgang an derselben Kreisstelle beobachteten Winkeln und errechnet, um etwaige konstante Abweichungen im Hin- und Rückgang ("Schleppfehler") zu eliminieren, ihr arithmetisches Mittel $[d]/2n$. Sind δ_i die Verbesserungen, so ist

$$\delta_i = d_i - \frac{[d]}{2n}; \quad [\delta\delta] = [dd] - \frac{[d]^2}{2n},$$

und man erhält als mittleres Fehlerquadrat einer einmal beobachteten Richtung

$$\mu^2 = \frac{1}{4} \frac{[\delta\delta]}{2n} = \frac{1}{4} \left(\frac{[dd]}{2n-1} - \frac{[d]^2}{2n(2n-1)} \right). \tag{10}$$

Für den mittleren Gesamtfehler M einer (aus vier Einzelmessungen) gemittelten Beobachtung ergeben sich folgende Werte:

a) Bei Außerachtlassen der Teilungsverbesserungen sind die v der Gl. (5) lediglich aus den $(l-\alpha)$ zu errechnen. Da bei r Reihen jede Unbekannte ihr eigenes α hat, sind r Unbekannte vorhanden. Man hat also

$$\left.\begin{array}{c} [vv] = [(l-\alpha)^2] \\[2mm] M^2 = \dfrac{[vv]}{n-r} \end{array}\right\} \tag{11}$$

und

b) Bei Berücksichtigung des ersten Gliedes der Teilungsverbesserung treten zwei Unbekannte hinzu. Dann wird also

$$\left.\begin{array}{c} [v'v'] = [vv] - \dfrac{2}{n}[(l-\alpha)\cos 2\varphi]^2 - \dfrac{2}{n}[(l-\alpha)\sin 2\varphi]^2 \\[3mm] M'^2 = \dfrac{[v'v']}{n-r-2} \end{array}\right\} \tag{12}$$

und

c) Bei Berücksichtigung auch des zweiten Gliedes wird

$$\left.\begin{array}{c} [v''v''] = [v'v'] - \dfrac{2}{n}[(l-\alpha)\cos 4\varphi]^2 - \dfrac{2}{n}[(l-\alpha)\sin 4\varphi]^2\, , \\[3mm] M''^2 = \dfrac{[v''v'']}{n-r-4} \end{array}\right\} \tag{13}$$

usw.

Für den mittleren Teilungsfehler ergeben sich damit auf Grund der Gl. (9) die entsprechenden Werte

$$\left.\begin{array}{c} \tau^2 = \dfrac{1}{2}M^2 \; - \dfrac{1}{4}\mu^2\, , \\[3mm] \tau'^2 = \dfrac{1}{2}M'^2 - \dfrac{1}{4}\mu^2\, , \\[3mm] \tau''^2 = \dfrac{1}{2}M''^2 - \dfrac{1}{4}\mu^2 \;\; \text{usw.} \end{array}\right\} \tag{14}$$

τ wird in der Literatur als mittlerer totaler Kreisteilungsfehler bezeichnet, während $\tau', \tau'', \ldots$ ein mehr oder weniger zutreffendes Urteil über die zufälligen Teilungsfehler erlauben.

Als mittlere Fehler der Amplituden findet *Heuvelink* schließlich mit Hilfe des Funktionsgewichtes

$$M_a = \frac{M}{\sin\beta}\sqrt{\frac{1}{2n}}\, , \qquad M_b = \frac{M}{\sin 2\beta}\sqrt{\frac{1}{2n}}\, , \ldots \; . \tag{15}$$

Als Zahlenbeispiel wurde im Geodätischen Institut der TH Hannover zur Untersuchung des Teilkreises des Feinmeßtheodolits Askania Tu 400 Nr. 590360 ein durch Kollimatoren dargestellter Winkel von 50^{g} beobachtet. Die 50^{g} überschießenden Beobachtungsanteile sind in der Tab. 1 auf S. 332 eingetragen. Dabei bedeuten l_1 und l_2 einen in der I. Lage, l_3 und l_4 einen in der II. Lage aus der Differenz zweier Richtungsbeobachtungen gebildeten Winkel; l_i ist das Mittel aus beiden. Daneben ist der Winkel α berechnet und zwar für jede Reihe besonders, um etwaige Veränderungen von α während der Messungen möglichst unschädlich zu machen. Ferner sind in der Tab. 1 auch die Differenzen d und die zur Berechnung der Absolutglieder erforderlichen $(l_i - \alpha)$ angegeben worden. In Tab. 2 sind dann die Ausdrücke $[(l - \alpha) \cos 2\varphi]$, $[(l - \alpha) \sin 2\varphi]$ usw. gebildet, womit die Unbekannten nach (6) bis (8) errechnet werden können.

Tabelle 1. *Beobachtungen* $\qquad$ Winkel $= 50{,}00^g + l$

Nummer des Satzes		Kreislage φ	Halbreihe I			Halbreihe II			Gesamtmittel l_i	$l_i - \alpha$
			Hin l_1	Rück l_2	$d_1 = l_1 - l_2$	Hin l_3	Rück l_4	$d_2 = l_3 - l_4$		
I	II	g	cc	cc	cc	cc	cc	cc	cc	cc
Reihe 1										
1	10	0	19,4	12,2	+ 7,2	11,3	14,9	− 3,6	14,45	+1,84
2	9	40	9,8	12,3	− 2,5	9,2	13,7	− 4,5	11,25	−1,36
3	8	80	15,6	10,1	+ 5,5	13,8	11,2	+ 2,6	12,68	+0,07
4	7	120	11,3	13,1	− 1,8	13,5	16,8	− 3,3	13,68	+1,07
5	6	160	14,2	12,4	+ 1,8	7,0	10,4	− 3,4	11,00	−1,61
			70,3	60,1	+ 10,2	54,8	67,0	− 12,2	63,06	+0,01
									$\alpha = 12{,}61$	
Reihe 2										
11	20	20	14,6	16,6	− 2,0	14,9	13,7	+ 1,2	14,95	+4,29
12	19	60	10,0	8,5	+ 1,5	5,9	10,4	− 4,5	8,70	−1,96
13	18	100	14,3	6,3	+ 8,0	6,6	11,3	− 4,7	9,62	−1,04
14	17	140	8,7	6,9	+ 1,8	6,4	12,6	− 6,2	8,65	−2,01
15	16	180	12,6	11,8	+ 0,8	12,1	9,0	+ 3,1	11,38	+0,72
			60,2	50,1	+ 10,1	45,9	57,0	− 11,1	53,30	0,00
									$\alpha = 10{,}66$	
Reihe 3										
21	30	10	15,2	16,9	− 1,7	11,6	15,4	− 3,8	14,78	+3,72
22	29	50	11,7	11,4	+ 0,3	10,9	9,9	+ 1,0	10,98	−0,08
23	28	90	10,1	14,1	− 4,0	8,1	11,7	− 3,6	11,00	−0,06
24	27	130	10,9	4,6	+ 6,3	8,2	2,0	+ 6,2	6,42	−4,64
25	26	170	14,0	13,4	+ 0,6	10,6	10,5	+ 0,1	12,12	+1,06
			61,9	60,4	+ 1,5	49,4	49,5	− 0,1	55,30	0,00
									$\alpha = 11{,}06$	
Reihe 4										
31	40	30	8,9	8,9	0,0	4,6	6,6	− 2,0	7,25	−0,20
32	39	70	9,1	8,1	+ 1,0	6,8	5,0	+ 1,8	7,25	−0,20
33	38	110	9,5	9,1	+ 0,4	10,6	8,4	+ 2,2	9,40	+1,95
34	37	150	3,9	6,5	− 2,6	0,1	6,5	− 6,4	4,25	−3,20
35	36	190	10,5	7,6	+ 2,9	11,0	7,3	+ 3,7	9,10	+1,65
			41,9	40,2	+ 1,7	33,1	33,8	− 0,7	37,25	0,00
									$\alpha = 7{,}45$	

Tabelle 2

Reihe	$[(l-\alpha)\times$						$[(l-\alpha)^2]$	$[dd]$	$[d]$
	$\cos 2\varphi]$	$\sin 2\varphi]$	$\cos 4\varphi]$	$\sin 4\varphi]$	$\cos 6\varphi]$	$\sin 6\varphi]$			
1	$-0,01$	$-0,35$	$+4,59$	$+1,10$	$+4,59$	$-1,10$	9,0	157,2	$-2,0$
2	$+6,33$	$+2,16$	$+3,73$	$+3,37$	$-3,73$	$+3,37$	27,9	165,9	$-1,0$
3	$+6,95$	$+3,95$	$+4,15$	$-3,20$	$-3,20$	$+4,15$	36,6	125,8	$+1,4$
4	$-0,28$	$+1,77$	$+6,24$	$+0,19$	$-0,19$	$-6,24$	16,8	83,1	$+1,0$
	$+12,99$	$+7,53$	$+18,71$	$+1,46$	$-2,53$	$+0,18$	90,3	532,0	$-0,6$

Gemäß (6) sind mit $n = 20$ die Hilfsunbekannten

$$x_1 = +\frac{2\cdot 12,99}{20} = +1,299; \qquad x_2 = +\frac{2\cdot 7,53}{20} = +0,753;$$

$$y_1 = +\frac{2\cdot 18,71}{20} = +1,871; \qquad y_2 = +\frac{2\cdot 1,46}{20} = +0,146;$$

$$z_1 = -\frac{2\cdot 2,53}{20} = -0,253; \qquad z_2 = +\frac{2\cdot 0,18}{20} = +0,018.$$

Einsetzen in (7) gibt

$$\tan(\beta + A) = \frac{-0,753}{+1,299} = -0,580, \qquad \beta + A = 366,5^g,$$

$$\tan(2\beta + B) = \frac{-0,146}{+1,871} = -0,078, \qquad 2\beta + B = 395,0^g,$$

$$\tan(3\beta + C) = \frac{-0,018}{-0,253} = +0,071, \qquad 3\beta + C = 204,5^g,$$

oder wegen $\beta = 50^g$

$$A = 316,5^g, \qquad B = 295,0^g, \qquad C = 54,5^g.$$

Schließlich folgt mit (8)

$$a = \frac{-1,299}{2(+0,707)(+0,865)} = \frac{+0,753}{2(+0,707)(-0,502)} = -1,06^{cc},$$

$$b = \frac{-1,871}{2(+1,000)(+0,997)} = \frac{+0,146}{2(+1,000)(-0,078)} = -0,94^{cc},$$

$$c = \frac{+0,253}{2(+0,707)(-0,997)} = \frac{+0,018}{2(+0,707)(-0,071)} = -0,18^{cc}.$$

Das Ergebnis der Untersuchung ist also – vgl. Abb. 57 –

$$\Delta\varphi^{cc} = -1,06\sin(2\varphi + 316,5^g) - 0,94\sin(4\varphi + 295,0^g) - 0,18(6\varphi + 54,5^g).$$

Für die Fehlerrechnung erhält man mit (11) bis (13) der Reihe nach

$$[vv] = 90,3 ,$$

$$[v'v'] = 90,3 - \frac{2}{20}(12,99^2 + 7,53^2) = 67,8 ,$$

$$[v''v''] = 67,8 - \frac{2}{20}(18,71^2 + 1,46^2) = 32,6 ,$$

$$[v'''v'''] = 32,6 - \frac{2}{20}(2,53^2 + 0,18^2) = 32,0 .$$

$$M^2 = \frac{90,3}{20-4} = 5,65, \quad M = \pm 2,38^{cc} ,$$

$$M'^2 = \frac{67,8}{20-4-2} = 4,84, \quad M' = \pm 2,20^{cc} ,$$

$$M''^2 = \frac{32,6}{20-4-4} = 2,72, \quad M'' = \pm 1,65^{cc} ,$$

$$M'''^2 = \frac{32,0}{20-4-6} = 3,20, \quad M''' = \pm 1,79^{cc} .$$

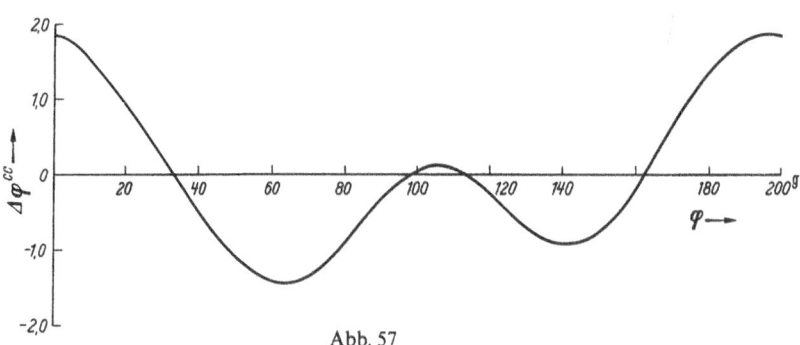

Abb. 57

Endlich erhält man nach (10) und (14)

$$\mu^2 = \frac{1}{4}\left(\frac{532,0}{39} - \frac{0,6^2}{40 \cdot 39}\right) = 3,33 ; \quad \mu = \pm 1,82^{cc} ,$$

$$\tau^2 = \frac{5,65}{2} - \frac{3,33}{4} = 1,99 ; \quad \tau = \pm 1,41^{cc} ,$$

$$\tau'^2 = \frac{4,84}{2} - \frac{3,33}{4} = 1,59 ; \quad \tau' = \pm 1,26^{cc} ,$$

$$\tau''^2 = \frac{2,72}{2} - \frac{3,33}{4} = 0,53 ; \quad \tau'' = \pm 0,73^{cc} ,$$

$$\tau'''^2 = \frac{3,20}{2} - \frac{3,33}{4} = 0,77 ; \quad \tau''' = \pm 0,88^{cc} .$$

§ 47. Grundbegriffe der mathematischen Statistik; Normalverteilung [15]

47.1 Einführung

Die klassische Fehlertheorie, deren für die Praxis wichtigste Ergebnisse im I. und II. Abschnitt enthalten sind, ist durch die Arbeiten von *C. F. Gauß*, *F. R. Helmert* und *E. Czuber* bereits um die Jahrhundertwende zu einem gewissen Abschluß gekommen. Ihr Fundament ist die Vorstellung, daß nach dem Eliminieren der systematischen Fehler durch das Messungsverfahren in der Hauptsache nur noch zufällige Fehler vorliegen und diese dem Gaußschen Fehlergesetz oder wie der Statistiker sagt, der Normalverteilung folgen. Auf große Messungsserien wie Winkelbeobachtungen im Hauptdreiecksnetz oder umfangreiche Fehlerhäufungen, z. B. in ausgedehnten Nivellementsnetzen, trifft das auch in den meisten Fällen zu. In der geodätischen Praxis überwiegen aber die Beobachtungen mit geringer Wiederholungszahl und unter diesen wieder die Doppelmessungen, deren Zweck nicht so sehr in der Elimination systematischer Fehler als im Aufdecken von Irrtümern besteht. In diesen Fällen ist die direkte Anwendung des Gaußschen Fehlergesetzes unangebracht; sie kann sogar zu falschen Schlüssen führen.

Aber auch die Auffassung, daß in allen Regelfällen die zufälligen Fehler die systematischen Fehler überwiegen, trifft heute in geringerem Umfang zu, als etwa um die Jahrhundertwende. Durch Verbesserung der Beobachtungsinstrumente und -verfahren und durch sorgfältigere Ausbildung der Zielmarken sind bei den geodätischen Messungen die zufälligen Fehler herabgedrückt worden. Die Gefahr, daß die Kurve der systematischen Fehler die der zufälligen Fehler überschneidet (vgl. § 6, Abb. 5) ist dadurch größer geworden, so daß die mechanische Anwendung des Gaußschen Fehlergesetzes auch von dieser Seite her in Frage gestellt ist.

Ganz allgemein stand hinter der klassischen Fehlertheorie die Vorstellung, daß die Messungsvorgänge durch ein mathematisches Modell zu erfassen seien. Heute betrachten wir die Messungen in steigendem Maße als physikalische Ereignisse. Diese aber lassen sich durch eine statistische Untersuchung vielfach besser analysieren als durch Ver-

---

[15] Die nachstehende Einführung (§§ 47 bis 49) in die Anwendungen der mathematischen Statistik in der Fehlertheorie hält sich in Umfang und Anordnung an *Zurmühl* [*42*]; für die Textgestaltung und für die Symbolik ist in erster Linie *Heinhold-Gaede* [*40*] maßgeblich gewesen. Daneben wurden in größerem Umfang *Pfanzagl* [*43*], *Wolf* [*47*], *E. Gotthardt* und *J. Böhm* mit den im § 49 am Schluß mitgeteilten Arbeiten und der die mathematische Statistik behandelnde 2. Abschnitt in *W. Torge*, Untersuchungen zur Genauigkeit moderner Langstreckengravimeter, Hannover 1966, benutzt. Zu einzelnen Fragen wurden *Dore* [*38*], *Smirnow* und *Dunin-Barkowski* [*39*], *van der Waerden* [*44*] und *Storm* [*45*], zu Rate gezogen.

gleich mit einem mathematischen Modell. Andererseits haben physikalische Messungen einen durchaus anderen Charakter als Vorgänge auf den Gebieten der Biologie und der Volkswirtschaft, in denen die mathematische Statistik zuerst zur Anwendung gelangt ist. Die Meßergebnisse hängen nämlich auch von den Meßbedingungen und den Meßverfahren ab; sie haben sozusagen eine dynamische Komponente. Oft weiß der erfahrene Beobachter im voraus, daß die Messungsungenauigkeiten in einer gewissen Richtung tendieren und sucht dem durch ein geeignetes Meßverfahren entgegenzuwirken. Wir haben uns daher, anstatt die Methoden der mathematischen Statistik unbesehen in die Fehlertheorie zu übernehmen, auf das zu beschränken, was dem Wesen der Messungsvorgänge entspricht.

Die nachstehenden Ausführungen geben lediglich einen knappen Einblick in einige Verfahren der mathematischen Statistik, die in der Fehlertheorie Anwendung finden können. Es wird dabei, schon um den Umfang dieses Einblicks zu begrenzen, auf eine lückenlose Herleitung des Formelapparates verzichtet. Dem Leser bleibt also das Studium spezieller Werke über die mathematische Statistik nicht erspart. Um ihm das zu erleichtern, werden wir in diesem Abschnitt weitgehend die Symbolik der mathematischen Statistik benutzen und zwar in der Hauptsache im Anhalt an *Heinhold-Gaede*, Ingenieurstatistik, München-Wien 1964. Lediglich die Gaußschen Summenklammern sind, sofern sie eine übersichtlichere Darstellung ermöglichen, dem Σ der Statistik vorgezogen.

Unter Verzicht auf die zugehörigen Beweise nehmen wir zwei Lehrsätze der mathematischen Statistik vorweg, die in der Fehlertheorie bisher nur selten [16] zitiert wurden, nämlich den zentralen Grenzwertsatz der mathematischen Statistik und das Gesetz der großen Zahlen. Der *zentrale Grenzwertsatz* lautet, auf die einfachste Form gebracht, folgendermaßen [17]:

Es sei $x_1, x_2, ..., x_n$ eine Folge von unabhängigen zufälligen Variablen und $z_1 = x_1, z_2 = x_1 + x_2, ..., z_n = x_1 + x_2 + \cdots + x_n$ die zugehörige Folge der Summenvariablen. Für $n \to \infty$ strebt dann die Verteilung von z_n gegen eine Normalverteilung. Dieser Satz erklärt, warum so viele empirische Häufigkeitsverteilungen annähernd einer Normalverteilung entsprechen. Aus ihm folgt auch, daß die Mittelwerte und deren Standardabweichungen gegen eine Normalverteilung streben. Nach dem zentralen Grenzwertsatz müssen aber auch die im § 1 eingeführten zufälligen Fehler normal verteilt sein; denn der zufällige Fehler ε ist im § 7.4 erklärt als Summe zahlreicher gleich wahrscheinlich positiver oder negativer

---

[16] *Hagens* Ableitung des Fehlergesetzes beruht auf dem zentralen Grenzwertsatz (§ 7.4).

[17] *Pfanzagl* II [*43*], Ziff. 3.6.

Elementarfehler δ_i durch

$$\varepsilon = \lim(\delta_1 + \delta_2 + \cdots + \delta_n).$$

Das *Gesetz der großen Zahlen* lautet für den einfachsten Fall, nämlich den des arithmetischen Mittels [18]:

Wenn für den theoretischen Mittelwert ξ eine Verteilung tatsächlich existiert, so strebt der empirische Mittelwert – also das arithmetische Mittel aus einer begrenzten Zahl von Beobachtungen – für $n \to \infty$ gegen ξ.

Zusatz. Sind die griechischen Buchstaben Symbole für die theoretischen Werte der Ausgleichungsrechnung bzw. die Werte der Grundgesamtheit der mathematischen Statistik und die lateinischen Buchstaben Symbole für die entsprechenden empirischen Werte, so gilt folgende Gegenüberstellung

Beobachtungen l_i	Stichproben x_i
Wahrer Wert ξ	Erwartungswert ξ
Wahrer Fehler $\varepsilon_i = \xi - l_i$	Abweichung von ξ: $x_i - \xi = -\varepsilon_i$
Arithmetisches Mittel x	Durchschnittswert $\bar{x}$
Verbesserung $v_i = x - l_i$	Abweichung von $\bar{x}$: $x_i - \bar{x} = -v_i$
Mittlerer Fehler μ, m	Standardabweichung σ, s
	Varianz σ^2, s^2

Quadrat des mittleren Fehlers des arithmetischen Mittels

Varianz des Durchschnitts (Mittelwertes) der Stichprobe

$$m_x^2 = \frac{m^2}{n} \qquad\qquad s_{\bar{x}}^2 = \frac{s^2}{n}$$

Gaußsches Fehlergesetz

Dichtefunkt. d. Normalverteilung

$$\varphi(\varepsilon) = \frac{1}{\mu\sqrt{2\pi}} e^{-\frac{\varepsilon^2}{2\mu^2}} \qquad\qquad f(x) = \frac{1}{\sigma\sqrt{2\pi}} e^{-\frac{(x-\xi)^2}{2\sigma^2}}.$$

47.2 Grundgesamtheit, Verteilungs- und Dichtefunktionen

Wie bereits im § 1 ausgeführt wurde, betrachtet die mathematische Statistik die Grundgesamtheit aller möglichen – zufallsbedingten – Ereignisse und ordnet jedem Ereignis ein Merkmal, z. B. eine Maßzahl seiner Größe, zu, die im Hinblick auf den Zufallscharakter der Ereignisse eine zufällige Veränderliche oder stochastische Variable ist; wir werden solche Variablen mit großen Buchstaben, z. B. mit X, bezeichnen.

Dem in der Grundgesamtheit erhaltenen m ö g l i c h e n Ereignis wird nun dessen Realisierung, das t a t s ä c h l i c h d u r c h g e f ü h r t e Ereignis oder Experiment gegenübergestellt, das in der Geodäsie gewöhnlich

---

[18] *Pfanzagl* II [43], Ziff. 3.5.

durch eine Messung gewonnen wird; wir werden die dazu gehörigen Variablen mit kleinen Buchstaben, z. B. mit x, bezeichnen.

Auf dieser Ebene erhalten die im § 7 bei der Behandlung des Gaußschen Fehlergesetzes behandelten Fehlergesetze folgende allgemeinere Form.

Die Wahrscheinlichkeit dafür, daß in der Grundgesamtheit eine Größe $X < x$ auftritt, wird, wenn W ein Symbol für diese Wahrscheinlichkeit ist [19], beschrieben durch die Verteilungsfunktion

$$W(X < x) = F(x) = \int_{-\infty}^{x} f(x)\,dx, \tag{1}$$

für die wir als Beispiel im § 7 (11) bereits die Gaußsche Fehlerwahrscheinlichkeitsfunktion kennengelernt haben. Die genannte Wahrscheinlichkeit kann außerdem beschrieben werden durch die Wahrscheinlichkeitsdichte oder die Dichtefunktion, oder die Funktion der relativen Häufigkeit

$$f(x) = \frac{dF(x)}{dx}, \tag{2}$$

für die die Gaußsche Fehlerhäufungsfunktion § 7 (10) ein Beispiel ist.

$F(x)$ beschreibt die „Wahrscheinlichkeitsmasse" zwischen den Grenzen $x = -\infty$ und $x = x$. Diese wird in der oberen Figur der Abb. 58, die

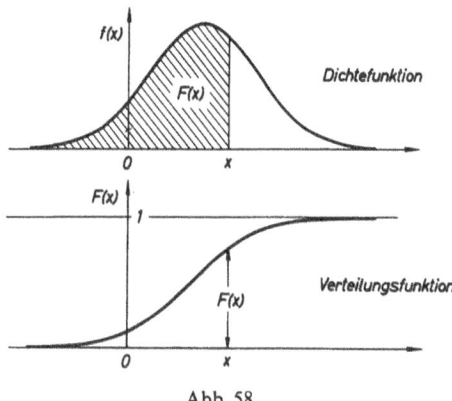

Abb. 58

den Verlauf der Dichtefunktion (nämlich der in § 7 behandelten von *Gauß*) wiedergibt, repräsentiert durch die Fläche unter der Kurve von $x = -\infty$ bis $x = x$. Anschaulicher ist es, wie in der unteren Figur, $F(x)$ als eine der Abszisse x zugeordnete Ordinate aufzutragen. Diese Kurve

---

[19] Anstelle von W wird in der Literatur vielfach das Symbol P (von engl. *probability*) benutzt.

ist die Summenkurve der Dichtefunktion oder die Verteilungsfunktion. Die Abbildung läßt erkennen, wie Dichtefunktion und Summenkurve zusammenhängen.

Die Wahrscheinlichkeitsmasse zwischen den Grenzen $x = a$ und $x = b$ ist

$$W(a \leqq X \leqq b) = F(b) - F(a) = \int_a^b f(x)\, dx\,. \tag{3}$$

Zwischen $x = -\infty$ und $x = +\infty$ liegt die Gesamtmasse

$$W(-\infty \leqq X \leqq \infty) = \int_{-\infty}^{+\infty} f(x)\, dx = 1\,. \tag{4}$$

Mit den Grenzen $-\infty$ und $+\infty$ ist die Wahrscheinlichkeit zur Gewißheit geworden. Setzt man die Gesamtfläche unter der Kurve gleich 100%, so bezeichnet man in der unteren Figur der Abb. 58 die zu $P\%$ der Gesamtfläche gehörende Abszisse mit $x_{P\%}$ und die zugehörige Ordinate – d. h. die Lösung der Gleichung $F(x_{P\%}) = P\%$ – als „$P\%$-Fraktile" der durch $F(x)$ gegebenen Verteilung. Mit diesem Ausdruck kennzeichnet man gerne gewisse charakteristische Größen der Verteilungsfunktionen.

47.3 Die Parameter der Grundgesamtheit

Die Parameter der Grundgesamtheit sind Zahlenwerte, die zur kurzen Kennzeichnung der Grundgesamtheit dienen; die wichtigsten von ihnen sind der (theoretische) Mittelwert ζ und die (theoretische) mittlere quadratische Abweichung oder Varianz σ^2. Versteht man unter x_i die Realisierungen der stochastischen Variablen x_i, so ist ζ nach § 1 in der Sprache der Ausgleichungsrechnung der wahre Wert des gewogenen Mittels der x_i. Die mathematische Statistik dagegen faßt die x_i als Massen auf; also ist ζ der Schwerpunkt der Wahrscheinlichkeitsmassen und heißt der Erwartungswert der Zufallsgröße X, oder kurz $\xi = E(X)$. Bei der Berechnung von $\zeta = E(X)$ sind zwei Fälle zu unterscheiden:

Wenn X eine diskrete Veränderliche bedeutet und unter p_i die relative Einzelwahrscheinlichkeit für das Auftreten der Zufallsgröße an der Stelle x_i verstanden wird, so ist im Falle $n \to \infty$

$$\zeta = E(X) = \frac{x_1 p_1 + x_2 p_2 + \cdots + x_n p_n}{p_1 + p_2 + \cdots + p_n} = \lim [x_i p_i]_{i=1}^n\,, \tag{5}$$

wobei der letzte Ausdruck gilt, weil die Summe der relativen Einzelwahrscheinlichkeiten gleich 1 ist. Dieser Ausdruck entspricht formal dem gewogenen Mittel der Ausgleichungsrechnung und im Falle $p_1 = p_2 = \cdots = p_n = 1/n$ dem einfachen arithmetischen Mittel.

22*

Im Falle einer kontinuierlichen Veränderlichen ist

$$\xi = E(X) = \int_{-\infty}^{+\infty} x f(x)\,dx \,. \tag{6}$$

Diese Formel leuchtet unmittelbar ein, weil nach (2) die Funktion $f(x)$ die relative Häufigkeit (d. h. ein Analogon zum Gewicht) an der Stelle x beschreibt.

Die unter anderen Bezeichnungen bereits im I. Abschnitt behandelten charakteristischen Eigenschaften des Erwartungswertes sind in folgenden Formeln enthalten

$$\begin{aligned} E(X + Y) &= E(X) + E(Y) \\ E(cx) &= c\,E(X)\,. \end{aligned} \tag{7}$$

Für unabhängige Größen gilt sodann

$$E(X \cdot Y) = E(X) \cdot E(Y)$$

und analog $\tag{8}$

$$W(a < X < b; c < Y < d) = W(a < X < b) \cdot W(c < Y < d)\,.$$

Der Erwartungswert einer Funktion der zufälligen Veränderlichen X ist

$$E(g(X)) = \int_{-\infty}^{\infty} g(x) f(x)\,dx \,. \tag{9}$$

Die (theoretische) Varianz σ^2 oder das Quadrat der (theoretischen) Standardabweichung σ ist definiert durch

$$\sigma^2 = E(X - \xi)^2 = D^2(X) = \int_{-\infty}^{\infty} (x - \xi)^2 f(x)\,dx\,, \tag{10}$$

wobei das Symbol $D^2(X)$ dadurch erklärt ist, daß die Varianz in der Literatur auch als Dispersion bezeichnet wird. Die theoretische Standardabweichung ist dann

$$\sigma = \sqrt{E(X - \xi)^2} = D(X) = \sqrt{D^2(X)}\,. \tag{11}$$

Anwendungsbeispiele. 1. Gegeben seien ξ und η, die theoretischen Mittelwerte, und σ_x^2 und σ_y^2, die theoretischen Varianzen der stochastischen Veränderlichen X und Y. Gesucht ist σ_z^2 für $Z = X + Y$. Nach den obigen Rechenregeln ist

$$\begin{aligned} \sigma_z^2 = E(Z - \zeta)^2 &= E(X + Y - \xi - \eta)^2 = E((X - \xi) + (Y - \eta))^2 \\ &= E((X - \xi)^2 + 2(X - \xi)(Y - \eta) + (Y - \eta)^2) \\ &= \sigma_x^2 + 2E((X - \xi)(Y - \eta)) + \sigma_y^2\,. \end{aligned}$$

Wenn aber X und Y unabhängig voneinander sind, ist

$$E((X - \xi)(Y - \eta)) = E(X - \xi) \cdot E(Y - \eta) = 0 \cdot 0 = 0\,;$$

also bleibt

$$\sigma_z^2 = \sigma_x^2 + \sigma_y^2 . \tag{12}$$

Damit ist das Gaußsche Fehlerfortpflanzungsgesetz mit Hilfe der mathematischen Statistik abgeleitet.

2. Gesucht ist die theoretische Varianz des Ausdrucks $U = \dfrac{X-\xi}{\sigma}$. Nach (10) ist in diesem Falle

$$E(U^2) = E\left(\frac{X-\xi}{\sigma}\right)^2 = \frac{E(X-\xi)^2}{\sigma^2} = \frac{\sigma^2}{\sigma^2} = 1 . \tag{13}$$

Mittelwert und Varianz sind Sonderfälle der sogenannten *Momente*, die – neben der graphischen Darstellung – eine Verteilungsfunktion sehr schnell zu charakterisieren vermögen. Die Momente α_k sind die theoretischen Mittel- oder Erwartungswerte der Veränderlichen X^k; sie werden folgendermaßen definiert:

$$\alpha_k = E(X^k) = \int\limits_{-\infty}^{+\infty} x^k f(x)\, dx . \tag{14}$$

Das erste Moment α_1 ist wegen $k=1$ der bereits in (6) definierte Erwartungswert ξ der kontinuierlichen Veränderlichen X.

Bezieht man die Momente auf α_1, so erhält man die *zentralen Momente*

$$\mu_k = E(X-\alpha_1)^k = \int\limits_{-\infty}^{+\infty} (X-\alpha_1)^k f(x)\, dx . \tag{15}$$

Diese berechnen sich aus den α_k folgendermaßen:

$$\left. \begin{aligned} \mu_1 &= 0 \\ \mu_2 &= \alpha_2 - \alpha_1^2 = \sigma^2 \\ \mu_3 &= \alpha_3 - 3\alpha_2\alpha_1 + 2\alpha_1^3 \\ \mu_4 &= \alpha_4 - 4\alpha_3\alpha_1 + 6\alpha_2\alpha_1^2 - 3\alpha_1^4 \end{aligned} \right\} \tag{16}$$

Das zweite Moment ist die in (10) definierte Varianz. Die weiteren Momente dienen zur Beschreibung der Schiefe γ_1 und des Exzesses γ_2, nämlich

$$\left. \begin{aligned} \gamma_1 &= \mu_3\mu_2^{-3/2} = \frac{\mu_3}{\sigma^3} \\ \gamma_2 &= \mu_4\mu_2^{-2} - 3 = \frac{\mu_4}{\sigma^4} - 3 . \end{aligned} \right\} \tag{17}$$

γ_1 kennzeichnet die Asymmetrie, γ_2 die Überhöhung oder Verflachung einer Dichtefunktion gegenüber einer Normalverteilung.

47.4 Die Gaußsche Normalverteilung

Die wichtigste Verteilung ist die Normalverteilung, deren Häufig-
keits- oder Dichtefunktion mit dem Gaußschen Fehlergesetz § 7 (10)
identisch ist. In der Schreibweise der mathematischen Statistik lautet
die Dichtefunktion der Normalverteilung mit den Funktionsbezeich-
nungen von *Heinhold-Gaede*

$$f(x) = \frac{1}{\sigma\sqrt{2\pi}} e^{-\frac{(x-\xi)^2}{2\sigma^2}}. \tag{18}$$

Hierin haben für $-\infty < x < +\infty$ ξ und σ die in (6) und (10) erläuterte
Bedeutung; x ist die Realisierung der kontinuierlichen zufälligen Veränderlichen X. Eine Zufallsgröße mit der Dichte (18) nennt man (ξ, σ)-
normalverteilt. Durch die Parameter ξ und σ ist die Normalverteilung
vollständig beschrieben; γ_1 und γ_2, die Schiefe und der Exzeß, sind bei
der Normalverteilung Null.

Durch Integration der Dichtefunktion erhält man die Verteilungsfunktion der Normalverteilung, nämlich

$$F(x) = W(X \le x) = \frac{1}{\sigma\sqrt{2\pi}} \int\limits_{-\infty}^{x} e^{-\frac{(x-\xi)^2}{2\sigma^2}} dx. \tag{19}$$

$F(x)$ beschreibt die Wahrscheinlichkeit, mit der eine Realisierung der
stochastischen Variablen X einen bestimmten Wert x nicht überschreitet;
(19) ist also die Summenkurve der Normalverteilung (englisch: cumulated
normal distribution). Nach dem zentralen Grenzwertsatz ist sie ebenfalls (ξ, σ)-normalverteilt.

47.5 Die Standardform der Normalverteilung

Hat man stochastische Veränderliche aus Grundgesamtheiten mit
unterschiedlichen Standardabweichungen, d. h. mit unterschiedlichen
Gewichten, so überführt man die X_i analog § 4.4 in die dimensionslose
normierte oder *standardisierte* Variable

$$U = \frac{X - \xi}{\sigma}. \tag{20}$$

$X - \xi$ ist abgesehen vom Vorzeichen der „wahre Fehler" der klassischen
Fehlertheorie, und demnach ist U ein Symbol für einen standardisierten
(negativen) wahren Fehler. Wie bei den ε ist der Erwartungswert $E(U) = 0$,
und wegen (13) ist $\sigma = 1$; mithin ist U (0; 1)-normalverteilt. Mit der
standardisierten Variable U lassen sich alle Probleme der Normalverteilung besonders einfach lösen. Ist u die Realisierung von U, so

ergibt sich wegen

$$G(u) = W(U \leq u) = W((X - \xi)/\sigma \leq u) = W(X \leq \xi + \sigma u)$$

die Verteilungsfunktion zu

$$G(u) = F(\xi + \sigma u) = \frac{1}{\sigma \sqrt{2\pi}} \int\limits_{-\infty}^{\xi + \sigma u} e^{-\frac{(x-\xi)^2}{2\sigma^2}} \, dx \qquad (21)$$

und mit der gerne benutzten Substitution

$$t = \frac{x - \xi}{\sigma}; \quad dt = \frac{dx}{\sigma} \qquad (22)$$

zu
$$G(u) = \frac{1}{\sqrt{2\pi}} \int\limits_{-\infty}^{u} e^{-\frac{t^2}{2}} \, dt . \qquad (23)$$

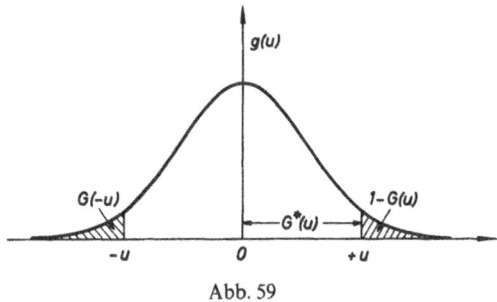

Abb. 59

Entsprechend gilt für die Dichte

$$g(u) = G'(u) = \sigma f(\xi + \sigma u) = \frac{1}{\sigma \sqrt{2\pi}} e^{-\frac{(x-\xi)^2}{2\sigma^2}} \qquad (24)$$

bzw.
$$g(u) = \frac{1}{\sqrt{2\pi}} e^{-\frac{u^2}{2}} . \qquad (25)$$

Die Formen (23) und (25) legt man gewöhnlich den Tabellen zugrunde. Zum Übergang auf die nicht standardisierte Form hat man dann

$$f(x) = \frac{1}{\sigma} g(t); \quad F(x) = G(t) . \qquad (26)$$

$g(u)$ und $G(u)$ sind in § 47, Tab. 1 vertafelt worden. Nach Abb. 59 besteht jedoch, da die gesamte Wahrscheinlichkeitsmasse unter der Kurve gleich 1 ist, die Beziehung

$$G(-u) = 1 - G(u).$$

$G(u)$ braucht daher nur für die positiven Werte tabuliert zu werden. Statt $G(u)$ wird gelegentlich auch die Wahrscheinlichkeitsmasse $G^*(u)$ zwischen $u = 0$ und $u = u$ vertafelt. Das ist in Abb. 59 die Fläche zwischen den Ordinaten $u = 0$ und $u = u$. Für diese aber gilt offenbar

$$G^*(u) = G(u) - \frac{1}{2}. \tag{27}$$

Auch diese Funktion wird vielfach vertafelt. Man muß mithin vor Benutzung einer Tabelle der Normalverteilung prüfen, ob sie die Gln. (24) oder (27) wiedergibt.

Tabelle 1. *Standardisierte Normalverteilung*

Variable	Dichtefunktion	Verteilungsfunktion	Sicherheits-wahrscheinlichkeit
u	$g(u)$	$G(u)$	$S = 2G - 1$
0,0	0,3989	0,5000	0,0000
0,2	0,3910	0,5793	0,1586
0,4	0,3683	0,6554	0,3108
0,6	0,2332	0,7257	0,4514
0,8	0,2897	0,7881	0,5762
1,0	0,2420	0,8413	0,6827
1,3	0,1714	0,9032	0,8064
1,6	0,1109	0,9452	0,8904
2,0	0,0540	0,9772	0,9545
2,5	0,0175	0,9938	0,9876
3,0	0,0044	0,9987	0,9973
4,0	0,0001	1,0000	0,9999
5,0	0,0000	1,0000	1,0000

47.6 Die $\lambda_{P\%}$-Grenzen der Normalverteilung und die theoretischen Maximalfehler

Eine Diskussion der Dichtefunktion oder Fehlerhäufigkeitsfunktion haben wir bereits im § 7.3 vorgenommen; wir haben ferner im § 8.2 die theoretischen Maximalfehler behandelt. Wir greifen dieses Problem noch einmal auf und fragen, mit welcher Wahrscheinlichkeit eine $(\xi; \sigma)$-normalverteilte Zufallsgröße X innerhalb der symmetrisch zum theoretischen Mittelwert liegenden Grenzen $\xi - \lambda\sigma$ und $\xi + \lambda\sigma$ auftritt, wobei λ ein Proportionalitätsfaktor ist. Nach Abb. 58 liegt im Falle der standardisierten Normalverteilung die entsprechende Wahrscheinlichkeitsmasse zwischen den Grenzen $-u$ und $+u$, und sie beträgt im Hinblick auf (27)

$2G^*(u) = 2G(u) - 1$. Mithin gilt der Wahrscheinlichkeitsansatz

$$W(-u \leqq U < u) = W\left(-u \leqq \frac{X - \xi}{\sigma} < u\right) = 2G(u) - 1. \qquad (28)$$

Wenn man (28) nach X auflöst und anstelle von u den oben benutzten Proportionalitätsfaktor λ einführt, wird

$$W(\xi - \lambda\sigma \leqq X < \xi + \lambda\sigma) = 2G(u) - 1. \qquad (29)$$

Diese Gleichung läßt sich mittels der Tab. 1 bequem auswerten, und zwar findet man $\lambda = u$ in der ersten Spalte der Tab. 1 und die zugehörige Wahrscheinlichkeit des Auftretens in der letzten Spalte. Dabei ergeben sich für λ bzw. $u = 1, 2$ und 3 die gleichen Wahrscheinlichkeiten, wie sie im § 8.2 für das Auftreten eines Beobachtungsfehlers innerhalb des 1-, 2-, 3fachen Betrages des (theoretischen) mittleren Fehlers oder der Standardabweichung gefunden sind.

Neben diesen Wahrscheinlichkeiten ermittelt man zweckmäßig, indem man einer hinreichend verdichteten Tab. 1 die u bzw. λ als Funktionen der Spalte $(2G - 1)$ entnimmt, auch diejenigen Werte der λ, die bestimmten Prozentsätzen, z. B. 90%, 95%, 99% usw. der Wahrscheinlichkeit des Auftretens entsprechen. Wir bezeichnen diese mit $\lambda_{P\%}$ und setzen entsprechend $2G(u) - 1 = \dfrac{P}{100} = P\%$ bzw. $P = 100(2G(u) - 1)$. Dann erhält (29) die Form

$$W(\xi - \lambda_{P\%}\sigma \leqq X < \xi + \lambda_{P\%}\sigma) = P\%, \qquad (30)$$

wobei die $\lambda_{P\%}$ als Funktion von W in $P\%$ der Tab. 2 entnommen werden.

Tabelle 2. *(Zweiseitige =) $\lambda_{P\%}$-Grenzen der Standardnormalverteilung*

W in $P\%$	$\lambda_{P\%}$	W in $P\%$	$\lambda_{P\%}$
50	0,68	98	2,33
68,3	1,00	99	2,58
90	1,64	99,7	3,00
95	1,96	99,9	3,29
95,4	2,00	100,0	4,00

Nach Tab. 2 liegen z. B. die Zufallsveränderlichen X einer standardisierten normalverteilten Grundgesamtheit, bezogen auf den Mittelwert Null und die Standardabweichung 1 mit 95% Wahrscheinlichkeit zwischen den Grenzen $0 \pm 1{,}96$ und bei $W = 99\%$ zwischen $0 \pm 2{,}58$. Bei der nicht standardisierten Normalverteilung liegen sie entsprechend zwischen $\xi \pm 1{,}96\sigma$ und $\xi \pm 2{,}58\sigma$. Das gilt in Strenge lediglich für die theoretische Normalverteilung. Die Realisierung, d. h. die Anwendung auf beobachtete Größen, ist nur möglich, wenn die theoretischen Parameter ξ und σ bekannt sind.

§ 48. Stichprobenverteilungen und Vertrauensgrenzen

48.1 Die Parameter der Stichprobe

Wie bereits in § 47.1 einleitend geschildert ist, entnimmt der Statistiker der Grundgesamtheit eine Stichprobe, die, wenn sie aus n Einzelentnahmen besteht, als *Stichprobe vom Umfang n* bezeichnet wird. Bei der Anwendung der mathematischen Statistik auf Fehlertheorie und Ausgleichungsrechnung gilt demnach eine Serie von n Messungen desselben Gegenstandes als eine Stichprobe vom Umfang n.

Den theoretischen Parametern und der theoretischen Verteilung, die wir bei der Grundgesamtheit aller möglichen Messungen betrachtet haben, entsprechen die Stichproben- oder empirischen Parameter und die Stichproben- oder empirischen Verteilungen. Die empirischen Parameter sind gleichzeitig Schätzwerte für die meistens unbekannten Werte der theoretischen Parameter.

Die empirischen Parameter lassen sich wie die Parameter der Grundgesamtheit aus den in § 47.3 eingeführten Momenten ableiten; sie stimmen überein mit den entsprechenden Werten, die durch die Methode der kleinsten Quadrate gefunden wurden[20]. Wir stellen diese nachstehend in der Schreibweise der mathematischen Statistik bei gleichgewichtigen und ungleichgewichtigen Beobachtungen zusammen und benutzen dabei für den empirischen Mittelwert und die empirische Varianz die Symbole $\bar{x}$ und s^2. Die Gewichte werden, da das in der Ausgleichungsrechnung übliche p anderweitig [§ 47 (5)] benötigt wurde, mit g bezeichnet.

Die Charakteristika der Grundgesamtheit oder die theoretischen Werte ζ und σ^2 werden, wenn nur eine Unbekannte vorhanden ist (= eindimensionale Verteilung), abgeschätzt durch den empirischen Mittelwert

$$\bar{x} = \frac{1}{n}[x_i] \quad \text{bzw.} \quad \bar{x} = [x_i g_i] : [g_i] \tag{1}$$

und die empirische Varianz s^2, die bei endlichem n und bekanntem ζ berechnet wird aus den negativen wahren Fehlern $-\varepsilon_i = x_i - \zeta$ durch

$$s^2 = \frac{[(x_i - \zeta)^2]}{n} \quad \text{bzw.} \quad s_0^2 = \frac{[(x_i - \zeta)^2 g_i]}{n} \tag{2a}$$

und bei unbekanntem ζ aus den negativen Verbesserungen $-v_i = x_i - \bar{x}_i$ durch

$$s^2 = \frac{[(x_i - \bar{x})^2]}{n-1} \quad \text{bzw.} \quad s_0^2 = \frac{[(x_i - \bar{x})^2 g_i]}{n-1} \tag{2b}$$

---

[20] Hierfür und für die nachfolgenden Ausführungen vgl. *Torge, W.*: Untersuchungen zur Genauigkeit moderner Langstreckengravimeter, Teil II. Hannover 1966.

(1) und (2) sind die in §§ 3 und 4 gefundenen Formeln für den günstigsten Wert der Unbekannten und den mittleren Fehler einer Beobachtung vom Gewicht 1.

Ist ein Modell mit mehreren Unbekannten (= mehrdimensionale Verteilung) zu berechnen, gewinnt man – gewöhnlich nach § 22 – für die theoretischen Mittelwerte ξ, η, ζ und die theoretische Varianz σ^2 die Schätzwerte oder empirischen Mittelwerte $\bar{x}$, $\bar{y}$ und $\bar{z}$ durch eine Ausgleichung und die empirische Varianz s^2 mit Hilfe der Ausgleichungs- verbesserungen v_i aus

$$s^2 = \frac{1}{n-u}[v_i^2] \quad \text{bzw.} \quad s_0^2 = \frac{1}{n-u}[v_i^2 g_i], \tag{3}$$

wobei $f = n - u$ die Anzahl der überschüssigen Beobachtungen oder Freiheitsgrade ist.

Schätzwerte für die theoretische Varianz des empirischen Mittel- wertes $\bar{x}$ sind nach § 3 (8) und § 4 (14) dessen empirische Varianzen

$$s_{\bar{x}}^2 = \frac{s^2}{n} \quad \text{bzw.} \quad s_{\bar{x}}^2 = \frac{s_0^2}{[g]}. \tag{4}$$

Entsprechend gilt für mehrere Unbekannte nach § 23.4–6

$$s_{\bar{x}}^2 = s_0^2 q_{xx}; \quad s_{\bar{y}}^2 = s_0^2 q_{yy}; \quad s_{\bar{z}}^2 = s_0^2 q_{zz}. \tag{5}$$

Wegen der praktischen Berechnung und Verprobung dieser Größen sei auf die §§ 3, 4 sowie §§ 22 und 23 verwiesen.

Bezeichnet man die den theoretischen zentralen Momenten § 47 (14) und (15) entsprechenden empirischen Momente mit

$$a_k = \frac{\Sigma x_i^k}{n}, \quad \text{wobei} \quad a_1 = \frac{\Sigma x_i}{n} = \bar{x} \tag{6}$$

$$m_k = \frac{\Sigma(x_i - \bar{x})^k}{n}, \quad \text{wobei} \quad m_2 = \frac{\Sigma(x_i - \bar{x})^2}{n} = \frac{n-1}{n}s^2 \tag{7}$$

ist, so erhält man analog § 47 (16) und (17)

$$g_1 = m_3 m_2^{-3/2} \qquad g_2 = m_4 m_2^{-2} - 3 \tag{8}$$

und damit als Schätzwerte für Schiefe (G_1) und Exzeß (G_2)

$$G_1 = \frac{\sqrt{n(n-1)}}{n-2} \cdot g_1 \qquad G_2 = \frac{n-1}{(n-2)(n-3)}\{(n+1)g_2 + 6\}. \tag{9}$$

48.2 Prüfen einer Stichprobe auf Normalverteilung; das Wahrscheinlichkeitsnetz

Die (empirische) Stichprobenverteilung und die theoretische Normal- verteilung lassen sich bequem miteinander vergleichen, wenn man die zugehörigen Häufigkeitskurven einander in einem Diagramm nach dem

Muster der Abb. 58 oberes Diagramm gegenüberstellt. Wir haben das
bereits in § 7, Abb. 7, getan. Dieses Verfahren gibt jedoch nur einen verhältnismäßig rohen Überblick. Es liefert ferner nur bei ausgedehnten
Meßreihen eine einigermaßen sichere Aussage. Bei kleineren Meßreihen
dagegen weichen die beobachteten Häufigkeiten infolge zufälliger
Schwankungen stellenweise recht erheblich von den erwarteten Häufigkeiten ab. Die Abweichungen lassen sich zwar reduzieren, indem man die

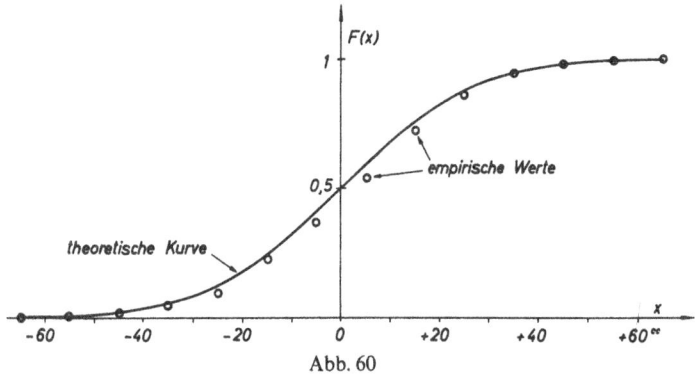

Abb. 60

Klassenabschnitte verbreitert. Dieser Weg ist indessen mit einer gewissen
Willkür verbunden.

Um das zu vermeiden, stellt man besser die empirische Summenkurve der relativen Klassenhäufigkeiten, d. h. die Kurve der empirischen
Verteilung und die Kurven der theoretischen Normalverteilung (Abb. 58,
unteres Diagramm) einander gegenüber. Zum Entwerfen der Kurven der
empirischen Summenhäufigkeiten unterteilt man anhand der nachstehenden Tabelle den x-Bereich in k Klassen ($10 < k < 20$) mit der Breite h, wobei
abgesehen von den äußersten Klassen in jede Klasse wenigstens 5 Einzelbeobachtungen fallen sollen. Alsdann zählt man die absoluten
Häufigkeiten n_i für jede Klasse aus, leitet daraus wegen $[n_i] = n$ die
relativen Häufigkeiten $n_i : n$ ab, bildet weiter beginnend mit der niedrig-
sten Klasse die Teilsummen der relativen Häufigkeiten $[n_i : n]$ und trägt
sie an den jeweiligen Klassenenden $n_j + h/2$ als Ordinaten auf; dann gibt
eine durch die Ordinatenendpunkte gezogene ausgleichende Kurve die
empirische Verteilung wieder; die theoretische Kurve aber ist die dem
Mittelwert und der Standardabweichung der empirischen Verteilung
entsprechende Kurve der theoretischen Normalverteilung. Diese ist in
Abb. 60 voll ausgezogen; dagegen ist die Kurve der empirischen Verteilung im Interesse der Deutlichkeit nur durch die mit kleinen Kreisen
versehenen Ordinatenendpunkte angedeutet worden.

Tabelle zu den Abb. 60 und 61. *Berechnung der relativen Häufigkeit*

Obere Klassengrenze $n_j + h/2$	Anzahl der Beobachtungen n_i	Relative Häufigkeit %	Teilsummen der rel. Häufigkeit %
-65^{cc}	1	0,2	0,2
-55	2	0,4	0,6
-45	5,5	1,0	1,6
-35	15,5	3,0	4,6
-25	25	4,8	9,4
-15	68	13,0	22,4
-5	74	14,2	36,6
$+5$	92,5	17,7	54,3
$+15$	94,5	18,0	72,3
$+25$	73,5	14,0	86,3
$+35$	43,5	8,3	94,6
$+45$	17	3,3	97,9
$+55$	8	1,5	99,4
$+65$	3	0,6	100,0
	523	100,0	

Eine noch bequemere Darstellung erhält man mit Hilfe des in Abb. 61 wiedergegebenen Wahrscheinlichkeitsnetzes. Dieses entsteht, indem man in der Abb. 60 den Maßstab auf den Ordinaten so verzerrt, daß die Kurve der theoretischen Verteilung eine Gerade wird. Um das zu erreichen, unterteilt man die Abszissenachse gleichmäßig nach x und trägt in der

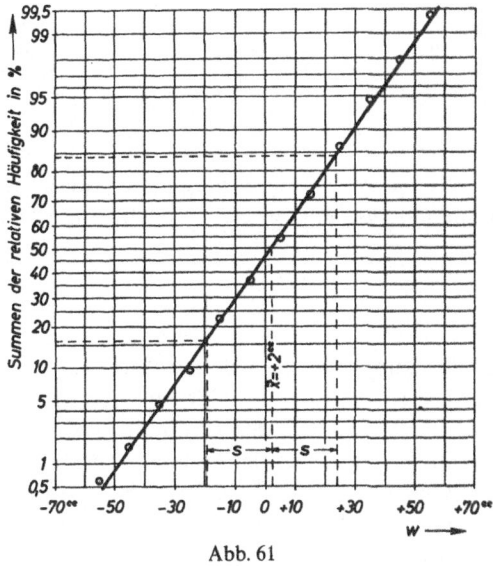

Abb. 61

Ordinatenrichtung die Variablen u der standardisierten Normalverteilung auf; man beziffert aber nicht nach äquidistanten Werten von u, sondern schreibt die zugehörigen Werte $G(u) = P/100$ der in § 47.5 eingeführten standardisierten Normalverteilung mit $P = 100\,G(u)$ in Prozenten an, so daß die Einteilung auf der Ordinatenachse den aufsummierten relativen Wahrscheinlichkeiten des Auftretens entspricht. Dazu benötigt man aber, um runde P-Werte eintragen zu können, die Fraktilentabelle 3, die die u vermöge $u = G^{-1}(P/100)$ als Funktion von G angibt. Mit ihrer Hilfe sind in Abb. 61 ausgehend von der Ordinate $u = 0$ bzw. $P\% = 50$ die für $P\%$ gegebenen Werte der u für $P > 50$ nach oben und für $P < 50$ nach unten abgetragen.

Tabelle 3. *Einseitige $u_{P\%}$-Fraktilen der $(0; 1)$-Normalverteilung*[a]

$P\%$	$u = u(G)$	$-P\%$
50	0	50
60	0,253	40
70	0,524	30
80	0,842	20
84,13	1	15,87
90	1,282	10
95	1,645	5
97,5	1,960	2,5
97,72	2	1,28
99,0	2,326	1,0
99,5	2,587	0,5
99,8	2,878	0,2
99,9	3,090	0,1
100,0	4,000	0,0

[a] Zwischen den $\lambda_{P\%}$ der Tab. 2 des § 47.6 und den $u_{P\%}$ der Tab. 3 besteht die Beziehung $u_{(50 \pm P/2)\%} = \pm \lambda_{P\%}$.

In diesem Netz ist, wie oben verlangt, die Kurve der theoretischen Normalverteilung eine Gerade, und ihre Gleichung ist im Hinblick auf § 47 (20)

$$u = \frac{1}{\sigma}(x - \xi) \quad \text{oder} \quad u_{P\%} = \frac{1}{\sigma}(x_{P\%} - \xi).$$

An dieser Geraden kann man zu jedem x-Wert sogleich den Wert der standardisierten Normalverteilung ablesen. Ihr Mittelwert ξ ist der Schnittpunkt der Geraden mit der Ordinate $u = 0$ bzw. $P = 50$; ihre Standardabweichung σ ist gleich dem reziproken Steigungsmaß $1/\sigma$ der Geraden. Schließlich hat gemäß Tab. 3 der Schnittpunkt der Geraden mit der 15,87-Linie die Abszisse $\xi - \sigma$ und der Schnitt mit der 84,13-Linie die Abszisse $\xi + \sigma$.

Um hiernach eine Stichprobe zu prüfen, deren Umfang nicht kleiner als 50, möglichst aber 100 sein soll, bildet man wie in der Tabelle zu Abb. 60 die Teilsumme der relativen Häufigkeiten $[n_i : n]$ und trägt sie in dem Wahrscheinlichkeitsnetz an den jeweiligen Klassenenden $n_j + h/2$ auf. Zieht man durch die so erhaltenen Punkte eine ausgleichende Gerade, so hat man in ihr eine Darstellung der empirischen Verteilung der untersuchten Stichprobe, der man die Näherungswerte $\bar{x}$ und s für ζ und σ auf die bei (10) beschriebene Weise entnehmen kann. Die Abweichungen der einzelnen Punkte von der ausgleichenden Geraden zeigen anschaulich, inwieweit die Stichprobe der Normalverteilung entspricht. In unserem Beispiel Abb. 61 besteht eine recht gute Übereinstimmung; als Näherungswerte erhält man $x = +2^{cc}$ und $s = 22^{cc}$.

Man kann im Wahrscheinlichkeitsnetz auch zwei Verteilungen miteinander vergleichen. Die Verteilung mit der größeren Standardabweichung hat als Summenkurve eine Gerade mit geringem Steigungswinkel.

Man brachte folgendes: In einem Wahrscheinlichkeitsnetz liegen, da das Gaußsche Fehlerintegral sich auf beiden Seiten ins Unendliche erstreckt, Anfangs- und Endpunkt der ausgleichenden Geraden ebenfalls im Unendlichen. Das hat zwei Besonderheiten zur Folge. Einerseits beschränkt man das Wahrscheinlichkeitsnetz im Regelfall auf den Bereich von 0,02% bis 99,98%; zum anderen steigt der Ordinatenmaßstab in den Randzonen auf das Vielfache des Maßstabes der Mittelzone an. Beim Zeichnen der ausgleichenden Geraden muß man daher den Eintragungen in den Randzonen geringeres Gewicht beilegen[21].

Zusatz. *Schiefe und Exzeß.* Typische – wenn auch in der Geodäsie ziemlich seltene – Abweichungen werden durch die bereits im § 47 (17) und § 48 (4) erwähnten Begriffe Schiefe und Exzeß beschrieben. Diese Bezeichnungen erklären sich sehr leicht, wenn man von der in § 7, Abb. 7, gegebenen, gewöhnlich als Gaußsche Glockenkurve bezeichneten Darstellung der Normalverteilung ausgeht. Unter Schiefe versteht man eine asymmetrische Verformung der Glockenkurve und unter Exzeß eine Überhöhung oder Verflachung des Kurvenscheitels. Beide Verformungen entstehen in der Regel durch eine Mischung von zwei oder mehreren Normalverteilungen.

Die *Schiefe*, also eine asymmetrische Verteilungskurve, ergibt sich nach *J. Böhm*[22] meistens durch eine Mischung mehrerer Beobachtungsgruppen mit unterschiedlichen systematischen Fehlern. Bei der graphischen Darstellung der Messungsfehler nach Art unserer Abb. 7 (S. 60) fallen dann die Symmetrieachsen der verschiedenen Beobachtungsgruppen nicht aufeinander, sondern sie sind je nach der Größe des

---

[21] *Gotthardt, E.:* Zur Analyse von Meßreihen. Z. Vermessungsw. **1952**, 367.

[22] Z. Vermessungsw. **1965**, 83 ff.; Vermessungstechnik **1967**, 346.

gruppeneigenen systematischen Fehlers seitlich verschoben. Es würden demnach – falls man die Beobachtungen der verschiedenen Gruppen auseinanderhalten könnte – in der Zeichnung mehrere Gaußkurven mit unterschiedlichen Parametern einander überschneiden. Da das Auseinanderhalten jedoch meistens nicht gelingt, bekommt man eine über zwei oder mehrere Gipfel sich schlängelnde ausgleichende Kurve, die nur insofern an die Gaußkurve erinnert, daß sie an beiden Flanken asymmetrisch in die Abszissenachse übergeht.

Beim *Exzeß* durchdringen einander zwei oder mehrere Beobachtungsgruppen aus normalverteilten Grundgesamtheiten mit gleichem Mittelwert, aber verschiedenen Standardabweichungen σ. Dadurch entsteht zwar eine symmetrische Kurve; sie ist aber gegenüber einer mit einem mittleren σ berechneten Gaußkurve entweder zu schlank (positiver Exzeß) oder zu flach (negativer Exzeß). Bei einer sehr schlanken Kurve sind offenbar die kleinen Fehler häufiger, als es der Normalverteilung entspricht; bei einer zu flachen Kurve sind es die Fehler mittlerer Größe.

Die Erklärung ist verhältnismäßig einfach. Eine symmetrische, aber zu s c h l a n k e Kurve ergibt sich, wenn bei einer Mischung von mehreren Beobachtungsgruppen die Beobachtungen der Gruppen mit günstigen Bedingungen (guter Zustand der Atmosphäre, geübte Beobachter, bessere Instrumente) überwiegen. Eine symmetrische, aber zu f l a c h e Kurve entsteht manchmal durch die Mischung von zwei gleich großen Beobachtungsgruppen mit gleicher Standardabweichung, aber mit ungleichen Zentren, z. B. wenn bei einer Triangulation Tag- und Nachtbeobachtungen von ungefähr gleichem Umfang gemischt sind.

Diese Hinweise mögen genügen; wegen der statistischen Behandlung dieses Problems sei auf die zitierten Veröffentlichungen von *J. Böhm* verwiesen.

48.3 Vertrauensbereich für den empirischen Mittelwert bei bekanntem σ (Normalverteilung)

Wenn die Grundgesamtheit $(\xi; \sigma)$-normalverteilt ist, so sind entsprechend einer Eigenschaft der Normalverteilung, falls zur Bestimmung einer Unbekannten mehrere Messungsserien veranstaltet sind, auch die Serien- oder Stichprobenmittel normalverteilt. Aber selbst bei beliebig verteilter Grundgesamtheit werden die Stichprobenmittel nach dem zentralen Grenzwertsatz wenigstens annähernd normalverteilt sein und zwar um so genauer, je mehr die unabhängigen Veränderlichen X selbst wenigstens annähernd normalverteilt sind und je größer der Umfang der Stichproben ist.

Zur Ermittlung des Erwartungswertes oder des theoretischen Mittelwertes einer Stichprobe und ihrer theoretischen Varianz diene folgender

Ansatz: Der Erwartungswert des empirischen Mittelwertes der Stichprobe ist, da die X_i als unabhängige Veränderliche vorausgesetzt sind, im Falle $n \to \infty$

$$E(\bar{X}) = \frac{1}{n} E(\Sigma X_i) = \frac{1}{n} \Sigma E(X_i) = \frac{1}{n} n E(X_i) = \xi. \tag{10}$$

Der empirische Mittelwert oder Schätzwert ist mithin eine *erwartungstreue Stichprobenfunktion*, d. h. eine Funktion, die bei genügendem Umfang der Stichprobe auf den Erwartungswert der Grundgesamtheit zustrebt.

Die theoretische Varianz von $\bar{X}$ erhält man aus

$$D^2(\bar{X}) = \frac{1}{n^2} D^2(\Sigma X_i) = \frac{1}{n^2} \Sigma D^2(X_i) = \frac{1}{n^2} n D^2(X) = \frac{1}{n} D^2(X)$$

oder

$$\sigma_{\bar{x}}^2 = \frac{1}{n} \sigma^2. \tag{11}$$

Die in (2) bis (4) angegebenen empirischen Stichprobenvarianzen s^2 sind also ebenfalls erwartungstreu. Das gilt aber nicht für die Standardabweichung s; denn der Mittelwert eines Quadrates ist nicht gleich dem Quadrat des Mittels. Deshalb arbeitet man bei Formelableitungen besser mit der Varianz als mit der Standardabweichung.

Im Falle der standardisierten Variablen U ist analog § 47 (20) das standardisierte Stichprobenmittel

$$U = \frac{\bar{X} - \xi}{\sigma / \sqrt{n}}. \tag{12}$$

Für $\bar{U}$ gilt dann entsprechend § 47 (28) innerhalb der Grenzen, die durch die (zweiseitigen) $P\%$-Fraktilen der standardisierten Normalverteilung bezeichnet sind, der Wahrscheinlichkeitsansatz

$$W\left\{ -\lambda_{P\%} \leqq \frac{\bar{X} - \xi}{\sigma / \sqrt{n}} \leqq \lambda_{P\%} \right\} = P\%. \tag{13}$$

Wenn man das nach ξ auflöst und $\bar{X}$ durch $\bar{x} = \frac{1}{n}(x_1 + x_2 + \cdots + x_n)$ realisiert, so folgt

$$\bar{x} - \lambda_{P\%} \frac{\sigma}{\sqrt{n}} \leqq \xi \leqq \bar{x} + \lambda_{P\%} \frac{\sigma}{\sqrt{n}}. \tag{14}$$

Dies besagt: Der Erwartungswert ξ liegt mit der in § 47.6 definierten $P\%$-Sicherheitswahrscheinlichkeit in dem $P\%$-Vertrauensbereich

$$\bar{x} \pm \lambda_{P\%} \frac{\sigma}{\sqrt{n}}, \tag{15}$$

wobei die $\lambda_{P\%}$ der Tab. 2 des § 47 zu entnehmen sind. Zur Auswertung dieser Gleichung muß σ bekannt sein. Falls das nicht der Fall ist, darf man in (12) bis (15) anstelle der theoretischen Standardabweichung σ die empirische Standardabweichung s nur dann einführen, wenn der Stichprobenbereich hinreichend groß ist, z. B. $n > 100$.

Eine Diskussion der Gln. (14) und (15) in Verbindung mit § 47, Tab. 2, ergibt folgendes:

Mit zunehmender Sicherheitswahrscheinlichkeit wachsen die Absolutwerte der λ, und mit ihnen wächst auch der Vertrauensbereich oder, anders ausgedrückt, die Vertrauensgrenzen werden vom Erwartungswert aus betrachtet mit zunehmender Sicherheitswahrscheinlichkeit nach außen geschoben. Eine 99%-Sicherheitswahrscheinlichkeit garantiert also nicht ein besonders qualifiziertes Messungsergebnis, sondern sie gibt lediglich die statistische Sicherheit dafür, daß der Erwartungswert in dem bei 99% Sicherheitswahrscheinlichkeit ziemlich ausgedehnten Vertrauensbereich liegt, und zwar mit einer Irrtumswahrscheinlichkeit von 1%. In geodätischer Sicht ist der Vertrauensbereich daher als Maximalfehler- oder besser als Toleranzbereich anzusehen. Insbesondere entsprechen nach § 47.6 bei der Normalverteilung den Vertrauensbereichen mit den

Sicherheitswahrscheinlichkeiten	68,3%	95,4%	99,7%
die Toleranzbereiche, die durch den	ein-	zwei-	dreifachen

Betrag der Standardabweichung bzw. des mittleren Fehlers beschrieben sind. Wachsende Sicherheitswahrscheinlichkeit bedeutet also eine Vergrößerung des Toleranzbereiches und damit geringere Anforderungen an die Präzision der Messungsergebnisse. Wir werden diese Fragen bei der Behandlung des t-Testes im § 49.4 noch einmal aufgreifen.

48.4 Vertrauensbereich für den empirischen Mittelwert bei unbekanntem σ (t-Verteilung)

Um den Vertrauensbereich für Stichproben mittleren oder kleineren Umfangs angeben zu können, ersetzt man in (12) die unbekannte theoretische Standardabweichung σ durch ihren empirischen Wert s und erhält damit als neue stochastische Variable und ihren Stichprobenwert

$$T = \frac{\overline{X} - \xi}{S/\sqrt{n}} \quad \text{bzw.} \quad t = \frac{\overline{x} - \xi}{s/\sqrt{n}}. \tag{16}$$

Die Größe T ist im Gegensatz zu U, selbst wenn eine normalverteilte Grundgesamtheit vorliegt, nicht normal verteilt, weil nach (4) s und damit auch t von der Zahl der Freiheitsgrade abhängen; T ist vielmehr bei normalverteilter Grundgesamtheit t-verteilt mit $f = n - 1$ Freiheitsgraden. Die *t-Verteilung* hat der englische Statistiker *W. S. Gosset* berechnet. Da *Gosset* sie unter dem Pseudonym Student veröffentlichte, heißt sie auch *Student-Verteilung.* Die Formel für die Dichte der *t*-Verteilung lautet, wenn unter *f* links das Funktionssymbol und rechts die Anzahl der Freiheitsgrade verstanden wird,

$$f(t) = f(t; f) = C(f) \frac{1}{(1 + t^2/f)^{\frac{f+1}{2}}}. \tag{17}$$

Der Wert der vom Freiheitsgrad f abhängigen Konstante $C(f)$ ergibt sich aus der Forderung nach der Gesamtmasse 1; für $f \to \infty$ geht (17) in die (0; 1)-Normalverteilung über.

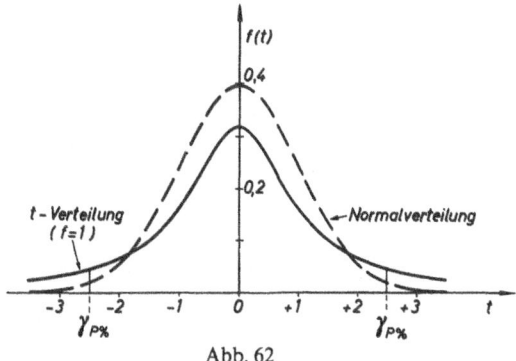

Abb. 62

Die Anzahl der Freiheitsgrade ist gemäß (2b), wenn nur eine Unbekannte vorhanden ist, $f = n - 1$. Sind u Unbekannte zu bestimmen, so ist $f = n - u$. Die Dichte der *t*-Verteilung geht, wie Abb. 62 zeigt, für wachsende *t*-Werte weniger stark zurück, als die Dichte der (0; 1)-Normalverteilung, und zwar um so ausgeprägter, je kleiner der Freiheitsgrad oder die Anzahl der überschüssigen Messungen ist.

Entsprechend dem Ansatz (13) ist für eine Zufallsgröße T, die der *t*-Verteilung mit $n - 1$ Freiheitsgraden folgt, die Wahrscheinlichkeit des Auftretens zwischen den Grenzen Q_1 und P_1 ($P_1 > Q_1$), wenn man T durch seine Ausgangsgrößen nach (16) ersetzt und unter $t_{P\%}^{(n-1)}$ die $P\%$-Fraktilen der *t*-Verteilung mit $n - 1$ Freiheitsgraden versteht,

$$W\left\{ t_{Q_1\%}^{(n-1)} \leqq \frac{\overline{X} - \xi}{S/\sqrt{n}} \leqq t_{P_1\%}^{(n-1)} \right\} = (P_1 - Q_1)\%. \tag{18}$$

Löst man dies nach ξ auf, so lautet gemäß (1) und (2b) mit $\overline{x}$ $= \frac{1}{n}(x_1 + x_2 + \cdots + x_n)$ und $s^2 = \frac{1}{n-1}[(x_i - \overline{x})^2]$ die Realisierung

23*

von (18)

$$\bar{x} - t_{P_1\%}^{(n-1)} \frac{s}{\sqrt{n}} \leqq \xi \leqq \bar{x} - t_{Q_1\%}^{(n-1)} \frac{s}{\sqrt{n}} . \tag{19}$$

Für symmetrische zweiseitige $P\%$-Vertrauensgrenzen ist

$$P_1 = \frac{100+P}{2} = 50 + P/2 ; \quad Q_1 = \frac{100-P}{2} = 50 - P/2 .$$

Um die Symmetrie deutlicher werden zu lassen, setzt man

$$\gamma_{P\%} = t_{(50 + P/2)\%} ; \quad -\gamma_{P\%} = t_{(50 - P/2)\%} . \tag{20}$$

Damit geht (19) über in

$$\bar{x} - \gamma_{P\%}^{(n-1)} \frac{s}{\sqrt{n}} \leqq \xi \leqq \bar{x} + \gamma_{P\%}^{(n-1)} \frac{s}{\sqrt{n}} . \tag{21}$$

Daraus folgt: Der Erwartungswert ξ liegt mit $P\%$-Sicherheitswahrscheinlichkeit in dem $P\%$-Vertrauensbereich

$$\bar{x} \pm \gamma_{P\%}^{(n-1)} s / \sqrt{n} \tag{22a}$$

bzw. wegen (4b) bei mehreren Unbekannten u in dcm Bereich

$$\bar{x} \pm \gamma_{P\%}^{(n-u)} s \sqrt{q_{xx}} . \tag{22b}$$

Wird lediglich eine untere oder eine obere Vertrauensgrenze verlangt (einseitige Fragestellung), so setzt man in (19) $Q_1 = 0$; $P_1 = P$ bzw. $P_1 = 100$ und $Q_1 = 100 - P$.

Einige Zahlenwerte der symmetrischen $\gamma_{P\%}$-Fraktilen enthält die Tab. 4, die wir im Anhalt an die von E. *Gotthardt* gewählte Form[23] wiedergeben.

Bei einseitiger Fragestellung hat man von einer gegenüber der zweiseitigen Fragestellung verdoppelten Irrtumswahrscheinlichkeit auszugehen. Dann erhält man die $t_{P\%}$-Fraktilen der Gl. (19); sie lassen sich der Tab. 4 entnehmen, indem man von unten her in sie eingeht.

Für die Zusammenhänge von Sicherheitswahrscheinlichkeit und Vertrauensbereich gilt allgemein das, was hierzu in § 48.3 im Anschluß an Gl. (15) gesagt ist. Darüber hinaus zeigt die Tab. 4, daß die Tabellenwerte der t-Verteilung bei wachsender Anzahl der überschüssigen Beobachtungen oder Freiheitsgrade kleiner werden. Die Vertrauensgrenzen rücken infolgedessen näher zusammen, d. h. der Toleranzbereich nimmt ab. Aber erst bei sehr vielen Überbestimmungen gehen, wie ein Vergleich mit der Tab. 2 des § 47 erkennen läßt, die Fraktilen der t-Verteilung allmählich in die der Normalverteilung über. Der Vertrauensbereich oder der Toleranzbereich bei der t-Verteilung ist also stets größer als bei dem der Normalverteilung.

---

[23] *Gotthardt, E.*: Mittlere Fehler und Vertrauensbereiche. Z. Vermessungsw. **1962**, 374ff.

Wenn z. B. die empirischen Werte der Ausgleichungsunbekannten $\bar{x}$ und der Standardabweichung s mit nur 5 überschüssigen Beobachtungen oder Freiheitsgraden ermittelt wurden, so liegt nach Tab. 4 der Erwartungswert der Unbekannten innerhalb des Bereichs, der beiderseits von $\bar{x}$ bei 68,3% Sicherheitswahrscheinlichkeit den 1,11fachen Betrag

Tabelle 4. *P%-Fraktilen der t-Verteilung*

$\bar{x}$ = ausgeglichener Wert der Unbekannten; $s^2 = [vv]:f$; $f = n - u$

Symmetrische $\gamma_{P\%}$-Vertrauensgrenzen für den Erwartungswert ζ

$$\bar{x} - \gamma_{P\%} s \sqrt{q_{xx}} < \zeta < \bar{x} + \gamma_{P\%} s \sqrt{q_{xx}}$$

W = \\ f	68,3%	90%	95%	98%	99%	99,9%
1	1,84	6,31	12,71	31,8	63,66	636,62
2	1,32	2,92	4,30	6,96	9,92	31,60
3	1,20	2,35	3,18	4,54	5,84	12,94
4	1,14	2,13	2,78	3,74	4,60	8,61
5	1,11	2,02	2,57	3,36	4,03	6,86
6	1,09	1,94	2,45	3,14	3,71	5,96
7	1,08	1,89	2,37	3,00	3,50	5,41
8	1,07	1,86	2,31	2,90	3,36	5,04
9	1,06	1,83	2,26	2,82	3,25	4,78
10	1,05	1,81	2,23	2,76	3,17	4,58
15	1,03	1,75	2,13	2,60	2,95	4,07
20	1,02	1,72	2,09	2,53	2,85	3,85
25	1,02	1,71	2,06	2,49	3,79	3,72
30	1,02	1,70	2,04	2,46	2,75	3,65
40	1,01	1,68	2,02	2,42	2,70	3,50
∞	1,00	1,64	1,96	2,33	2,58	3,29
f / W =	84,1%	95%	97,5%	99%	99,5%	99,95%

Einseitige $t_{P\%}$-Vertrauensgrenzen für den Erwartungswert ζ

$$\zeta > \bar{x} - t_{P\%} s \sqrt{q_{xx}} \quad \text{bzw.} \quad \zeta < \bar{x} + t_{P\%} s \sqrt{q_{xx}}$$

von s und bei 99,9% Sicherheitswahrscheinlichkeit den 6,86fachen Betrag von s umfaßt und erst bei $f = \infty$ durch den 1fachen bzw. den 3,29fachen Betrag von s begrenzt wird.

Unter diesen Umständen erscheint die für das Endergebnis vielfach übliche Schreibweise, z. B. $\bar{x} = 172,17 \pm 0,09$ Meter, wobei $\pm 0,09$ die Standardabweichung ist, als unangebracht. Diese Darstellung könnte bei einem Außenstehenden die Vorstellung hervorrufen, daß der wahre Wert der Unbekannten innerhalb der durch $\pm 0,09$ angedeuteten

Grenzen liege. Sauberer ist es, im Falle von 5 überschüssigen Beobachtungen nach Tab. 4 anzugeben, der wahre Wert des Mittelwerts oder
der Ausgleichungsunbekannten liege mit einer Sicherheitswahrscheinlichkeit von z. B. 95% innerhalb eines Bereiches, der beiderseits der Ausgleichungsunbekannten $2,5 \cdot (\pm 0,09)$ also $\pm 0,22$ Meter umfaßt. Einer
Sicherheitswahrscheinlichkeit von 95% entspricht zudem eine Irrtumswahrscheinlichkeit von 5%, d. h. in 5% aller Fälle kann der wahre Wert
der Ausgleichungsunbekannten auch außerhalb des angegebenen Bereichs liegen.

48.5 Vertrauensbereich für σ, wenn s bekannt ist (χ^2-Verteilung)

Die χ^2-Verteilung liefert die Beträge, die die Quadratsumme von n
unabhängigen, normalverteilten und standardisierten Größen, also
z. B. von n wahren Fehlern ε_i, nämlich

$$\chi^2 = \frac{\varepsilon_1^2}{\sigma^2} + \frac{\varepsilon_2^2}{\sigma^2} + \cdots + \frac{\varepsilon_n^2}{\sigma^2} = \left[\frac{\varepsilon\varepsilon}{\sigma^2} \right]_1^n \tag{23}$$

mit einer bestimmten Wahrscheinlichkeit annimmt. Mit Hilfe der Dichtefunktion der χ^2-Verteilung kann man dann die Vielfachen der theoreti-

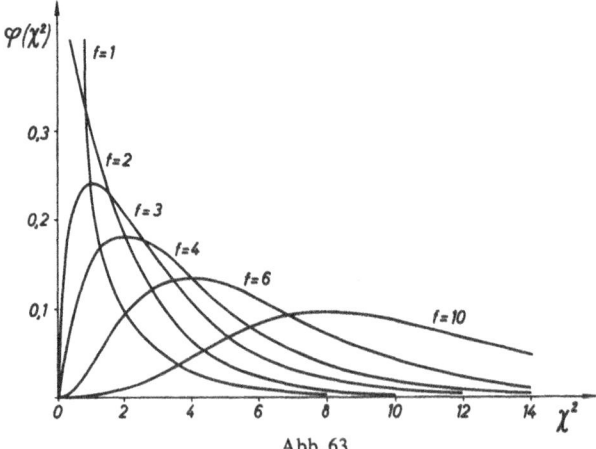

Abb. 63

schen Varianz angeben, innerhalb welcher bei einer vorgegebenen $P\%$-
Sicherheitswahrscheinlichkeit die empirische Varianz – also das Quadrat
des mittleren Beobachtungsfehlers der Stichprobe – liegen sollte.

Die wahren Fehler ε_i der Stichprobe sind jedoch in der Regel unbekannt. Man greift deshalb meistens auf die bereits in (2) benutzten
Ausgleichungsverbesserungen v_i zurück, standardisiert sie und bildet,

indem man gleichzeitig (3) beachtet, den Ausdruck

$$\chi^2 = \frac{v_1^2}{\sigma^2} + \frac{v_2^2}{\sigma^2} + \cdots + \frac{v_n^2}{\sigma^2} = \left[\frac{vv}{\sigma^2}\right]_1^n = \frac{s^2}{\sigma^2}(n-1). \tag{24}$$

Nun sind aber die v_i als Ausgleichungsergebnisse nicht unabhängig von-einander; sie erfüllen daher nicht die bei (23) geforderten Voraus-setzungen. Der Ausdruck (24) läßt sich jedoch im Falle einer normal-verteilten Grundgesamtheit durch eine lineare Transformation auf eine Quadratsumme von f unabhängigen, normalverteilten Größen ε_i^2/σ^2 zurückführen.

Diese Behauptung sei unter Verzicht auf den etwas umständlichen strengen Beweis wenigstens plausibel gemacht [24]:

$\dfrac{x_i - \zeta}{\sigma} = \dfrac{\varepsilon_i}{\sigma}$ ist (0; 1) normalverteilt; also ist

$\dfrac{(x_i - \zeta)^2}{\sigma^2} = \dfrac{\varepsilon_i^2}{\sigma^2}$ χ^2-verteilt mit 1 Freiheitsgrad und

$\displaystyle\sum_1^n \dfrac{(x_i - \zeta)^2}{\sigma^2} = \left[\dfrac{\varepsilon_i^2}{\sigma^2}\right]_1^n$ χ^2-verteilt mit n Freiheitsgraden. In

$\displaystyle\sum_1^n \dfrac{(x_i - \bar{x})^2}{\sigma^2} = \left[\dfrac{v_i^2}{\sigma^2}\right]_1^n$ ist der unbekannte Parameter durch seinen Schätzwert $\bar{x}$ ersetzt und damit die Zahl seiner Freiheitsgrade um 1 verringert;

daher ist $[vv/\sigma^2]$ in (24) χ^2-verteilt mit $n-1$ Freiheitsgraden. Die Ver-teilung einer Quadratsumme von der Form (23) ist zuerst im Jahre 1876 von *F. R. Helmert* untersucht worden [25]. *K. Pearson* hat das im Jahre 1900 erneut getan und der χ^2-Verteilung ihren Namen gegeben. Die zugehörige Dichtefunktion lautet

$$f(x) = f(\chi^2) = K(f)x^{f/2 - 1}e^{-x/2}, \quad x \geqq 0, \tag{25}$$

worin, ohne daß Verwechslungen zu befürchten sind, f links als Funk-tionszeichen und rechts als Symbol für die Freiheitsgrade benutzt ist. Die von Freiheitsgrad $f = n - 1$ abhängige Konstante $K(f)$ läßt sich wieder aus der Forderung bestimmen, daß diese die Gesamtmasse 1 ergeben muß.

$f(\chi^2)$ kann als Summe von Quadraten niemals negative Werte an-nehmen. Den Verlauf der Dichtefunktion $f(\chi^2)$ für verschiedene Frei-heitsgrade zeigt die Abb. 63. Wie man sieht, nähert die Kurve der χ^2-Verteilung sich mit wachsendem f immer mehr einer Normalverteilung.

---

[24] *Pfanzagl, J.*: [43] II, Ziff. 8.10.

[25] *Helmert, F. R.*: Über die Wahrscheinlichkeit der Potenzsummen der Beobachtungs-fehler ... . Z. Math. Physik **1876**, 192.

Als Erwartungswert und Varianz der χ^2-Verteilung gewinnt man mittels der zentralen Momente § 47 (16)

$$E(\chi^2) = n - 1 = f \; ; \qquad D^2(\chi^2) = \sigma_{\chi^2}^2 = 2f \; . \tag{26}$$

Ferner gilt bei $f \to \infty$ für den Erwartungswert und die theoretische Varianz von s

$$E(s) \to \sigma \; ; \qquad D^2(s) = \sigma_s^2 \to \frac{\sigma^2}{2f} \; . \tag{27}$$

Die letzte Formel stimmt überein mit der in § 8 (26) gefundenen Formel für den „mittleren Fehler des mittleren Fehlers".

Man beachte noch folgende nach [39], 6.3.1 und 6.3.4 zitierten Sätze:

1. Die Summe zweier χ^2-verteilter Zufallsgrößen ist wiederum χ^2-verteilt.

2. In einer Stichprobe aus einer $(\xi; \sigma^2)$-normalverteilten Grundgesamtheit sind der Mittelwert $\bar{x}$ und die Varianz σ^2 voneinander unabhängig. $\bar{x}$ ist $(\xi; \sigma^2/n)$-normalverteilt, und $(n-1) \dfrac{s^2}{\sigma^2}$ genügt einer χ^2-Verteilung mit $(n-1)$ Freiheitsgraden.

Mit Hilfe der χ^2-Verteilung und der empirischen Varianz s^2 lassen sich Vertrauensgrenzen für die theoretische Varianz σ^2 angeben. Bezeichnet man die $P\%$-Faktile der χ^2-Verteilung mit dem Freiheitsgrad $f = n - 1$ mit $\chi^2_{n-1;P\%}$, so besteht bei $P > Q$ die Wahrscheinlichkeit

$$W \left\{ \chi^2_{n-1;Q\%} < \frac{(n-1)s^2}{\sigma^2} < \chi^2_{n-1;P\%} \right\} = (P - Q)\% \; . \tag{28}$$

Die Auflösung dieser Gleichung nach σ^2 ergibt, wenn die $x_1, x_2, \ldots, x_n$-Werte der Stichprobe aus einer $(\xi; \sigma)$-normalverteilten Grundgesamtheit stammen, als $(P - Q)\%$-Vertrauensbereich für σ^2

$$\frac{(n-1)}{\chi^2_{n-1;P\%}} s^2 < \sigma^2 < \frac{(n-1)}{\chi^2_{n-1;Q\%}} s^2 \; . \tag{29}$$

Bei mehr als einer Unbekannten ist in (29) $n - 1$ durch die Anzahl der überschüssigen Beobachtungen $n - u = f$ zu ersetzen. Einen Auszug aus den in [39] und [43] enthaltenen χ^2-Tabellen gibt die nachstehende Tab. 5.

Zum Aufstellen zweiseitiger Vertrauensgrenzen $(Q > 0; \; P < 100)$ wählen wir $Q = 100 - P$. Dann geht, wenn $n - 1$ durch $n - u = f$ ersetzt wird, (29) über in

$$\frac{n-u}{\chi^2_{n-u;P\%}} s^2 < \sigma^2 < \frac{n-u}{\chi^2_{n-u;(100-P)\%}} s^2$$

oder mit

$$\left.\begin{array}{cc} \dfrac{n-u}{\chi^2_{n-u;\,P\%}} = \gamma_1^2 & \dfrac{n-u}{\chi^2_{n-u;\,(100-P\%)}} = \gamma_2^2 \\[2mm] & \gamma_1 s < \sigma < \gamma_2 s. \end{array}\right\} \quad (30)$$

in

Wir bestimmen die Grenzen der Sicherheitswahrscheinlichkeiten so, daß z. B. bei $W = 90\%$ der Betrag $\gamma_1 s$ in 5% aller Fälle unterschritten und $\gamma_2 s$ in 5% aller Fälle noch überschritten wird. Verfährt man entsprechend bei $W = 95\%$ bzw. 98% bzw. 99%, so erhält man die von E. Gotthardt[26] angegebene Tab. 6.

Nach Tab. 6 ist der Erwartungswert einer mit 5 überschüssigen Beobachtungen ermittelten Standardabweichung in einem Vertrauensbereich zu vermuten, der bei der Forderung nach 90% Sicherheitswahrscheinlichkeit das $(0,67 + 2,09)$-fache, und bei 99% Sicherheits-

Tabelle 5. *Einseitige P%-Fraktilen der χ^2-Verteilung*

$n-u=f$	Wahrscheinlichkeiten						
	1%	5%	10%	50%	90%	95%	99%
1	0,00016	0,0039	0,016	0,5	2,7	3,8	6,6
2	0,020	0,103	0,211	1,4	4,6	6,0	9,2
3	0,115	0,352	0,584	2,4	6,3	7,8	11,3
4	0,30	0,71	1,06	3,4	7,8	9,5	13,3
5	0,55	1,14	1,61	4,4	9,2	11,1	15,1
6	0,87	1,63	2,20	5,4	10,6	12,6	16,8
8	1,65	2,73	3,49	7,3	13,4	15,5	20,1
10	2,56	3,94	4,86	9,3	16,0	18,3	23,2
20	8,3	10,9	12,4	19,3	28,4	31,4	37,6
30	15,0	18,5	20,6	29,3	40,3	43,8	50,9
40	22,2	26,5	29,1	39,3	51,8	55,8	63,7
50	29,7	34,8	37,7	49,3	63,2	67,5	76,2
100	70,1	77,9	82,4	99,3	118,5	124,3	135,8

wahrscheinlichkeit das $(0,55 + 3,48)$-fache des nach § 48.1 (3) errechneten Betrages der empirischen Standardabweichung s umfaßt. 99% Sicherheitswahrscheinlichkeit aber bedeutet, daß das 0,55fache s in 0,5% aller Fälle noch unterschritten und das 3,48fache s in 0,5% aller Fälle noch überschritten werden kann.

Wollte man 99,7% Sicherheitswahrscheinlichkeit garantiert haben, so müßte man sogar einen fast dreimal so großen Vertrauensbereich (oder Toleranzbereich) hinnehmen als bei 99%. Eine Erhöhung der Sicher-

---

[26] Siehe die Fußnote S. 356.

heitswahrscheinlichkeit läßt sich also nur mit einem erheblich vergrö-
ßerten Toleranzbereich erkaufen. Damit ist niemandem gedient. Die
Forderung nach größerer Sicherheitswahrscheinlichkeit für die Standardabweichung ist also bei der Anwendung auf geodätische Beobachtungen nur dann sinnvoll, wenn man in der Lage ist, den Betrag der

Tabelle 6. *Untere und obere Vertrauensgrenzen für die Standardabweichung*

$$\gamma_1 s < \sigma < \gamma_2 s \qquad s^2 = [vv] : f ; f = n - u$$

$n - f =$	Wahrscheinlichkeiten							
	0,90		0,95		0,98		0,99	
	γ_1	γ_2	γ_1	γ_2	γ_1	γ_2	γ_1	γ_2
1	0,510	15,9	0,446	31,9	0,388	79,8	0,356	159
2	0,578	4,40	0,521	6,28	0,466	9,97	0,434	14,1
3	0,620	2,92	0,566	3,73	0,514	5,11	0,483	6,47
4	0,649	2,37	0,599	2,87	0,549	3,67	0,519	4,39
5	0,672	2,09	0,624	2,45	0,576	3,00	0,546	3,48
6	0,690	1,916	0,644	2,20	0,597	2,62	0,569	2,98
7	0,705	1,797	0,661	2,04	0,616	2,38	0,588	2,66
8	0,718	1,711	0,675	1,916	0,631	2,21	0,604	2,44
9	0,729	1,645	0,688	1,826	0,644	2,08	0,618	2,28
10	0,739	1,593	0,699	1,755	0,656	1,977	0,630	2,15
12	0,755	1,515	0,717	1,651	0,677	1,833	0,651	1,976
14	0,769	1,460	0,732	1,577	0,693	1,733	0,669	1,854
16	0,780	1,418	0,745	1,522	0,707	1,659	0,683	1,764
18	0,790	1,385	0,756	1,479	0,719	1,602	0,696	1,695
20	0,798	1,358	0,765	1,444	0,730	1,556	0,707	1,640
25	0,815	1,308	0,784	1,380	0,751	1,473	0,730	1,541
30	0,828	1,274	0,799	1,377	0,768	1,417	0,748	1,475
40	0,847	1,228	0,821	1,279	0,792	1,344	0,774	1,390
Berechnet mit	$\chi^2_{95\%}$	$\chi^2_{5\%}$	$\chi^2_{97,5\%}$	$\chi^2_{2,5\%}$	$\chi^2_{99\%}$	$\chi^2_{1\%}$	$\chi^2_{99,5\%}$	$\chi^2_{0,5\%}$

Standardabweichung in einem der Vergrößerung des Toleranzbereichs
entsprechenden Ausmaße zu verkleinern, was nur durch eine beträcht-
liche Vervielfachung der Beobachtungen oder durch ein genaueres
Messungsverfahren zu erreichen wäre. Vgl. hierzu das Zahlenbeispiel
zu § 49.3.

Zusatz. Bei der Beurteilung der aus den Beobachtungen errechneten
empirischen Standardabweichung s interessiert häufig allein die Frage,
um wieviel der theoretische Wert σ der Standardabweichung g r ö ß e r
sein kann als der empirische Wert, während es meistens unerheblich ist,
wenn σ kleiner ist als s. Man gebraucht dann lediglich eine obere

Vertrauensgrenze. Dafür erhält man eine passende Formel, wenn man
in (30) die untere Grenze gleich Null setzt, also

$$\sigma < \sqrt{\frac{n-u}{\chi^2_{n-u;(100-P)\%}}}\, s = \gamma^* \cdot s. \tag{31}$$

Einige danach für γ^* gerechneten Werte enthält die nachstehende

Tabelle 7. *Einseitige obere Vertrauensgrenzen für die Standardabweichung σ*

$$\sigma < \gamma^* s; \quad s^2 = [vv] : f; f = n - u$$

$f = n - u$	Wahrscheinlichkeiten		
	90%	95%	99%
1	7,98	15,9	79,8
2	3,08	4,40	10,0
3	2,27	2,92	5,11
5	1,76	2,09	3,00
10	1,43	1,59	1,98
20	1,27	1,36	1,55
50	1,15	1,20	1,30
Berechnet mit	$\chi^2_{10\%}$	$\chi^2_{5\%}$	$\chi^2_{1\%}$

48.6 Vertrauensgrenzen für den Quotienten zweier Standardabweichungen (F-Verteilung)

Wenn X^2 und Y^2 χ^2-verteilte und gegenseitig unabhängige Zufallsgrößen mit den Freiheitsgraden m und n sind, so heißt die Verteilung der
Zufallsgrößen

$$V_{m,n} = \frac{X^2/m}{Y^2/n} \tag{32}$$

F-Verteilung mit den Freiheitsgraden (m, n); sie ist von *R. A. Fisher*
angegeben.

Demnach ist das Verhältnis zweier Quadratsummen von der in (23)
gebildeten Form

$$V_{m,n} = \frac{1}{m} \left[\frac{\varepsilon_i^2}{\sigma_1^2}\right]_1^m : \frac{1}{n} \left[\frac{\varepsilon_k^2}{\sigma_2^2}\right]_1^n \tag{33}$$

F-verteilt mit (m, n) Freiheitsgraden. Da ferner nach den Ausführungen
zu (24) die Ausdrücke

$$\frac{s_1^2}{\sigma_1^2}(m-1) = \left[\frac{v_i^2}{\sigma_1^2}\right]_1^m \quad \text{und} \quad \frac{s_2^2}{\sigma_2^2}(n-1) = \left[\frac{v_k^2}{\sigma_2^2}\right]_1^n \tag{34}$$

χ^2-verteilt mit $m-1$ bzw. $n-1$ Freiheitsgraden sind, ist der Quotient

$$V_{m-1,n-1} = \frac{s_1^2}{\sigma_1^2} : \frac{s_2^2}{\sigma_2^2} = \frac{s_1^2}{s_2^2} \cdot \frac{\sigma_2^2}{\sigma_1^2} \tag{35}$$

F-verteilt mit $(m-1, n-1)$ Freiheitsgraden.

Die F-Verteilung läßt erkennen, mit welcher Wahrscheinlichkeit das Verhältnis der Quadratsumme von m Zufallsgrößen zu der Quadratsumme von n davon unabhängigen Zufallsgrößen einen bestimmten Wert überschreitet. Die F-Verteilung hat, wenn v die Realisierung von V ist, die Dichte

$$f_{m,n}(v) = C_0 \frac{v^{\frac{m}{2}-1}}{\left(\frac{m}{2}v + \frac{n}{2}\right)^{(m+n)/2}} \quad \text{für} \quad v > 0 . \tag{36}$$

Dabei ist C_0 eine von m und n abhängende Konstante. Für $V \leqq 0$ ist $f_{m,n}(v) = 0$. Abb. 64 zeigt die Dichte der F-Verteilung für $f_{4,2}, f_{4,10}$ und $f_{4,\infty}$. Die F-Verteilung mit den Freiheitsgraden (m, n) geht für $m \to \infty$ in die χ^2-Verteilung mit dem Freiheitsgrad n über.

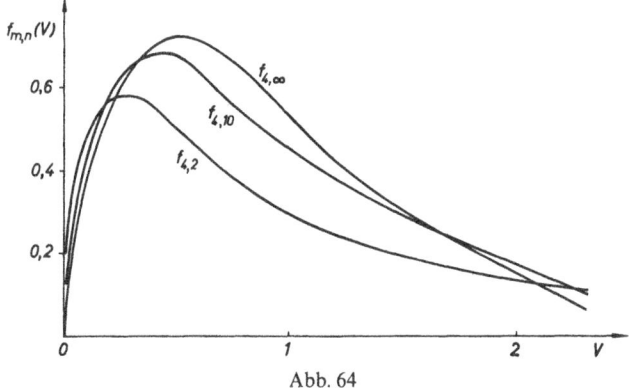

Abb. 64

Da die Fraktilentabellen der F-Verteilung sehr umfangreich sind, geben wir in unserer Tab. 8 lediglich einen Überblick über die Fraktilen für $P = 95\%$ und 99% sowie für einige Freiheitsgrade von m und n.

Wegen $\dfrac{1}{V_{m,n}} = V_{m,n}$ folgt aus der Definition der Fraktilen

$$W\{V_{m,n} \leqq v_{P\%}^{(m,n)}\} = P\% \quad (37); \quad W\left\{V_{m,n} \leqq \frac{1}{v_{(100-P)\%}^{(n,m)}}\right\} = P\% . \tag{38}$$

Mithin ist

$$v_{P\%}^{(m,n)} = \frac{1}{v_{(100-P\%)}^{(n,m)}} . \tag{39}$$

Man braucht daher nur die $P\%$-Fraktilen zu tabulieren und erhält dann nach (39) sehr leicht auch die $(100-P)\%$-Fraktilen. Diese kleine Umrechnung kann man ersparen, wenn man grundsätzlich in den Ausdruck für $V_{m,n}$ bzw. $V_{m-1,n-1}$ den größeren Faktor in den Zähler setzt.

Mit Hilfe der F-Verteilung lassen sich Vertrauensgrenzen oder $P\%$-Fraktilen für den Quotienten zweier theoretischer Varianzen berechnen, für die als Schätzwerte die empirischen Varianzen s_1^2 und s_2^2 aus zwei

Tabelle 8. *Einseitige $P\%$-Fraktilen der F-Verteilung*

m	$W = 95\%$					m	$W = 99\%$				
n	3	4	5	10	∞	n	3	4	5	10	∞
3	9,28	9,12	9,01	8,79	8,53	3	29,5	28,7	28,2	27,2	26,1
4	6,59	6,39	6,26	5,96	5,63	4	16,7	16,0	15,5	14,5	13,5
5	5,41	5,19	5,05	4,74	4,37	5	12,1	11,4	11,0	10,1	9,02
10	3,71	3,48	3,33	2,98	2,54	10	6,55	5,99	5,64	4,85	3,91
20	3,10	2,87	2,71	2,35	1,84	20	4,94	4,43	4,10	3,37	2,42
50	2,79	2,56	2,40	2,03	1,44	50	4,20	3,72	3,41	2,70	1,68
100	2,70	2,46	2,31	1,93	1,28	100	3,98	3,51	3,21	2,50	1,43
150	2,66	2,43	2,27	1,89	1,22	150	3,92	3,45	3,14	2,44	1,33
∞	2,60	2,37	2,21	1,83	1,00	∞	3,78	3,32	3,02	2,32	1,00

voneinander unabhängigen Stichproben errechnet sind. In diesem Fall gilt auf Grund von (35) für $Q > R$ der Wahrscheinlichkeitsansatz

$$W\left\{v_{R\%}^{(m-1,n-1)} \leqq \frac{s_1^2}{s_2^2}\,\frac{\sigma_2^2}{\sigma_1^2} \leqq v_{Q\%}^{(m-1,n-1)}\right\} = (Q-R)\%. \qquad (40)$$

Daraus folgt durch Auflösen nach σ_2^2/σ_1^2 für ein symmetrisches $P\%$-Vertrauensintervall mit den Grenzen $1/2(100-P)\%$ und $1/2(100+P)\%$

$$\frac{s_2^2}{s_1^2}\,v_{1/2(100-P)\%}^{(m-1,n-1)} < \frac{\sigma_2^2}{\sigma_1^2} < \frac{s_2^2}{s_1^2}\,v_{1/2(100+P)\%}^{(m-1,n-1)}. \qquad (41)$$

Als geodätische Anwendung der F-Verteilung diene:

Aufgabe 45. *Berechnen von Vertrauensgrenzen für die Achsen der Fehlerellipse*

Diese Aufgabe läßt sich nach *E. Gotthardt*[27] mit Hilfe der F-Verteilung lösen. Gemäß § 26, Aufgabe (20), lautet nach den dortigen Gln. (4) und (6) die Achsengleichung der Fehlerellipse, wenn man das dort verwendete m^2 durch das σ^2 der mathematischen Statistik ersetzt,

$$\frac{\xi^2}{\sigma^2 q_{\xi\xi}} + \frac{\eta^2}{\sigma^2 q_{\eta\eta}} = 1. \qquad (42)$$

---

[27] Siehe die Fußnote S. 356.

ξ und η sind die Unsicherheiten der Punktlage in Richtung der kleinen und der großen Achse der Fehlerellipse, $q_{\xi\xi}$ und $q_{\eta\eta}$ die zugehörigen Gewichtsreziproken. Da ξ und η wegen $q_{\xi\eta} = 0$ unabhängig voneinander sind, kann man ξ^2/σ^2 und η^2/σ^2 als standardisierte wahre Fehler und mithin die linke Seite von (42) als χ^2-verteilte Zufallsgrößen mit dem Freiheitsgrad $m = 2$ ansehen. Aber auch die mit den übrigbleibenden Fehlern der Punkt-ausgleichung gebildete Quadratsumme der standardisierten Verbesserungen $[vvg]/\sigma^2$ kann nach (34) als Quadratsumme von n χ^2-verteilten unabhängigen Zufallsgrößen mit $n - u = f$ Freiheitsgraden angesehen werden. Mithin muß im Hinblick auf (33) und (34) der Quotient aus der linken Seite von (42) mit zwei Freiheitsgraden und dem Ausdruck $[vvg]^2$ mit f-Freiheitsgraden der F-Verteilung mit $(2, f)$ Freiheitsgraden folgen. Nun sind die tabulierten Fraktilen gemäß (38) unter Beachtung von (32) definiert durch

$$v_P^{(m, n)} > \frac{X^2/m}{Y^2/n} \, .$$

Wenn man nun in (42) und in dem Ausdruck $[vvg]/\sigma^2$ das unbekannte σ^2 mit dem aus der Ausgleichung erhaltenen Näherungswert s_0^2 realisiert, so folgt daraus wegen $m = 2$ und $n = f$ mit $P\%$-Sicherheitswahrscheinlichkeit

$$\frac{\dfrac{1}{2} \dfrac{1}{s_0^2} \left(\dfrac{\xi^2}{q_{\xi\xi}} + \dfrac{\eta^2}{q_{\eta\eta}} \right)}{\dfrac{1}{f} \dfrac{1}{s_0^2} [vvg]} < v_{P\%}^{(2, f)} \, . \tag{43}$$

Hierin hat, da mit $s_0^2 \equiv m_0^2$ nach Aufgabe 20, Gl. (4) und § 18 (12)

$$s_0^2 q_{\xi\xi} = A^2 \, ; \quad s_0^2 q_{\eta\eta} = B^2 \, ; \quad \frac{[vvg]}{f s_0^2} = 1 \tag{44}$$

ist, der Nenner der linken Seite der Ungleichung (43) den Wert 1. Teilt man dann die ganze Ungleichung durch ihre rechte Seite, so erhält die Forderung (43) die Form

$$\frac{\xi^2}{2v_{P\%}^{(2, f)} A^2} + \frac{\eta^2}{2v_{P\%}^{(2, f)} B^2} < 1 \, . \tag{45}$$

Diese Gleichung läßt sich folgendermaßen deuten:

Mit $P\%$-Sicherheitswahrscheinlichkeit liegt der Erwartungswert des Punktes ξ, η innerhalb der Ellipse mit den Halbachsenquadraten

$$\bar{A}^2 = 2v_{P\%}^{(m, n)} A^2 \quad \text{und} \quad \bar{B}^2 = 2v_{P\%}^{(m, n)} B^2$$

und dem Mittelpunkt $\xi = 0$; $\eta = 0$. Die Ellipse mit den Halbachsen A und B bezeichnet E. *Gotthardt* als *Konfidenz-* oder *Vertrauensellipse*; er hat dazu die Tab. 9 berechnet, die, weil der Freiheitsgrad $m = 2$ eingearbeitet ist, als Eingang nur den Freiheitsgrad $n = f$ hat, der gleich der Anzahl der zur Berechnung von $s_0^2 \equiv m_0^2$ benutzten überschüssigen Beob-achtungen ist.

Man entnimmt der Tab. 9, daß die Abmessungen einer mit 5 Über-bestimmungen errechneten Vertrauensellipse bei 95% Sicherheits-wahrscheinlichkeit 3,40mal so groß sind, wie die einer nach Aufgabe 20 errechneten Fehlerellipse; bei 99% ist der Faktor sogar 5,15. Dieser Faktor wird, wie die Tab. 8 zeigt, um so kleiner, je größer die Zahl der überschüssigen Beobachtungen ist. Damit wird aber auch der Ver-trauensbereich, d. h. der Bereich zwischen den Toleranzgrenzen, ver-kleinert. Die Anzahl der überschüssigen Beobachtungen aber läßt sich im Zuge einer Triangulation ohne zusätzliche Messungen vergrößern, indem man den mittleren Beobachtungsfehler oder die Standardabweichung der beobachteten Richtungen aus einer Gruppe gleichartiger Beobachtungen gemeinsam berechnet.

Tabelle 9. *Abmessungen der Achsen der P%-Vertrauensellipse in Vielfachen der Achsen der Fehlerellipse des § 26*

$f = n - u$	Wahrscheinlichkeiten		
	90%	95%	99%
1	9,950	19,98	100
2	4,243	6,164	14,07
3	3,305	4,371	7,851
4	2,941	3,727	6,000
5	2,749	3,402	5,152
6	2,632	3,207	4,674
7	2,552	3,078	4,370
8	2,495	2,986	4,159
9	2,452	2,918	4,005
10	2,418	2,865	3,888
∞	2,146	2,448	3,035

§ 49. Statistische Prüfverfahren oder Signifikanzteste

49.1 Allgemeines über Signifikanzteste

Ein weiteres Gebiet der mathematischen Statistik, das für die Fehlertheorie nutzbar gemacht werden kann, ist das Prüfen von Hypothesen über die theoretische Verteilung von Zufallsgrößen und ihren Parametern auf Grund von Prüfgrößen und deren Verteilung. Dieses Verfahren wird als Testverfahren oder — wie nachstehend erklärt werden wird — als Signifikanztest bezeichnet.

Man stellt beim Signifikanztest jeweils eine bestimmte Alternativfrage. Ist es möglich, daß die Grundgesamtheit, der die Stichprobe entstammt, einen bestimmten Mittelwert ξ_0 hat oder nicht? Deuten unterschiedliche Stichprobenmittel $\bar{x}$, $\bar{y}$ zweier Beobachtungsreihen x_i, y_i auf einen signifikanten Unterschied der Grundgesamtheiten hin, oder können die unterschiedlichen Stichprobenmittel zufallsbedingt sein?

In vielen Fällen liegt von vornherein eine ganz bestimmte Hypothese über die Größe des unbekannten Parameters vor, auf Grund deren dieser den Wert ξ_0 haben müßte. Eine solche Hypothese kann auf Erfahrungswerten beruhen; sie kann aber auch ein vorgeschriebener Sollwert sein. Durch den Signifikanztest soll festgestellt werden, ob der auf Grund der Stichprobe vermittelte Wert $\bar{x}$ mit dem gewünschten Wert ξ_0 verträglich ist oder nicht, oder, anders ausgedrückt, ob der Unterschied zwischen $\bar{x}$ und ξ_0 statistisch gesichert bzw. – nach dem entsprechenden englischen Ausdruck – signifikant ist oder nicht.

Zur Beantwortung dieser Frage setzt der Statistiker in der Regel eine sog. Nullhypothese H_0 an, d. h. er behauptet das Gegenteil von dem, was er beweisen möchte, und versucht, das zu widerlegen. Er macht z. B. die Hypothese, daß der Mittelwert ξ der Grundgesamtheit von dem erwünschten Wert ξ_0 nicht abweicht – in der Formelsprache $H_0 : \xi = \xi_0$ –, und prüft dann, ob der Ausfall der Stichprobe mit H_0 im Widerspruch steht und demnach H_0 abgelehnt werden muß oder nicht.

Selbstverständlich muß man für jeden Test eine bestimmte $P\%$-Sicherheitswahrscheinlichkeit vorschreiben; das ist die Wahrscheinlichkeit, mit der H_0 angenommen wird, wenn H_0 zutrifft. Oder man muß eine kritische Grenze $(100 - P)\%$ – auch Testniveau, Signifikanzschwelle oder Irrtumswahrscheinlichkeit genannt – angeben, deren Überschreiten unwahrscheinlich ist. Als Sicherheitswahrscheinlichkeit nimmt der Statistiker gewöhnlich $P = 95$ oder 99, selten 99,9%.

Wird eine Abweichung beobachtet, die über das Testniveau hinausgeht, so steht offenbar unsere Hypothese mit den Beobachtungen im Widerspruch, d. h. ξ ist von ξ_0 signifikant verschieden. Liegt andererseits die tatsächliche Abweichung unterhalb des Testniveaus, so wird die Hypothese H_0 durch die Beobachtungen nicht widerlegt, aber auch nicht bewiesen.

Bei der Beurteilung eines Testes beachte man folgendes: Wenn ein Signifikanztest mit einer Sicherheitswahrscheinlichkeit von 98% oder einer Irrtumswahrscheinlichkeit von 2% arbeitet, so könnte man das so verstehen, daß 98% der Urteile, die auf Grund des Testes gefällt werden, richtig seien. Diese Auffassung ist jedoch falsch. 98% Sicherheitswahrscheinlichkeit besagt nur, daß die Hypothese, wenn sie richtig ist, in nur 2% aller Fälle zu Unrecht verworfen wird. Die durch unrichtiges Verwerfen entstehenden Fehler heißen Fehler erster Art.

Erweist sich ein Unterschied als nicht signifikant, so ist damit die Hypothese nicht etwa als richtig erwiesen, sondern sie steht mit dem Ergebnis der Stichprobe nicht im Widerspruch. Die Fehler, die dadurch entstehen, daß eine – falsche – Hypothese zu Unrecht angenommen wird, heißen Fehler zweiter Art.

Wählt man ein größeres Testniveau als die soeben angenommenen 2%, so wächst die Wahrscheinlichkeit, einen Fehler erster Art zu machen; wählt man es kleiner, so vergrößert sich der Bereich der zulässigen Werte und damit die Wahrscheinlichkeit, einen Fehler zweiter Art zu begehen.

Bei der Wahl der Sicherheitswahrscheinlichkeit hat man demnach zu überlegen, welche Fehlerart für das betreffende Problem folgenschwerer ist. Man wird sich dann für das Testniveau entscheiden, bei dem die Wahrscheinlichkeit, einen Fehler dieser Art zu begehen, gering ist.

49.2 Signifikanztest für den Mittelwert bei bekanntem σ

Bei der Nachmessung einer Größe, für die bei früheren Erhebungen der Wert ξ_0 gefunden ist, wurden die Einzelergebnisse oder Stichprobenwerte $x_1, x_2, ..., x_n$ erhalten. Für ein Einzelergebnis kann nach den Erfahrungen bei den früheren Erhebungen die Standardabweichung σ angenommen werden. Es soll geprüft (getestet) werden, ob ξ_0 der Grundgesamtheit angehört, der unserer Stichprobe entnommen ist.

Zum Lösen dieser Aufgabe bringen wir § 48 (13) in die Form

$$W\left\{ \left| \frac{\bar{X} - \xi_0}{\sigma/\sqrt{n}} \right| \leqq \lambda_P \right\} = P\% . \tag{1}$$

Im Falle einer normalverteilten Grundgesamtheit mit unbekanntem ξ und unbekanntem σ wird demnach die Hypothese $H_0 : \xi = \xi_0$, mit der Sicherheitswahrscheinlichkeit $P\%$ abgelehnt, wenn die Prüfgröße

$$\left| \frac{\bar{x} - \xi_0}{\sigma/\sqrt{n}} \right| > \lambda_P \tag{2}$$

ist. In diesem Falle ist, wie man sagt, $\bar{x}$ von ξ_0 bei $P\%$-Sicherheitswahrscheinlichkeit signifikant verschieden. Ist die Prüfgröße in (2) $\leqq \lambda_P$, so wird H_0 nicht abgelehnt.

Die eingangs gestellte Frage kann zweifelsohne auch beantwortet werden, indem man nach § 48 (15) den Vertrauensbereich für $\bar{x}$ betrachtet. Dieser enthält alle Werte ξ_0, für die auf Grund der Stichprobenergebnisse $x_1, x_2, ..., x_n$ die Hypothese $H_0 : \xi = \xi_0$ nicht abgelehnt wird. Der Bereich innerhalb der $P\%$-Vertrauensgrenzen heißt daher auch der Annahmebereich; der Bereich außerhalb dieser Grenzen, für den die Wahrscheinlichkeit $(100 - P)\%$ besteht, ist der Ablehnungsbereich.

Beim Wählen einer bestimmten $P\%$-Sicherheitswahrscheinlichkeit bestehen, wie bereits in § 48.3 dargelegt wurde, folgende Zusammenhänge: Eine Erhöhung der $P\%$-Sicherheitswahrscheinlichkeit bedeutet lediglich erhöhte Sicherheit dafür, daß das Ergebnis in den erhöhten $P\%$-Vertrauensbereich fällt. Dazu aber wird, wie in den Tabellen 2, 4, 6 und 9 der §§ 47 und 48 das Wachsen der Fraktilen mit zunehmender Sicherheitswahrscheinlichkeit erkennen läßt, der Vertrauensbereich erweitert oder – anders ausgedrückt – es werden die Toleranz- oder Fehlergrenzen erweitert. Insbesondere entsprechen bei der Normalverteilung nach § 48.3 die Vertrauensbereiche bei 68,3%, 95,4%, 99,7% und 100% Sicherheitswahrscheinlichkeit den durch den 1-, 2-, 3- und 4fachen Betrag der theoretischen Standardabweichung beschriebenen Maximalfehlern des § 8.3. Da bei der zunehmenden Messungsgenauigkeit neuerdings in der Geodäsie die Neigung besteht, als Maximalfehler statt des 3- bis 4fachen Betrages den 2- bis 3fachen Betrag der theoretischen Standardabweichung oder des mittleren Fehlers zu betrachten, sollte man bei der statistischen Behandlung geodätischer Messungen höchstens mit der 95%- bzw. 99%-Sicherheitswahrscheinlichkeit arbeiten.

Wünscht man hingegen erhöhte Sicherheit für den Mittelwert, so hat man, wie der Aufbau der Prüfgröße in (2) erkennen läßt, entweder durch Wahl besserer Instrumente und Verfahren σ zu verkleinern oder den Stichprobenumfang zu vergrößern. Im letztgenannten Falle ermittelt man zweckmäßig den Stichprobenumfang n, der notwendig ist, um den unbekannten Erwartungswert ξ bei vorgegebener $P\%$-Sicherheitswahrscheinlichkeit bis auf einen Höchstfehler ε_{max} zu bestimmen. Dazu muß nach (2)

$$|\bar{x} - \xi| = \frac{\sigma}{\sqrt{n}} \lambda_{P\%} < \varepsilon_{max}$$

sein oder es muß

$$n \geq \left(\frac{\sigma}{\varepsilon_{max}} \lambda_{P\%} \right)^2 \tag{3}$$

gewählt werden.

Zusatz. *Einseitige und zweiseitige Fragestellung.* Bei zweiseitig begrenzten Vertrauensbereichen und zweiseitigen Tests gilt als Sicherheitswahrscheinlichkeit die Differenz der Wahrscheinlichkeiten zwischen der oberen und der unteren Schranke (zweiseitige Fragestellung). Diese kann, wie es in unseren Beispielen mehrfach geschehen ist, den zweiseitigen Fraktilentabellen direkt entnommen werden.

Bei einseitigen Vertrauensbereichen und einseitigem Test wird nach der unteren oder der oberen Schranke gefragt (einseitige Fragestellung). Hat man einseitige Fraktilentafeln, wie z. B. in unseren §§ 47 und 48 die Tab. 3 für die Normalverteilung, die Tab. 4 (mit dem Eingang von unten) für die t-Verteilung und die Tab. 7, welche einen aus der χ^2-Verteilung abgeleiteten Überblick über die einseitigen oberen Schranken für die Standardabweichung σ gibt, so kann man aus diesen die der betreffenden Sicherheitswahrscheinlichkeit entsprechenden einseitigen Fraktilen direkt entnehmen. Steht indessen nur eine zweiseitige Fraktilentafel zur Verfügung, so muß man in diese Tafeln mit einem gegenüber dem zweiseitigen Test verdoppelten Signifikanzniveau eingehen, also wenn eine 95%-Sicherheitswahrscheinlichkeit verlangt wird, mit 90%. Danach ist bei Tests, die sich auf die Normalverteilung gründen, folgendermaßen vorzugehen:

Die Hypothese $H_0 : \xi = \xi_0$ wird bei 95% Sicherheitswahrscheinlichkeit und zweiseitiger Fragestellung mit der aus § 47, Tab. 2 entnommenen Fraktile $\lambda_{95\%} = 1,96$ abgelehnt, wenn

$$\left| \frac{\bar{x} - \xi_0}{\sigma / \sqrt{n}} \right| < 1,96$$

ist (vgl. Abb. 65 oben). Erstreckt der Vertrauensbereich sich jedoch wie in der unteren Figur einseitig nur nach oben, also interessiert nur der Fall $\xi > \xi_0$, so ist entweder in die Tab. 3 des § 48 mit 95%-Sicherheitswahrscheinlichkeit oder in die Tab. 2 des § 47 mit 90% einzugehen.

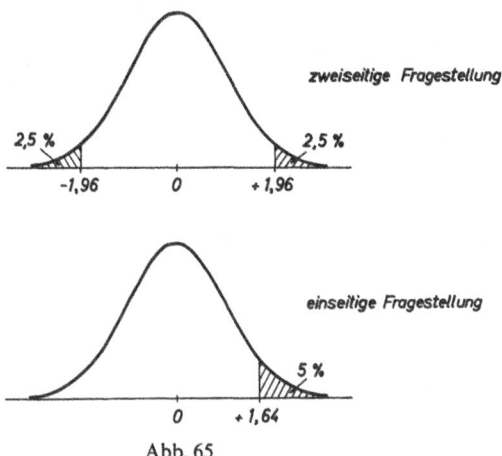

zweiseitige Fragestellung

2,5 %   2,5 %

-1,96   0   +1,96

einseitige Fragestellung

5 %

0   +1,64

Abb. 65

Beide Male wird $H_0 : \xi = \xi_0$ wegen $u_{95\%} = \lambda_{90\%} = 1{,}64$ abgelehnt, wenn

$$\frac{\bar{x} - \xi_0}{\sigma/\sqrt{n}} > 1{,}64$$

ist. Desgleichen wird für einen nur nach unten sich erstreckenden Vertrauensbereich, also für den Fall $\xi < \xi_0$, die Hypothese $H_0 : \xi = \xi_0$ abgelehnt, wenn

$$\frac{\bar{x} - \xi_0}{\sigma/\sqrt{n}} < -1{,}64$$

ist. Entsprechend wird bei den Tests mit den anderen Verteilungen verfahren.

Zahlenbeispiel. Der parallaktische Winkel, mit dem eine Meßmarke auf einer Staumauer gegenüber einer im Felsen vermarkten Geraden festgelegt ist, wurde bei der letzten Überprüfung zu $\xi_0 = 18{,}''4$ bestimmt. Als Standardabweichung einer Beobachtung ist nach dem Ergebnis von zahlreichen früheren Messungen $\sigma = \pm 1{,}''0$ zu erwarten. Es ist durch Winkelmessung zu prüfen, ob die Meßmarke ihre Lage senkrecht zur Richtung des Visurstrahls verändert hat. Die Einzelbeobachtungen oder Stichprobenwerte $l_1, l_2, ..., l_{12}$ sind $19{,}''6$; $18{,}''0$; $20{,}''3$; $19{,}''2$; $18{,}''8$; $19{,}''7$; $18{,}''9$; $18{,}''0$; $20{,}''4$; $20{,}''0$; $19{,}''9$; $18{,}''7$. Ihr arithmetisches Mittel ist $\bar{x} = \dfrac{231{,}5}{12} = 19{,}''3$. Die Nullhypothese $H_0 : \xi = \xi_0$ wird nach (2) abgelehnt, wenn

$\dfrac{19{,}''3 - 18{,}''4}{1{,}''0\sqrt{12}} > \lambda_{P\%}$ oder $\dfrac{0{,}9\sqrt{12}}{1{,}0} = 3{,}15 > \lambda_{P\%}$ ist. Nach § 47, Tab. 2, ist bei $W = 90\%$

24*

bzw. 99% bzw. 99,9%

$\lambda_{90\%} = 1,64$; also ist H_0 abzulehnen, da $3,15 > 1,64$ ist;

$\lambda_{95\%} = 1,96$; also ist H_0 abzulehnen, da $3,15 > 1,96$ ist;

$\lambda_{99,9\%} = 3,25$; also ist H_0 nicht abzulehnen, da $3,15 < 3,25$ ist.

$\bar{x}$ ist daher von ξ_0 bei den Testniveaus von 10% und 5% signifikant verschieden, bei 0,1% dagegen nicht. Welches Niveau wird man nun wählen?

Eine falsche A n n a h m e der Hypothese hätte zur Folge, daß eine Bewegung der Staumauer, die vielleicht schon auf echte Mängel des Bauwerks, im schlimmsten Fall auf einen Bruch hindeutete, nicht erkannt worden wäre. Weitere Beobachtungen zur Klärung würden unterbleiben und eventuelle Sicherheitsmaßnahmen nicht durchgeführt.

Eine falsche A b l e h n u n g zöge in erster Linie weitere Messungen zur genaueren und sicheren Erfassung der Bewegung nach sich. Es entstände also gemessen an den Folgen, die aus einer falschen Annahme resultieren, ein nur unwesentlicher Verlust.

Man wird also hier die Wahrscheinlichkeit für Fehler, die durch eine falsche Annahme der Hypothese entstehen, gering halten und ein Testniveau von 10%, d. h. eine Sicherheitswahrscheinlichkeit von 90% wählen.

Bei diesem Niveau ist, wie man oben entnimmt, die Hypothese, die Marke habe sich nicht verändert, abzulehnen.

49.3 Signifikanztest für den Mittelwert bei unbekanntem σ

Es möge die gleiche Aufgabe vorliegen wie im vorigen Abschnitt; doch sei der theoretische Wert σ der Standardabweichung unbekannt. Der Signifikanztest für den Mittelwert muß dann mit Hilfe der t-Verteilung angesetzt werden. Vorweg berechnet man aus den Beobachtungen nach § 48 (2 b) für die Standardabweichung den Schätzwert s aus $s^2 = [(x_i - \bar{x})^2]/(n-1)$. Sodann überführt man mit Hilfe von § 48 (20) die Gleichung § 48 (18) in die Form

$$W\left\{\left|\frac{\bar{X} - \xi}{S/\sqrt{n}}\right| \leq \gamma_{P\%}^{(n-1)}\right\} = P\%, \tag{4}$$

worin $\gamma_{P\%}^{(n-1)}$ die zweiseitigen $P\%$-Grenzen der t-Verteilung mit $(n-1)$ Freiheitsgraden sind. Auf Grund von (4) wird also im Falle einer normalverteilten Grundgesamtheit mit unbekanntem σ die Hypothese $H_0 : \xi = \xi_0$ mit $P\%$-Sicherheitswahrscheinlichkeit abgelehnt, wenn die Prüfgröße

$$\left|\frac{\bar{x} - \xi_0}{s/\sqrt{n}}\right| > \gamma_{P\%}^{(n-1)} \tag{5}$$

ist. Die Fraktilen γ entnehme man der Tab. 4 des § 48.

Die zu (2) gegebenen Ausführungen, die den Vertrauensbereich und die Erhöhung der Sicherheitswahrscheinlichkeit betreffen, gelten sinnentsprechend auch hier. Soll wie in (3) der absolute Fehler beim Ermitteln von ξ höchstens die Größe $\varepsilon_{\max}$ erreichen dürfen, so hat man n zu errechnen aus

$$n \geq \left(\frac{s}{\varepsilon_{\max}} \gamma_{P\%}^{'(n-1)}\right)^2. \tag{6}$$

Man beachte bei Anwendung dieser Formel, daß ein anderes n auf der linken Seite ein entsprechendes $\gamma^{(n-1)}$ auf der rechten Seite bedingt. Man wird ein passendes n daher in der Regel nur iterativ, also durch mehrere Versuchsrechnungen finden.

Ein Signifikanztest zum Vergleich zweier Mittelwerte von unabhängigen normalverteilten Stichproben mit gleicher, aber unbekannter Varianz ist in § 49 (20) angegeben.

Zahlenbeispiel. a) Es sei wieder das Zahlenbeispiel zu § 49.2 gegeben; jedoch sei σ nicht bekannt. Es können demnach von dort nur der Mittelwert $\bar{x} = 19{,}3$ und der Sollwert $\xi_0 = 18{,}4$ übernommen werden. Man berechnet daher aus den übrigbleibenden Fehlern oder Verbesserungen nach § 48 (2 b) über $s^2 = 7{,}47/(12-1) = 0{,}68$ als Schätzwert für σ $s = \pm 0{,}82$. Damit ist gemäß (5) die Hypothese $H_0 : \xi = \xi_0$ abzulehnen, wenn

$$\frac{19{,}3 - 18{,}4}{0{,}82/\sqrt{12}} > \gamma_{P\%}^{(n-1)} \quad \text{oder} \quad \frac{0{,}9\sqrt{12}}{0{,}82} = 3{,}80 > \gamma_{P\%}^{(n-1)}$$

ist. Nach § 48, Tab. 4, ist bei $W = 90\%$ bzw. 95% bzw. $99{,}9\%$ mit $(n-1) = \mathrm{f} = 11$

$\gamma_{90\%}^{(n-1)} = 1{,}80$; also ist H_0 abzulehnen, da $3{,}80 > 1{,}80$ ist;

$\gamma_{95\%}^{(n-1)} = 2{,}20$; also ist H_0 abzulehnen, da $3{,}80 > 2{,}20$ ist;

$\gamma_{99{,}9\%}^{(n-1)} = 4{,}44$; also ist H_0 nicht abzulehnen, da $3{,}80 < 4{,}44$ ist.

Dieses Ergebnis entspricht dem des Zahlenbeispiels zu § 49.3. Die dort angestellte Überlegung gilt also gleicherweise auch hier.

b) Wir wollen das Problem aber noch von einer anderen Seite angehen und fragen, wie oft der parallaktische Winkel ξ zu beobachten ist, um bei den oben benutzten Sicherheitswahrscheinlichkeiten und mit demselben Meßverfahren die Lage der Meßmarke auf ± 1 mm zu bestimmen.

Da die Entfernung vom Beobachtungspunkt zur Meßmarke 350 m beträgt, entspricht einer Lageunsicherheit von 1 mm der Winkelfehler $d\xi = \dfrac{0{,}001}{350} \, 206265 = 0{,}59 = \varepsilon_{\max}$.

Mithin muß nach (6) sein: $n \geq \left(\dfrac{0{,}82}{0{,}59}\gamma_{P\%}^{n-1}\right)^2 = (1{,}39\,\gamma_{P\%}^{n-1})^2$. Durchrechnen dieser Formel mit verschiedenen Werten für n ergibt, daß der den jeweiligen Sicherheitswahrscheinlichkeiten entsprechende Umfang n der Stichprobe folgende Größen haben muß:

bei $W = 90\%$ und $\gamma_{90\%}^{(n-1)}$: $n \geq (1{,}39 \cdot 1{,}90)^2 = 7{,}0$ oder $n \approx 8$

bei $W = 95\%$ und $\gamma_{95\%}^{(n-1)}$: $n \geq (1{,}39 \cdot 2{,}26)^2 = 9{,}9$ oder $n \approx 10$

bei $W = 99\%$ und $\gamma_{99{,}9\%}^{(n-1)}$: $n \geq (1{,}39 \cdot 2{,}95)^2 = 16{,}9$ oder $n \approx 18$.

Bei diesen Wiederholungszahlen ist vorausgesetzt, daß systematische Fehler nicht auftreten.

Ein Vergleich von a) und b) lehrt folgendes:

Verlangt man ausgehend von der Gl. (5) eine größere Sicherheitswahrscheinlichkeit, so muß man, solange s und n nicht veränderlich sind, einen größeren Vertrauensbereich in Kauf nehmen. Das ist unter a) geschehen. Eine Genauigkeitssteigerung ist hier durch Vorgeben einer erhöhten Sicherheitswahrscheinlichkeit nicht erreicht.

Unter b) ist ein f e s t e r Vertrauensbereich – nämlich 1 mm bzw. $0{,}59$ – vorgeschrieben; infolgedessen mußte, da auch der Wert von s nicht veränderlich ist, bei der Forderung nach erhöhter Sicherheitswahrscheinlichkeit der Stichprobenumfang n vergrößert werden. Mit der Vergrößerung von n aber erhält der Mittelwert eine kleinere Standardabweichung bzw. eine größere Genauigkeit. Mithin bedeutet, wenn ein f e s t e r Vertrauensbereich (= Toleranzbereich) vorgeschrieben ist, eine Steigerung der Sicherheitswahrscheinlichkeit auch einen genaueren Mittelwert.

49.4 Testen des Verhältnisses von zwei empirischen Varianzen

Es seien $x_1, x_2, \ldots, x_n$ und $y_1, y_2, \ldots, y_n$ Einzelergebnisse zweier voneinander unabhängigen Stichproben aus einer (ξ, σ_1)- und einer (η, σ_2)-normalverteilten Grundgesamtheit, deren Parameter ξ, σ_1 bzw. η, σ_2 unbekannt sind. Gefragt ist, ob das Verhältnis $\sigma_1^2/\sigma^2 = c^2$ einen bestimmten Wert besitzt.

Aus § 48 (40) folgt der Ansatz

$$W\left\{ c^2 v_{R\%}^{(m-1,n-1)} \leqq \frac{s_1^2}{s_2^2} \leqq c^2 v_{Q\%}^{(m-1,n-1)} \right\} = (Q - R)\% . \tag{7}$$

Demnach ist die Hypothese $H_0 : \sigma_1^2/\sigma_2^2 = c^2$ mit einer Sicherheitswahrscheinlichkeit von $P\%$ abzulehnen, wenn

$$\frac{s_1^2}{s_2^2} > c^2 v_{1/2(100+P)}^{m-1,n-1} \qquad \text{oder} \qquad \frac{s_1^2}{s_2^2} < c^2 v_{1/2(100-P)\%}^{(m-1,n-1)} \tag{8}$$

ist. s_1^2 und s_2^2 erhält man aus

$$\bar{x} = \frac{[x]}{m}; \qquad \bar{y} = \frac{[y]}{n}; \qquad s_1^2 = \frac{[(x - \bar{x})^2]}{m - 1}; \qquad s_2^2 = \frac{[(y - \bar{y})^2]}{n - 1} .$$

Interessiert in (7) nur die Alternative $\sigma_1^2/\sigma_2^2 > c^2$ bzw. $\sigma_1^2/\sigma_2^2 < c^2$, so ist H_0 abzulehnen, wenn

$$\frac{s_1^2}{s_2^2} > c^2 v_{P\%}^{(m-1,n-1)} \quad \text{bzw.} \quad \frac{s_1^2}{s_2^2} < c^2 v_{(100-P)\%}^{(m-1,n-1)} \tag{8a}$$

ist.

Die v-Fraktilen entnimmt man einer Tafel der F-Verteilung, von denen unsere Tab. 8 im § 48 eine Vorstellung vermittelt. In $s_1^2/s_2^2 = c^2$ nimmt man zweckmäßig das größere s^2 in den Zähler, damit $c^2 > 1$ ist. Sind s_1^2 und s_2^2 nahezu gleich, so setzt man $c^2 = 1$ und hat dann die Hypothese $H_0 : \sigma_1^2 = \sigma_2^2$. Mit den Gln. (8) und (8a) kann auch das Verhältnis von zwei Gewichten geprüft werden.

Zahlenbeispiel: Im Sommer 1967 wurden bei den trigonometrischen Übungen des Geodätischen Instituts der TH Hannover die Netzbeobachtungen teils von Normalstativen mit 1,60 m maximaler Beobachtungshöhe, teils von Hochstativen mit 2,00 m maximaler Beobachtungshöhe ausgeführt; dabei war zu erwarten, daß infolge der etwas größeren Standunsicherheit der Hochstative die mit diesen erzielte Genauigkeit geringer war als die mit den Normalstativen. Um das mit Hilfe des F-Testes zu prüfen, wurden die empirischen Varianzen s_H^2 (Hochstativ) und s_N^2 (Normalstativ) unter der Voraussetzung, daß die Varianzen der Messungen innerhalb der beiden Gruppen jeweils gleich sind, folgendermaßen berechnet: Von allen Stationen wurden die v_i^2 getrennt nach Hoch- und Normalstativen aufsummiert und durch die entsprechende Anzahl der Freiheitsgrade dividiert. Dabei ergaben sich folgende empirische Varianzen:

$$s_H^2 = \frac{13\,558}{282} = 48,08; \qquad s_N^2 = \frac{18\,927}{592} = 31,97 .$$

Zur Prüfung mittels des F-Tests wurde dann in der für unseren Fall in Frage kommenden linken Gl. (8a) $c^2 = \sigma_H^2 / \sigma_s^2 = 1$ gesetzt, d. h. es wurde die Hypothese $H_0 : \sigma_H^2 = \sigma_N^2$ aufgestellt und als Testgröße $s_H^2 / s_N^2 = 48{,}08 / 31{,}97 : 1{,}50$ errechnet.

Vor Durchführung des eigentlichen Tests waren Überlegungen über das Testniveau anzustellen. Bei falscher Annahme der Hypothesen würde man die Beobachtungen vom Hochstativ ohne Gewichtsminderung in die Netzausgleichung einführen; dies aber würde bei dem offenbar nur geringen Genauigkeitsunterschied kaum Auswirkungen auf das Ergebnis haben. Ein falsches Verwerfen würde eine Mehrarbeit durch Veränderungen im Gewichtsansatz nach sich ziehen, die ebenfalls ohne wesentlichen Einfluß auf den Gesamtumfang der Arbeit wäre; bei zukünftigen Messungen würde man aber vielleicht die Anzahl der Richtungssätze auf den Hochstativen erhöhen und dadurch eine gewisse Einbuße an Wirtschaftlichkeit erleiden. Demnach müßte die Wahrscheinlichkeit für das Begehen von Fehlern erster Art, also von Fehlern durch falsches Verwerfen der Hypothese, niedrig gehalten werden, und daher wurde das niedrige Testniveau von 1% bzw. die Sicherheitswahrscheinlichkeit von 99% gewählt.

Nach der linken Gl. (8a) ist $H_0 : \sigma_H^2 = \sigma_N^2$ abzulehnen, wenn wegen $m - 1 = 281$ und $n - 1 = 591$

$$\frac{s_H^2}{s_N^2} = 1{,}50 > v_{99\%}^{(281,\,591)}$$

ist. Die Tab. 7 in [45] gibt nach überschlägiger Interpolation für 99% und die obigen Freiheitsgrade $v \approx 1{,}3$. Die Hypothese, die Varianzen σ_H^2 und σ_N^2 seien gleich, ist daher abzulehnen.

49.5 Prüfen auf Häufigkeitsverteilung (χ^2-Anpassungstest)

Bei den bisher behandelten Prüfverfahren sind wir zum Testen einer Stichprobe davon ausgegangen, daß die Grundgesamtheit eine bestimmte Verteilung besitzt. Bestehen Zweifel daran, ob diese Annahme zutrifft, so prüft man sie durch den χ^2-Anpassungstest. Dazu stellt man über die Verteilungsfunktion $F(x)$ der Zufallsveränderlichen die Nullhypothese

$$H_0 : F(x) = F_0(x) \tag{9}$$

auf, worin $F_0(x)$ eine vollständig bekannte Verteilung besitzt. Da die geodätischen Verteilungen in den meisten Fällen der Normalverteilung sehr nahe kommen, werden wir im folgenden unter $F_0(x)$ die Normalverteilung verstehen und demnach die Hypothese aufstellen, daß die Grundgesamtheit, der die Zufallsveränderliche X angehört, bei einer bestimmten Sicherheitswahrscheinlichkeit der Normalverteilung entspricht.

Um zu einem geeigneten Test zu kommen, zerlegt man den Wertbereich der Zufallsgrößen X in k Klassen k_i ($i = 1, 2, \ldots, k$) und entnimmt der Grundgesamtheit eine Stichprobe vom Umfang n; die (empirische) Anzahl der in die Klasse k_i fallenden Stichprobenwerte sei n_j ($j = 1, 2, 3, \ldots, n_i$) mit der Probe

$$n_1 + n_2 + \cdots + n_k = n \,.$$

Die (theoretische) Wahrscheinlichkeit dafür, daß eine einzelne Zufallsveränderliche in die Klasse k_i fällt, sei p_i; also sind bei n Zufallsveränderlichen np_i Zufallsveränderliche in der Klasse k_i zu erwarten. Man bildet
alsdann die Differenzen $(n_i - np_i)$ zwischen den empirischen und den
theoretischen Häufigkeiten, standardisiert sie durch Division mit $\sqrt{np_i}$
und erhält damit die Testgröße

$$\sum_{i=1}^{k} \frac{(n_i - np_i)^2}{np_i}.$$

Diese Größe kann man, wenn alle $np_i \geqq 4$ sind, als χ^2-verteilt mit dem
Freiheitsgrad $k - 1$ betrachten.

Unter der Voraussetzung, daß die Parameter der Grundgesamtheit
ζ und σ bekannt sind, gilt für die χ^2-Verteilung nach § 48 (28) im Falle
$Q = 0$ der Wahrscheinlichkeitsansatz

$$W\left\{\frac{(n-1)S^2}{\sigma^2} < \chi^2_{n-1;P\%}\right\} = P\%, \tag{10}$$

worin $\chi^2_{n-1;P\%}$ die einseitigen $P\%$-Fraktilen der χ^2-Verteilung sind.
Wir verifizieren diesen Ausdruck und ersetzen dabei die linke Seite der
Ungleichung durch unsere Testgröße. Unter der oben gegebenen Vor-
aussetzung ist dann die Hypothese $H_0 : \zeta = \zeta_0$ abzulehnen, falls

$$\sum_{i=1}^{k} \frac{(n_i - np_i)^2}{np_i} > \chi^2_{k-1;P\%} \tag{11}$$

ist.

In der Regel sind jedoch die Parameter ζ und σ nicht bekannt; sie
müssen daher aus der gruppierten Stichprobe geschätzt werden. Dadurch
verringert die Anzahl der Freiheitsgrade sich um die Anzahl r der ge-
schätzten Parameter auf $k - r - 1$. Die Schätzwerte $\bar{x}$ und s werden hinreichend genau erhalten, wenn der Umfang der Stichprobe nicht zu
klein ($n > 30$) ist; die Breiten der Klassen sollen etwa $0,5 \sigma$ betragen, und
in jedem Falle soll $np_i \geqq 4$ sein.

Die Hypothese $H_0 : F(x) = F_0(x)$ wird daher bei unbekannten σ
mit $P\%$-Sicherheitswahrscheinlichkeit abgelehnt, wenn die Prüfgröße

$$\sum_{i=1}^{k} \frac{(n_i - np_i)^2}{np_i} > \chi^2_{k-r-1;P\%} \tag{12}$$

ist. Die $P\%$-Fraktilen $\chi^2_{k-r-1;P\%}$ werden der Tab. 5 des § 48 entnommen.

Zahlenbeispiel. Wir wollen die bereits in § 7.5 und § 48.2 benutzten 523 Dreieckswidersprüche dem χ^2-Anpassungstest unterziehen und fragen, ob die beobachteten Häufigkeiten der Normalverteilung entsprechen. Wir bedienen uns dazu eines von B. *Hallert*[28]
vorgeschlagenen Musters. Als Klassenbreite wählen wir $\Delta x = 10^{cc}$, tragen in Spalte 1 die
Klassenmitten x_m und in Spalte 2 die in jede Klasse fallenden empirischen Häufigkeiten n_i

---

[28] *Hallert*, B.: Einige Sätze und Verfahren der mathematischen Statistik von besonderer Bedeutung in der Vermessungstechnik. Z. Vermessungsw. **1964**, 152.

		Berechnung von $\bar{x}$ und s		Berechnung von p_i				Berechnung der Testgröße		
Klassenmitte x_m	Anzahl der Beobachtungen je Klasse n_i	Beträge je Klasse $x_m n_i$	$x_m^2 n_i$	Klassengrenzen x_{gr}	Standardisierte Klassengrenzen $\frac{x_{gr}-\bar{x}}{s}$	$G(u)$ für standardisierte Klassengrenzen (aus Tab. 1)	p_i	np_i	$n_i - np_i$	$\frac{(n_i - np_i)^2}{np_i}$
1	2	3	4	5	6	7	8	9	10	11
		cc	(cc)²	cc						
				$-\infty$	$-\infty$	$-0,5000$				
-70	1	-70	4900 ⎫				0,0041	2,1	$+\;0,9$	0,39
-60	2	-120	7200 ⎬							
				-55	$-2,65$	$-0,4959$	102	5,3	$+\;0,2$	0,01
-50	5,5	-275	13750							
				-45	$-2,19$	$-0,4857$	284	14,8	$+\;0,7$	0,03
-40	15,5	-620	24800							
				-35	$-1,72$	$-0,4573$	611	31,9	$-\;6,9$	1,49
-30	25	-750	22500							
				-25	$-1,26$	$-0,3962$	1110	58,0	$+10,0$	1,72
-20	68	-1360	27200							
				-15	$-0,79$	$-0,2852$	1559	81,6	$-\;7,6$	0,71
-10	74	-740	7400							
				-5	$-0,33$	$-0,1293$	1850	96,8	$-\;4,3$	0,19
± 0	92,5	0	0							
				$+5$	$+0,14$	$+0,0557$	1700	89,0	$+\;5,5$	0,34
$+10$	94,5	$+945$	9450							
				$+15$	$+0,60$	$+0,2257$	1320	69,1	$+\;4,4$	0,28
$+20$	73,5	$+1470$	29400							
				$+25$	$+1,07$	$+0,3577$	805	42,1	$+\;1,4$	0,05
$+30$	43,5	$+1305$	39150							
				$+35$	$+1,54$	$+0,4382$	390	20,4	$-\;3,4$	0,57
$+40$	17	$+680$	27200							
				$+45$	$+2,00$	$+0,4772$	160	8,4	$-\;0,4$	0,02
$+50$	8	$+400$	20000							
				$+55$	$+2,47$	$+0,4932$	68	3,5	$-\;0,5$	0,07
$+60$	3	$+180$	10800							
				$+\infty$	$+\infty$	$+0,5000$				
	$n = 523$	$+1045$	243750				1,0000	523,0	0,0	5,87

$$\bar{x} = +2,0^{cc} \qquad s = 21,5^{cc}$$

ein, deren Summe sich zu $n = 523$ ergeben muß. In den nächsten beiden Spalten bildet man in jeder Zeile die Produkte $x_m n_i$ bzw. $x_m^2 n_i$ und erhält mit § 11 (6) und (8) aus

$$\bar{x} = \frac{[x_m n_i]_1^k}{n} \quad \text{und} \quad s^2 = \frac{1}{n-1}\{[x_m^2 n_i]_1^k - [x_m n_i]_1^k \bar{x}\}$$

die gesuchten Parameter zu $\bar{x} = \frac{1045}{523} = +2{,}0^{cc}$ und $s^2 = \frac{1}{522}(243\,750 - 1045 \cdot 2{,}0) = 463$ bzw. $s = \pm 21{,}5^{cc}$.

Zur Berechnung von p_i trägt man sodann in Spalte 5 die Klassengrenzen x_{gr} ein, bildet die Differenzen $(x_{gr} - \bar{x})$ und standardisiert diese mittels Division durch s (Spalte 6). Anschließend entnimmt man unserer Tab. 1 in § 48 – oder besser einer noch engeren Tabelle der aufsummierten Normalverteilung – die für die standardisierten Klassengrenzen geltenden Werte $G(u)$ und schreibt sie in Spalte 7. In Spalte 8 bildet man für jede Klasse die Differenz zwischen oberer und unterer Grenze und hat damit die theoretische Wahrscheinlichkeit p_i für das Auftreten der Zufallsgrößen in der Klasse p_i mit der Probe, daß $[p_i]_1^k$ sich zu 1 ergeben muß. Die Spalten 9, 10 und 11 bedürfen keiner Erläuterung. Doch sollen dabei die Werte np_i in Spalte 9 in den Randklassen nicht kleiner als 1 und in den übrigen Klassen nicht kleiner als 5 sein; andernfalls muß man die Klasseneinteilung ändern. In unserem Beispiel haben wir daher ab Spalte 5 die zu schwach besetzten beiden ersten Klassen zusammengefaßt, so daß statt ursprünglich $k = 14$ nur $k' = 13$ Klassen vorhanden sind.

Die Summe der Eintragungen in (11) ergibt das empirische χ^2 zu 5,87. Die Anzahl der Freiheitsgrade ist $f = k' - r - 1 = 13 - 2 - 1 = 10$. Anhand der Fraktilentabelle 5 in § 48.5 erkennt man, daß der empirisch gewonnene Wert $\chi^2 = 5{,}87$ kleiner ist als der tabellierte Wert $\chi^2_{10,80\%} = 6{,}18$, d. h. mit einer Wahrscheinlichkeit von 80% sind unter der gestellten Hypothese solche und noch größere Werte χ^2 zu erwarten. Man kann also die Abweichungen von der Normalverteilung keineswegs als signifikant ansehen, und die Hypothese, die Stichprobe sei normalverteilt, widerspricht nicht der Beobachtung. Sie wird also nicht abgelehnt.

49.6 Die Streuungszerlegung oder Varianzanalyse[29]

Wenn im Verlauf einer über längere Zeit sich hinziehenden Beobachtung einer Messungsgröße die Beobachtungsbedingungen (Temperatur, Luftdruck, Beleuchtung, aber auch Beobachter oder Instrument) wechseln, können systematische Unterschiede zwischen den unter jeweils konstanten Bedingungen beobachteten Gruppen auftreten, auch wenn a priori angenommen werden muß, daß die Beobachtungen in allen Gruppen normalverteilt sind und daß alle diese Normalverteilungen die gleiche, wenn auch unbekannte Varianz σ^2 besitzen.

Zur Untersuchung einer solchen Beobachtungsreihe ordne man die Einzelbeobachtungen $x_{i1}, x_{i2}, \ldots, x_{in_i}$ in k Gruppen oder Stichproben $(i = 1, 2, \ldots, k)$ mit den Umfängen $n_i = n_1, n_2, \ldots, n_k$, wobei $[n_i] = n$ ist. Die theoretischen Gruppenmittel oder Mittelwerte der Stichproben seien $\xi_1, \xi_2, \ldots, \xi_k$.

Um zu prüfen, ob diese Gruppenmittel signifikante Unterschiede aufweisen, geht man aus von der Hypothese $\xi_1 = \xi_2 = \cdots = \xi_k$. Falls

---

[29] Vgl. *Pfanzagl* [43] II, 8.10.

diese Hypothese richtig ist, entstammen alle diese Gruppen ein- und derselben Grundgesamtheit mit dem Erwartungswert ξ. Zum Aufstellen einer geeigneten Testgröße bilde man zunächst die k empirischen Gruppenmittel $\bar{x}_i$ und berechne als Schätzwert für den Erwartungswert oder wahren Wert ξ das empirische Gesamtmittel $\bar{\bar{x}}$. Dann ist, da der Ersatz von ξ durch $\bar{\bar{x}}$ die Zahl der Freiheitsgrade um 1 vermindert, nach § 48 (24) der standardisierte Ausdruck

$$\frac{1}{\sigma^2} \sum_{i=1}^{k} (\bar{x}_i - \bar{\bar{x}})^2 \cdot n_i \tag{13}$$

χ^2-verteilt mit $k - 1$ Freiheitsgraden.

Auch für die unbekannte Varianz σ^2 berechne man zunächst aus den x_{ij} jeder Gruppe ($j = 1, 2, \ldots, n_i$) Schätzwerte nach

$$s_i^2 = \frac{1}{n_i - 1} \sum_{j=1}^{n_i} (x_{ij} - \bar{x}_i)^2$$

und bilde dann aus den k Gruppen einen Mittelwert und standardisiere ihn. Dann ist der Ausdruck

$$\frac{1}{\sigma^2} \sum_{i=1}^{k} s_i^2 (n_i - 1) \tag{14}$$

χ^2-verteilt mit $n - k$ Freiheitsgraden.

Da nach § 48.5 $\bar{x}_i$ und s_i^2 stochastisch unabhängig sind und da beide Größen aus unabhängigen Stichproben stammen, ist nach § 48 (32) der Quotient aus den durch die zugehörigen Freiheitsgrade dividierten Ausdrücken (13) und (14), nämlich

$$\frac{\dfrac{1}{k-1} \sum\limits_{i=1}^{k} (\bar{x}_i - \bar{\bar{x}})^2 \, n_i}{\dfrac{1}{n-k} \sum\limits_{i=1}^{k} s_i^2 (n_i - 1)} = \frac{s_Z^2}{s_I^2} \tag{15}$$

F-verteilt mit $(k - 1, n - k)$ Freiheitsgraden. Dabei bezeichnet man den Zähler s_Z^2 als *Varianz zwischen den Gruppen* und den Nenner s_I^2 als *Varianz innerhalb der Gruppen*.

Die Behauptung, daß $s_Z^2 : s_I^2$ F-verteilt sei mit $(k - 1, n - k)$ Freiheitsgraden gilt unter der Voraussetzung, daß die Hypothese $\xi_1 = \xi_2 = \cdots = \xi_k$ zutrifft. Nun ist im Regelfall zu erwarten, daß das die äußere Genauigkeit repräsentierende s_Z^2 größer ist als das die innere Genauigkeit widerspiegelnde s_I^2; die Testgröße (15) hat dann die Tendenz, größer zu werden, als es der F-Verteilung entspräche. Man wird unsere Hypothese daher ablehnen, wenn die Testgröße (15) bzw. die ihr gleiche nachfolgende Testgröße (17) größer ist als die $v_{P\%}^{(k-1, n-k)}$-Fraktile der F-Verteilung.

Dieser Test heißt die *einfache Varianzanalyse* oder die *einfache Streuungszerlegung*, weil die Gesamt- oder Totalvarianz aller Stichproben

$$s_T^2 = \frac{1}{n-1} \sum_{i=1}^{k} \sum_{j=1}^{n_i} (x_{ij} - \overline{\overline{x}})^2 \qquad (16)$$

zerlegt wird in die Varianz innerhalb der Stichproben und die Varianz zwischen den Stichproben.

Für die numerische Rechnung bildet man (15) mit Hilfe von § 10 (6) und (8) um in

$$\frac{s_Z^2}{s_I^2} = \frac{n-k}{k-1} \cdot \frac{\sum\limits_{i=1}^{k} [x_{ij}]^2 : n_i - \frac{1}{n}\left(\sum\limits_{i=1}^{k} [x_{ij}]\right)^2}{\sum\limits_{i=1}^{k} [x_{ij}^2] - \sum\limits_{i=1}^{k} [x_{ij}]^2 : n_i}, \qquad (17)$$

wobei die Summen in den eckigen Klammern jeweils über $j=1$ bis $j=n_i$ zu nehmen sind. Zur Abrundung der Rechnung kann man noch die s_I^2 und s_Z^2 gemeinsam berücksichtigende totale Varianz (16) ermitteln. Wegen der Anordnung der Rechnung vergleiche das Zahlenbeispiel.

Unerwartete Abweichungen der Testgrößen (15) und (17) von der F-Verteilung können durch systematische Fehler hervorgerufen werden[30]. Um den Einfluß dieses Fehlers abzuschätzen, kann man davon ausgehen, daß jede Einzelbeobachtung zusammengesetzt ist aus dem wahren Wert ξ, dem innerhalb einer Gruppe i konstanten (systematischen) Summanden α_i und dem $(0, \sigma)$-normalverteilten zufälligen Fehler ε_{ij} zu

$$x_{ij} = \xi + \alpha_i + \varepsilon_{ij}.$$

Nun nehme man an, es sei die Zufallsgröße X unter allen möglichen Varianten des aus einer Messungsbedingung herrührenden systematischen Anteils α_i beobachtet worden. Dann wird α_i mit $(0, \sigma_\alpha)$ normalverteilt sein, so daß s_Z^2 abgeschätzt wird durch

$$s_Z^2 = s_I^2 + \frac{1}{k-1}\left(n - \frac{[n_i]^2}{n}\right)s_\alpha^2$$

oder im Falle $n_1 = \cdots = n_i \ldots n_k = n_\alpha$ durch

$$s_Z^2 = s_I^2 + n_\alpha s_\alpha^2 .$$

Die Varianz des wirksamen systematischen Fehlers ist dann

$$s_\alpha^2 = \frac{1}{n_\alpha}(s_Z^2 - s_I^2). \qquad (18)$$

---

[30] Vgl. *Torge, W.*: Untersuchungen zur Genauigkeit moderner Langstreckengravimeter, Ziff. 26. Hannover 1966.

Zahlenbeispiel zur Varianzanalyse. Durch optische Distanzmessung mit einem modernen Registriertachymeter haben 4 verschiedene Beobachter – *A, B, C* und *D* – eine Entfernung von etwa 140 m unter gleichen äußeren Umständen – also mit gleicher Varianz – bestimmt. Diese Messungsreihen sollen daraufhin untersucht werden, ob die Mittelwerte der verschiedenen Beobachter als übereinstimmend betrachtet werden können.

In der oberen Abteilung des Rechenschemas auf S. 382 sind die Beobachtungen, jeweils um 139 m reduziert, in Millimetern eingetragen.

In der unteren Abteilung enthalten die ersten 4 Spalten in

Zeile 1: Die Gruppensummen $[x_{ij}]$ der Beobachtungsgruppen,

Zeile 2: Die Anzahl n_i der Beobachtungen in jeder Gruppe,

Zeile 3: Die Gruppenmittel $\bar{x}_i = [x_{ij}] : n_i$,

Zeile 4 und 5: Die Ausdrücke $[x_{ij}]^2 : n_i$ und $[x_{ij}^2]$.

In der Σ-Spalte wird in den Zeilen 1, 2, 4, 5 der unteren Abteilung ebenso gerechnet wie in den 4 ersten Spalten. Die Eintragungen in der Σ-Spalte müssen dann in diesen Zeilen gleichzeitig die Quersumme der Eintragungen in den 4 ersten Spalten sein. In Zeile 3 der unteren Abteilung der Σ-Spalte steht das Gesamtmittel $\bar{\bar{x}}$; in Zeile 6 wird das Quadrat der in Zeile 1 stehenden Zahl dividiert durch n eingetragen.

Zum Bilden der Testgröße (17) liefert die Σ-Spalte

in Zeile 4 den 1. Ausdruck im Zähler und den 2. Ausdruck im Nenner,

in Zeile 5 den 1. Ausdruck im Nenner,

in Zeile 6 den 2. Ausdruck im Zähler.

Damit erhält man für unser Zahlenbeispiel

$$\frac{s_Z^2}{s_I^2} = \frac{172 - 4}{4 - 1} \cdot \frac{127\,419\,072 - 127\,386\,701}{127\,804\,808 - 127\,419\,072} = 4{,}70\,.$$

Einer Tafel der F-Verteilung (z. B. *Pfanzagl* II; genähert auch unserer Tab. 8 in § 48) entnimmt man bei Sicherheitswahrscheinlichkeiten von 95% und 99% mit $k - 1 = 3$ und $n - k = 168$

$$v_{95\%}^{(3,168)} = 2{,}67\,; \quad v_{99\%}^{(3,168)} = 3{,}93\,.$$

In beiden Fällen ist die Testgröße $s_Z^2 : s_I^2 > v_{P\%}^{(m,n)}$. Danach ist die Hypothese $\zeta_1 = \zeta_2 = \zeta_3 = \zeta_4$ mit den Irrtumswahrscheinlichkeiten 5% und 1% zu verwerfen. Bezogen auf die praktische Aufgabe bedeutet dies, daß die von den 4 Beobachtern mit dem Registriertachymeter ermittelten Strecken signifikante Unterschiede aufweisen, die offenbar mit der Person des jeweiligen Beobachters erklärt werden müssen. Die Abweichungen gegenüber dem Gesamtmittel sind zwar, da die Gruppenwerte aus durchschnittlich 43 Einzelbeobachtungen gemittelt sind, mit -20 mm, -5 mm $+13$ mm und $+12$ mm auf rund 140 m nicht groß; sie haben aber nach dem Ergebnis des Tests systematischen Charakter.

Zusatz. *Vergleich zweier Mittelwerte.* Zum Vergleich der Mittelwerte von nur zwei unabhängigen normalverteilten Stichproben mit gleicher Varianz spezialisiere man (15) für $k = 2$; dann erhält man die

Rechenschema zur Varianzanalyse

	$A = x_{1j}$	$B = x_{2j}$	$C = x_{3j}$	$D = x_{kj}$	Σ-Spalte
x_{i1}	932	783	914	963	3 592
x_{i2}	832	943	926	967	3 668
x_{i3}	837	853	928	976	3 594
.	765	885	886	836	3 372
.	880	780	915	777	3 352
.	835	753	761	801	3 150
	836	869	774	801	3 280
	822	859	839	872	3 392
	850	872	765	913	3 400
	866	845	882	899	3 492
	874	843	834	910	3 461
	860	902	862	885	3 509
	858	823	888	897	3 466
	840	923	953	911	3 627
	820	803	964	878	3 465
	869	907	886	873	3 535
	773	804	909	851	3 337
	851	897	873	873	3 494
	825	791	919	848	3 383
	834	956	834	894	3 518
	824	883	907	851	3 465
	846	798	820	826	3 290
	853	845	825	877	3 400
	870	784	869	835	3 358
	855	858	923	835	3 471
	804	848	892	972	3 516
	766	896	955	857	3 474
	778	861	839	995	3 476
	838	829	884	832	3 383
	829	846	903	842	3 420
	846	882	955	913	3 596
	810	843	760	899	3 312
	845	960	820	840	3 465
	841	774	864	914	3 393
	860	917	806	841	3 424
	840	904	866	870	3 480
	880	883	871	879	3 513
	897	857	921	790	3 465
	847	823	852	857	3 379
	811	849	908	874	3 442
	817	914		835	2 566
	845	810		832	2 487
.	811			811	1 622
.	896			922	1 818
.	824				824
x_{i,n_i}	899				899
$[x_{ij}]$	38 691	35 955	34 952	38 424	148 022
n_i	46	42	40	44	172
$\bar{x}_i = [x_{ij}] : n_i$	841	856	874	873	861
$[x_{ij}]^2 : n_i$	32 543 336	30 780 048	30 541 057	33 554 631	127 419 072
$[x_{ij}^2]$	32 595 871	30 886 297	30 656 318	33 666 322	127 804 808
				$\dfrac{1}{n}\left(\sum\limits_{i=1}^{k} [x_{ij}]\right)^2$	127 386 701

Testgröße

$$\frac{(\overline{x}_1 - \overline{\overline{x}})^2 n_1 + (\overline{x}_2 - \overline{\overline{x}})^2 n_2}{s^2} = \frac{(\overline{x}_1 - \overline{x}_2)^2}{s^2 \left(\dfrac{1}{n_1} + \dfrac{1}{n_2} \right)}, \tag{19}$$

die F-verteilt ist mit $(1, n-2)$ Freiheitsgraden.

Die Mittelwerte von zwei unabhängigen normalverteilten Stichproben $x_1, x_2, \ldots, x_{n_1}$ mit den Parametern (ξ, σ^2) und $y_1, y_2, \ldots, y_{n_2}$ mit (η, σ^2) lassen sich nach [43] Ziff. 8.7 (2) auch vergleichen über die Testgröße

diese ist mit

$$\left. \begin{array}{c} \dfrac{(\overline{x} - \overline{y}) - (\xi - \eta)}{s \sqrt{\dfrac{1}{n_1} + \dfrac{1}{n_2}}} ; \\[2em] s^2 = \dfrac{s_1^2(n_1 - 1) + s_2^2(n_2 - 1)}{n_1 + n_2 - 2}, \end{array} \right\} \tag{20}$$

also einem gemittelten s^2, t-verteilt mit $(n_1 + n_2 - 2)$ Freiheitsgraden. Wenn man nun die in (19) rechts stehende Größe radiziert und mit (20) die Hypothese $\xi = \eta$ prüft, so sind beide Tests, da das Quadrat einer t-verteilten Größe mit f-Freiheitsgraden F-verteilt ist mit $(1, f)$ Freiheitsgraden, identisch. Die Varianzanalyse leistet also für k Stichproben das gleiche wie der t-Test für 2 Stichproben.

49.7 Prüfen von Abhängigkeiten (Regression und Korrelation)

a) Regression. Wenn von zwei normalverteilten Zufallsveränderlichen eine, die wir X nennen, unabhängig ist oder frei gewählt werden kann, während die andere Y von ihr abhängig ist, so bezeichnet man dieses Verhältnis als Regression. Das Abhängigkeitsgesetz wird durch die Regressionsgleichung wiedergegeben, deren – empirische – Bestimmung in der Regel identisch ist mit der im § 46 behandelten Bestimmung einer ausgleichenden Funktion. Beschränkt man sich auf einfache lineare Abhängigkeit, so ist die Gleichung der theoretischen Regressionsgeraden

$$\eta = \alpha + \beta X . \tag{21}$$

Diese wird abgeschätzt durch die empirische Regressionsgerade

$$y = a + bx , \tag{22}$$

für die die Konstanten a und b durch eine Ausgleichung nach § 46.1 ermittelt werden. Die Konstante

$$b = \frac{[(x_i - \overline{x})(y_i - \overline{y})]}{[(x_i - \overline{x})^2]} \tag{23}$$

ist der empirische *Regressionskoeffizient*. Er liefert eine Zahl als Maß der Abhängigkeit.

Ist Y die unabhängige, X die abhängige Veränderliche, so ist die empirische Regressionsgerade

$$x = c + dy \tag{24}$$

und der empirische Regressionskoeffizient

$$d = \frac{[(x_i - \bar{x})(y_i - \bar{y})]}{[(y_i - \bar{y})^2]}. \tag{25}$$

b) Korrelation. Sind die beiden Zufallsveränderlichen auf Grund der Beobachtungsbedingungen gegenseitig nach (22) und (24) voneinander abhängig, so sind sie korreliert. Einen Zahlenwert für das Ausmaß der Abhängigkeit liefert mit § 47 (11) der theoretische Korrelationskoeffizient

$$\varrho = \frac{E((X - \xi)(Y - \eta))}{+\sqrt{E(X - \xi)^2 \, E(Y - \eta)^2}} = \frac{\sigma_{xy}}{\sqrt{\sigma_x^2 \sigma_y^2}} \tag{26}$$

bzw. sein aus (23) und (25) als geometrisches Mittel folgender Schätzwert

$$r = \frac{[(x_i - \bar{x})(y_i - \bar{y})]}{\sqrt{[(x_i - \bar{x})^2][(y_i - \bar{y})^2]}} = \frac{[v_x v_y]}{\sqrt{[v_x^2][v_y^2]}} = \frac{s_{xy}}{\sqrt{s_x^2 s_y^2}}. \tag{27}$$

Hierin sind s_x^2 und s_y^2 die aus $x_1, x_2, ..., x_n$ bzw. $y_1, y_2, ..., y_n$ zu berechnenden Varianzen, und s_{xy} ist die bereits in § 6 eingeführte Kovarianz; der mittlere Quotient in (27) ist durch § 3 (4) erklärt. r ist ein Maß für die Straffheit der Beziehungen. Bei $r = 1$ fallen die Regressionsgeraden zusammen; also besteht ein straffer funktionaler Zusammenhang. Bei $r = 0$ stehen die Regressionsgeraden aufeinander senkrecht und verlaufen damit parallel zu den Koordinatenachsen; dann sind x und y unabhängig voneinander. $r < 0{,}40$ gilt als sehr loser, $r > 0{,}85$ als ziemlich enger Zusammenhang.

r ist nach *von der Waerden* [*44*], S. 311, normal verteilt nach $(\varrho, (1 - \varrho^2) : \sqrt{n - 1})$. ϱ läßt sich jedoch aus (27) nicht errechnen. Man benutzt daher nach *Pfanzagl* II [*43*], Ziff. 9.7, die Variable

$$z = \frac{1}{2} \ln \frac{1 + r}{1 - r}. \tag{28}$$

Diese ist auch für kleine n annähernd normalverteilt mit dem Mittelwert ζ und der Varianz σ_ζ^2, die man erhält aus

$$\zeta = \frac{1}{2} \ln \frac{1 + \varrho}{1 - \varrho} + \frac{\varrho}{2(n - 1)} \quad \text{und} \quad \sigma_\zeta^2 = \frac{1}{n - 3}. \tag{29, 30}$$

Eine Tafel für die Umrechnung von r in z und z in r findet sich in *Pfanzagl* II [*43*], S. 298. Weil aber z annähernd normalverteilt ist, wird mit (30) der Vertrauensbereich für ζ bei $P\%$-Sicherheitswahrscheinlichkeit beschrieben durch

$$z - \frac{\lambda_{P\%}}{\sqrt{n-3}} < \zeta < z + \frac{\lambda_{P\%}}{\sqrt{n-3}}, \qquad (31)$$

wobei man $\lambda_{P\%}$ aus § 47, Tab. 2, entnimmt und, um aus dem Vertrauensbereich für ζ den für ϱ zu gewinnen, mittels der oben genannten Pfanzagl-Tafel von den Zahlenwerten der Grenzen $z \pm \lambda_{P\%} : \sqrt{n-3}$ auf die von r übergeht.

Zur Ableitung eines Signifikanztestes über die Hypothese $\varrho = \varrho_0$, bringt man (31) analog § 48 (13) und (14) in die Form

$$-\frac{\lambda_{P\%}}{\sqrt{n-3}} < z - \zeta < \frac{\lambda_{P\%}}{\sqrt{n-3}}.$$

Soll nun z. B. die Unabhängigkeit der Regressionsgeraden (21) und (22) geprüft werden, so wählt man die Hypothese $\varrho = 0$. Im Falle $\varrho = 0$ ist nach (29) auch $\zeta = 0$. Dadurch geht die vorige Gleichung über in

$$|z| < \frac{\lambda_{P\%}}{\sqrt{n-3}}. \qquad (32)$$

Mithin ist die Hypothese $\zeta = 0$ abzulehnen, wenn die

$$|z| > \frac{\lambda_{P\%}}{\sqrt{n-3}} \qquad (33)$$

ist. Zum Übergang auf die Hypothese $\varrho_0 = 0$ hat man links lediglich $|z|$ durch $|r|$ zu ersetzen; gleichzeitig geht man mit dem Zahlenwert der rechten Seite von (33) in die untere Abteilung der Pfanzagl-Tafel ($z \to r$) ein und entnimmt ihr den Wert, der mit $|r|$ zu vergleichen ist.

Zahlenbeispiel. In § 43, Aufgabe 36a, ergab sich nach je 13 Beobachtungen der Differenzen zwischen nivellitischen und trigonometrischen Höhenunterschieden aus den Serien

(1) und (2) der Korrelationskoeffizient $r_{12} = 0{,}96$

(2) und (3) der Korrelationskoeffizient $r_{23} = 0{,}88$.

Zum Bestimmen der Vertrauensbereiche für die Korrelationskoeffizienten nach (31) entnehme man der Tabelle zur Umrechnung $r \to z$ (*Pfanzagl* II, S. 298, obere Abteilung), $z_{12} = 1{,}95$ und $z_{23} = 1{,}38$. Bei 99% Sicherheitswahrscheinlichkeit ist nach § 48, Tab. 2, $\lambda_{99\%} = 2{,}58$; ferner ist $n - 3 = 13 - 3 = 10$ und demnach $2{,}58/\sqrt{10} = 0{,}81$. Damit lautet (31)

für r_{12} für r_{23}

$1{,}95 - 0{,}81 < \zeta_{12} < 1{,}95 + 0{,}81$ $1{,}38 - 0{,}81 < \zeta_{23} < 1{,}38 + 0{,}81$

oder $1{,}43 < \zeta_{12} < 2{,}76$ oder $0{,}57 < \zeta_{23} < 2{,}19$

Hieraus folgt aus der unteren Abteilung der obigen Tabelle für den Übergang $z \to r$

$0{,}82 < r_{12} < 0{,}99$ $0{,}51 < r_{12} < 0{,}98$

Entsprechend erhält man für die Sicherheitswahrscheinlichkeiten

$W = 95\%$: $0{,}87 < r_{12} < 0{,}99$ $0{,}64 < r_{23} < 0{,}96$

$W = 68{,}3\%$: $0{,}92 < r_{12} < 0{,}98$ $0{,}78 < r_{23} < 0{,}93$.

Selbst die engen Vertrauensgrenzen bei $W = 68,3\%$ sind also beide Male nicht überschritten worden. In diese Grenzen würde sogar auch das arithmetische Mittel von r_{12} und r_{23}, nämlich 0,92, hineinpassen. Der Unsicherheitsbereich der Korrelationskoeffizienten beschränkt sich daher auf den beiderseits von r durch die einfache Standardabweichung beschriebenen Raum.

49.8 Zur Anwendung der statistischen Verfahren auf auf geodätische Beobachtungen

Die statistischen Theorien und Verfahren vermitteln tiefere Einblicke in die Vorgänge beim Messungsprozeß und in die Verteilung der verschiedenen Arten von Beobachtungsfehlern als die klassische Fehlertheorie. Bereits durch die saubere Trennung der Parameter der jeweiligen Grundgesamtheit von denen der Stichproben oder, wie es hier ausgedrückt wurde, der theoretischen von den empirischen Parametern, sind die mathematischen Grundlagen der Fehlertheorie durchsichtiger geworden. Vor allem wird durch das Einführen der t-Verteilung in die Vermessungspraxis der vielfach geübten Vermischung von theoretischen und empirischen Größen sowohl bei der Bewertung der Fehler- oder Toleranzgrenzen, als auch bei der Beurteilung der erzielten Messungsgenauigkeiten Einhalt geboten werden.

Mit den statistischen Verfahren lassen sich ferner grobe, systematische und vor allem gruppenweise konstante Fehler sicherer nachweisen als mit Hilfe der Zufallskriterien. Das gleiche gilt auch für den Nachweis von Abhängigkeiten. Es lassen sich aber auch die Verteilungen der Beobachtungen prüfen und die Abweichungen von der Normalverteilung quantitativ und qualitativ feststellen.

Schließlich können mit statistischen Mitteln Vertrauensgrenzen für die theoretischen Werte der Beobachtungen und die aus ihnen abgeleiteten Größen aufgestellt und Hypothesen über die theoretischen Werte getestet werden.

Etwas problematisch ist einstweilen noch die Wahl des Prozentsatzes der Sicherheitswahrscheinlichkeit, weil man, wie die Beispiele zu § 49.2 und § 49.3 zeigen, mit einem anderen Prozentsatz unter Umständen entgegengesetzte Testergebnisse erhält. Die darin liegende Unsicherheit wird erst mit zunehmender Erfahrung überwunden werden können.

Überhaupt dürfen die statistischen Verfahren nicht unbesehen auf geodätische Beobachtungen angewandt werden. Zuverlässig sind sie nach *J. Böhm* erst für größere Kollektive, insbesondere, wenn auch die Genauigkeit des Meßverfahrens bekannt ist. Für kleinere Kollektive eignet die statistische Methode sich weniger, zumal, wenn deren Standardabweichung aus spärlichen überschüssigen Beobachtungen geschätzt werden muß.

Eine Gefahr auf dem Gebiet der Fehlertheorie liegt nach *J. Böhm* aber auch im Verallgemeinern bestimmter Lehrsätze. Diese dürfen nur dann übernommen werden, wenn ihre Aussagen mit den Bedingungen und dem Wesen der Meßmethoden und mit den Erfahrungen geübter Beobachter im Einklang stehen.

Die Frage, welche Verfahren der mathematischen Statistik auf die Fehlertheorie angewandt werden können und wie sie gegebenenfalls modifiziert werden müssen, ist in der geodätischen Fachliteratur, insbesondere im letzten Jahrzehnt lebhaft diskutiert worden. In den deutschsprachigen Zeitschriften hat das vor allem *J. Böhm,* der Herausgeber des Lehrbuches [*41*], getan und zwar besonders umfangreich in der Zeitschrift „Vermessungstechnik"[31], aber auch in der Z. Vermessungsw.[32]. *E. Gotthardt* schrieb eine Anzahl von Aufsätzen in der Z. Vermessungsw.[33] und wird in Kürze ein Lehrbuch [*50*] herausgeben. *H. Wolf* hat der mathematischen Statistik mehrere Aufsätze[34] sowie den 41. und 42. Abschnitt seines Lehrbuches [*47*] gewidmet. Andere Autoren haben sich Einzelproblemen zugewandt[35], vgl. auch die Fußnoten zu §§ 47 bis 49 und die Literaturhinweise zu § 43.1 über die Behandlung korrelierter Beobachtungen. Die Entwicklung ist noch keineswegs abgeschlossen.

[31] Zahlreiche Einzelbeiträge in den Jahrgängen seit 1958 sowie eine systematische Zusammenfassung in der Aufsatzfolge „Wahrscheinlichkeitsrechnung und mathematische Statistik in der Geodäsie" in den Jahrgängen 1967 und 1968.

[32] Statistische Prüfung von Meßergebnissen auf Normalverteilung, Jahrgang 1965, S. 83; Theorie der gesamten Fehler, Jahrgang 1967, S. 81; Die Messungsfehler und die statistischen Reihen, Jahrgang 1967, S. 225.

[33] Sind Messungswidersprüche ein Maß für die Meßgenauigkeit. Jahrgang 1950, S. 225; Zur Analyse von Fehlerreihen, Jahrgang 1952, S. 367; Mittlere Fehler und Vertrauensbereich, Jahrgang 1962, S. 374.

[34] Zur Anwendung von Verfahren der mathematischen Statistik in der Vermessungstechnik. Z. Vermessungsw. **1964**, 376; – Die Beurteilung der äußeren und inneren Meßgenauigkeit als ein statistisches Problem. Acta Geodaet., Geophys. et Montanist. Acad. Sci. Hung. Tomus. I (1—2) pp. 215—223 (1966).

[35] *Eberl, W.:* Die Ausgleichung vermittelnder Beobachtungen im Rahmen der mathematischen Statistik. Österr. Z. Vermessungsw. **1959**, 73. — *Meissl, P.:* Die Ausgleichung bedingter Beobachtungen im Rahmen der mathematischen Statistik. Österr. Z. Vermessungsw. **1960**, 17. — *Schildheuer, E.:* Zur Anwendung von Zeichentesten. Z. Vermessungsw. **1963**, 79. — *Moritz, H.:* Statistische Methoden in der gravimetrischen Geodäsie. Z. Vermessungsw. **1963**, 409. — *Torge, W.:* Trennung zufälliger und systematischer Fehler bei einem Wattennivellement. Z. Vermessungsw. **1965**, 54. — *Schildheuer, E.:* Zur Ermittlung systematisch wirkender Ursachen. Vermessungstechnik **1966**, 470.

VII. Anwendungen der Matrizenrechnung auf die Ausgleichsrechnung

§ 50. Grundregeln der Matrizenrechnung

Die Matrizenrechnung ist eine mathematische Disziplin mit der Aufgabe, umfangreiche numerische Probleme übersichtlich darzustellen. Sie ist aber keineswegs nur eine Stenographie der Formeln, sondern ihre Gesetze erlauben auch spezielle Matrizenlösungen, und ihre Sprache ermöglicht eine klare Interpretation komplizierter Rechenvorgänge[1].

50.1 Definition und Bezeichnungen

50.11 Die Matrix ist ein System von $m \cdot n$ Größen, die in einem rechteckigen Schema von m Zeilen und n Spalten angeordnet sind. Besteht eine Matrix aus nur einer Spalte, so heißt sie Vektor (= Spaltenvektor). Die Matrix ist keine Größe im elementaren Sinne (wie etwa die Determinante, die man ausrechnen kann), sondern ein Symbol für ein System von elementaren Größen.

50.12 Zur Kennzeichnung der Matrizen benutzen wir den Doppelstrich, weil er im Rechenschema die Matrizen auffällig gegeneinander abgrenzt. Als Symbole schreiben wir für die Matrizen große lateinische Buchstaben, für die Vektoren kleine lateinische Buchstaben, beide als halbfette Typen. Wo es das Verständnis fördert, werden unter die Buchstaben noch die Dimensionen oder sinnfällige Zeichen für die besondere Art der Matrix gesetzt.

50.13 Spezielle Matrizen. Hat eine Matrix gleich viele Zeilen und Spalten ($m = n$), so heißt sie quadratisch von der n-ten Ordnung. So ist z. B. die Matrix A von der 3. Ordnung. Die Elemente a_{11}, a_{22}, a_{33} bilden die Hauptdiagonale. Eine quadratische Matrix A heißt symmetrisch,

---

[1] Lit.-Verz. [27, 29, 30, 31]; ferner *Zurmühl, R.*: Matrizen, 5. Aufl. Berlin-Göttingen-Heidelberg: Springer 1965. — *Gotthardt, E.*: Ableitung der Grundformeln der Ausgleichungsrechnung mit Hilfe der Matrizenrechnung. Deutsche Geod. Komm., Reihe A, Heft 4. — *Jensen, H.*: Herleitung einiger Ergebnisse der Ausgleichsrechnung mit Hilfe von Matrizen. Geod. Inst. Meddelelse Nr. 13, Kopenhagen 1938. — *Jensen, H.*: An attempt at a systematic classification of some methods for the solution of normal equations. Geod. Inst. Meddelelse, Nr. 18, Kopenhagen 1944.

wenn $a_{12} = a_{21}$, $a_{13} = a_{31}$ und $a_{23} = a_{32}$ ist.

$$\begin{Vmatrix} a_{11} & a_{12} & a_{13} \\ a_{21} & a_{22} & a_{23} \\ a_{31} & a_{32} & a_{33} \end{Vmatrix} = A_{\substack{3,3 \\ \square}}$$

Quadratische Matrizen, deren Elemente oberhalb oder unterhalb der Hauptdiagonale sämtlich Null sind, heißen dreieckig; B ist eine „obere" Dreiecksmatrix 3. Ordnung.

$$\begin{Vmatrix} b_{11} & b_{12} & b_{13} \\ 0 & b_{22} & b_{23} \\ 0 & 0 & b_{33} \end{Vmatrix} = B_{\substack{3,3 \\ \triangledown}}.$$

Eine quadratische Matrix, deren Elemente oberhalb und unterhalb der Hauptdiagonale sämtlich Null sind, heißt Diagonalmatrix.

$$\begin{Vmatrix} p_{11} & 0 & 0 \\ 0 & p_{22} & 0 \\ 0 & 0 & p_{33} \end{Vmatrix} = P_{3,3}.$$

Die Matrix, bei der die Elemente in der Hauptdiagonale sämtlich 1, alle übrigen aber 0 sind, heißt Einheitsmatrix und wird mit E bezeichnet.

$$\begin{Vmatrix} 1 & 0 & 0 \\ 0 & 1 & 0 \\ 0 & 0 & 1 \end{Vmatrix} = E.$$

Eine Matrix, deren Elemente sämtlich gleich Null sind, heißt Nullmatrix. Sie wird mit $\mathbf{0}$ bezeichnet[2].

$$\begin{Vmatrix} 0 & 0 & 0 \\ 0 & 0 & 0 \\ 0 & 0 & 0 \end{Vmatrix} = \mathbf{0}.$$

50.14 Transponierte Matrizen. Durch Vertauschen der Zeilen und Spalten von C entsteht die transponierte oder gespiegelte Matrix C^*.

$$\begin{Vmatrix} 9 & -1 \\ 2 & -3 \\ -5 & 8 \end{Vmatrix} = C. \qquad C^* = \begin{Vmatrix} 9 & 2 & -5 \\ -1 & -3 & 8 \end{Vmatrix}.$$

Durch Transponieren des (Spalten-) Vektors x entsteht der Zeilenvektor x^*.

$$\begin{Vmatrix} x_1 \\ x_2 \\ \vdots \\ x_n \end{Vmatrix} = x. \qquad x^* = \begin{Vmatrix} x_1 x_2 \dots x_n \end{Vmatrix}.$$

---

[2] Ein Nullvektor müßte bei konsequenter Bezeichnungsweise mit einer kleineren halbfetten Null bezeichnet werden. Wir unterlassen das aus typographischen Gründen.

In der Ausgleichsrechnung ist es meistens von Vorteil, eine rechteckige Matrix mit mehr Spalten als Zeilen von vornherein als Transponierte anzusehen.

50.2 Rechenoperationen mit Matrizen

50.21 Zwei Matrizen sind gleich, wenn sie gleiche Dimensionen haben und die entsprechenden (= homologen) Elemente gleich sind.

$$\begin{Vmatrix} a_1 & b_1 & c_1 \\ a_2 & b_2 & c_2 \end{Vmatrix} = \begin{Vmatrix} 4 & -2 & 5 \\ 0 & 6 & 1 \end{Vmatrix}$$ bedeutet, daß $a_1 = 4$,
$$b_1 = -2 \text{ usw. ist.}$$

50.22 Bei Multiplikation (Division) mit einem Skalar ist jedes Element der Matrix mit dem Skalar zu multiplizieren (dividieren).

$$3 \cdot \begin{Vmatrix} 1 & -2 & 3 \\ 0 & -3 & -1 \end{Vmatrix} = \begin{Vmatrix} 3 & -6 & 9 \\ 0 & -9 & -3 \end{Vmatrix}$$

50.23 Die Summe (Differenz) zweier Matrizen von gleicher Dimension ist eine Matrix derselben Dimension, bei der jedes Element die Summe (Differenz) der entsprechenden Elemente der gegebenen Matrizen ist.

$$\begin{Vmatrix} 7 & 2 & 6 \\ -4 & -1 & 9 \end{Vmatrix} + \begin{Vmatrix} -1 & 0 & 0 \\ 4 & 5 & -6 \end{Vmatrix} = \begin{Vmatrix} 6 & 2 & 6 \\ 0 & 4 & 3 \end{Vmatrix}.$$

Addition und Subtraktion sind kommutativ und assoziativ:

$$A + B = B + A ; \quad A + B - C = (A + B) - C = A + (B - C).$$

50.24 Das Matrizenprodukt AB ist eine neue Matrix C, bei der ein Element c_{ik} sich ergibt, indem man die Elemente der i-ten Zeile von A mit den entsprechenden Elementen der k-ten Spalte von B multipliziert und die Produkte addiert. In Formeln:

$$a_{i1} \cdot b_{1k} + a_{i2} \cdot b_{2k} + \cdots + a_{in} \cdot b_{nk} = c_{ik}.$$

Die Multiplikation zweier Matrizen ist daher nur möglich, wenn die Zeilen des ersten Faktors und die Spalten des zweiten Faktors gleich lang sind, d. h. gleich viel Elemente enthalten. Das Produkt hat so viel Zeilen wie der erste Faktor und so viel Spalten wie der zweite Faktor. Zum Beispiel:

$$A \cdot B = C ; \quad \begin{matrix} A = \\ \begin{Vmatrix} 5 & 0 \\ 3 & 1 \\ 4 & 2 \end{Vmatrix} \end{matrix} \quad \begin{matrix} B = \\ \begin{matrix} 4 & 0 & -2 & 0 \\ -1 & 5 & -3 & 1 \end{matrix} \end{matrix} \quad \begin{matrix} C = \\ \begin{Vmatrix} 20 & 0 & -10 & 0 \\ 11 & 5 & -9 & 1 \\ 14 & 10 & -14 & 2 \end{Vmatrix} \end{matrix}.$$

$$\underset{m,n \ \ n,p \ \ \ \ m,p}{}$$

Die Multiplikation ist algebraisch gesehen eine lineare Substitution. Aus $y = A x$ und $x = B z$ erhält man $y = A B z$.

Die Multiplikation ist nicht kommutativ. Neben AB ist BA nur möglich, wenn B die gleiche Dimension hat wie $A*$; jedoch ist dann $B \cdot A$ nicht gleich $A \cdot B$. Es ist z. B.:

$$\begin{Vmatrix} 1 \\ 2 \\ 3 \end{Vmatrix} \cdot \begin{Vmatrix} 4 & 5 & 6 \end{Vmatrix} = \begin{Vmatrix} 4 & 5 & 6 \\ 8 & 10 & 12 \\ 12 & 15 & 18 \end{Vmatrix}; \quad \text{aber} \quad \begin{Vmatrix} 4 & 5 & 6 \end{Vmatrix} \cdot \begin{Vmatrix} 1 \\ 2 \\ 3 \end{Vmatrix} = 32.$$

Es muß daher eindeutig angegeben werden, ob ein Faktor voran- oder nachgestellt wird. Man sagt: Linksmultiplizieren des Matrizenausdrucks $A*PA$ mit D gibt $D \cdot A*PA$ und Rechtsmultiplizieren mit D gibt $A*PA \cdot D$.

Die Multiplikation ist assoziativ:

$$\underset{m,n \ \ n,r \ \ r,p}{A \cdot B \cdot C} = \underset{m,r \ \ \ \ r,p}{(A \cdot B) \cdot C} = \underset{m,n \ \ \ \ n,p}{A (B \cdot C)} = \underset{m,p}{D}.$$

Die Multiplikation ist auch distributiv:

$$A \cdot (B + C) = A \cdot B + A \cdot C \quad \text{und} \quad (A + B) \cdot C = A \cdot C + B \cdot C.$$

Die Matrizenmultiplikation ist die bedeutungsvollste Grundoperation der Matrizenrechnung, weil nahezu alle numerisch auszuführenden Rechenvorgänge darauf zurückgehen. Der Leser muß sie daher solange üben, bis er sie beherrscht. Er muß ferner einem zusammengesetzten Produkt auf den ersten Blick ansehen können, was es letzten Endes darstellt und wie die Rechnung am zweckmäßigsten auszuführen ist.

Zahlenbeispiele. Gegeben sind

$$a = \begin{Vmatrix} 1 \\ -2 \\ 3 \end{Vmatrix}; \quad b = \begin{Vmatrix} 4 \\ 0 \\ -5 \end{Vmatrix}; \quad C = \begin{Vmatrix} 6 & 2 \\ -1 & 0 \\ 0 & 5 \end{Vmatrix}; \quad D = \begin{Vmatrix} 3 & 0 \\ -1 & -4 \\ 0 & 5 \end{Vmatrix}; \quad P = \begin{Vmatrix} 2 & & \\ & 1 & \\ & & 3 \end{Vmatrix}.$$

Mit diesen Stücken rechne man folgende Aufgaben nach:

1. $a*b = 1 \cdot 4 - 2 \cdot 0 + 3 \cdot (-5) = -11$;

2. $PC = \begin{Vmatrix} 12 & 4 \\ -1 & 0 \\ 0 & 15 \end{Vmatrix}$;   3. $C*D = \begin{Vmatrix} 19 & 4 \\ 6 & 25 \end{Vmatrix}$;

4. $\underset{2,3 \ \ 3,1}{D* a} + \underset{2,3 \ \ 3,1}{C* b} = \begin{Vmatrix} 5 \\ 23 \end{Vmatrix} + \begin{Vmatrix} 24 \\ -17 \end{Vmatrix} = \begin{Vmatrix} 29 \\ 6 \end{Vmatrix}$;

5. $D* a + D* b = \begin{Vmatrix} 5 \\ 23 \end{Vmatrix} + \begin{Vmatrix} 12 \\ -25 \end{Vmatrix} = \begin{Vmatrix} 17 \\ -2 \end{Vmatrix}$ oder

6. $D* (a + b) = D* \cdot \begin{Vmatrix} 5 \\ -2 \\ -2 \end{Vmatrix} = \begin{Vmatrix} 17 \\ -2 \end{Vmatrix}$.

50.3 Sonderfälle und Anwendungen der Multiplikationsregel

50.31 Links- oder Rechtsmultiplikation mit der Einheitsmatrix läßt den Wert einer Matrix ungeändert. E vertritt bei den Matrizen die 1 der Skalare: $EA = AE = A$.

Links-(Rechts-)multiplikation mit einer Diagonalmatrix führt zur Multiplikation der Zeilen (Spalten) mit dem entsprechenden Diagonalelement.

$$\begin{Vmatrix} 3 & & \\ & 4 & \\ & & 1 \end{Vmatrix} \cdot \begin{Vmatrix} 2 & -1 \\ 1 & 2 \\ -9 & 8 \end{Vmatrix} = \begin{Vmatrix} 6 & -3 \\ 4 & 8 \\ -9 & 8 \end{Vmatrix}; \quad \begin{Vmatrix} 2 & -1 \\ 1 & 2 \\ -9 & 8 \end{Vmatrix} \cdot \begin{Vmatrix} 3 & \\ & 4 \end{Vmatrix} = \begin{Vmatrix} 6 & -4 \\ 3 & 8 \\ -27 & 32 \end{Vmatrix}.$$

50.32 Multiplikation mit der Transponierten. Produkte von der Form A^*A oder, wenn P eine symmetrische Matrix ist, von der Form A^*PA ergeben symmetrische Matrizen. Zum Beispiel ist

$$A^* = \qquad\qquad A = \qquad\qquad A^*A =$$

$$\begin{Vmatrix} a_1 & a_2 & a_3 \\ b_1 & b_2 & b_3 \\ c_1 & c_2 & c_3 \end{Vmatrix} \cdot \begin{Vmatrix} a_1 & b_1 & c_1 \\ a_2 & b_2 & c_2 \\ a_3 & b_3 & c_3 \end{Vmatrix} = \begin{Vmatrix} [a\ a] & [a\ b] & [a\ c] \\ [a\ b] & [b\ b] & [b\ c] \\ [a\ c] & [b\ c] & [c\ c] \end{Vmatrix}.$$

Beachte ferner:

$$v^*v = \begin{Vmatrix} v_1 & v_2 \ldots v_n \end{Vmatrix} \cdot \begin{Vmatrix} v_1 \\ v_2 \\ \cdot \\ v_n \end{Vmatrix} = [v\ v].$$

Zahlenbeispiel

$$a = \begin{Vmatrix} 1 \\ -2 \\ 3 \end{Vmatrix} \qquad P = \begin{Vmatrix} 2 & & \\ & 1 & \\ & & 3 \end{Vmatrix}; \quad a^*Pa = a^* \cdot \begin{Vmatrix} 2 \\ -2 \\ 9 \end{Vmatrix} = 33.$$

50.33 Die Transponierte eines zusammengesetzten Matrizenproduktes ist ein Ausdruck, in dem die Faktoren transponiert in umgekehrter Reihenfolge auftreten.

$$(ABC)^* \quad = C^*B^*A^*.$$

50.34 Matrizenprodukte, die einen Skalar ergeben. Wenn in einem zusammengesetzten Matrizenprodukt der erste Faktor ein Zeilenvektor und der letzte ein Spaltenvektor ist, so stellt dieser Ausdruck einen Skalar dar. Man kann ihn transponieren, ohne damit seinen Wert zu ändern. Also gilt, wenn P eine Diagonalmatrix ist,

$$a^*BPC^*d = f = d^*CPB^*a.$$

50.35 Matrizenprodukte von der Form A^*B. Bei der Multiplikation größerer Matrizen ist es sehr lästig, daß die Faktoren aus Zeilen des ersten und Spalten des zweiten Faktors zusammengesucht werden müssen. Man sucht daher möglichst die Rechenformeln letztgültig so zu gestalten, daß der Ausdruck, der zahlenmäßig auszuwerten ist, die Form $A*B$ erhält. Wenn dann im Rechenblatt A und B niedergeschrieben sind, hat man für das Produkt $A*B$ Spalten von A mit Spalten von B zu kombinieren, was die Rechensicherheit wesentlich erhöht. Bei umfangreichen Systemen hat man noch die Möglichkeit, das Blatt an den Spalten entlang zu falten und so die zu kombinierenden Spalten direkt nebeneinander zu legen[3].

50.36 Summenproben zur laufenden Verprobung der Rechnung bekommt man mit Hilfe des linksstehenden Vektors e, den wir als *Einsvektor* bezeichnen. Er ist wohl zu unterscheiden von den rechts vermerkten *Einheitsvektoren* des n-dimensionalen Raumes für die n Grundvektoren der Länge 1.

$$e = \begin{Vmatrix} 1 \\ 1 \\ \vdots \\ \vdots \\ 1 \end{Vmatrix} \;; \qquad \begin{Vmatrix} 1 \\ 0 \\ \vdots \\ 0 \\ 0 \end{Vmatrix} \quad \text{bzw.} \quad \begin{Vmatrix} 0 \\ 1 \\ \vdots \\ 0 \\ 0 \end{Vmatrix} \quad \text{usw.}$$

Insbesondere ist

$$\underset{m,n\ n,1}{A \cdot e} = \underset{m,1}{Ae} \qquad \text{die Summenspalte von } A \,,$$

$$\underset{1,m\ m,n}{e^* \cdot A} = \underset{1,n}{e^*A} \qquad \text{die Summenzeile von } A \,.$$

Das Produkt $\underset{m,n\ n,p}{A \cdot B} = \underset{m,p}{C}$ wird beispielsweise geprobt, indem die Summenspalte Be in die Multiplikation einbezogen wird. Man erhält $A \cdot (Be)$ als Probespalte, die wegen Identität mit Ce die Zeilensummen des Produkts enthalten muß.

Zahlenbeispiele.

1. Man verprobt das Produkt $G*PG$, indem man rechnerisch prüft, ob

$$G^* \cdot PGe = G^*PG \cdot e$$

ist.

P	G	PG	PGe	G*PG	G* · PGe
2	4 −1 2	8 −2 4	10	32 −8 16	40
1	3 −1	3 −1	2	−8 11 −7	−4
3	4	12	12	16 −7 57	66

Wenn Matrizengleichungen zugleich Rechenanweisungen sind, muß bei einem mehrfachen Produkt erkennbar sein, welche Multiplikation ausgeführt werden soll. Dafür kann man Klammern oder einen Punkt verwenden. Die Verprobungsgleichung für das obige

---

[3] Weil Produkte dieser Art in der Ausgleichsrechnung häufig sind, verwendet *Banachiewicz* eine Multiplikationsregel, bei der Spalten mit Spalten kombiniert werden. Die dieser Regel folgenden Matrizen nennt er Krakowianen.

Beispiel läßt sich also folgendermaßen ausdrücken:

$$G^*(PGe) = (G^*PG)e$$

oder

$$G^* \cdot PGe = G^*PG \cdot e.$$

Wir werden uns in der Hauptsache des Punktes bedienen.

2. Die Verprobung des Zahlenbeispiels zu § 50.24 gestaltet sich, wenn dabei gleichzeitig eine für die Multiplikation kleinerer Matrizen zweckmäßige Anordnung vorgeführt wird, folgendermaßen:

$$A \cdot Be = C \cdot e$$

$$\|B\|Be\| = \left\|\begin{array}{rrrr} 4 & 0 & -2 & 0 \end{array}\right\|\left\|\begin{array}{r} 2 \end{array}\right\|$$
$$\left\|\begin{array}{rrrr} -1 & 5 & -3 & 1 \end{array}\right\|\left\|\begin{array}{r} 2 \end{array}\right\|$$

$$\|A\|C\|Ce\| = \left\|\begin{array}{rr} 5 & 0 \\ 3 & 1 \\ 4 & 2 \end{array}\right\|\left\|\begin{array}{rrrr} 20 & 0 & -10 & 0 \\ 11 & 5 & -9 & 1 \\ 14 & 10 & -14 & 2 \end{array}\right\|\left\|\begin{array}{r} 10 \\ 8 \\ 12 \end{array}\right\|.$$

Beachte: $c_{24} = 3 \cdot 0 + 1 \cdot 1 = 1$ usw.

50.37 Matrizendarstellung von Gleichungen

$$x_1 - 2x_2 + 3x_3 - 6 = 0,$$
$$2x_1 + 3x_2 - 4x_3 + 1 = 0,$$
$$-5x_1 + x_2 - 2x_3 - 8 = 0.$$

Die Multiplikationsregel erlaubt es, beliebig große Systeme linearer Gleichungen in einer Matrizengleichung darzustellen. Diese lautet für das obige Gleichungssystem:

$$Ax - l = 0.$$

Bei Niederschrift der Matrizen hat man folgende Möglichkeiten:

$$\left\|\begin{array}{rrr} 1 & -2 & 3 \\ 2 & 3 & -4 \\ -5 & 1 & -2 \end{array}\right\| \cdot \left\|\begin{array}{r} x_1 \\ x_2 \\ x_3 \end{array}\right\| - \left\|\begin{array}{r} 6 \\ -1 \\ 8 \end{array}\right\| = \left\|\begin{array}{r} 0 \\ 0 \\ 0 \end{array}\right\| \quad \text{oder} \quad \left\|\begin{array}{rrrr} 1 & -2 & 3 & -6 \\ 2 & 3 & -4 & 1 \\ -5 & 1 & -2 & -8 \end{array}\right\| \cdot \left\|\begin{array}{r} x_1 \\ x_2 \\ x_3 \\ 1 \end{array}\right\| = 0.$$

50.4 Inversion der Matrizen

50.41 Als inverse Matrix oder Kehrmatrix einer quadratischen Matrix A bezeichnet man die Matrix A^{-1}, die den Gleichungen $AA^{-1} = E$ und $A^{-1}A = E$ genügt. Die Kehrmatrix A^{-1} existiert nur, wenn die Determinante der Matrix A nicht verschwindet.

Die Bedeutung der Inversen sei an einem Beispiel erklärt:
Das lineare Gleichungssystem $y = Ax$; $|A| \neq 0$

$$\begin{array}{ll} y_1 = 5x_1 + 6x_2 - 4x_3; & \\ y_2 = x_1 + x_2 + 2x_3; & \\ y_3 = 2x_1 + 2x_2 + 3x_3; & \end{array} \qquad \left\|\begin{array}{r} y_1 \\ y_2 \\ y_3 \end{array}\right\| = \left\|\begin{array}{rrr} 5 & 6 & -4 \\ 1 & 1 & 2 \\ 2 & 2 & 3 \end{array}\right\| \cdot \left\|\begin{array}{r} x_1 \\ x_2 \\ x_3 \end{array}\right\|,$$

lautet nach Inversion $x = B\,y$; $|B| \neq 0$

$$
\begin{aligned}
x_1 &= -y_1 - 26y_2 + 16y_3\,; \\
x_2 &= y_1 + 23y_2 - 14y_3\,; \\
x_3 &= \phantom{-y_1 + {}}2y_2 - y_3\,;
\end{aligned}
\qquad
\begin{Vmatrix} x_1 \\ x_2 \\ x_3 \end{Vmatrix}
=
\begin{Vmatrix} -1 & -26 & 16 \\ 1 & 23 & -14 \\ 0 & 2 & -1 \end{Vmatrix}
\cdot
\begin{Vmatrix} y_1 \\ y_2 \\ y_3 \end{Vmatrix}.
$$

Man überzeuge sich, daß $AB = BA = E$, also B invers zu A ist.

Bei der Ausgleichung nach vermittelnden Beobachtungen führt die Inversion der Normalgleichungen, wie im § 17.1 näher ausgeführt ist, auf die sog. unbestimmte Auflösung; $N^{-1} = Q$ ist demnach die Matrix der Gewichtsreziproken (= Kofaktoren). Bei den bedingten Beobachtungen lautet das System der Normalgleichungen (vgl. § 52.2)

$$Nk + w = 0 \quad \text{oder} \quad Nk = -w.$$

Linksmultiplikation mit N^{-1} gibt $k = -N^{-1}w$ wegen $N^{-1}N = E$. Die Inversion ist hier begrifflich identisch mit der Entwicklung der Korrelaten nach den Widersprüchen; ihre Elemente sind demnach die Boltzschen f_{ik} (vgl. § 39).

50.42 Determinantenformel zur Inversion. Mit den Symbolen

$|A|$ für die Determinante der vollständigen Matrix A und

$|A_{ik}|$ für die nach dem Streichen der i-ten Reihe und k-ten Spalte
verbleibende Determinante

läßt sich eine allgemeine Lösung für die Inversion angeben:

$$
A = \begin{Vmatrix} a_{11} & a_{12} & \cdots \\ a_{12} & a_{22} & \cdots \\ \cdot & \cdot & \\ \cdot & \cdot & \\ \cdot & \cdot & \end{Vmatrix}\,;
\qquad
A^{-1} = \frac{1}{|A|} \cdot
\begin{Vmatrix}
|A_{11}| & -|A_{21}| & +-\cdots \\
-|A_{12}| & +|A_{22}| & -+\cdots \\
\cdot & \cdot & \\
\cdot & \cdot & \\
\cdot & \cdot &
\end{Vmatrix}.
$$

Bei Matrizen von höherer als 3. Ordnung wird die Inversion nach dieser Formel zu umständlich. Sie vermittelt uns aber den nachfolgenden Satz a). Die weiteren Sätze sind an den nachfolgenden Zahlenbeispielen abzulesen.

a) Die Kehrmatrix einer symmetrischen Matrix ist gleichfalls symmetrisch.

b) Die Kehrmatrix einer Diagonale ist wiederum eine Diagonale; ihre Elemente sind die reziproken Elemente der gegebenen Diagonale.

c) Die Inverse einer dreieckigen Matrix ist wiederum dreieckig und von gleicher Art; ihre Hauptdiagonale enthält die reziproken Werte der entsprechenden Elemente der gegebenen Matrix.

d) Sind in einer Matrix außer der Hauptdiagonale nur eine Reihe oder nur eine Kolonne besetzt, so ist die Kehrmatrix von gleicher Art. Ihre Hauptdiagonale enthält die reziproken Werte der entsprechenden

Elemente in der gegebenen Matrix. Die weiteren Elemente können als Produkt der durch sie verbundenen Elemente der Hauptdiagonalen der Kehrmatrix und des entsprechenden Elementes der gegebenen mit umgekehrtem Vorzeichen gebildet werden.

Zahlenbeispiele

Zu b)
$$\left\|\begin{matrix} 1 & & \\ & 2 & \\ & & -3 \end{matrix}\right\|^{-1} = \left\|\begin{matrix} 1 & & \\ & 1/2 & \\ & & -1/3 \end{matrix}\right\|.$$

$$C = \qquad\qquad C^{-1} =$$

Zu c)
$$\left\|\begin{matrix} 2 & & \\ 4 & 1 & \\ 6 & 2 & 3 \end{matrix}\right\|\; \left\|\begin{matrix} 1/2 & & \\ -2 & 1 & \\ 1/3 & -2/3 & 1/3 \end{matrix}\right\|.$$

Zum Invertieren von C wird die Multiplikationsregel für das Produkt $CC^{-1} = E$ der Reihe nach für jedes Element von E angesetzt.

$$M = \qquad\qquad M^{-1} =$$

Zu d)
$$\left\|\begin{matrix} 5 & & & 2 \\ & 1 & 3 & \\ & & 6 & \\ & & -2 & 4 \end{matrix}\right\|\; \left\|\begin{matrix} 1/5 & & & -1/15 \\ & 1 & -1/2 & \\ & & 1/6 & \\ & & 1/12 & 1/4 \end{matrix}\right\|.$$

50.43 Inversion eines Produktes. Die Kehrmatrix eines Produktes ist gleich dem Produkt der Kehrmatrizen in umgekehrter Reihenfolge; also

$$(ABC)^{-1} = C^{-1}B^{-1}A^{-1}.$$

Beweis:
$$ABC \cdot C^{-1}B^{-1}A^{-1} = AB \cdot CC^{-1} \cdot B^{-1}A^{-1} = AB \cdot B^{-1}A^{-1} = A \cdot A^{-1} = E.$$

Die Kehrmatrix einer transponierten gegebenen Matrix ist gleich der transponierten Kehrmatrix der gegebenen;

$$A \cdot A^{-1} = E; \quad (A^{-1})^* \cdot A^* = E^* = E; \quad \text{also} \quad (A^{-1})^* = (A^*)^{-1}.$$

Zahlenbeispiele

Es sei das Produkt C^*C zu invertieren. C^*C ist eine vollbesetzte quadratische Matrix, deren Inversion zu umständlich wäre.

$$C = \left\|\begin{matrix} 2 & & \\ 4 & 1 & \\ 6 & 2 & 3 \end{matrix}\right\|.$$

Man hat aber nach obiger Regel

$$(C^*C)^{-1} = C^{-1}(C^*)^{-1} = C^{-1}(C^{-1})^*.$$

C^{-1} bilde man nach § 50.42 zu c (jedoch in ganzen Zahlen) und füge die Summenzeile an. Dann ist

$$6C^{-1} \qquad 36(C^*C)^{-1} \quad 36e^*C^{-1}(C^{-1})^*$$

$$\left\|\begin{matrix} 3 & & \\ -12 & 6 & \\ 2 & -4 & 2 \end{matrix}\right\| \; \left\|\begin{matrix} 9 & -36 & 6 \\ -36 & 180 & -48 \\ 6 & -48 & 24 \end{matrix}\right\| \; \left\|\begin{matrix} -21 \\ 96 \\ -18 \end{matrix}\right\|.$$

$$6e^*C^{-1} \; \|-7 \quad 2 \quad 2\|$$

50.44 Matrizendivision mit Hilfe der Inversion. Die Links-(Rechts-)-multiplikation mit A^{-1} wird auch Links-(Rechts-)division mit A genannt. Divisionen sind nur möglich mit einer quadratischen Matrix, deren Inverse existiert.

50.5 Symmetrische Matrizen

In der Ausgleichsrechnung treten vorwiegend symmetrische Matrizen auf, die gegenüber den unsymmetrischen Matrizen zahlreiche Rechenvorteile bieten. Insbesondere sind, wenn unter N eine symmetrische Matrix verstanden wird, oftmals lineare Gleichungen (Normalgleichungen) von der Form $Nx - n = 0$ aufzulösen. Zu diesem Zweck wird, wie im folgenden auf verschiedene Weise ausgeführt ist, die Matrix N in „Teiler" zerlegt, etwa $N = AB$. Da diese Zerlegung, die man gewöhnlich Reduktion nennt, vieldeutig ist, kann man für die Teiler im Hinblick auf § 15 (11) von vornherein vorschreiben, daß sie dreieckig sein sollen. Dann lautet die Normalgleichung nach Linksdivision mit A

$$Bx - A^{-1}n = 0.$$

Von den aus dieser Matrizengleichung hervorgehenden algebraischen Gleichungen enthält – eine obere Dreiecksmatrix vorausgesetzt – die unterste eine Unbekannte, die nächste zwei usw. Die sog. Reduktion der Normalgleichungen ist demnach eine Matrizendivision. Dabei kann man, wie wir zeigen werden, die Division ausführen, ohne zuvor A^{-1} zu berechnen.

Zur Berechnung der Gewichtskoeffizienten (§ 17) ist N^{-1} zu bestimmen. Da ein einfacher Weg zur Inversion von N nicht bekannt ist, pflegt man die Berechnung von $Q = N^{-1}$ mit der Zerlegung der Koeffizientenmatrix zu verbinden oder sie an sie anzuschließen. Auch diese Inversion gelingt ohne vorhergehende Inversion der Teiler A und B.

50.51 Die Reduktion im Algorithmus von Cholesky (§ 21.3) entspricht der Matrizenzerlegung nach

$$\underset{n,n}{N} = \underset{n,n}{C^*}\,\underset{n,n}{C}, \tag{1}$$

wobei der Teiler C eine obere Dreieckmatrix ist. Man reduziert nach der Multiplikationsregel, die man für die Elemente von N (zeilenweise der Reihe nach) ansetzt. Bei jedem Schritt wird ein Element von C gewonnen. Indem die Summenspalte der Koeffizientenmatrix nach

$$Ne = C^* \cdot Ce \tag{2}$$

in die Reduktion einbezogen wird, erhält man die übliche Summenprobe.

Zahlenbeispiel

$$
\begin{array}{cccc}
N & \quad Ne & \quad C & \quad Ce
\end{array}
$$

$$
\left\|\begin{array}{rrrr}
81 & -27 & 18 & -9 \\
 & 45 & 18 & 21 \\
 & & 45 & 0 \\
 & & & 63
\end{array}\right\|
\left\|\begin{array}{r}
63 \\ 57 \\ 81 \\ 75
\end{array}\right\|
\left\|\begin{array}{rrrr}
9 & -3 & 2 & -1 \\
0 & 6 & 4 & 3 \\
0 & 0 & 5 & -2 \\
0 & 0 & 0 & 7
\end{array}\right\|
\left\|\begin{array}{r}
7 \\ 13 \\ 3 \\ 7
\end{array}\right\|
$$

Die Berechnung wird folgendermaßen durchgeführt:

Nach § 50.35 sind für das Element n_{ik} die i-te und die k-te Spalte von C zu kombinieren. Da C eine obere Dreieckmatrix ist, darf man unterhalb der Hauptdiagonale bereits Nullen einsetzen. Nun ist für die erste Zeile

$$
\begin{aligned}
n_{11} &= c_{11} \cdot c_{11} = 81; & c_{11} &= 9 \\
n_{12} &= 9 \cdot c_{12} = -27; & c_{12} &= -3 \quad \text{usw.}
\end{aligned}
$$

In der zweiten Zeile beginnen wir mit

$$
\begin{aligned}
n_{22} &= -3 \cdot (-3) + c_{22} \cdot c_{22} = 45; & c_{22} &= 6 \\
n_{23} &= -3 \cdot 2 + 6 \cdot c_{23} = 18; & c_{23} &= 4 \quad \text{usw.}
\end{aligned}
$$

Man beachte, wie durchsichtig die Multiplikationsregel der Matrizen das Cholesky-Verfahren mit den Gln. (1) und (2) beschreibt, während wir bei der herkömmlichen Darstellung in § 21.3 noch einen besonderen Wegweiser für angebracht ansahen.

50.52 Die Reduktion im Gaußschen Algorithmus ist eine Zerlegung folgender Art:

$$
N = G^* D G, \tag{3}
$$

wobei D eine Diagonale und G wiederum ein oberes Dreieck ist, dessen Diagonalelemente nun jedoch sämtlich 1 sind. Wir setzen

$$
D G = H \tag{4}
$$

und erhalten die Rechenformel

$$
N = G^* H, \tag{5}
$$

die wir gleich durch die Summenprobe

$$
N e = G^* H e \tag{6}
$$

ergänzen.

Die Gln. (5) und (6) enthalten wiederum zugleich den Lösungsweg. Gl. (5) führt, wenn man G^* und H unter Fortlassen aller Nullen und der Diagonale von G^* in einem quadratischen Schema zusammenschreibt, auf den mechanisierten Algorithmus (§ 21.1). Schreibt man jedoch anstelle der Reduktionsmatrix G^* ihre Transponierte G mit umgekehrtem Vorzeichen unter H und beide unter N, so erhält man den modernen Gaußschen Algorithmus. Im Reduktionsschema stehen dann jeweils über dem horizontalen Strich die Zeilen von H und unter dem Strich die Zeilen von $-G$.

Zahlenbeispiele

1. Zerlegung der in § 50.51 benutzten Matrix nach dem modernen Algorithmus. Am rechten Rand sind die Bezeichnungen angemerkt, die die betreffenden Zeilen mit den Symbolen des § 15 (5a) erhalten würden.

$$
\begin{array}{|rrrr|r||}
81 & -27 & 18 & -9 & 63 \\
\hline
-1 & 1/3 & -2/9 & 1/9 & \\
\hline
 & 36 & 24 & 18 & 78 \\
\hline
 & -1 & -2/3 & -1/2 & \\
\hline
 & & 25 & -10 & 15 \\
\hline
 & & -1 & 2/5 & \\
\hline
 & & & 49 & 49
\end{array}
\quad
\begin{array}{l}
\equiv \dfrac{A}{A/[aa]} \\[2ex]
\equiv \dfrac{B \cdot 1}{B \cdot 1/[bb \cdot 1]} \\[2ex]
\equiv \dfrac{C \cdot 2}{C \cdot 2/[cc \cdot 2]} \\[2ex]
\equiv D \cdot 3
\end{array}
$$

2. Ein umfassenderes Zahlenbeispiel ist das Rechenschema zur Aufgabe 21, S. 185. Dieses enthält im Hauptteil des oberen Blocks die Koeffizientenmatrix N der Normalgleichungen. Darunter wird mit horizontalen Strichen das Reduktionsschema vorbereitet. Hier werden die Teiler wieder miteinander verschachtelt niedergeschrieben, jedoch wird die Hauptdiagonale von $-G$, deren Elemente sämtlich -1 lauten, fortgelassen. (An ihrer Stelle steht, sofern N^{-1} berechnet werden soll, die dann nötige Diagonale D^{-1}.) Man setze nun Gl. (5) in der Form $N + (-G^*)\, H = 0$ für jedes Element von N an. Das ergibt z. B. für n_{35}: $-0{,}029 + 0{,}133 \cdot (-2{,}054) + 0{,}435 \cdot (-0{,}122) = h_{35}$ oder $h_{35} = -0{,}355$.

Die Regel für die Reduktion lautet allgemein: Man erhält das Element h_{ik}, indem man zu n_{ik} die Produktsumme aus der i-ten Spalte von $-G$ und der k-ten Spalte von H hinzufügt. Wenn eine Zeile von H vollständig ist, wird mit Division durch den ersten Koeffizienten und Vorzeichenumkehr die entsprechende Zeile von $-G$ erhalten. Dies Verfahren ist identisch mit dem Wegweiser des § 21.2. Auch bei dieser Reduktion wird eine Division mit G durchgeführt, ohne G^{-1} zu kennen!

Wegen des untersten Blocks vgl. § 50.54.

50.53 Inversion bei Zerlegung (Reduktion) nach Cholesky. Für die sog. unbestimmte Auflösung der Normalgleichungen (vgl. § 17.4)

$$
x = N^{-1}\, n = Q\, n
$$

wird die Inverse $N^{-1} = Q$ der Koeffizientenmatrix N benötigt. Die Matrix Q läßt sich, wenn die mit Gl. (1) eingeführte Matrix C bekannt ist, angesichts ihres symmetrischen Aufbaus aus C herleiten. Wegen

$$
N = C^* C \quad \text{und} \quad Q = N^{-1} = C^{-1}(C^*)^{-1}
$$

ist

$$
\underset{n,n}{C} \cdot \underset{n,n}{Q} = \underset{n,n}{(C^{-1})^*} . \tag{7}
$$

Es gelingt nun, Q zu berechnen, indem die Multiplikationsregel für die bekannten Elemente von $(C^{-1})^*$ angesetzt wird. Eine Probe ergibt sich mit der Summenzeile von N nach $e^* N \cdot Q = e^*$.

In $(C^{-1})^*$ sind die Elemente der Hauptdiagonale wegen § 50.42 gleich den reziproken Elementen der Hauptdiagonalen von C; ferner sind die Elemente über der Hauptdiagonalen gleich Null. Zur Multiplikation nach (7) müssen die Zeilen von C mit den Spalten von Q multipliziert werden; da aber Q symmetrisch ist, können auch die entsprechenden Zeilen genommen werden. Wenn man dann noch Q spaltenrichtig unter C setzt, stehen die zu multiplizierenden Elemente übereinander. Man rechnet dann in der nachstehenden Anordnung zeilenweise von unten nach oben.

Zahlenbeispiele

$$e^* N = \begin{Vmatrix} 63 & 57 & 81 & 75 \end{Vmatrix}$$

$$C = \begin{Vmatrix} 9 & -3 & 2 & -1 \\ & 6 & 4 & 3 \\ & & 5 & -2 \\ & & & 7 \end{Vmatrix}$$

$$Q = \begin{Vmatrix} 0{,}0244 & 0{,}0248 & -0{,}0197 & -0{,}0048 \\ 0{,}0248 & 0{,}0576 & -0{,}0329 & -0{,}0156 \\ -0{,}0197 & -0{,}0329 & 0{,}0433 & 0{,}0082 \\ -0{,}0048 & -0{,}0156 & 0{,}0082 & 0{,}0204 \end{Vmatrix}$$

$$e^* N \cdot Q = \begin{Vmatrix} 0{,}995 & 1{,}011 & 1{,}006 & 1{,}003 \end{Vmatrix}$$

Erläuterung: Nach (7) gilt für die letzte Zeile von Q:

$$7q_{44} = \frac{1}{7}; \qquad\qquad q_{44} = 0{,}0204,$$

$$5q_{43} - 2 \cdot 0{,}0204 = 0; \qquad\qquad q_{43} = 0{,}0082,$$

$$6q_{42} + 4 \cdot 0{,}0082 + 3 \cdot 0{,}0204 = 0; \qquad q_{42} = -0{,}0156$$

usw. In die dritte Zeile übertrage man das wegen Symmetrie bereits bekannte q_{34} und rechne weiter:

$$5q_{33} - 2 \cdot 0{,}0082 = \frac{1}{5}; \qquad\qquad q_{33} = 0{,}0433,$$

$$6q_{32} + 4 \cdot 0{,}0433 + 3 \cdot 0{,}0082 = 0; \qquad q_{32} = 0{,}0329$$

usw. Jede vollständige Zeile wird mit der Summenzeile $e^* N$ geprobt.

50.54 Inversion bei Zerlegung (Reduktion) im modernen Algorithmus. Wegen $N = G^* H$ ist $N^{-1} = H^{-1}(G^*)^{-1}$ und damit

$$Q\, G^* = H^{-1}. \tag{8}$$

Hat man zuvor N reduziert, so liegt $-G$ berechnet vor. Gl. (8) wird daher in der Form $Q \cdot (-G^*) + H^{-1} = 0$ verwendet. Für das Produkt sind Zeilen von Q und Zeilen von $-G$ zu kombinieren und, weil $-G$ eine obere Dreiecksmatrix ist, setzen wir die Elementengleichungen in umgekehrter Reihenfolge wie üblich an. Jeder Schritt liefert dann ein Element von Q.

Ein Zahlenbeispiel ist in der bereits in § 50.52 benutzten Aufgabe 21 enthalten. Die Diagonalelemente von H^{-1} (das ist zugleich die Matrix D^{-1} des § 50.52) sind bereits beim Reduktionsvorgang ermittelt und *kursiv* eingetragen. Man beachte jedoch, daß an der gleichen Stelle auch die Diagonalelemente -1 der Matrix $-G$ zu denken sind. Nach der umgestellten Gl. (8) erhalten wir:

$$q_{11,11} \cdot (-1) + 1{,}025 = 0\,; \qquad\qquad q_{11,11} = 1{,}025\,,$$
$$q_{11,10} \cdot (-1) + 1{,}025 \cdot (-0{,}317) + 0 = 0\,; \quad q_{11,10} = -0{,}325\,.$$

Da der Faktor des jeweils unbekannten Elements stets -1 ist, schreiben wir fortan:

$$q_{11,9} = -0{,}325 \cdot 0{,}271 + 1{,}025 \cdot 0{,}105 + 0\,; \quad q_{11,9} = +0{,}020$$

usw. Die vollständige Zeile wird mit $e^* N$ geprobt und ergibt $-0{,}997$ als letztes Element des Probenvektors $Q \cdot N e$. Man übernehme sodann $q_{11,10}$ als $q_{10,11}$ in die 10. Zeile und rechne weiter

$$q_{10,10} = -0{,}325 \cdot (-0{,}317) + 0{,}449\,; \qquad q_{10,10} = +0{,}552\,,$$
$$q_{10,9} = 0{,}552 \cdot 0{,}271 - 0{,}325 \cdot 0{,}105 + 0\,; \quad q_{10,9} = +0{,}115\,.$$

50.6 Differentiation von Matrizenfunktionen

Die Regeln zur Differentiation von Matrizenfunktionen sind denen der entsprechenden gewöhnlichen Funktionen formal gleich oder doch sehr ähnlich. Wir beschränken uns hier auf die Fälle, die für die Ausgleichungsrechnung von Bedeutung sind. Zunächst führen wir den Differentialvektor dx und für das totale Differential einer Funktion den Vektor f' der partiellen Ableitungen ein.

$$dx = \begin{Vmatrix} dx_1 \\ dx_2 \\ dx_3 \\ \vdots \end{Vmatrix}; \quad f' = \begin{Vmatrix} \dfrac{\partial f}{\partial x_1} \\[2mm] \dfrac{\partial f}{\partial x_2} \\[1mm] \vdots \end{Vmatrix}. \left.\begin{array}{c} \\ \\ \\ \\ \\ \end{array}\right\} \tag{9}$$
$$df = (f')^* \cdot dx$$

50.61 Die lineare Funktion und ihr Differential schreiben wir folgendermaßen

$$\left.\begin{array}{l} f = a_1 \cdot x_1 + a_2 \cdot x_2 + \cdots, \\ df = a_1 \cdot dx_1 + a_2 \cdot dx_2 + \cdots, \\ f = a^* \cdot x\,; \quad df = a^* dx\,. \end{array}\right\} \tag{10}$$

Entsprechend gilt für ein System linearer Funktionen und dessen Differentiale

$$f_1 = a_{11} \cdot x_1 + a_{12} \cdot x_2 + \cdots + a_{1u} \cdot x_u,$$
$$f_2 = a_{21} \cdot x_1 + a_{22} \cdot x_2 + \cdots + a_{2u} \cdot x_u,$$
$$df_1 = a_{11} \cdot dx_1 + a_{12} \cdot dx_2 + \cdots,$$
$$df_2 = a_{21} \cdot dx_1 + a_{22} \cdot dx_2 + \cdots,$$

die Matrizendarstellung

$$f = A \cdot x; \quad df = A \cdot dx. \tag{11}$$

50.62 Für die bilineare Funktion

$$\begin{aligned} F = &y_1(a_{11}x_1 + a_{12}x_2 + a_{13}x_3 + \cdots) \\ &+ y_2(a_{21}x_1 + a_{22}x_2 + a_{23}x_3 + \cdots) \\ &+ \cdots \end{aligned}$$

und das totale Differential

$$\begin{aligned} dF = &dy_1(a_{11}x_1 + a_{12}x_2 + \cdots) \\ &+ dy_2(a_{21}x_1 + a_{22}x_2 + \cdots) \\ &+ \cdots + \\ &+ \text{Differentiation nach } x \end{aligned}$$

gilt die Matrizendarstellung

$$F = y^* A x; \quad dF = (dy)^* A x + y^* A \, dx. \tag{12}$$

50.63 Die quadratische Funktion kann als Sonderfall der bilinearen Funktion angesehen werden, in welchem nur ein Variablensystem vorliegt. Dann ist

$$F = x^* A x \quad \text{und} \quad dF = (dx)^* A x + x^* A \, dx = x^*(A^* + A)dx. \tag{13}$$

In der Ausgleichungsrechnung tritt des öfteren die Funktion $F = x^* N x$ auf, die durch die Symmetrie der Matrix N gekennzeichnet ist. In diesem Falle ist

$$dF = 2x^* N \, dx.$$

§ 51. Ausgleichen vermittelnder Beobachtungen

51.1 Die Fehlergleichungen

Die Fehlergleichungen (§ 19.1) lauten in der Matrizenschreibweise

$$\underset{n,\,1}{v} = \underset{n,\,u}{A} \; \underset{u,\,1}{x} - \underset{n,\,1}{l}. \tag{1}$$

Mit der Diagonalmatrix der Gewichte

$$P = \begin{Vmatrix} p_{11} & & \\ & p_{22} & \\ & & p_{nn} \end{Vmatrix} \tag{2}$$

erhält man die gewogene Quadratsumme der v folgendermaßen:

$$v^*Pv = (x^*A^* - l^*)P(Ax - l)$$
$$= x^*A^*PAx - x^*A^*Pl - l^*PAx + l^*Pl.$$

Der Ausdruck x^*A^*Pl ist ein Skalar und kann daher nach § 50.34 durch seine Transponierte ersetzt werden. Also ist

$$v^*Pv = x^*A^*PAx - 2l^*PAx + l^*Pl. \tag{3}$$

Zur Ermittlung des Minimums ergibt die Differentiation nach x

$$d(v^*Pv) = 2x^*A^*PA\,dx - 2l^*PA\,dx.$$

Das Minimum erhält man aus

$$d(v^*Pv) = 0^*\,dx \quad \text{oder} \quad x^*A^*PA - l^*PA = 0. \tag{4}$$

51.2 Die Normalgleichungen

Die Normalgleichungen erhalten nach Transponieren von (4) die erste Form

$$A^*PAx - A^*Pl = 0. \tag{5}$$

Setzt man darin

$$A^*PA = N \quad \text{und} \quad A^*Pl = n, \tag{5a}$$

so ergibt sich als zweite Form

$$Nx - n = 0, \tag{6}$$

worin N wegen § 50.32 eine symmetrische Matrix ist. Man erhält ferner mit (1) die § 19 (4) entsprechende dritte Form

$$A^*Pv = 0. \tag{7}$$

51.3 Berechnung der Unbekannten

Zur Berechnung der Unbekannten werden die Normalgleichungen entweder bestimmt oder unbestimmt aufgelöst. Die Wege zur bestimmten Auslösung von (6) enthält § 50.5. Zur unbestimmten Auflösung (vgl. § 17.4) gibt Gl. (5a)

$$x = N^{-1}n = Qn \quad \text{mit} \quad Q = \begin{Vmatrix} q_{11}, & q_{12}, & \cdots, & q_{1n} \\ q_{21}, & q_{22}, & \cdots, & q_{2n} \\ \multicolumn{4}{c}{\cdots\cdots\cdots\cdots\cdots} \end{Vmatrix}, \tag{8}$$

worin wegen § 50.42 Q ebenfalls eine symmetrische Matrix ist. Die Berechnung von Q ist in § 50.53 und 54 behandelt.

26*

51.4 Einflußzahlen und Gewichtskoeffizienten (Kofaktoren)

Die Unbekannten lassen sich wegen § 51.2 durch

$$x = QA^*Pl = \Gamma^*l \qquad (9)$$

auch als Funktionen der Beobachtungen darstellen. In Übereinstimmung mit § 17.1 nennen wir Γ^* die Matrix der Einflußzahlen, so daß gilt

$$QA^*P = \Gamma^* = \left\| \begin{matrix} \alpha_1 & \alpha_2 & \alpha_3 & \cdots \\ \beta_1 & \beta_2 & \beta_3 & \cdots \end{matrix} \right\|. \qquad (9a)$$

Analog § 50.32 bilde man $\Gamma^*P^{-1}\Gamma$ und beachte Gl. (5a) und § 50.33. Dann ist

$$\Gamma^*P^{-1}\Gamma = QA^*PAQ = QNQ = Q \qquad (10)$$

oder in Elementendarstellung

$$\left\| \begin{matrix} \left[\dfrac{\alpha\alpha}{p}\right] & \left[\dfrac{\alpha\beta}{p}\right] & \cdots \\[2ex] \left[\dfrac{\alpha\beta}{p}\right] & \left[\dfrac{\beta\beta}{p}\right] & \cdots \end{matrix} \right\| = Q = \left\| \begin{matrix} q_{11} & q_{12} & \cdots \\[2ex] q_{12} & q_{22} & \cdots \end{matrix} \right\|. \qquad (10a)$$

In diesen beiden Matrizen sind die homologen Stücke einander gleich. Da ferner wegen (9) und (9a) für die erste Unbekannte gilt

$$x_1 = \alpha_1 l_1 + \alpha_2 l_2 + \cdots + \alpha_n l_n \qquad (11)$$

ist auf Grund des Fehlerfortpflanzungsgesetzes

$$m_{x_1}^2 = \frac{m^2}{p_{x_1}} = \left(\frac{\alpha_1\alpha_1}{p_{11}}\right)m^2 + \left(\frac{\alpha_2\alpha_2}{p_{22}}\right)m^2 + \cdots = \left[\frac{\alpha\alpha}{p}\right]m^2 = q_{11}m^2. \quad (12)$$

Also sind die Diagonalelemente in den beiden Matrizen (10a) die Gewichtsreziproken. Die Gesamtheit der Elemente nennen wir wie in § 17.1 die Gewichtskoeffizienten oder die Kofaktoren der Unbekannten x.

Die Matrix Γ hat eine bemerkenswerte Beziehung zur Koeffizientenmatrix A der Fehlergleichungen. Aus (9a) folgt durch Rechtsmultiplizieren mit A und Berücksichtigen von (5a) und (8)

$$\Gamma^*A = QA^*PA = QN = E\,;$$

ebenso ist

$$A^*\Gamma = E\,, \qquad \left.\begin{matrix} \\ \\ \end{matrix}\right\} \qquad (13)$$

aber

$$A\Gamma^* = A_0 \quad \text{und} \quad \Gamma A^* = A_0^*\,.$$

Die Gln. (13) kennzeichnen ein der Inversion sehr ähnliches Verhältnis zwischen Rechteckmatrizen. *Zurmühl* definiert für den Sonderfall $P = E$ die Matrix Γ^* als Halbinverse zu A, indem er setzt

$$\Gamma^* = (A^*A)^{-1} \cdot A^*. \qquad (14)$$

(1), (13) und (9) ergeben ferner [vgl. § 18 (21)]

$$\Gamma^* v = \Gamma^*(A x - l) = x - \Gamma^* l$$

oder

$$\Gamma^* v = 0 \, . \tag{15}$$

51.5 Gewicht einer Funktion der Unbekannten

Die lineare Funktion $F = f_0 + f_1 x_1 + f_2 x_2 + \cdots$ erhält mit

$$f^* = \| f_1, f_2 \ldots f_n \| \quad \text{und} \quad x^* = \| x_1, x_2 \ldots x_n \| \tag{16}$$

und unter Beachtung von (9) die Form

$$F = f_0 + f^* x = f_0 + f^* \Gamma^* l \, , \tag{17}$$

$f^* \Gamma^*$ ist eine Zeile; ihre Elemente sind die „Einflußzahlen", die – vergleichbar den α_i in (11) – es erlauben, F als lineare Funktion der l_i darzustellen. Mithin ist, wenn man die Analogie von (9) und (17) beachtet, im Hinblick auf (12)

$$M_F^2 = f^* \Gamma^* P^{-1} \Gamma f \cdot m^2 \, , \tag{18}$$

oder wegen (10) mit der herkömmlichen Bezeichnung des Funktionsgewichts entsprechend § 20 (5)

$$q_{FF} = f^* Q f \, . \tag{19}$$

51.6 Gewicht einer Funktion von Funktionen

Gegeben seien die linearen Funktionen

$$F = f_0 + f^* x \quad \text{und} \quad G = g_0 + g^* x \, . \tag{20}$$

Gesucht sei das Gewicht der Dachfunktion

$$H = h_0 + h_1 F + h_2 G + \cdots \, . \tag{21}$$

Einsetzen in (20) und (21) und Ordnen gibt

$$H = h_0 + h_1 f_0 + h_2 g_0 + \cdots + (h_1 f^* + h_2 g^* + \cdots) x \, . \tag{22}$$

Im Matrizenteil dieser Gleichung ist der Klammerausdruck eine Zeile, die wir mit H^* bezeichnen, wobei

$$H^* = \| h_1 \ h_2 \ \ldots \| \begin{Vmatrix} f_1 & f_2 & \cdots \\ g_1 & g_2 & \cdots \\ \cdots\cdots\cdots \end{Vmatrix} \tag{22a}$$

ist. Damit wird, wenn der Skalarteil von (22) zu H_0 zusammengefaßt und gleichzeitig die Analogie zu (17) beachtet wird,

$$H = H_0 + H^* x = H_0 + H^* \Gamma^* l \, . \tag{23}$$

Also ist entsprechend (19)

$$q_{HH} = H^*QH \,, \tag{24}$$

was aufgelöst die Gln. § 20 (20) ergibt.

51.7 Verprobung durch die Fehlerquadratsumme

Wird in (1) l auf die linke Seite gebracht, das Ergebnis mit v^*P links multipliziert, dann wegen § 50.34 transponiert und schließlich mit (7) verglichen, so wird

$$v^*Pv + v^*Pl = v^*PAx = x^*A^*Pv = 0 \tag{25}$$

oder

$$v^*Pv = -v^*Pl \,. \tag{26}$$

Aus dem Ansatz für (3) erhält man weiter

$$v^*Pv = x^*(A^*PAx - A^*Pl) - l^*PAx + l^*Pl$$

und mit (5) und (5a)

$$v^*Pv = l^*Pl - n^*x \,. \tag{27}$$

(27) entspricht der ersten $[v\,v\,p]$-Probe in § 19 (5). Die zweite $[v\,v\,p]$-Probe ergibt sich, wie in § 16.2 dargelegt, indem man dem Normalgleichungssystem die L-Gleichungen anfügt und diese soweit reduziert, bis sämtliche Unbekannten verschwunden sind.

51.8 Der mittlere Fehler der Gewichtseinheit

Der mittlere Fehler der Gewichtseinheit wird aus der in § 18 (12) abgeleiteten Formel

$$m_0^2 = \frac{v^*Pv}{n-u}$$

ermittelt.

§ 52. Ausgleichen bedingter Beobachtungen

52.1 Die Bedingungsgleichungen

Die Bedingungsgleichungen [§ 30 (2)] lauten in der Matrizenschreibweise

$$a_0 + \underset{r,n}{A^*}(l+v) = 0 \tag{1}$$

und wenn man den Widerspruchsvektor w einführt durch

$$a_0 + A^*l = w \,, \tag{2}$$

wird

$$A^*v + w = 0 \,. \tag{3}$$

Um mit § 51.2 das Minimum der gewogenen Fehlerquadratsumme zu erhalten, hat man, wie in § 29 begründet ist, das Minimum unter Wahrung der Nebenbedingungen (3) zu suchen; dazu bildet man, wenn k der Vektor der in der Ausgleichsrechnung als Korrelaten bezeichneten Lagrangeschen Multiplikatoren ist, die Funktion

$$F = v^*Pv - 2k^*(A^*v + w) \qquad (4)$$

und setzt die partiellen Ableitungen gleich Null, also

$$dF = 2v^*Pdv - 2k^*A^* dv = 0^* dv$$

oder

$$v^*P - k^*A^* = 0^* . \qquad (5)$$

Daraus folgt nach Transposition und Linksmultiplikation mit P^{-1} die Korrelatengleichung

$$v = P^{-1}Ak . \qquad (6)$$

52.2 Die Normalgleichungen

Die Normalgleichungen gewinnt man, indem man (6) in (3) einsetzt mit dem Ergebnis

$$A^*P^{-1}Ak + w = 0 \qquad (7)$$

oder mit der [nicht mit § 51 (5a) zu verwechselnden] Substitution

$$A^*P^{-1}A = N , \qquad (7a)$$

$$Nk + w = 0 , \qquad (8)$$

worin N wegen § 50.32 eine symmetrische Matrix ist. Aus N wird, wie in § 51.3 näher ausgeführt, k durch bestimmte oder unbestimmte Auflösung erhalten. Mit k gewinnt man v aus (6).

52.3 Die gewogene Fehlerquadratsumme

Die gewogene Fehlerquadratsumme ist mit (6), (7) und (8)

$$v^*Pv = k^*A^*P^{-1}Ak = k^*Nk = -k^*w = -w^*k . \qquad (9)$$

Den mittleren Fehler der Gewichtseinheit erhält man analog § 51.8, indem man beachtet, daß die Differenz $(n-u)$ gleich der Anzahl r der Bedingungsgleichungen ist, also

$$m_0^2 = \frac{v^*Pv}{r} . \qquad (10)$$

52.4 Gewichte der ausgeglichenen Beobachtungen und ihrer Funktionen

Das allgemeine Fehlerfortpflanzungsgesetz liefert zunächst die Kofaktoren aller abgeleiteten Größen,

den Kofaktor der *Widersprüche* aus (2):

$$Q_{ww} = A^* Q_{ll} A = A^* P^{-1} A = N\,, \tag{11}$$

den Kofaktor der *Korrelaten* aus (8) über $k = -N^{-1}w$:

$$Q_{kk} = -N^{-1} \cdot N \cdot (-N^{-1}) = N^{-1}\,, \tag{12}$$

den Kofaktor der *Verbesserungen* aus (6):

$$\begin{aligned} Q_{vv} &= P^{-1} A Q_{kk} A^* P^{-1} = P^{-1} A N^{-1} A^* P^{-1}\,, \\ Q_{vv} &= \Psi^* N^{-1} \Psi \quad \text{mit} \quad \Psi = A^* P^{-1}\,, \end{aligned} \tag{13}$$

den Kofaktor der *ausgeglichenen Beobachtungen* aus (6) mit (13), (8) und (2):

$$\begin{aligned} l + v &= l + \Psi^* k = l - \Psi^* N^{-1} w = l - \Psi^* N^{-1}(a_0 + A^* l) \\ &= -\Psi^* N^{-1} a_0 + (E - \Psi^* N^{-1} A^*) \cdot l \end{aligned}$$

zu $Q_{l+v,\,l+v} = (E - \Psi^* N^{-1} A^*) P^{-1} (E - A N^{-1} \Psi)$ und nach Ausmultiplizieren und Ordnen:

$$Q_{l+v,\,l+v} = P^{-1} - \Psi^* N^{-1} \Psi = Q_{ll} - Q_{vv}\,. \tag{14}$$

Die in § 34 (2) aufgestellte Funktion der ausgeglichenen Beobachtungen lautet in der Matrizenschreibweise

$$\varphi = f_0 + f^*(l + v)\,. \tag{15}$$

Der Kofaktor dieser Funktion ist nach (14)

$$Q_{\varphi\varphi} = f^* P^{-1} f - f^* \Psi^* N^{-1} \Psi f\,. \tag{16}$$

Für ein System solcher Funktionen

$$\varphi = f_0 + F^*(l + v) \tag{17}$$

lautet der Kofaktor:

$$Q_{\varphi\varphi} = F^* (Q_{ll} - Q_{vv}) F\,. \tag{18}$$

§ 53. Einige Sonderaufgaben

53.1 Das Boltzsche Entwicklungsverfahren

Die Grundlagen und der Zweck des Boltzschen Entwicklungsverfahrens sind in § 39 dargelegt. Der Algorithmus des Verfahrens läßt sich ausgehend von § 39 (4) mit Hilfe von Submatrizen folgendermaßen darstellen:

$$\left\|\begin{array}{c|c} N_1 & B \\ \hline B^* & N_2 \end{array}\right\| \cdot \left\|\begin{array}{c} k_1 \\ \hline k_2 \end{array}\right\| + \left\|\begin{array}{c} w_1 \\ \hline w_2 \end{array}\right\| = \mathbf{0}. \tag{1}$$

Dabei ist N_2 im Regelfall beträchtlich kleiner als N_1. Ferner ist die Kehrmatrix N_1^{-1}, oder anders ausgedrückt, die Entwicklung der zur I. Gruppe gehörenden Korrelaten nach den Widersprüchen der I. Gruppe bereits bekannt. Das System (1) lautet ausgeschrieben

$$N_1 k_1 + B k_2 + w_1 = \mathbf{0}, \tag{2a}$$

$$B^* k_1 + N_2 k_2 + w_2 = \mathbf{0}. \tag{2b}$$

Aus (2a) erhält man durch Linksmultiplizieren mit $N_1^{-1} = Q_1$

$$k_1 + Q_1 B k_2 + Q_1 w_1 = \mathbf{0}$$

und nach Einführen der „Zwischenkorrelaten" Z durch

$$Q_1 B = Z, \tag{3}$$

$$k_1 = -Z k_2 - Q_1 w_1. \tag{4}$$

Einsetzen von (4) in (2b) gibt

$$-B^* Z k_2 - B^* Q_1 w_1 + N_2 k_2 + w_2 = \mathbf{0}.$$

Zwecks Zusammenfassung des ersten und dritten Gliedes setzt man dann noch

$$G = N_2 - B^* Z \tag{5}$$

und erhält

$$G k_2 - Z^* w_1 + w_2 = \mathbf{0}. \tag{6}$$

Diese Gleichung stellt das „gestörte System der II. Gruppe" dar; aus ihr gewinnt man durch Linksmultiplizieren mit G^{-1}

$$k_2 = G^{-1} Z^* w_1 - G^{-1} w_2 \tag{7}$$

und wenn man das in (4) einsetzt, so folgt für die Korrelaten der I. Gruppe

$$k_1 = -(Q_1 + Z G^{-1} Z^*) w_1 + Z G^{-1} w_2. \tag{8}$$

(7) und (8) werden in Submatrizenschreibweise zusammengefaßt zu

$$\left\|\begin{array}{c} k_1 \\ \hline k_2 \end{array}\right\| = -\left\|\begin{array}{c|c} Q_1 + Z G^{-1} Z^* & -Z \cdot G^{-1} \\ \hline -G^{-1} Z^* & G^{-1} \end{array}\right\| \cdot \left\|\begin{array}{c} w_1 \\ \hline w_2 \end{array}\right\|. \tag{9}$$

Damit sind die k als Funktionen der w „entwickelt". Da man davon ausgehen kann, daß (1) die w als Funktionen der k darstellt, ist (9) die

Inverse zu (1). Daher besteht die Gleichung:

$$
\left\| \begin{array}{c|c} N_1 & B \\ \hline B^* & N_2 \end{array} \right\|^{-1} = \left\| \begin{array}{c|c} Q_1 + ZG^{-1} \cdot Z^* & -Z \cdot G^{-1} \\ \hline -G^{-1} \cdot Z^* & G^{-1} \end{array} \right\| . \tag{10}
$$

Demnach sind folgende Größen zu berechnen:

1. Die Matrix der Zwischenkorrelaten Z aus (3);
2. die Matrix G der gestörten Normalgleichungen aus (5) und ihre Inverse G^{-1};
3. das Matrizenprodukt $(-ZG^{-1})$ und
4. der Ausdruck $(Q_1 + ZG^{-1} \cdot Z^*)$.

Als Schlußergebnis erhält man aus (10) die Inverse des Gesamtsystems.

53.2 Das Boltzsche Substitutionsverfahren

Die Grundgedanken des Verfahrens entnehme man aus § 39.4. Geht man dann wieder aus von dem Submatrizenschema (1), das wir umschreiben in

$$
\left\| \begin{array}{c|c} N_1 & B \\ \hline B^* & N_2 \end{array} \right\| \cdot \left\| \begin{array}{c} k_1 \\ \hline k_2 \end{array} \right\| + \left\| \begin{array}{c} w_1 \\ \hline w_2 \end{array} \right\| = 0 , \tag{11}
$$

so liegen nunmehr Teilentwicklungen für beide Gruppen vor, also $N_1^{-1} = Q_1$ und $N_2^{-1} = Q_2$. Darüber hinaus sind die aus den unverbundenen Gruppen ermittelten vorläufigen Werte der numerischen Korrelaten bekannt, nämlich

$$
k_1' = -Q_1 w_1 ; \quad k_2' = -Q_2 w_2 . \tag{12}
$$

Gesucht werden die Werte der numerischen Korrelaten, die dem gesamten System (11) entsprechen. Wir führen wieder Zwischenkorrelaten ein, nämlich

$$
Z_1 = Q_1 \cdot B \quad \text{und} \quad Z_2 = Q_2 \cdot B^* , \tag{13}
$$

setzen (12) und (13) in (11) ein und erhalten

$$
\begin{aligned} k_1 + Z_1 k_2 - k_1' &= 0 , \\ Z_2 k_1 + k_2 - k_2' &= 0 \end{aligned} \tag{14}
$$

oder in Submatrizenschreibweise:

$$
\left\| \begin{array}{c|c} E & Z_1 \\ \hline Z_2 & E \end{array} \right\| \cdot \left\| \begin{array}{c} k_1 \\ \hline k_2 \end{array} \right\| - \left\| \begin{array}{c} k_1' \\ \hline k_2' \end{array} \right\| = 0 . \tag{15}
$$

Diese Gleichung stellt die Substitutionsgleichungen dar.

Beispiel zum Boltzschen Entwicklungsverfahren

Beispiel der Aufgabe 31:

$$\left\|\begin{array}{c|c} N_1 & B \\ \hline B^* & N_2 \end{array}\right\| = \left\|\begin{array}{cccc|cc} 6 & -2 & 0 & 0 & 0 & 0 \\ -2 & 6 & -2 & 0 & 0 & 0 \\ 0 & -2 & 6 & -2 & -2 & 0 \\ 0 & 0 & -2 & 6 & 0 & 0 \\ \hline 0 & 0 & -2 & 0 & 6 & -2 \\ 0 & 0 & 0 & 0 & -2 & 6 \end{array}\right\|;$$

$$Q_1 = \left\|\begin{array}{cccc} 0,19091 & 0,07273 & 0,02727 & 0,00909 \\ 0,07273 & 0,21818 & 0,08182 & 0,02727 \\ 0,02727 & 0,08182 & 0,21818 & 0,07273 \\ 0,00909 & 0,02727 & 0,07273 & 0,19091 \end{array}\right\|$$

$$Z = \left\|\begin{array}{cc} -0,05454 & 0 \\ -0,16364 & 0 \\ -0,43636 & 0 \\ -0,14546 & 0 \end{array}\right\|$$

$$N_2 = \left\|\begin{array}{cc} 6 & -2 \\ -2 & 6 \end{array}\right\| \quad B^*Z = \left\|\begin{array}{cc} +0,87272 & 0 \\ 0 & 0 \end{array}\right\| \quad G = \left\|\begin{array}{cc} 5,12728 & -2 \\ -2 & 6 \end{array}\right\| \quad G^{-1} = \left\|\begin{array}{cc} 0,22418 & 0,07473 \\ 0,07473 & 0,19158 \end{array}\right\|$$

$$\left\|\begin{array}{c|c} N_1 & B \\ \hline B^* & N_2 \end{array}\right\|^{-1} = \left\|\begin{array}{cccc|cc} 0,19158 & 0,07473 & 0,03261 & 0,01087 & 0,01223 & 0,00408 \\ 0,07473 & 0,22418 & 0,09783 & 0,03261 & 0,03668 & 0,01223 \\ 0,03261 & 0,09783 & 0,26086 & 0,08696 & 0,09782 & 0,03261 \\ 0,01087 & 0,03261 & 0,08696 & 0,19565 & 0,03261 & 0,01087 \\ \hline 0,01223 & 0,03668 & 0,09782 & 0,03261 & 0,22418 & 0,07473 \\ 0,00408 & 0,01223 & 0,03261 & 0,01087 & 0,07473 & 0,19158 \end{array}\right\|$$

Beispiel zum Boltzschen Substitutionsverfahren

Beispiel der Aufgabe 31:

$$\left\|\begin{array}{c|c} N_1 & B \\ \hline B^* & N_2 \end{array}\right\| = \left\|\begin{array}{cccc|cc} 6 & -2 & 0 & 0 & 0 & 0 \\ -2 & 6 & -2 & 0 & 0 & 0 \\ 0 & -2 & 6 & -2 & -2 & 0 \\ 0 & 0 & -2 & 6 & 0 & 0 \\ \hline 0 & 0 & -2 & 0 & 6 & -2 \\ 0 & 0 & 0 & 0 & -2 & 6 \end{array}\right\|; \quad Q_1 = \left\|\begin{array}{cccc} 0,19091 & 0,07273 & 0,02727 & 0,00909 \\ 0,07273 & 0,21818 & 0,08182 & 0,02727 \\ 0,02727 & 0,08182 & 0,21818 & 0,07273 \\ 0,00909 & 0,02727 & 0,07273 & 0,19091 \end{array}\right\|$$

$$Q_2 = \left\|\begin{array}{cc} 0,18750 & 0,06250 \\ 0,06250 & 0,18750 \end{array}\right\|$$

$$\left\|\begin{array}{c|c} E & Z_1 \\ \hline Z_2 & E \end{array}\right\| = \left\|\begin{array}{cccc|cc} 1 & 0 & 0 & 0 & -0,05454 & 0 \\ 0 & 1 & 0 & 0 & -0,16364 & 0 \\ 0 & 0 & 1 & 0 & -0,43636 & 0 \\ 0 & 0 & 0 & 1 & -0,14546 & 0 \\ \hline 0 & 0 & -0,37500 & 0 & 1 & 0 \\ 0 & 0 & -0,12500 & 0 & 0 & 1 \end{array}\right\|; \quad k' = \left\|\begin{array}{c} -0,3 \\ -0,4 \\ -0,4 \\ -0,3 \\ \hline -0,25 \\ -0,25 \end{array}\right\|$$

53.3 Ausgleichen korrelierter Beobachtungen [4]

Die mehrstufigen Ausgleichungen, die in den §§ 40 bis 43 behandelt worden sind, finden in der Matrizensprache eine überraschend einfache Darstellung. In Anhalt an *P. Linkwitz* entwickeln wir nochmals mit leichter Änderung der Bezeichnungen den für die Gewichtskoeffizienten von *I. M. Tienstra* eingeführten Begriff der Kofaktoren. Es seien

$$
\begin{aligned}
f_1 &= a_{11} l_1 + a_{12} l_2 + \cdots + a_{1n} l_n, \\
f_2 &= a_{21} l_1 + a_{22} l_2 + \cdots + a_{2n} l_n, \\
&\quad \cdots\cdots\cdots\cdots\cdots\cdots\cdots\cdots\cdots \\
f_m &= a_{m1} l_1 + a_{m2} l_2 + \cdots + a_{mn} l_n.
\end{aligned}
\tag{16}
$$

Funktionen *unabhängiger* Beobachtungen verschiedener Genauigkeit. Mit den Bezeichnungen p_{kk} für das Gewicht und $q_{kk} = 1 : p_{kk}$ für den Kofaktor der Beobachtung l_k ergibt sich dann analog § 51 (12) für die Funktion f_i der Kofaktor

$$
\begin{aligned}
q_{fi} &= a_{i1}^2 q_{11} + a_{i2}^2 q_{22} + \cdots + a_{in}^2 q_{nn} \\
&= \frac{a_{i1}^2}{p_{11}} + \frac{a_{i2}^2}{p_{22}} + \cdots + \frac{a_{in}^2}{p_{nn}} \quad \text{und} \quad p_{fi} = \frac{1}{q_{fi}}.
\end{aligned}
$$

In Matrizenschreibweise lautet das System (16)

$$
\underset{m,1}{f} = \underset{m,n}{A}\ \underset{n,1}{l}
\tag{17}
$$

$$
\text{mit } f =
\begin{Vmatrix}
f_1 \\ f_2 \\ \cdots \\ f_m
\end{Vmatrix}
;\quad
A =
\begin{Vmatrix}
a_{11} & a_{12} \ldots a_{1n} \\
a_{21} & a_{22} \ldots a_{2n} \\
\multicolumn{2}{c}{\cdots\cdots\cdots\cdots\cdots} \\
a_{m1} & a_{m2} \ldots a_{mn}
\end{Vmatrix}
;\quad
l =
\begin{Vmatrix}
l_1 \\ l_2 \\ \cdots \\ l_n
\end{Vmatrix}.
$$

Ferner ist

$$
P_{ll} =
\begin{Vmatrix}
p_{11} & & \\
& p_{22} & \\
& & \ddots \\
& & & p_{nn}
\end{Vmatrix}
$$

die Matrix der Gewichte oder kurz das Gewicht der Beobachtung l,

$$
Q_{ll} =
\begin{Vmatrix}
q_{11} & & \\
& q_{22} & \\
& & \ddots \\
& & & q_{nn}
\end{Vmatrix}
$$

die Matrix der Kofaktoren oder kurz der Kofaktor der Beobachtung l.

---

[4] *Linkwitz, K.*: Über die Systematik verschiedener Formen der Ausgleichsrechnung. Z. Vermessungsw. **1960**, 156.

Also ist

$$P_{ll} Q_{ll} = E \,. \tag{18}$$

Wir definieren weiter nach *I. M. Tienstra* und *P. Linkwitz* als Kofaktor und Gewicht der Funktion f

$$Q_{ff} = A\, Q_{ll}\, A^* \,, \tag{19}$$

$$P_{ff} = Q_{ff}^{-1} \,. \tag{20}$$

Bei gleichgewichtigen Beobachtungen ist $Q_{ll} = P_{ll} = E$ und damit $Q_{ff} = A\, A^*$. Im allgemeinen Fall sind Q_{ff} und P_{ff} voll besetzte symmetrische Matrizen. Die Elemente der Hauptdiagonale in Q_{ff} sind dabei im herkömmlichen Sinne die Gewichtsreziproken oder Kofaktoren der einzelnen Funktionen. Sind Elemente außerhalb der Hauptdiagonalen vorhanden, so sind die Funktionen, wie bereits im § 43.1 ausgeführt ist, korreliert, z. B. weil sie von denselben ursprünglichen Beobachtungen hergeleitet sind. Wenn in einem Sonderfall Q_{ff} eine Diagonalmatrix ist, so liegen „freie Funktionen" vor (vgl. § 20.4).

Man bilde nunmehr eine der Gl. (17) gleichartige Funktion der Funktion f durch

$$\underset{r,1}{g} = \underset{r,m}{B} \; \underset{m,1}{f} \tag{21}$$

und substituiere mit (17)

$$\underset{r,1}{g} = \underset{r,n}{BA} \cdot \underset{n,1}{l} \,. \tag{22}$$

Dann ist g als Funktion der ursprünglichen und unabhängigen Beobachtungen l entwickelt, und man erhält nach (19) als ihren Kofaktor

$$Q_{gg} = B A \cdot Q_{ll} \cdot A^* B^* \,,$$

oder wegen (19) auch

$$Q_{gg} = B Q_{ff} B^* \,. \tag{23}$$

Da (23) aus (21) in derselben Weise hervorgegangen ist wie (19) aus (17) folgt, ergibt sich, daß die Gl. (19) auch dann gilt, wenn von *korrelierten* Beobachtungen ausgegangen wird.

(17) in Verbindung mit (19) ist das *allgemeine Fehlerfortpflanzungsgesetz*. Es gilt sowohl für unabhängige als auch für korrelierte Beobachtungen.

Wenn die in f enthaltenen korrelierten Größen das Ergebnis einer Ausgleichung sind, enthält die Matrix Q_{ff} implizite die Minimumsforderung dieser Ausgleichung und bewahrt sie auch, wenn f als fiktive Beobachtung mit dem Gewicht P_{ff} einer weiteren Ausgleichung unterworfen wird. Diese zuerst von *I. M. Tienstra* formulierte Erkenntnis besagt letzten Endes, daß jedes Ausgleichungsproblem ohne Verlust an Strenge in beliebig viele Ausgleichungsstufen unterteilt werden kann, wenn nur bei jeder neuen Stufe die Kofaktoren der vorangegangenen Stufe berücksichtigt werden.

Daher gelten die in den §§ 51 und 52 hergeleiteten Formeln für die Ausgleichung vermittelnder und bedingter unabhängiger Beobachtungen auch für die Ausgleichung korrelierter Beobachtungen, wenn nur die dort als Diagonalmatrix eingeführte Gewichtsmatrix durch die in (20) definierte Gewichtsmatrix für den allgemeinen Fall, der die korrelierten Größen einschließt, ersetzt wird (vgl. § 43.1).

Die Bedeutung, die damit den Kofaktoren von ausgeglichenen Größen oder Funktionen von ihnen zukommt, ist Anlaß, nachstehend noch einmal die in den §§ 51 und 52 für diese Fälle abgeleiteten Kofaktoren zusammenzustellen und die Liste mit Hilfe der einfachen Gln. (19) und (23) noch zu ergänzen. Man erhält als Kofaktoren

a) nach Ausgleichen vermittelnder Beobachtungen

Unbekannte	x;	Q_{xx}	$= N^{-1} = Q$,
ausgegl. Beobachtungen	$l + v$;	$Q_{l+v,l+v}$	$= AQA^*$,
Funktion der Unbek.	$f = F^*x$;	Q_{ff}	$= F^*QF$,
Funkt. der ausgegl. Beob.	$g = G^*(l+v)$;	Q_{gg}	$= G^*AQA^*G$;

b) nach Ausgleichen bedingter Beobachtungen

Widersprüche	w;	Q_{ww}	$= N$,
Korrelaten	k;	Q_{kk}	$= N^{-1} = Q$,
Verbesserungen	v;	Q_{vv}	$= P^{-1}AQA^*P^{-1}$,
ausgegl. Beob.	$l + v$;	$Q_{l+v,l+v}$	$= Q_{ll} - Q_{vv}$,
Funkt. der			
ausgegl. Beob.	$g = G^*(l+v)$;	Q_{gg}	$= G^*P^{-1}G - G^*P^{-1}AQA^*P^{-1}G$.

Die Kofaktoren fallen nicht in jedem Falle im Zuge der Ausgleichung an, sondern ihre Berechnung ist oft recht umständlich. Günstig ist es daher – das läßt die Übersicht erkennen –, wenn in einer Folge von mehreren Ausgleichungen nach vermittelnden Beobachtungen die in einer Stufe ermittelten Unbekannten als korrelierte Beobachtungen in die nächste Stufe eingehen, weil dann, wie auch in § 42.3 und in der Aufgabe 34 gezeigt wurde, die Koeffizientenmatrix der Normalgleichungen zugleich die Gewichtsmatrix für die folgende Ausgleichung ist.

Schrifttum (Auswahl)

1. *Gauss, C. F.:* Abhandlungen zur Methode der kleinsten Quadrate, herausgegeben von *A. Börsch* und *P. Simon.* Berlin 1889.
2. *Hagen, G.:* Grundzüge der Wahrscheinlichkeitsrechnung. Berlin 1837.
3. *Bessel, F. W.:* Gradmessung in Ostpreußen. Berlin 1838.
4. *Gerling, Chr. L.:* Ausgleichungsrechnung in der praktischen Geometrie oder die Methode der kleinsten Quadrate. Hamburg 1843.
5. *Hansen, P.:* Von der Methode der kleinsten Quadrate. Leipzig 1867.
6. *Koppe, C.:* Die Ausgleichungsrechnung nach der Methode der kleinsten Quadrate in der praktischen Geometrie. Nordhausen 1885.
7. *Czuber, E.:* Theorie der Beobachtungsfehler. Leipzig 1891.
8. *Koll, O.:* Methode der kleinsten Quadrate. Berlin 1893.
9. *Wellisch, S.:* Theorie und Praxis der Ausgleichungsrechnung. I. und II. Bd., Wien und Leipzig 1909 bzw. 1910.
10. *Abendroth, A.:* Die Ausgleichungspraxis in der Landvermessung. Berlin 1916.
11. *Hegemann, E.:* Ausgleichungsrechnung. Leipzig und Berlin 1919.
12. — Übungsbuch für die Anwendung der Ausgleichungsrechnung, 3. Aufl. Berlin 1927.
13. *Näbauer, M.:* Grundzüge der Geodäsie mit Einschluß der Ausgleichungsrechnung, 2. Aufl. Leipzig und Berlin 1925.
14. *Weitbrecht, W.:* Ausgleichungsrechnung nach der Methode der kleinsten Quadrate, I. u. II. Teil, Sammlung Göschen. Berlin 1938 und 1920.
15. *Werkmeister, P.:* Einführung in die Ausgleichungsrechnung. Stuttgart 1928.
16. *Helmert, F. R.:* Die Ausgleichungsrechnung nach der Methode der kleinsten Quadrate, 3. Aufl. Leipzig und Berlin 1924.
17. *Jordan-Eggert-Kneißl:* Handbuch der Vermessungskunde, I. Band, Mathematische Grundlagen, Ausgleichungsrechnung und Rechenhilfsmittel; 10. Aufl. Stuttgart 1961.
18. *Czuber, E.:* Wahrscheinlichkeitsrechnung und ihre Anwendung auf Fehlerausgleichung, Statistik und Lebensversicherung, I. Band, 5. Aufl. Leipzig und Berlin 1938.
19. *Hugershoff, R.:* Ausgleichungsrechnung, Kollektivmaßlehre und Statistik. Berlin 1940.
20. *Boaga, G.:* Elementi della teoria delle probalita e teoria delgi errori. Firenze 1943.
21. *Happach, V.:* Ausgleichungsrechnung nach der Methode der kleinsten Quadrate, 2. Aufl. Leipzig 1950.
22. *Stahlkopf, H.:* Grundlagen der Ausgleichungsrechnung. Berlin 1949.
23. *Niemczyk, O.:* Bergmännisches Vermessungswesen, 1. Band. Berlin 1951.
24. *Gotthardt, E.:* Ableitung der Grundformeln der Ausgleichungsrechnung mit Hilfe der Matrizenrechnung. Veröff. der Deutschen Geodätischen Kommission 1952.
25. *Reicheneder, K.:* Fehlertheorie und Ausgleichung von Rautenketten in der Nadirtriangulation. Veröff. des Geodätischen Instituts Potsdam Nr. 1. Berlin 1949.
26. *Zill, W.:* Die Ausgleichungsrechnung angewandt auf das Netz der 2. topographischen Aufnahme in Sachsen. Berlin 1953.
27. *Andersen, E.:* Adjustment of observations by the method of least squares. Kobenhavn 1955.
28. *Tienstra, J. M.:* Theory of the adjustment of normally distributed observations. Amsterdam 1956.

29. *Marchant, R.:* La compensation des mesures surabondantes. Bruxelles 1956.
30. *Bjerhammar, A.:* Triangular matrices for adjustment of triangular networks. Stockholm 1956.
31. — A generalized matrix algebra. Stockholm 1958.
32. *Ackerl, F.:* Geodäsie und Photogrammetrie, Teil II, Rechnerische Verarbeitung der Vermessungsergebnisse. Wien und München 1956.
33. *Rainsford, H. F.:* Survey adjustments and least squares. London 1957.
34. *Jordan-Eggert-Kneißl:* Handbuch der Vermessungskunde. Bd. III, Höhenmessung und Tachymetrie, 10. Aufl. Stuttgart 1956.
35. — — — Handbuch der Vermessungskunde. Bd. IV, Mathematische Geodäsie (Landesvermessung), 10. Aufl. 1. und 2. Hälfte. Stuttgart 1958 und 1959.
36. *Baule, B.:* Ausgleichs- und Näherungsrechnung, 6. Aufl. Leipzig 1959.
37. *Reißmann, G.:* Die Ausgleichungsrechnung. 2. Aufl. Berlin 1968.
38. *Dore, P.:* Introduzione al calcolo delle prohabilita ... e alle sue applicazioni ingeneristiche. Bologna 1962.
39. *Smirnow, N. W.,* u. *J. W. Dunin-Barkowski:* Mathematische Statistik in der Technik (russisch); deutsche Übersetzung. Berlin 1963.
40. *Heinhold, J.,* u. *K.-W. Gaede:* Ingenieurstatistik. München-Wien 1964.
41. *Böhm, J.:* Vyrovnáyaci počet (Ausgleichsrechnung; tschechisch). Praha 1964.
42. *Zurmühl, R.:* Praktische Mathematik für Ingenieure und Physiker. 5. Aufl. Berlin-Göttingen-Heidelberg 1965.
43. *Pfanzagl, J.:* Allgemeine Methodenlehre der Statistik. Band I und II. 2. Aufl. Berlin 1966.
44. *van der Waerden, B. L.:* Mathematische Statistik. 2. Aufl. Berlin-Heidelberg-New York 1966.
45. *Storm, R.:* Wahrscheinlichkeitsrechnung, mathematische Statistik und statistische Qualitätskontrolle. Leipzig 1967.
46. *Festschrift* zum 70. Geburtstag von Prof. Dr. *W. Großmann.* Stuttgart: Konrad Wittwer 1967.
47. *Wolf, H.:* Ausgleichung nach der Methode der kleinsten Quadrate. Hamburg-Bonn 1961/68.
48. *Linnik, J. W.:* Die Methode der kleinsten Quadrate in moderner Darstellung (russisch), deutsch. Berlin 1961.
49. *Hristow, Wl.:* Wahrscheinlichkeitsrechnung und mathematische Statistik. Berlin 1961.
50. *Jordan-Eggert-Kneißl:* Handbuch der Vermessungskunde, Bd. VI, Entfernungsmessung mit elektro-optischen Wellen und ihre geodätische Anwendung. 10. Aufl. Stuttgart 1966.
51. *Gotthardt, E.:* Einführung in die Ausgleichungsrechnung. Karlsruhe 1968.

Namen- und Sachverzeichnis

Die Seitenziffern in halbfetter Schrift verweisen auf die Stelle, an der das Sachwort ausführlich behandelt wird.

Kofaktoren oder Gewichtskoeffizienten
35, 96, 101, 108, 125, 140, 209, 281, 404,
408, 412, 413, 414
—, -fortpflanzungsgesetz **49**, 125, 128,
287
—, -matrix 289, 294, **395**, 399, 413
Koinzidenztheodolit 27, 328
kombiniertes Einschneiden 168 ff.
komplettierte Normalgleichungen **103**,
111, 131, 207
konformes Netz 185
konstante Fehler 7, 43
Konstantenbestimmung 314, 318, 320
Kontrollformeln, s. Proben
Konvergenzbeschleunigung 300, 310
Koordinatenausgleichung 122, 147–177,
284
Koordinatenfehler, mittlere 163, 167, 169,
173, 177, 286
Korrelaten **197** ff., 212, 227, 234, 404, 414
Korrelatenvektor 407
Korrelatenentwicklung nach *Boltz* 252,
258
Korrelatengleichungen 198, 203, 212, 243
Korrelation 125, 128, 263, **283** ff., 290,
293, 384
—, physikalische und algebraische 47, 50,
288, 296
Korrelationskoeffizient 289, 293, 384
Korrelationsmaß 49
korrelierte Beobachtungen 4, 18, 47, 155,
261, **277**, 283, **286** ff., 412
Kovarianz 49, 289, 293
Krakovianen 393
Kranzsystem 189, 222, 224, 253, 280
Kreisteilungsfehler 44, 328 ff.
Krüger 239, 243, 251, 254
Krügersches Zweigruppenverfahren 243,
251

Lagrangesche Multiplikatoren 119, 193,
198, 407
Längenmessung, s. Streckenmessung
Laplace 53, 192
Legendre 1, 191
Lehmann, G. 4, 264, 280
Libellenangabe 91
Lichte 143, 311
lineare Bedingungsgleichungen 195
— Fehlergleichungen 88
— Funktion unabhängiger Beobachtungen
16

Linearisieren von Bedingungsgleichungen
197, 221, 222, 230, 231, 232
— von Fehlergleichungen **89**, 91, 158 ff.
— von Funktionen 14, 22, 23
Linkwitz 4, 5, 412, 413
[*ll*]-Proben 100, 101, 111 ff., 121, 134, 139
Löbel 3
logarithmische Fortschritte **22**, 89, 160,
197, 222

Mälzer 305
Marchant 4
Marzahn 305
Maß der Präzision 55
Maßstabsverbesserung 45
Maßstabsvergleich 90, 147, 318
mathematische Statistik 4, 9, 74, **335–387**
Matrix 114, 131, 286 ff., **388** ff.
—, Determinante 394, 395
—, Diagonalmatrix 288, 389, 392, 398,
402, 414
—, Dreiecksmatrix 131, 136, 389, 398,
400
— der Einflußzahlen 404
—, Einheitsmatrix 389, 404, 408
— der Gewichtskoeffizienten, s. Matrix der
Kofaktoren
—, Gewichtsmatrix 294
—, inverse **114**, 282, 394
—, Kofaktorenmatrix 282, **287**, 288, 289,
291, 294, 298, 395, 399, 404, 408, 412,
413
—, Kehrmatrix **114**, 256, 282, 394
— der Normalgleichungskoeffizienten
114, 131, 282, **394**, 397, 399, 402, 410,
414
—, Nullmatrix 389
—, quadratische 388
—, symmetrische 287, **388**, 392, 397, 403,
407, 413
—, transponierte 134, **389**, 403, 407
—, vollbesetzte 287, 288
Matrizenaddition 390
Matrizendifferentiation 401
Matrizendivision 390
Matrizengleichung 298, 394
Matrizenmultiplikation **390**, 392, 395,
397, 404, 407, 409
Matrizenprodukt 297, **390**, 392, 410
Matthias 251
Maximalfehler **64**, 344, 354
mechanisierter Gaußscher Algorithmus
130, 138, 398

The manufacturer's authorised representative in the EU is Springer
Nature Customer Service Centre GmbH, Europaplatz 3, 69115 Heidelberg,
Germany. If you have any concerns regarding our products, please
contact ProductSafety@springernature.com

Printed and bound by CPI Group (UK) Ltd, Croydon, CR0 4YY
28/04/2026
02098504-0002